埃及新行政首都 CBD 标志塔

狭长柔弱建筑物长距离曲线平移关键技术研究与应用

中国建筑智慧建造平台

宜昌市伍家岗长江大桥项目

超大吨位转体斜拉桥建造

重庆市红岩村嘉陵江大桥项目

高耐久性抗震沉管隧道建造

阿尔及利亚嘉玛大清真寺

矿坑生态修复利用工程——冰雪世界项目

成都天府国际机场项目

上海国际航运中心洋山四期自动化港区工程

珠海长隆海洋科学乐园

香港儿童医院项目

深圳大疆天空之城大厦项目

基于传递现象构造的催化精馏技术开发及工程化应用

华晨宝马沈阳大东工厂总装车间项目

上证所金桥技术中心基地工程

重庆京东方第6代AMOLED（柔性）代线项目

铜仁市奥体中心体育场项目

城镇河道水环境综合治理关键技术

中小型流域系统治理关键技术

钢筋绑扎机器人

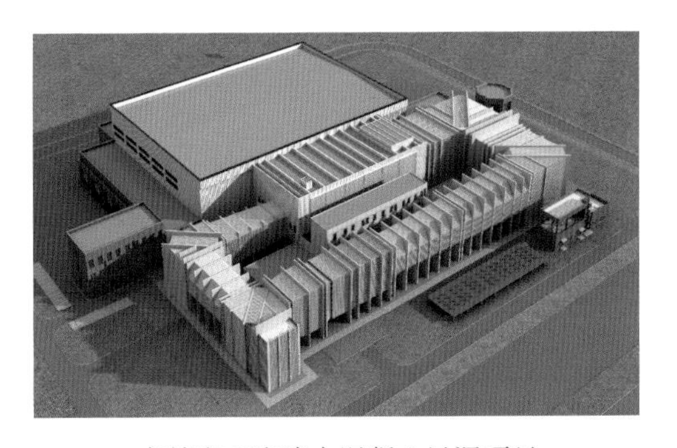

高精度现浇清水混凝土风洞项目

楼梯结构消能减震体系及关键技术

自爬升塔式起重机附着支撑系统

中建集团科学技术奖获奖成果集锦(2021年度)
编辑委员会名单

中建集团科学技术奖获奖成果集锦

2021 年度

中国建筑集团有限公司　编

中国建筑工业出版社

图书在版编目（CIP）数据

中建集团科学技术奖获奖成果集锦. 2021年度 / 中国建筑集团有限公司编. — 北京 ：中国建筑工业出版社，2022.3

ISBN 978-7-112-27158-0

Ⅰ. ①中… Ⅱ. ①中… Ⅲ. ①建筑工程-科技成果-汇编-中国- 2021 Ⅳ. ①TU-19

中国版本图书馆CIP数据核字（2022）第036366号

本书为中国建筑集团2021年度科学技术成果的集中展示，是科技最新成果的饕餮盛宴。中建的非凡实力、中建人智慧的碰撞跃然纸上，中建的高超技艺、科技之美在图文中流淌。本书涵盖了香港沙中线过海铁路隧道、成都天府国际机场、珠海长隆海洋科学乐园、冰立方、香港儿童医院等热点项目。主要内容包括：高耐久性抗震沉管隧道建造关键技术；阿尔及利亚嘉玛大清真寺设计与建造综合技术；装配式混凝土剪力墙结构创新技术；工业化建筑数字化一体化建造关键技术；城市深废矿坑生态修复与绿色建造关键技术；基于传递现象构造的催化精馏技术；“伟大征程”沉浸式舞台结构设计及施工关键技术等。

本书供建筑企业借鉴参考，并可供建设工程施工人员、管理人员使用。

责任编辑：郭　栋
责任校对：赵　颖

中建集团科学技术奖获奖成果集锦

2021年度

中国建筑集团有限公司　编

*

中国建筑工业出版社出版、发行（北京海淀三里河路9号）
各地新华书店、建筑书店经销
北京鸿文瀚海文化传媒有限公司制版
北京建筑工业印刷厂印刷

*

开本：880毫米×1230毫米　1/16　印张：21¾　插页：4　字数：705千字
2022年7月第一版　2022年7月第一次印刷
定价：**98.00**元

ISBN 978-7-112-27158-0
（39000）

目　录

一等奖

二等奖

三等奖

一等奖

高耐久性抗震沉管隧道建造关键技术研究与应用

完成单位：中国海外集团有限公司、中国建筑国际集团有限公司、中国建筑工程（香港）有限公司、中海建筑有限公司

完 成 人：何 军、陈长卿、佟安岐、张海鹏、张 明、陈伟雄、魏智锴、潘宗伟、陈国明

一、研究背景

截至目前，全球沉管隧道仅有150余条，主要技术掌握在美国、荷兰和日本等国，国内沉管隧道仅有少量过江河隧道，较著名的有港珠澳大桥沉管隧道、南昌红谷隧道等，核心技术依然为少数企业所掌握，缺乏系统的技术标准指导工程实践。中建集团承建的第一条沉管隧道“香港沙中线过海铁路隧道”工程，建造共11节沉管管节、总长度达1.6km的铁路隧道，在不影响航运情况下，横穿我国著名港口——维多利亚港。项目面临重大技术挑战，必须及时组织科技攻关，解决120年结构耐久性、7度抗震设防和4h管节防火高标准要求，同时实现水深30m以下竖直误差±20mm、水平误差±50mm的高精度安装及合拢施工，多项指标均属国际领先。因此，这是中建集团在香港地区承接的第一条沉管隧道，攻克全浸式高精度水下摊铺、高耐久性混凝土沉管隧道、抗震沉管隧道和沉管管节高精度安装等“卡脖子”技术难题，填补中国建筑在沉管隧道领域的技术空白，打破行业垄断，具有极其重要的现实意义。

二、详细科学技术内容

项目团队围绕重大技术挑战，采用“产学研用”科技攻关技术路径，充分发挥自主创新能力，在中建集团专项课题支持下，重点研发七大核心技术，最终形成沉管隧道建造成套技术解决方案，取得5大重要技术创新，涵盖了沉管隧道设计与施工全过程，突破了4h防火、120年长寿命、7度抗震设防、沉管隧道高精度安装等技术限制，获批21项国家发明专利、11项工法，2件PCT欧洲发明专利已通过实质性审查，形成企业技术标准2部。

1. 海底沉管隧道基础高精度摊铺设计与施工技术

创新成果一：全浸式海底碎石自动摊铺机研制

全浸式海底碎石自动摊铺机新装备，配置GPS-RTK接收器、倾斜仪、高精度水压探测仪和高程仪综合测控系统，实现了水下最大30m深处，自动碎石摊铺垫层整平精度误差小于±25mm。本摊铺机具有可折叠、可自悬浮、可自动整平、摊铺效率及精度高、安全可靠、不受水深及水流影响和对航道影响小的特点。见图1。

(a) 摊铺机拼装

(b) 碎石垫层摊铺测试

(c) 工厂制造

(d) 整机出厂

图1 全浸式海底碎石自动摊铺机研制

创新成果二：基槽疏浚及海底多波束回声测深验收技术

采用声呐系统全方位无死角地描绘出水下基槽情况，确保基槽成槽的质量，比传统人工和机械扫场的方式更精密准确、简便快捷且清晰易懂。测绘的结果通过电脑软件生成图像来直观呈现。见图 2。

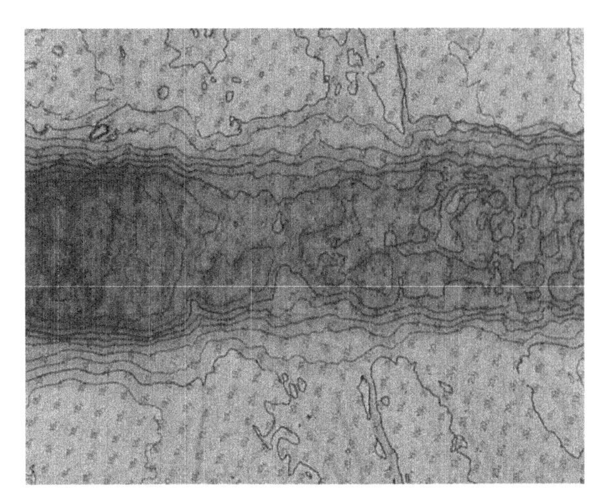

(a) 沉管隧道E6隧址多波束回声测深结果

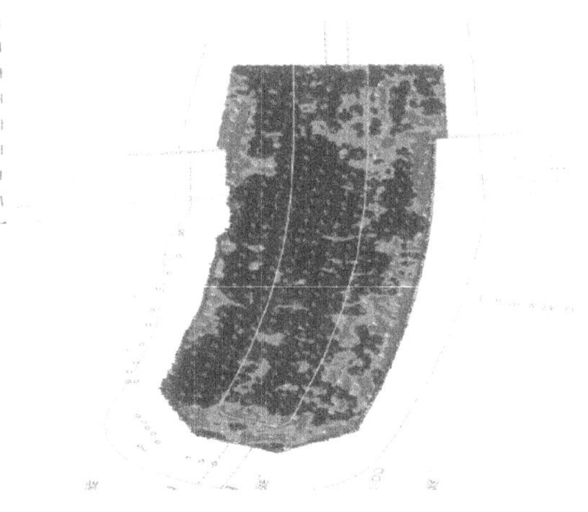

(b) 水下基槽测深与设计标高差

图 2　基槽疏浚及海底多波束回声测深验收技术

创新成果三：海底碎石垫层抛石及整平技术

利用漂浮式布料管连接多功能驳船上喷射泵和摊铺机布料斗，待摊铺机水底定位和高度调整确认无误后，打开补给供水阀和布料储存斗底部闸口，并同时启动喷射泵为水底摊铺机布料斗进行供料，当布料斗内布料达到一定容量后，启动液压动力装置使整平架上台车/台车梁轨沿竖横轴方向平移并进行抛石整平。见图 3。

(a) 摊铺机初定位

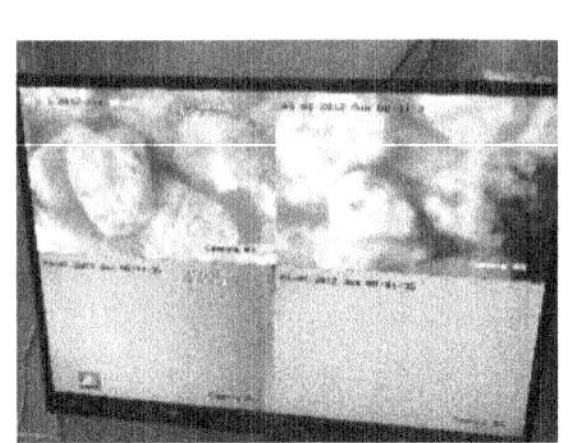

(b) 水底摄像监视系统

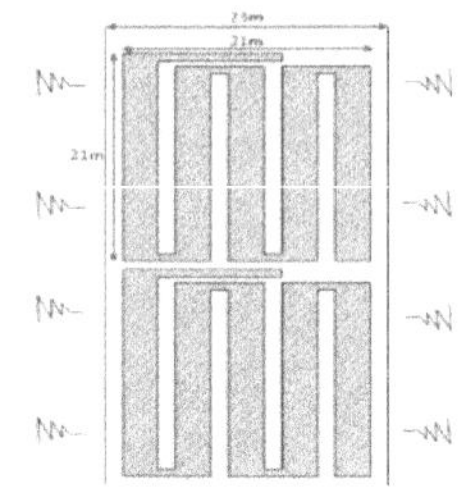

(c) Z形碎石基础

(d) 摊铺机控制室

图 3　海底碎石垫层抛石及整平技术

2. 海底沉管隧道 4h 防火设计与施工技术

创新成果一：防火接头设计技术

发明了线性移动“三明治”结构防火接头，采用双层防火板（9.5mm durasteel panel），及两层防火板中间有一层 120mm 防火棉的结构进行防火，防火板与接头间通过自攻螺钉进行连接。通过这样一层防火层设计，实现对内部橡胶止水带的保护。见图 4。

创新成果二：防火试验技术

管节防火接头进行等尺寸、同位置的防火试验，模拟火灾温度对试验炉进行升温，平均温度在 180min 左右达到 1100℃，在 240min 时达到 1150℃，炉内最高温在 160min 内达到 1200℃，在 240min 时达到 1250℃。根据相应技术标准，受火后如未暴露面的温度增长在 4h 内不超过 140℃，则为试验成功。见图 5。

创新成果三：聚丙烯纤维混凝土技术

研制聚丙烯纤维（Polypropylene Fibre）混凝土进行隧道顶部结构防火，确保隧道内温度上升时，尤其是遭遇火灾时，最大限度地防止结构表面混凝土的脱落。针对聚丙烯纤维材料的选择，按照相应的

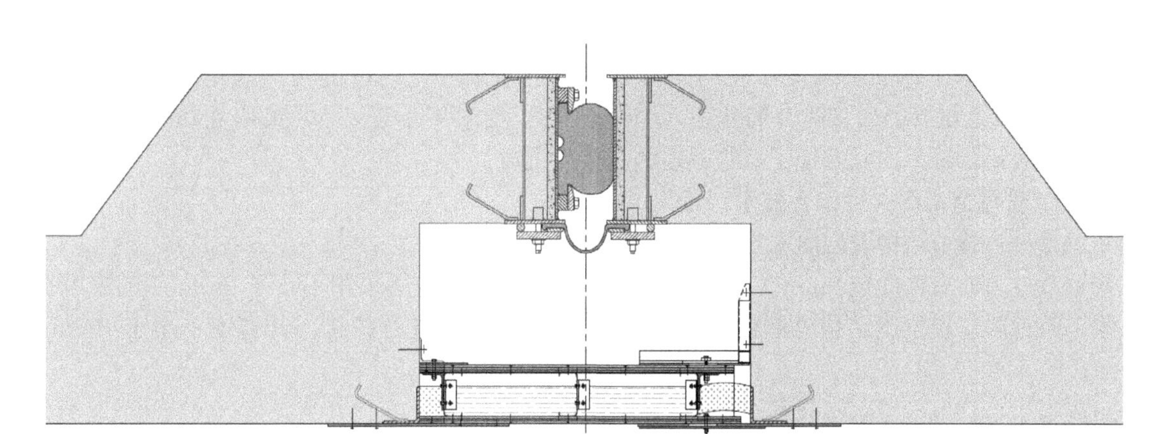

图 4　管节防火接头

(a) 等尺寸防火接头

(b) 240min时测试状况

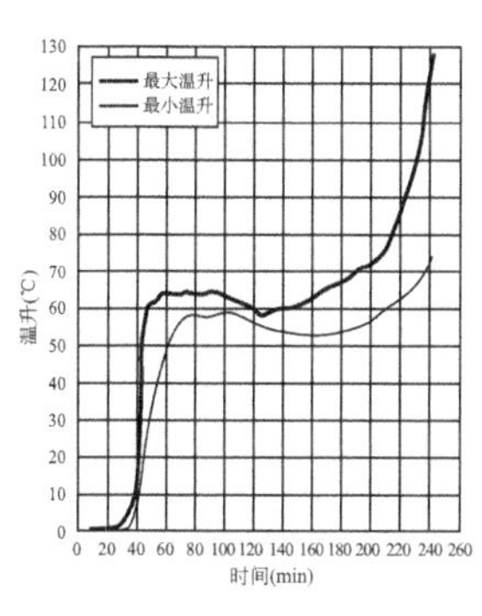

(c) 测试点温度升高情况

图 5　防火试验技术

国际技术标准，包括材料的级别、长度、直径、密度等，都必须严格把控。

3. 预应力沉管混凝土结构与基础抗震技术

创新成果一：管节结构 7 度抗震设防设计技术

通过采用 2D 及 3D 有限元数值模拟分析，进行预应力沉管混凝土主体结构研究及设计，考虑最不利的地震入射角，计算地震横波产生的最大管节轴向应变及弯曲应变同时叠加的情况。在横向结构设计中采用等效静力法，作为顶板位移输入有限元分析模型进行抗震设计，从而确定预应力沉管混凝土隧道结构。见图 6。

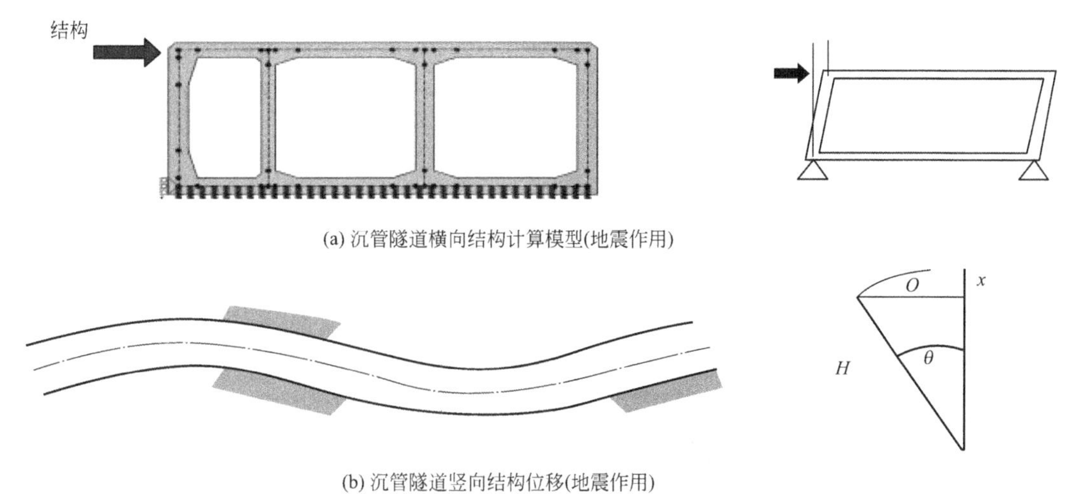

(a) 沉管隧道横向结构计算模型(地震作用)

(b) 沉管隧道竖向结构位移(地震作用)

图 6　管节结构 7 度抗震设防设计技术

创新成果二：基础抗液化设计技术

研究采用一种基于标准贯入度试验的经验方法分析基础液化的可能性，地震作用下循环阻力比（CRR）与循环应力比（CRS）两者的比值（CRR/CRS）要求不小于1.5，采用800mm厚碎石垫层，解决了砂基础液化难题，同时保证了沉管隧道的高精度沉放。

4. 海底沉管隧道高耐久性综合技术

创新成果一：管节结构表层防水技术

沉管管节外表面底部外包9mm厚钢板防水层及顶部和外墙表层采用不小于2mm厚的聚脲树脂喷涂防水膜。两种防水层位于结构外墙横切面施工缝及200mm处进行搭接，其宽度不小于100mm。见图7。

创新成果二：管节接缝防水技术

安装Gina止水带和Omega止水带，根据不同水深压力和混凝土徐变收缩变化确定Gina止水带预压缩位移量，水深30m处Omega止水带须预先压缩至少30mm，最深段管节的Gina止水带会受到大概620kN/m的压力而被压缩约140mm。见图8。

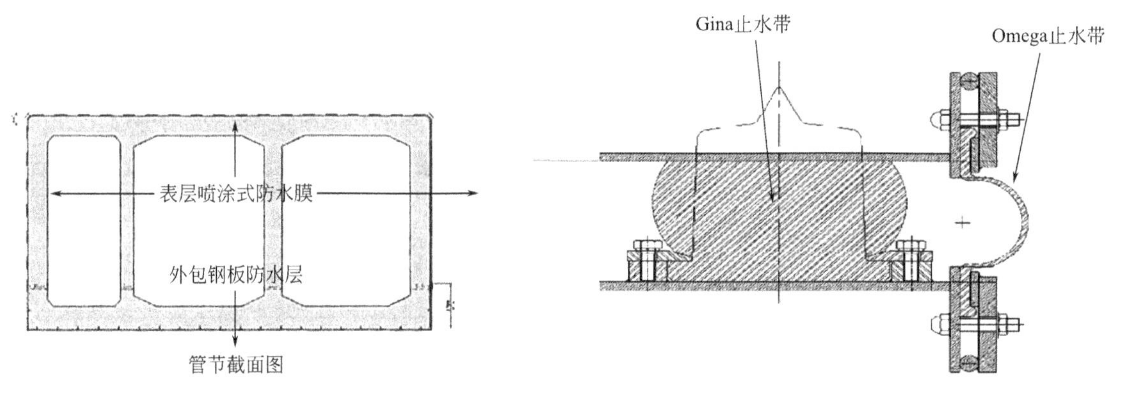

图7 管节结构表层防水层　　图8 Gina止水带与Omega止水带

5. 沉管管节高精度安装技术

创新成果一：推模法干坞内大型沉管管节预制技术

管节节段采用底板和墙身及顶板二次浇筑递进法预制技术，设置防水底板作为浇筑管节底板的外侧模板，管节墙身及顶板则安装组合外侧模板，内模板为钢结构模板台车，与中隔墙侧模板、墙外模板、顶板底模板连为一起，共同作为浇筑混凝土墙身及顶板的模板系统。见图9。

(a) 防水钢板安装　(b) 底板组合模板　(c) 墙身顶板组合模板　(d) 内模板及台车

图9 推模法干坞内大型沉管管节预制技术

创新成果二：短管节拉合对接技术

干坞内通过千斤顶和锁止装置，对短管节施加压力使其与长管节连接，制造柔性接头，全程通过液压控制器远程操作千斤顶施加压力，施工人员远离压缩中的管节，确保安全。见图10。

创新成果三：标准管节沉放与对接技术

采用浮趸吊沉法，依据沉管管节在水中的浮力与压载水箱重量的关系，通过趸船及预设锚碇系统调节沉管管节的水下位置及姿态，并保证管节下沉过程中的稳定性，形成了浮趸吊沉法管节沉放、锚泊定

(a) 安装液压千斤顶

(b) 管节牵移

(c) 安装保护罩保护

图 10　短管节拉合对接技术

位、水下测控、导向定位、管节初步拉合对接及管节水压对接等关键成套技术。见图 11。

创新成果四：沉管隧道管节辅助对接装置和高精度对接系统

发明了全球首创的沉管隧道管节辅助对接装置和高精度对接系统，确保端头管节安装误差控制在水平方向±45mm、垂直方向±20mm 以内。见图 12。

创新成果五：非典型终端接头安装技术

采用底部现浇混凝土与墙身预制钢板相结合的方式进行底部及止水，创新使用预制拱形穹顶装配物料管道及人员管道，实现了在铜锣湾避风塘内限制条件下进行 20m 水深下终端接头贯通合拢。见图 13。

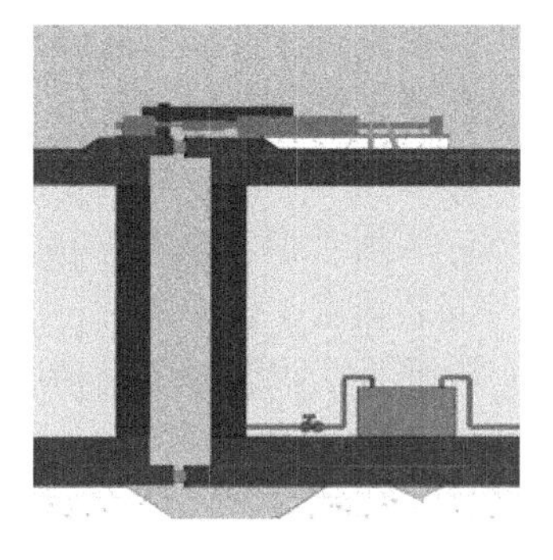

图 11　管节千斤顶拉合

(a) 辅助对接装置及端头管节对接系统

(b) 端头管节拉合对接

图 12　沉管隧道管节辅助对接装置和高精度对接系统

(a) 吊装穹顶预制件

(b) 非典型终端接头内部实景

图 13　非典型终端接头安装技术

三、发现、发明及创新点

(1) 发明了沉管隧道结构4h防火技术，通过研究及试验，研制了聚丙烯纤维耐火混凝土，发明了线性移动“三明治”结构防火接头，解决了沉管隧道纵横向移动接头密封难题，满足了沉管隧道结构4h防火技术要求。

(2) 研发了海底沉管隧道高耐久性综合技术，采用防腐蚀综合技术及配置自防水耐腐蚀高性能混凝土，结合沉管管节底部及侧面钢板防水设计，配合Gina止水带及Omega止水带，实现海底沉管隧道120年超高耐久性。

(3) 形成了预应力沉管混凝土结构与基础抗震技术，采用800mm厚碎石垫层及预应力混凝土沉管隧道，解决了砂基础液化难题，同时保证了沉管隧道高精度沉放，满足了7度抗震设防技术要求。

(4) 研发了全浸式海底碎石自动摊铺技术，研制了具有完全自主知识产权的全浸式海底碎石自动摊铺机新装备，具有可折叠、可自悬浮、可自动整平、摊铺效率及精度高、安全可靠、不受水深及水流影响和对航道影响小的特点。它通过配置GPS-RTK接收器、倾斜仪、高精度水压探测仪和高程仪综合测控系统，实现了水下最大30m深处，自动碎石摊铺垫层整平精度误差小于±25mm，为高精度沉管隧道对接及安装奠定了技术基础。

(5) 研发了沉管管节高精度安装技术，形成了海底沉管隧道安装成套技术，包括干坞内沉管管节预制技术、短管节拉合对接技术、沉管管节浮运及二次舾装技术等。同时，发明了沉管隧道管节辅助对接装置并开发了高精度对接系统。其中，沉管管节对接辅助装置为世界首次使用。

(6) 在香港铁路沙中线过海沉管隧道工程建设中，新形成了企业标准2部，出版专著1部，获批国家发明专利21件，实用新型专利18件，2件PCT欧洲专利已通过实质性审查，发表论文11篇，省部级工法9项。

四、与当前国内外同类研究、同类技术的综合比较

较国内外同类研究、技术的先进性见表1。

较国内外同类研究、技术的先进性 　　表1

主要成果	本项目创新	国内外同类技术
1. 全浸式海底隧道自动摊铺技术	研制了全浸式海底碎石自动推铺机，解决了最大水深30m条件下碎石垫层整平误差小于±25mm的高精度摊铺问题	远高于同类隧道±40mm的精度
2. 沉管隧道4h防火设计与施工	开发了聚丙烯纤维混凝土和安装专用管节接头长时防火结构，实现了沉管隧道结构4h防火技术，提高了同类型隧道的耐火时限	大幅提升了同类型隧道的耐久性、抗震性能、耐火时限。120年设计寿命、7度抗震设防、4h防火均为世界最高要求
3. 海底沉管隧道耐久性综合技术	研发了海底沉管隧道耐久性综合技术，开发了可实现海底沉管隧道设计寿命达120年的Gina和Omega管节止水带	
4. 预应力沉管隧道混凝土结构与基础抗震技术	建立2D和3D有限元模型，在7度抗震设防条件下，研究预应力混凝土沉管隧道永久结构及基础抗液化设计，确定采用800mm厚碎石垫层取代传统砂垫层	
5. 沉管管节高精度安装技术	发明管节沉降辅助工具，优化管节沉放施工工序，在繁忙的维港航道中完成沉放和对接，沉管隧道安装误差控制在水平方向±45mm、垂直方向±20mm内，难度远高于同类隧道工程	管节沉降对接辅助装置为世界首创，在繁忙维港航道内完成沉管隧道，难度远高于同类型隧道，沉放精度远超同类型隧道
6. 沉管隧道非典型性终端接头的设计及施工	20m水深下终端接头防水体系，创造干地施工条件	独创技术，世界首例

五、第三方评价、应用推广情况

1. 第三方评价

2021年6月21日，中国公路学会组织以院士为组长的专家评价委员会对成果进行评价，一致认定，整体达国际先进水平。其中，全浸式海底碎石自动摊铺技术达国际领先水平。

成果参加西安世界交通科技博览会，受到广泛关注和赞誉。新华网、文汇报等新闻媒体也对本成果在香港沙中线的成功应用进行了专题报道，为我司赢得了良好的社会口碑。

2. 推广应用

研究成果为我司承接的中国香港地区沙中线过海沉管隧道（工程合约额达43.35亿港币）成功建设奠定了坚实的技术基础，打破了行业垄断，填补了中建集团在海底沉管隧道工程领域的技术空白，培养了一大批具有国际视野的沉管隧道工程建设技术与管理人才，赢得了社会各界的高度评价和赞誉。

六、经济效益和社会效益

相比现有沉管隧道施工方法，成果在中国香港地区铁路沙中线过海沉管隧道工程成功应用，为项目节约钢材6000余吨、木方约3万平方米，减少近8万立方米淤泥回填和处理，项目提前282d完工。成果创造直接经济效益达1.72亿港元。

本项目疏解了中国香港地区九龙中部交通拥堵状况，对维多利亚港航运及两岸周边环境零影响，绿色建造创新技术应用成效突出，赢得香港地铁质量、安全、环保、社区关怀等多项金奖，成功夺得英国工程师学会NCE隧道年度大奖。

阿尔及利亚嘉玛大清真寺设计与建造综合技术

完成单位：中国建筑股份有限公司阿尔及利亚公司、中建三局集团有限公司、中建三局第三建设工程有限责任公司、中建商品混凝土有限公司、中建科工集团有限公司

完 成 人：王良学、丁伟祥、魏 嘉、钱世清、苏海勇、葛志雄、吴文胜、吴光海、权会利、石雷波、李宽平、金铭功、赵日煦、孙克平、白玉冰

一、立项背景

嘉玛大清真寺项目是中建集团在“一带一路”沿线承接的影响力最大的国家标志性宗教工程，是世界第三大清真寺，位于地中海畔，占地27.8万平方米，建筑面积40万平方米，合同额15亿美元，拥有世界最大礼拜大殿、世界最高的宣礼塔、9度抗震设防区最高干挂石材幕墙和世界最大规模的离心混凝土结构柱。主要体现在如下几个方面：

（1）传统的抗震技术难以达到高大、空旷建筑物超9度设防的高抗震性能的要求；

（2）传统结构形式难以达到宣礼塔特殊的建筑功能和抗震需求；

（3）超9度区，250m高全封闭干挂石材幕墙设计和施工过程中无相关的规范和规程作指导；

（4）需研发特殊的结构体系和结构构件来满足海边环境对大空间建筑功能的要求；

（5）如何用更现代的方式表达伊斯兰文化，开展宗教建筑及装饰设计，存在较大难度；

（6）项目存在大量非常规超高超大空间装饰施工，传统施工方法无法满足工期和质量要求；

（7）需要将现代技术融入传统文化，通过先进技术满足人流密集公共场所装饰性、文化性和舒适性要求。

鉴于此，本项目对嘉玛大清真寺在设计与建造过程中所面临的如上关键技术进行了深入的研究。

二、详细科学技术内容

1. 超9度设防区高大空间及超高层结构抗震设计与施工技术

（1）超9度设防区高大空间礼拜大殿抗震设计

1）特殊的抗震设防目标和地震动设计参数研究

礼拜大殿的抗震设防目标按照欧洲规范要求，采用二水准抗震设防目标，具体规定如下：

① 限制破坏要求：当遭受10年内超越概率10%（重现期95年）的设计地震作用时，结构无损坏及使用上不受限；

② 不倒塌要求：当遭受50年内超越概率5%（重现期1000年）的设计地震作用时，结构无局部或整体倒塌，并在震后能继续保持结构整体性和一定的残余承载力。

根据项目抗震设防要求，礼拜大殿所处场地超过了我国9度抗震设防区。

抗震设防目标如图1所示。

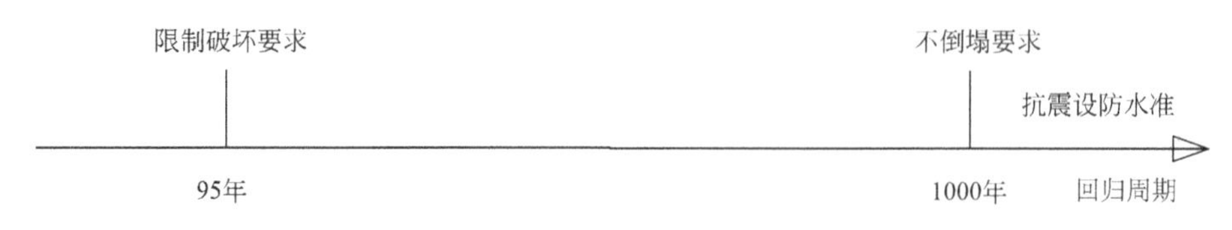

图1 抗震设防目标

2）合理的结构布置和轻型材料构件的选择

综合建筑物使用功能、安全及成本，在平面上采用150m×150m的规则对称布局（图2a），在竖向采用质量分层递减布局（图2b），第一阶梯为地下室底板到22m处，质量占比约80%；第二阶梯为22～44m处，质量占比约15%；第三阶梯为44～70m处，质量占比约5%；实现质量逐层递减，减小建筑物的总质量。

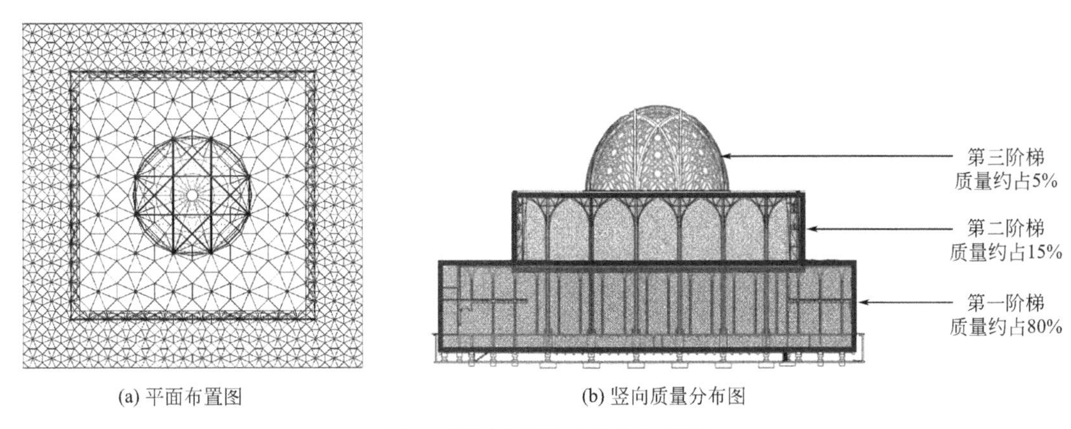

(a) 平面布置图　　(b) 竖向质量分布图

图2　礼拜大殿的结构布置简图

（2）全金属倒摆钟式双滑移面隔震支座＋黏滞阻尼器设计和施工技术

为满足抗震要求，采用一种全钢倒摆钟式双滑移面隔震支座＋黏滞阻尼器的新型组合减隔震体系，进一步大幅减少结构所受的地震作用，通过加设隔震支座，建筑物的自振周期从基底固定时的1s延长到3s，通过加设阻尼器增加建筑物的阻尼比。组合减隔震体系的基本原理如图3所示。

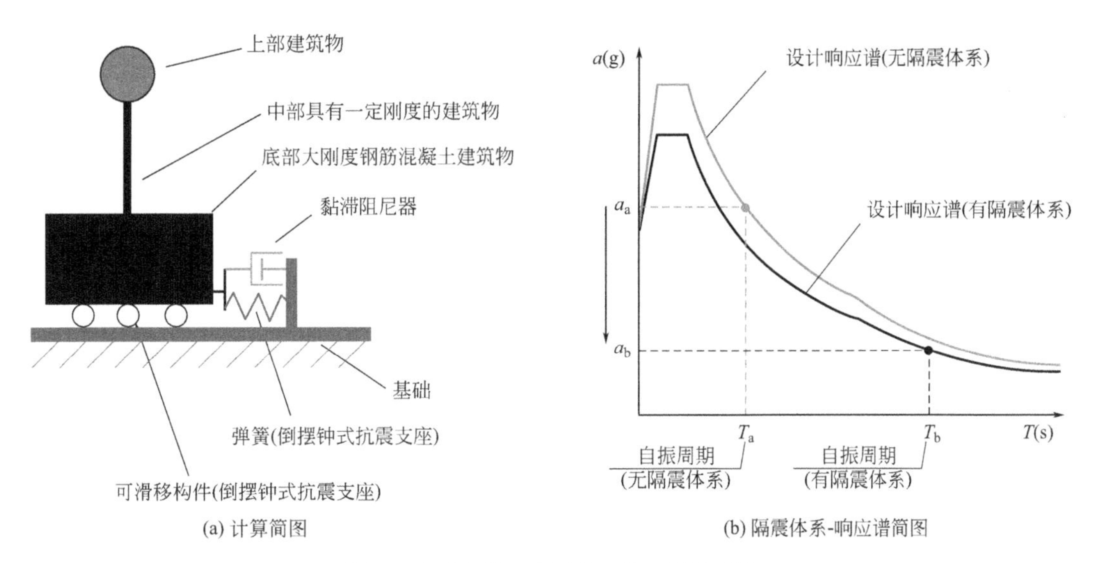

(a) 计算简图　　(b) 隔震体系-响应谱简图

图3　礼拜大殿组合减隔震体系原理简图

通过创新技术完成了大型隔震体系的高精度安装，并解决了设备更换的难题。

（3）超9度设防区多筒超高层宣礼塔抗震设计和施工技术

宣礼塔的抗震设防目标与礼拜大殿相同。为实现该抗震设防目标，同时综合考虑建筑物的使用功能、安全及成本，提出了一种新型的超高层结构筒体＋耗能支撑体系，如图4所示。为了有效限制强烈地震作用下结构的最大位移响应，保护主要的受力构件不发生破坏，创新性地对结构构件进行分类设计。在强烈地震作用下，各类构件具有不同的性能要求，共设置了3类结构构件：

1）具有超高延性的耗散构件，在遭遇强震时如果损坏可进行更换；

2）塑性变形有限的轻耗散构件；

3）强震作用下仍然保持弹性的构件。

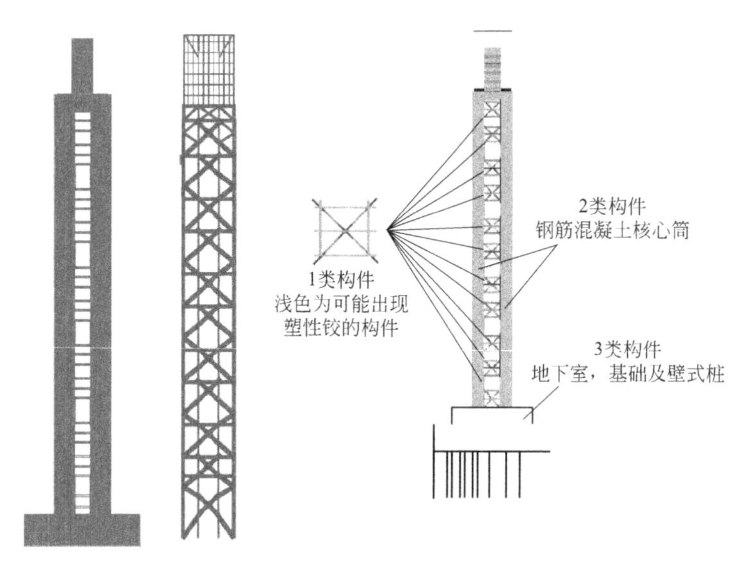

图 4　宣礼塔结构构成和结构构件的分布情况图

在多筒超高层宣礼塔的施工过程中，根据欧标要求和结构的特点，对采用的关键设计和施工技术进行了自主创新，包含基于欧标的超长大截面壁式桩深化设计与施工技术、超高层全栓接柔性钢柱垂直度校正施工技术、基于欧标 B500 钢筋墩粗直螺纹套筒连接设计与施工技术、多筒超高层建筑爬模板设计与同步施工技术。

（4）超 9 度设防区 250m 高干挂石材幕墙抗震性能研究

宣礼塔石材幕墙为 250m 高全封闭式结构外挂石材，对抗震、抗风要求高，国内外无相关参考案例和规范。通过自主设计的地震模拟方案，首次对超 9 度设防区 250m 高干挂石材幕墙抗震性能进行研究。幕墙与外墙之间固定系统振动台试验如图 5 所示。

图 5　幕墙与外墙之间固定系统振动台试验

2. 超 9 度设防区大直径预制离心八角柱及柱帽建造关键技术

阿尔及利亚大清真寺项目创新性地采用预制离心混凝土八角柱和预制柱帽技术，根据原设计院方案建模计算确定结构形式和连接节点。设计阶段综合机电、内装、外装专业和现场安装的需求。结合八角柱和柱帽特点进行受力分析和验算，并将机电管线设计到预制构件内统一预制。如图 6 所示。

为满足海边环境耐久防腐要求，室外八角柱上部设置 422 个直径 8.1m、质量为 30t 的混凝土预制柱帽。为实现柱帽高效施工，创新性地将单个柱帽拆成 8 个规则单元在工厂预制，在项目拼装成整体后吊装。柱帽之间通过柔性钢构件连接，有效抵抗地震作用。为消除安装误差，创新性地采用 AB 分类的方法进行吊装。如图 7 所示。

3. 以现代技术表达的伊斯兰宗教建筑装饰技术及文化艺术研究

以伊斯兰建筑文化研究为主线，纵向研究安达卢西亚文明与马格里布建筑装饰艺术在嘉玛大清真寺的历史投影。横向对比马格里布地区清真寺与我国国内和中东清真寺的区别，推进方案、材料和工艺的确定。见表 1。

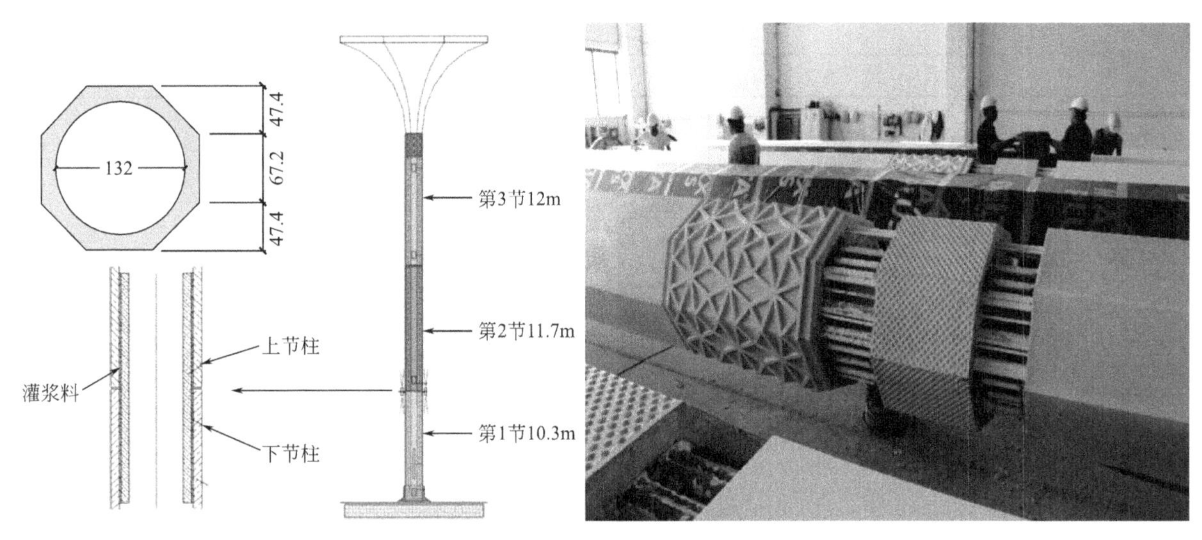

图6 八角柱节点图及实物图

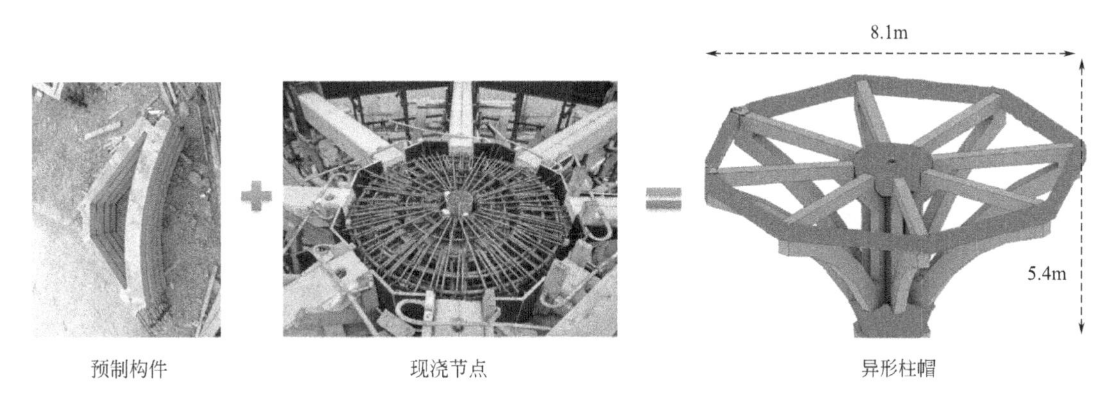

预制构件 现浇节点 异形柱帽

图7 柱帽拼装过程示意图（其中深色为现浇节点）

横向对比 **表1**

比较内容	嘉玛大清真寺	我国国内清真寺	中东地区清真寺
整体建筑	马格里布—安达卢西亚风格	中式、中式融合阿拉伯风格、阿拉伯风格	阿拉伯风格
宣礼塔	方形	楼阁式	尖塔形
礼拜殿			

续表

比较内容	嘉玛大清真寺	我国国内清真寺	中东地区清真寺
书法			
装饰纹样			

提炼和设计石膏雕刻、手绘瓷砖、石材拼花等各种装饰图案，综合了手工与现代工艺的宗教装饰技术，如讲经台加工、书法文字图案设计与绘制、拼花石材装饰技术、礼拜墙装饰技术。实现嘉玛大清真寺对阿尔及利亚国家文化与民族精神的表达。如图 8 所示。

图 8　手工与现代技术结合的石材雕刻工艺、石膏雕刻工艺和木雕刻工艺

在施工措施方面，充分利用现代化的施工措施，保质、保量地完成这个艺术瑰宝。利用空间错位思路，在保证安全的前提下改造原结构施工爬模和升降平台作为外墙施工措施，在 5 个月内完成 250m 高全封闭干挂石材幕墙施工（图 9a）。礼拜大殿内部为 100m×100m×44m 的大空间结构，大厅中间 34m 以下无须装饰。若采用传统吊篮+举人车的方案，由于造型复杂无法实现内装施工。项目通过地下拼装 8400m^2 的钢平台，提升到 34m 高空作为异形复杂吊顶和四周 3D 立体墙面内装施工操作平台（图 9b）。在不到一年的时间内，安全、高效地完成了内装施工。

将现代技术与传统文化相结合，利用先进机电设备，既实现了建筑使用功能，也满足宗教建筑的美学要求。

➢ 建筑装饰与声学系统融合，以电声学为主、建筑声学为辅，达到最大的自然声音还原，唤起大家内心的强烈共鸣（图 10a）。

➢ 通过预放电引雷系统，将原设计 700 根避雷针优化成 5 根并设计成星月造型，指引麦加方向（图 10b）。

➢ 利用光学模拟，在礼拜大殿外穹顶构成闪耀的“满天星”，与阿尔及尔夜空的繁星隔天呼应，熠熠生辉，被当地人称为地中海的“璀璨明珠”（图 10c）。

(a) 宣礼塔外立面施工

(b) 祈祷大厅内装施工

图 9　施工措施

(a) 声学模拟及材料应用

(b) 主动引雷系统

(c) 项目灯光效果

图 10　现代技术与传统文化相结合

三、发现、发明及创新点

面对这一特殊宗教建筑工程，针对位于超 9 度设防区、多规范体系、当地资源匮乏等设计与建造难题，以实现“经典与永恒”特大型宗教建筑工程文化表达为先导，以高烈度区伊斯兰宗教建筑的现代设计、建造技术、宗教装饰为主线开展研究，形成以下创新点：

（1）采用全金属高承载力双曲面滑移隔震支座＋黏滞阻尼器的组合隔震技术与新型轻质高强预制装配式异形空间排架结构体系相结合，解决了超 9 度设防区高大、空旷礼拜大殿的抗震设计难题；采用现浇结构预留孔＋后注浆安装的施工技术实现了滑移隔震支座的高精度安装，此基础隔震项目是国内企业施工的单体面积最大、支座承载力最高、支座数量最多的全金属滑移隔震结构，为国内高烈度区大型建筑物金属滑移隔震支座高精度安装提供了经验借鉴。

（2）提出了一种钢板-混凝土剪力墙多筒体＋金属对角耗能斜撑的超高耸建筑耗能减震新体系，使位于超 9 度抗震设防区高宽比为 10：1 的世界最高宣礼塔达到了欧标抗震性能要求。

（3）提出了一套高风压高烈度区超高干挂石材幕墙的设计和施工方法，并经过了振动台的试验验证，实现了高风压（－5.3kPa）超 9 度设防区 250m 高石材幕墙的设计和施工，远超国内规范的相关技术要求。

（4）创新性地提出了一种新型的轻质高强大直径预制离心混凝土柱＋预制八角柱帽的异形空间排架结构体系，部分柱的边长与柱全长之比小于国内抗震规范规定的 1/18～1/16。另外，与普通梁柱体系相比减轻自重 48%，有效减小了礼拜大殿所受的地震作用。

（5）根据大直径预应力离心八角柱及柱帽生产、运输以及现场安装的实施情况，形成了一套高烈度区超大异形装配式结构施工新技术及方案。

(6) 建立国际化、属地化专业团队，深入研究伊斯兰宗教文化及阿尔及利亚历史，提出了现代技术与传统手工技艺相结合的装饰设计方法与施工工艺，并开展宗教装饰设计深化，充分利用现代材料、工艺等表达“经典与永恒”的宗教建筑文化，完美体现了伊斯兰宗教建筑的理念。

(7) 在结构施工爬模的基础上研发倒挂式爬模，实现了250m高海边高风压区全封闭石材幕墙施工。在超高超大空间内装施工方面，利用8400m^{2}可升降平台实现了高大空间建筑复杂装饰墙顶地同步施工。

(8) 采用现代声光技术，在保障照度和人的舒适度条件下利用光和声音的折射与反射，利用数字指向性合成技术和光学模拟技术，达到宗教建筑理想的光学和声学效果。

(9) 采用纯物理结构型主动放电避雷针代替传统避雷针，将整个工程避雷针从3000多根减少到9根，确保了人口密集区大型宗教建筑安全的同时，将避雷针功能设施与伊斯兰教星月标志结合，满足使用功能，又达到了宗教建筑美学效果。

四、与当前国内外同类研究、同类技术的综合比较

较国内外同类研究、技术的先进性在于：

(1) 本技术采用的隔震+阻尼+“脚重头轻”结构布局抗震体系在国内外查新中无相关案例；

(2) 国内外传统超高层抗震以增加结构刚度和顶部设置阻尼器为主，无类似耗能减震体系；

(3) 在高烈度区设计和施工250m高干挂石材幕墙，在国际上无先例可参考；

(4) 国内外预制构件主要以规则的梁板柱为主，异形构件一般采用现浇法；

(5) 本工程装饰施工采用的倒挂式爬模和可升降的超大整体钢平台在国际上尚无案例；

(6) 对伊斯兰宗教建筑及装饰艺术的系统研究和总结；

(7) 中建集团在国际知名清真寺建造上实现了重要突破。在海外大型伊斯兰宗教建筑装饰设计施工方面，形成系统性工程施工方法和技术标准，为中建集团及国内其他建筑工程公司在国内外承建大型伊斯兰宗教建筑，提供了施工和技术参考。

五、第三方评价、应用推广情况

1. 第三方评价

2020年7月21日由中国建筑集团有限公司组织召开了“阿尔及利亚嘉玛大清真寺设计与建造综合技术”科技成果评价会，与会专家一致认为本成果达到国际领先水平。

2. 推广应用（图11）

(1) 成果研究形成的超9度设防区高大空间结构抗震设计及施工技术拟计划在阿尔及尔700床医院项目推广应用；

(2) 形成的大空间装饰施工技术在阿尔及尔新机场、阿尔及利亚国际会展中心项目推广应用；

(3) 形成的伊斯兰宗教装饰研究成果在中建阿尔及利亚公司承接的多个项目参考实施。

六、经济效益

该技术的实施为项目节省成本5891万元，带动中建阿尔及利亚公司后续承接更多优质工程，是中建集团海外市场开拓的重要名片。

七、社会效益

该项目的实施受到了世界各国的广泛关注，进一步促进了中阿两国政界和民间的深厚友谊，为中建集团在国际知名清真寺建造上实现了零的突破，为中国企业在“一带一路”沿线开拓积累了宝贵的经验，扩大了中建集团的影响力。

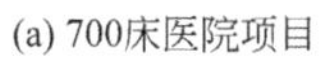

(a) 700床医院项目

(b) 阿尔及尔新机场项目

(c) 空军司令总部项目

(d) 海军新指挥部项目

图 11　推广应用

装配式混凝土剪力墙结构技术创新研究与工程应用

完成单位：中国建筑第八工程局有限公司、中建工程产业技术研究院有限公司、中海企业发展集团有限公司、中建八局第一建设有限公司、中建八局第三建设有限公司

完 成 人：肖绪文、廖显东、江建端、张士前、曹志伟、刘亚男、刘 星、于 科、周 永、李 厂、程建军、翟明会、陈越时、华晶晶、纪春明

一、立项背景

近年来，全国装配式建筑发展非常迅速。统计数据表明：2020 年全国新增装配式建筑面积达到 6.3 亿 m^2，占新建建筑 20.5%，较上年同比增长约 50%，其中装配式居住建筑（采用装配式剪力墙结构为主）占 70%左右。在国家政策大力支持下，装配式建筑发展取得的成效相当可观。数据还表明，新增建筑中装配式建筑占比逐年提高，建设规模逐年增速呈上升趋势，故装配式剪力墙结构具有广阔的发展前景。

装配式剪力墙结构在欧美等国家主要用于低多层建筑，且主要以干式连接为主，整体性能差，而我国居住建筑主要采用装配整体式剪力墙结构，抗震性能好，在高层住宅领域应用较广。随着建筑工业化发展，装配式剪力墙结构涌现出不同结构体系，如实心装配式剪力墙、叠合剪力墙、夹心保温剪力墙等。它们通过套筒灌浆连接、浆锚连接、螺栓连接、钢筋间接搭接连接等竖向钢筋连接形式，实现结构“等同现浇”的目标。尽管这些连接形式纳入相关规范，但在具体实施中还存在如下不足：

（1）上下层钢筋连接数量较多，连接材料成本高和安装工作量大；

（2）“一一对应”的连接形式，对预制墙板制作与安装精度要求较高，现场施工就位困难，效率低；

（3）施工质量检测难度大，难以管控；

（4）操作工人水平参差不齐，连接质量，尤其灌浆质量难以保证，安全隐患突出。基于以上因素，国内部分省市甚至禁止竖向受力构件采用预制构件和套筒灌浆连接形式。

综上所述，现有规范建议的几种竖向连接的装配式剪力墙结构，在实施过程中的确存在施工安全质量隐患。装配式居住建筑量大面广，施工质量逐渐成为装配式建筑发展的痛点，阻碍了装配式建筑的可持续发展。因此，解决装配式剪力墙结构竖向分布钢筋连接存在的问题势在必行。

项目组提出了竖向分布钢筋不连接（SGBL）装配整体式剪力墙结构形式，在保证结构安全可靠的前提下，取消了套筒灌浆等连接形式，规避质量隐患，达到降本、提质、增效的建设目标，促进装配式建筑的发展。

二、详细科学技术内容

1. 总体思路与技术方案

在前期充分调研基础上形成科学问题，在结构性能提升、理论分析及施工保障科学的解决方法基础上，提出 SGBL 装配整体式剪力墙结构体系，然后针对该剪力墙结构特点，开展计算理论研究和构造措施研究，形成系统的设计方法，编制结构正向设计软件。为验证设计公式、构件的抗震性能、连接构造和整体地震效应，开展构件层面上、结构层面上模型抗震性能和振动台试验研究。最后，开展示范应用，形成成套施工关键技术。总体思路如图 1 所示。

2. 关键技术一：提出了 SGBL 装配整体式剪力墙结构体系

项目组创新性提出了基于正截面受压承载力与斜截面受剪承载力等效原则的 SGBL 装配整体式剪力

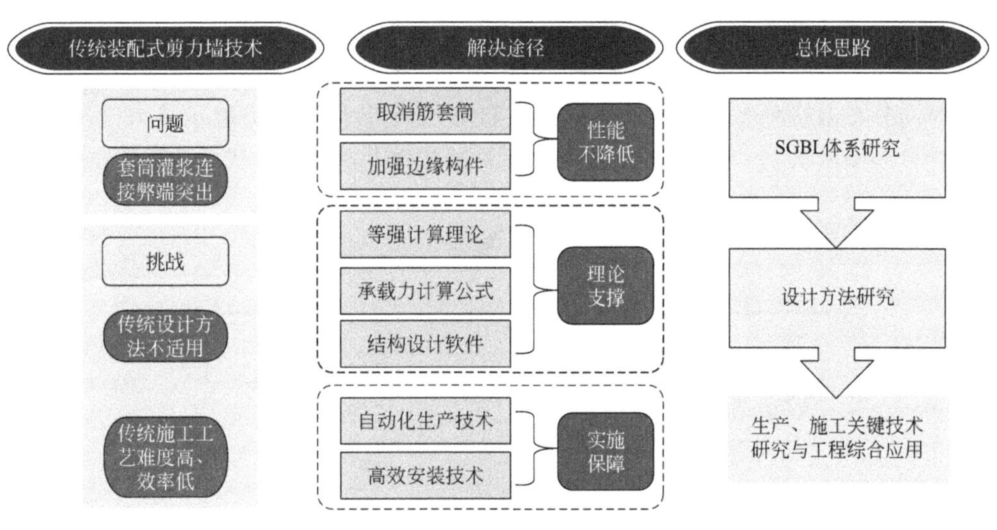

图 1　总体思路与技术方案

墙结构体系，见图 2。该体系特征为：预制剪力墙竖向分布钢筋在楼面处断开，下端水平拼缝采用坐浆方式；基于正截面承载力等效原则加大现浇边缘构件纵向钢筋，保证承载力不降低；对于低剪跨比、抗剪要求高的剪力墙可设置斜向钢筋，旨在提高抗剪性能。

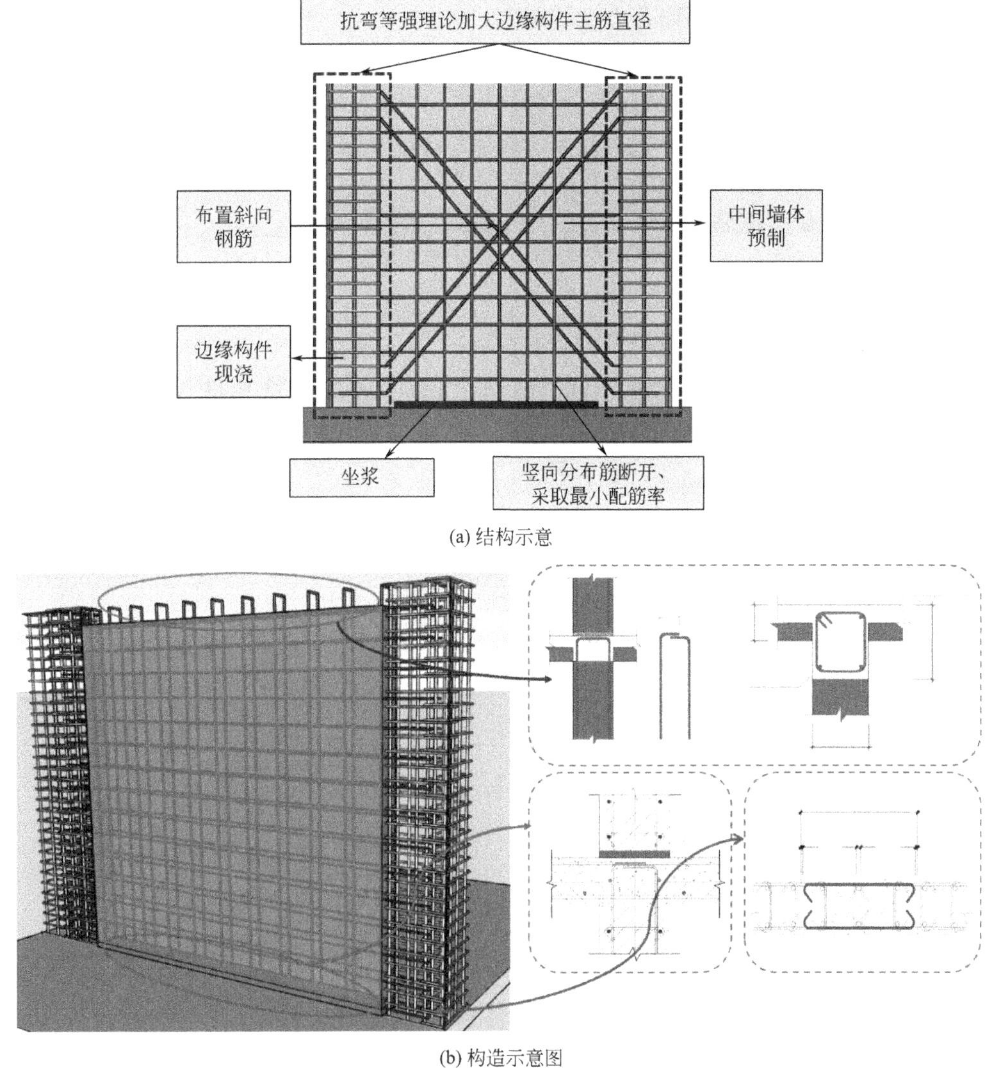

(a) 结构示意

(b) 构造示意图

图 2　新型结构体系示意

3. 关键技术二：系统建立了SGBL装配整体式剪力墙结构体系设计方法

（1）提出正截面受压承载力设计计算方法

预制墙体竖向分布钢筋在楼面处断开连接后，SGBL装配整体式剪力墙承载力设计不考虑其贡献，正截面承载力计算简图见图3。在受弯承载力等效原则的基础上，提出承载力计算公式如下：

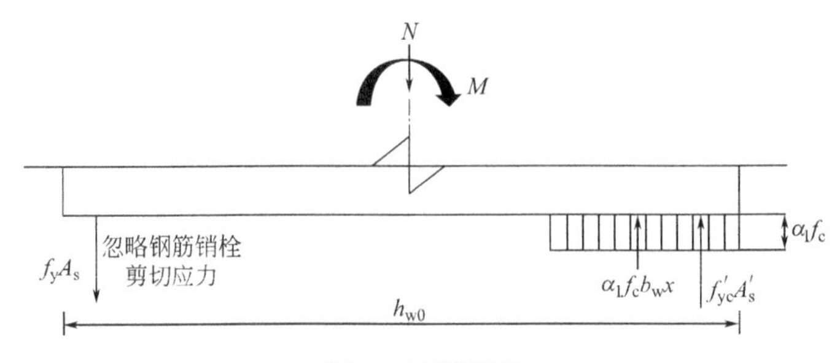

图3 计算简图

$$N=A'_sf'_y-A_s\sigma_s+\alpha_1 f_c b_w x \tag{1}$$

$$N\left(e_0+h_{w0}-\frac{h_w}{2}\right)=A'_sf'_y(h_{w0}-a'_s)+\alpha_1 f_c b_w x(h_{w0}-x/2) \tag{2}$$

式中 e_0——偏心距，$e_0=M/N$；

f'_y、f_y——分别为受压及受拉边缘构件区域钢筋的强度设计值；

a'_s——受压区边缘到受压区钢筋合力点的距离；

h_{w0}——截面有效高度；

f_c——混凝土轴心抗压强度设计值；

x——等效受压区高度；

A_s——剪力墙端部受拉钢筋面积之和；

A'_s——剪力墙端部受压钢筋面积之和；

b_w——剪力墙厚度；

σ_s——剪力墙端部受拉钢筋应力。

（2）基于拉压杆模型的斜截面受剪承载力计算公式

根据剪力墙结构特征，基于混凝土拉压杆抗剪理论推导，考虑边缘构件长度、接缝滑移等因素影响，得出该体系受剪承载力计算公式，见式（3），计算模型简图见图4。

$$V=\alpha_1 f_c bx\sin\alpha\cos\alpha+\sqrt{A_s f_y l_p\cdot(\alpha f_c b\cos^2\alpha-\rho_{sh} f_{yh} b-\rho_{yh} f_{yb} b\cos\alpha)} \tag{3}$$

式中 l_p——塑性铰高度，取$0.5h_{w0}$；

ρ_{sh}、ρ_{yb}——分别为斜向钢筋配筋率与水平钢筋配筋率；

f_{yb}、f_{yh}——分别为斜向钢筋和水平分布筋屈服强度。

墙体内部布置斜向钢筋形成暗支撑后，计算其斜截面承载力时应考虑斜向钢筋的贡献，得出斜截面受剪承载力简化设计计算公式如下：

$$V\leqslant\frac{1}{\lambda-0.5}(0.4f_t bh_0+0.1N)+0.8f_{yh}\frac{A_{sh}}{s}h_0+f_{yb}A_{sb}\cos\alpha \tag{4}$$

式中 λ——剪跨比；

s——水平分布钢筋间距；

A_{sh}——单根水平分布钢筋截面面积；

α——斜向钢筋相对底部截面倾角；

A_{sb}、A_{sh}——分别为斜向钢筋和水平分布钢筋截面面积；

f_t——混凝土轴心抗拉强度设计值。

（3）基于销栓作用的水平接缝受剪承载力计算理论

基于弹性地基梁理论，考虑钢筋粘结应力分布影响，推导出水平接缝边缘构件纵向钢筋水平滑移情

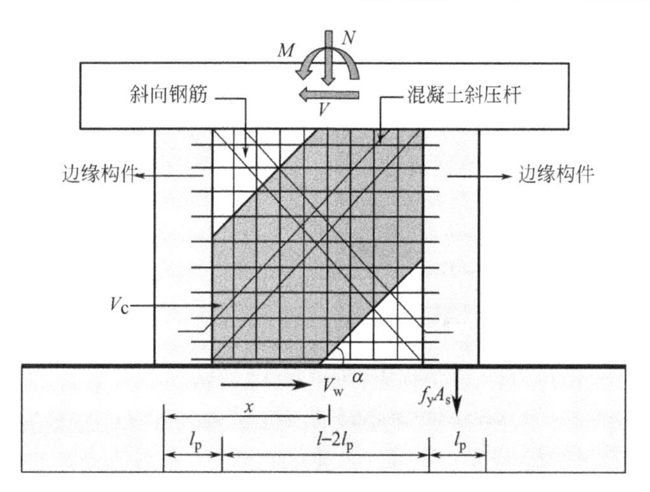

图4 计算模型简图

况下销栓剪切应力计算公式，见式（5）。

$$\tau_s=\frac{8E_s\xi_h}{11\left(\frac{3\pi\eta^4}{4}\sqrt{\frac{\pi E_s}{2400f_c^{0.85}}}\right)^3} \tag{5}$$

式中 ξ_h——钢筋截面水平滑移与钢筋直径比；

E_s——钢筋弹性模量。

基于剪摩擦理论，水平接缝抗剪主要有界面摩擦和钢筋消栓作用等组成，得出基于销栓作用下水平接缝抗剪计算公式，见式（6）。

$$V_s=\tau_sA_s+\mu N \tag{6}$$

式中 μ——与界面粗糙度有关的系数，一般取0.6。

（4）抗震性能试验验证

1）构件层面上，开展了8片大型足尺剪力墙模型抗震性能试验研究

以现浇/预制、剪跨比、轴压比、是否布置斜筋钢筋等变化参数，完成8片足尺模型预制剪力墙抗震性能试验，获取了试件的全过程抗震破坏模式、应变分布、滞回曲线等重要数据。结果表明：该剪力墙抗震性能等同现浇对比试件，延性、耗能略好；设计方法合理、结构安全、可靠（图5）。

XD-1(现浇，n=0.3)

PD-1(预制，n=0.3)

PD-2(预制，n=0.6)

(a) 大剪跨比(λ=2)墙体破坏形态

图5 竖向分布钢筋不连接装配整体式剪力墙足尺模型抗震性能试验（一）

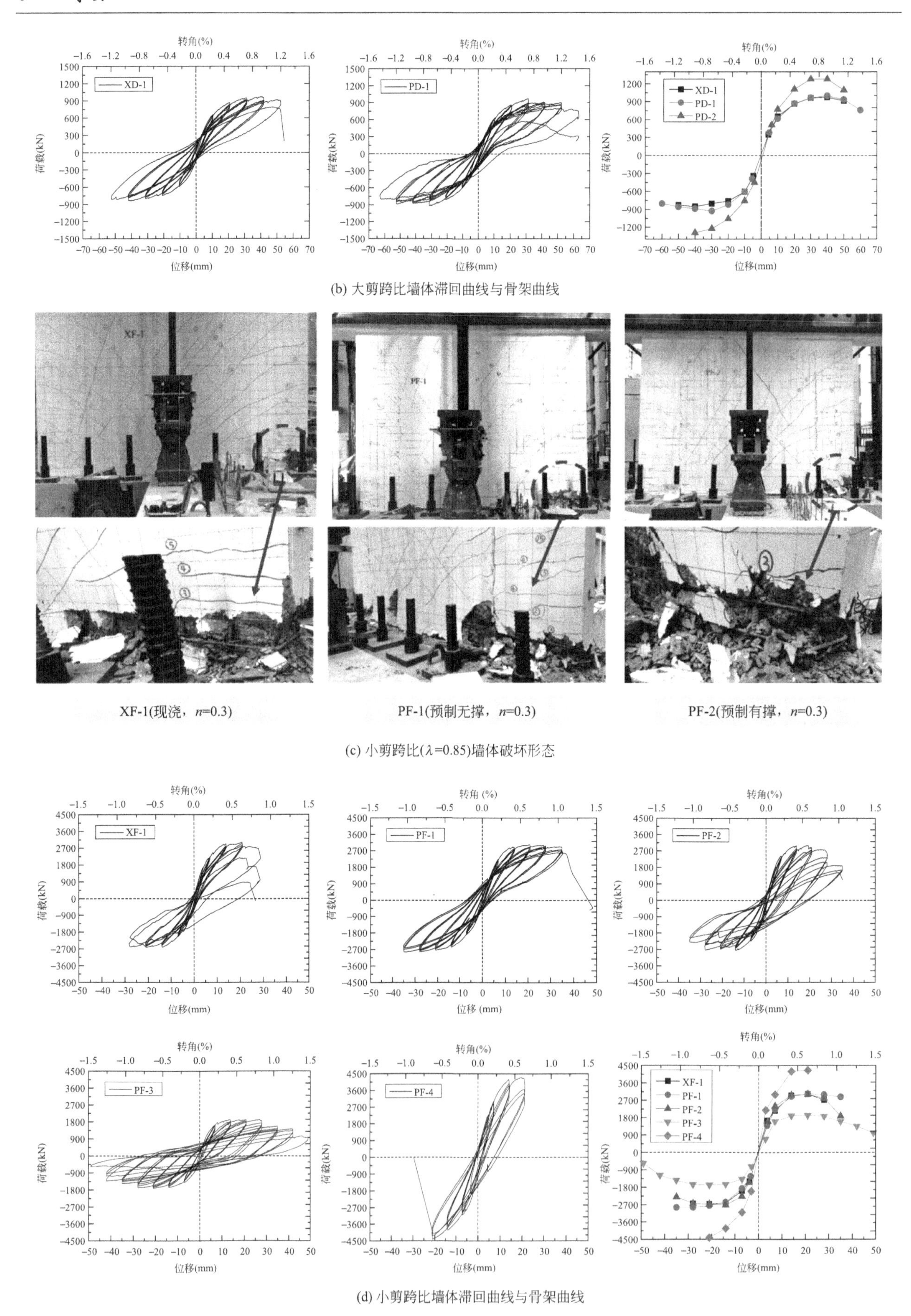

(b) 大剪跨比墙体滞回曲线与骨架曲线

XF-1(现浇，n=0.3)　　PF-1(预制无撑，n=0.3)　　PF-2(预制有撑，n=0.3)

(c) 小剪跨比(λ=0.85)墙体破坏形态

(d) 小剪跨比墙体滞回曲线与骨架曲线

图5　竖向分布钢筋不连接装配整体式剪力墙足尺模型抗震性能试验（二）

2）结构层面上，开展了剪力墙结构模型振动台试验

为了研究该体系地震响应下结构的抗震机理和破坏模式，综合评价结构的抗震性能，优化体系抗震构造措施，开展了 4 层 1/2 缩尺模型剪力墙结构抗震性能试验。研究成果表明，结构整体抗震性能良好，无薄弱环节，完全满足现行规范的要求（图 6）。

(a) 结构裂缝分布与破坏形态

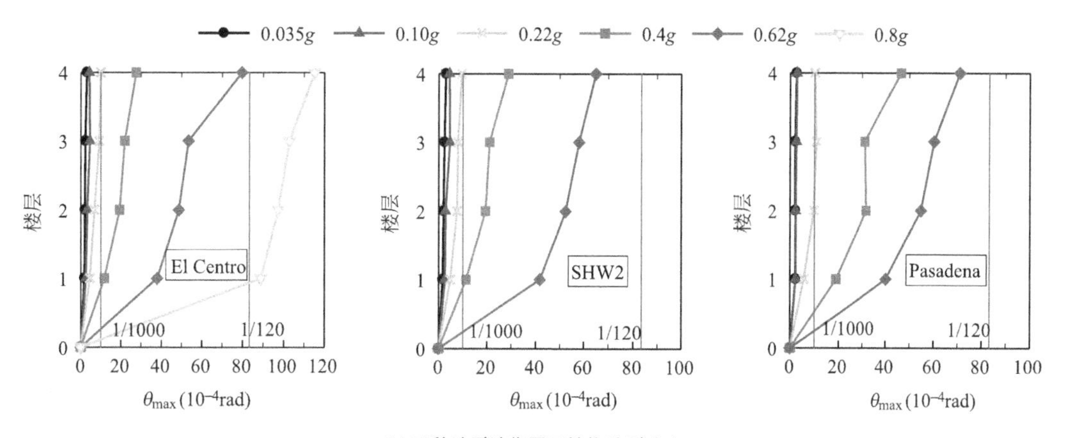

(b) 三种地震波作用下结构地震响应

图 6 振动台试验地震响应

（5）优化连接构造措施

基于塑性变形性能，结合变形协调推导出边缘构件计算长度，见式（7）。

$$l_c = x_n - \frac{0.0033}{\phi_u} \tag{7}$$

$$\phi_u = \frac{\theta_u - \frac{\varepsilon_s}{h_w} H_w \left[1 + 0.75\left(\frac{h_w}{H_w}\right)^2\right] - \frac{P}{K_s}\frac{l_p}{H_w}}{l_{pz}\left(\frac{1}{2} - \frac{1}{3}\frac{l_{pz}}{H_w}\right)} + \frac{3\varepsilon_s}{h_w}$$

式中 P——墙体极限承载力；

K_s——塑性铰区域抗剪刚度；

x_n——受压区高度；

θ_u——极限位移角。

经优化，底部加强部位，现浇边缘构件长度应不小于墙肢长度的 1/5 和图 7 的阴影面积，且配筋放大 1.1 倍，底部加强部位以上楼层，现浇边缘构件的长度满足图 7 的要求。

根据水平接缝密实、保水、防渗和传力特征等，提出了具有高强、自密实、防水和微膨胀等性能坐浆料关键技术，其配合比及相关性能见表 1 和表 2。

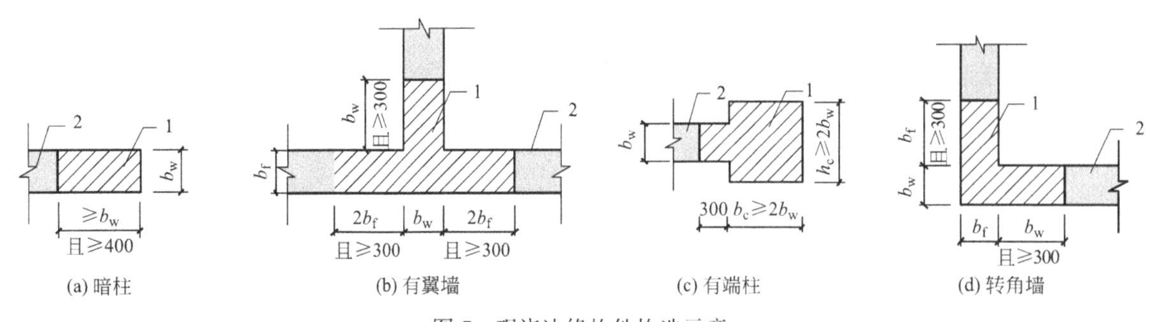

图 7 现浇边缘构件构造示意

1—现浇边缘构件（阴影区）；2—预制墙板

专用坐浆料配合比（kg/m³） **表 1**

普通硅酸盐水泥	硫铝酸盐水泥	无水硬石膏	砂	硅灰	聚羧酸减水剂	消泡剂	酒石酸	碳酸锂	聚丙烯纤维
300	100	50	540	10	1.2	0.5	0.3	0.3	4

专用坐浆料性能指标 **表 2**

项目		性能指标
凝结时间(min)		≥60
		≤120
保水率(%)		≥88
稠度(mm)		≥70
2h 砂浆稠度损失率(%)		≤20
抗压强度(MPa)	1d	≥20
	3d	≥30
	28d	≥40
膨胀率(%)		≥0.02

（6）开发了全过程正向结构设计软件

基于国内某通用结构设计软件平台，综合运用三维建模技术、有限元分析技术、数据库技术等开发了含新体系专属的建模与前处理、结构计算与设计、深化设计与图纸绘制的全过程正向设计软件模块，实现了软件化出图（图 8）。

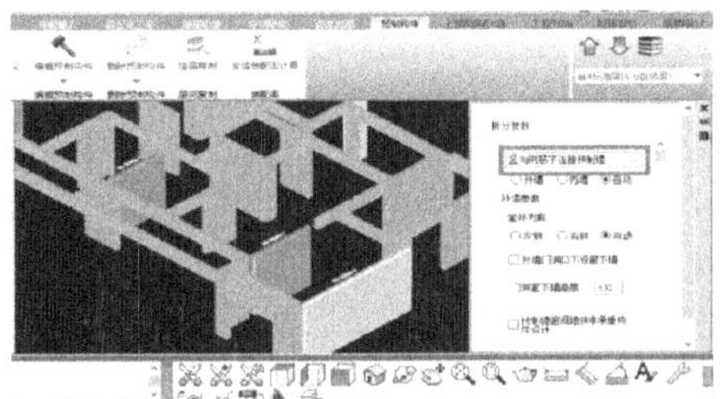

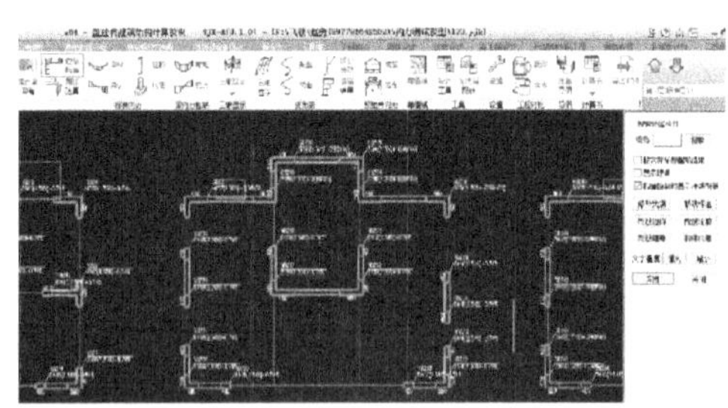

(a) 预制墙板定义与计算结果

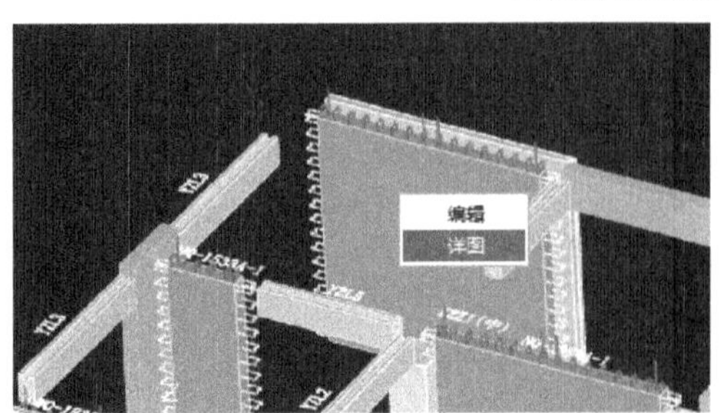

(b) 深化设计与结果查看

图 8 全过程设计软件模块示意

4. 关键技术三：形成了SGBL装配整体式剪力墙结构成套施工关键技术

（1）提出预制墙板自动化生产技术

本项目提出的体系预制墙板取消了套筒等连接，降低了制作精度和难度，易实现自动化生产，形成了集自动绘制轮廓定位线、自动化组装边模、钢筋自动化生产与无缝对接就位及机械化布料、振捣、抹平等预制墙板自动化生产技术解决方案，见图9。

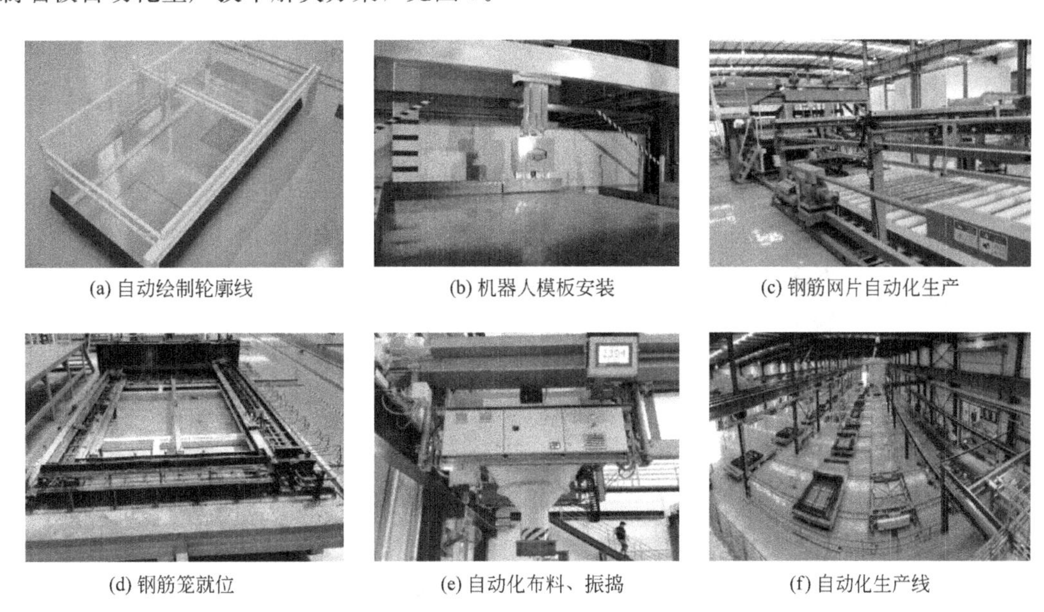

(a) 自动绘制轮廓线　(b) 机器人模板安装　(c) 钢筋网片自动化生产

(d) 钢筋笼就位　(e) 自动化布料、振捣　(f) 自动化生产线

图9　自动化生产

（2）高效安装技术

1）形成SGBL装配式剪力墙标准化施工工艺（图10）。与传统套筒灌浆相比，坐浆施工便捷，质量可控，施工效率高，可在20min内完成墙板安装就位。

(a) 放线、洒水湿润　(b) 坐浆料搅拌　(c) 坐浆料铺设　(d) 墙板安装

(e) 矫正、固定　(f) 养护　(g) 边缘构件标准化施工　(h) 叠合板施工

图10　标准化施工

2）形成精准定位技术。为了方便现场预制墙体精确快速定位，结合工程应用，形成预留盲孔与插筋快速定位技术。见图11。

3）形成水平接缝成套连接施工技术。针对该体系，综合考虑外墙防水与结构整体性能开展了连接工艺研究，形成外墙盲孔灌浆工艺、内墙坐浆工艺关键技术和质量验收制度，见图12。

4）现浇边缘构件模块化施工技术。剪力墙边缘构件尺寸相对容易标准化、模数化，因此边缘构件

(a) 预留插筋

(b) 精确就位

图 11　精确就位技术

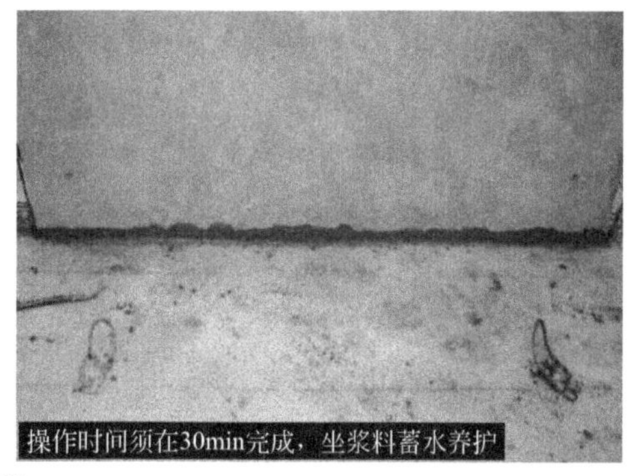

(a) 坐浆

(b) 超声密实度检测

(c) 盲孔灌浆

图 12　水平接缝施工工艺

采取工业化施工方式有着潜在的优势，主要包括工具化模板和成型钢筋建造方式的使用（图 13）。

三、发现、发明及创新点

（1）提出了 SGBL 装配整体式剪力墙结构体系。解决了现行装配式剪力墙竖向钢筋套筒灌浆连接等连接节点多、材料成本高、施工不便捷、检测困难大、施工质量难以保证的行业痛点。

（2）系统建立了 SGBL 装配整体式剪力结构体系设计方法。建立了正截面受压承载力计算公式，给出基于拉压杆模型的斜截面受剪承载计算公式，提出基于销栓作用的水平接缝受剪承载力计算理论；基于理论与试验研究优化了连接构造措施；开发了正向结构设计软件，实现了软件化出图。

（3）形成了 SGBL 装配整体式剪力墙结构成套施工关键技术。形成了预制墙板自动化生产技术，提出了预制墙体精确定位技术、快速安装关键技术和现浇边缘构件标准化、模块化施工关键技术。

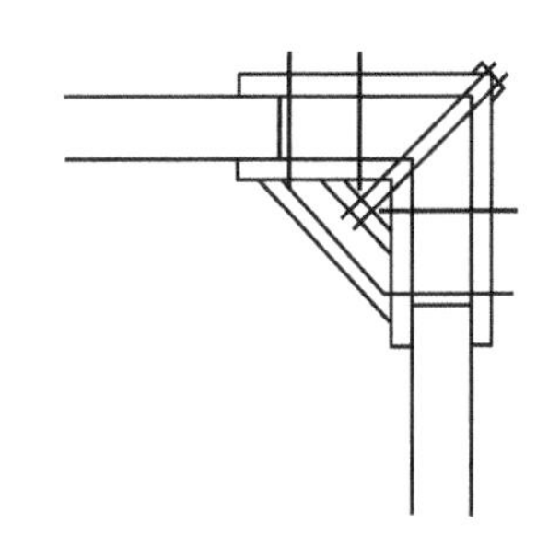
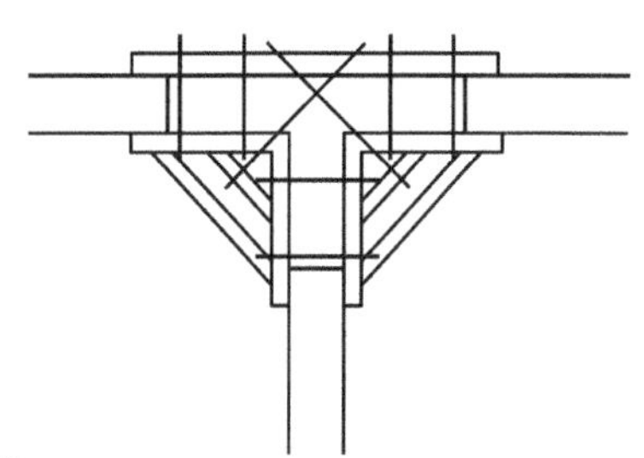

(a) 工具式模板

(b) 工具式铝模

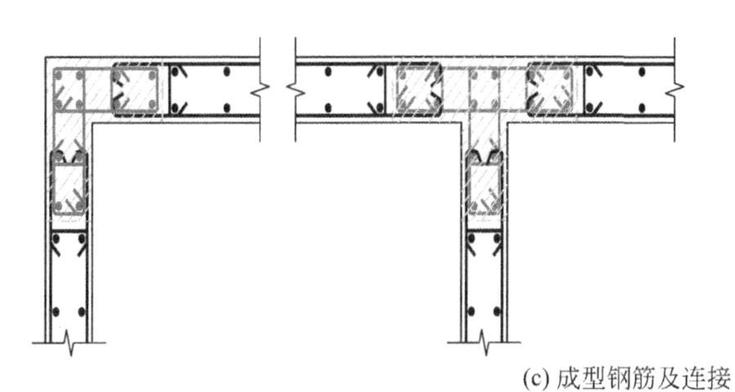

(c) 成型钢筋及连接

图 13　工具式模板示意图

四、与当前国内外同类研究、同类技术的综合比较

该项目在 2019 年 7 月经上海市建委科技委组织专家鉴定，认为总体研究技术达到国际先进水平。根据中国科学院上海科技查新咨询中心最新查新结果，整体技术具有新颖性，国内外技术对比见表 3。

国内外技术综合比较　　**表 3**

创新点	对比点	国内外技术	本项目技术
创新点 1： 提出了 SGBL 装配式整体式剪力墙结构体系	基于承载力等效的竖向分布钢筋不连接装配式剪力墙	传统装配式剪力墙结构体系竖向分布钢筋连接形式多样，如套筒灌浆连接、浆锚连接、螺栓连接等	创造性地研发了基于正截面承载力与斜截面承载力等效原则的 SGBL 装配整体式剪力墙结构体系，规避了传统连接方式下行业存在的普遍问题，节约了成本，提高了施工效率
创新点 2： 系统建立了 SGBL 装配式整体式剪力墙结构体系设计方法	1. 竖向分布钢筋断开承载力计算公式 2. 水平缝构造措施 3. 设计软件	1. 传统装配式剪力墙设计方法考虑竖向分布作用； 2. 仅有竖向分布钢筋连接的构造措施； 3. 现有设计软件只针对传统剪力墙设计	首次提出了该体系设计计算理论、构造措施；研发了一套适用于该体系的专用坐浆料和连接措施，开发了该体系特征的正向结构设计软件，实现软件化出图，结构设计便捷

续表

创新点	对比点	国内外技术	本项目技术
创新点3： 形成了SGBL装配式整体式剪力墙结构成套施工关键技术	1. 自动化生产技术 2. 精准定位、坐浆法施工、边缘构件标准化施工等高效建造技术	1. 套筒灌浆等预制墙板固定模台技术，自动化生产水平较低； 2. 套筒灌浆等连接施工缺乏坐浆法施工等相关施工技术方法	取消套筒等连接，降低了制作与生产难度，实现了预制墙板自动化生产技术；提出了预制墙板精准定位技术、水平缝高效连接技术；边缘构件标准化、模块化施工技术等高效建造技术。相比，材料成本节约10%，施工效率提高15%

五、第三方评价、应用推广情况

1. 鉴定评估情况和知名专家评价

2019年7月8日，上海市住房和城乡建设管理委员会科技委组织召开了技术鉴定会，业内著名专家一致认为该技术体系达到国际先进水平。在推广应用中，得到了国内知名专家的高度评价和充分肯定。

2. 应用推广情况

2019～2021年，该技术在济南万达文化体育旅游城项目、河南省省直青年人才公寓项目、南京市盘城2号地块项目、中海济南华山东片区项目成功应用推广，另外在济南文庄租赁住房B-11地块项目正在实施，累计应用面积达10万平方米（图14）。

(a) 济南万达文旅城

(b) 河南省省直人才公寓

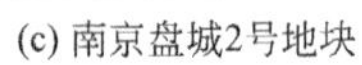

(c) 南京盘城2号地块

(d) 济南文庄公寓项目

(e) 山东中海济南华山东片区项目

图14　应用推广项目

六、经济效益

4 个项目的直接经济效益达到 852 万，与传统套筒灌浆连接形式的装配式剪力墙比较，材料成本节约了 10%、施工效率提高 15%、综合效益提高 18%（图 15）。

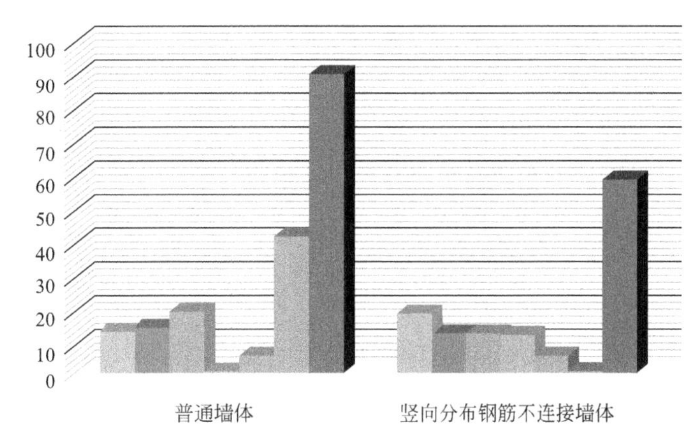

图 15　成本分析

七、社会效益

相比现有的国内外剪力墙结构形式，SGBL 装配整体式剪力墙结构体系优势在于取消了竖向分布钢筋的套筒灌浆、浆锚连接或螺栓连接，降低了材料成本、生产与施工的精度和难度，减少了工作量，提高了效率，规避了钢筋连接施工的安全、质量隐患，实现了建筑工业化提倡的“两提两减”建造目标。在确保结构质量与安全的前提下，节约成本、提高效率，满足高效、高质量发展需求。该体系符合建筑工业化发展需要，绿色、环保，经济、社会效益良好，具有较大市场竞争力和应用前景，对推动建筑工业和装配式建筑的发展具有重要意义。

工业化建筑数字化一体化建造关键技术及应用

完成单位： 中建科技集团有限公司、中国中建设计集团有限公司
完 成 人： 樊则森、叶浩文、周　冲、苏世龙、赵中宇、孙　晖、李　文、孙占琦、李张苗、贯　宁、王洪欣、黄铁群、李新伟、肖子捷、苏衍江

一、立项背景

我国以装配式钢筋混凝土为主要结构选型的建筑工业化，在经历过去70年几起几落，仍未进入持续性的稳健发展。其主要原因就是缺少整合建筑的系统科学理论及方法来指导工程实践，传统产业分工和工程组织方式落后，企业缺乏核心能力和专业化分工协作，导致工程建造全过程、全产业链、各环节各自为战，始终处于碎片化的发展状态。具体表现为：建筑设计、加工制造、装配施工各自分隔，相互间关联度差；建筑、结构、机电设备、装饰装修自成体系，缺乏协同；建造过程手段粗放、成本至上、寿命短、标准低；按照传统的施工总承包模式，无法从施工的末端与引导前端的需求相结合。归纳起来，存在三个关键问题：一是一体化程度低，只考虑结构装配，较少对建筑围护、机电设备、装饰装修等要素的工业化建造技术研究，尤其缺乏以完整的建筑产品为对象，将建筑各大要素加以整合的建筑系统集成设计技术。二是工业化建造能力尚待提高，基于现浇设计，通过拆分构件实现“等同现浇”的装配式结构设计，缺乏考虑加工、装配的工业化设计专有技术，工业化设计一体化、标准化程度低，不适应工业化生产和装配化施工需求，预制构件产品生产手工作业多，难以工序化、专业化、机械化、规模化，现场安装的设备机械化程度仍显不够，安装效率偏低，工业化建筑的效率和效益优势未能充分发挥；工厂生产制造技术落后，缺少能高效生产、精益装配的工业化建筑通用体系和专用体系，亟待研发与工业化生产方式相适应的若干关键技术及方法。三是数字化水平低，BIM作为主要的建筑数字化技术在工程建设中得到大量应用，但设计、采购、生产、施工各环节没有贯通，建筑、结构、机电、内装各专业尚在碎片化应用，缺少用数字技术全面描述建筑的技术和方法，将建筑产品设计成果及其建造过程整体数字化存在技术瓶颈。

二、详细科学技术内容

1. 工业化建筑系统集成设计理论

将系统工程理论创新性地引入建筑领域，探讨工业化建筑从设计到建造全过程、全方位的整体解决方案，形成建筑系统工程理论，其要义为：将建筑作为一个整体，用系统工程理论及方法集成若干技术要素，以整体最优为目标，用设计、生产、施工一体化和建筑、结构、机电、内装一体化以及技术、管理和市场一体化的三个一体化发展思路，围绕建筑业提质增效、持续健康发展的核心目标，选择适宜的技术路线稳步发展。

工业化建筑与非工业化建筑相比，其系统建构更为清晰，更便于进行系统分析、描述和重构。遵循工厂制造和现场装配的逻辑关系，结合其在整体中的作用和功能，科学地区分各大系统要素。本研究认为，工业化建筑由结构系统、围护系统、机电设备系统和装饰装修系统四大部分构成，四大系统之间主要通过建筑功能、空间和形式产生联系，当功能、空间和形式发生变化时，结构、围护、机电和装修也会相应发生变化。见图1。

2. 工业化建筑标准化设计方法

研究总结形成了普遍适应于不同结构体系工业化建筑的“四个标准化”设计方法并付诸规模化工程

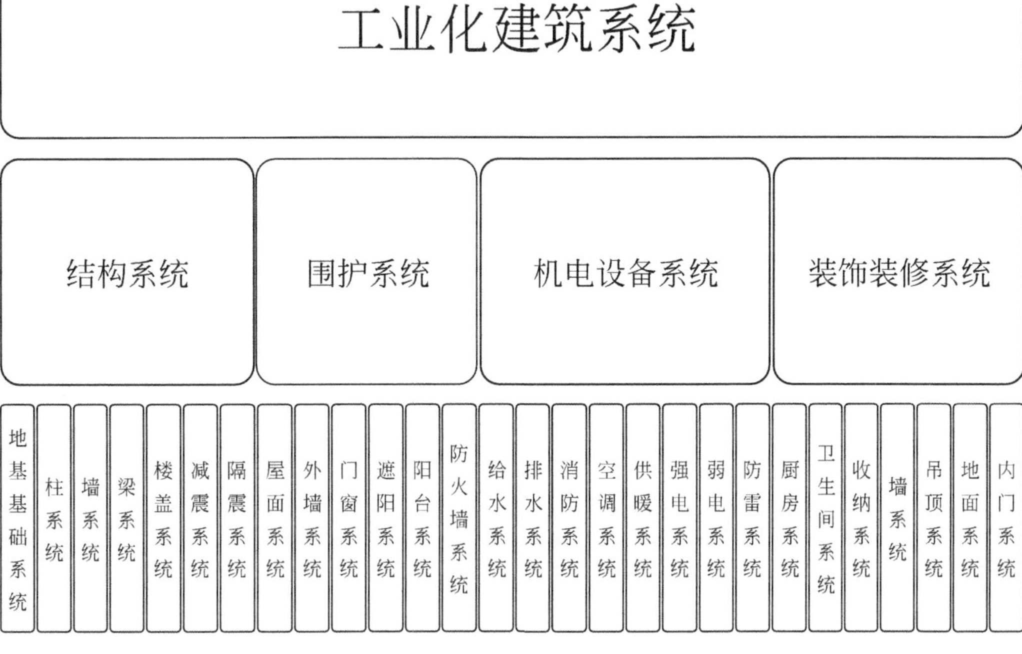

图 1　工业化建筑系统框架图

应用实践，解决了“缺少适合工业化新型建造方式的标准化设计方法”的关键问题。

(1) 平面标准化（有限模块、无限生长）：通过制定大空间可变、结构可变、模数协调和组合多样等原则，解决了建筑平面化和适应性的对立统一问题；

(2) 立面标准化（标准化、多样化）：形成了立面要素标准化和组合多样化的设计方法，解决了工业化建筑立面呆板、千篇一律的问题；

(3) 构件标准化（少规格、多组合）：提出规模化生产的关键在于构件标准化，解决了设计不能满足工厂生产和现场装配需求的问题；

(4) 部品标准化（模块化、精细化）：模块化内装部品如何进行精细化设计，解决了内装部品如何让居住者有获得感，提升品质的问题。见图 2。

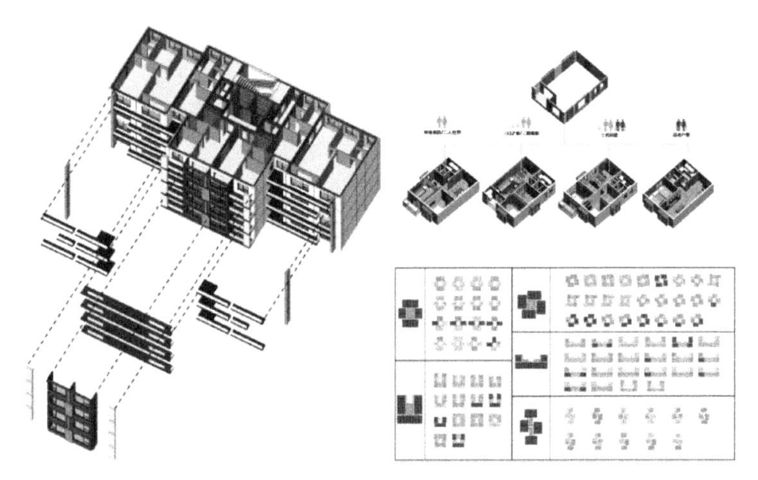

图 2　标准化设计方法

3. 一体化、工业化生产关键技术

研究创新形成了典型预制工厂的构件生产设备综合优化布局的生产线工艺设计关键技术，形成了构件加工综合生产线工艺布局模式；形成了钢筋成型加工、模具组装、混凝土布料等关键生产过程的智能化生产控制技术与生产设备，开发了全产业链的预制工厂智能化管理信息系统，实现一体化、工业化构件生产。见图 3～图 5。

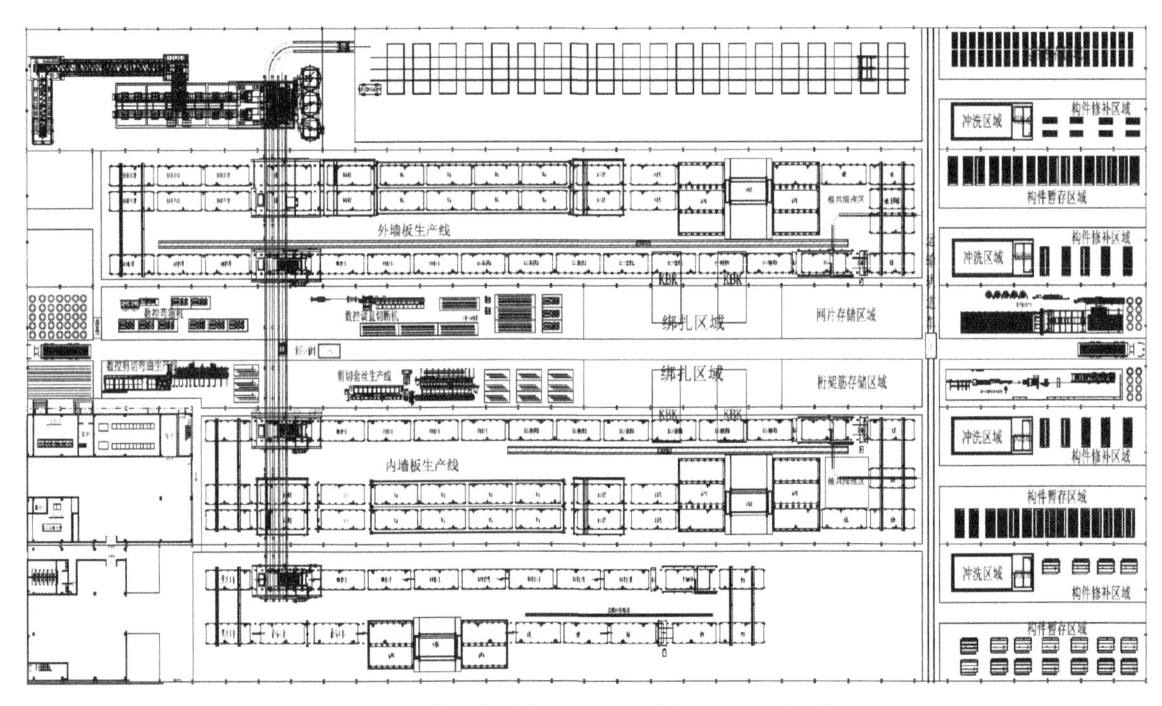

图 3　预制构件自动化流水生产线总体工艺布局设计

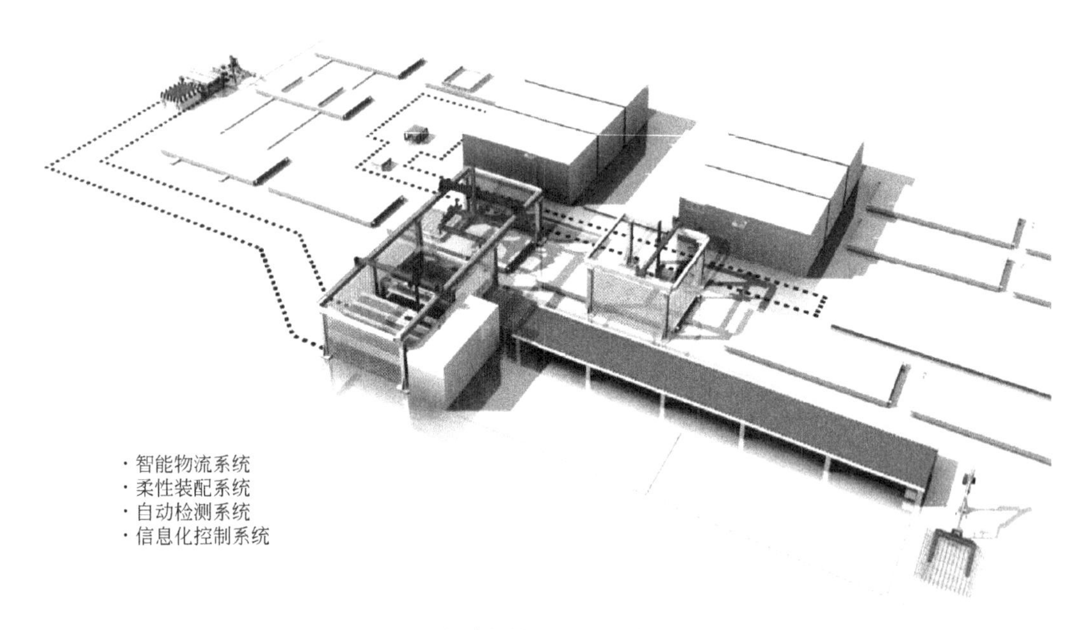

图 4　自动化控制系统设计与组成

4. 一体化、装配化施工关键技术

创新集成 PC 构件的运输及存放技术、全套筒灌浆连接技术、构件吊装技术、装配式铝合金模板施工技术、内窥镜检测技术、BIM 信息化技术、装配工装体系、灌浆套筒定位技术及信息化管理技术等施工技术，通过对装配式混凝土剪力墙结构建筑技术体系、装配式混凝土叠合剪力墙结构建筑技术体系和装配式混凝土框架结构建筑技术体系的特征分析与项目实践总结，形成适用于工业化建筑一体化、装配化施工关键技术，实现工业化建筑施工的高效化和现代化。见图 6～图 8。

图 5　构件生产跟踪

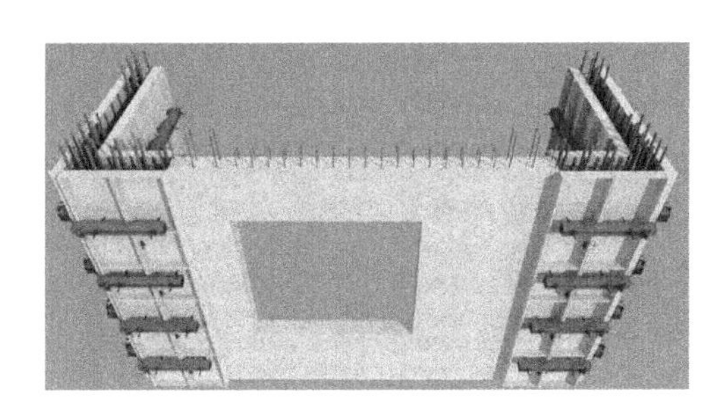

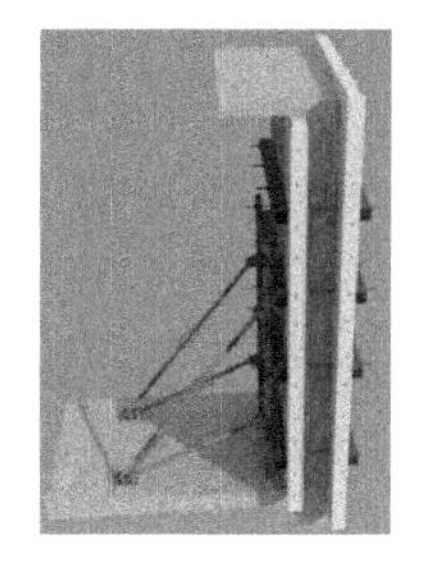

图 6　深化设计

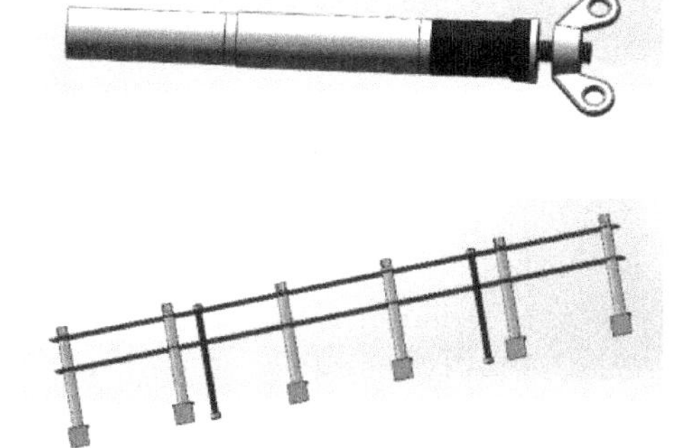
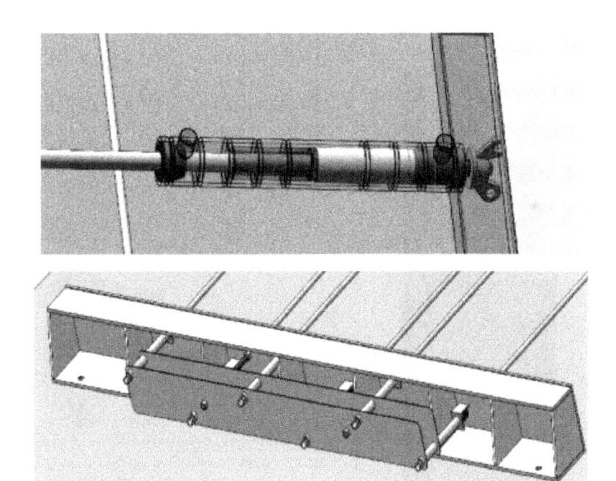

图 7　套筒定位装置 3D 模型

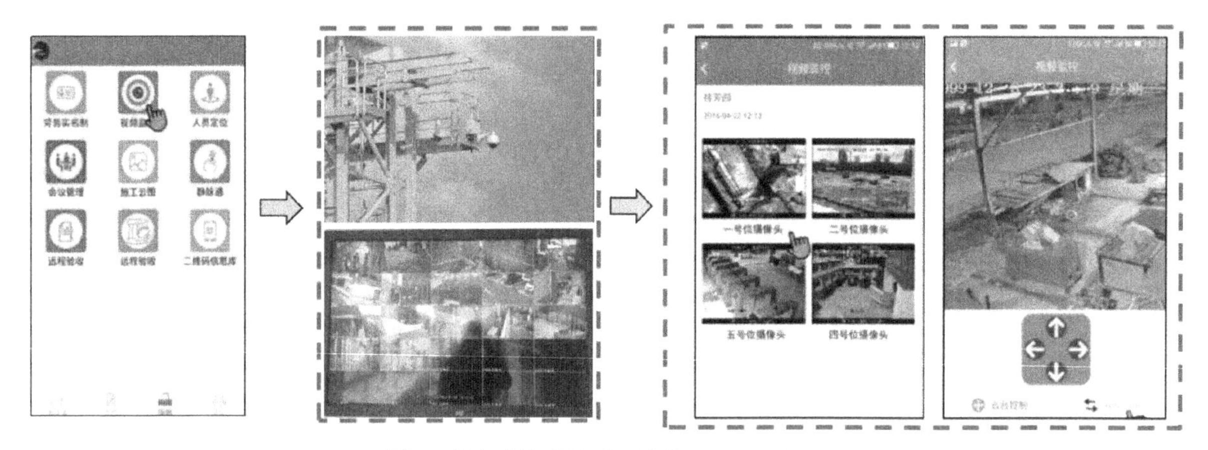

图 8　视频监控系统手机端管理界面及流程

5. 工业化建筑数字建造平台

研究围绕装配式建筑设计、生产、施工一体化，建筑、结构、机电、内装一体化和技术、管理、产业一体化集成建造的需要，系统性集成 BIM、互联网、物联网、装配式建筑等技术，创新形成建筑＋互联网平台。

平台由线下和线上两大部分构成，线下是基于“企业云”的 BIM 一体化协同设计平台，通过“全员、全过程、全专业”的三全 BIM 应用，形成数字化设计成果服务于线上平台；线上支撑设计、采购、生产、施工和使用等全链条云应用。

（1）设计环节：“数字设计”以项目为单位，将数字化构件拼装成楼层单元、楼栋单元等轻量化模型，实现设计信息数字化集成；

（2）采购环节：“云筑网”应用专业软件对 BIM 轻量化模型进行数据提取和数据加工，自动生成工程量及造价清单，依托云筑网完成采购；

（3）生产环节：“智能工厂”具备五大功能，即全过程质量可追溯、生产状况实时统计及管控、云端监控并分析不安全行为、BIM 信息驱动生产、工业机器人实现智能化生产；

（4）施工环节：进度跟踪及大数据分析；工地实名制系统、机器视觉和亚米级人员定位、点云扫描实测系统、基于无人机航拍与建模技术的项目进度可视化。见图 9～图 13。

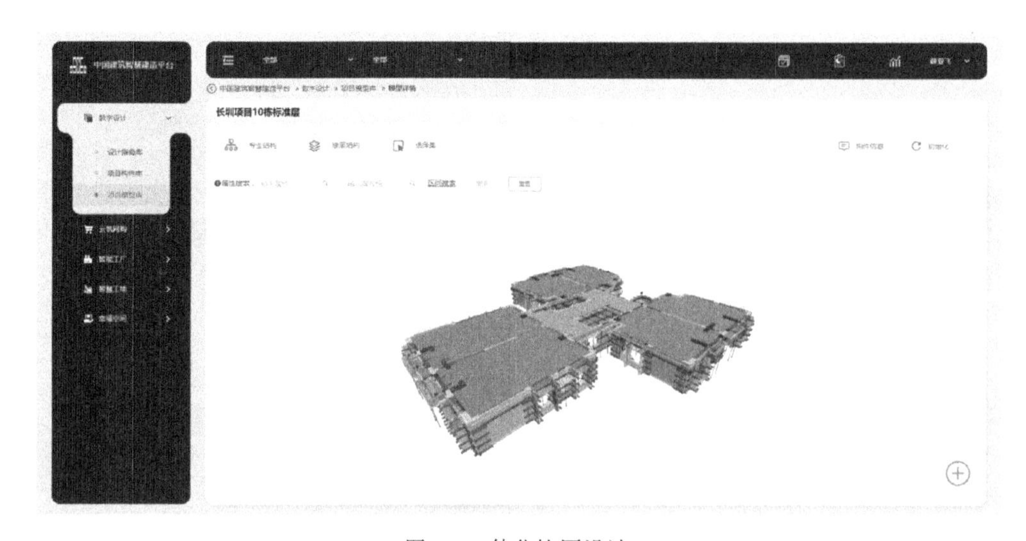

图 9　一体化协同设计

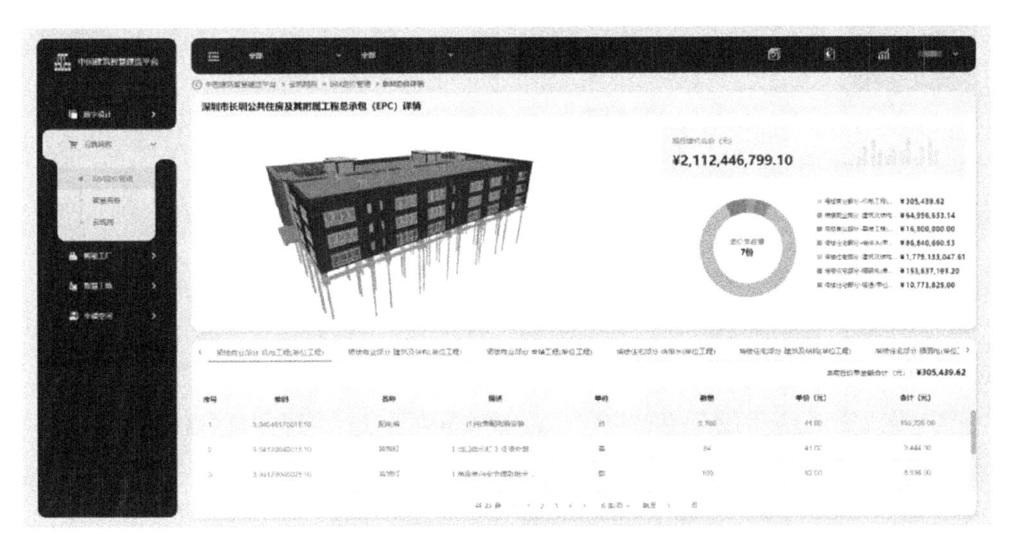

图 10　自动生成工程量及造价清单

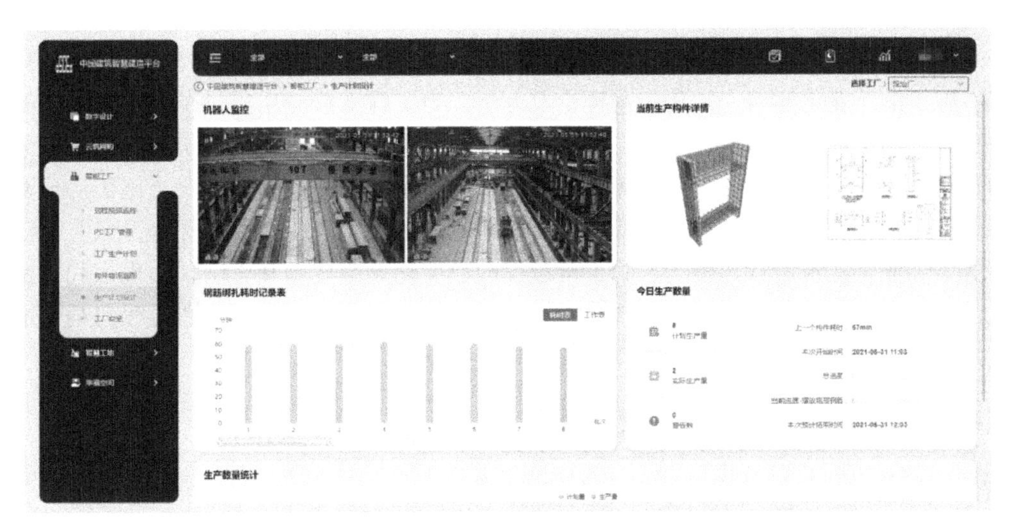

图 11　智能化生产

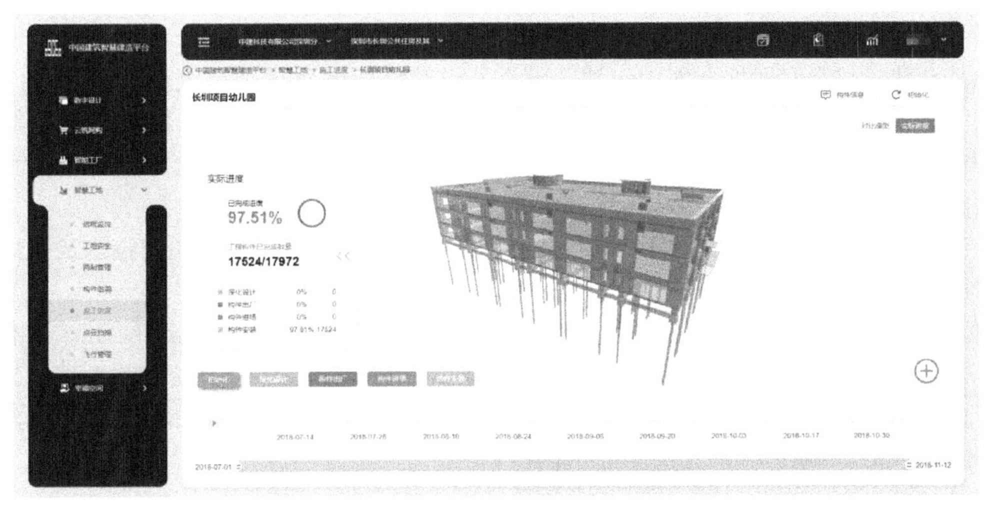

图 12　施工进度模拟

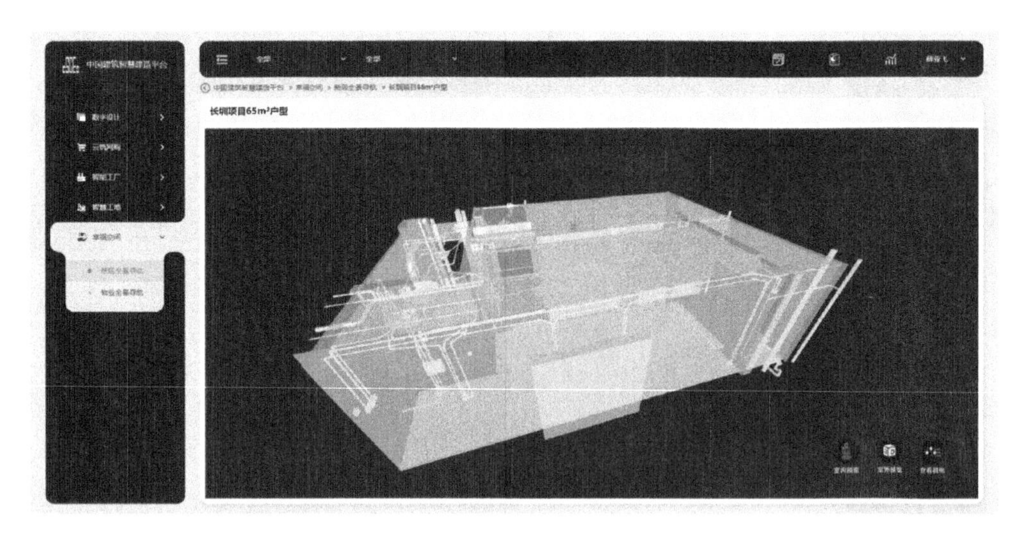

图 13　VR、全景虚拟现实技术运用

三、发现、发明及创新点

（1）将系统工程理论应用于工业化建筑设计建造全过程，提出了结构、围护、机电、内装一体化，设计、生产、施工的工业化建筑一体化建造理论及方法，为工程实践应用提供了理论指导。

（2）提出了“四个标准化”设计方法，形成了装配式混凝土剪力墙结构建筑技术体系、装配式混凝土框架结构建筑技术体系、双面叠合剪力墙结构建筑技术体系等涵盖设计、生产、施工的成套技术。通过大规模实践应用，提高了建筑品质，降低了建造成本，发挥了工业化建造的优势。

（3）形成了工业化建筑设计、生产、施工全过程的数字化关键技术和方法，实现了同一个数字设计模型从建筑设计、商务招采、工厂制造和现场施工全过程的数字化。形成了建造过程自动生成数字孪生模型的关键技术及方法，并为运营维护提供了数字孪生模型的数据接口。

四、与当前国内外同类研究、同类技术的综合比较

1. 工业化建筑系统集成设计理论与标准化设计方法

国际方面，《整合建筑——建筑学的系统要素》（美）专门论述了建筑学的系统原理，但主要针对建筑的硬件、类型、形式和功能，涉及艺术和科学各方面，基本不考虑建造的过程。主要通过案例分析来表达观点，理论凝练不够；《再造建筑——如何用制造业的方法改造建筑业》（美）完全对标制造业，提出了建造流程的优化和建造方式如何学习制造业的问题，但仅谈流程和方式，缺乏对于制造业本质性和建造过程实践性方面的论述，没有从系统科学的角度加以全面研究和分析。本研究是我国首次全面地将系统科学理论引入工业化建造领域相关研究，针对我国发展建筑工业化进程的痛点，梳理出实施路径和解决方案，并且结合示范工程大量实践验证和优化，更加具有针对性、理论性、实践性和系统性。

2. 全产业链一体化关键技术协同及技术集成（涵盖一体化、工业化生产关键技术及一体化、装配化施工关键技术）

国外的工业化建筑发展强调全生命周期控制，并尝试将计算机集成制造系统和 BIM 技术融入装配式建筑的研究与工程实践，进一步推动建筑工业化、信息化和标准化，总体研究工作开展较为充分。但由于设计理念、技术标准、检验方法等与国内不一致，不适应国情，而国内在本领域尚无成熟、有效的解决方案，因此本成果具有较强的先进性与可推广性。

3. 工业化建筑数字建造平台

基于 BIM 的数字化生产建造、一体化管理的技术国内外均有部分研究，国外主要集中在对工厂自

动化生产管理和企业及总包信息化管理的研究，国内主要是对5DBIM、BIM总发包管理模式信息化集成管理的研究。与其他国内外研究比较，本成果成功地实现了用一个建筑信息模型及其代表的同意数据标准及接口，贯通了建造全过程，率先实现了工业化建造全过程的数字孪生。统一数据全面覆盖设计、采购、生产、施工和运维环节，可以满足全产业链管理的需求；以工业化建筑EPC工程总承包需求出发，基于BIM轻量化和互联网云技术实现设计、加工、施工、采购、交付的全过程智慧建造管理；BIM模型技术数据与管理数据采用前后端系统的方式进行分离，前端处理BIM模型技术数据，专注于装配式建筑的核心业务流程，后端系统处理管理数据，避免了技术数据与管理数据杂糅所导致的数据链不清晰、管理功能不实用的弊端。

五、第三方评价、应用推广情况

1. 第三方评价

（1）工业化建筑系统集成设计理论与标准化设计方法

2021年3月8日，北京中科创势科技成果评价中心组织专家召开科技成果评价会。专家组听取了项目方的总结汇报，经质询、答疑和讨论，认为该项成果整体达到国际领先水平。

（2）全产业链一体化关键技术协同及技术集成、工厂智能化生产集成技术及管理体系

2021年3月2日，中国建筑集团有限公司在北京组织专家召开科技成果评价会。专家组听取了项目方的总结汇报，经质询、答疑和讨论，认为该两项成果整体达到国际领先水平。

（3）工业化建筑数字建造平台

2021年6月21日，北京中科创势科技成果评价中心组织专家召开科技成果评价会。专家组听取了项目方的总结汇报，经质询、答疑和讨论，认为该项成果整体达到国际领先水平。

2. 推广应用

工业化建筑系统集成设计理论成果及一体化建造理念已体现在国家标准《装配式混凝土建筑技术标准》GB/T 51231—2016、《装配式建筑评价标准》GB/T 51129—2017、行业标准《工业化住宅尺寸协调标准》JGJ/T 445—2018中，形成的专著《从设计到建成》和《走向新营造》等被相关研究引用。设计方法成果形成《装配式建筑标准化设计指南》《装配式剪力墙结构建筑设计指南》等10余部各类工业化建筑技术体系设计指南，目前已作为工具类书籍公开出版。

本研究完成涵盖8种装配式结构体系，跨越4个气候带、22个城市，总建筑面积共438万平方米的53个示范工程。实施并示范推广了60余项涵盖围护系统、结构系统、机电设备系统、装饰装修系统的工业化建筑设计关键技术及涵盖建筑全生命建造周期的装配式建筑设计—部品生产—装配施工—装饰装修—质量验收全产业链技术集成协同关键技术。根据不同地区、不同气候条件、城市特色和政策环境等因素，进行了相应结构体系和关键技术的高效示范，推动了全国装配式建筑的发展。特别是装配式模块化钢结构在各应急医院中的应用，高效解决了疫情期间应急医院紧缺的难题，带来了良好的社会影响，对装配式建筑的推广取得了很好的效果。

六、社会效益

研究成果形成了普适性的工业化建筑设计新理论、新方法，以及数字化、一体化建造关键技术，既总结提炼了“十三五”时期我国工业化建筑发展中的经验和教训，又面对“十四五”期间我国即将迎来智能建造与建筑工业化协同发展的创新需求，填补了全行业在建筑工业化领域全专业、全方位、全要素开展研究的空白，为建筑产业数字化夯实了理论和实践基础，指明了发展方向。同时，面向未来的数字建筑产业化开展了基础研究支持，对建筑科技引领产业变革发挥了承上启下的重要作用，对国内外建筑工业化发展具有重大意义与贡献。

城市深废矿坑生态修复与绿色建造关键技术研究与应用

完成单位：中国建筑第五工程局有限公司、中建五局第三建设有限公司、重庆大学、湖南科技大学、中建五局土木工程有限公司、中建科工集团有限公司

完成人：何昌杰、吕基平、华建民、黄　虎、李　璐、吴　智、雷　勇、仉文岗、赵金国、李建新、黄乐鹏、黄小城、曾　波、宁志强、赵俊逸

一、立项背景

在我国长期的发展建设中，矿业开发曾为经济发展提供了重要的资源保障，但同时也对生态环境造成了破坏。随着城市生态文明建设的开展，如何有效地推进矿山损毁土地的复垦和破坏生态的修复，是未来我国社会可持续发展的重要内容。矿坑生态修复利用工程——冰雪世界项目以历经50年开采而形成的百米废矿坑为依托进行建造，对城市生态的修复和利用。该项目以矿坑遗址重生为主题乐园的大胆构想和尝试，是目前世界唯一在废弃矿坑内建造的大型冰雪游乐项目。见图1。

(a) 深废矿坑遗址地貌

(b) 矿坑修复利用工程——冰雪世界

(c) 矿坑重载大跨结构形式

图1　工程概述

针对项目深废矿坑开发利用过程中的生态修复、深坑建造及绿色节能技术难题，从项目自身特点以及国内外相关技术发展趋势来看，工程的实施需要解决以下关键科学问题：

（1）矿坑岩壁具有高陡边坡和岩溶发育的双重特点，力学参数存在不确定性，建筑结构利用岩壁协同承载，需要研究解决岩石边坡承载力及稳定性问题。

（2）项目结构具有大跨、重载的特点，且处于矿坑特殊环境，建造过程需要解决大落差混凝土高质量输送、60m高平台巨型梁高支模以及千吨级桁架精准安装等复杂问题。

（3）在长沙冬冷夏热地区建设地下室内滑雪场，室内温度需要常年维持在－5～－3℃。如何利用深坑环境特点及保温构造形式解决大空间低温场所的节能方法需要深入研究。

上述问题的解决，对于项目的实施及行业技术进步具有重要的理论和现实意义。

二、详细科学技术内容

1. 深废矿坑高陡边坡重载作用下修复利用关键技术

创新成果一：提出了岩溶区深废矿坑岩壁地基极限承载力及边坡稳定性分析方法

（1）建立了岩溶区矿坑岩壁地基极限承载力计算方法。提出了适用于矿坑岩壁地基承载力计算的广义粒子动力学数值模拟方法，实现了岩溶区矿坑岩壁地基极限承载力的精确计算，揭示了溶洞、坡形、岩体质量等级、岩体力学参数以及锚索支护力等因素对矿坑岩壁地基极限承载力的影响，解决了深矿坑

边坡稳定性及溶洞岩石地基承载力计算精度低的难题。

（2）针对下伏溶洞矿坑岩壁地基承载力问题，进行了不同顶板厚度的下伏溶洞基岩极限承载力破坏模型试验，推导了泛函形式的溶洞顶板承载力表达式，通过对比试验验证了理论方法的合理性，为矿坑下伏溶洞岩石地基承载力计算提供了可靠依据。见图 2。

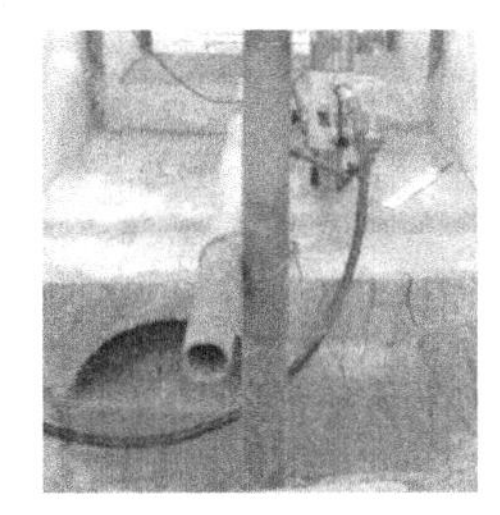

(a) 1倍顶板厚度

(b) 2倍顶板厚度

(c) 3倍顶板厚度

(d) 4倍顶板厚度

图 2　不同厚度对比试验

（3）系统构建了矿坑岩壁岩质（溶）边坡稳定性分析理论。针对深矿坑具有地质结构复杂、岩体参数不完备及随机性问题，通过深度学习智能方法搜索潜在的滑裂面，为深废矿坑边坡滑裂面的确定提供了理论依据。针对岩溶边坡安全系数和失效概率之间无法确切表达的问题，采用随机场理论建立了深废矿坑边坡稳定系数和失效概率之间的定量关系，同时考虑参数的共线性问题，通过改变试验设计的轴点长度，提出了非共线（SOED）设计矩阵，提高了可靠度的分析精度。见图 3。

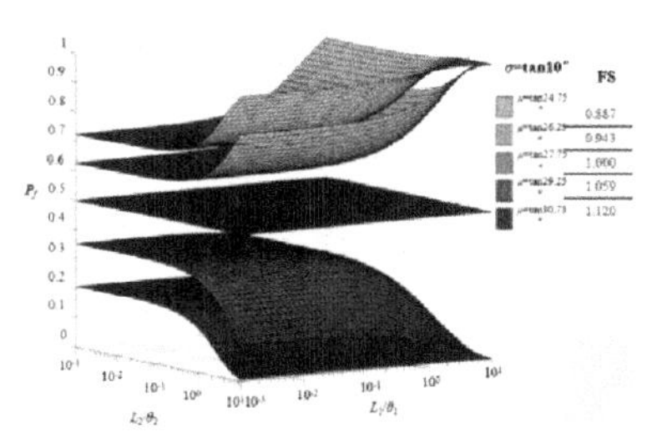

(a) 边坡失效概率与岩体参数变异系数关系

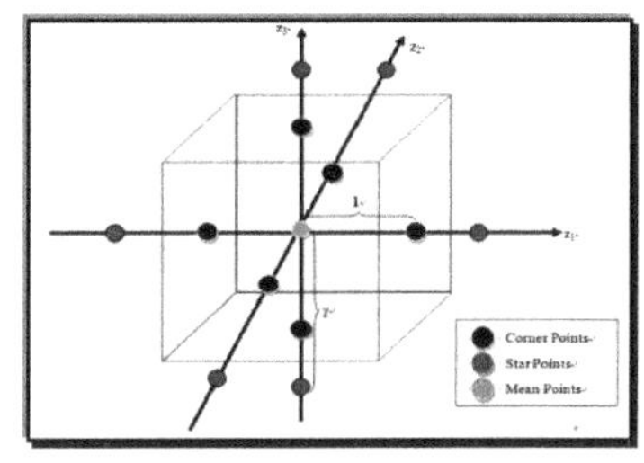

(b) 含3变量的SOED设计样本点布置

图 3　矿坑岩壁岩质（溶）边坡稳定性分析

创新成果二：揭示了建筑结构与岩壁协同承载及互馈机理，建立结构与岩壁多点滑动支承的结构体系设计方法

（1）通过开展岩壁与矿坑建筑结构协同承载的互馈机制研究，探索岩壁发生变形情况下，引起的承载力变化对支承建筑结构的稳定性影响，揭示此过程结构受力与变形的演变规律。通过建立“岩壁变形＋支座位移”及“结构突变＋岩壁承载变化”的协同作用机制，确立矿坑结构利用岩壁进行承载的结构体系设计方法。

（2）以结构与矿坑岩壁的协同承载与互馈机理研究为基础，建立深坑建筑与矿坑岩壁相互作用的多点滑动支承约束结构体系。通过对温度及地震作用组合下结构与岩壁多点滑动支承的分析，研发了重型结构与岩体间限位滑动的支承装置，解决温度及地震作用下结构与岩壁相互制约破坏的设计难题。见图 4。

创新成果三：提出了矿坑微扰动岩壁修复及加固技术

（1）针对岩溶地区破碎矿坑岩壁，通过运用损伤力学、数值分析法，分析了控制爆破开挖损伤范围和矿坑边坡的稳定性，确定控制爆破对岩体的损失范围，提出了深孔爆破、预裂爆破及浅孔爆破相结合的微扰动爆破方法，控制了边坡坡面振动加速度，实现了岩溶裂隙发育的矿坑岩壁边坡微扰动精细加固要求。

（2）首次利用超前地质雷达扫描成像及锚索原位孔试验，获取各地层和特殊地质的参数及分布状

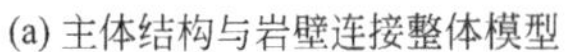

(a) 主体结构与岩壁连接整体模型

(b) 结构与岩壁多点滑动支承

图 4　深坑建筑与矿坑岩壁相互作用的多点滑动支承约束结构体系

况，并结合激光地形扫描建立三维地质模型，将地下地质情况可视化；通过运用岩溶发育边坡逐级跟管成孔施工技术，研发自扶正防缩孔锚索成孔装置和滑动式测斜仪，解决了复杂岩溶地质陡峭岩壁 60m 超长锚索加固难度大的问题，满足了高陡边坡稳定性及重载支撑的要求。见图 5。

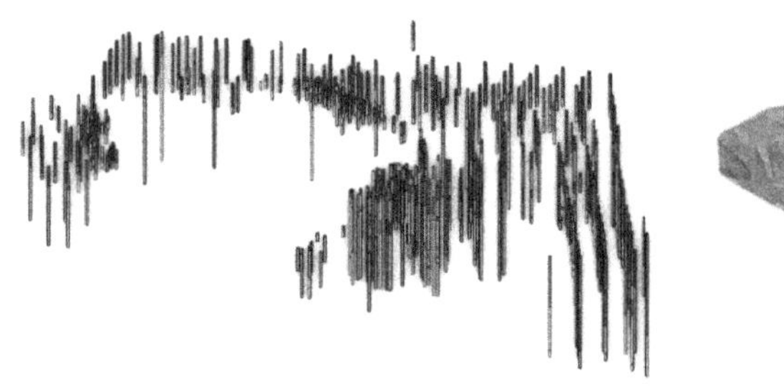

(a) 超前钻钻孔布置

(b) 三维地质模型

图 5　矿坑微扰动岩壁修复及加固技术

2. 百米深矿坑重载、大跨建筑建造关键技术

创新成果一：提出了深矿坑强约束结构大体积混凝土质量控制方法

（1）通过不同落差、管径、坡度的混凝土管道溜送试验，开发了一套百米级深坑大落差下向输送混凝土溜管装置；通过对不同等级混凝土溜送性能分析，提出了大落差溜送条件下高性能混凝土最优配合比。建立了“大落差溜送＋二次搅拌＋泵送”的深坑混凝土输送方法，解决了大落差高性能混凝土输送容易堵管、爆管及离析大的问题，实现了百米深坑混凝土的高质量快速输送。

（2）研究了强约束条件下混凝土裂缝控制方法，通过钢筋、钢板等因素对混凝土收缩及开裂风险的影响的研究，阐明了不同约束条件下对混凝土收缩开裂的影响机理。通过对混凝土孔结构与收缩关系的研究，建立了一种基于毛细张力理论的预测钢筋约束下的混凝土收缩的方法。从有效控制混凝土材料的变形量、改善内外约束条件等方面着手，形成了混凝土防开裂质量控制成套技术，解决了强约束条件下混凝土易开裂的问题。见图 6。

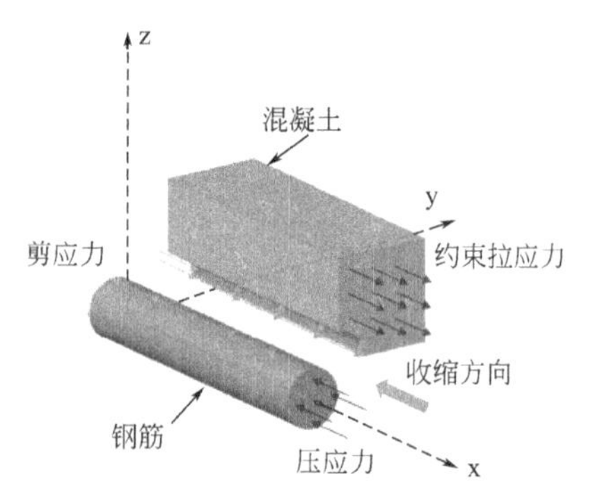

(a) 钢筋约束条件下混凝土收缩性能机理

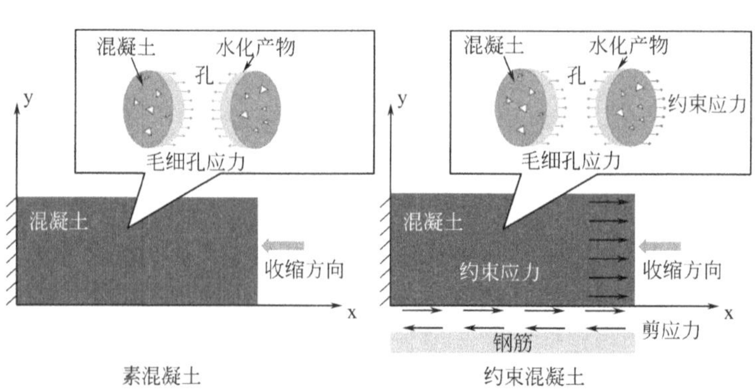

(b) 约束条件下的孔结构改变机理

图 6　强约束条件下混凝土裂缝控制

创新成果二：研发了考虑支撑体系与结构共同作用的混凝土梁分层叠合浇筑技术

通过试验与数值模拟揭示了施工期混凝土结构与支撑共同承载的机理，首次提出了考虑与结构共同作用的混凝土梁叠合浇筑支撑体系设计方法。通过应用格构柱+贝雷梁的支撑体系设计，解决了深矿坑内 60m 高重载大跨混凝土梁的高支模难题。在保障支撑体系安全性的同时，节约了大量的支撑材料。见图 7。

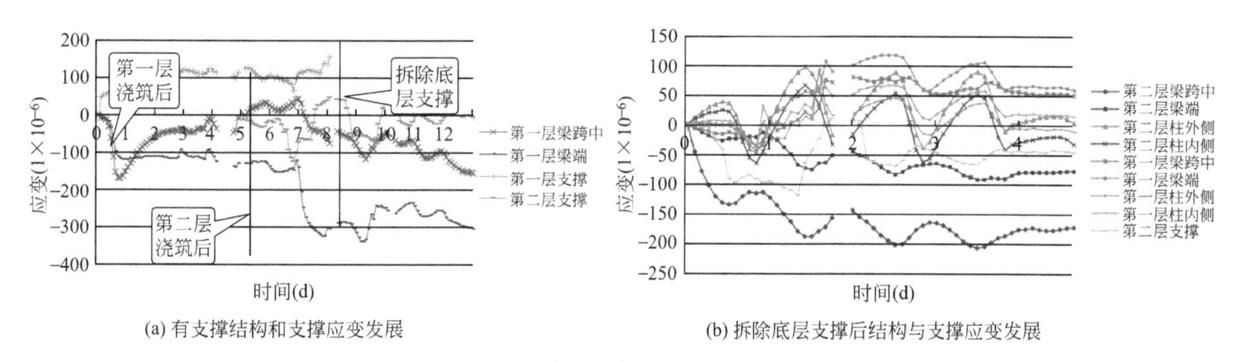

(a) 有支撑结构和支撑应变发展

(b) 拆除底层支撑后结构与支撑应变发展

图 7　施工期混凝土结构与支撑共同承载机理

创新成果三：创新了重型钢结构背拉式液压提升技术及重载作用下钢结构柱分阶段承载的建造方法

（1）矿坑重型钢结构屋盖创新性地提出了背拉式液压提升安装法，提升过程中，在支撑钢柱的另一侧设置背拉提升器施加荷载，与提升吊点一侧的提升荷载相互平衡，抵消掉支撑钢柱的单向变形，有效地减少了提升过程中支撑钢柱自身变形，实现了重载、大跨钢结构的高精度安装。见图 8。

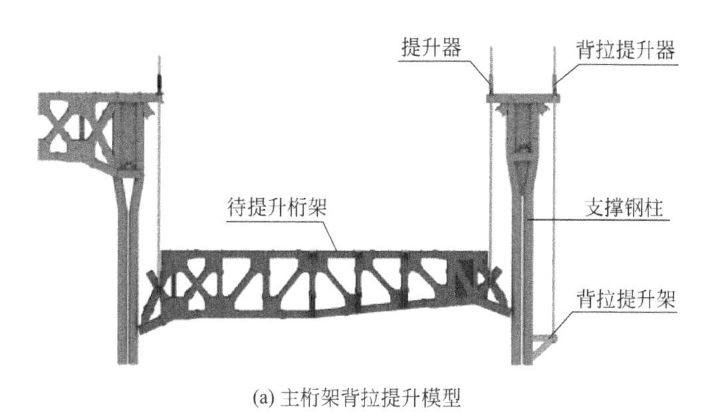

(a) 主桁架背拉提升模型

(b) 主桁架背拉提升现场

图 8　主桁架背拉提升

（2）提出了深矿坑重载作用钢结构柱分阶段承载的设计—施工方法，通过建造过程不同阶段的卸载、加载及再连接过程，将钢柱恒荷载分摊至两侧钢柱，承担后续施加的活荷载，实现钢结构柱部分荷载的转移，有效地解决了重载作用下不均匀岩质地基局部承载力不足的问题。实施过程通过“胎架支撑—水平限位—分级切割—液压卸载—分段调整—对称连接”的技术措施，安全实现承载 2 千余吨钢结构柱的卸载、再承载的过程。

3. 冬冷夏热地区半地下空间室内滑雪场保温节能关键技术

创新成果一：提出了利用深矿坑建造半地下空间室内滑雪场的节能设计方法

提出了室内滑雪场利用地下矿坑岩壁进行保温节能的设计方法，通过对室内滑雪场的负荷计算，以及地下、地上建筑能耗和制冷能耗分析比较研究，并进行了现场数据监测（图 9），得到地下建筑全年能耗比地上建筑低 7.87%，总体节约了大约 23 万 kW·h 的电能，为地下空间建筑的节能设计提供依据。

创新成果二：研发了冬冷夏热地区大型室内滑雪场冷桥阻断技术

研发了超长保温板隐式固定构造、内保温与外围护墙夹心空腔构造及缓冲式防排烟口构造设计等成

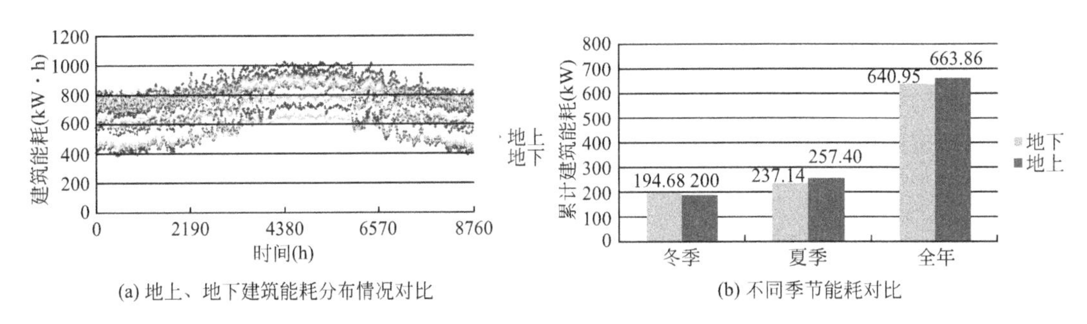

(a) 地上、地下建筑能耗分布情况对比

(b) 不同季节能耗对比

图 9　能耗对比

套大型室内滑雪场冷桥阻断技术，解决了大型室内滑雪场气密性差，室内外能量传导效应快等问题，实现了冬冷夏热地区大型室内滑雪场的节能效果。见图 10。

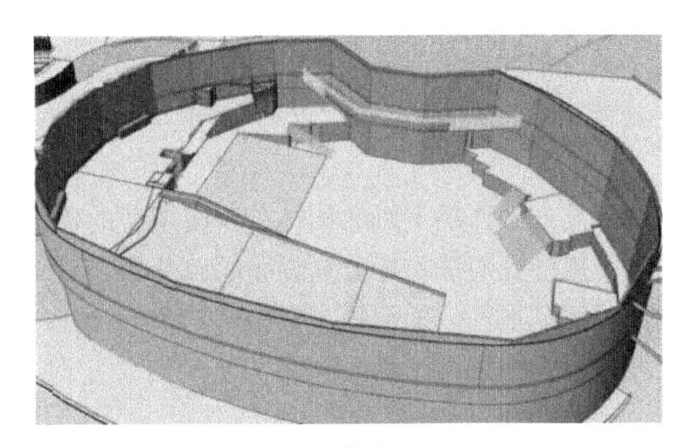

(a) 雪场室内保温构造

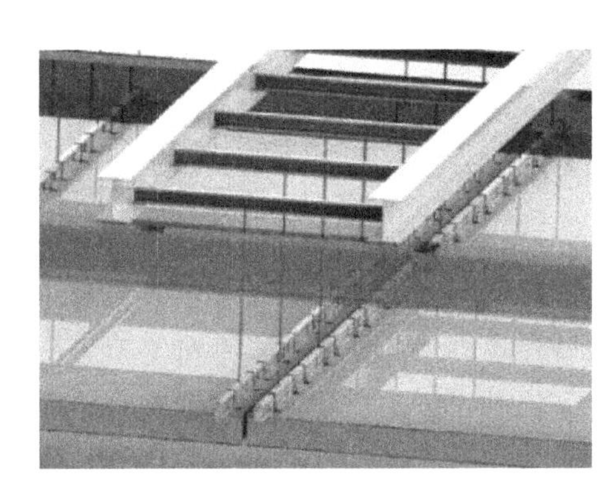

(b) 吊顶板无托梁设计

图 10　冬冷夏热地区大型室内滑雪场冷桥阻断技术

三、发现、发明及创新点

创新点 1：提出了深废矿坑岩壁及岩溶地基极限承载力及可靠度分析方法，揭示了建筑结构与矿坑岩壁协同承载机理，形成了矿坑微扰动加固技术，解决了深废矿坑高坡稳定性及重载支撑技术难题。

创新点 2：提出了地下百米矿坑复杂结构混凝土质量控制方法，研发了考虑支撑体系与结构共同作用的混凝土梁分层叠合浇筑技术，创新了重型钢结构背拉式液压提升技术及重载作用下钢结构柱分阶段承载的建造方法，解决了深矿坑大跨、重载建筑的建造技术难题。

创新点 3：提出了利用矿坑岩壁进行大型室内滑雪场保温节能的建造方法，研发了成套保温构造体系的冷桥阻断技术，解决了夏热冬冷地区大型室内滑雪场节能建造关键技术难题。

在矿坑生态修复利用工程项目建设应用过程中主编国家标准 1 部、专著 1 部，发表科技论文 75 篇，获得发明专利 18 项、实用新型专利 24 项、省部级工法 23 项，科技成果丰硕，应用效果显著。

四、与当前国内外同类研究、同类技术的综合比较

较国内外同类研究、技术的先进性在于以下六点：

(1) 岩壁地基承载力及稳定性分析计算方法考虑了溶洞、坡形、岩体质量等级、岩体力学参数等因素的影响，比现有计算方法提高了计算精度。

(2) 首次建立了矿坑岩壁与建筑结构之间的承载协同作用关系，结构利用岩壁进行承载设计，提高了结构抗震性能，降低了建筑结构成本。

(3) 针对矿坑大落差混凝土的输送，开发了相应输送装置，提高了混凝土向下输送质量，并首次建立了强约束条件下混凝土变形裂缝的定量确定方法。

(4) 提出的支撑体系与建筑结构共同作用的分层叠合浇筑技术，比常规支模方法节约了支撑材料，

成本降低了约 32%。

(5) 研发的背拉式液压提升技术与现有提升技术相比，提高钢结构桁架安装精度，支撑结构的变形值降低了约 60%。

(6) 项目保温利用天然岩壁屏障进行设计，并研发了围护结构保温构造体系进行冷桥阻断，通过监测与测算，整体降低能耗 7.87%。

本技术通过国内外查新，查新结果为：在所检国内外文献范围内，未见有相同报道。

五、第三方评价、应用推广情况

1. 第三方评价

2018 年 9 月 26 日，“百米深坑大落差输送条件下巨型钢混组合结构高性能混凝土”通过了中国建筑集团有限公司组织的专家评价，评价结论为“成果总体达到了国际先进水平”。

2021 年 1 月 24 日，“城市深废矿坑生态修复与绿色建造关键技术研究与应用”通过了中国建筑集团有限公司组织的专家评价，评价结论为“研究成果整体达到国际先进水平，其中建筑结构与矿坑岩壁协同承载的机理研究及地下百米矿坑复杂结构混凝土质量控制技术达到国际领先水平”。

2. 推广应用

自 2014 年项目成果应用于依托工程，并已推广应用至长沙恒大童世界旅游开发项目、海南长水岭山体修复工程、宁化行洛坑钨矿等项目中。矿坑岩壁修复利用技术、大跨重载建造技术以及节能保温技术推广在建设项目当中取得了显著的经济、社会和环境效益，近三年累计新增销售额 25 亿余元，产生直接经济效益约 1.88 亿元。特别是项目在中央电视台以绿色发展、科技霸蛮为主题两次对项目进行深度报道；在央视科教频道《创新进行时》栏目，全面报道项目的科技创新成果，取得了良好的社会反响。

六、社会效益

本工程针对历史工业发展遗留的城市问题进行修复利用，将采矿遗留的废弃矿坑这个城市巨大伤疤建设成旅游文化产业乐园，更新了城市面貌，带动了产业发展。项目充分利用矿坑独有的地形地貌进行设计，实现绿色建造、经济建造的目的。多项关键技术填补了国内外矿坑修复利用的技术空白，实现了废弃坑矿的再利用以及建筑向地下延伸的蓝图，节约地面资源，为地下空间的建设起到了引领和指导作用。

项目集新型城镇化生态城区建设于一体，是废弃矿坑的生态修复利用的典范工程，为城市更新和绿色发展提供了很好的示范作用。同时，矿坑修复利用技术中有许多科学问题是建筑行业所面临的共性问题，研究成果对于岩土工程、建筑工程的关键技术问题也具有十分重要的参考意义，有力地促进了我国建筑业的长足进步。

基于传递现象构造的催化精馏技术开发及工程化应用

完成单位： 中建安装集团有限公司、天津大学、丹东明珠特种树脂有限公司

完 成 人： 黄益平、刘春江、余国琮、王义成、刘福建、黄晶晶、冷东斌、岳昌海、项文雨、刘　辉、孙玉玉、吕晓东、倪嵩波、刘晓林、李双涛

一、立项背景

双碳目标是我国对国际社会做出的郑重承诺，为达成该目标，需要每一个人，特别是科研人员做出自己的贡献。另外，我国一再强调具有自主知识产权的核心技术，是国家和企业的命门所在。

催化精馏技术是高效的碳减排技术，是一种将反应和分离耦合在一个设备内的过程强化技术，能够显著降低物耗、能耗和设备投资。催化精馏技术可应用于醚化、酯化、烯烃水合等化工生产过程中，采用催化精馏技术替代传统的“反应＋分离”技术，能够大幅降低生产过程的能耗，对于我国实现碳中和的目标具有重要意义。

早期的催化精馏技术被国外公司垄断，其技术核心是催化精馏设备内件和催化剂的开发。为此，中建安装集团有限公司联合天津大学、丹东明珠在国家重点基础研究发展计划等项目的支持下，进行了多年的产学研协同攻关，开发具有自主知识产权的催化精馏技术，并完成在MTBE、轻汽油醚化、叔丁醇脱水、异丁烯叠合等领域的示范应用。

二、详细科学技术内容

1. 总体研发思路

本项目围绕我国石油化工产业对能效优化与节能新技术日益迫切的需求，通过协同科技攻关，攻克了催化精馏设备内件设计、大孔强酸树脂催化剂生产、催化精馏技术产业化等一系列技术难题，打破了国外企业在催化精馏领域的技术壁垒，形成了具有自主知识产权的催化精馏成套化技术。见图1。

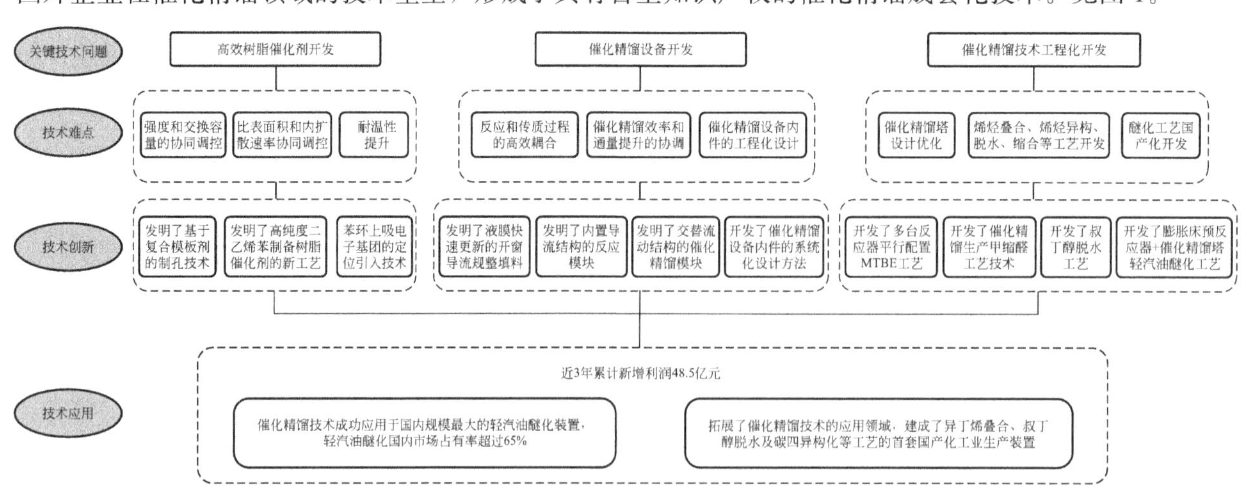

图1　技术路线图

2. 系列化的催化精馏设备内件技术

创新成果一：创立了计算传质学理论，建立了基于传递现象构造的精馏设备设计方法

系统研究了精馏设备内不同尺度气液两相流体流动的动量传递、质量传递和热量传递，揭示了设备内件结构对设备内动量（速度场）、质量（浓度场）、热量（温度场）等传递现象的影响机理。创立了计算传质学理论，建立了基于传递现象构造的精馏设备设计方法，阐明了新型高效精馏设备设计的本质是构造可实现高效传质过程的传递现象。

创新成果二：建立了描述催化精馏设备内传递现象的多尺度理论模型，构造了实现高效催化精馏过程所需的传递现象，开发并设计了新型催化精馏设备内件

（1）通过计算传质学方法，创造性地提出了一种气液界面快速更新的降膜流动结构，可有效提高液膜更新频率进而提高催化精馏的传质效率。基于气液界面快速更新的降膜流动结构，开发了能够实现上述流动结构的开窗导流填料，大幅提高了液膜表面的更新频率，相较于同类型填料传质效率可提高10%～20%。见图 2、图 3。

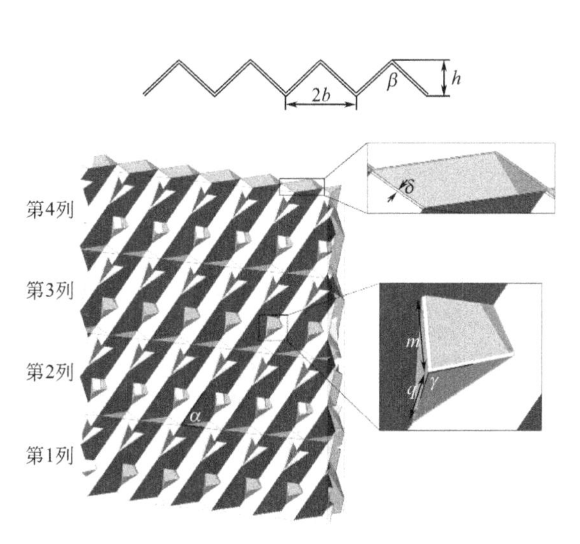

图 2　开窗导流规整填料基本结构

图 3　开窗导流规整填料实物图

利用压降理论模型及三维 CFD 模拟，对开窗导流填料的压降贡献机理进行分析，获得了整塔压降预测模型；探索了填料几何参数对流动结构的影响，并以此为基础优化了填料的几何结构。见图 4、图 5。

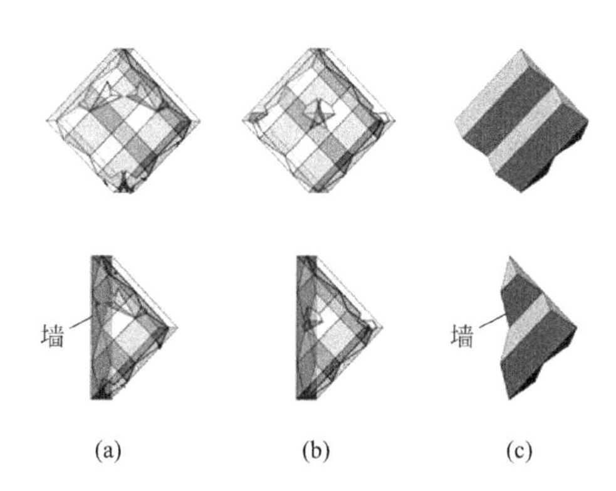

图 4　开窗导流填料的微观计算模型——代表单元

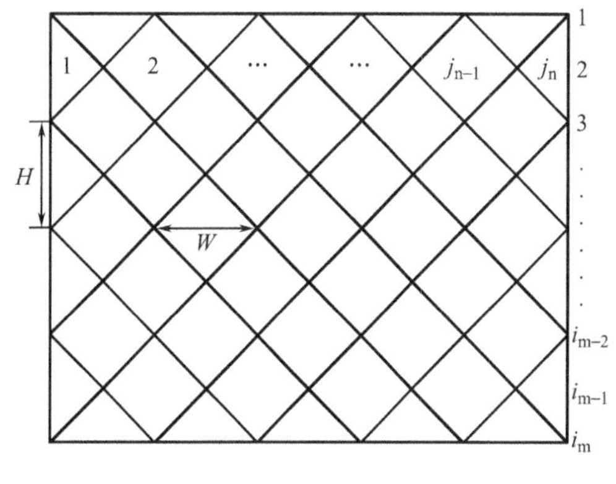

图 5　开窗导流填料的宏观计算模型——单元网络模型

（2）构造了一种能够加强液相径向混合的流动结构，能够有效强化液相的混合，提高催化精馏的反应效率。基于能够加强液相径向混合的流动结构，开发了能够实现上述流动结构的反应模块。通过内置导流结构，使得反应模块的径向传质系数提高一个数量级以上，有效提高了反应效率。见图 6。

图 6　反应模块交替流动结构

（3）如何实现催化反应和精馏分离的有效耦合是催化精馏技术开发的核心问题。团队构造了一种液相在反应和分离区域间交替流动的结构，提高液相在反应区域内外交替流动的频率，有效强化反应和分离的耦合效果。基于液相在反应和分离区域间交替流动的结构，开发了能够实现上述流动结构的新型模块化催化精馏填料，有效实现了反应和分离过程的耦合，传质单元高度由 0.5～1.0m 降低到 0.25～0.5m，催化精馏的效率大幅提高。见图 7、图 8。

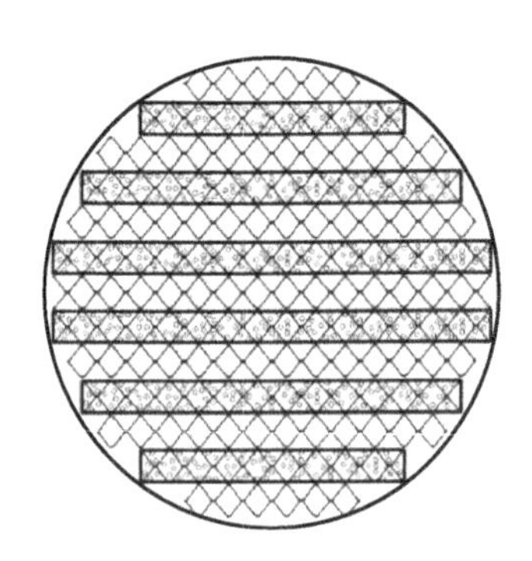

图 7　模块化催化精馏填料结构示意图

图 8　模块化催化精馏填料产品

为进一步优化模块化催化精馏填料的设计，建立了多尺度理论模型，深入研究模块化催化精馏填料内的传递现象，通过 CFD 计算分析了模块化催化精馏填料压降的组成机理，提出了有效降低填料压降的方法，极大地改善了局部流动情况，压降较初始设计降低 50%以上。见图 9、图 10。

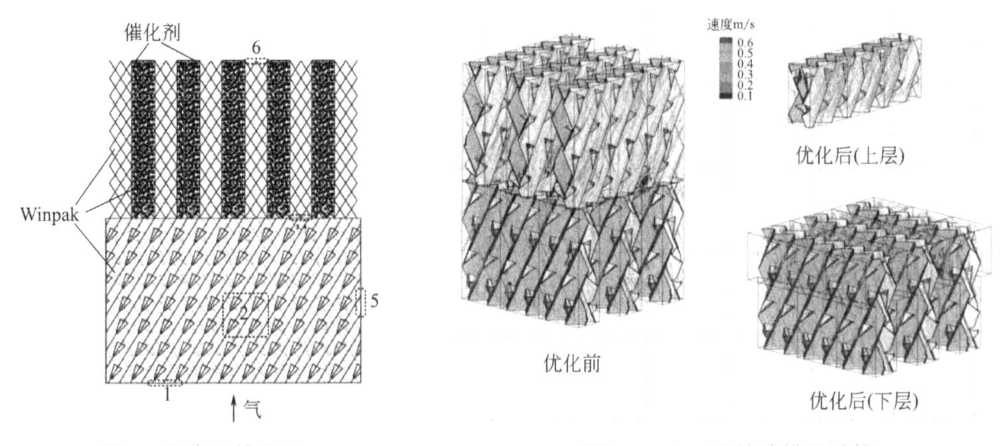

图 9　压降贡献机理

图 10　CFD 计算建模及计算

3. 高效大孔强酸树脂催化剂工业化生产技术

创新成果一：发明了高交换容量大孔强酸树脂催化剂的制备工艺

本项目系统研究了交联度、致孔剂用量、膨胀剂用量、磺化剂加入量、磺化时间和磺化温度等因素对大孔强酸树脂催化剂性能的影响，分析了各种因素的交互影响，揭示了二乙烯苯纯度对催化剂强度和交换容量的影响规律，确定了大孔强酸树脂催化剂的最优生产工艺参数，制备了满足强度要求的高交换容量大孔强酸树脂催化剂，实现了系列化大孔强酸树脂催化剂的工业化生产，其成果填补了国内大孔强酸树脂催化剂的空白。见图 11。

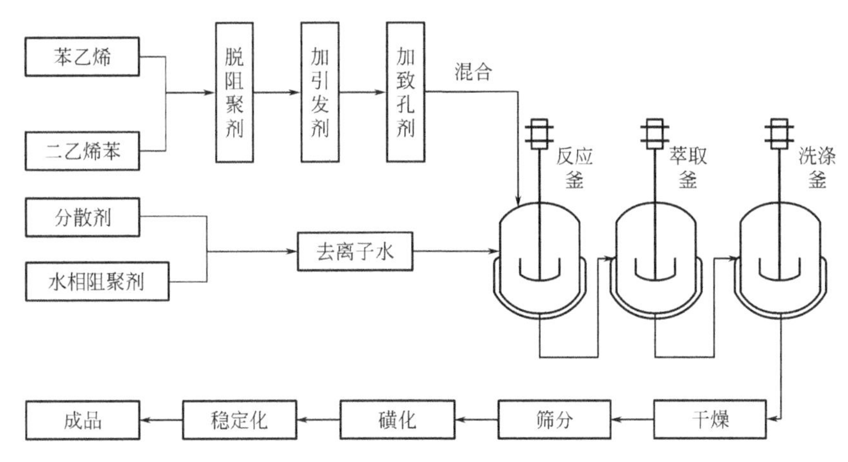

图 11　大孔强酸树脂催化剂的制备工艺流程图

创新成果二：发明了多元制孔技术

基于苯乙烯-二乙烯苯悬浮聚合反应机理，研究开发了具有稳定骨架结构和良好孔径分布的苯乙烯-二乙烯苯共聚物母体，采用多元制孔技术，第一制孔剂为大分子量聚合物，在树脂内形成超大孔通道，有效提升内扩散速度；第二制孔剂为 C13，形成中小孔径的孔道，保持足够大的比表面积，实现了骨架结构、孔道结构和粒径的调控，开发了满足轻汽油醚化生产的专用树脂催化剂。见图 12、图 13。

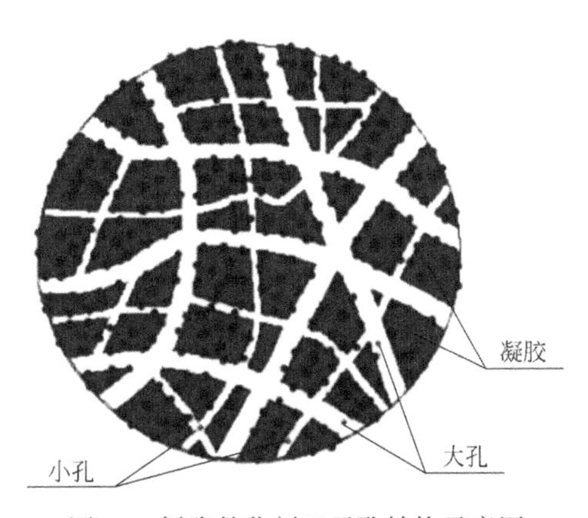

图 12　树脂催化剂双元孔结构示意图

图 13　催化剂实物图

创新成果三：苯环上吸电子基团的定位引入技术

发现苯乙烯苯环上邻位上的磺酸基团和二乙烯苯苯环上的磺酸基团热稳定性低，发明了苯环上吸电子基团的定位引入技术，提高了磺酸基团的耐温稳定性，制备了不同温度系列的耐温大孔强酸树脂，最高耐热温度可达 180℃。

4. 催化精馏技术工程化开发

创新成果一：轻汽油醚化工艺开发

针对轻汽油醚化工艺对催化剂寿命和通量的需求，将耐温性大孔强酸催化剂装填在模块化催化精馏设备内件中，该内件已应用于国内规模最大的轻汽油醚化装置，替代了国外技术，且催化精馏醚化效率提升 15%。

在催化精馏技术工程化设计和改造实践过程中，总结了催化精馏装置失效的各种因素，建立了催化精馏技术的工程化设计理论与方法。针对中化泉州石化 160 万吨/年轻汽油醚化装置的工艺特点，设计并开发了轻汽油醚化专用树脂催化剂及模块化催化精馏设备内件，装置长期运行结果表明：催化精馏塔中异戊烯转化率维持在 86.45%以上，高于国外同类技术 15%以上，轻汽油醚化催化精馏技术累计推广 40 套。见图 14、图 15。

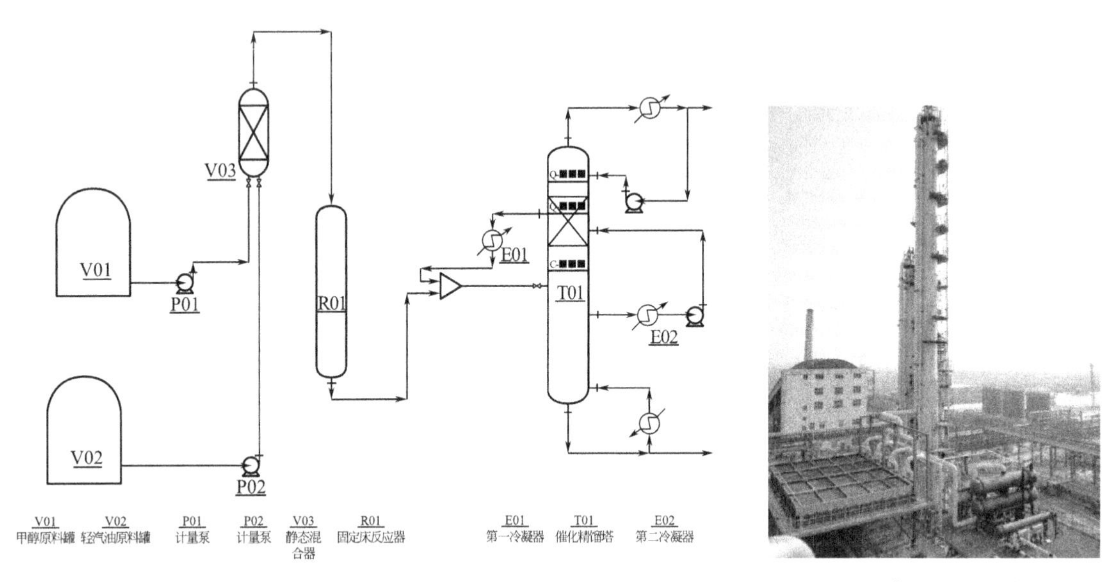

图 14　轻汽油醚化工艺流程图

图 15　轻汽油醚化装置

创新成果二：异丁烯叠合催化精馏成套技术

针对异丁烯叠合与 MTBE 生产工艺接近的特点，直接对 MTBE 生产装置进行改造，开发了异丁烯叠合催化精馏成套技术并建成了国内首套工业化装置，碳八烯烃选择性在 90%以上。见图 16、图 17。

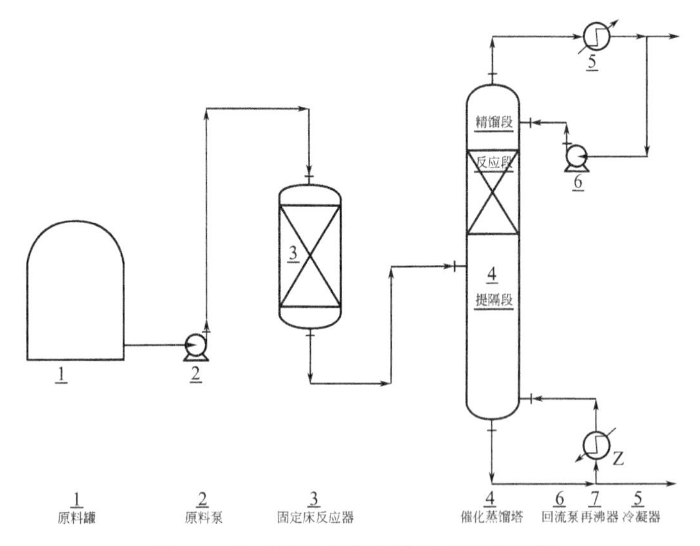

图 16　异丁烯叠合催化精馏工艺流程图

图 17　异丁烯选择性叠合装置

创新成果三：叔丁醇脱水的催化精馏成套技术

针对传统叔丁醇脱水生产采用固定床工艺存在转化率低、选择性差及能耗高等问题，开发并设计了叔丁醇脱水的催化精馏成套技术，并成功应用于国内首套装置，叔丁醇总转化率在99%以上，异丁烯选择性在99.5%以上。见图18、图19。

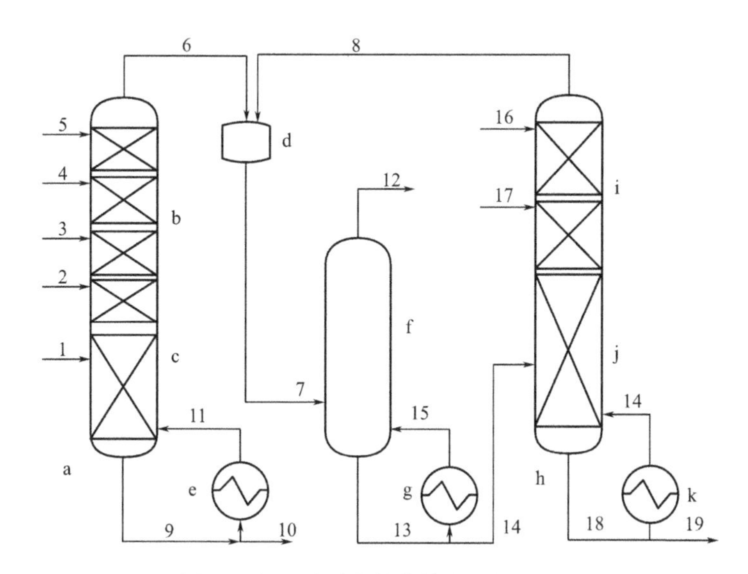

图18 叔丁醇脱水催化精馏工艺流程图

图19 叔丁醇脱水装置

创新成果四：碳四异构工艺技术

针对碳四异构工艺开发、设计了相关的催化精馏设备内件，并成功应用于国内首套装置，1-丁烯转化率提高7%。

创新成果五：甲缩醛催化精馏成套技术

针对传统甲缩醛生产工艺采用浓硫酸为催化剂造成环境污染、产品纯度低等问题，开发、设计了甲缩醛催化精馏成套技术，并成功应用于国内装置。见图20、图21。

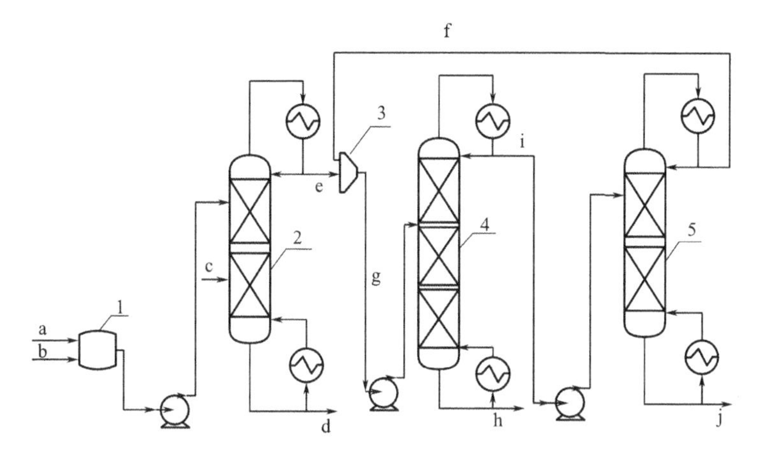

图20 催化精馏生产甲缩醛工艺流程图

图21 甲缩醛装置

三、发现、发明及创新点

（1）在长期从事精馏过程和设备研究的基础上，创立了计算传质学理论，建立了基于传递现象构造的精馏设备设计方法，从不同尺度对催化精馏设备进行了系统研究，建立了催化精馏设备设计的多尺度理论模型，开发了系列化的催化精馏设备内件。

（2）揭示了二乙烯苯纯度对催化剂强度和交换容量的影响规律，制备了满足强度要求的高交换容量大孔强酸树脂催化剂；发明了基于复合模板剂的制孔技术，开发了双元孔结构的大孔强酸树脂催化剂；

形成了苯环上吸电子基团的定位引入技术，提高了磺酸基团的耐温稳定性，开发了耐温达180℃的树脂催化剂；相关催化剂产品在轻汽油醚化国内市场占有率超过65%。

(3) 建立了催化精馏技术的工程化设计理论与方法，采用计算传质学理论揭示了操作条件、设备参数、物性参数对催化精馏设备内件传质和流体力学性能的影响规律，开发设计了醚化、烯烃叠合、脱水和烯烃异构等系列的模块化催化精馏设备内件，并成功应用于多套催化精馏装置中。

(4) 本项目成果处于国际先进水平，获授权中国发明专利25件，美国发明专利1件，其他知识产权15件，牵头制订行业标准2项，企业标准6项，出版专著2部，发表论文15篇（其中SCI论文7篇），近3年累计新增利润48.5亿元，为我国催化精馏技术打破国外垄断提供了重要共性关键技术支撑和引领。

四、与当前国内外同类研究、同类技术的综合比较

本项目所研发的理论与技术成果，经国内外科技查新，在所检国内外文献范围内，未见有相同报道。与当前国内外同类研究与成果对比后，主要创新点在表1所列技术指标中均有显著的提升与突破。

本项目技术与国内外同类研究、同类技术的综合比较 **表1**

技术特征	国内外同类技术	本技术	结果比较
规整填料技术	孔板波纹填料	开窗导流填料	气液界面快速更新，传质效率提高10%～20%
催化精馏填料技术	Katapak系列催化精馏填料	模块化催化精馏填料	内置导流结构的反应模块，实现液相在反应和分离区域间交替流动，催化精馏效率提高15%
强酸树脂催化剂交换容量	5.2mmol/g	5.4mmol/g	高于国外同类产品
轻汽油醚化专用树脂催化剂	采用单一制孔剂或饱和烷烃、直链烷烃、苯类衍生物等作为复合制孔剂	创新使用聚异丁烯和C13作为制孔剂	催化剂起活温度降低5～10℃，催化剂使用寿命长
轻汽油醚化异戊烯转化率	国外技术转化率为65%	转化率在86.45%及以上	转化率提高15%以上
催化精馏填料使用寿命	一般为3年	在4年以上	使用寿命长
叔丁醇脱水催化精馏技术	—	应用于浙江信汇12万吨/年叔丁醇脱水装置上，叔丁醇总转化率为99.11%，异丁烯选择性为99.66%，催化精馏塔压降低，蒸汽消耗少、节能效果显著	国内首套
碳四异构化技术	—	应用于河北海特伟业石化有限公司异构化装置，提高了反应转化率和产品纯度，系统能耗减低18%以上	国内首套
异丁烯叠合技术	—	应用于洛阳宏力化工4万吨/年异丁烯叠合装置，总碳八烯烃选择性可达90%以上，原MTBE装置利用率达到90%以上	国内首套
甲缩醛工艺技术	—	应用于四川鑫达5万吨/年甲缩醛装置	催化剂国产化替代

五、第三方评价、应用推广情况

1. 第三方评价

2020年12月26日，中国石油和化学工业联合会组织的专家组成的鉴定委员会对“基于传递现象构造的催化精馏技术开发及工程化应用”成果进行了鉴定。一致认为：“该成果创新性强，具有完全自主知识产权，成果处于国际先进水平，应用前景广泛”。

2021年4月26日，辽宁省化工学会专家对“轻汽油醚化专用树脂催化剂开发及其工业化应用”成果进行了鉴定。一致认为：“该成果具有自主知识产权，取得了良好的经济效益和社会效益，成果达到国际先进水平”。

2. 推广应用

本项目成果成功应用于MTBE、轻汽油醚化、丁烯水合、叔丁醇脱水、C4异构化、甲缩醛以及异丁烯叠合等装置。该项目的实施促进了高能耗产业的技术升级，推动我国炼油化工等高能耗产业技术水平的进步，社会效益和经济效益显著。

六、经济效益

近3年累计新增销售额489.6亿元，累积新增利润48.5亿元。其中，为公司承揽能源化工板块EPC项目合同额108.7亿元，利润10.9亿元。

七、社会效益

(1) 本项目技术应用于MTBE、轻汽油醚化装置，并推广到叔丁醇脱水、甲缩醛、异丁烯叠合等领域，对我国石化行业的节能降耗、提质增效起到示范和推动作用。

(2) 打破国内大孔强酸树脂催化剂生产的空白，率先实现了MTBE专用树脂催化剂的国产化生产及工业化应用，成功获得国家级新产品奖励；开发了具有国际先进水平的耐高温系列树脂催化剂，填补了该类型催化剂产品的国内空白。

(3) 本项目技术在节能降耗、提质增效方面优势明显，社会效益显著。

(4) 通过“产学研用”协同研发模式，形成了从系列化催化剂和催化精馏设备内件产品到成套化催化精馏工艺技术的完整产业链的技术体系，培养了大批科研骨干和技术人才，显著提升我国催化精馏的技术水平。

“伟大征程”沉浸式舞台结构设计与施工关键技术

（特别贡献奖）

完成单位： 中国建筑一局（集团）有限公司、中建一局集团建设发展有限公司

完 成 人： 薛 刚、周予启、任耀辉、范 昕、谢飞飞、史春芳、车庭枢、贾学敏、曹雨奇、刘 军、田小东、孙 君、焦伟丰、高丁丁、伍秀华

一、立项背景

为庆祝中国共产党成立一百周年，党中央决定在鸟巢举办文艺演出，届时国家领导人到场观看演出。自2021年1月26日接到任务后，当时只有一张草图，需要搭设174m长、39m高的号称亚洲最大面积的屏幕结构。如此大体量的舞台之前没有先例，具体采用什么形式、怎么搭设成为摆在大家面前的难题。为确保万无一失，首先在备用场地搭设1∶1比例的舞台，待验证安全性后再进鸟巢搭设。鸟巢内场地复杂，正在进行冬奥场馆改造，经过参建团队的技术攻关，日夜兼程，用时50d成功完成舞台搭设和综合保障服务，以实际行动为建党百年献礼。文旅部发来感谢信，充分肯定了参建团队的贡献，中建一局被授予突出贡献单位。

本项目紧密结合工程实践，通过设计施工总结形成了5大项、10小项关键创新技术。

二、详细科学技术内容

1. 室外空旷场地超长超大弧形屏幕结构设计和施工关键技术

（1）174m超长超大弧形屏幕结构快速安拆设计与施工技术

训练场屏幕长×宽×高＝174m×24m×36m，体量大且要在较短的时间内快速搭建、快速拆除，选用何种材料和结构体系能完成快速安拆成为难点。

首次将盘扣式脚手架应用于超大型舞台结构体系的设计和施工，解决了周期短、难度大、安保等级高的重大活动舞台搭建难题。相关成果编入京津冀标准《建筑施工承插型盘扣式钢管脚手架安全选用技术规程》，填补了行业规范的空白。利用SAP2000三维整体建模，考虑不同工况组合进行了设计计算，在特殊节点构造上进行了针对性处理，成功设计与施工超长超大屏幕结构，监测结构顶部最大位移19mm，成功经受多次10级大风的考验。见图1、图2。

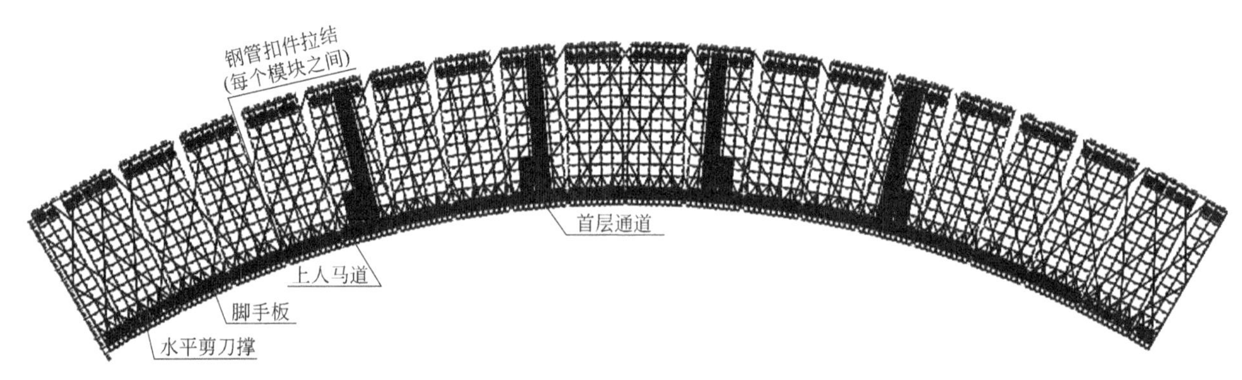

图1 超长超大弧形屏幕结构平面图

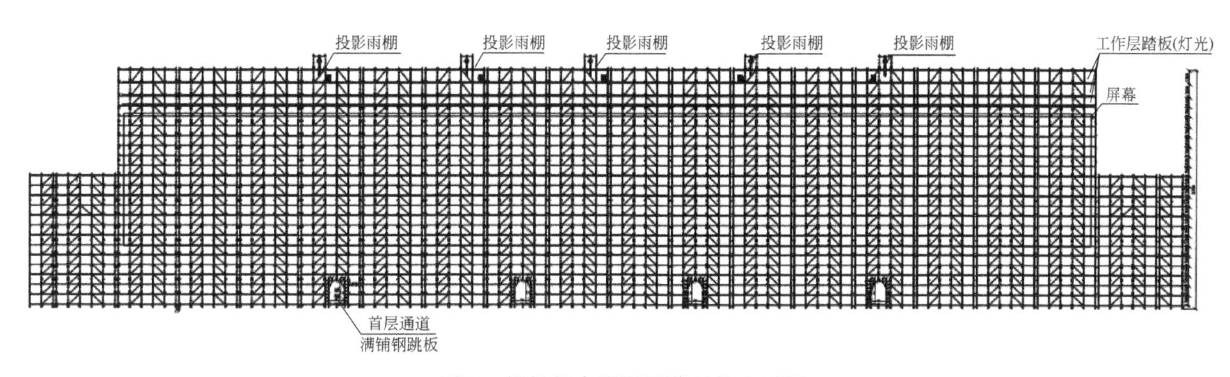

图 2　超长超大弧形屏幕结构立面图

（2）空旷场地高窄屏幕结构抗 10 级大风及防雷关键技术

高窄屏幕结构采用安拆快速的盘扣架体。盘扣架体通过杆件单元快速拼装，主要用在抵抗竖向荷载的模板支撑体系中。而空旷场地屏幕结构受水平风荷载控制，高窄结构体系偏散偏柔，整体性差，抗风能力弱。另外一般临时结构风荷载（北京按基本风压 0.3kN/m^2）是按照 8 级风下限考虑的，在空旷场地春季大风可达 10 级以上。如何设计架体和节点构造确保结构能抵抗 10 级大风成为难题。

通过概念设计和构造措施提高架体的整体稳定性，如架体横向斜拉杆满拉，纵向隔 1 拉 1，外围 2 跨斜杆满拉，每 3 部设一道水平剪刀撑，内部设缆风绳对拉等措施将架体内部形成多个自稳能力好的格构式组合架体来增强架体的整体性。另外，通过将立杆底座与钢板垫板焊接、立杆对接处满设插销、在底部增加混凝土配重、上部非必要不设跳板等一系列特殊构造措施成功抵抗多次 10 级大风。见图 3。

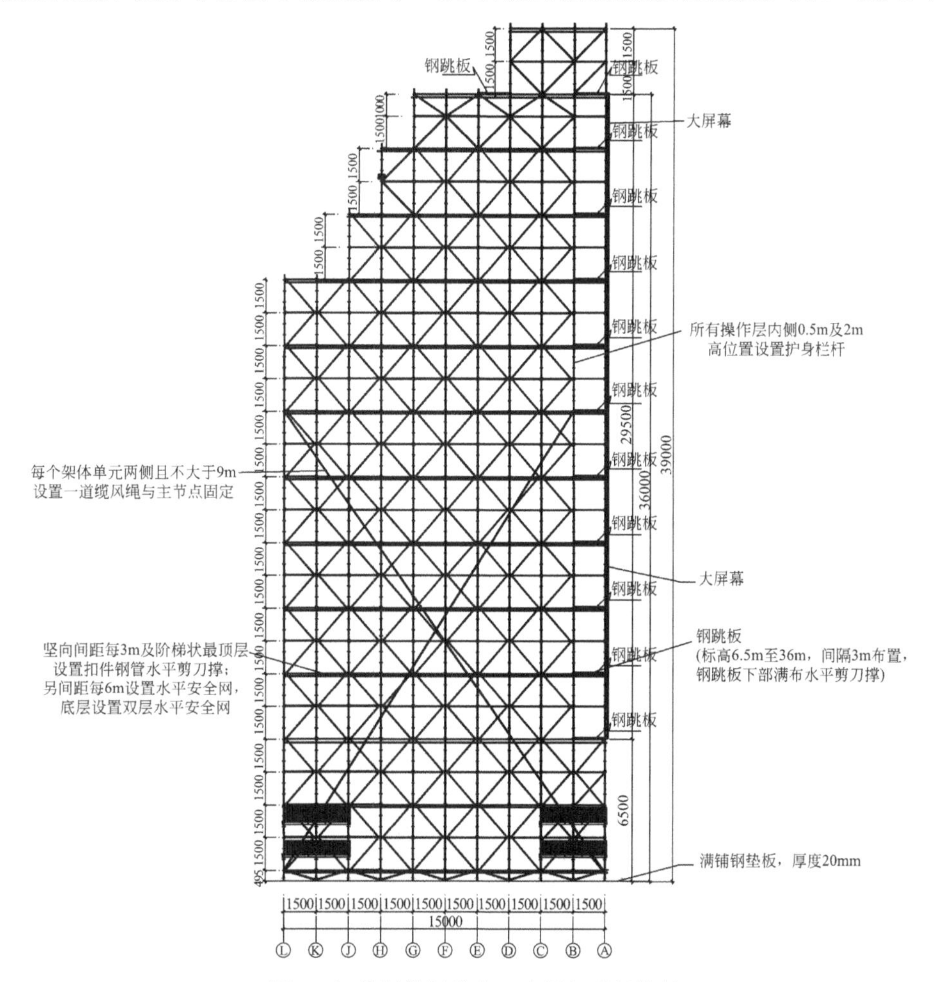

图 3　架体斜拉杆满布、内部钢丝绳拉结

空旷场地搭设高大金属架体结构，架体采用镀锌钢管，容易受雷电闪击，避雷至关重要。本技术提供了空旷场地超高屏幕结构防雷系统与节点装置。利用镀锌盘扣架作为接闪装置，盘扣架的竖向立杆作为引下线，在场地围挡处设置人工接地极，将雷电从架体高处逐步引到人工接地极。

（3）盘扣架体上固定屏幕技术

超大屏幕是由0.5m×1m的单元屏幕组装起来的，盘扣架连接盘局部突出35mm，如何将屏幕固定于架体钢管上成为工程中的难点。本项目发明一种L形构件固定装置，一侧用螺栓固定于盘扣架的连接盘上；另一侧预留孔通过螺栓固定屏幕，保证超长超高屏幕受力均衡，避免局部应力集中而压碎底部屏幕。见图4。

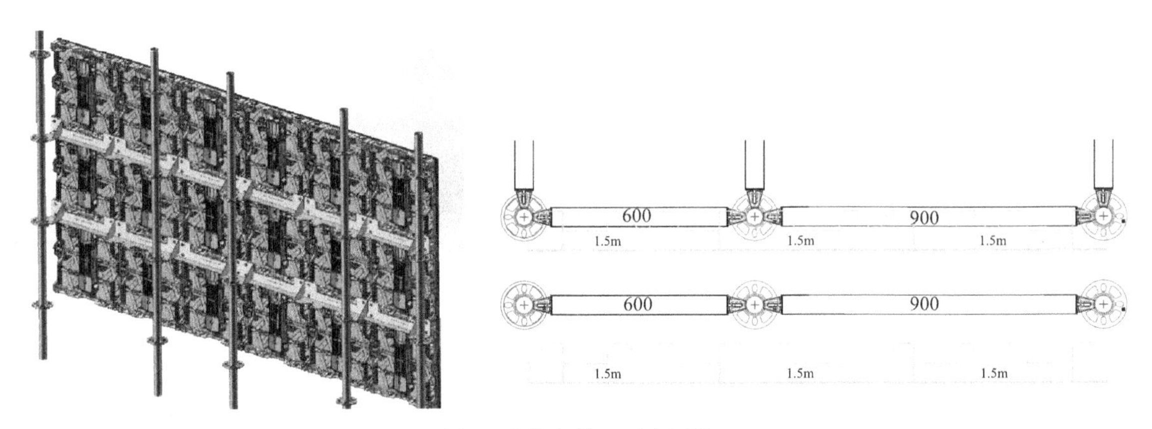

图4 盘扣架体上固定屏幕

2. 复杂体育场内预留大通道及跨越障碍物高大屏幕结构设计与施工关键技术

（1）超高超重偏心演示大屏钢结构设计与施工技术

主场地屏幕长174m、宽15m、高39m，中部需要在结构内部暗藏16m高金色党徽，演出时自动升起；并且，人员在后台从底部携带舞台道具进入舞台，需将结构设计成底部预留大通道、中空的结构体系。南侧和北侧部分由于架体超长，挡住了进出体育场的主通道，需将结构设计成一个底部预留车辆通行通道可适应场地出入口形状的不规则结构体系。另外，场地内条件复杂，结构需要跨越各种障碍物。屏幕较重（0.45kg/m^2），为固定超长超重屏幕，需根据不同条件设计多种形式的结构体系。项目团队通过详细踏勘现场，决定对中部、南北侧底部预留大通道区域设计成钢结构体系，其他区域设计成盘扣架体的组合体系。并采用Midas等软件进行三维建模设计计算，并对构造做法进行了针对性考虑，成功解决了超长超重屏幕的结构设计。见图5、图6。

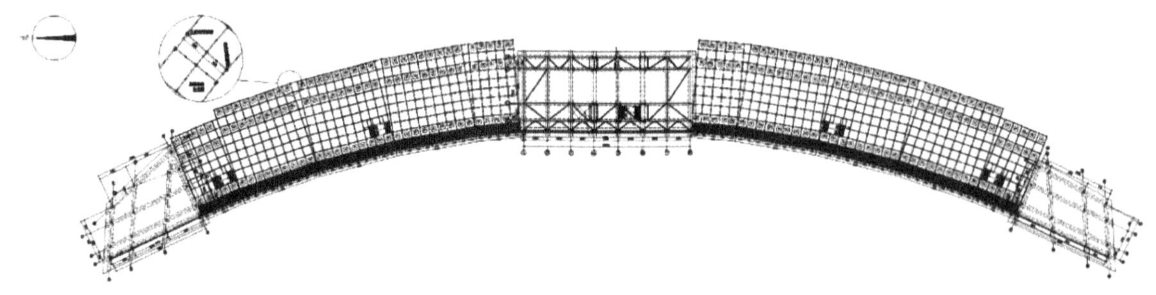

图5 主屏架体平面布置图

（2）底部大通道及跨越障碍物组合式屏幕结构关键技术

屏幕架体超长，挡住了进出体育场的两个大门，为保证活动时近万名演员和道具车的进出场，需要在架体底部预留不少于6m宽的通道用于车辆通行，采用盘扣脚手架无法预留如此宽的洞口。故采用组合式结构体系，即底部跨通道处采用单层钢结构框架体系，在其上和非通道处采用盘扣架体系的形式。另外，底部跨越肥槽、沙坑、市政管井盖等时，采用钢结构托换体系实现。见图7、图8。

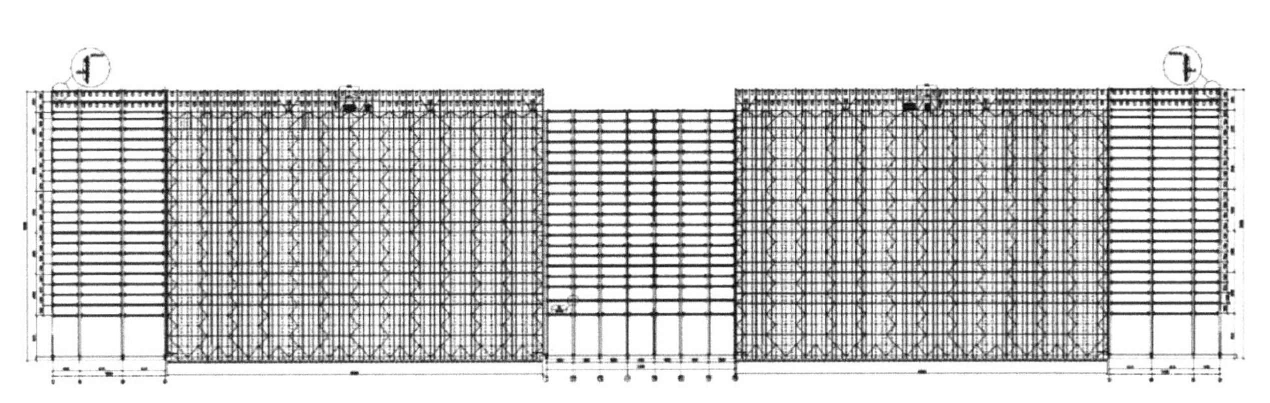
图6 主屏架体立面图

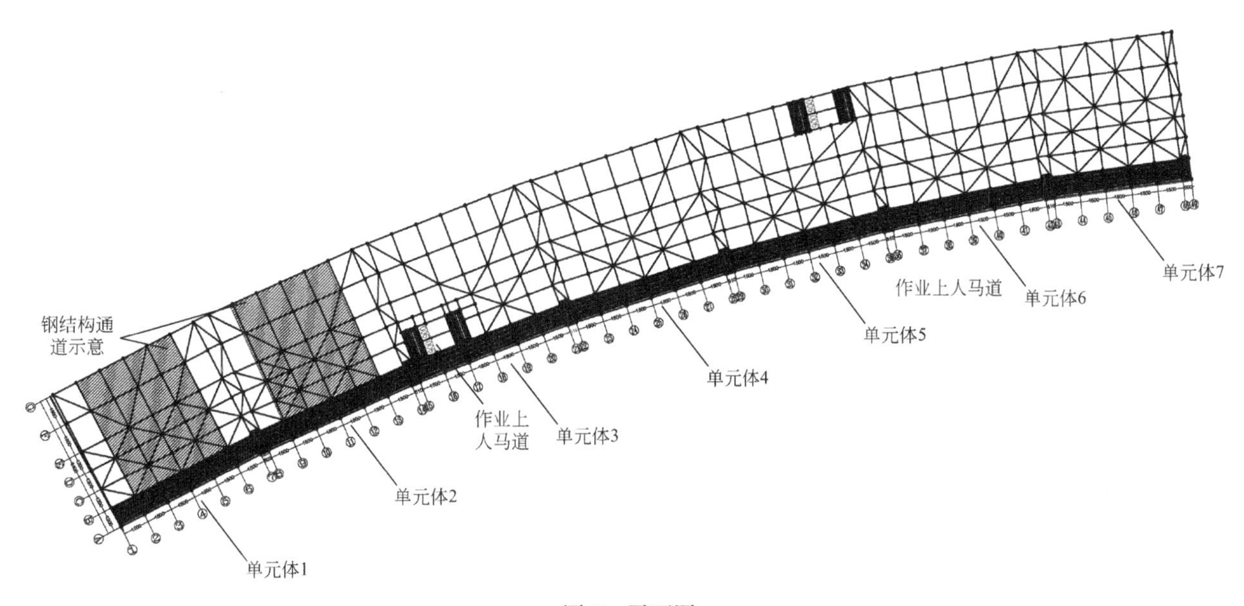

图7 平面图

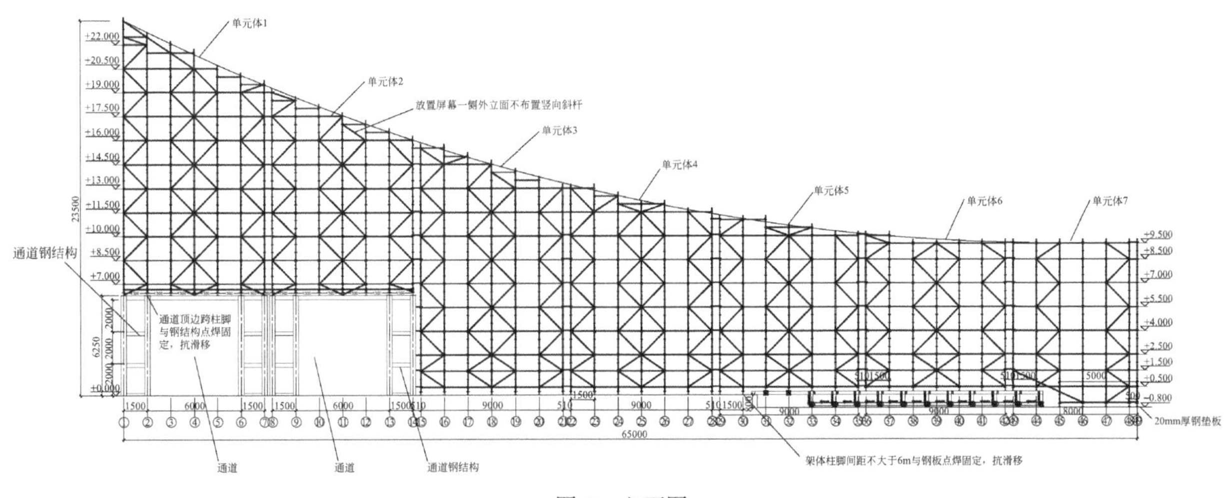

图8 立面图

(3) 钢结构框架上固定屏幕技术

钢结构柱和梁间距大，如何将 0.5m×1m 单元式屏幕组装起来固定于钢结构上，保证超长超高屏幕受力均衡，不至于局部应力集中压碎屏幕成为工程中难点。发明了一种U形槽+三角形支架+L形构件组合固定装置，首先将U形槽用螺栓固定于钢梁上，然后用三角形支架将L形构件固定到U形槽上，最后将屏幕通过螺栓固定到L形构件上。见图9。

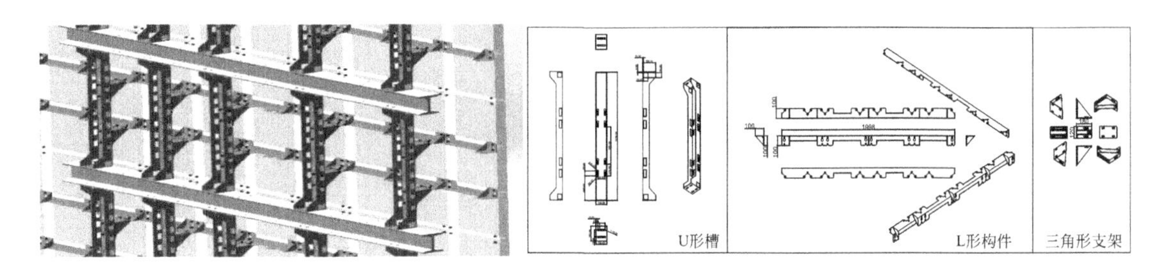

图9 钢结构上固定屏幕做法

3. 不同工况下威亚支撑结构设计及施工关键技术

(1) 既有建筑增设大承载力威亚支撑转换结构技术

本技术提供了一种在重大活动演出时在既有建筑固定高空威亚的方法，即在既有建筑两端屋顶上新增大承载力威亚转换结构，给跨越200m跨度体育场高空的多条威亚钢索提供受力支点，支撑转换结构受三向威亚动荷载影响。首先，在体育场屋顶钢梁上起立柱，立柱之间通过斜撑加固形成稳定体系；然后，在立柱顶设置威亚转换横梁，在其上给威亚钢索提供支点；最后，钢索通过支点锚固于屋顶锚固点。见图10、图11。

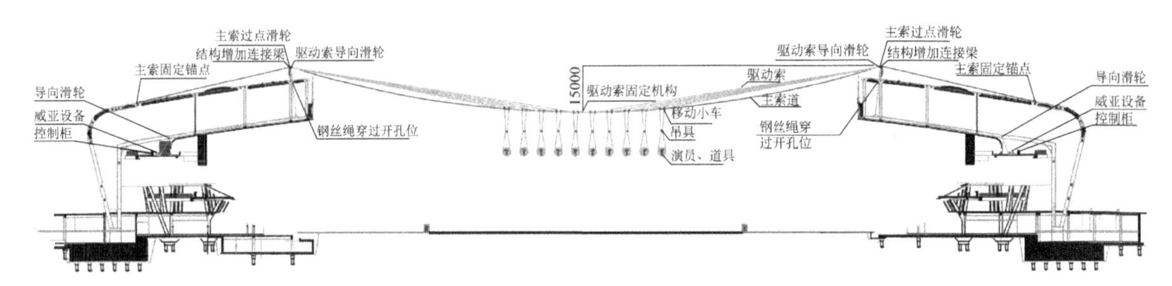

图10 威亚布置剖面图

图11 既有建筑增设大承载力威亚支撑转换结构

(2) 空旷场地的威亚支撑体系设计与节点构造技术

本技术提供了一种适用于空旷场地内的威亚体系，即在空旷场地设置两个长×宽×高为24m×24m×46m且距离200m的临时架体结构，作为威亚受力支撑体系。在威亚支撑结构44m高度设置一个受力平台，平台采用方钢管焊接而成，在其上沿钢索方向两侧各设置一个威亚固定转向轮。威亚钢索通过前部转向轮和后部转向轮后，向下固定于架体外侧地上的配重块上。见图12、图13。

4. 结构中暗藏16m金色党徽标志自由静音升降技术

根据节目创作团队的安排，在演出当天伴随主题曲《领航》的旋律，高达16m的金色党徽标志徐

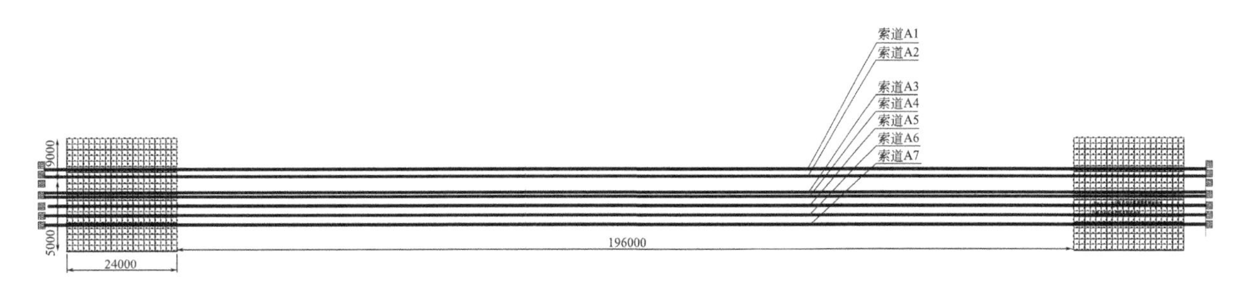

图 12 威亚体系设计平面图

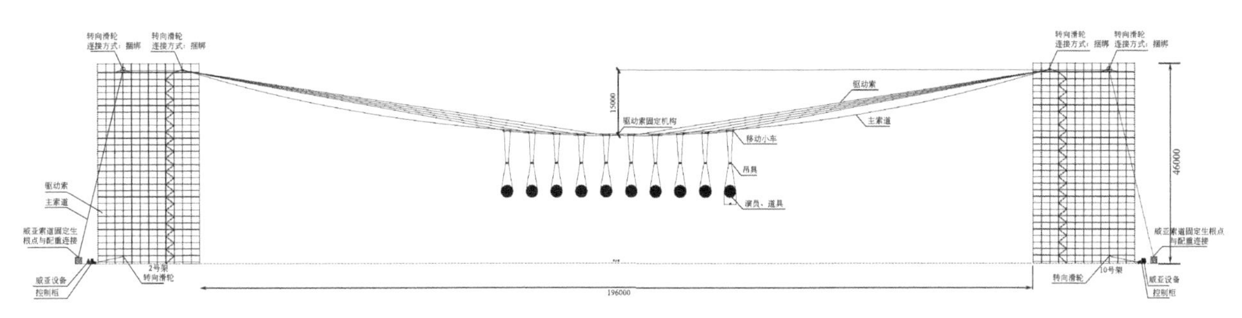

图 13 威亚体系设计立面图

徐升起 19m 高。平地而起的视觉震撼，为这场恢宏、博大的文艺演出画上圆满句号。如何保证暗藏结构内部党徽标志装置在演出时自由升降，成为技术攻关的难题。

设计四支点支撑、电机+配重驱动的可自由升降装置，成功保证了演出时党徽标志装置自由升降的万无一失。见图 14。

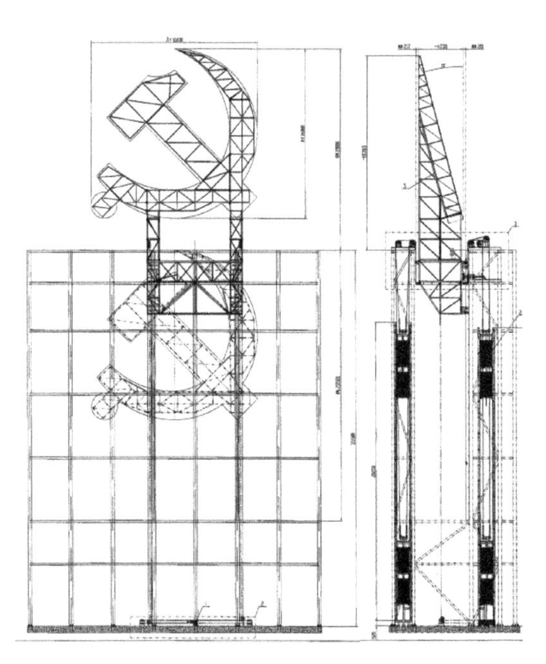

图 14 党徽标志自由升降 19m 高

5. 重大活动沉浸式舞台安装和拆除施工组织管理

鸟巢主场按照设计要求，整个舞台长 200m、进深 100m，全场共安装 8000 多平方米的 LED 屏幕，号称亚洲最大面积的屏幕结构，使鸟巢摇身一变成为最大的沉浸式剧场。作为总包单位，与舞台、灯光、音响、大屏、威亚等专业项目团队高度协同、默契合作，以确保高效率、高质量地完成舞台搭建和保障任务。最终安装用时 50d 全部完成；演出完成后结构拆除的难度也较大，风险性比较高，合理安排拆除顺序，用时 20d 完成全部结构拆除，全程无一例安全事故。见图 15、图 16。

图 15 舞台安装施工

图 16 拆除过程

三、发现、发明及创新点

(1) 首次将盘扣式脚手架应用于超大型舞台结构体系的设计和施工，解决了周期短、难度大、安保等级高的重大活动舞台搭建难题。利用 SAP2000 三维整体建模，考虑不同工况组合进行了设计计算，在特殊节点构造上进行了针对性处理，成功设计与施工 174m 超长超大弧形屏幕结构，监测结构顶部最大位移 19mm，成功经受多次 10 级大风的考验。相关成果编入京津冀标准《建筑施工承插型盘扣式钢管脚手架安全选用技术规程》，填补了行业规范的空白。

(2) 通过概念设计和构造措施提高架体的整体稳定性，成功确保结构能抵抗 10 级大风。设计一种空旷场地超高屏幕结构防雷系统与节点装置。成功解决了空旷场地防雷难题。

(3) 发明一种 L 形构件固定装置，一侧用螺栓固定于盘扣架的连接盘上，另一侧预留孔通过螺栓固定屏幕，解决了将屏幕固定于盘扣架钢管上的难题。

(4) 设计施工了超高超重偏心屏幕钢结构体系，在结构内部暗藏 16m 高金色党徽标志，演出时可自动升起；并且，人员在后台从底部携带舞台道具进入舞台。

(5) 设计并施工组合式结构体系，即底部跨通道处采用单层钢结构框架体系，在其上和非通道处采用盘扣架体系的形式，解决了场地受限且演出时近万名演员和道具车的进出场难题。

(6) 发明了一种 U 形槽＋三角形支架＋L 形构件组合固定装置，成功解决了将 0.5m×1m 单元式屏幕组装起来固定于钢结构上的难题。

(7) 研发了一种在重大活动演出时在既有建筑固定高空威亚的方法，成功解决了在既有体育场中高空威亚提供受力支撑点的难题。

(8) 研发了一种适用于空旷场地内的威亚体系，成功解决了空旷场地威亚支撑难题。

(9) 研发四支点支撑、电机+配重驱动的可自由升降装置，成功保证了演出时党徽标志装置的自由升降。

(10) 充分发挥总承包管理优势，充分协调各专业协作团队，高效率、高质量地完成舞台搭建和保障任务，全程无一例安全事故。

四、与当前国内外同类研究、同类技术的综合比较

2021年8月2日，委托亚太建设科技信息研究院有限公司进行了国内外查新，在国内外相关文献中未见相同报道。

如此超大屏幕在国内外均属首次，其设计与施工关键技术在国内外具有先进性。

五、第三方评价、应用推广情况

2021年8月10日北京市住房和城乡建设委员会主持召开了"伟大征程沉浸式舞台结构设计与施工关键技术研究与应用"科技成果鉴定会。鉴定组一致认为，该成果整体达到国际先进水平。其中，盘扣式脚手架超大型舞台结构体系达到国际领先水平。本技术可供后续重大活动舞台搭设参考和借鉴。

六、社会效益

中建一局代表中建集团勇担央企职责使命，以强烈的政治责任感和使命感，通过技术攻关及现场拼搏，用前后4个月时间圆满完成模拟训练场和主场地两个沉浸式大型舞台搭建和全程服务保障任务，以实际行动为建党百年献礼。通过该项目积累了重大活动舞台结构设计和施工经验，形成的科技成果与现场组织管理流程标准可供后续重大活动借鉴。

二等奖

超大型电子显示器件生产厂房工程设计及施工成套技术

完成单位：中建一局集团建设发展有限公司、中国电子工程设计院有限公司、世源科技工程有限公司、中建一局集团安装工程有限公司

完 成 人：詹必雄、廖钢林、林佐江、杨光明、张航科、张　群、孟庆礼、向绪君、秦学礼、赵广鹏

一、立项背景

作为国家重点扶持的产业，平板显示产业在“十一五”期间已被列入国民经济和社会发展规划重点发展产业，也是“2006—2020年信息产业中长期发展纲要”中重点发展项目之一。在国家和地方政府鼓励政策的大力支持下，中国大陆已成为全球平板显示（FPD）面板（以TFT-LCD为主）的重要生产制造基地之一。在显示器件的生产技术方面，则出现了向低温多晶硅（LTPS）和金属氧化物（IGZO）转移的趋势，而且有机发光显示技术（AMOLED）更是成为新型平板显示技术的主流发展方向。目前，国内完成建设TFT-LCD\AMOLED生产线30多条，涉及建筑面积近1600多万平方米，项目总投资额超过12200亿元人民币。

二、详细科学技术内容

本研究技术重点解决了生产线与全自动物料搬运系统的协调与布置优化问题、洁净厂房结构尺寸超长、超高带来的变形和稳定性问题；超大体量洁净室的防火分区、人员疏散和其他防火技术措施问题；超大体量洁净室中高等级净化空气的气流组织和粒子污染控制问题；洁净室楼面高精度微振动控制问题，超大型电子显示器件生产厂房高效快捷、绿色环保、工业化施工的问题，取得了相应的创新成果，从而保证了超大型显示器件生产厂房建设的顺利实施，为后续相关工程提供借鉴和参考。

1. 高世代显示器件生产线工艺仿真及组线优化技术

1）高世代TFT-LCD工艺组线技术研究

本研究根据典型TFT-LCD、AMOLED生产线工艺流程的基础数据，利用eM-Plant\Automod仿真软件以及工业工程的基础理论对大尺寸TFT-LCD生产线组线技术进行模拟分析，建立了Array和CF两个工艺段的数字仿真模型，以减少线内在制品数量为优化目标，详细分析了在不同产品组合、投入策略、设备负荷率下生产线内在制品的波动和物理分布情况，为生产线确定工艺布置方案、工艺设备配置、产品产能爬坡策略等提供了详尽、可靠的决策依据。也是厂房建设，各空间设计的最基础条件。

本技术开发了“TFT-LCD工厂计算机辅助设计V1.0（软著登字第120195号）”，是国内首次运用国际先进的工业工程软件（FC、Emplant）对于TFT-LCD工厂进行经济规模分析。开发了TFT-LCD面板生产线仿真模型软件V1.0（软著登字第119608号）是国内首次对于TFT-LCD工厂组线技术进行研究。开发了高世代TFT-LCD生产线仿真软件V1.0（软著登字第120196号）是国内首次对于电视用TFT-LCD主要生产设备进行研究。

2）高世代TFT-LCD生产线物流系统仿真研究

TFT-LCD生产线总的物流传输距离是衡量工厂布局和物流系统设计优良的一个重要指标，一般来说实际的物流距离由intrabay物流距离和interbay物流距离两项的和来构成。其中与设备布局关系最密切的是interbay的物流距离。本研究着重于高世代TFT-LCD生产线物料传输和生产工序配合的研究，通过对自动化搬送系统研究，发现可优化的物料传输环节，并考虑意外事件的影响，提出最合理的自动

化搬运系统方案。

对TFT-LCD生产线物流分析，按照实际的工艺流程和调度算法来进行仿真模拟。通过仿真可以得出平均物流时间、平均等待时间、平均工件堆积、最大工件堆积等参数和运行关系，从而能够缩短物流距离。

同时，对生产过程中可能发生的各种在制品WIP发生的原因进行分类整理和分析，最终给出了造成在制品WIP的根本原因是：投产策略（序列设计策略）、停机时间（计划维修和故障停机的长短）和工艺流程。

通过建立计算机仿真模型，模拟生产线中常见的各种控制逻辑和策略的前提下，模拟上述影响在制品（WIP）数量的随机事件的发生，并驱动生产系统按事先设定的规则进行响应，同时统计模型中的在制品数量和分布数据。分析中考虑了不同产品组合、不同投片策略以及设备故障停机等情况下，各加工站点前的在制品堆积变化情况，揭示了各站点间在制品数量的变化联动关系，以此确定了各在制品缓冲区自动存储系统的储位需求。

本研究开发了“TFT-LCD工厂自动化搬运系统（AHMS）仿真计算软件V1.0”（软著登字第120192号）。获得授权专利2件：自洁净搬运方法201310015102.6；可变卡匣容量的面板工厂物流方法201310015094.5。

2. 在国内首创建立了超大体量、超高防微振控制等级的TFT-LCD\AMOLED显示器厂房的防微振控制技术体系

TFT-LCD\AMOLED显示器件生产的加工线宽达到100nm，对微振动（振动位移≤0.5μm，振动速度≤50μm/s，有效频带0.5～100Hz范围内的振动）有极高的控制要求，通常要达到VC-B\VB-C级别。

1）深入研究了TFT-LCD的生产工艺，剖析了振源及振动传递机理，确定“抗”“隔”措施

深入研究了薄膜晶体管液晶显示器（FPD）的生产工艺，确立了微振控制需要考虑的振源分为外部振源和内部振源的种类和特点，剖析了这些多层次振源的振动传递机理，根据这些振源的特点分别采取“抗振”和“隔振”的措施。

2）建立了不同振动类型的仿真分析方法和多振源、多振动类型的等效分析方法。获得发明专利1项，实用新型专利2项。

针对精密厂房的振动特点，研究了简谐振动、冲击振动和随机振动的仿真分析方法。

在精密制造厂房中，多振源、多振动类型同时存在，提出了采用多振源振动响应等效分析方法，即按振动响应等效原则。将多个振源、多个振动类型的振动等效为一个振源，进行振动响应分析，为厂房的微振动控制设计提供依据。

3）提出了TFT-LCD厂房的微振动控制标准，主编完成了《电子工业防微振工程技术规范》GB 51076—2015。这是我国第一部指导电子厂房微振动控制的设计规范。

3. 建立了超大洁净厂房CFD气流仿真模拟技术

研发了净化空调系统温水淋水加湿空气处理技术，保障了超大面积（40万m^2）单体洁净室的超高温湿度精度（±0.1℃、±3%）控制要求。

1）超大洁净厂房CFD气流仿真模拟技术

TFT-LCD\AMOLED产品工艺对洁净环境要求极为苛刻。本技术采用了流体动力学建模分析平台Fluent对洁净室内的气流进行了动态条件下的模拟。依据生产线工艺生产条件确定仿真的初始边界条件，叠合污染物发散实测数值输入条件下，考虑设备EFU布置，对洁净室气流进行仿真模拟。分析各主要工艺区域内不同FFU布置率、不同开孔率回风孔板下温度场、静压场、颗粒物浓度场分布情况，且同时考虑因设备自身发热、产尘、移动设备运行等造成的各种干扰，并根据模拟结果提出净化空调系统工程设计方案。

2）净化空调系统温水淋水加湿空气处理技术

针对洁净室新风处理过程研发了免费冷却和加热技术及温水淋水加湿技术，在利用室外空气的自然冷源，免费供冷的同时，也利用了洁净室内部发热，加热冬季新风，实现免费供热，降低了制备热源及冷源的能耗；降低了进入淋水室的空气温度，大大降低空气加热器所需的供水温度，充分利用工厂中低

温余热制备热水。该技术的应用，节能效果非常明显，单个项目可实现节省加热量超过 40%，综合节能超过 15%，获得极好的经济效益和社会效益。

4. 超大型电子显示器件生产厂房高效、快捷施工技术

创新性地研发了主体结构逆作法、屋盖钢桁架滑移法施工技术、超长混凝土构件补偿收缩混凝土膨胀加强带取代常规后浇带施工等关键施工技术，解决了不同类型的超大电子显示器件生产厂房工程工期极其紧迫的难题，应对其“高效、快捷”的施工模式。

1）主体结构逆作法施工技术

针对超大新型显示器件厂房“混凝土＋钢结构”的组合结构设计形式，突破传统施工做法，首次采用主体结构逆作法施工技术进行施工。具体施工顺序为：首先施工完地下室，然后吊装钢结构柱及屋面钢结构，再进行四层的 DECK 板混凝土结构和屋面施工，最后再施工内部的二层、三层常规混凝土结构。该技术具有传统施工顺序不可比拟的工期节省优势，为后续相关工程提供了借鉴和参考。芯片厂房结构体系剖面示意图见图 1。主体结构逆作法施工工序见表 1。

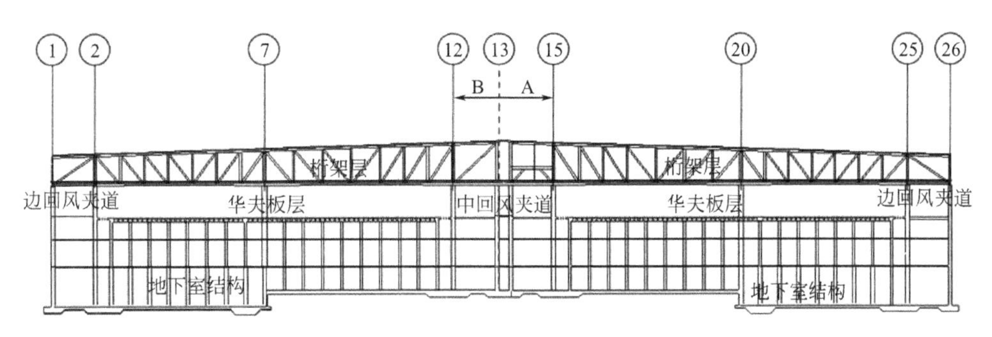

图 1　芯片厂房结构体系剖面示意图

主体结构逆作法施工工序　　**表 1**

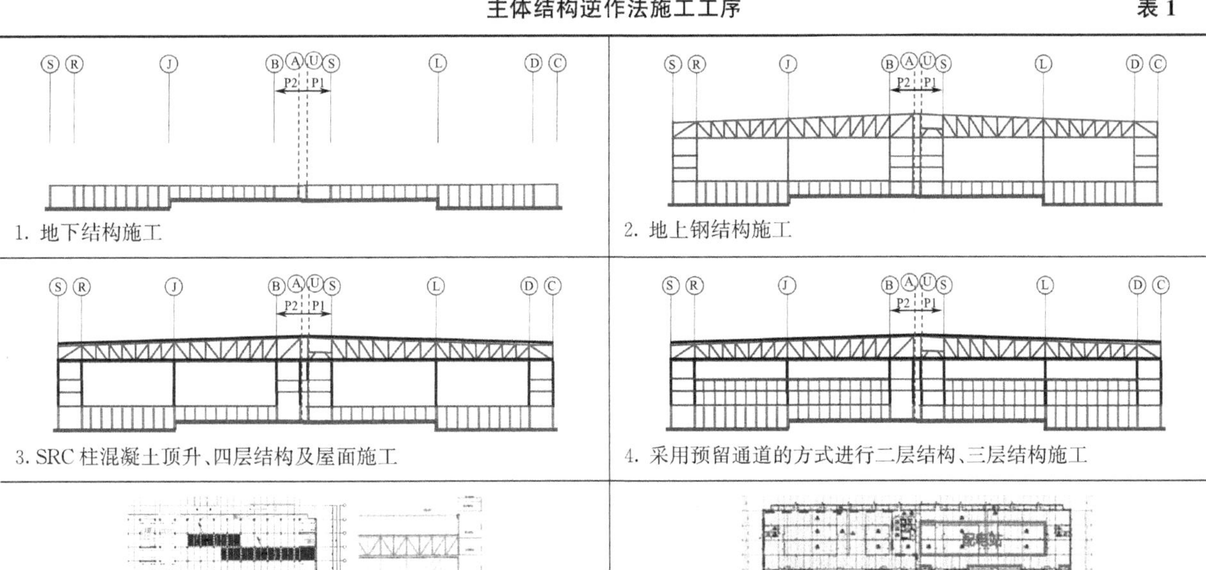

1. 地下结构施工	2. 地上钢结构施工
3. SRC 柱混凝土顶升、四层结构及屋面施工	4. 采用预留通道的方式进行二层结构、三层结构施工
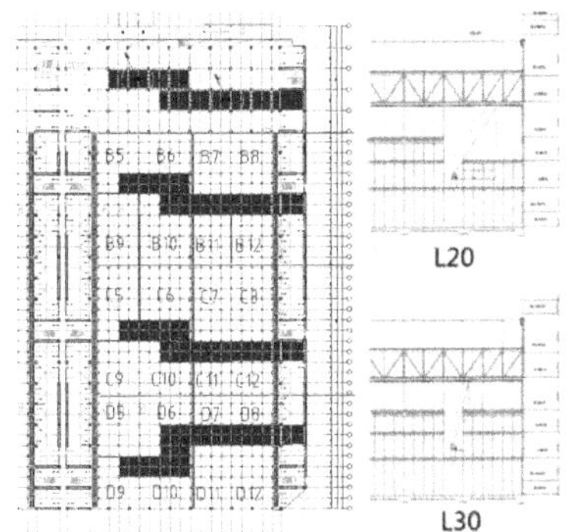 5. 预留通道留置方式及采用吊车、叉车与人工搬运相配合施工二层、三层结构	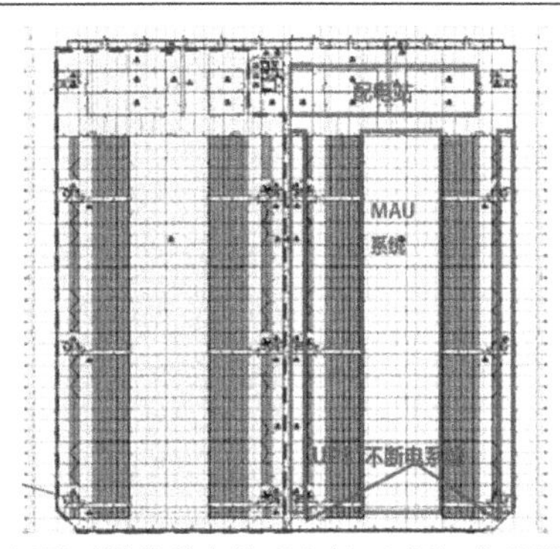 6. 一层及四层需要提前移交的配电间、空调机房等设备房间优先进行装修施工

5. 超大型电子显示器件生产厂房工业化施工技术

这里主要介绍预制混凝土格构梁构件安装技术。

近年来，随着电子技术的发展，用于生产高精度电子产品的大型高新电子厂房建设项目在我国逐渐兴起，但均采用传统现浇工艺进行施工，建造过程消耗了大量的社会资源。随着目前装配式建筑推广，充分利用工厂化生产优势，实现了预制构件生产工厂化、运输物流化及安装专业化，提高了施工生产效率，降低了施工安装成本，并通过建设过程中系统的集成，体现了预制混凝土装配式电子厂房建设过程中节能、环保的优势，实现了提高电子厂房建设品质的目标。其工艺特点为：

（1）预制构件质量稳定

本工程预制同类型格构梁梁截面尺寸和配筋进行统一设计，保证构件生产标准化。通过工厂化生产，预制构件截面尺寸、连接钢筋位置、预埋件位置及构件的平整度、垂直度等生产精度达到毫米级偏差水平。

（2）预制构件连接可靠

预制格构梁使用螺栓以及直螺纹套筒连接，连接节点部位现浇混凝土，拼缝之间灌浆，满足结构承载力和抗震要求。

（3）节能减排效益显著

预制构件工厂生产减少了建筑材料损耗；现场湿作业显著减少，降低了建筑垃圾的产生；预制构件现场无须搭设水平模板，木材使用量实现零投入；钢筋和混凝土现场工程量减少，降低了现场的水电用量，也减少了施工噪声、烟尘等污染物的排放，节能减排效益显著。

三、发现、发明及创新点

创新点1：高世代显示器件生产线工艺仿真及组线技术，达到国际领先水平。

创新点2：国内首创建立了超大体量、超高防微振控制等级的TFT-LCD\AMOLED显示器厂房的防微振控制技术体系。

创新点3：净化空调系统温水淋水加湿空气处理技术，保障了超大面积（40万平方米）洁净室的超高温湿度精度（±0.1℃、±3%）控制要求。

创新点4：采用主体结构逆作法，实现超大型电子显示器件生产厂房的高效、快捷施工。

创新点5：超大型电子显示器件生产厂房工业化施工技术，实现超大厂房绿色施工。

四、与当前国内外同类研究、同类技术的综合比较

该成果创新性地研发了具有完全自主知识产权的高世代显示器件生产线工艺仿真及组线技术，达到国际领先水平。生产线从点亮到量产仅需要6个月（国际上通常要12个月），产品良率稳定在92%以上，远高于国际80%的良率水平。

在国内首创建立了超大体量、超高防微振控制等级的TFT-LCD\AMOLED显示器厂房的防微振控制技术体系，达到国际先进水平。

创新性地研发了超大面积、超高洁净度控制精度洁净环境控制技术。

该研究成果创新性地研发了主体结构逆作法等多项关键施工技术，极大地加快了施工进度。

该研究成果创新性地研发了格构梁预制装配式施工，开创了国内电子厂房采用绿色建造施工的先河，使传统的高消耗施工模式成为过去。

该成果经科技查新和科技成果鉴定，达到国际领先水平。

五、第三方评价、应用推广情况

2019年5月20日，北京市住房和城乡建设委员会主持召开了“超大高科技电子厂房关键施工技术研究与应用”科技成果鉴定会，专家一致认为该项成果为超大高科技电子厂房关键工程施工提供了经验

和范例，具有较高的创新性和先进性，具有广阔推广应用前景和较好的经济社会效益，综合成果达到国际领先水平。

本项目创新成果在多个超大型电子显示器件生产厂房建设过程中得到成功应用和推广，累计承接TFT-LCD\AMOLED显示器件生产线项目数量\规模世界第一。

六、经济效益

国内90%以上的显示器件生产线建设运用到本技术成果，涉及投资额12000亿元；平均建设成本节省17%的投资，节省TFT-LCD工厂洁净室面积20%；形成设计咨询合同约8亿元，利润1.8亿；总承包工程形成540亿产值，净利润约30多亿元。

七、社会效益

创新性地采用成套高效快捷设计施工技术，提高了生产线的经济性和准确性，提高了施工效率，缩短了工期，适应了超大型电子显示器件生产厂房工程的高速节奏。其创新性地开发了工艺组线技术、防微振控制技术、洁净控制技术，开创了国内超大型电子显示器件生产厂房快速绿色建造技术的先河。它的实施满足了市场对高端显示面板快速增长的需求，进一步提升我国平板显示产业水平，寻求差异化发展路线，完善电子技术产业链，大力推进原材料和制造装备的国产化进程，优化产业布局，加速国内电子信息产业结构的优化升级，进而促进和支持我国信息产业的发展转型；同时，也为打破敌对势力对中国高科技企业的封锁和绞杀，为中国高科技电子行业攀登世界之巅，实现中华民族伟大复兴的强国梦做出了贡献。

现代儿童医院建造关键技术研究与应用

完成单位：中国建筑工程（香港）有限公司
完 成 人：张 毅、欧国信、严伟强、邹晓康、钟明施、柯建发、石良城、王世磊、齐冠良、葛 斌

一、立项背景

1. 我国医院建设驶入快车道

2017年，党的十九大将“健康中国”战略上升为国家战略，推动我国医疗产业发展进入一个高速变革时期，掀起了一轮医院新建及改扩建的新高潮。

在香港地区，近年来政府同样推出一系列医院发展及改善工程，包括斥资2000亿的第一个十年（2016—2026）医院发展计划及斥资2700亿的第二个十年（2026—2036）医院发展计划。

2. “健康中国”背景下打造儿童友好型医院意义重大

医院建筑是最复杂的民用建筑类型之一，具有空间秩序要求严格、专业技术极强、功能需求内容繁多等特点。当前社会上常出现如改扩建频繁、医疗工艺流程不合理、医院验收测试工艺不够完善清晰等医院建设较典型问题。而针对儿童专科医院，更是缺乏一套成体系的建造关键技术。

20世纪90年代，“儿童友好型城市”概念被联合国首次提出；21世纪初，世界范围内才开始研究“儿童友好型医院”。

在“健康中国”大背景下，进一步优化社会公共环境、建设儿童友好型城市是趋势导向，打造儿童友好型医院是构建儿童友好城市的基础，也是儿童友好城市的重要保障。

3. 香港地区首间儿童专科医院立项

香港地区的医疗服务水平在亚洲地区乃至全世界位居前列，重要原因之一就是高标准、高质量的医院建设能力。但香港地区早期没有一家专为儿童设立的医院，早在2007年，香港各区医院每年需处理约170宗儿童癌症及肿瘤的病症、约300宗心脏科及小儿科手术、50宗肾科手术等。为更充分利用医疗资源，集中处理儿童罹患复杂、严重和罕见疾病个案，时任特首在《行政长官施政报告》中提出了儿童专科医疗中心的建议，香港特区政府决定研究成立“儿童专科卓越医疗中心”（后正式命名为“香港儿童医院”），并于2008年成立督导委员会，2013年启动建造。

香港儿童医院是香港地区首间儿童专科医院，也是亚洲最先进的儿童医院之一，专门负责接收最严重、最罕见及最复杂的儿童病症，旨在为病童提供更优质的专科医护服务，因此项目的策划、设计、采购、施工、验收等均需满足国际高标准。医院提供手术室14间（包括世界一流的复合手术室），各类病房超过270间，病床总数468张，不同类型的实验室70余间等。项目面临的主要挑战如下：

- 设计难度大（香港地区无先例可参考）；
- 建设工期紧（48个月内从设计到基础、上盖、装修、机电等完工交付）；
- 功能极复杂（集医疗、科研、培训教学等多重功能于一体）；
- 技术标准高（符合国际标准）；
- 社会关注度高（承载着香港地区医疗界“五十年的梦想”）；
- 单位病床造价最高［彼时是香港特区政府史上单一合约额（超90亿港元）最大的建筑工程］。

针对以上挑战，项目团队紧密围绕“产学研用”结合，通过现状调研、理论分析、方案比选、数值模拟、现场测试等系统性研究，形成了一套现代儿童医院建造关键技术。

二、详细科学技术内容

1. 儿童友好型医院的设计成套技术

通过儿童心理、人体工学、疗愈环境等方面的系统化、人性化研究，有效舒缓了儿童就医恐惧和家长紧张焦虑等问题，从而营造非院舍形式和适合儿童的舒适家居医疗环境，实现“和谐”“温馨”“如家”等儿童友好概念；通过广泛的使用者咨询，合理功能分区、高效组织交通流线等，实现以人为本的使用者友好型医院设计。见图1。

(a) 大厅设计

(b) “树屋”概念候诊厅设计

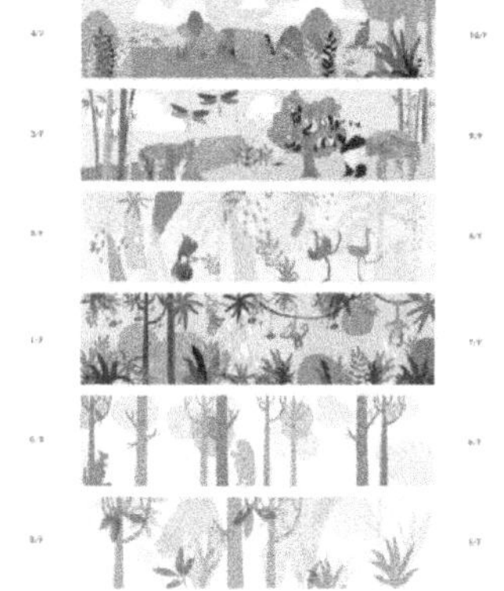

(c) 寻路标识系统，8种主题动物及栖息地设计

(d) 寻路标识系统实拍图

(e) 电梯间

图1 儿童友好型医院的设计（一）

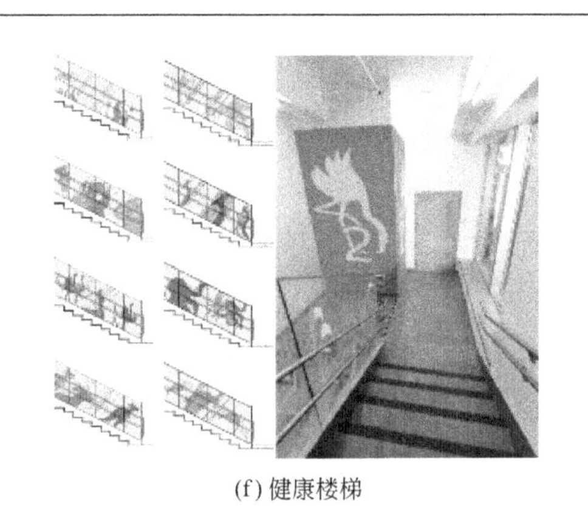

(f) 健康楼梯

(g) 可升降水疗池

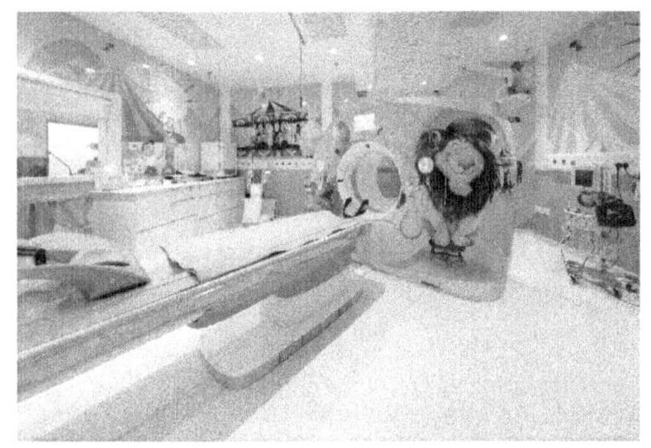

(h) CT室

(i) X光室

(j) 地下中央花园

(k) 地下中央花园艺术墙

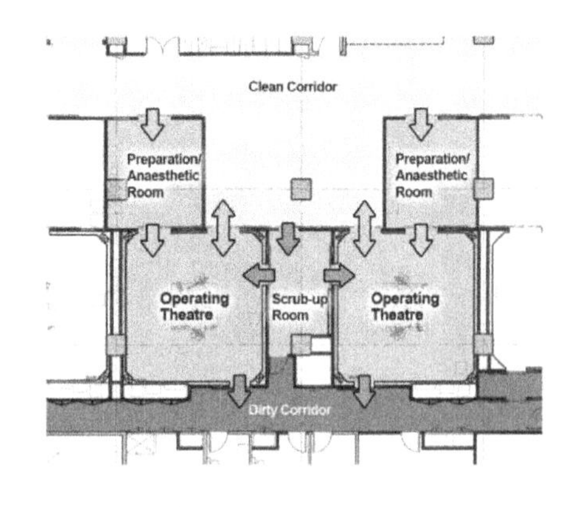

(l) 手术室交通组织

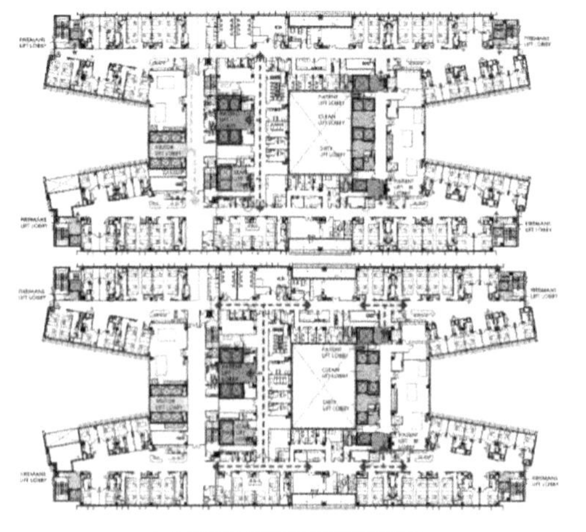

(m) B座病房区交通组织流向

图1　儿童友好型医院的设计（二）

以病房为示例简介儿童友好型设计，如：(1) 充分考虑人体工学，在低位增加一道扶手；(2) 设计游乐区和家庭起居室；(3) 设计家属留宿房可供父母过夜；(4) 设计婴儿浴池；(5) 设计男女皆宜的卫生间；(6) 设置父母床、护士站毗邻病床。见图 2。

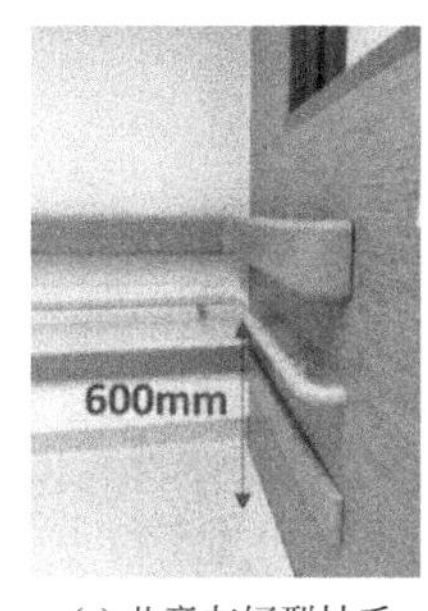

(a) 儿童友好型扶手

(b) 游乐区

(c) 护士站毗邻病床

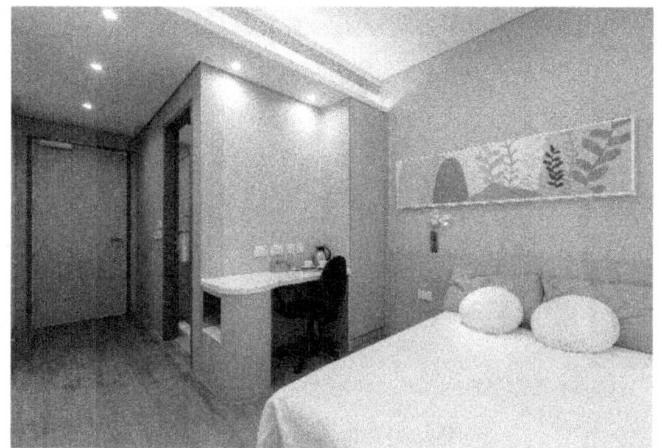

(d) 家属留宿房

图 2　病房

2. 全生命周期的绿色医院建造技术

将可持续发展理念融入全生命周期，系统开展了空气流通评估、自然光照模拟、热动力学仿真、照明模拟、亮化设计模拟等方面的研究。

创新采用了多项运维新技术、新系统：

- 太阳反射指数高达 78 的屋面涂层高反射率（SRI）材料；
- DCS 区域供冷系统（我国香港地区首次）；
- 光导管（我国香港地区首次）；
- 太阳能系统；
- 高标准暖通空调系统；
- 高标准照明系统；
- 双水源冲厕系统；
- 能源计量系统；
- 厨余垃圾降解系统；
- 低 VOC 表面材料、无 PVC 地板等绿色环保建材。

实现了：

- 绿化覆盖率达 40%；
- 运营阶段空调供冷系统节约能耗达 35%；
- 整体节水率高达 50%；
- 建筑物的平均冷却负荷减少 4%；
- 高峰冷却负荷减少 7%；
- 绿色环保建材 FSC 认证木材产品累计使用比占 96.36%；

• 距离项目 800km 范围内制造的建材产品累计使用百分比占 76%。

大大减少了医院建造及运维过程碳排放量及环境污染。

香港儿童医院成为首个通过 BEAM Plus 绿建环评最高等级——铂金级认证的香港地区医院。见图 3。

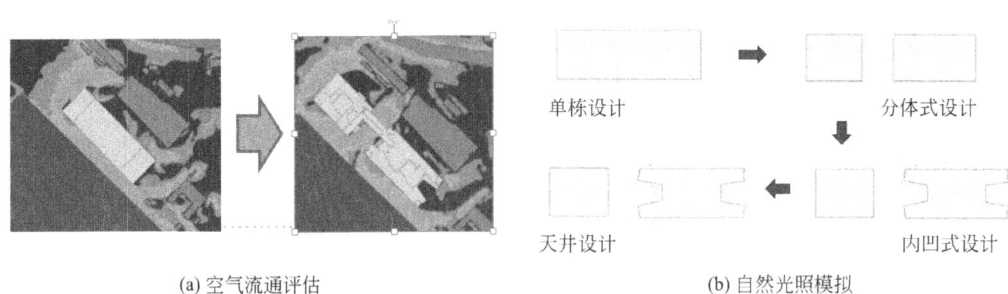

(a) 空气流通评估　　(b) 自然光照模拟

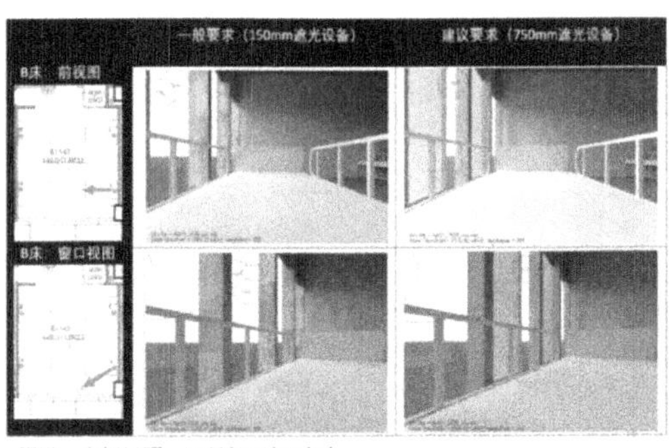

(c) 热动力学仿真

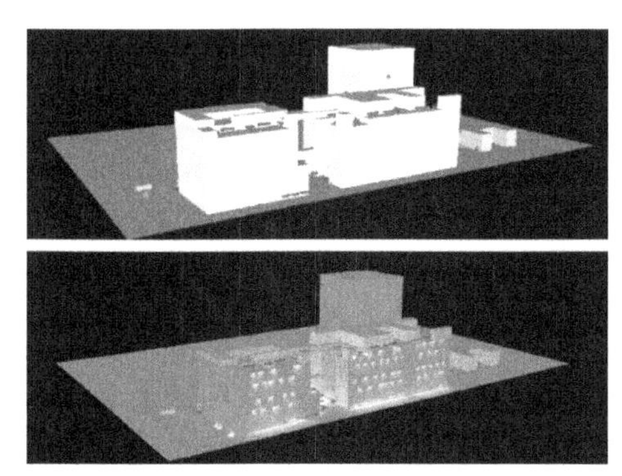

(d) 亮化设计模拟

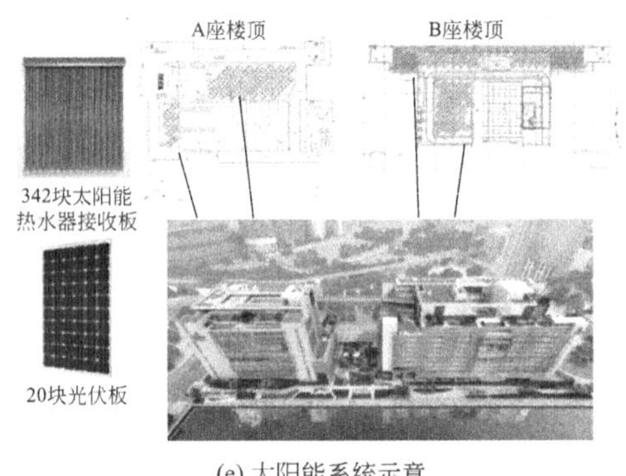

(e) 太阳能系统示意

(f) 光导管

图 3　全生命周期的绿色医院建造技术

3. 医院特殊功能用房的成套建造技术

形成了医院特殊功能用房的成套建造技术，从设计、施工到测试验收形成良好闭环，防辐射测试、气密性测试等部分验收测试流程及指标填补了我国医院建设领域的部分空白，大大提升建设效率和施工质量，成品质量指标均达到国际标准，如手术室、无尘室洁净度满足 ISO 5～9 级。进行了负压隔离病房气密性测试、气密测试、手术室层流测试、气体流速测试、洁净度测试、电离辐射屏障标准设计、室外混凝土墙位置辐射量检测、高效空气过滤器泄漏测试、风量气流测试等。

4. 医疗气体系统、中央废气处理系统、气动管道传输系统等设备成套安装技术

形成了医用机电系统的设计、安装及测试成套技术，对医疗气体系统、中央废气处理系统、气动管道传输系统等医院关键设备系统，首次采用“无氧银焊”实现了高清洁度下安装医疗气体管道近八万米，可靠度、安全性达到国际标准；针对医疗气体系统管道吹扫流程给出明确指标（譬如管道内气体的流速不应小于 20m/s，连续吹扫 8h），实用性、操作性强；实验室实现了以 12 组排风扇连接超过 130 个收集柜的集成式高效废气处理，处理后的废气严格满足香港地区环保署排放标准。见图 4。

(a) 医疗气体管道顶棚排布

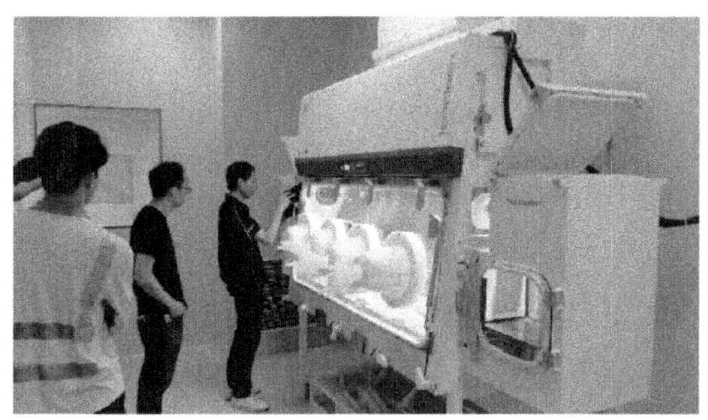

(b) 隔离器测试

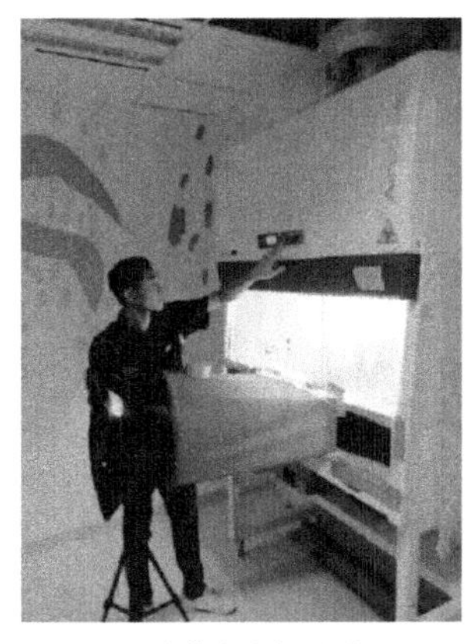

(c) 生物安全柜测试

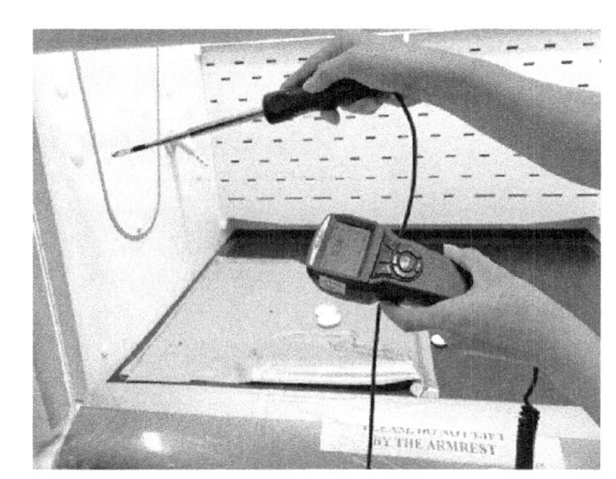

(d) 热线风速计气流测试

图 4　设备成套安装技术

5. 医院建筑振动评估及减振设计技术

建立了复杂环境下医院建筑振动评估技术，通过内外部振源分析、理论振动荷载计算、有限元模拟等，为减振设计提供理论；通过考虑隔墙与楼板协同作用、充分考虑桩土摩擦等措施，建立了医院建筑减振优化设计技术，解决了医疗设备对振动极其敏感的难题；建立了医院建筑动力特性测试技术，为振动评估及减振优化理论提供实测支撑。实现优化后楼面最大加速度降低 50%～83%，代谢组学实验室等特殊功能用房的振动加速度低至合约要求的 22%，高于国际标准。见图 5。

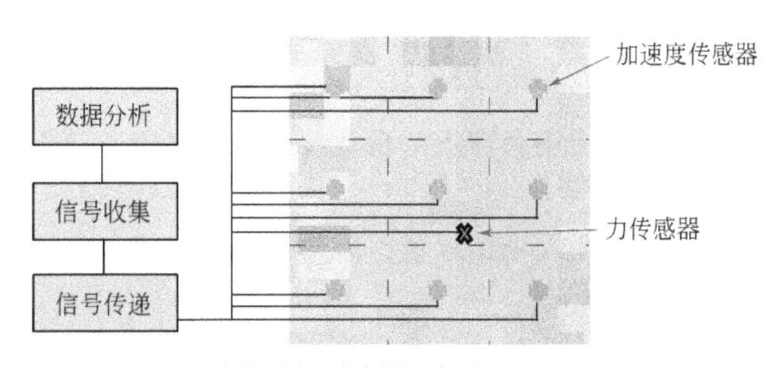

(a) 冲击测试测点布置示意图

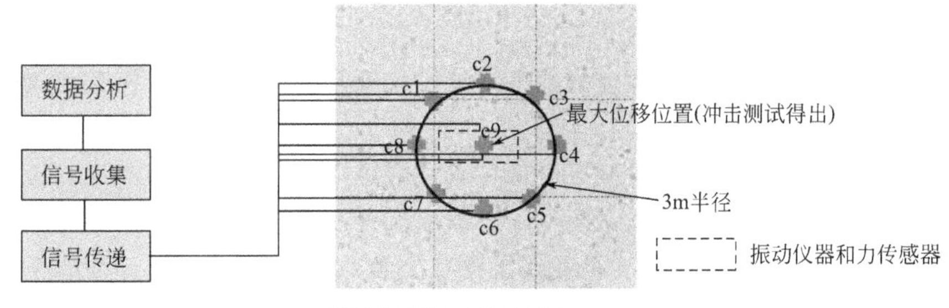

(b) 连续测试测点布置示意图

图 5　医院建筑振动评估及减振设计技术（一）

(c) 加速度传感器、力传感器、连续振动试验现场

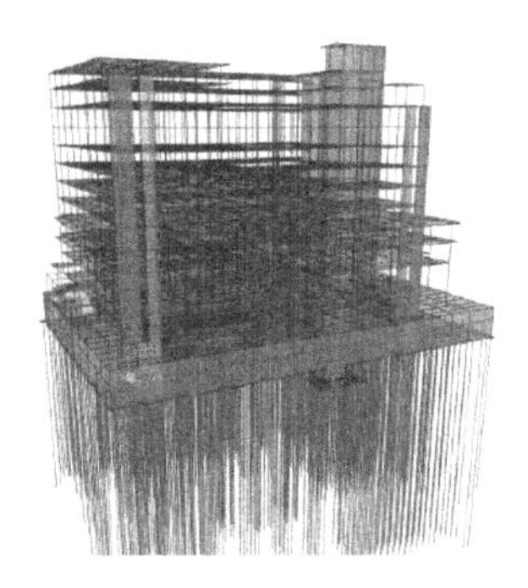
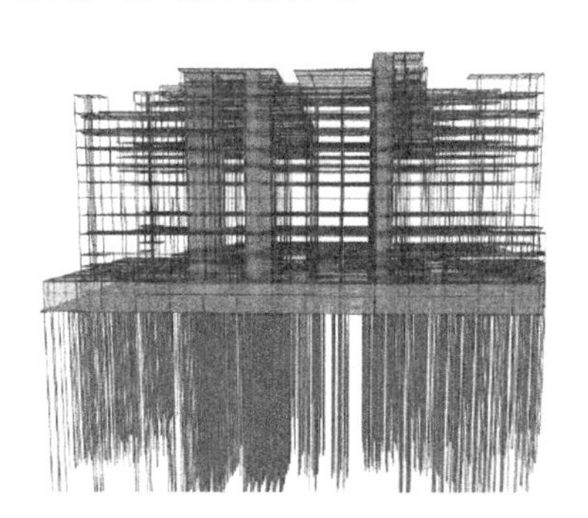

(d) 考虑群桩桩土协同作用的竖向振动分析模型

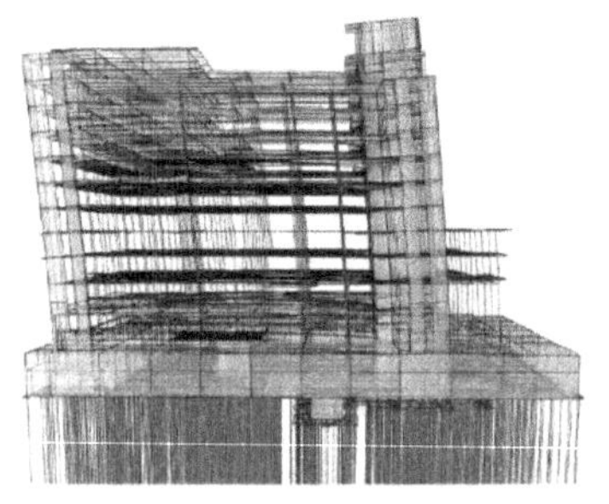

(e) A座前3阶振型分析

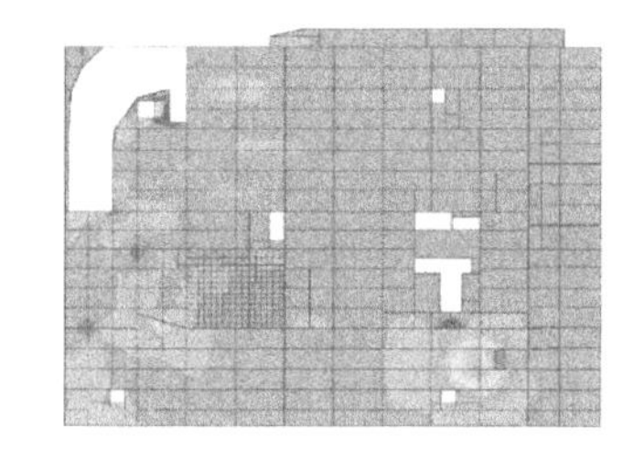

(f) A座重点构件激励振动模态

图 5　医院建筑振动评估及减振设计技术（二）

三、发现、发明及创新点

（1）首次系统形成儿童友好型、符合使用者需求的现代绿色医院功能建筑设计体系，提供成套技术解决方案。

（2）创新建立了涵盖设计到运营全生命周期的绿色医院建筑建造技术，极大降低了传统医院建造运营过程中的高能耗。

（3）创新形成了医院特殊功能用房的成套建造技术，形成从设计到测试验收的良好闭环，防辐射测试、气密性测试等部分验收测试流程及指标填补了我国医院建设领域的部分空白，大大提升建设效率和施工质量，成品质量指标均达到国际标准。

（4）创新形成了医疗气体系统、中央废气处理系统、气动管道传输系统等医院关键设备系统成套安装技术，可靠度、安全性达到国际标准。

（5）创新建立了医院建筑振动评估及减振设计技术，解决了医疗设备对振动极其敏感的难题。

（6）已形成地方标准 1 项、获授权国家及我国香港地区外观设计专利各 1 项（5 项发明专利申请中，其中 1 项已进入实审）、省部级工法 4 项、企业级工法 12 项、发表论文 11 篇。香港儿童医院项目先后获得澳洲建造师学会国家年度大奖、香港地区优质卓越大奖（香港地区建造业最高荣誉）等大奖 20 余项，入选香港地区建造业百年百大建筑。

（7）香港儿童医院项目创造了多项香港地区“最先、最大、最多、最广、最快”的工程领域历史。

四、与当前国内外同类研究、同类技术的综合比较（表 1）

较国内外同类研究、技术的先进性　　表 1

本研究成果先进性	与国内外同类技术比较
系统形成儿童友好型、符合用家需求的现代绿色医院功能建筑设计体系，提供成套技术解决方案。项目全面征求医护人员专业意见，项目概念设计阶段及深化设计阶段历时两年，用家正式会议超过 200 次，与会医生及护士超过 500 人，涉及超过 13 个诊疗专科，仅室内样板房阶段就超过 1000 人次给予意见	以人为本的儿童友好型现代医院设计体系，开创我国先河，极大地影响了香港未来 20 年医院的发展，成果国际先进
形成了涵盖设计到运营全生命周期的绿色医院建筑建造技术，极大降低了传统医院建造运营过程中的高能耗。实现了：绿化覆盖率达 40%，运营阶段空调供冷系统节约能耗达 35%，整体节水率高达 50%，第一个通过 BEAM Plus 绿建环评最高等级——铂金级认证的香港地区医院	总结了从策划、设计、施工到运维全生命周期的绿色医院建造技术，成果国际领先
形成了医院特殊功能用房的成套建造技术，形成从设计到测试验收的良好闭环。手术室、无尘室洁净度满足 ISO 5～9 级；负压隔离病房在 10Pa 压力差的情况下，漏压只有 $0.03m^3/h$（仅为合约要求 $2m^3/h$ 的 1.5%）	创新应用了医院功能用房从设计、施工到测试验收的全流程建造技术，填补了我国医院建设领域的部分空白，成果国际先进
形成了医疗气体系统、中央废气处理系统、气动管道传输系统等医院关键设备系统成套安装技术，首次采用“无氧银焊”实现了高清洁度下安装医疗气体管道近 80000m，可靠度、安全性达到国际标准；实现了以 12 组排风扇连接超过 130 个收集柜的集成式高效废气处理	创新应用了医院特殊系统从设计、施工到测试验收的全流程建造技术，首次在医疗气体系统中采用“无氧银焊”技术，填补了我国医院建设领域的部分空白，成果国际先进
建立了医院建筑振动评估及减振设计技术，解决了复杂环境下医疗设备对振动极其敏感的难题，实现优化后楼面最大加速度降低 50%～83%，代谢组学实验室等特殊功能用房的振动加速度低至合约要求的 22%，振动控制高于国际标准	医院建筑系统性振动评估，填补了我国医院建设领域的部分空白，实施效果国际先进

本技术通过国内外查新，查新结果为：在所检国内外文献范围内，未见有相同报道。

五、第三方评价、应用推广情况

1. 第三方评价

2021 年 6 月 22 日，以院士为主任委员的科技成果评价专家委员会对本研究成果进行鉴定，同意本研究成果通过科技成果评价，专家组认为成果总体达到国际先进水平，其中医院绿色建造的相关技术达到国际领先水平。

2. 应用推广情况

项目相关成果已成功推广应用于十个大型港澳医疗工程，包括中央援港抗疫两院项目、香港广华医院、香港中医医院、香港中文大学医院及澳门离岛医疗综合体等。

同时，项目相关成果也应用于公司所负责的深圳前海管理局、深圳市建筑工务署等若干在研课题，为政府部门提供医院建设标准、工程建设模式等方面的咨询服务。

六、经济效益

香港儿童医院项目在设计及建造过程中，全面贯彻落实公司质量安全环保政策，总结和借鉴了国内外先进施工经验，根据项目特点难点，制定了详尽可行的建筑新技术应用与推广计划，多项建筑新技术最大限度节约了资源，提升了建造效率及验收测试合格率，有效保障了成品质量，实现了绿色施工，降低了全生命周期成本，取得了良好的经济效益。通过应用各项新技术，产生科技进步效益近 2 亿港元。

七、社会效益

香港儿童医院是中国建筑工程（香港）有限公司首个“设计施工一体化”（D&B）的医院项目，是

Design & Build 医院工程实施典范，以人为本的儿童友好型现代医院设计典范，可持续性发展绿色医院的设计、建造和运营典范。

公司在项目设计与施工的过程中积累了大量实践经验，进而总结形成一套国内首个针对现代儿童医院的关键建造技术，成果系统性高、流程清晰、验收测试标准明确、可操作性强，有效提升了医院建造效率及成品质量，同时减少资源浪费，创造了近 2 亿港币的良好经济效益，广受社会各界好评，大大提升了公司核心竞争力及企业形象。

技术已成功推广应用于 10 项港澳医疗工程，培养了大量具有国际视野的现代医院项目设计及施工技术与管理人才。

研究成果不仅为公司参与香港未来两个“十年医院发展计划”打下坚实基础，也对我国现代医院建设提供有益借鉴及良好示范，助力“健康中国”及大健康产业发展，具有巨大的经济效益和社会效益。

非对称巨型悬挂高层建筑建造技术研究与应用

完成单位： 中国建筑第四工程局有限公司、中建钢构工程有限公司、深圳市华阳国际工程设计股份有限公司、中建五局安装工程有限公司

完 成 人： 黄晨光、纪晓龙、甘明彦、程华群、陈国秀、夏　涛、肖诗凯、谭健平、唐王龙、刘光荣

一、立项背景

悬挂建筑概念出现于19世纪20年代，20世纪50年代以后进入应用阶段。世界上标志性的悬挂建筑有美国明尼阿波利斯联邦储备银行大楼、德国BMW总部大楼、中国香港汇丰总行大厦、贵阳中天201大厦等。用悬挂方式建造的建筑类型涵盖公共建筑、写字楼和公寓等，其应用高度范围从中低层一直延伸到超高层。见图1～图3。

图1　德国BMW总部大楼

图2　中国香港汇丰总行大厦

图3　贵阳中天201大厦

悬挂建筑通常由承重基础、承重主体结构和悬挂部分组成。相比传统支承结构，悬挂结构具有其独特优势。由于悬挂部分的提升，建筑底层具有更大的空间和广阔的流线，形成了具有美学效果和舒适感官的活动地带，打破了容积率的限制。悬挂方式将不同的构件受力两极分化，通过拉压材料的合理布局可以增大结构跨度，拓展建筑的使用空间。

悬挂结构传力路线清晰，楼面荷载由楼板和梁传递到吊柱，吊柱荷载延悬挂部分向上传递到顶部的悬臂桁架，然后传递到承重主体结构，最后向下传递到基础。悬挂建筑的建造顺序有两种：一是先完成承重主体结构，再施工悬挂部分；二是承重主体结构和悬挂部分同步施工。无论采用何种建造顺序，都不可避免存在结构的受力体系转换。另外，悬挂结构仅存在一道抗力体系，安全冗余度低，对关键传力构件的安全系数和施工质量要求有了显著提高。这些都对悬挂建筑施工提出了挑战。

因为扭转不规则、凹凸不规则、楼板不连续、抗侧力构件不连续等特点，非对称悬挂建筑在施工过程中存在多次重大受力体系转换，不仅发生竖向和水平变形，还存在扭转变形。非对称悬挑建筑设计和施工存在以下难点：

(1) 建筑室内空间的利用，建筑形态与城市环境的融合。

(2) 逆作安装时临时支撑以及临时桁架支承的设置，过程中受压主体结构和悬挂结构的变形控制。

（3）楼盖与悬挂体的变形协同控制，幕墙及其他附属次结构与主体结构的变形协同控制。

本研究成果针对以上问题提出了解决方案，在项目实践中得到成功应用。

二、详细科学技术内容

本成果依托深圳大疆天空之城大厦项目，根据大疆创新科技有限公司的企业精神，设计师从地面到空中，从室内到室外，并充分考虑到企业文化与整体规划空间的相互融合，层层紧扣，设计出了如此充满动感的建筑。大厦外观效果图见图 4。

图 4 大厦外观效果图

1. 非对称悬挂建筑“空间融合”设计理念及技术

（1）基于多箱体悬挂的建筑与城市环境融合技术

创新在超高层办公楼建筑设计底层全架空，保证了低层日光照射率，实现低层自然采光；拓展了低层视野空间和地面公共空间，增强了建筑与城市人文环境协调性；引入了自然通风，改善了整体的风环境；实现地面绿化环境、交通环境等主动融入城市环境。见图 5。

（2）基于绿色低碳的建筑环境融合技术

创新设计 12 个箱体上下分离悬挂布置，实现了展示区、功能区、办公区等的分区，拓展了屋面空间；建筑体量分离切割保证了高层的日光照射率，实现高层自然采光；屋面立体绿化拓展了城市绿化空间；屋面绿植蒸腾作用带走热量，减轻了建筑的温室效应；实现了建筑整体与地面绿化空间的环境融合。见图 6。

（3）基于多箱体悬挂的室内空间高效利用技术

通过六个框体的悬挑，成功实现了建筑设计中的水平向给予员工 270°环视无阻户外景观的办公氛围，办公区域仅剩余核心筒不可避免的遮挡，按人体视野观察，从由核心筒进入悬翼办公区，映入使用者眼帘的不再是传统的空间遮挡，左、前、右三个方向的视野都可直接延伸出建筑外环境，引发员工无限思想，激发员工创造力，避免传统布局中办公室空间规划室内空间感压抑的问题。同时，室内采光更多地采用自然光源，在为使用人员提供温馨合理的照明条件的同时使得本建筑更加节能化、绿色化。独

图 5　底层架空效果图

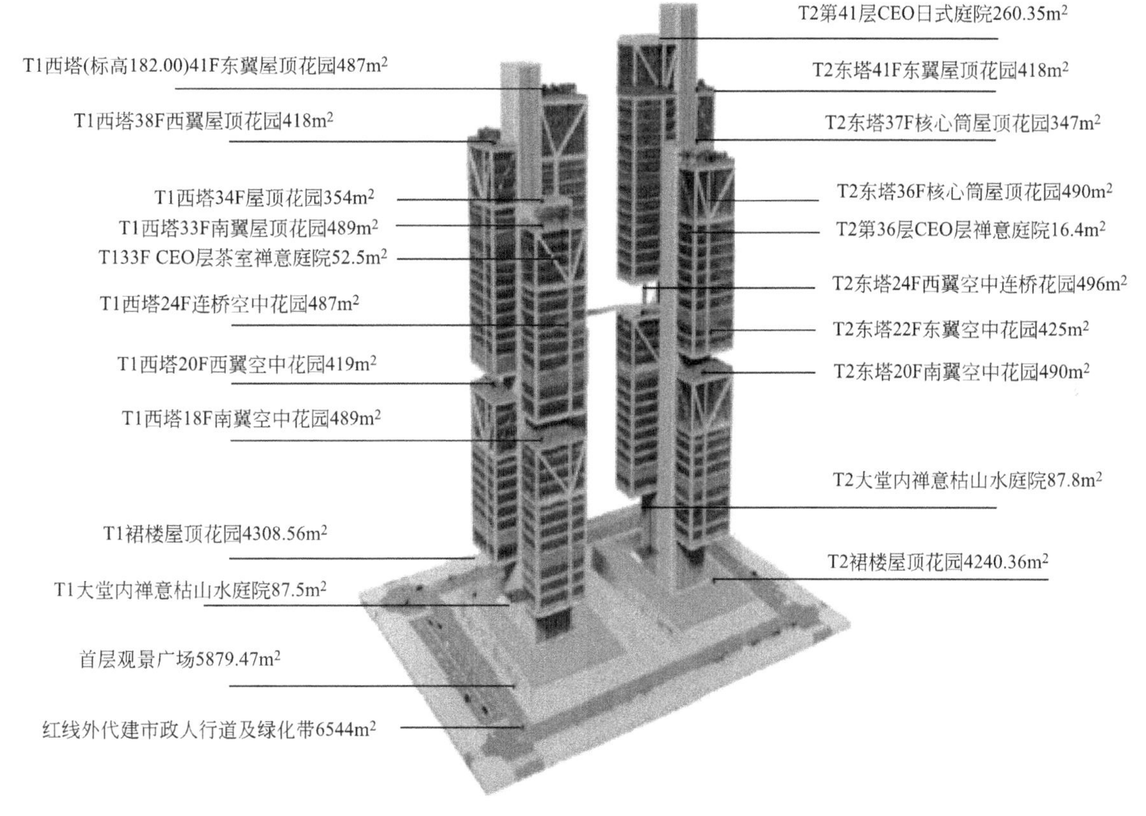

图 6　大疆天空之城绿色屋面布置

特的 V 形支撑桁架支撑着专为无人机测试的特殊空间。颠覆了传统理念中飞行必须在室外的传统看法，让广阔的室内空间作为试飞区域成为可能，将更多室外公共空间返还给使用人员。通过特殊的结构类型在满足实际使用需求时，将建筑物的工业美感完美展现。见图 7、图 8。

使用指挥空调系统为大楼进行内部温度调节，降低大量能耗。通过为机电管线穿梁提前留洞的手段达到有效增加建筑室内使用空间，使管线从钢梁内部穿过，增加空间净高。使用预制化机电配件，减少结构建筑耗材，节约建筑成本。同时，将机电管线全部外露，展现室内空间简约、纯粹、素颜之美，并为后期维护提供很大的便利。见图 9、图 10。

通过 TWIN 双子电梯的加入，成功减少了对核心筒的占用面积，为建筑设计师提供更大的发挥空

图 7　室内巨型框体试飞空间内部视图

图 8　巨型框体试飞空间外部视图

图 9　办公区效果图

图 10　办公区实拍图

间，在建筑中原本空间就不是很宽阔，通过双子电梯的加入，核心筒中可加入更多其他设施，如各种控制机房，阳台，厕所等内容。将核心筒水平向应用面积规划水平大大提升。与此同时，使用双子电梯在减少井道占地面积的同时，减少的对能源的消耗，达到绿色、节能、减排的目的。并通过双子轿厢的加入大大提升了垂直运输效率，使整栋建筑的运行变得高效、灵动。见图 11、图 12。

图 11　双子轿厢电梯工作示意图

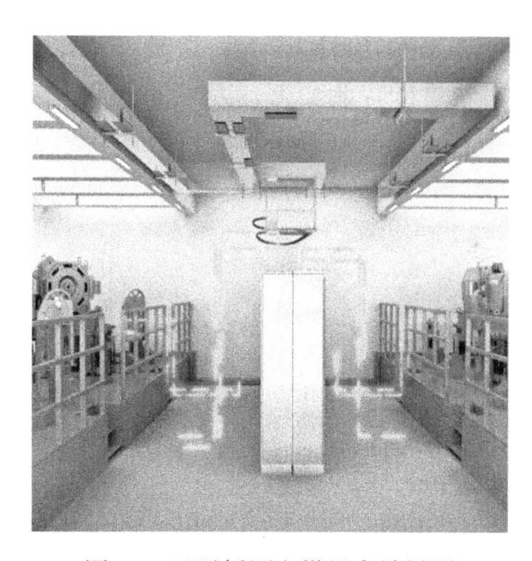

图 12　双子轿厢电梯机房效果图

通过对结构新型材料的选定及建筑设计方案的敲定，实现低碳、绿色等环保概念的体现；通过对节能、节地等方面的探究，实现建筑物领域能源高效利用及可持续发展的环保理念。

2. 非对称巨型悬挂多箱体钢结构设计及安装技术

(1) 巨型悬挂体“胎架支撑、临时转换桁架承托”逆作安装技术

针对非对称巨型悬挂结构体系，研究一套巨型悬挂体逆作安装技术。该技术一方面缩短了悬翼结构体系施工与落地支撑结构施工的工艺间隔；另一方面，悬翼结构体系可以自下而上进行安装，加快构件吊装速度的同时，吊装安全性也更加有保障。

上、下悬翼之间不设置临时支撑结构作为上悬翼施工的临时支承点，而是将上悬翼悬挂体内下部的悬挂层设置为临时支撑桁架层作为剩余上部悬挂体及巨型桁架层施工的临时支撑结构。利用上悬翼悬挂体内下部的悬挂层作为临时支撑桁架层，不仅满足了施工荷载的要求，还减少了临时支撑措施的投入，且所采取的临时支撑方式更为简便，避免了采用一撑到顶的临时支撑措施需设置大量底部转换桁架结构体系并对其进行结构设计的问题。

针对独特、新颖的非对称巨型悬挂结构体系，研究了一种适用于该结构体系的施工方法，该施工方法可节约施工工期，减少措施量投入，有效节约了施工成本。见图 13。

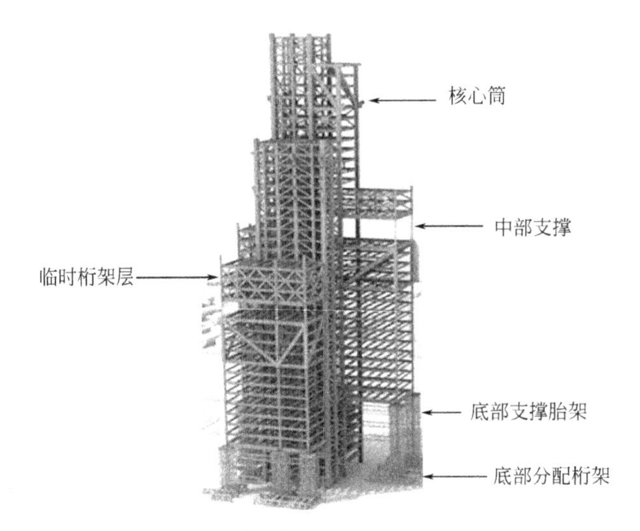

图 13　支撑措施立面布置示意图

(2) 非对称悬挂体“分步加载、悬挑预抬”钢结构变形控制技术

针对非对称巨型悬挂结构体系，提出了一种悬挂体“分步加载”的变形控制技术，该技术能较好地控制整体结构的变形及其内力，同时提高施工质量、安全保证及安装精度等。

上、下悬翼悬挑跨度大、空间尺寸大、重量重，该结构体系在自重作用下会产生较大的变形，进而影响施工精度的控制要求，因此提出了一种非对称悬挂体“悬挑预抬”的变形控制技术，该技术可以较好地控制悬挂体自重产生的变形，使其满足设计位形要求。见图 14、图 15。

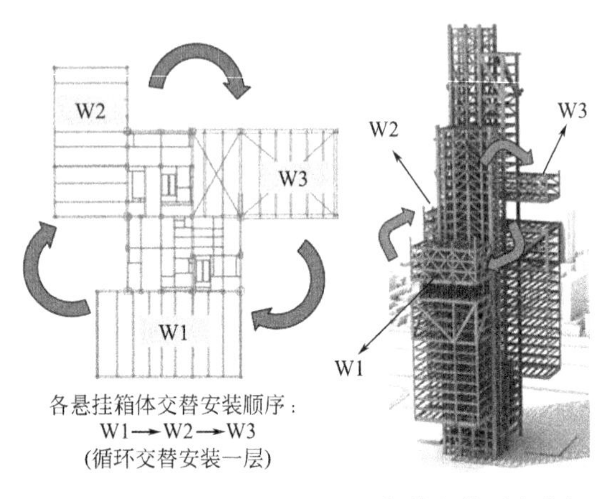

图 14　“分布加载”技术：悬挂箱体安装顺序分析

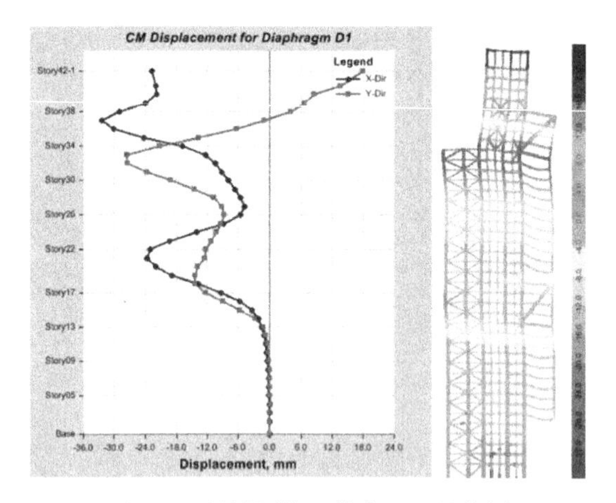

图 15　“悬挑预抬”技术：工况分析

3. 非对称巨型悬挂建筑变形协同技术

(1) 非对称悬挂体楼盖变形协同与舒适度控制技术

采用基于英标 CCIP (A Design Guide For Footfall Induced Vibration of Structures) 与有限元方法评估楼盖的振动舒适度，发现大变形体系下，楼面次梁创新的采用较高的截面形式，并在腹板中预留机电洞口，既可为楼盖提供较多的舒适度，又可节省楼层净高。

研究了在地震及风荷载工况下，悬挂箱体楼板传力和变形机理，明确了标准层核心筒内的楼板对竖向变形基本无影响，悬翼楼板（筒外）对结构的整体指标基本没有影响，结构整体表现由落地的核心筒区域结构控制，为悬挂纯钢桁架结构体系提供了理论指导。

研究了悬挂楼层竖向变形，得出变形值由核心筒柱变形＋悬挑桁架变形＋吊柱累积变形构成。悬翼楼板（整层）对悬挂区域本身的竖向变形有一定的影响，但对总变形量的影响幅度不大，只要悬挑桁架及吊柱的承载力能满足要求，竖向荷载的传递可得到保证，竖向变形也可控。

针对核心筒和悬挂层之间剪力值大且竖向变形值存在差异的突出问题，提出梁柱连接采用半刚性连接以及板内设置支撑或钢板带措施。见图 16、图 17。

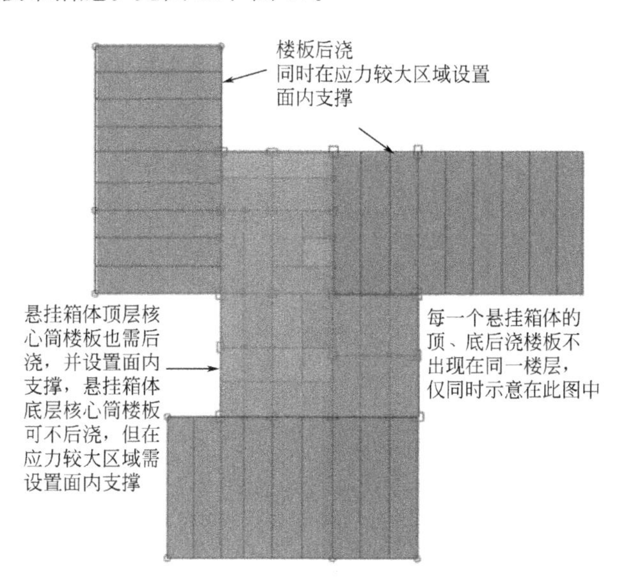

图 16　悬挂箱体顶板层楼板抗裂措施

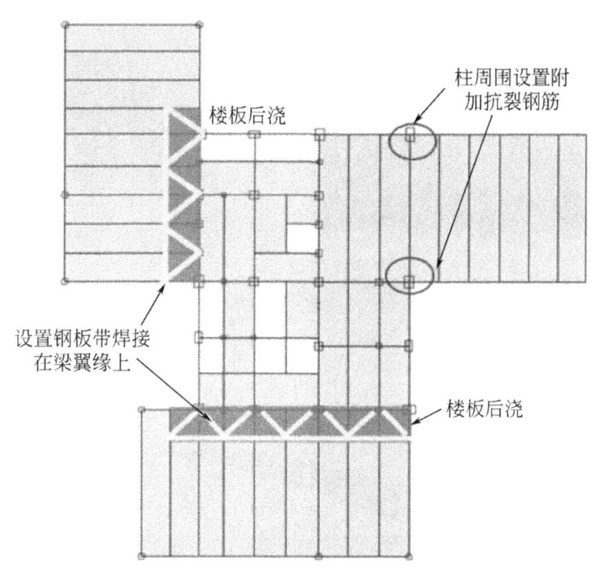

图 17　标准层楼板抗裂措施

（2）非对称悬挂体幕墙变形协同技术

计算分析了纯钢悬挂结构幕墙受力及变形特点，针对结构施工过程中的三个极限工况的研究分析，充分利用单元结构间支座三维六向自由可调节的特性，在支座处预留±30mm 收缩缝的前提下通过支座预埋地台码进行支座粗调（±2mm）及精细调节（±0.5mm）以此容纳结构变形所带来的尺寸突进、内缩的影响，实现单元体幕墙与悬挑变形结构的整体协同变形。见图 18。

（3）高空悬索桥的变形自适应技术

创新性针对“天空之城”空中廊桥的梁标准断面（跨中），采用节段模型风洞试验方法对原始断面颤振/驰振稳定性能进行研究。给出相关气动措施并进行断面优化研究，寻求桥体的最佳形态，保证索桥在风振下的安全性和舒适性，以满足规范要求。见图 19。

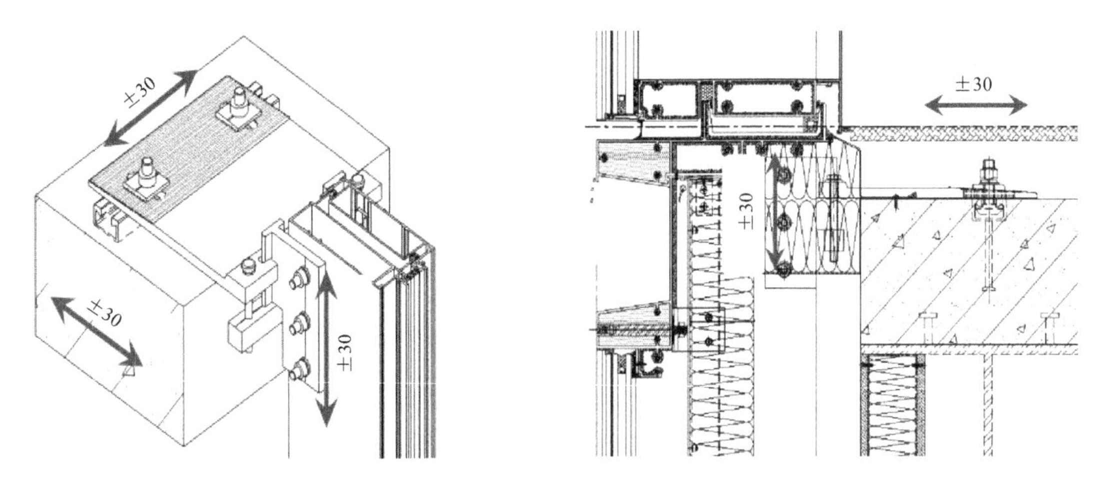

图 18　幕墙预留收缩缝示意图

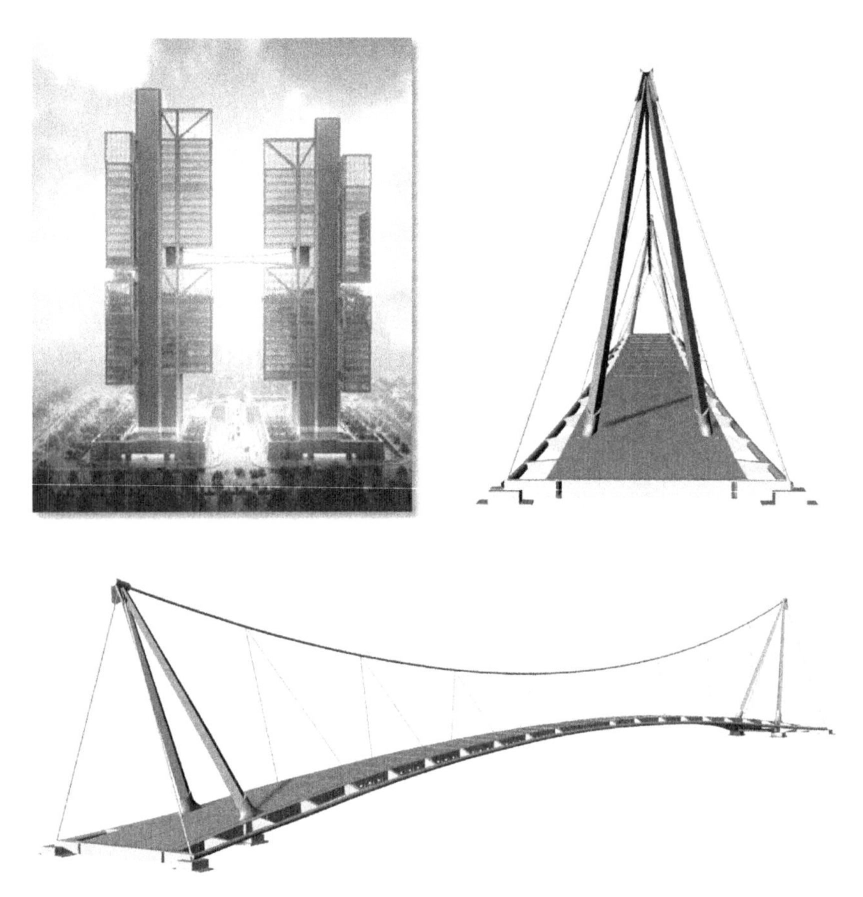

图 19　空中悬索桥效果图

创新性地采用“弱连接”的连接形式，避免了结构设计中连桥对塔楼刚度造成的不利影响。为实现连桥与塔楼的弱连接、减小连桥对塔楼的刚度影响，同时避免塔楼动力特性发生改变，在满足连桥侧向及竖向振动舒适度前提下，尽可能释放连桥纵向、横向的约束刚度。

创新性地采用将桥梁进行分段切割的方式，以便于吊装施工。在楼板外搭设一定长度的悬挑支撑，采用“分段滑移”技术将连桥分段运输至楼层内指定位置后再进行焊接拼装；对连桥中间段采用“双机抬吊”的方式安装。本技术针对大疆天空之城大厦项目中的高空连桥而制，对一座桥梁采用两种施工方式进行施工，整段桥梁分段切割，以大化小。针对不同部位采用不同的施工方法。这种首创的钢悬索桥“双机抬吊＋分段滑移拼接”高空吊装施工技术可以保证空中连桥安装精准，施工快捷、安全且有效控制了成本。见图 20。

(a) 第一步：轨道滑移及葫芦的方式进行吊装

(b) 第二步：中间悬空段约有33m长度，此段桥面在地上拼接完成

(c) 第三步：采用双机抬吊的方式进行吊装焊接

(d) 第四步：进行主缆、拉杆等构件的安装

图 20　施工顺序

三、发现、发明及创新点

该成果针对非对称悬挂高层建筑结构复杂、施工难度大等特点，研发形成了非对称巨型悬挂高层建筑建造技术，主要创新成果如下：

（1）研发基于多箱体悬挂的建筑与城市环境融合和室内空间高效利用技术，很好地满足了大疆无人机研发和试飞功能的创新要求，达到绿色、低碳、节能、减排的目的。

（2）研发了巨型悬挂体胎架支撑＋临时转换桁架承托逆作安装方法，在保障结构安全的前提下实现各悬挂箱体在施工过程中的独立性，提高施工效率，大大节省了工期。

（3）创新提出了非对称悬挂箱体分步加载、悬挑预抬和分阶段分级卸载技术，实现了对非对称悬挂体钢结构扭转和下挠变形的有效控制。

（4）研发了非对称悬挂体楼盖协同、幕墙变形协同以及高空悬索连桥的变形自适应技术，有效减少了施工过程中因不同构件受力不协同而引起的变形，提升了建筑使用的舒适度。

四、与当前国内外同类研究、同类技术的综合比较

（1）非对称悬挂双塔建筑及其“空间融合”的设计理念，属国内外首次提出。

（2）非对称悬挂体“胎架支撑、临时转换桁架承托”逆作安装技术、“分步加载、分阶段分级卸载”技术，为类似非对称巨型悬挂建筑提供建造经验。

（3）创新非对称巨型悬挂建筑的楼盖、单元体幕墙、钢连桥变形协同技术，均未见国内外相同报道。

五、第三方评价、应用推广情况

2021 年 7 月 9 日，中国建筑集团有限公司在厦门组织召开了“非对称巨型悬挂高层建筑建造技术研究与应用”项目科技成果评价会。评价委员一致认为，成果已在大疆天空之城大厦项目成功应用，保证了工程质量，提高了工效，有效缩短工期，节约施工成本，具有广阔的推广应用前景，该成果总体达到国际领先水平。

六、经济效益

通过上述技术的研究应用，有效缩短项目总工期达 120d，节约施工成本 1918 万元。此外，缩短工期所节约的管理费、大型机械设备租赁费等费用约 720 万元，同时为业主节约租赁办公场地费用高达约 9600 万元。

七、社会效益

项目建造过程中，受到外界关注，多家知名媒体报道项目的重大事件；行业内专家、学者、同仁等到项目莅临指导、交流；项目将运用到的科技成果、措施等一一交流、探讨、更新；在应用过程中，积极组织及参加学术交流与课题研讨、现场观摩，使其得到大力推广。

非对称巨型悬挂高层建筑建造技术研究与应用科技成果推广到实际生产管理工作中，为社会建设提供很大的借鉴作用。

高精度现浇清水混凝土风洞关键施工技术研究与应用

完成单位： 中国建筑第八工程局有限公司、中建八局发展建设有限公司

完 成 人： 叶现楼、林　峰、周殷弘、曹　江、王保栋、嵇朵平、马新春、高永德、陈成林、高　燕

一、立项背景

中国绵阳风洞基地是亚洲最大的航空风洞试验中心，它承担了我国最前沿的空气动力学研究任务，为国家乃至世界航空航天领域的研究做出突出贡献。本课题所依托的项目为中国空气动力学研究中心所研制的最新一代现浇清水混凝土建筑工程，大型低速风洞是我国“十二五”规划，确定建造的 16 项重大科技基础设施项目之一，其主要为国产大飞机、战机研发做试验支撑，与南极天文台、重离子加速器等项目具有同等的国家战略意义。

从全球范围看，欧美日等国的低速风洞工程主要采用全钢结构、预制装配式结构、混凝土＋后装内胆结构，其对结构本身精度要求不高，结构偏差可以通过面层来消化，以达到高品质气流要求的内型面精度。本工程为全球首个采用一次成型的现浇清水混凝土技术施工的大型低速风洞。

二、详细科学技术内容

以大型低速风洞项目为载体，对现浇清水混凝土风洞施工测控难度大，变形控制难度大、结构精度要求高、混凝土抗强风蚀、风洞特殊构件施工等难点进行充分分析，通过查阅文献、理论分析、试验研究、工艺创新、技术集成与创新、信息化手段等，进行设计、技术方案优化、施工工艺创新，实现风洞工程对于精度和性能的高标准要求。

1. 超长空间异形薄壁结构风洞施工测控关键技术

（1）利用测量机器人，通过设置稳定的测量基准点，采用强制对中装置、多次平差、气候持续平差等方式，建立了三级高精度测量控制网（图 1），主要控制点对中误差控制在 0.5mm 之内。

图 1　强制对中装置

（2）研发了框架柱控制点二次纠偏技术，将已完框架柱位置反馈到 BIM 模型，实现逆向建模，对比模型后重新计算洞壁控制线坐标，提高了洞壁放样测量精度（图 2）。

（3）研发了“内外多点同步自动跟踪测量”技术，采用“测量机器人＋数显收敛仪”相结合的“动静”监测方式，测量机器人对模架外部的绝对变形自动跟踪测量，数显收敛仪对架体内部的测量盲区进

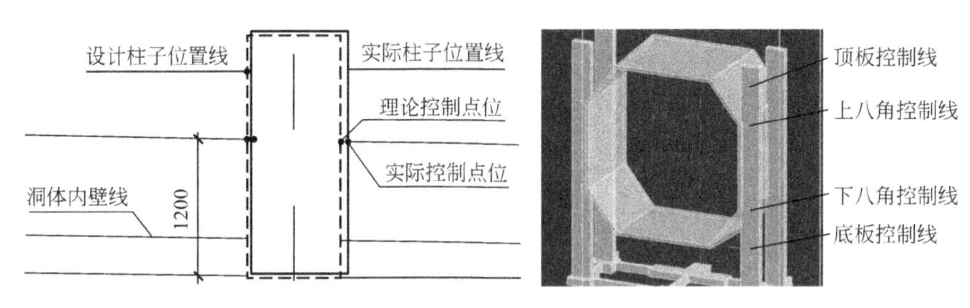

图 2　BIM 模型二次纠偏

行模架水平及竖向相对变形监测（图 3～图 5），解决了不通视条件下模架高精度实时测量难题。

图 3　测量机器人

图 4　数显收敛仪

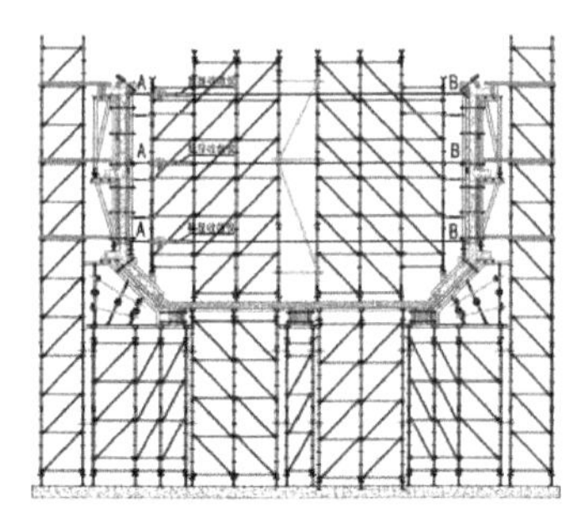

图 5　数显收敛仪测量水平变形

2. 现浇清水混凝土风洞结构变形控制与施工过程模拟技术

（1）研发了“先做低精度框架后做高精度洞壁”的施工方法，采用有限元分析各施工段的变形量，反向预留，逐级消除变形，减小超高洞体累计变形（图 6）。

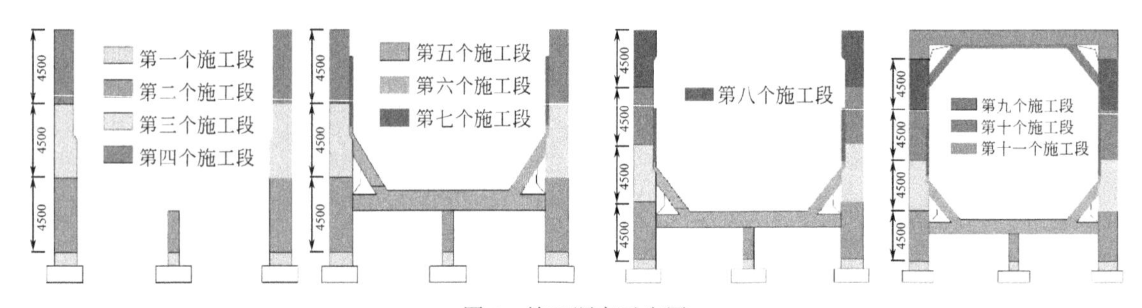

图 6　施工顺序示意图

（2）通过在框架梁中加入预应力筋的方式，利用预应力张拉形成反拱，减小了梁体变形。同时，预应力筋将梁体非弹性状态改为弹性状态，通过弹性理论来计算混凝土梁的变形，确保变形计算精度。

（3）首次利用有限元模型对风洞洞体变形进行模拟计算，建立了等尺试验段（图 7）进行对比试验，模拟数据与实测数据接近，模型可靠（图 8）。

图 7　等尺试验段

变形量(mm)	试验段（实测数据）	试验段（模拟数据）
长向最大变形	0.33～0.41	0.38
横向最大变形	3.54～3.99	3.72
竖向最大变形	3.2～3.8	3.4

图 8　有限元模型模拟数据与试验段实测数据对比

3. 超长空间异形渐变截面洞壁施工精度控制技术研究

(1) 研发了“内钢框木模+外工字木梁+十字盘扣架体系”(图9),相对全钢体系等模架刚度、变形量均适中,更便于加工、操作,解决了模架体系的高精度控制与操作难题。

图9 内钢框木模+外工字木梁+十字盘扣架体系

(2) 通过转角预留反坎的方式(图10),解决了结构异形产生的斜角问题;同时,利用排板,对角模板周转,实现标准板的最大化利用,工程标准板利用率达84%。

图10 标准板与非标准板排板

(3) 研发了快速微调模架体系(图11、图12),解决了重型钢框木模的精度调整和快速调整的难题,实现混凝土浇筑阶段,在混凝土初凝前对监测的变形进行最终矫正。

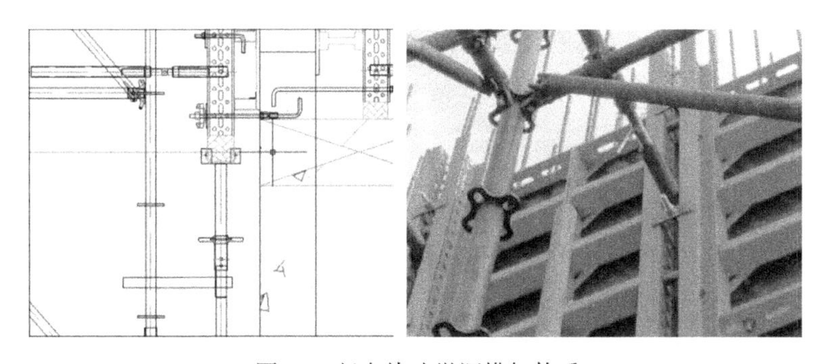

图11 竖向快速微调模架体系

4. 大型超长现浇清水混凝土风洞施工技术

(1) 研究了新型玄武岩纤维+双膨胀源外加剂特殊混凝土,提高了洞体混凝土的抗裂抗折强度。经过试验对比(图13),发现玄武岩纤维相较于纤维素纤维性能更好,CaO与MgO的双膨胀源外加剂具有膨胀性能可调控,全气候、全生命周期补偿混凝土收缩膨胀,对水依赖性小的优点。

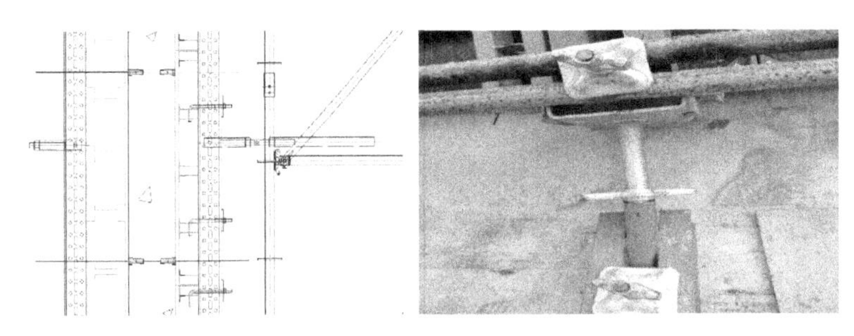

图 12　水平快速微调模架体系

主要指标	参数及掺入物	选择原因
抗裂纤维	玄武岩纤维	相比纤维素纤维弹性模量3GPa(C40约40GPa)，玄武岩纤维弹性模量约100GPa，混凝土硬化后能继续提供抗裂作用
膨胀剂	CaO与MgO的双组分膨胀剂	膨胀性能可调控：全气候、全生命周期补偿混凝土收缩；膨胀组分对水依赖性小

图 13　玄武岩纤维、CaO+MgO 外加剂性能对比

（2）研究了混凝土表面材料固化技术，提高了混凝土在 130m/s 的强风蚀环境下的抗风蚀性能，经采用表面强度回弹测试-混凝土表面回弹强度能提高 2MPa，莫氏硬度测试-表面莫氏硬度能提高 4 个等级（3～7），如图 14 所示。

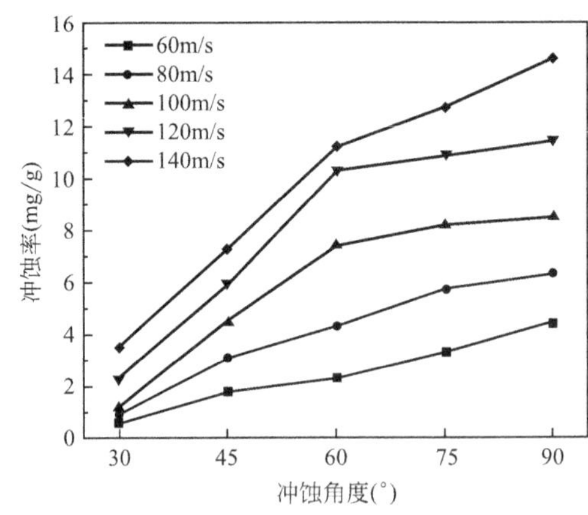

图 14　莫氏硬度对比试验

（3）研究了风洞大倾角混凝土施工技术，通过大倾角上部模板，采用铺贴透水布+开孔的方式（图 15）解决了混凝土排水排气问题，采用预埋振捣管同步振捣方式（图 16）解决了大倾角多筋结构无振捣孔浇筑的问题。

5. 万平方米级重载气垫地坪一次成型技术

（1）研究了万平方米级重载地坪微分变形控制技术，通过铠装缝装置将整块地坪分隔成若干独立的分仓块，分仓与分仓之间混凝土收缩变形相互独立，将整块地坪大的变形量微分至分仓块，达到分仓块自由伸缩变形的目的。同时，铠装缝顶面作为地坪混凝土浇筑平整度、阶差控制的基准面，实现地坪混凝土高精度指标要求。见图 17。

（2）研究了钢纤维抗裂混凝土施工技术，通过利用钢纤维抗裂、抗冲击性能强、耐磨强度高、与水

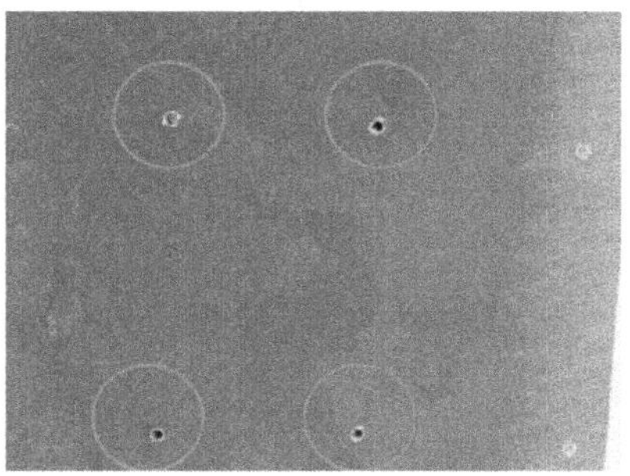

图 15　模板铺贴透水布＋开孔

图 16　预埋振捣管同步振捣

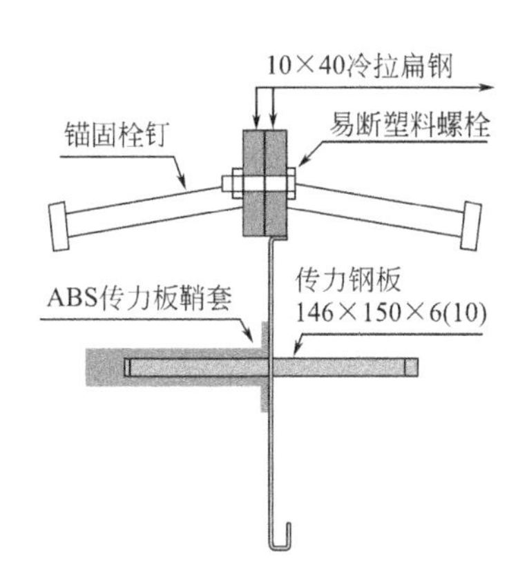

图 17　铠装缝构造与安装

泥亲合性好的特点，钢纤维能有效阻碍混凝土内部微裂缝的扩展和阻滞宏观裂缝的发生和发展，水泥基料与纤维共同承受外力。当混凝土开裂后，横跨裂缝的纤维成为外力的主要承受者。钢纤维采用直径 0.5mm、长度 30mm、抗拉强度大于 1000MPa 的成排端钩型钢纤维，掺量 60kg/m^3。见图 18。

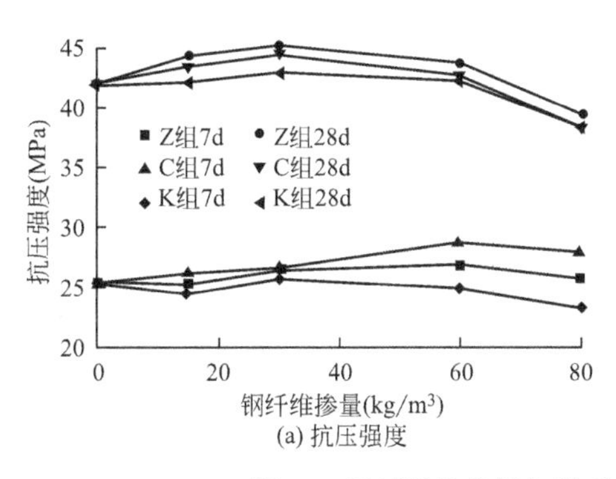

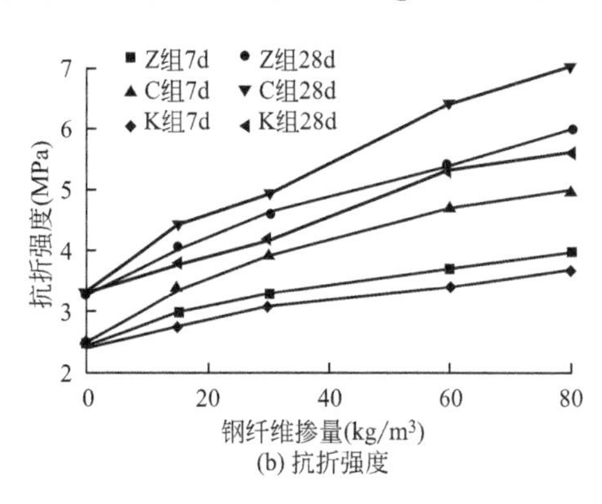

图 18　钢纤维的掺量与类型对抗压强度和抗折强度的影响

(3) 研究了有害裂缝柔性材料超渗注射技术，通过选择改性树脂作为裂缝修补材料对气垫地坪微裂缝进行修补，其特点是柔韧性能好，粘结力强，不开裂、不脱落，耐酸碱、耐油污、耐水、耐刺穿，抗腐蚀，超高渗透性，可自行渗透到板底，施工完毕后表面颜色细腻、美观，与水泥颜色相近、色差小。采用柔性材料超渗注射法将柔性材料注射进裂缝里，达到裂缝封闭的效果。见图19。

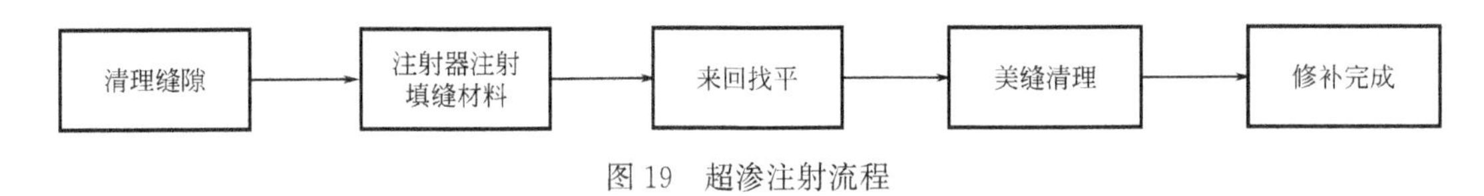

图19 超渗注射流程

三、发现、发明及创新点

(1) 超长空间异形薄壁结构施工测控关键技术创新点

在测量过程中，采用自主研发的快速可调工具式测量控制标靶，根据实际投点空间坐标进行二次修正，提高控制点精度；采用数显收敛仪配合自动全站仪跟踪测量，快速判断混凝土浇筑过程中模板变形，加以校正，提高混凝土成型精度。经查新，国内外类似混凝土工程尚未采用该测量技术进行结构施工精度控制工作。

(2) 现浇清水混凝土风洞结构变形控制与施工过程模拟

采用"先框架柱后洞壁"施工技术，减少结构变形累积误差并逐级平差；采用后张拉预应力梁后张拉控制结构顶部反拱变形，修正混凝土结构施工精度。经查新，国内外类似混凝土工程尚未采用该施工技术对混凝土结构精度进行控制。

(3) 超长空间异形渐变截面洞壁施工精度控制技术

研发的洞体高精度钢框木模内模+工字木梁外模体系，达到风洞超长、超大、异形混凝土结构成型精度累计偏差3mm以内；同时，模板体系具备在混凝土浇筑过程中，初凝前快速可调消除偏差的功能，提高混凝土结构成型精度。经查新，国内外类似混凝土工程尚未采用该模板技术进行混凝土结构精度的控制。

(4) 大型超长现浇清水混凝土风洞施工技术

配置玄武岩纤维+新型双膨胀源（CaO+MgO）外加剂特殊混凝土，满足风洞超长混凝土结构抗裂性能要求；采用锂基纳米固化材料提供混凝土表面硬度，满足风洞混凝土抗强风蚀性能。经查新，国内外类似混凝土工程尚未采用该混凝土技术，满足风洞要求的抗裂、抗风蚀性能。

(5) 万平方米级重载气垫地坪一次成型技术

研究了万平方米级重载地坪微分变形控制技术，解决了万平方米级的大面积气垫地坪收缩变形控制难的问题；采用钢纤维抗裂混凝土施工技术，提高了重载气垫地坪混凝土的抗裂、抗冲击、耐磨强度等性能；采用有害裂缝柔性材料超渗注射技术，提高了重载气垫地坪裂缝的可修复性能。

四、与当前国内外同类研究、同类技术的综合比较

经国内外查新，科研成果的5大技术在国内外相关领域均属首次采用，具体情况如表1所示。

与当前国内外同类研究、同类技术的综合比较情况表　　表1

序号	关键技术	本课题技术水平	国内外同类技术比较
1	超长空间异形薄壁结构施工测控关键技术	采用自主研发的快速可调工具式测量控制标靶，进行二次修正，提高控制点精度；采用数显收敛仪快速判断混凝土浇筑过程中模板变形，加以校正，提高混凝土成型精度	国内外尚未采用该技术
2	现浇清水混凝土风洞结构变形控制与施工过程模拟	采用"先框架柱后洞壁"施工技术，减少结构变形累积误差，并逐级平差；采用后张拉预应力梁后张拉控制结构顶部反拱变形，修正混凝土结构施工精度	国内外尚未采用该技术

续表

序号	关键技术	本课题技术水平	国内外同类技术比较
3	超长空间异形渐变截面洞壁施工精度控制技术	研发的洞体高精度钢框木模内模＋工字木梁外模体系，达到风洞超长、超大、异形混凝土结构成型精度累计偏差 3mm 以内；同时，模板体系具备在混凝土浇筑过程中，初凝前快速可调消除偏差的功能，提高混凝土结构成型精度	国内外尚未采用该技术
4	大型超长现浇清水混凝土风洞施工技术	配置玄武岩纤维＋新型双膨胀源（CaO＋MgO）外加剂特殊混凝土，满足风洞超长混凝土结构抗裂性能要求；采用锂基纳米固化材料提供混凝土表面硬度，满足风洞混凝土抗强风蚀性能	国内外尚未采用该技术
5	万平方米级重载气垫地坪一次成型技术	地坪一次整浇成型配合表面处理技术，满足风洞重载气垫地坪高精度及低粗糙度要求；采用低黏度胶体配合渗透注射工艺，封闭混凝土地坪微小裂缝，满足地坪抗气垫强气流侵入要求	国内外尚未采用该技术

五、第三方评价、应用推广情况

2021 年 4 月 22 日，“高精度现浇清水混凝土风洞关键施工技术研究与应用”通过了中国建筑集团有限公司组织的科技成果评价会，评价委员经质询讨论一致认为，该成果总体达到国际领先水平。

以上关键技术已在大型低速风洞建筑工程、声学风洞工程等项目成功应用，保证了工程质量，提高了工效，经济效益与社会效益显著，具有的良好的推广应用前景。具体如下：

（1）大型低速风洞工程、声学风洞工程，位于四川省绵阳市涪城区，采用了成果关键技术，解决了工程高精度建造难题，保证了工程质量、安全及施工进度。

（2）河北临空服务中心项目在建造过程中采用“混凝土逆向建模＋内外多点同步自动跟踪测量＋快速微调模架体系”技术，实现了项目清水混凝土的高精度建造，解决了工程技术难题，质量效果良好，各项指标均超达设计要求。

六、经济效益

2019—2020 年，公司在承建的大型低速风洞项目、声学风洞、临空服务中心工程等项目中采用高精度现浇清水混凝土风洞关键施工技术，具有高效施工、管理理念先进、绿色环保等优点，降低了材料损耗、提高了施工效率，保证了工程质量和安全。

近三年合计新增产值 13232 万元、利润 970 万元、税收 469 万元，取得了良好的经济效益和社会效益。

七、社会效益

本项技术在绵阳大型低速风洞项目的成功应用，取得了巨大的社会效益，不仅圆满、有效地解决了施工难题，完成了施工任务，还在施工进度、工程质量、技术攻关等方面得到了设计、监理、业主的高度评价；本技术的形成，助力我局于 2021 年 3 月承接了“某风洞工程——建筑工程”，该工程被誉为中国风洞建筑的一颗璀璨明珠，具有更加重要的国家战略意义；同时，也为我局承接我国“十四五”规划，计划建造的特大低速风洞项目（我国第一座，世界第三座）奠定了坚实的技术基础。

超高层微倾建筑及多塔连廊结构设计与施工关键技术

完成单位： 中建三局集团有限公司、中建铁路投资建设集团有限公司
完 成 人： 任志平、宋　芃、蔡勋文、戴　超、张兴志、侯春明、陈　刚、赵云鹏、武雄飞、陈国云

一、立项背景

随着建筑行业的迅猛发展，国内外出现了许多大型超高层建筑群。较单体超高层而言，其具有体量大、结构形态复杂、抗震体系多样化等特点。此类结构长期承受复杂荷载作用，地震作用下响应较大，对工程建造和过程管理提出了挑战和要求，而山地城市复杂的地质和建造环境进一步增加了其建造难度。

我司承建的重庆来福士广场项目选址两江交汇的朝天门广场，地理位置独特；建筑外立面设计为微倾风帆造型，多塔顶部设计超长整体刚性高位空中水晶连廊，为典型的山地城市复杂造型超高层建筑群代表，建造过程面临着诸多难题。

（1）山地环境临江地质条件复杂，基础设计、地下水综合治理及超大直径人工挖孔桩施工难；

（2）超高层微倾建筑群结构体系复杂、建筑形态独特，抗震设计难；

（3）项目塔楼几何造型复杂，大量采用吊柱、斜柱来勾勒出建筑的里面弧形形状，异形结构施工难度大；

（4）因弧形塔楼结构造型的需要，为保障施工最终效果能够满足建筑设计需要，须在施工过程中提前进行施工模拟及预调整；

（5）多塔超高层垂直运输压力大，大型设备选型、安装、运行与拆除影响着结构施工安全与效率；

（6）空中连廊为整体刚接钢结构，外侧设计圆弧形波纹状玻璃及铝板幕墙，采用曲面屋顶造型。自身体量大且位于山地、两江交汇复杂风环境条件下，在结构体系、抗震性能、消防疏散、连廊提升与拼装、幕墙高空安装等方面相对于已建成的类似建筑而言，带来了更大的难度和挑战。

当前，复杂形体超高层建筑抗震精细化高效分析与设计理论仍缺乏，复杂地质环境下基础设计理论仍不够完善；同时，传统的施工技术、装备在山地特有的建设场地狭窄、建设风环境复杂的条件下，已经难以满足现代复杂形体超高层建筑施工安全、高效和精确的要求。

本课题从以上问题出发，结合参研各方已有技术成果，开展课题研究并进行总结推广。

二、详细科学技术内容

1. 临江复杂地质超高层基础工程建造关键技术

创新成果一：无埋深嵌固超高层连体建筑群基础设计方法

将桩基础持力层设为岩石，并将桩基础等效为竖向弹簧模型，考虑上部结构有限约束刚度模型，进行小、中、大震下桩基压弯、抗剪承载力计算，有效解决了山地超高层建筑无地下室嵌固，不满足埋置深度的计算模拟假定难题，并由此创新设计了融合防洪、抗浮、防滑移功能于一体的巨型箱体式底盘基础。见图 1、图 2。

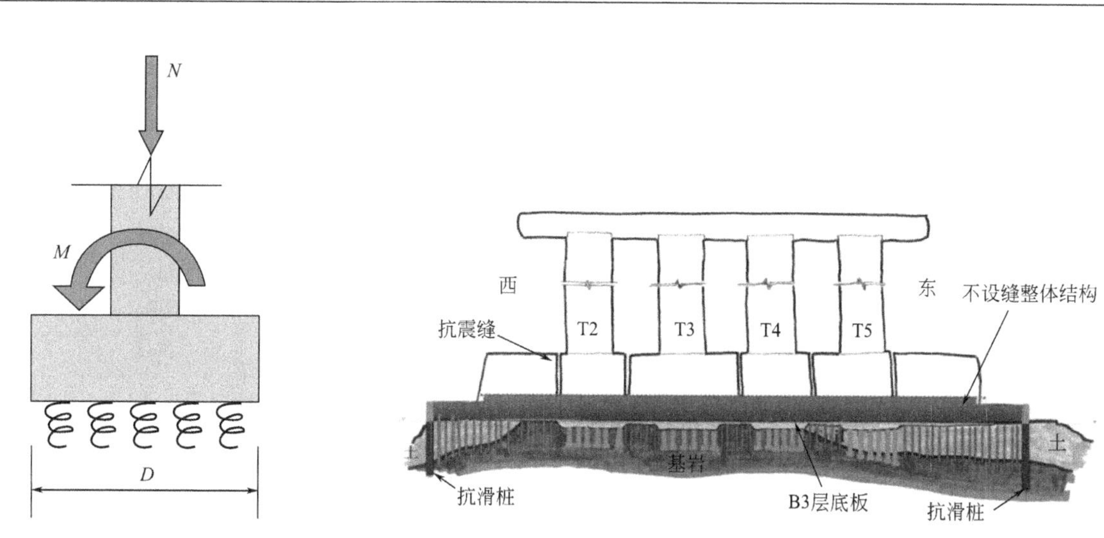

图 1 竖向弹性模型

图 2 巨型箱体式底盘

创新成果二：临江复杂地质地下水综合治理施工技术

应用三维地下水非稳定渗流模拟技术，经反复试验提出“连续降水帷幕＋坑内深井疏干排水”的地下水综合治理技术，优化了降水系统布置，提高了降水效率，并采用驱动器下钢套管＋旋挖成孔工艺，解决了临江地区桩基施工时的地下水综合治理难题。见图 3、图 4。

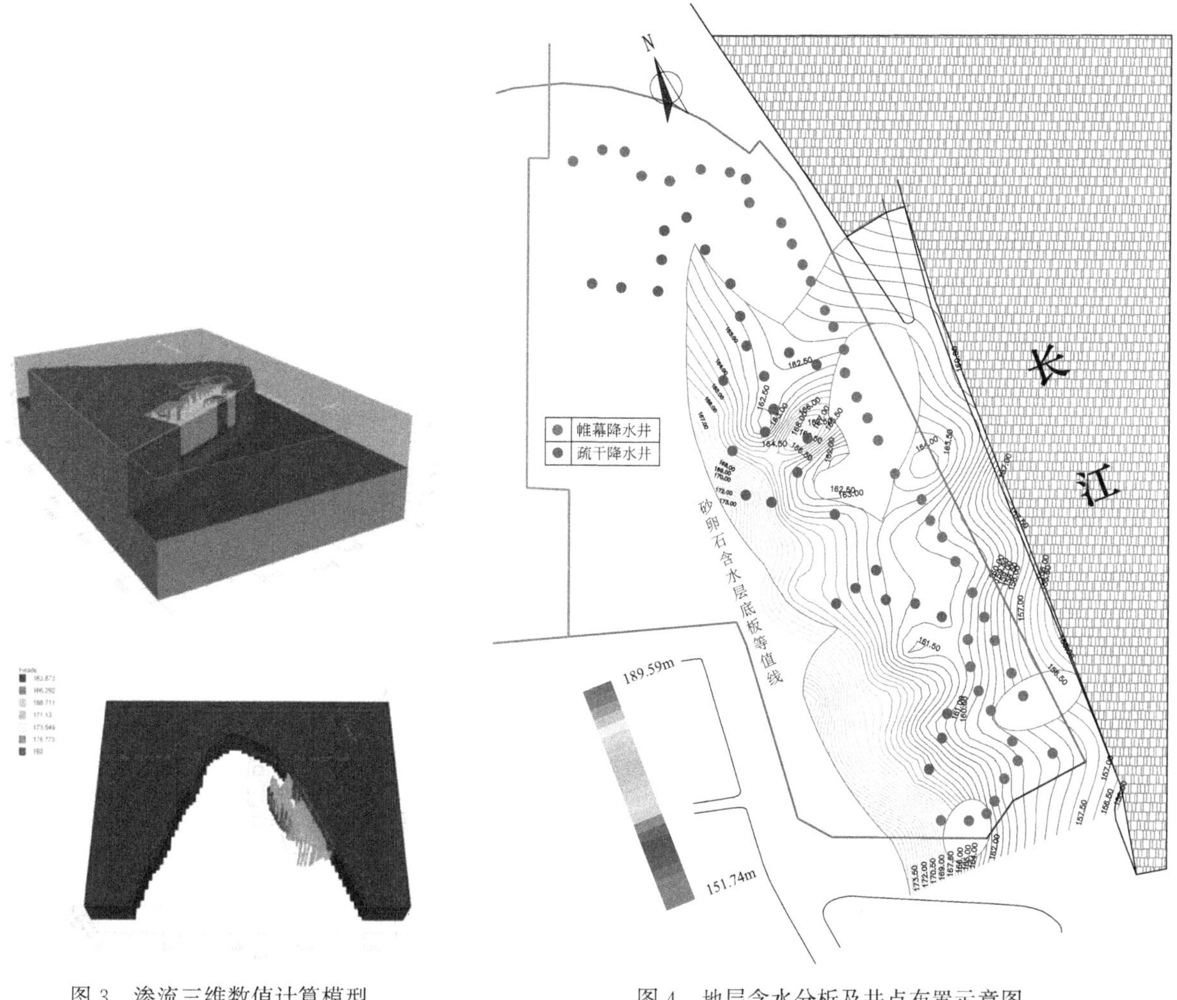

图 3 渗流三维数值计算模型

图 4 地层含水分析及井点布置示意图

创新成果三：临江复杂地质超大直径人挖桩创新施工技术

针对人工挖孔桩，通过护壁深化，创新椭圆桩护壁内支撑，设计可调角度水磨钻，采用“骨肉分离”法安装超重双层钢筋笼，创新双导管水下混凝土灌注施工方法，解决了复杂地质下巨型承压桩施工难题，保证了施工质量，提高了施工效率。见图5、图6。

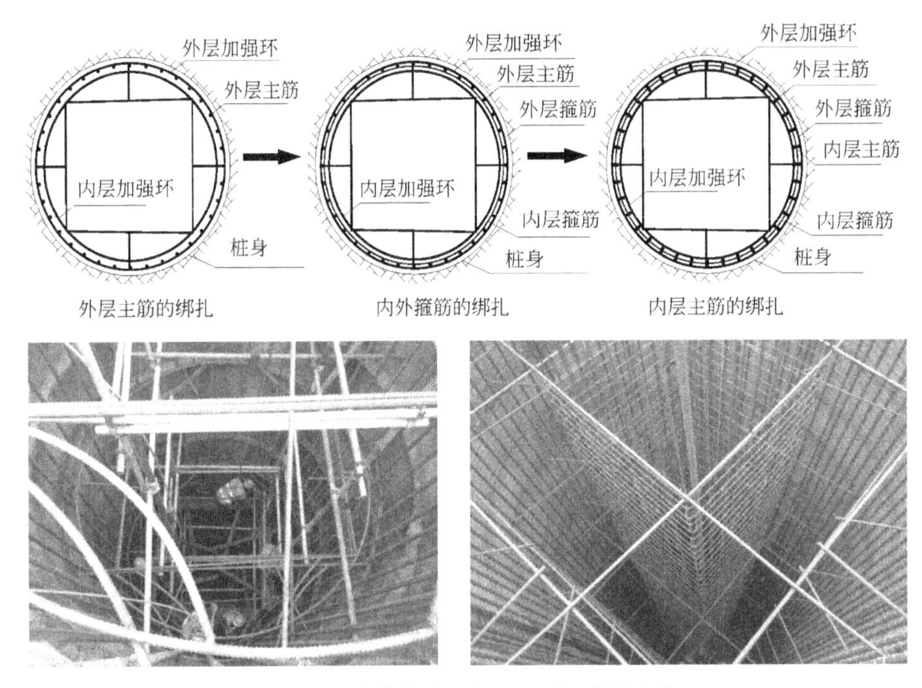

图5 “骨肉分离法”超重双层钢筋笼安装

图6 双导管水下混凝土灌注

2. 超高层微倾多塔建筑主体建造关键技术

创新成果一：复杂超高层结构新型消能减震支撑结构体系韧性设计

首次创新性地提出组合伸臂结构形式，其由钢支撑、伸臂墙、环梁、软钢剪切耗能件组成，通过巧妙引入软钢耗能件，以保护混凝土的应力、应变发展，提升了中、大震情况下的伸臂系统的性能，便于维修养护，安全、绿色、环保。见图7。

创新成果二：超高层微倾多塔结构成套施工技术

（1）施工模拟与预调：利用ETABS 2013和SAP2000软件通过阶段叠加法在软件中预演整个施工过程，分施工步进行逐步加载，分析结构及施工措施的变形规律，得到各施工步水平向和竖向结构变形值，在施工过程中对关键构件进行加工预调及安装预调。见图8。

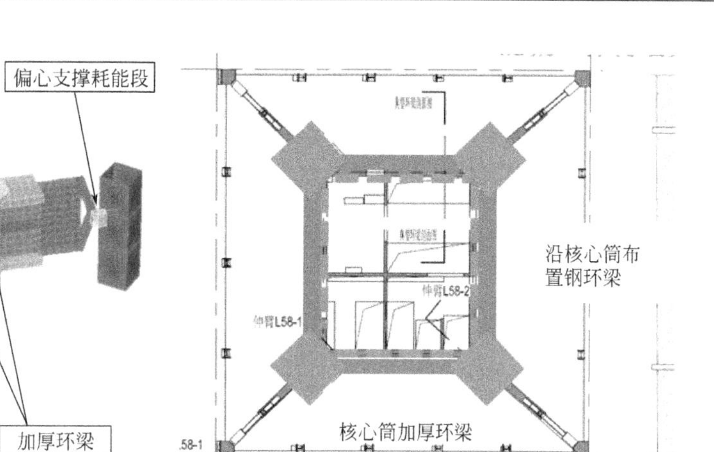

图 7　带“结构保险丝”的混凝土与钢构组合伸臂设计

图 8　施工模拟模型

(2) 弧形吊柱结构刚性支撑体系设计技术：改变传统吊柱施工在吊柱底端搭设胎架及支撑架的施工方式，采用在相邻结构柱上加设刚斜撑的方式，确保吊柱形成完整受力体系前，保证了吊柱的临时受力安全，简化工艺，节约施工成本。见图 9。

图 9　吊柱钢支撑体系设计及变形监测（一）

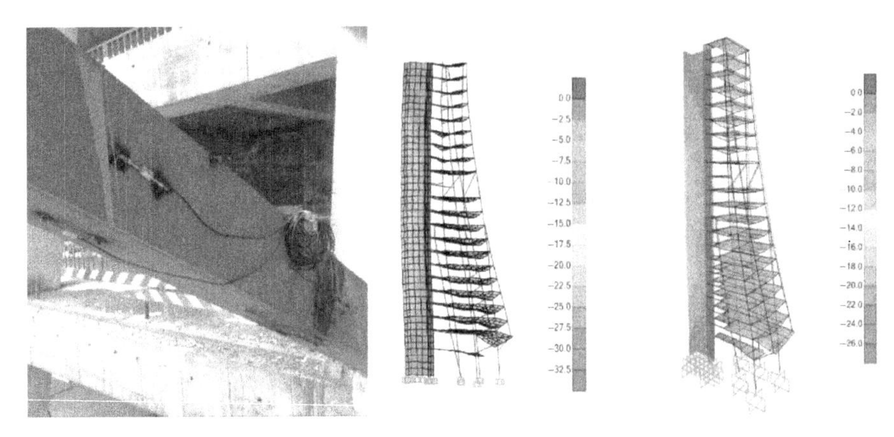

图 9　吊柱钢支撑体系设计及变形监测（二）

（3）超大截面弧形 SRC 巨柱施工技术：采用双侧导轨附着式爬升模架作为超大截面弧形 SRC 巨柱施工平台，定型深化设计可周转的巨柱模板加固装置。建立三维模型进行模板体系化设计，对弧形节点等特殊部位采用大模板＋局部散拼装模板方式以提高模板周转率，解决超大截面弧形 SRC 巨柱钢筋绑扎困难、模板支设加固工效低、巨柱角度倾斜变化大等技术难题。见图 10、图 11。

图 10　巨柱双侧导轨附着式爬升模架

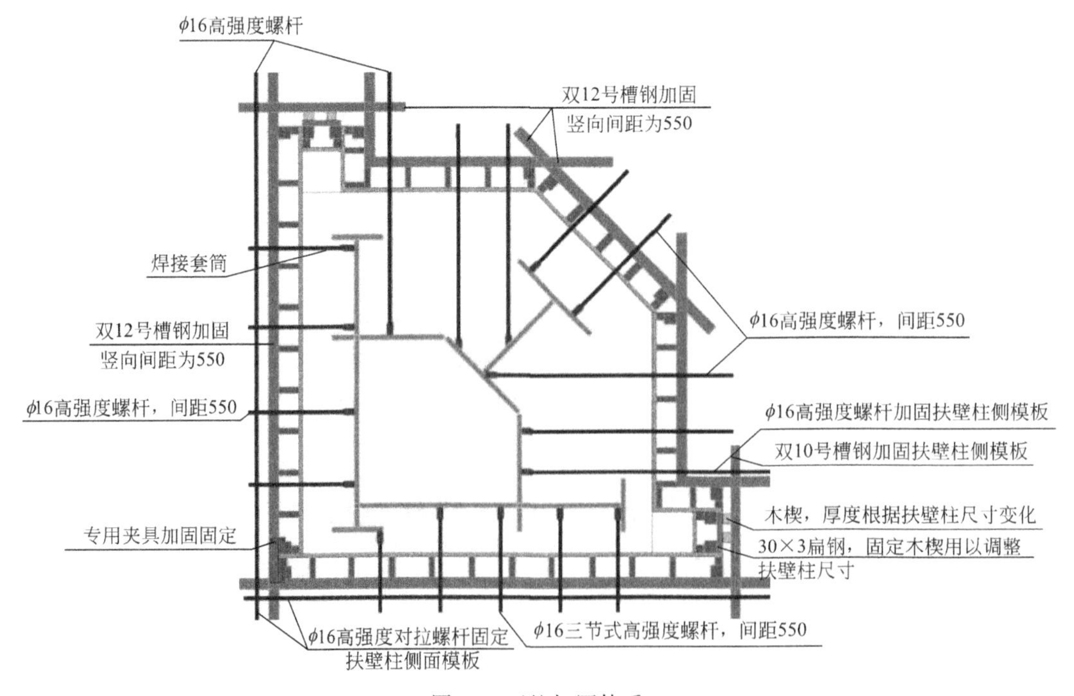

图 11　巨柱加固体系

(4) 施工装备创新：提出施工电梯在异形结构外侧的超远距离附着技术和基础立体转换技术，解决了商业裙楼营业与超高层塔楼施工的主要矛盾。发明一套适用于大吨位外挂塔机钢基础临时放置的钢屉架，加快外框施工进度，避免下部钢基础的影响。见图 12～图 15。

图 12　施工电梯基础转换节

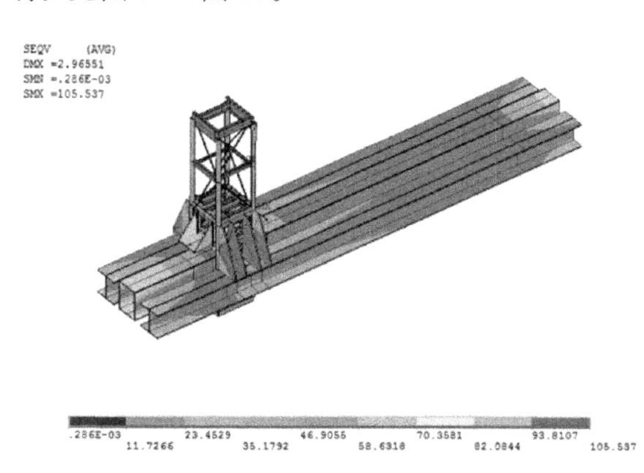

图 13　基础转换受力复核

图 14　基础钢梁转换完成

图 15　钢基础临时放置钢屉架

3. 复杂风环境多塔空中连廊建造综合关键技术

创新成果一：超高层多塔高位连廊设计创新

提出了超高层多塔高位连体摩擦摆＋黏滞阻尼器组合式消能减震支座及消能减震方法，解决了空中连体支座多道设防难题。采用了复杂环境超高层连体建筑群消防评估技术，将空中连廊与超高层塔楼进行联合分析，采用分阶段疏散策略，解决了连廊位于塔楼顶部未直接与室外接触、消防疏散难度大的问题。见图 16。

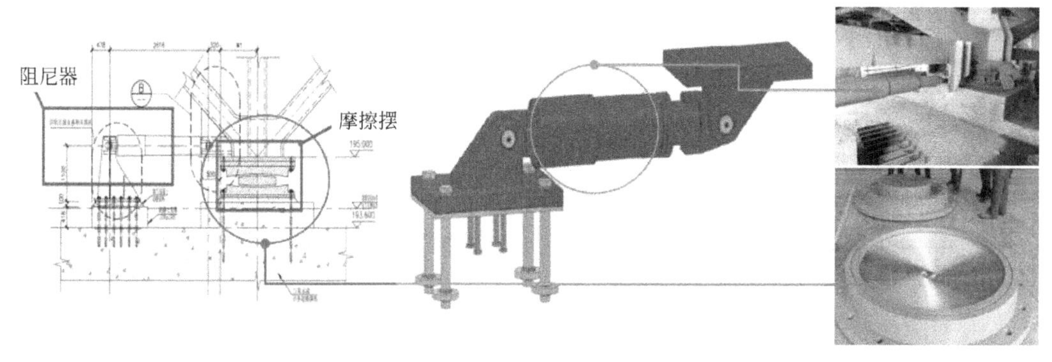

图 16　抗震支座＋阻尼器设计

创新成果二：基于三维扫描和BIM技术复杂风环境下超长高位连廊提升、安装技术

采用基于三维扫描的数字模型三维重构、虚拟预拼装及三维仿真模拟与施工预调技术，降低了超长高位连廊提升、安装的精度误差；采用超高超大吨位液压同步提升技术，结合激光技术同步提升控制，极大地提高了施工效率。见图17～图20。

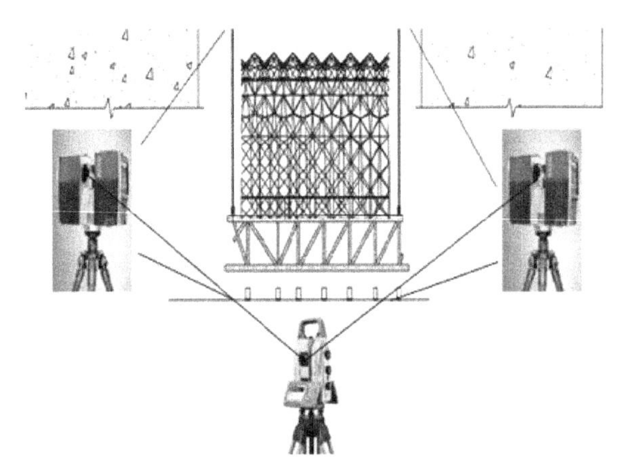

图17 数字模型三维扫描

图18 基于云数据的虚拟预拼装

图19 激光测距调整

图20 多塔空中连廊整体提升

创新成果三：基于BIM技术超高位波纹状空中连廊机电及幕墙一体化提升技术

通过数字化预拼装、液压同步提升、高空滑移、机电与幕墙超大集成装配等技术实现超高位波纹状空中连廊机电及幕墙整体平稳安全提升，保障了山地复杂风环境下超长高位连廊机电及幕墙提升、安装的施工安全与高效。在国内外首次实现了柔性超大集成幕墙超高空整体提升。见图21～图24。

三、发现、发明及创新点

(1) 发展了无埋深嵌固超高层连体建筑群基础设计方法，有效解决了山地超高层建筑无地下室嵌固，不满足埋置深度的计算模拟假定难题。

(2) 创新采用“连续降水帷幕+坑内深井疏干排水”地下水综合治理技术，解决了人工挖孔桩流沙层开挖难的问题，有效保证了桩基施工工期与施工安全。

(3) 国内外首创双导管水下混凝土灌注，开创国内外底面积大达40m^2的桩基进行水下混凝土灌注的先例，推动国内外超大直径桩基施工的发展。

(4) 首创设计了带“结构保险丝”的混凝土与钢构组合伸臂结构支撑体系，有效保护伸臂混凝土墙段与混凝土核心筒应力应变的发展同步，大大提高了消能减震性能。创新和发展了微倾多塔结构成套施工技术。

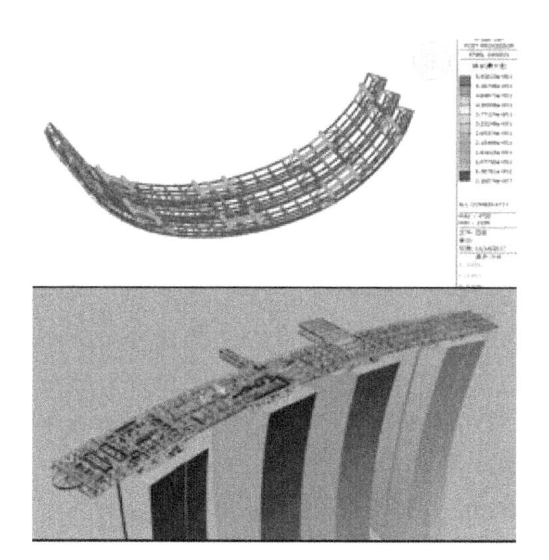

图 21　提升模拟

图 22　超大集成双曲幕墙整体拼装

图 23　垂直提升

图 24　高空水平滑移

(5) 创新提出了超高层多塔高位连体摩擦摆＋黏滞阻尼器组合式消能减震支座及消能减震方法，解决了空中连体支座多道设防难题。

(6) 开发了基于 BIM 技术的波纹状空中连廊机电幕墙一体化提升技术，通过数字化预拼装、液压同步提升、高空滑移、机电与幕墙超大集成装配等技术，在国内外首次实现了柔性超大集成幕墙超高空整体提升。

(7) 在重庆来福士广场项目建设过程中主编出版书籍 1 本，授权发明专利 12 项，实用新型专利 12 项，软件著作权 1 项，发表论文 40 篇，省部级工法 26 项。

四、与当前国内外同类研究、同类技术的综合比较

较国内外同类研究、技术的先进性在于以下六点：

(1) 通过创新无埋深嵌固超高层连体建筑群基础设计，有效减少抗滑桩设计数量，缩短桩基施工工期 2 个月，保障了山地复杂环境无埋深嵌固超高层连体建筑群基础承载体系设计的科学性、实用性与安全性。

(2) 临江复杂地质地下水综合治理施工技术，解决了人工挖孔桩流沙层开挖难的问题，有效保证了桩基施工工期与施工安全，同时填补了重庆地区深井降水的空白，与常规降水措施相比创造效益 150 万元。

(3) 临江复杂地质超大直径人挖桩施工技术，通过创新工艺措施，节省桩基孔内支护成本约 60 万元，有效减少塌孔等隐患，同时有效节省了桩基施工时间达 2 个月。

（4）复杂超高层结构新型消能减震支撑结构体系韧性设计方法，有效保护伸臂混凝土墙段与混凝土核心筒应力应变的发展同步，大大提高了消能减震性能。有效减少钢结构用量，本工程桁架层用钢量为普通桁架层的 60%，单个钢构件尺寸为普通钢桁架的 36%。

（5）超高层多塔高位连体减震设计有效减少地震、超高层塔楼顶部高空晃动等问题对连廊结构的影响，避免出现结构破坏等安全质量问题。连桥钢筋用量减小 24%，连接结构的基底剪力减少了 61%，对连桥支座的位移可以减小约 150%，大大提升了连桥支座连接处的结构安全。

（6）开发基于三维扫描和 BIM 技术的复杂风环境下超长高位连廊提升、安装技术，空中连廊塔楼中间段通过整体提升施工，在有效保证施工效率和安全性的前提下，大大节省人工成本、防护材料成本、大型机械设备使用成本，节省工期约 6 个月。

（7）开创性的使用超大集成装配式幕墙柔性同步提升技术，解决了空中连廊下半弧幕墙悬空安装的难题，相对于高空悬空安装，节省措施费及人工费约 190 万元。

本技术通过国内外查新，查新结果为：在所检国内外文献范围内，未见有相同报道。

五、第三方评价、应用推广情况

1. 第三方评价

2016 年 10 月 12 日，《临江地区超大直径承压桩双导管水下混凝土灌注施工技术》经重庆市住房和城乡建设委员会组织评价，整体达到国际先进水平。

2019 年 11 月 13 日，《空中连廊数字化预拼装施工关键技术》经重庆市住房和城乡建设委员会组织评价，整体达到国际先进水平。

2021 年 7 月 6 日，《山地环境复杂形体超高层建筑建造关键技术及应用》经重庆市住房和城乡建设委员会组织评价，达到整体国际先进、局部国际领先水平。

2. 推广应用

本课题在重庆来福士广场项目的成功应用，实现了临江复杂地质条件地下水综合治理和超大直径人挖桩完全高效施工，实现了超高层微倾建筑及多塔连廊的全过程的施工模拟、预调及监测，确保结构变形处于可控范围内，解决了微倾结构施工过程中的无饰面混凝土、组合伸臂、多层弧形吊柱及超大截面弧形 SRC 巨柱等特殊结构的施工难题；同时，多塔空中连廊分别采用千吨级超高多塔空中连廊施工液压同步整体提升技术、多塔空中连廊施工过程应力应变监测、超大双曲封闭集成单元幕墙铝板幕墙多段整体提升施工技术等，实现了空中连廊钢结构及幕墙的整体提升，满足了大体量无饰面异形结构及空中连廊的设计要求，保证了现场施工安全与质量。

六、经济效益

（1）无埋深嵌固超高层连体建筑群基础设计方法相较于传统基础设计可节省 20%的抗滑桩，缩短桩基施工工期约 2 个月，节省桩基施工材料、人工、设备、管理费等共计约 1460 万元。

（2）采用“连续降水帷幕＋坑内深井疏干排水”的治理方法，成功将地下水降低到施工作业面以下。施工工序简单、施工速度快、周期短，与常规降水措施对比创造效益约 150 万元。通过创新桩基施工工艺措施，节省桩基孔内支护成本约 60 万元，有效减少塌孔等隐患，同时有效减少了桩基施工时间达 2 个月，节省设备租赁及人员管理投入约 556.8 万元。

（3）通过采用带“结构保险丝”的混凝土与钢构组合伸臂结构支撑体系设计，减少钢结构用量，节省施工工期及措施成本综合效益约 1206 万元。

（4）超高层微倾多塔结构成套施工技术累计产生经济效益约 2572.5 万元。

（5）引入“隔震支座＋阻尼器”的支撑体系。经设计对比分析，相较于固接方案，设置隔震系统可以将连桥钢筋用量减小 24%，可以有效减小连桥的重量。同时，在全隔震方案下，连接结构的基底剪力减少了 61%，节省材料费用 377.5 万元。

（6）超高位波纹状空中连廊机电及幕墙数字化提升技术将结构、机电、幕墙进行一体化提升，节省工期及管理费用，减少原位拼装或场内拼装措施费用，减少机电桥架及吊杆等材料投入、节省人工成本、减少水电费、节省机电安装费用、节省幕墙安装措施费共计4123万元。累计产生经济效益10445.8万元。

七、社会效益

本技术成功应用于重庆来福士广场项目，在确保工程安全、质量顺利实施的同时，项目也于2017—2020年先后数十次被央视新闻宣传报道，空中连廊建成后，每年接待参观数十万人次。项目建成后作为促进中新互联互通运营中心，使重庆成为新加坡及东盟等“一带一路”国家企业开拓中国西部市场的首站，社会效益尤其明显。

同时，通过该技术的推广应用，总结形成了一些专利技术、施工工法，为今后施工同类工程提供借鉴，并培养了一批应用新技术的技术骨干，从而为全面提高企业生产率和综合施工能力奠定了基础。

超大跨度轮辐式索膜结构建造关键技术研究与应用

完成单位：中建四局第五建筑工程有限公司、中国建筑西南设计研究院有限公司、中建科工集团有限公司、贵州钢绳股份有限公司

完 成 人：郑 强、吴小宾、白 杰、袁新和、龙 翔、彭 辉、宋小兵、张延欣、李清平、徐亚飞

一、立项背景

铜仁市奥体中心体育场位于贵州省铜仁市，建筑面积 7.7 万平方米。其中，体育场屋盖采用轮辐式双层索桁架结构＋钢拱支撑膜，轮辐式索桁架为 283m×265m 的内开口椭圆形，索最大悬挑跨度 56.5m，是当时国内最大的双层轮辐式索膜结构体育场。见图 1。

图 1 铜仁市奥体中心体育场

1. 索膜结构设计现状

索膜结构是一种新型的空间结构形式，其通过施加预应力使结构具有一定的刚度以承受各种荷载作用，可以充分发挥钢索强度和张拉结构的空间作用，是一种效率极高的张力集成体系。此种结构以造型新颖、质轻、透光等优点在全球得到了广泛应用，成为体育建筑、会展中心、商业设施、交通站场等屋盖的主要选型。而国内外索膜结构设计主要包括以下内容：

(1) 初始态分析：确保生成形状稳定、应力分布均匀的三维平衡曲面，并能够抵抗各种可能的荷载工况，这是一个反复修正的过程。

(2) 荷载态分析：张拉膜结构自身重量很轻，仅为钢结构的 1/5，混凝土结构的 1/40，因此膜结构对地震作用有良好的适应性，而对风的作用较为敏感。此外，还要考虑雪荷载和活荷载的作用。

(3) 主要结构构件尺寸的确定及对支承结构的有限元分析。当支承结构的设计方法与膜结构不同时，应注意不同设计方法间的系数转换。

(4) 连接设计：包括螺栓、焊缝和次要构件尺寸。

(5) 剪裁设计：包括所选用膜材的杨氏模量和剪裁补偿值。

传统设计未实现多因素集成，设计周期长、找形设计效率差，未能总结出此类结构找形设计的方法，优化设计参数的规律以及膜结构找形与索结构相互受力影响的规律均未见有相关系统的成果和标准。

2. 索膜结构施工存在的主要问题

（1）索膜结构施工涉及屋面超大截面的钢结构施工，索结构的张拉施工以及膜结构的张拉施工，目前国内外已建成的体育场馆施工中，仅仅针对不同专业的结构施工形成了一些总结和技术成果，例如针对压环钢结构的闭环施工、针对闭环的焊接环境和焊接工艺等，但未能形成多专业协同作业技术成果。

（2）在本体育场建设期间，索材料仍为引进进口索，施工成本较高，特别是针对直径为 130mm 的大直径特高强度锌铝稀土合金镀层的全封闭索国产化研究在国内尚属技术空白领域。

（3）目前，对于索穹顶等索杆张力结构的施工分析研究较多且取得许多成果，但对索网结构和膜结构的施工分析研究较少，尤其是膜结构的特殊性使其施工分析难度较大，导致膜结构的施工模拟分析问题尚未得到解决。膜结构是一种对误差较为敏感的空间结构，其支承体系不同的位移偏差会导致上部的索膜出现不同的误差情况，而目前国内外学者在该方面的研究成果还较为缺乏。

国内外同类索膜结构体育场的主要研究局限于特定的结构形式下索膜结构设计方面研究，且设计所要考虑的因素众多，但未能形成一套系统的设计方法，未能总结出此类结构找形设计的方法，优化设计参数的规律以及膜结构找形与索结构相互受力影响的规律均未见有相关系统的成果和标准。在索膜结构施工建造仅仅只是单一关键技术研究，未能做到各专业施工统一配合。

针对上述问题，本项目通过科研攻关和工程实践，开展索膜结构设计及施工等建设各环节的研究，形成本关键技术并进行总结推广。

二、详细科学技术内容

1. 基于功能目标的张力结构通用体型设计方法研究

创新成果一：轮辐式索桁架结构找形设计方法研究

传统索网结构找形多基于有限元找形方法，需进行多次迭代，找形效率低。为此，我们提出基于功能目标的设计方法，自主开发一种快速找形计算软件，实现结构的快速找形。较之同类索膜工程的有限元找形用时，从需要数天到只需数小时，工作效率大幅提升。同时，此设计方法可推广到任意张力结构的找形，应用范围广，并已运用到乐山奥体中心的结构设计中。见图 2、图 3。

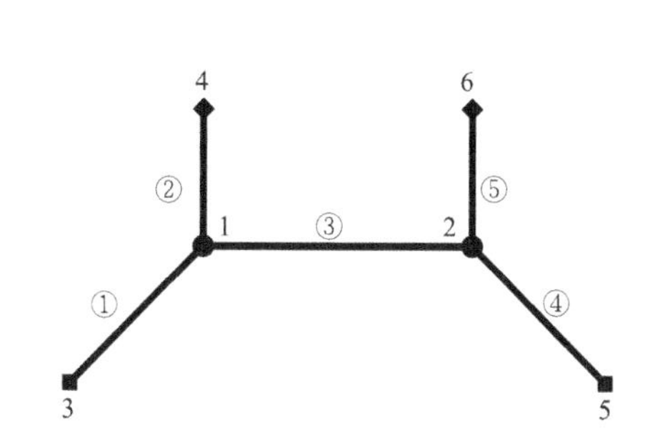

图 2　平面张力结构节点、单元编号

迭代次数i	$\vec{q}_i$	$\vec{\xi}_i$
1	(0.39，0.56，0.21，0.40，0.58)	(1.01，2.99，1.18，1.19)
2	(0.40，0.55，0.21，0.40，0.57)	(1.01，2.99，1.16，1.17)
3	(0.41，0.55，0.21，0.41，0.57)	(1.01，2.99，1.15，1.16)
…	…	…
35	(0.48，0.49，0.24，0.48，0.49)	(1.00，3.00，1.00，1.01)
36	(0.48，0.48，0.24，0.48，0.48)	(1.00，3.00，1.00，1.00)

图 3　数值迭代结果

创新成果二：轮辐式索桁架结构优化分析方法

常规人工干预有限元软件优化分析方法的工作效率低，我们在遗传算法的基础上，首次提出对轮辐式索桁架结构进行多参数、自动化的优化设计方法。此优化设计方法提高了计算效率，较之同类索膜工程的常规方法优化分析，用时从 2d 缩短至 2h，设计周期大幅缩短。同时，充分发挥了材料的力学性能，屋盖钢结构和索体节约材料用量约 10%。

创新成果三：轮辐式双层索桁架结构风致雪漂移试验研究

轮辐式索桁架结构体形复杂，国内、外荷载规范并未提出此类结构雪荷载取值公式。本项目首次对轮辐式索桁架结构进行了风致雪漂移试验，验证了索膜结构积雪分布系数按规范中马鞍形屋面取值的安全性。为类似结构设计雪荷载取值提供可靠的试验参数，并为规范下一步修订提供了试验数据。见图 4、图 5。

图4 试验场景

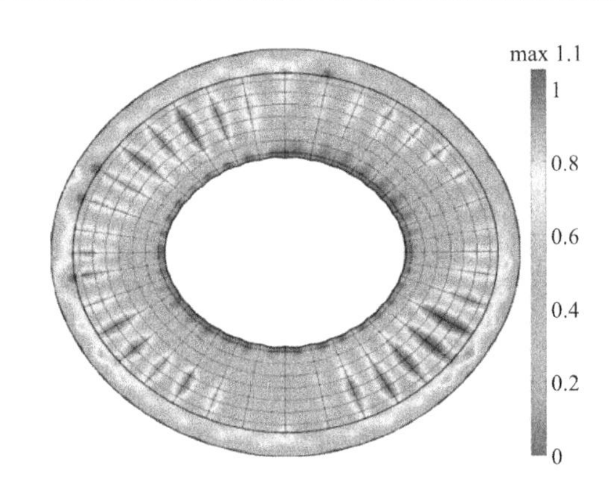

图5 基本积雪分布云图

创新成果四：PTFE膜找形设计与索膜协同分析研究

大型索膜结构体系通常将索与膜单独进行内力分析，受力计算相对保守，经济性较差。我们创新性地提出索膜协同分析设计理念，利用膜材为轮辐式索桁架结构提供面内刚度，为支撑钢拱提供面外弹性约束，优化支撑钢拱截面，节约钢拱用量约5%。同时，也使得轮辐式索膜屋盖造型更为轻盈、美观。

2. 超大截面钢结构A形柱、钢压环高空安装技术

创新成果一：超大截面钢结构A形柱吊装技术

双层索膜体系场馆中钢结构施工存在高空定位难、切割下料误差大等问题，为此通过应用BIM技术＋智能测量空间定位技术，解决了大截面钢结构控制测量空间定位难的问题。通过对大截面钢结构吊装单元的科学分割和精准下料，实现了单根A形柱一次吊装成型，减少吊装次数和高空作业，降低施工难度。见图6、图7。

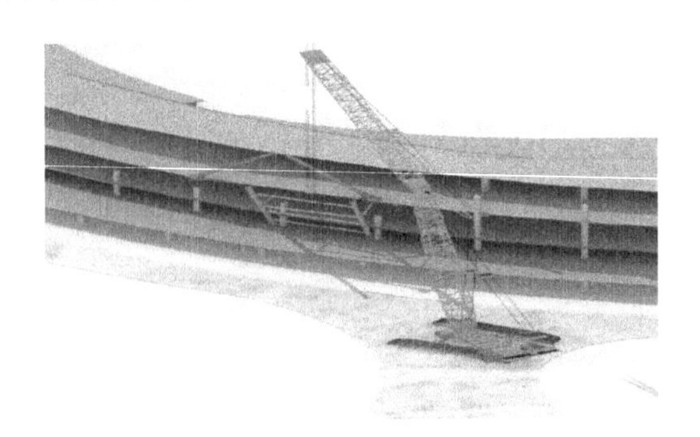

图6 A形柱吊装模拟

图7 安装完成效果

创新成果二：超大截面钢压环立柱替代胎架安装技术

利用内环钢结构独立柱自稳定性的特点，将立柱与压环进行地面整体拼接后一次吊装，节约传统压环安装立柱节点处支撑胎架，完成了1.6m大直径内压环安装。此项技术利用立柱替代传统钢结构胎架辅助安装，解决措施费投入大的难题，降低了施工成本。

3. 超大跨度双层索结构整体张拉逐级提升技术

创新成果一：大直径高钒全密封索研发应用

项目成功实现了ϕ130mm特高强锌铝稀土合金镀层的全密封索（含锚具）的研发，突破常规全密封索设计理念，优化Z形钢丝的拉拔工艺设计，打破了同类国外产品的技术垄断。产品性能达到国际先进水平，是自主研发最大直径高钒密封索在体育场中首次使用。见图8、图9。

创新成果二：施工仿真模拟技术

屋盖双层索网整体张拉时内力变化复杂、施工控制难度大。为给索网施工提供准确控制参数，项目采用有限元分析技术（ANSYS）进行索网的全过程施工仿真模拟。施工仿真模拟分析按张拉施工先后顺序共分10个工况，计算得出钢绳索力理论控制值，保证索网施工安全、精准、高效。

图8 钢绳加工

图9 钢绳尺寸校核

创新成果三：屋盖双层索网整体张拉逐级提升技术

双层索网结构安装时存在质量大、张拉过程控制难度高等问题。通过采用数控技术对张拉设备进行联动控制，成功实现双层索网结构的整体张拉逐级提升。本技术利用索网整体提升的特点，减少了高空作业，降低了成本投入，同时整体张拉逐级提升有效控制钢索的应力、应变，实现索网结构“力到形到”的设计要求，保证施工安全。见图10、图11。

图10 索网整体提升

图11 索网张拉完成

创新成果四：综合监测技术

拉索健康监测主要运用于桥梁工程中索力监测，建筑工程内的应用较少。本工程在索网结构整体张拉过程中，项目按施工仿真模拟计算出的10个工况数据值进行逐级提升。采用电动油泵监测与EM磁通量监测双重方法，进行两组实测数据与施工仿真模拟数据的偏差值进行对比分析，监测索网结构张拉过程中的安全状态，为索网施工安全保驾护航。EM磁通量传感器将继续用于运维阶段的拉索健康监测。

4. 超大面积PTFE膜智能裁剪高效张拉安装技术

创新成果一：超大跨度轮辐式索结构钢拱高空安装关键技术

拉索网安装完成后，优先进行马道安装。利用永久性环向马道+径向马道作为钢拱安装主平台，解决现场钢拱高空施工难的问题，沿上径向索设置临时定型化钢平台为钢拱安装辅助平台。后期亦可作为膜安装平台，有效节约施工措施成本，提高施工效率。

创新成果二：超大面积PTFE膜结构安装施工技术

膜结构具有位移敏感的特性，若成型不精确将大幅度改变膜结构中预设的应力分布，改变结构受力性能，甚至出现局部膜材应力超过限度或松弛、褶皱现象。为此，项目自主研发膜结构非线性有限元精准裁剪程序，利用非线性有限元理论来分析膜材的裁剪问题，实现了3.8万平方米PTFE膜材的快速、精准下料。同时，该方法可运用到任意形状的膜结构，推广价值高。见图12、图13。

三、发现、发明及创新点

(1) 项目从力密度法的基本原理入手，研究轮辐式索膜结构的找形方法和控制此类结构体型的主要

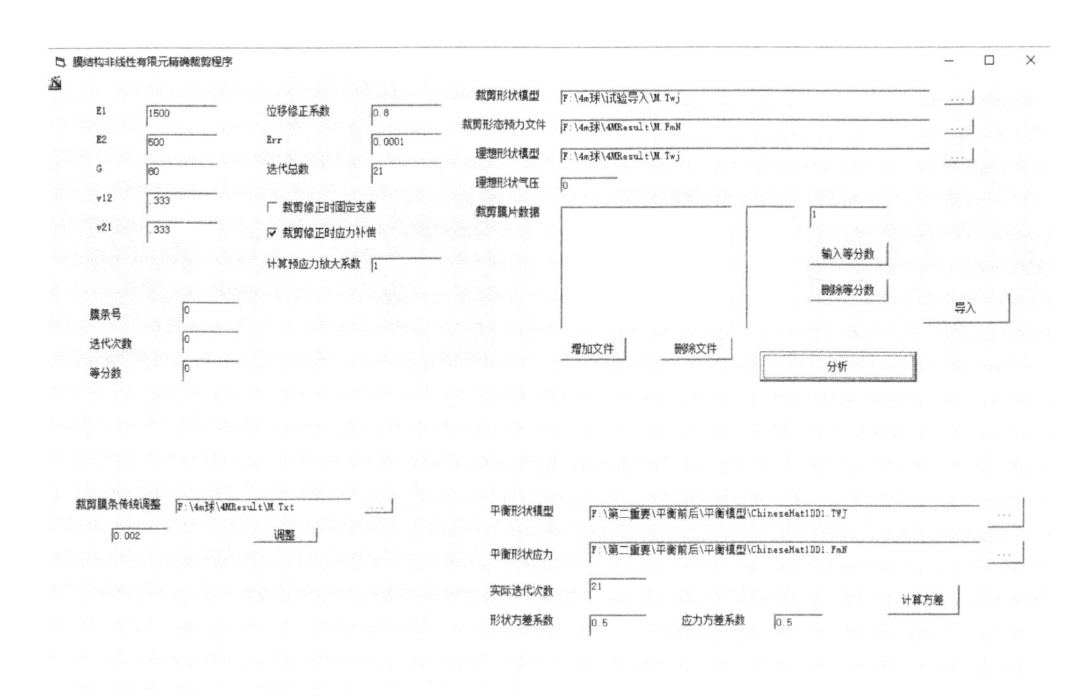

图 12　精准裁剪程序

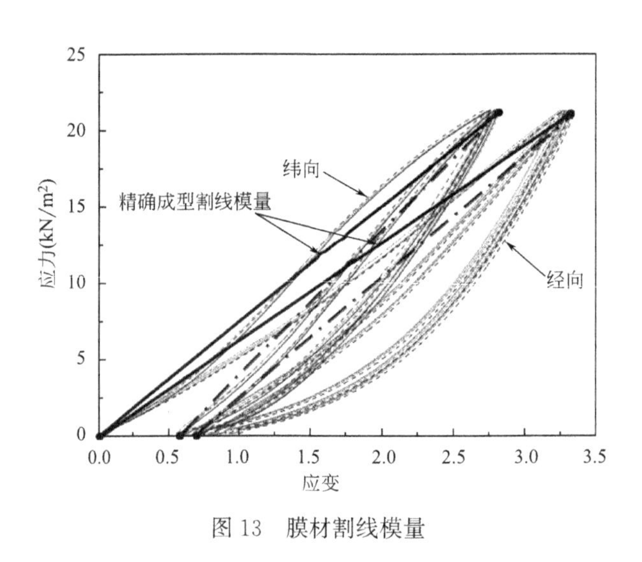

图 13　膜材割线模量

参数，创新地提出了一种基于功能目标的张力结构通用找形方法，可实现任意张力结构的快速找形。找形的快速实现，使得结构的多目标、多参数优化分析得以实现，从而设计出轻盈美观、力学性能好的张力结构。

(2) 首次自主成功研发 ϕ130mm 高强锌铝稀土合金镀层密封索，主要对密封索的整体结构设计、Z形钢丝拉拔工艺、合绳环节的工装设备进行改进。产品性能达到国际先进水平，是国产自主研发大直径高钒密封索在体育场中首次成功使用，打破了国外产品垄断。

(3) 提出“超大跨度轮辐式双层索结构安装施工技术”，结合“全工况仿真模拟＋双重监测”，成功实现超 1000t 双层索网结构的整体张拉逐级提升，满足了索网结构“力到形到”的设计要求，安装高效，减少高空作业量，保证施工安全。

(4) 铜仁市奥体中心体育场在建设过程中新形成了参编标准 2 部（国家标准 1 部，团体标准 1 部）；发明专利授权 4 项，受理 11 项；实用新型专利授权 4 项，受理 3 项；获得省部级工法 4 项；软件著作 7 项；发表 9 篇论文（3 篇为中文核心期刊）。

四、与当前国内外同类研究、同类技术的综合比较

较国内外同类研究、技术的先进性在于以下六点：

（1）首次提出基于功能目标的设计方法，自主开发一种快速找形计算软件，实现结构的快速找形。

（2）在遗传算法的基础上，首次提出对轮辐式索桁架结构进行多参数、自动化的优化设计方法，提高了计算效率。

（3）轮辐式索桁架结构体型复杂，国内外荷载规范并未提出此类结构雪荷载取值公式。本项目首次对轮辐式索桁架结构进行了风致雪漂移试验，验证了索膜结构积雪分布系数按规范中马鞍形屋面取值的安全性。为类似结构设计雪荷载取值提供可靠的试验参数，并为规范下一步修订提供了试验数据。

（4）创新性地提出索膜协同分析设计理念，利用膜材为轮辐式索桁架结构提供面内刚度，为支撑钢拱提供面外弹性约束，优化支撑钢拱截面，节约钢材用量。同时，也使得轮辐式索膜屋盖造型更为轻盈、美观。

（5）首次自主成功研发 ϕ130mm 高强锌铝稀土合金镀层密封索，主要对密封索的整体结构设计、Z形钢丝拉拔工艺、合绳环节的工装设备进行改进。产品性能达到国际先进水平，是国产自主研发大直径高钒密封索在体育场中首次成功使用，打破了国外产品垄断。

（6）提出“超大跨度轮辐式双层索结构安装施工技术”，结合“全工况仿真模拟＋双重监测”，成功实现超 1000t 双层索网结构的整体张拉逐级提升，满足了索网结构“力到形到”的设计要求，安装高效，减少高空作业量，保证施工安全。

本技术通过国内外查新，查新结果为：在所检国内外文献范围内，未见有相同报道。

五、第三方评价、应用推广情况

1. 第三方评价

2021 年 6 月 10 日，贵州省土木建筑工程学会组织召开了“超大跨度轮辐式索膜结构建造关键技术研究与应用”技术成果评价会，专家组认为该项成果整体达到国际先进水平。

2. 推广应用

超大跨度轮辐式索膜结构建造关键技术研究与应用形成的多项科技成果，为同类型工程建设提供了借鉴作用，基于功能目标的张力结构通用体型设计方法、国产大直径高钒密封索等成果已应用于乐山奥体中心项目。

六、社会效益

铜仁市奥体中心体育场是贵州地区最大的综合性体育场馆，填补了铜仁乃至武陵山区没有大型综合型体育竞技场馆的空缺。项目在建造过程中受到各界瞩目，行业内专家、学者、同仁等多次到项目莅临指导、交流等。本项目是当时我国跨度最大、面积最大的双层索膜结构体育场，并首次应用自主研发的直径 130mm 高钒全密封索，是当时国内体育场建设中使用的最大直径，具有较高的行业影响力。

基于全寿命周期控制的千米级城市悬索桥建造关键技术

完成单位： 中建三局集团有限公司、中建三局第三建设工程有限责任公司、中建三局城市投资运营有限公司、中铁大桥勘测设计院集团有限公司

完 成 人： 张　琨、周昌栋、王　辉、王延波、周必成、丁伟祥、王开强、兰晴朗、何　穆、何承林

一、立项背景

宜昌市伍家岗长江大桥将会是中建系统承建的首座千米级跨径长江大桥，意义不言而喻。主桥采用主跨1160m正交异性桥面板钢箱梁悬索桥方案，实现一跨过长江，概算总投资33.66亿元。

作为中建系统首座千米级悬索桥的承建单位和科研项目主持单位，从承接项目开始就深认为应该依托该工程，针对上述当前悬索桥存在的问题，利用项目管理的优势，从项目伊始即开展悬索桥全寿命周期控制研究的科研工作，为悬索桥正向寻求环境、生态和人类社会发展进步的平衡做出贡献。结合项目自身特点、运行模式，挖掘、提炼的关键科学问题有：

（1）如何通过探索和重构全寿命周期控制法，实现千米级悬索桥建设、运营全寿命周期上的经济、社会和环境整合；

（2）如何从企业建筑业的建造技术积淀出发，研制千米级悬索桥自适应主塔建造智能化装备及研发配套先进工艺；

（3）如何从设计、建造和运维三阶段统筹考虑，沿着理论、试验验证到现场试验和实践技术路线，发展千米级悬索桥多适应性锚碇的先进设计和建造技术；

（4）如何从材料、焊接工艺、协同作用机理、疲劳破坏机理等多维度多尺度探索正交异性钢桥面及其高性能桥面铺装的设计和建造全面技术攀升；

（5）如何利用BIM+5G带来的技术红利，针对主塔建造、主缆牵引架设和锚碇建造，力促悬索桥建造的信息化进程，为桥梁工程的智能化建造打下基础；

课题从以上问题出发，结合参研各方已有技术成果，开展课题研究并进行总结推广。

二、详细科学技术内容

1. 发展桥梁全寿命多维度控制理论

基于全寿命周期视角，在桥梁工程成本分析的基础上，增加性能和资源分析控制维度，深度开展设计优化、精益建造、智慧运维等创新，实现千米级悬索桥全寿命周期经济、社会和环境效益最大化，可为同类大型桥梁的建设提供重要参考。见图1、图2。

2. 整体自适应智能顶升桥塔平台研发与应用

针对千米级城市悬索桥这样的超高桥塔的建造精度要求高、装饰复杂、建造工期紧等诸多限制因素，若采用传统液压爬模技术存在施工工效低、抗风能力不足等问题。本成果围绕施工安全和效率提升，研发全球首台整体自适应智能顶升桥塔平台及配套工艺。整体自适应智能顶升桥塔平台由自适应支承系统、整体自适应框架系统、双模板循环施工系统、智能综合监控系统及附属设施组成，融合模架、临建、物料堆场等设备设施，可实现多作业层高效协同施工。该技术研究为千米级长江大桥的建造提供

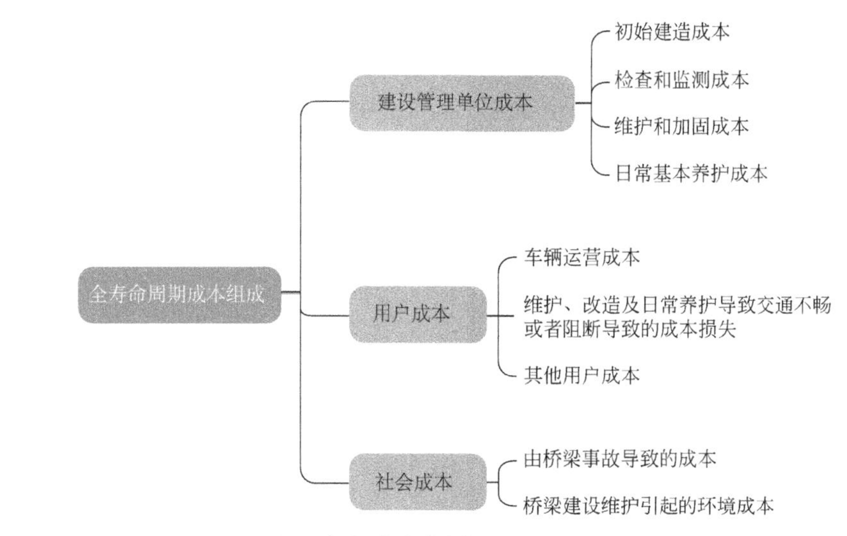

图 1　桥梁全寿命周期控制方法组成图

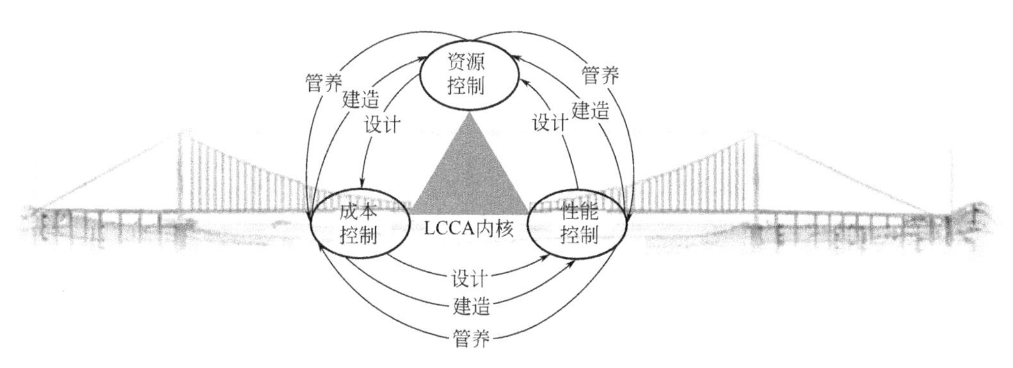

图 2　桥梁全寿命周期控制方法整体概念图

强有力支撑，显著提高我国高桥塔建造的技术水平。见图 3、图 4。

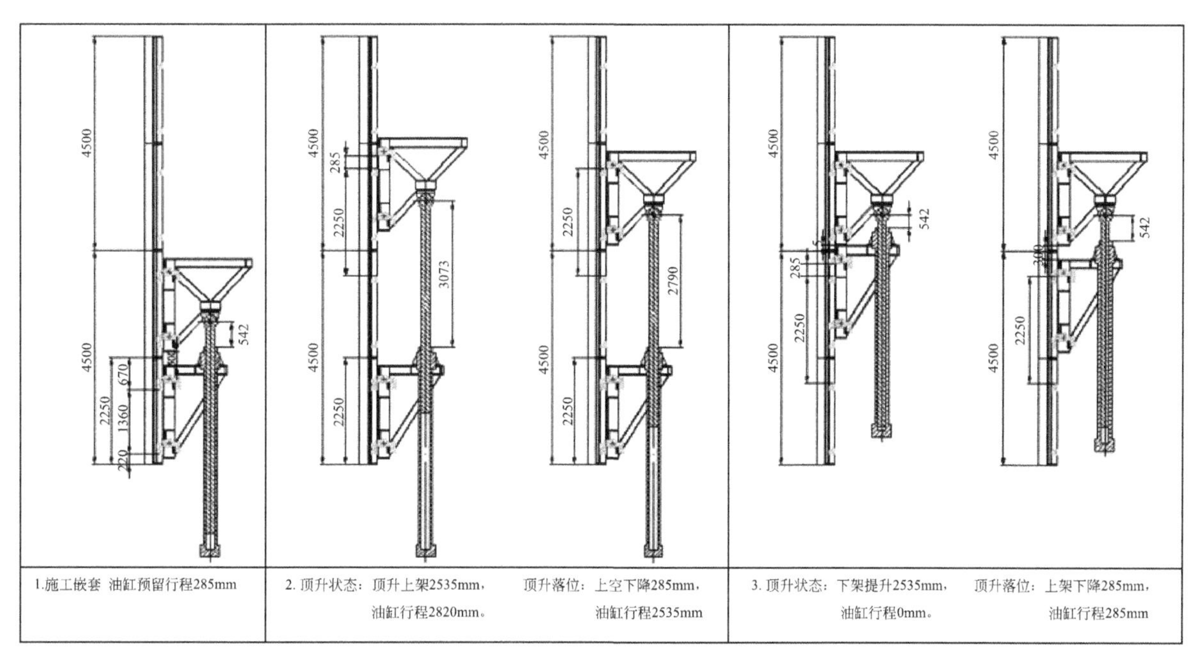

图 3　支承系统标准节段顶升流程图

图4 支承顶升系统

3. 千米级悬索桥多适应性锚碇系统的设计与建造技术

城市千米级悬索桥具有建设环境受限度高、建造工期短、后期管养低维护要求高等特点，常规锚碇的设计和建造越来越不能适应相应要求。通过创新，发展了千米级悬索桥复杂地基下的浅埋重力锚碇、软岩环境下的隧道锚等多适应性锚碇系统的设计和建造先进技术，降低了建设成本及对生态环境影响，达到绿色、低碳效果，具有极其重要的理论和实践意义。见图5、图6。

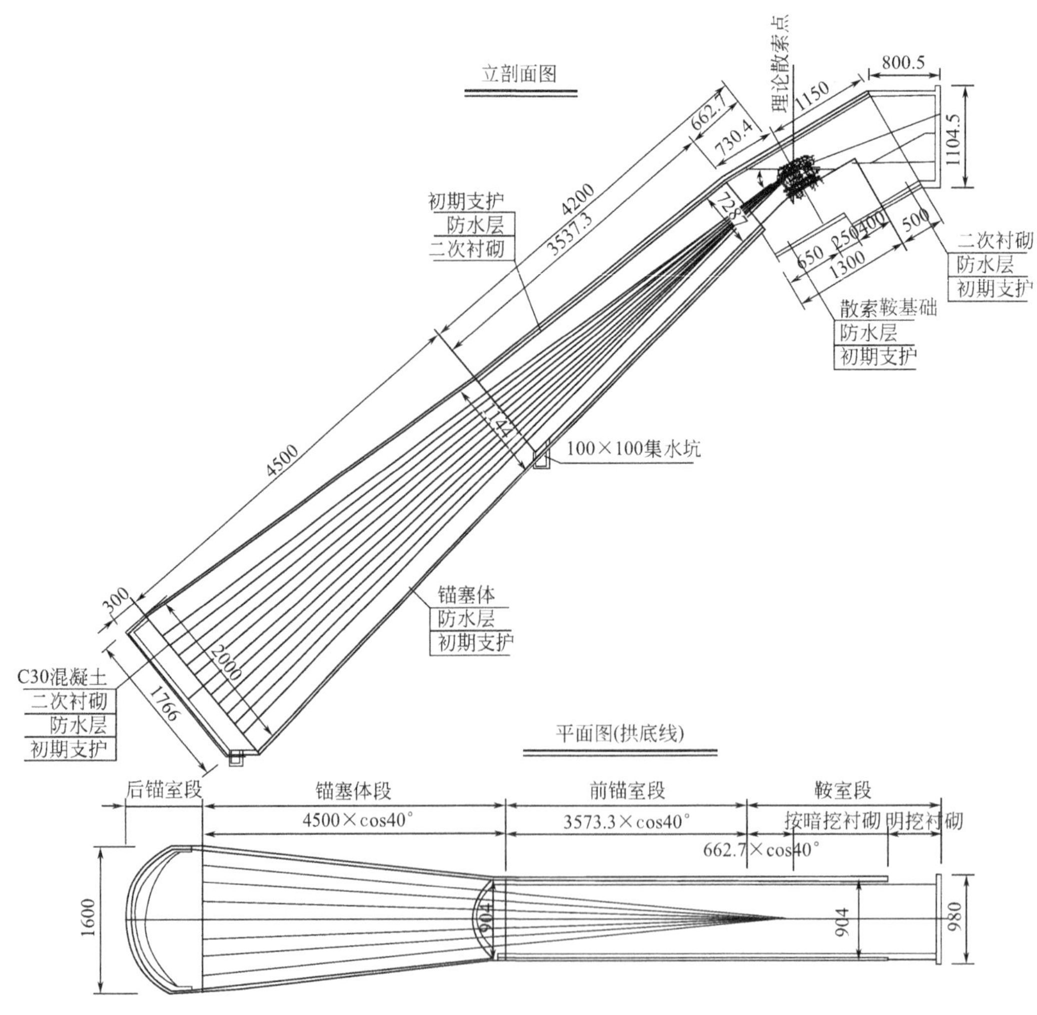

图5 隧道锚结构图

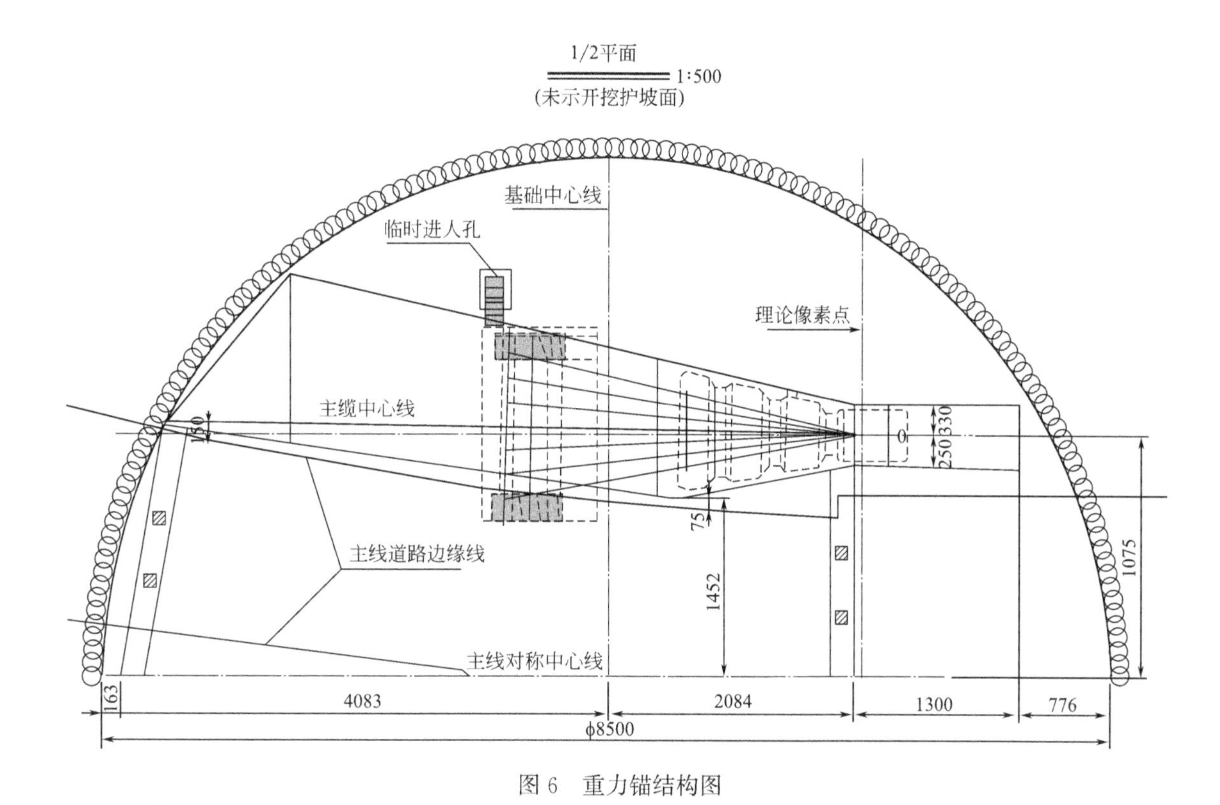

图 6　重力锚结构图

4. 大跨度钢箱梁制造安装及其桥面铺装技术

正交异性钢桥面板使用过程中易出现开裂等病害，且传统桥面铺装存在耐久性差、维护成本高等问题。本成果从钢结构连接的疲劳理论研究出发，采用试验验证、工艺改进的技术路线，强调构造的作用，对 U 肋的设计构造、焊接工艺等进行深入研究，有效解决正交异性钢桥面板使用过程中出现的开裂问题。从材料性能改进、结合层的选取、铺设的工艺改进、复合层受力疲劳作用机理等方面对钢桥面铺装的一系列病害进行研究和实践，将钢桥面铺装从材料到工艺上全面进行提升，提升桥梁使用寿命。见图 7、图 8。

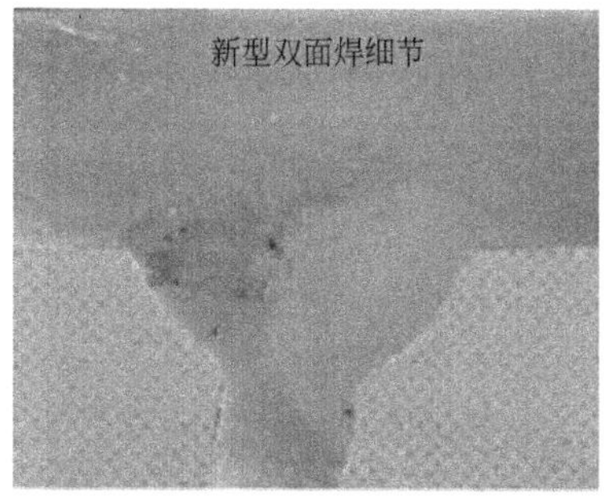

图 7　U 肋与顶板构造细节图示

5. 悬索桥全过程信息化关键技术

伴随科技创新呈现出的信息化，智能化发展趋势，桥梁设计，建造和管养维护的全生命周期信息化技术也发生深刻变革。在本成果中，开发了桥塔平台智能监控系统，配合顶升系统，将顶升误差控制在 5mm 内；创新主缆索股架设智能化控制技术，实现施工现场统一的平台化监控与管理，综合效率提升 20%；应用 BIM 技术进行隧道锚锚固体系定位支架、二衬支架等异形空间内方案设计，开展锚塞体大体积混凝土温控模拟，采用桥梁运维健康监测等技术，提升了桥梁工程全过程信息化水平。见图 9。

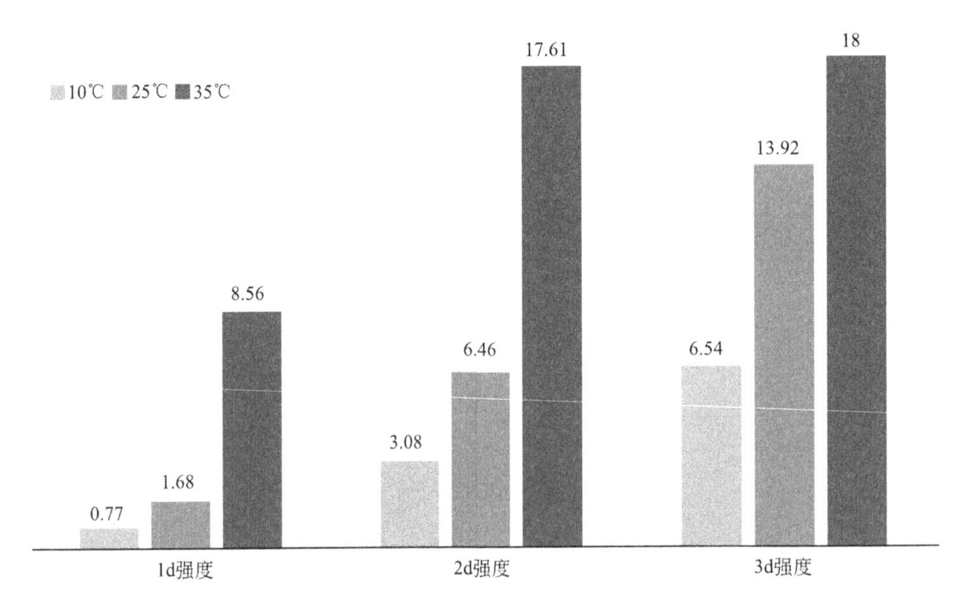

图 8　EBCL 胶结料施工和易性试验结果

图 9　主塔施工工序模拟图

三、发现、发明及创新点

创新点 1：探索和重构了悬索桥全寿命周期控制理论和方法框架

发展了全寿命周期成本分析法（LCCA），将其拓展到设计、建造和运维三阶段，成本、性能和资源三维度。建立了桥梁全寿命周期控制的方法框架，并在千米级城市悬索桥的设计、建造和运维前期开展了实践研究。

创新点 2：研发了全球首创的整体自适应智能顶升桥塔平台，实现桥梁施工装备升级

针对超高带装饰条异型塔柱施工，采用传统爬模则存在工期长、自动化程度不高、抗风整体稳定能力较差等问题，创新研发整体自适应智能顶升桥塔平台，独立设计新型自适应支撑系统、整体自适应框架系统、双模板循环施工系统、智能综合监控系统等构件，通过实践应用，达到了承载力合理、快速连续顶升、建造高效低能耗等效果，且该平台可广泛应用于不同角度、不同截面形式等复杂塔梁施工，打破了长期以来桥梁塔柱采用爬模施工的现状，提升了桥梁施工装备精细化、智能化水平。

创新点 3：实现多适应性锚碇的先进设计和建造技术

在国内首次对软岩地区千米级悬索桥采用大倾角隧道锚结构进行研究，为确保全桥结构安全、稳定，针对该软岩隧道锚的开挖、锚塞体及锚固系统施工、大吨位散索鞍洞内滑移安装施工开展研究，研发了一种中空锚杆快速持荷注浆施工新工艺，并创新性采用台车滑移安装工艺，便捷高效地完成散索鞍

门架和散索鞍及其组件的洞内安装。重力锚采用浅埋超大直径结构形式，采用数值模拟和现场试验的方式，根据浅埋式重力锚复合地基的注浆时机对沉降位移及主应力的影响，优化了设计，指导了浅埋式重力锚的建造，极大地支撑了伍家岗长江大桥的建设。

创新点 4：基于全寿命周期的控制，实现正交异性钢桥面板及其高性能铺装的设计和建造工艺

基于全生命周期控制理论，针对钢结构桥梁疲劳导致的恶性事故，对钢桥面板疲劳开裂特性开展研究，优化钢桥面板结构体系设计参数，引入高疲劳抗力新型构造细节，提升顶板局部刚度，实现 U 肋全熔透焊接，有效提升桥梁疲劳寿命。在国内首次提出采用高效合理的吊装焊接方案——两两焊接，焊架同步方案，有效缩短钢箱梁安装工期。针对大跨度钢箱梁桥面铺装耐久性等问题，开展了桥梁正交异性板铺装体系、核心铺装材料性能、钢板和铺装层共同作用有限元分析和足尺疲劳试验以及相关工艺、工法研究。研发的新型二阶热固环氧沥青粘结材料提高 ERS 铺装层的层间水平抗剪和防水性能；优化 SMA 层沥青材料性能和配比，提高了组合结构的整体性能。

创新点 5：提升悬索桥全过程信息化关键技术

研发并应用桥塔平台智能化监测技术、主缆索股架设智能化控制技术、基于 BIM 的隧道锚信息化应用技术、桥梁运维健康监测技术等。具体开发的桥塔平台全方位智能监控系统，实现在线连续监测，原始数据采集、分析及转换，实时预警，提升了桥塔施工智慧建造水平，将顶升误差控制在 5mm 内，施工期内安全稳定，提升了工作舒适感，保障施工和顶升作业安全。通过对主缆索股架设过程中的卷扬机牵引索的张力、绳速，拽拉器位置，门架受力状态等进行监测并将数据信息高度集成于系统，实现施工现场统一的平台化监控与管理。通过信息化监测技术应用，较传统架设方式作业人数减少 15%，综合效率提升 20%。搭建全桥信息管理系统，全桥共设置约 300 余个监测检测点位，360°无死角实时监测，实现对桥梁的“全天候”健康监测与管养。

四、与当前国内外同类研究、同类技术的综合比较

（1）研究在全寿命周期成本分析法（LCCA）的基础上，将其拓展到设计、建造和运维三阶段，成本、性能和资源三维度。建立了桥梁全寿命周期控制的方法框架，并且首次在千米级悬索桥中获得了应用。

（2）对于大跨径悬索桥的桥塔建造，针对常规爬模施工时传统模架结构零散，抗风抗侧能力差，顶升和施工晃动明显，施工作业环境有待改善等特点，自主研发的整体自适应智能顶升桥塔平台具有适应截面变化、适应角度变化、适应复杂塔梁施工、爬升轨迹连续性、建造高效低能耗等显著优越性，与常规采用的液压爬模相比较，支撑点位不到爬模的 1/2，顶升作业耗时缩短 40%，综合工效提升 30%。

（3）在正交异性钢桥面板及其桥面铺装研究上，基于疲劳试验和工艺的研究，提出了 U 肋与顶板双面埋弧焊构造细节，实现 U 肋全熔透焊接，并综合考虑 ERS 铺装层的影响，为大跨径钢箱梁的技术进步和工艺突进提供了强有力支撑。

（4）研究从隧道锚的细部施工和监控到主塔、主缆的建设，再到主动管养维护的数字化，开展千米级悬索桥多尺度全过程 BIM 应用的关键技术研究，在一个统一的 BIM 平台实现了千米级悬索桥建造+管养过程超流量信息的整合处理和应用，提高了桥梁施工智能化水平。

五、第三方评价、应用推广情况

1. 第三方评价

2021 年 9 月 9 日，中国建筑集团有限公司在宜昌组织召开了“基于 PPP 模式的千米级悬索桥建造关键技术”科技成果评价会。专家组一致认为，该成果总体达到国际先进水平，其中索塔智能化施工和软岩隧道锚建造技术达到国际领先水平。

2. 推广应用

基于 PPP 模式的千米级悬索桥建造关键技术已在宜昌伍家岗长江大桥得到了成功应用，其中智能

桥塔平台已在深中通道主塔、渝湘高速高墩等工程中得到推广应用。

六、经济效益

本成果涉及的多项关键技术经工程实践，取得了良好的经济效益，共产生经济效益 8598.5 万元，主要包含如下：

（1）采用大直径桩基分级旋挖成孔技术，共创经济效益 120 万元；

（2）采用软岩隧道锚设计，共创经济效益约 8000 万元；

（3）采用整体自适应智能定升桥塔平台技术，共创经济效益约 300 万元；

（4）采用隧道锚开挖技术和大倾角散索鞍滑移安装施工技术，共创经济效益 178.5 万元。

七、社会效益

1. 实现长江经济带规划的深入实施

宜昌伍家岗长江大桥的建设为宜昌实现“一江两岸”共同发展，进而完成国务院《长江经济带综合立体交通走廊规划（2014—2020 年）》、促进长江经济带水、陆、空交通资源的整合，推进长江经济带规划的深入实施，有着重大意义。

2. 构建了大型桥梁全寿命周期控制法的理论和方法框架

构建了大型桥梁全寿命周期控制法的理论和方法框架，在全寿命周期内进行成本控制、性能控制和资源控制，从而实现了基于全寿命周期控制的千米级城市悬索桥精准设计、建造、主动管养维护的理论与技术。

3. 拓展悬索桥锚碇的适应性、可靠性和环保性

大吨位多适应性锚碇关键技术研究成果完善了我国悬索桥锚碇设计选型方法、软岩隧道锚施工及监控方法成套技术、超大直径重力锚注浆式地基加固施工成套技术，对拓展悬索桥锚碇的适应性，提高锚碇选型、设计、建设效率、可靠性、环保性具有重大意义。

4. 提升了桥梁施工技术水平

使用整体自适应智能顶升桥塔平台，改变了传统塔柱爬模施工过程中的混凝土外观质量不佳和施工稳定性问题，具有适应截面变化、适应角度变化、爬升轨迹连续性、建造高效、低能耗等显著优点，提升了桥梁施工技术水平。

5. 积累了中国建筑在桥梁工程领域建设管理经验

自主研发的造塔机填补了我国悬索桥自适应造塔机及其配套工法的空白，对提高主塔建造精度、建造效率、降低能耗、提升环保具有重大意义。造塔机除可以在悬索桥主塔建造中使用以外，还可以适用于斜拉桥主塔、高耸形纪念性建筑等建筑场景，具有良好的社会效益和经济效益。

6. 扩大中建集团的影响力

作为中建集团投资、建造、运营的首座主跨千米级长江大桥，宜昌伍家岗长江大桥顺利建成通车，积累了大型悬索桥建造、运营经验，培养了专业化人才团队，丰富了企业业绩支撑，进一步擦亮了中建桥梁品牌。建设过程中，多家媒体对本项目关于“造塔机”、保护“水中大熊猫”“建成通车”等方面进行了报道，各类报道 100 余次，提升了企业的知名度。

复杂敏感环境条件下盾构施工保障与控制关键技术

完成单位： 中建隧道建设有限公司、中国建筑第五工程局有限公司、中建五局土木工程有限公司、中国建设基础设施有限公司

完 成 人： 钟志全、谭芝文、李水生、戴亦军、李　凯、宋鹏飞、肖　超、任庆国、陈　泽、庞鹏程

一、立项背景

内地45个城市开通运营城市轨道交通线路236条，运营里程总计7692公里，根据有关理论预测，中远期会达到2.3万公里。在城市轨道交通建设中，盾构法相对于矿山法有诸多优势，如速度快、少噪声、自动化作业、不影响地面交通与设施、不受气候影响等。

但盾构施工依然存在诸多风险，例如工程水文地质与环境风险、盾构始发与接收风险、掘进风险、选型及配置风险、设备维护保养风险、联络通道风险等。国内出现许多盾构施工安全事故，危及生命和财产安全。

中建五局的盾构业务自2014年来快速扩张，先后经历了国内15个城市及新加坡盾构工程。课题组以承接的盾构项目为依托，围绕“复杂敏感环境条件下盾构施工安全控制”主题，拟解决以下几个方面的问题：

（1）盾构始发和接收风险；

（2）盾构下穿建构筑物近接施工风险；

（3）盾构穿越富水及特殊地层施工风险；

（4）盾构出渣风险。

二、详细科学技术内容

1. 盾构始发、接收钢套筒安全快速施工关键技术

创新成果一：研制了新型土压平衡盾构钢套筒

将传统球冠状后端盖优化成对半连接平板式结构，解决传统球冠状整体结构加工、运输、安装较困难，渣土无法完全清空易突涌造成安全风险等问题；设计了新型上盖端，分段结构，中间用高强度螺栓连接固定，解决了传统钢套筒整长而导致运输及吊装的安全风险。见图1、图2。

图1　对半连接平板式后端盖

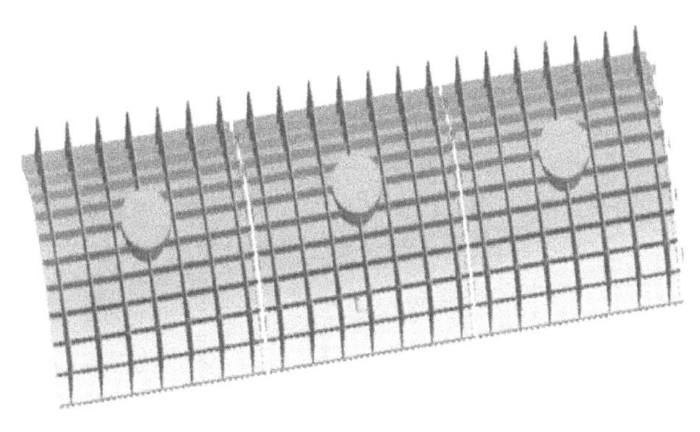

图2　设计的新型上端盖

创新成果二：盾构钢套筒安全快速安装技术

安装过渡环后，安装钢套筒下半圆和上半圆部分，上半圆采用高强度螺栓连接，然后安装后端盖（接收端）或反力架（始发端）。

2. 盾构下穿建构筑物近接施工保障技术

创新成果一：水平定向综合勘探施工关键技术

创新采用水平定向钻+孔内成像+跨孔 CT 物探综合探测方法。解决了城市轨道交通中地表存在建构筑物而无法进行勘探的技术难题。见图 3、图 4。

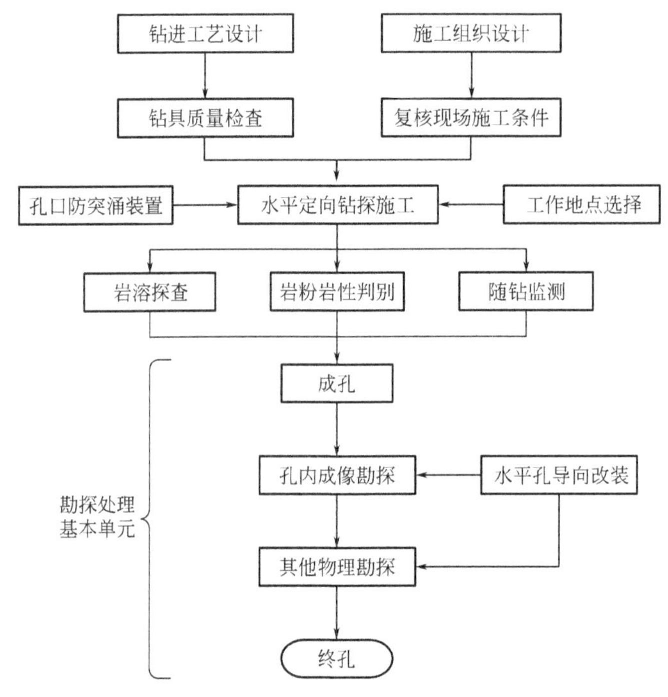

图 3　施工工艺流程

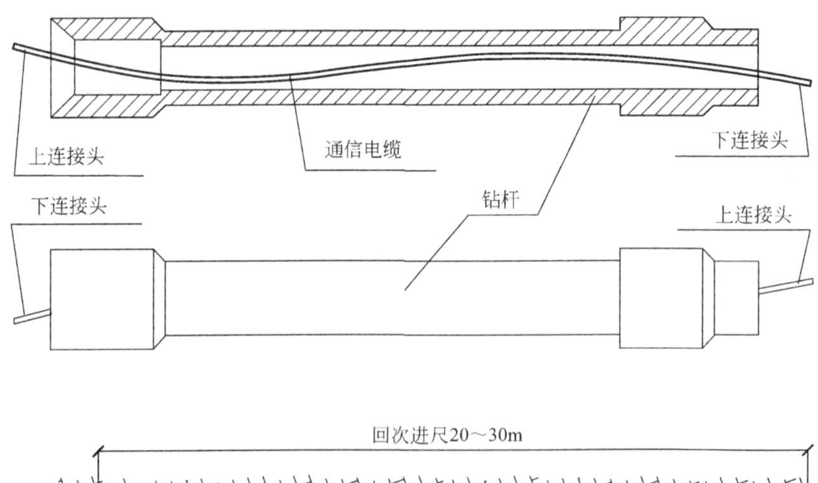

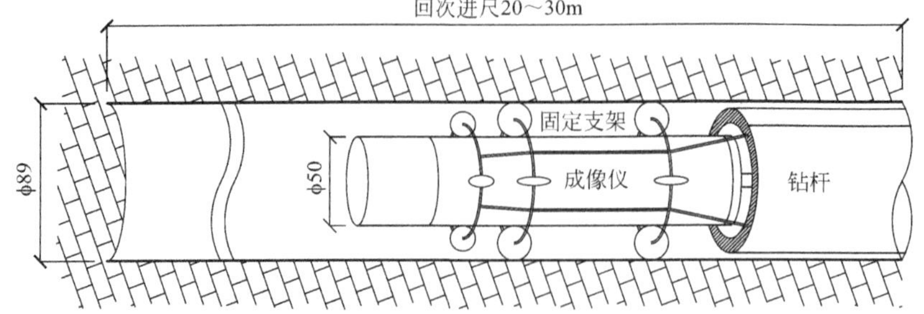

图 4　水平定向钻+孔内成像+跨孔 CT

创新成果二：盾构下穿铁路枢纽自动化监测技术

利用全站仪、变形测量传感器、倾斜检测仪等对多个测点进行自动化扫描及监测，实时上传，避免了监测人员频繁地进入营业铁路，同时不受气候、场地条件及环境的影响，并提高监测的精度。见图 5～图 7。

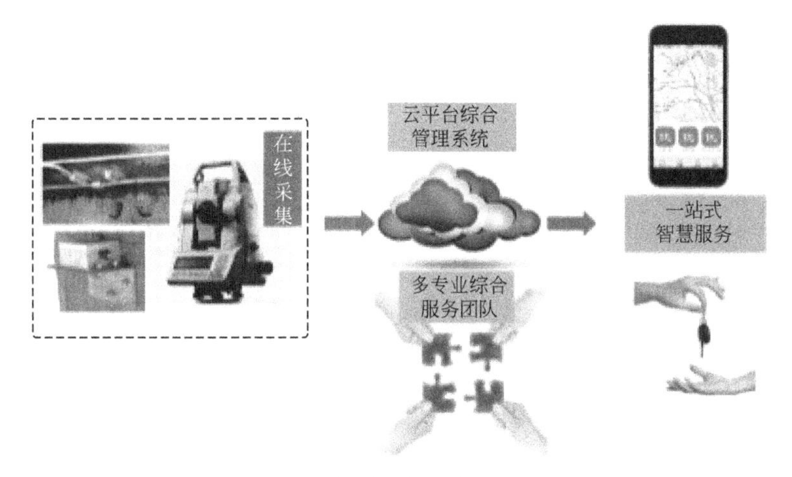

图 5　自动监测物联网管理系统构架

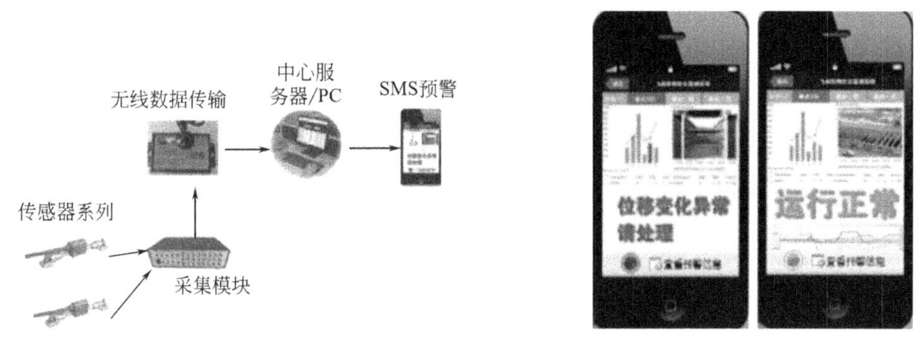

图 6　无线实时监测结构图　　　图 7　短信预警界面

创新成果三：盾构下穿建筑物岩溶分层注浆处治施工关键技术

提出全充填溶洞通过高压注浆加固，半填充和无充填溶洞，采用吹砂夹石＋静压化学灌浆的方法。地表实测数据表明建筑沉降量均在可控范围内。

创新成果四：盾构下穿建构筑物全方位控压注浆加固施工关键技术

在传统高压喷射注浆工艺的基础上，采用了独特的多孔管和前端造成装置，实现了孔内强制排浆和地内压力监测，并通过调整强制排浆量来控制地内压力，大大降低土体扰动，大幅度减少对环境的影响，确保了成桩质量，保证了加固的效果。依托项目引起上跨既有线路最大沉降约 8mm，远小于设计允许值 20mm。见图 8、图 9。

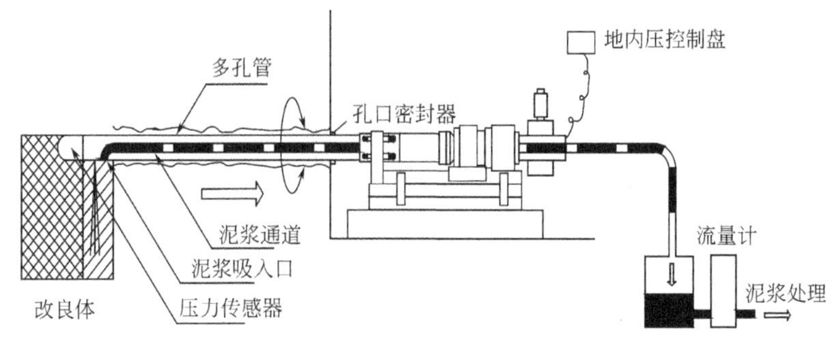

图 8　注浆设备结构

图 9　现场注浆

3. 盾构穿越富水地层施工控制关键技术

创新成果一：防喷涌装置及控制技术

研制了螺旋机尾部“双阀门＋气压”防喷涌装置，并形成了新型防喷涌施工技术。通过对螺旋输送机筒体端部两侧排堵口进行设计，将传统的意外喷涌时关门堵漏措施改进为“双阀门＋气压”控制喷涌量、利用反冲原理清理排堵口；同时，将喷涌出的渣土直接用管道接到皮带输送机上部，高效地预防盾构喷涌现象，大大提高因清理喷涌出来的渣土而影响管片拼装效率与质量，保证施工人员的人身安全，避免地面坍塌施工事故发生，从而实现盾构掘进的连续性并保障施工的安全。见图 10。

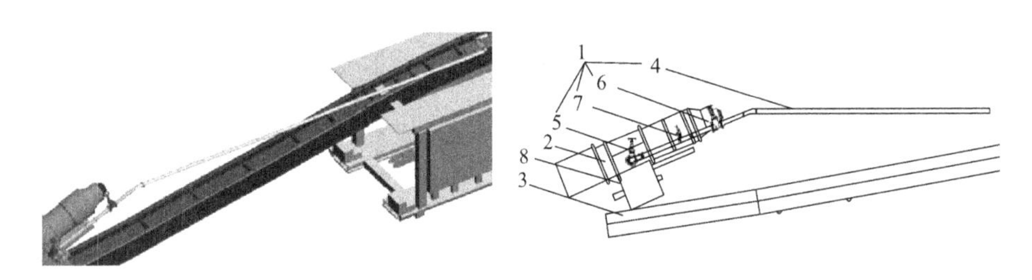

图 10　新型防喷涌装置结构示意图

1—防喷涌装置；2—螺旋输送机；3—皮带输送机；4—渣土输送管道；5—近端闸阀；6—远端闸阀；7—气源接入结构；8—螺旋输送机排渣闸阀

创新成果二：动态信息化施工技术

创新应用皮带机加装自动称重装置，可有效控制盾构施工渣土超排。盾构机操作手可在盾构机中控室内通过控制面板远程控制称重装置并获取出渣量监测信息，结合盾构机掘进状态，判断皮带机瞬时出渣量与盾构机掘进挖土量之间关系，调整推力、土仓压力、推进速度、刀盘扭矩等盾构掘进参数，确保掘进进尺与出土量之间的平衡，以此优化出渣流量，避免出现超挖。同时，通过判断出渣量大小，控制同步注浆量，并合理进行二次补浆，避免注浆量不足造成工后沉降过大等问题。见图 11、图 12。

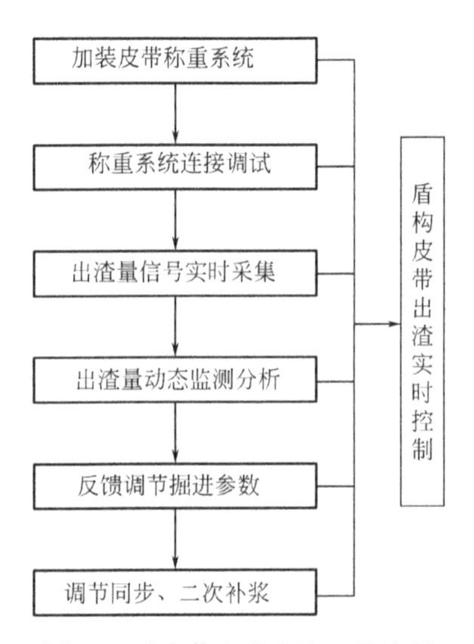

图 11　动态信息化出渣工艺流程

4. 特殊地质条件下填仓换刀安全施工关键技术

创新成果一：上软下硬地层分区填仓常压换刀技术

常规常压开仓换刀缺点：掌子面易失稳、带压换刀泥膜建立难度大，周期长，高强富水岩溶发育区地面预加固效果差。分区填仓常压换刀：根据掌子面岩土分界情况，对土仓上部土层范围填充水泥砂浆，对土仓下部硬岩范围填充化学浆液（磷酸＋水玻璃）。既保证了换刀安全，也大大减少了水泥浆液清理工作量和难度。见图 13。

创新成果二：高强富水地质条件下填仓换刀安全施工关键技术

系统总结并建立了高强富水岩溶区填仓换刀施工标准流程。填仓

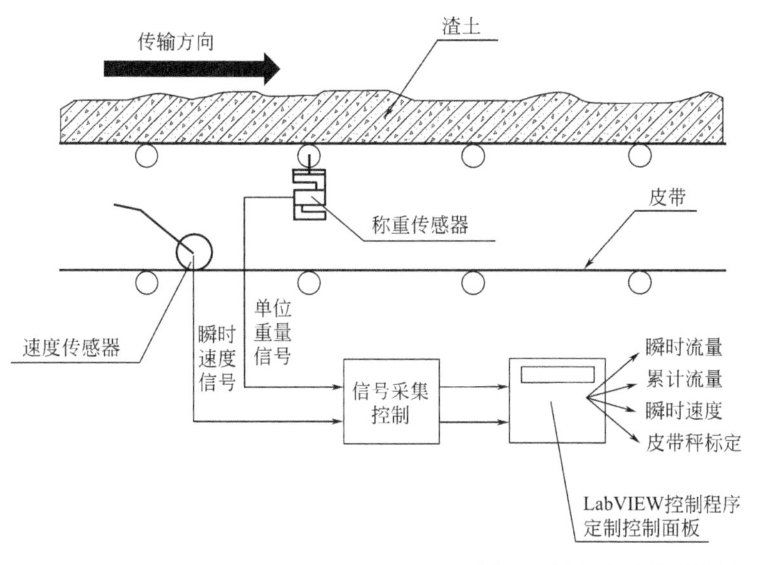

图 12　渣土自动称重装置

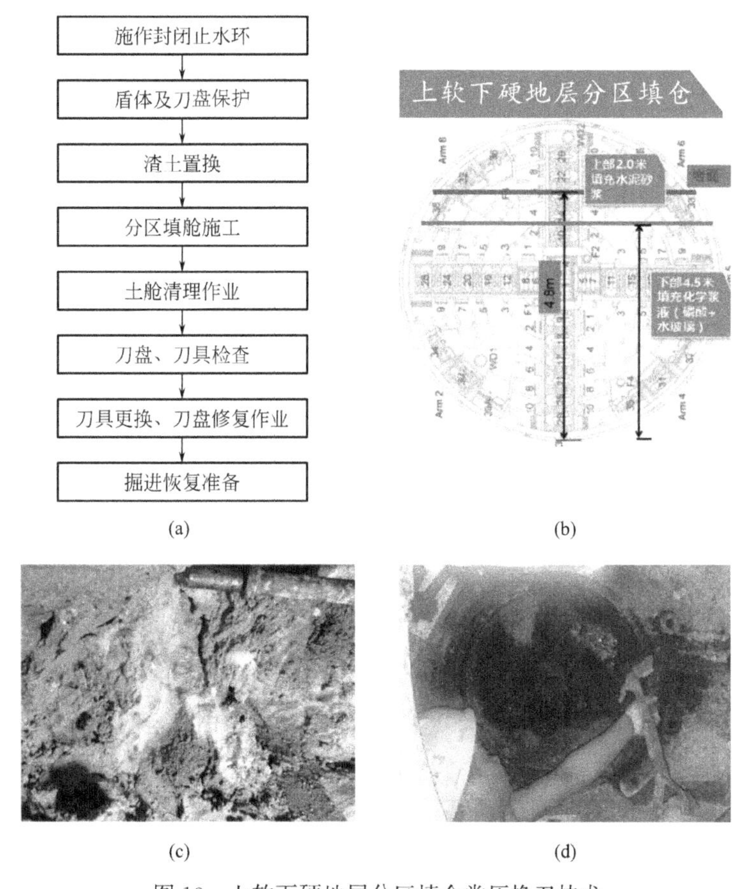

图 13　上软下硬地层分区填仓常压换刀技术

(a) 工艺流程图；(b) 分区填仓示意；(c) 磷酸＋水玻璃加固效果；(d) 水泥砂浆加固效果

(砂浆置换) 后可实现常压开仓，无须投入压气作业特种作业人员及设备，土仓内可动火作业，避免发生安全事故。

5. 建立了盾构绿色高效出渣施工方法

在始发竖井完成开挖及支护后，于始发方向的反向开挖施工导洞及施工横通道以便达到台车整体始发的场地要求。施工导洞完成后进行设备吊装及安置，渣土外运采用碾碎＋泵送＋渣斗出渣方式。

本方法可以实现城市狭窄空间下单一竖井双洞整体始发，同时采用渣土泵送方式，可以防止电瓶车纵坡条件下溜车，保证施工安全，同时提高渣土外运效率，另外大大提升洞内整洁度，环保效果好。见图 14、图 15。

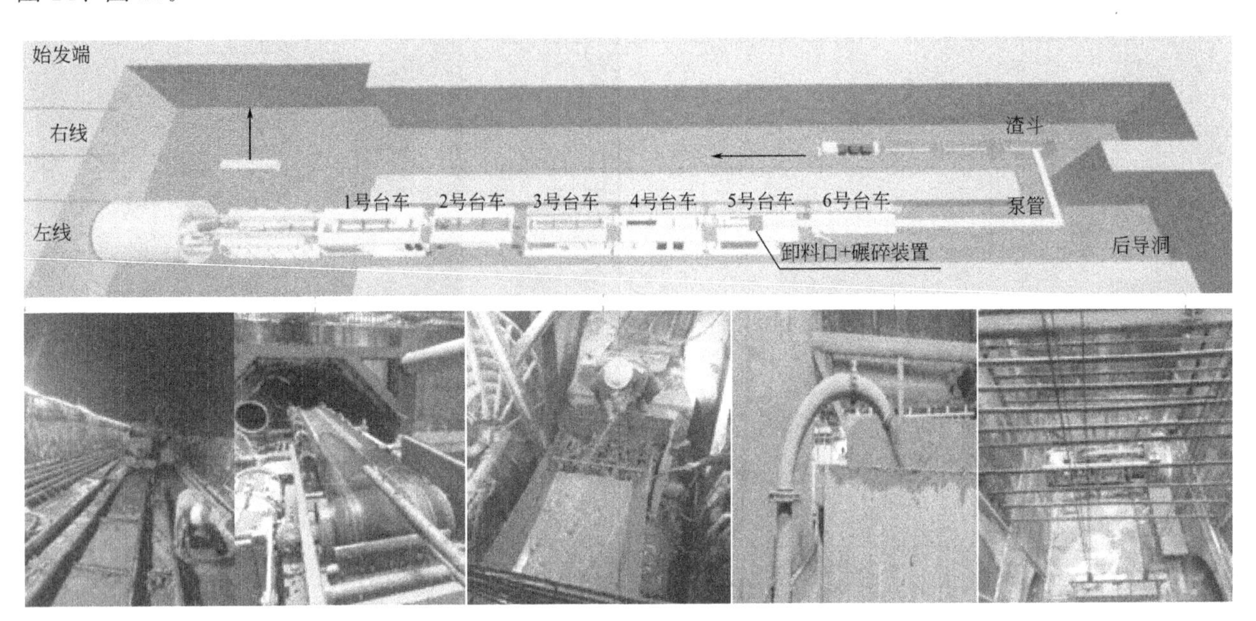

图 14　单一竖井高效出渣示意及现场图

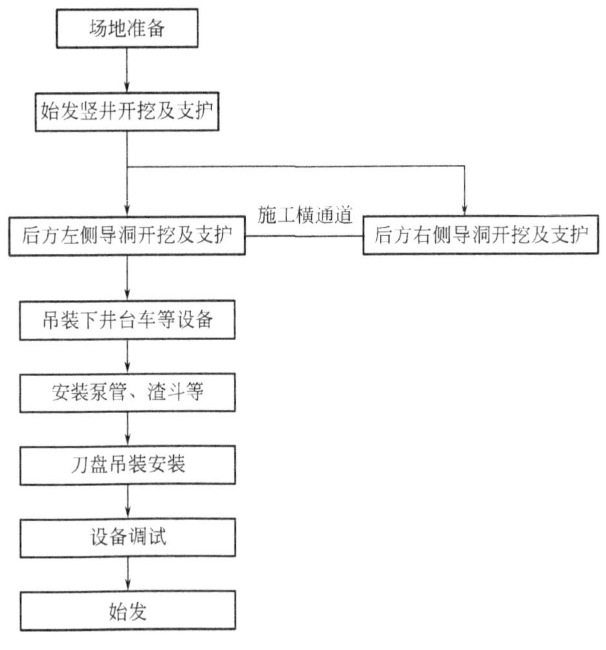

图 15　工艺流程

三、发现、发明及创新点

（1）设计并研制了用于盾构始发与接收的新型钢套筒，解决了吊运、安装及喷涌问题。

（2）研发了基于水平定向钻的综合勘探方法，解决了地表存在建构筑物而无法勘探的技术难题。

（3）建立了上软下硬地层填仓常压换刀关键技术，保证换刀安全的同时，减少了清理水泥浆的工作量和难度。

（4）建立了盾构绿色高效出渣施工方法，可实现狭窄空间下单一竖井双洞始发，同时防止电瓶车纵坡条件下溜车，保证施工安全，环保效果好。

在所依托的诸多盾构工程中应用，研发过程中获授权专利19项，其中发明专利7项，获省级工法9项，发表高水平论文24篇，参编集团标准1部，多项技术入选《中国盾构工程科技新进展》的盾构工程技术系列丛书。

四、与当前国内外同类研究、同类技术的综合比较

较国内外同类研究、技术的先进性在于：

（1）研制的新型钢套筒后端盖采用平板式结构，且分为上下两幅，与传统钢套筒相比，不易积渣，运输及拆装方便且更安全。

（2）采用HDD水平钻结合孔内电视和CT，解决了常规勘查技术地面存在建（构）筑等无法勘探问题，并提高勘探精度。

（3）采用化学浆液＋水泥砂浆分区填仓常压换刀。在上部软岩自稳性差条件下，也可实现常压换刀，无安全风险。且下部采用化学浆液，减少水泥砂浆清理难度。

（4）与常规电瓶车出渣方法相比，本技术采用的泵送出渣方式，可解决出渣空间受限问题、大纵坡条件下溜车问题，并实现绿色、环保目标。

本技术通过查新机构国内外查新，查新结果为：在所检国内外文献范围内，未见有相同报道。

五、第三方评价、应用推广情况

1. 第三方评价

2021年3月中建集团组织成果评价，专家组认为本成果总体达到国际先进水平。

2. 推广应用

本技术成果推广应用于长沙地铁3、4、5号线，深圳地铁9、13号线，南宁地铁2、4号线，郑州地铁，徐州地铁1、3号线，重庆地铁9号线等。均取得了良好的技术效果。

六、社会效益

项目成果直接推广应用于各地地铁工程项目，降低了安全风险，保证了施工质量，达到了四节一环保绿色施工要求，保障了地铁工程项目的顺利建设。其中一关键技术获中国土木工程学会科技成果推广项目，在全国轨道交通建设中予以推广。项目过程中，多次获业内兄弟单位的观摩及省级媒体的正面报道，总体社会效益和环境效益良好。

建筑工程地下水浮力致灾机理与控制技术

完成单位：中国建筑西南勘察设计研究院有限公司、南京工业大学、华南理工大学、苏州科技大学
完 成 人：康景文、梅国雄、骆冠勇、郑立宁、潘　泓、胡　熠、宋林辉、曹　洪、姜朋明、梁　树

一、立项背景

我国城市地下空间的开发利用正如火如荼地进行。规模宏大、功能体系完整的地下综合体、地铁设施、城市改造和新区建设随之应运而生。建设超大超深的地下室必然面临的问题是地下结构的抗浮计算及抗浮措施的选择。工艺成熟的抗拔桩、抗拔锚杆或压重措施目前应用较多，抗浮水位一般取至室外地坪标高，这种方法理论上已经较为保守了，然而并不能完全保证地下结构的安全，各种抗浮事故依然层出不穷。同时，常规抗浮措施技术单一、价格贵、材料与能源消耗高等问题不利于可持续发展；另一方面，随着全球气候变化引发的城市极端降雨事件的增加以及中国快速城市化进程，诸多城市尤其是大城市内涝事件频发，触发地下水位突升，使得既有（或在建）建筑抗浮失效，引发了新的城市岩土工程问题。

为解决日益增加的抗浮需求，弥补既有被动抗浮措施存在的不足，提高新建建筑和既有建筑抗浮稳定性，课题组历时 15 年深入开展了地下结构水浮力计算理论、地下水浮力主动控制设计方法、主被动联合抗浮关键技术等方面的研究工作，形成了系列理论和技术体系，保证了新建建筑抗浮安全性的同时也提高了既有建筑抗浮应急抢险的能力，满足了现有抗浮技术改进的迫切市场需求，解决了工程勘察设计中抗浮设防水位确定和水浮力计算的共性关键难题，改变了传统抗浮技术单一、经济性较差的现状，填补了城市建筑抗浮减灾领域的多项空白，极大地推动了地下结构抗浮技术的进步，具有重要的理论和现实意义。

二、详细科学技术内容

1. 地下结构水浮力计算理论研究

（1）通过开展地下结构位于水中、砂土层、黏土层上、黏土层中、带砂垫层的黏土层和混合土中共六种地质环境下的模型试验，提出了地下结构水浮力折减系数建议值，见图 1。

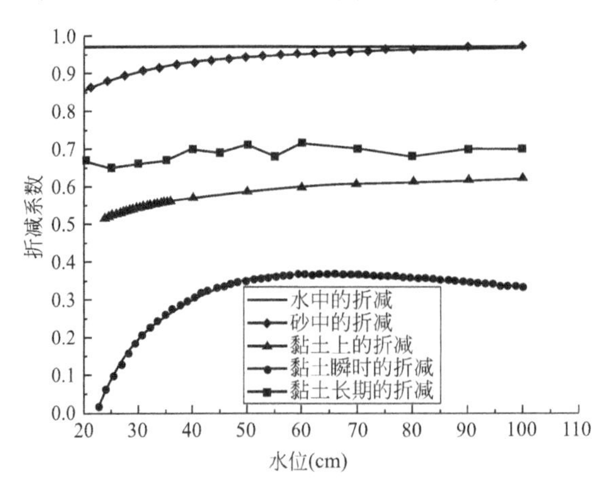

图 1　不同环境工况试验结果对比

（2）提出了 3 种地形中地下结构水头计算方法。

1）以静水压力为主的平地地形，提出由表层潜水位与承压水水位的相对关系确定抗浮设防水位及水浮力的方法；建议了地下结构所在的 6 种地层情况下水头取值，见图 2。

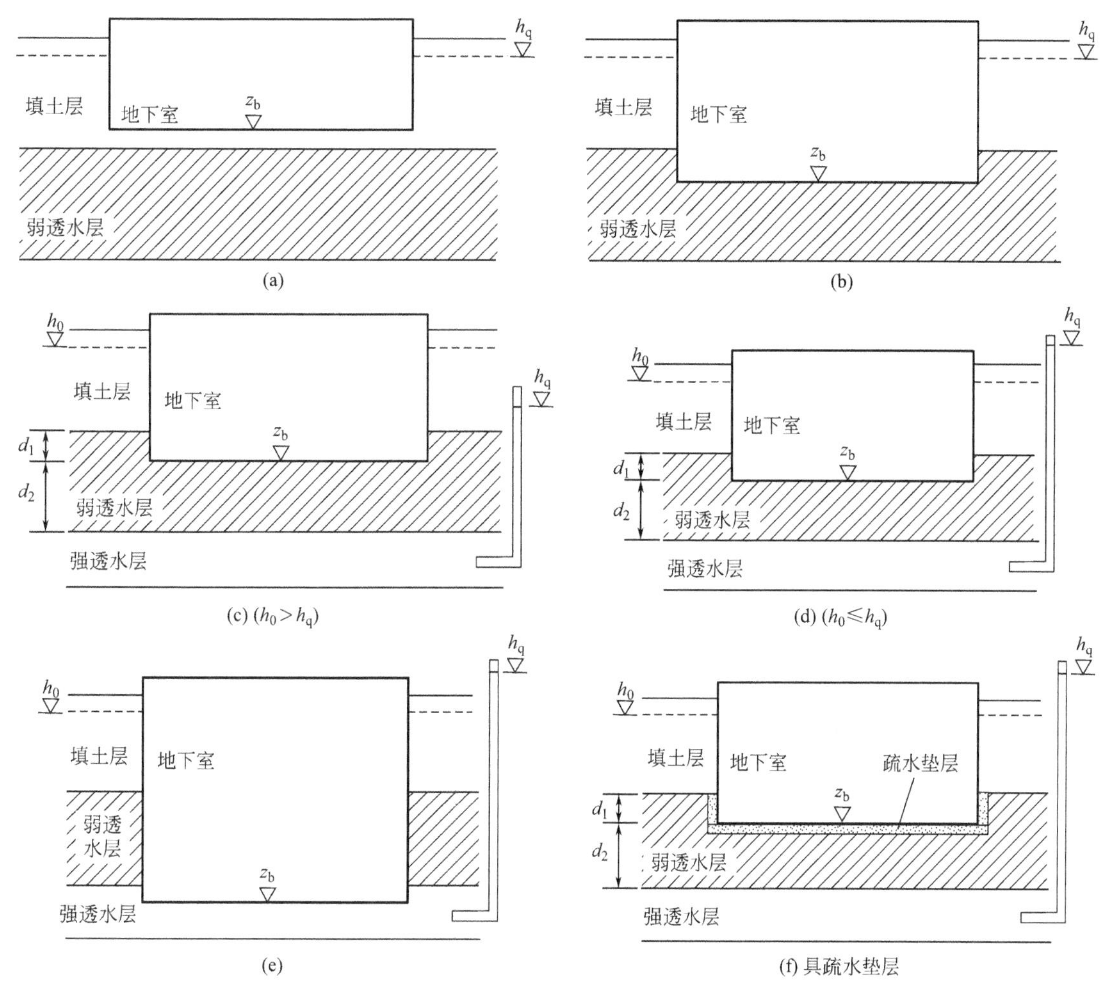

图 2　水平场地的几种情况

2）以长期动水状态为主的坡地地形（图 3），建立了考虑止水帷幕厚度影响的坡地渗流改进阻力系数法，见式（1）。

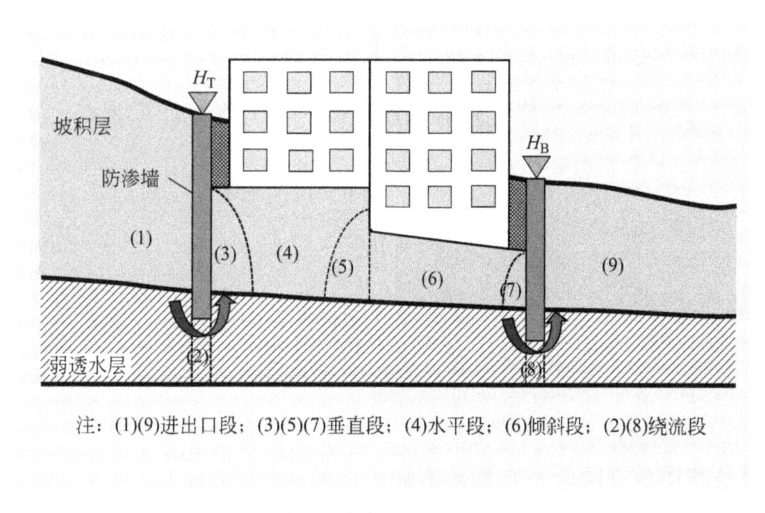

图 3　坡度地形示意图

$$H_i = H_\mathrm{T} - \sum_{j=1}^{i} h_j；\ h_j = (H_\mathrm{T} - H_\mathrm{B}) \frac{\xi_j / K_j}{\sum_{j=1}^{n} \xi_j / K_j} \tag{1}$$

3）受汛期短期超高水位影响的临江地形（图 4），考虑上覆弱透水层的厚度变化和堤后地下结构物对渗流场的影响建立了基于本奈特假定的堤后地层的水头值解析解，见式（2）。

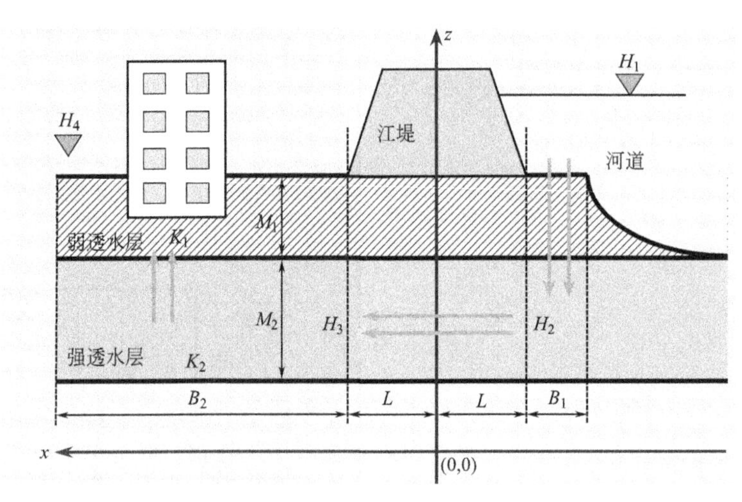

图 4　临江地形示意图

$$\left.\begin{aligned} H_1 - H_2 &= \frac{\mathrm{th}\alpha}{AM_2} \frac{Q_\mathrm{B}}{K_2} \\ H_2 - H_3 &= \frac{2L}{M_2} \frac{Q_\mathrm{B}}{K_2} \\ H_3 - H_4 &= \frac{1}{A' M_2 \mathrm{th}\beta} \frac{Q_\mathrm{C}}{K_2} \end{aligned}\right\} \tag{2}$$

图例和公式中：H 为水头值；K 为渗透系数；ξ 为阻力系数；H_1 为堤前河道水头；H_2、H_3 分别为堤前堤脚、堤后堤脚下方强透水层中的水头，H_4 为堤后段覆盖层顶面的水头，当堤后地面有水时取水面高程，无水时可取地面高程；M_1、M_2、M_3 分别为堤前覆盖层、强透水层、堤后覆盖层的厚度；K_1、K_2、K_3 分别为堤前覆盖层、强透水层、堤后覆盖层的渗透系数；B_1、B_2 分别为堤前、堤后覆盖层的宽度；L 为堤底宽度的 1/2。

2. 主动抗浮设计理论及关键技术研究

（1）基于地下水动力学理论，修正了基底水头降落曲线方程，发明了排水泄压主动抗浮技术。

1）结合原位卸压监测曲线和三维渗流场数值模拟结果对卸压影响半径 R、卸压滞后性参数 $\ln \frac{x}{r_\mathrm{w}}$ 和与兼容性参数进行修正。提出基于承压水完整井卸压模型的压力降落计算公式，见式（3）。

$$s_\mathrm{x} = \eta s_\mathrm{w} = \frac{\ln \frac{x}{r_\mathrm{w}}}{\ln \frac{\lambda R}{r_\mathrm{w}}} + C \tag{3}$$

式中　r_w——卸压点的孔半径；

s_w——降深；

R——卸压半径；

x——点距卸压点的距离。

2）提出了底板排水卸压设计间距、底板排水卸压流量的计算公式。

① 理想的卸压点布置间距计算参见式（4）：

$$B=2R_{y} \tag{4}$$

② 全场地涌水量计算公式参见式（5）：

$$Q=\pi k\frac{H^{2}-h^{2}}{\ln\left(1+\frac{R}{r_{0}}\right)+\frac{h_{m}-l}{l}\ln\left(1+0.2\frac{h_{m}}{r_{0}}\right)} \tag{5}$$

③ 单个卸压点的出水能力计算公式参见式（6）：

$$q=2.73\frac{kl(H-h_{0})}{\lg\frac{1.6l}{r_{0}}} \tag{6}$$

④ 卸压点数量计算公式参见式（7）：

$$n=1.1Q/q \tag{7}$$

式中 Q——场地总涌水量；

k——渗透系数；

H——潜水含水层厚度；

R——卸压降水影响半径；

r_0——整个场地所围面积等效圆半径；

h——场地动水位至含水层地面的深度；

l——卸压点有效工作部分长度。

R_y 与卸压点的半径、降深、含水层厚度、渗透系数及安全水头有关。

3）发明了基于 PLC 自动可控、可更换滤芯的排水泄压抗浮技术（图 5），实现了地下室设防水位可控并能够稳定周边场地地下水位，有效避免了传统卸压抗浮措施中水力坡降调节难、地基承载力损失大的缺陷。

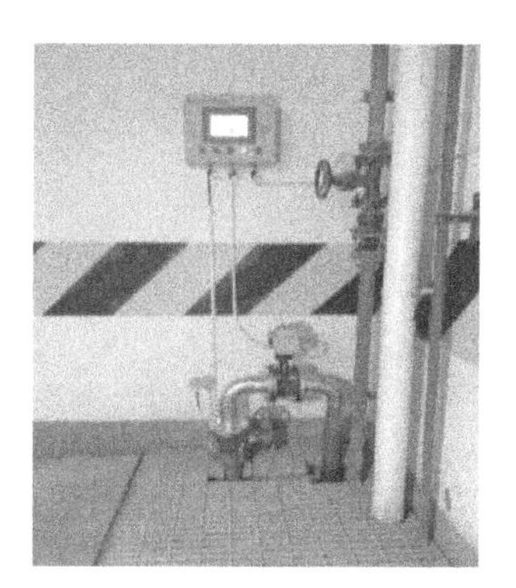

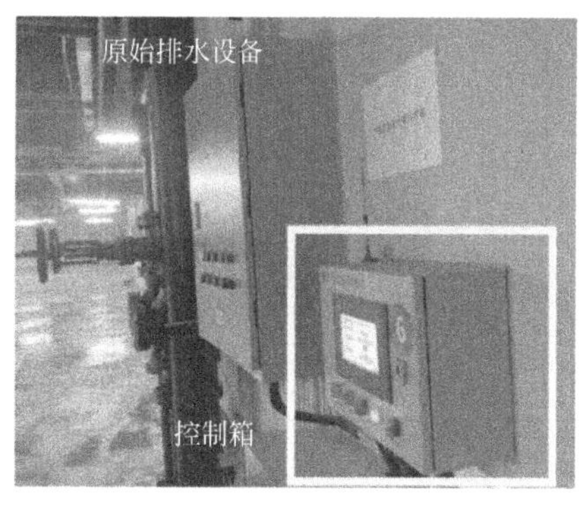

图 5 基于 PLC 自动可控、可更换滤芯的排水泄压抗浮技术

（2）基于地下水渗流理论和达西定律，简化了截排减压时截渗总流量计算公式，发明了防淤截渗大直径无砂混凝土减压井系统、排水廊道自流排水系统。

1）揭示排水材料无砂混凝土孔隙特征与其骨料颗粒级配、密实度、水泥掺量的关系，获得孔隙分布特征表达式及限制孔径计算方法，提出了无砂混凝土界面过滤形态，见图 6。

2）提出了考虑止水帷幕绕渗作用的截排减压渗流简化计算方法。在未采取截渗措施的多井系统中，可以采用叠加原理进行求解；在有截渗的条件下，需要考虑止水帷幕对流场的影响。如止水帷幕本身的透水性和墙底绕渗不能被忽视，穿过墙身的渗流部分可由达西定律求解，绕渗部分则可由努麦诺夫提出的“局部水头损失的总和计算法”求得近似解。

3）发明以大直径无砂混凝土减压井为核心、由“截水”“排水”及“监控”三部分组成的截排减压抗浮系统，见图 7。

（3）基于土体渗透特性和土中水压力传递规律，优化了基底渗流通道控渗设计参数，提出了静水压

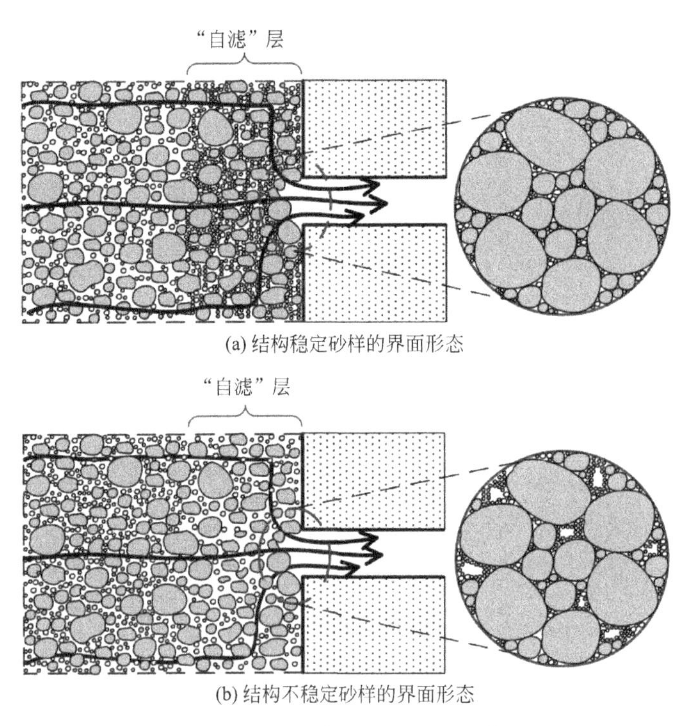

图 6 无砂混凝土界面过滤形态

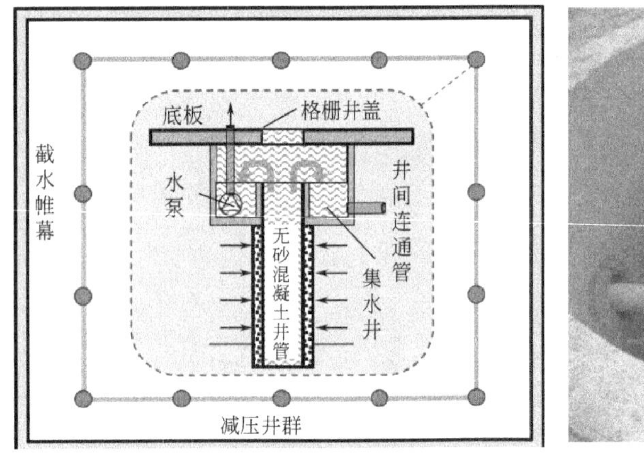

图 7 截排减压主动抗浮技术

力释放层、静水压力释放带和静水压力释放管三种技术。

1）运用数值模拟的方法对几种典型土层分布状况下“疏排减压抗浮法”的适用性进行模拟，并在此基础上详细分析了泄压孔的数量和布置方式，弱透水层的渗透性、厚度及位置内因对排水效果的影响，优化了基底渗流通道控渗设计参数，见式（8）。

$$Q(k, L(k, B)) = \frac{kA\Delta H}{B + 4\mathrm{e}^{-2\log k}} \tag{8}$$

式中 k——渗透系数；

L——平均渗流路径；

B——底板宽度；

A——底板面积；

ΔH——水头损失。

2）利用排水减压法原理，提出了静水压力释放层、静水压力释放带和静水压力释放管三种技术。

3. 建立了主动、被动联合抗浮新技术

(1) 发明了系列主、被动联合抗浮新技术，如排水卸压联合抗浮锚杆技术（图 8）、排水廊道联合抗浮锚杆技术（图 9）。

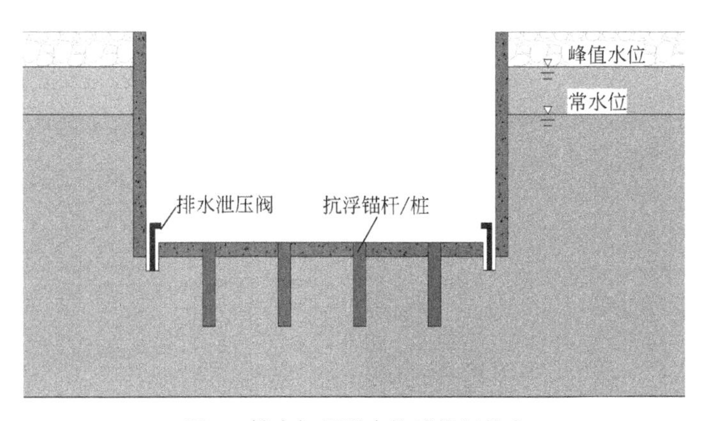

图 8　排水卸压联合抗浮锚杆技术

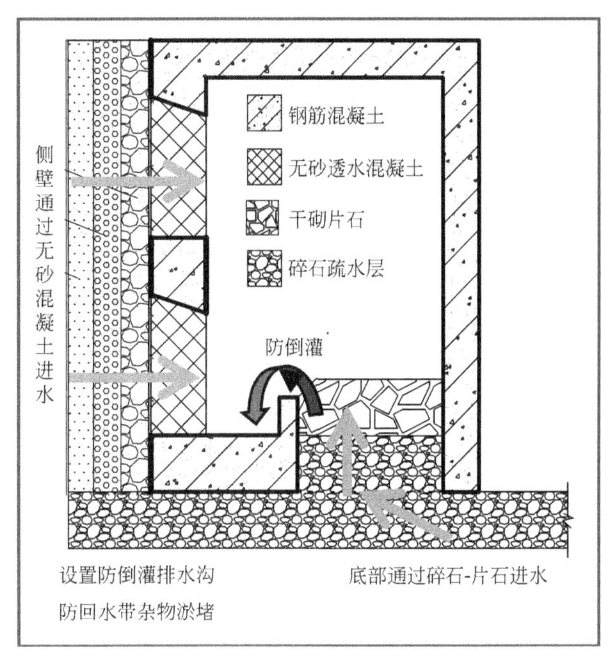

图 9　排水廊道联合抗浮锚杆技术

(2) 研发了旋喷扩体抗浮锚杆技术（图 10）、新型伞状抗拔锚新技术（图 11）、玄武岩纤维筋材抗浮锚杆技术（图 12）。

4. 构建了地下结构抗浮失效评价体系，提出了排水卸压抗浮应急抢险的快速设计方法，研发了辅助设计、水位监测和控制系统

三、发现、发明及创新点

(1) 创建了地下结构浮力计算理论。揭示了地下结构浮力传递机理，提出了 3 种典型地形、6 种地层组合条件地下水浮力计算方法，解决了抗浮设防水位确定和水浮力计算的关键问题。

1) 提出了 3 种地形中地下结构水头计算方法。对于平地地形，提出由表层潜水位与承压水水位的相对关系确定抗浮设防水位及水浮力的方法；对于坡地地形，建立了考虑止水帷幕厚度影响的坡地渗流改进阻力系数法；对于临江地形，考虑上覆弱透水层的厚度变化和堤后地下结构物对渗流场的影响建立了基于本奈特假定的堤后地层的水头值解析解。

图10 旋喷扩体抗浮锚杆技术

图11 新型伞状抗拔锚新技术

图12 玄武岩纤维筋材抗浮锚杆技术

2）通过开展地下结构位于水中、砂土层、黏土层上、黏土层中、带砂垫层的黏土层和混合土中共六种地质环境下的模型试验，揭示了不同土层孔隙水压力传递机理，提出了地下结构水浮力折减系数建议值。

（2）形成了成套排水减压技术与标准。改进了排水泄压时基底水头降落曲线方程、截排减压时截渗总流量计算公式、疏排减压时基底渗流通道控渗设计方法。

1）基于地下水动力学理论，修正了基底水头降落曲线方程，发明了基于PLC自动可控、可更换滤芯的排水泄压抗浮技术，实现了地下室设防水位可控并能够稳定周边场地地下水位。

2）基于地下水渗流理论和达西定律，简化了截排减压时截渗总流量计算公式，发明了防淤截渗大直径无砂混凝土减压井系统、排水廊道自流排水系统，确保底板下水压力和排水量长期保持稳定，解决了长期使用中土体颗粒运移造成排水结构淤堵但无法清理的难题。

3）基于土体渗透特性和土中水压力传递规律，优化了基底渗流通道控渗设计方法，提出了静水压力释放层、静水压力释放带和静水压力释放管三种技术，避免了弱透水层周边环境因疏排水导致降水漏斗的问题。

（3）建立了主动、被动联合抗浮新技术。发明了系列联合抗浮体系和能力增强装置，解决了传统抗浮技术可靠性低和经济性差的问题。

1）创新运用了排水卸压装置与被动抗浮结构组合的主、被动结合抗浮技术，满足了常水位以上区域抗浮要求的同时，亦可保证局部常水位以下区域建筑结构抗浮稳定性，充分发挥了主动、被动抗浮技术各自的优势。

2）发明了系列联合抗浮能力增强装置。针对不同的场地条件，形成了扩大头锚杆新技术、新型伞状抗拔锚新技术、玄武岩纤维筋材锚杆新技术，解决了传统被动抗浮技术承载力低、材料浪费严重等现实工程问题。

（4）构建了地下结构抗浮失效评价体系。提出了排水卸压抗浮应急抢险的快速设计方法，研发了辅助设计、水位监测和控制系统。

1）基于地下结构抗浮失效类型和破坏机理，提出了地下结构抗浮失效评价体系，详细划分了3类抗浮失效等级，针对性地提高了抗浮应急抢险处置能力。

2）基于大区域渗流场特征和建筑结构抗浮失效特点，提出了排水卸压抗浮应急抢险的快速设计方法；开发了二维渗流场有限元程序辅助抗浮设计，大大提升了应急抢险的设计精度。

3）开发了一套不影响建筑正常运营、易后期修复、有组织排水，可动态水位监测的应急卸压抗浮装置，并形成了高效的施工工法，具有施工周期短、施工工法简易、除险效果显著的特点。见图13。

(a) 底板开孔安装管件

(b) 二次开孔

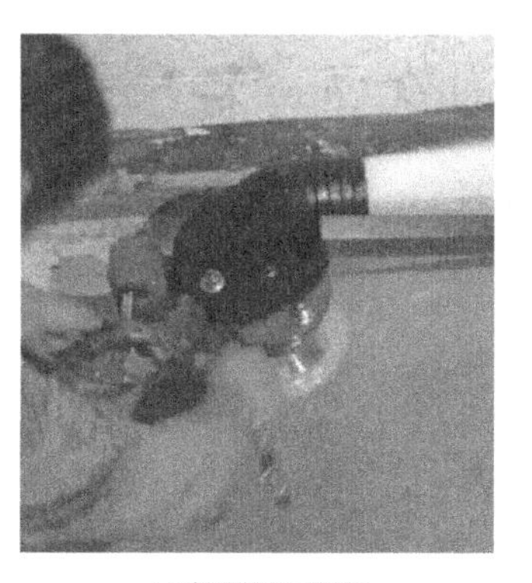

(c) 控制阀门安装

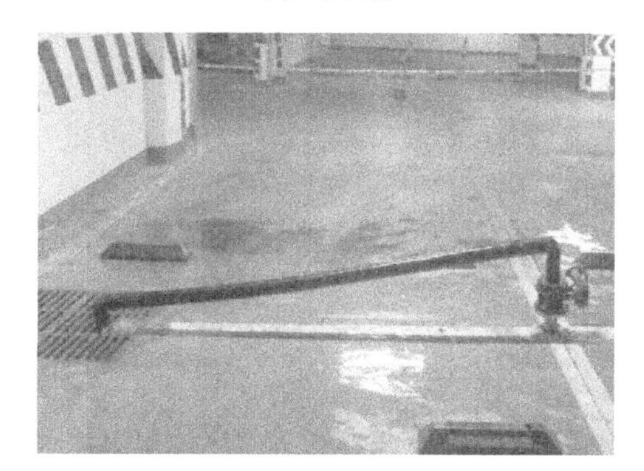

(d) 启用装置

图 13　应急施工

四、与当前国内外同类研究、同类技术的综合比较

较国内外同类研究、技术的先进性在于以下四点：

1. 地下结构水浮力计算方法

1）采用真实的“水-土颗粒-结构”模型，揭示了水中、黏土层、砂土层地下结构水浮力作用特性；

2）定量给出了多孔介质土中水浮力与经典水浮力的关系，给出了折减系数；

3）不同地质地形条件，水压形成机理不同，提出各自的简化计算方法。

2. 地下水浮力主动控制理论及关键技术

1）修正了基底水头降落曲线方程，发明了基于 PLC 自动可控、可更换滤芯的排水泄压抗浮技术；

2）简化了截排减压时截渗总流量计算公式，发明了防淤截渗大直径无砂混凝土减压井系统、排水廊道自流排水系统；

3）优化了基底渗流通道控渗设计参数，提出了静水压力释放层、静水压力释放带和静水压力释放管三种技术。

3. 主动、被动联合抗浮承载性能提升技术

首次提出了排水卸压装置与被动抗浮结构组合的主动、被动结合抗浮技术。

4. 地下水浮力灾害应急处置集成技术

1）首次提出了排水卸压抗浮应急抢险的快速设计方法，研发了辅助设计、水位监测和控制系统；

2）开发了一套施工周期短、施工工法简易、除险效果显著、动态水位监测的应急卸压抗浮装置。

五、第三方评价、应用推广情况

1. 第三方评价

2021 年 7 月 7 日，中国建筑集团有限公司在成都组织对课题成果进行鉴定。专家组认为，该项成果总体达到国际先进水平，其中“截排水减压技术”与“主动、被动联合抗浮技术”达到国际领先水平。

2. 推广应用

该项目研究历时15年，所研发的成套抗浮技术已形成工法和规程，逐步在广州、潮州、粤港澳大湾区、南京、成都、重庆、武汉、昆明等地推广应用，如成都龙湖天街抗浮加固项目、广州保利世贸工程浮加固项目等。设计方法被众多设计院认可采纳，同时也受到业主和施工单位的欢迎。

六、经济效益

截至目前，研究成果已应用于多地50余项工程项目（其中30余项重大工程项目）。近三年经济效益达10亿余元，新增利润近2亿元。

七、社会效益

成功案例获四川省电视台、成都市电视台、新浪新闻等多家媒体连载报道，得到群众一致认可，获得开发商高度好评。工程实践表明，本项目技术可节省工程投资，减少施工周期，有利于环境保护，完全符合国家“又好又快”“节约减排”的方针。

海外高环保要求地区全装配式长线桥梁高效建造综合技术

完成单位： 中国建筑第六工程局有限公司、中建工程产业技术研究院有限公司、OVE ARUP & PARTNERS HONG KONG LTD、中建桥梁有限公司、同济大学

完 成 人： 高　璞、靳春尚、陈红科、苏庆田、叶振民、王殿永、林　冰、周俊龙、刘晓敏、陈　勇

一、立项背景

在过去的30年时间里，我国在桥梁建设领域取得了辉煌的成就。我国先后建成的港珠澳大桥、平潭跨海大桥、杭州湾跨海大桥等无不彰显着我国高超的桥梁建设水平，一大批新的桥梁建设成果和技术也喷涌而出。但是，目前我国的桥梁施工理念、设计水平和绿色施工技术等方面仍然没有得到普遍的提高，这与我国的社会发展水平相对于经济发展水平滞后和对环境、生态的保护理念仍较为落后有较大的关系。

十九大以来，一方面，国家对于环境保护的重视程度达到了空前的高度，装配式建筑、绿色施工已经成为建筑行业的主流，桥梁工程的装配式设计及高环保施工时代已经到来；另一方面，随着国家“一带一路”政策和中建总公司“走出去”战略的迅速推进，海外市场的不断拓展，海外基础设施项目的数量增加，无论是参与海外项目投标，还是进行海外项目施工，了解和掌握海外基础设施规范显得尤为重要。在开拓海外市场的过程中，对海外规范的了解和熟悉程度直接影响了市场开拓的成败。此外，施工过程中对海外规范的掌握也是保证工程顺利进行的重要保障。

本项申报的技术，依托文莱淡布隆跨海大桥CC4标段，开发了海外高环保要求地区全装配式长线桥梁高效建造综合技术，并将成果在工程中进行应用和推广，保证了项目顺利履约，助推了中国建筑在海外桥梁设计及施工、全预制桥梁施工、高环保要求地区桥梁绿色施工等领域的进步。创新提出的全程不落地施工钢平台结构、全装配式长线桥梁高效建造技术等具有自主知识产权的技术共同构成了全装配式桥梁绿色施工技术的核心，彰显了中国建筑装配式桥梁施工的技术水平。

二、详细科学技术内容

1. 全程不落地施工钢平台设计技术

本项技术创新提出一种平台体系，充分利用已完工的结构，通过顶撑式桩帽结构连接已完工结构，通过偏位自调节结构对顶撑式桩帽结构位置进行精确调节，进而实现对异型桩顶承载平台体系的支撑，无须为平台打设其他支撑，即可满足大型机械设备在平台上行进的负载要求，且能够快速周转。

（1）桩柱一体式桥梁跨桩式快速拆装钢平台优化设计技术

本项技术基于三种连接形式、四种结构形式的快速拆装钢平台的设计方案，以预应力管桩无破坏、拆装时间短为目标进行目标参数优化，最终形成不落地施工钢平台的设计方案。

（2）不落地施工钢平台顶撑式桩帽结构设计技术

本项技术创新研发可快速拆装的桩帽结构，同时采用减振防护措施，对既有下部结构起到充分保护。桩帽结构采用装配式设计，将一个整体桩帽拆分为对开的两部分，分块桩帽采用螺栓连接。在平台周转时，可通过拆卸桩帽螺栓直接将模块化平台转运至下一位置，极大地加快了平台周转速度。见图1。

（3）钢平台安装偏位自调节技术

本项技术创新研发一种钢平台安装偏位自调节技术，该技术可以实现钢平台在安装过程中对于预应力管桩打设过程中出现的偏位可以在不影响力学性能的情况下快速调节并进行安装。本项技术将桩帽横向连接部分变为三根可调节拉杆。通过横向拉杆可以调节桩帽的横向距离及横向倾角。将桩顶横向分配梁与桩帽连接的部分设置花篮螺栓及长圆形螺孔。通过长圆形螺孔可以调节桩帽顶部横向分配梁的安装位置，从而起到对钢平台整体的调节作用。

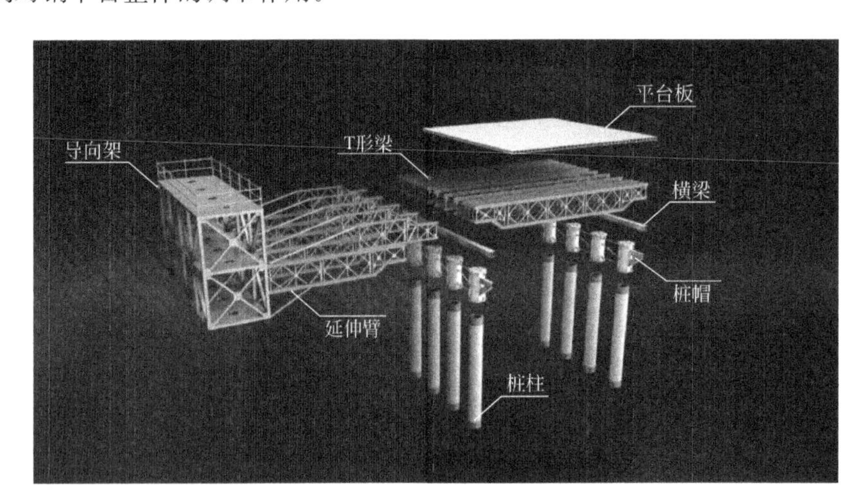

图1　全程不落地施工钢平台设计

2. 沼泽森林地质条件下超长PHC管桩精细化建造技术

结合不落地施工钢平台，创新研发“打桩导向、接桩、截桩一体化操作平台”结构，该平台结构采用多种异形贝雷片结构进行组合，并用特制的弦杆与不落地施工钢平台连接。该种打桩导向、接桩、截桩一体化操作平台不仅可实现与不落地施工钢平台的良好配合，且承载能力强，安全度高，现场打桩、接桩、截桩等操作便利，易于人员上下；同时，还能有效保证预应力管桩在吊打时的施工精度，对全预制桥梁的桩基施工的顺利进行起到了关键性的作用。见图2。

(a) 打桩　(b) 截桩　(c) 接桩　(d) 断桩补修

图2　沼泽森林地质条件下超长PHC管桩精细化建造

3. 狭窄工作面下全装配式长线桥梁高效建造技术

基于所研发的不落地施工钢平台，本项技术依据复杂施工环境（沿海、森林沼泽地貌、纵深长等）高环保要求地区长线全预制桥梁的工程特性，创新研发设备全程不落地施工技术，实现狭窄工作面条件下全装配式长线桥梁的快速施工。见图3。

本项技术的主要施工方法如下：

(1) 进行桩帽结构的安装。首先，将减振防护垫（护）片安装在桩帽内侧，将两片半桩帽结构合拢安装在预应力管桩结构的端头，用螺栓穿过两个半桩帽结构的紧固耳板并拧紧，使桩帽结构与桩柱结构紧密连接。

(2) 在已经安装好的桩帽上方，通过桩帽顶端花篮螺栓及长圆形螺孔控制桩帽的作用，安装桩帽上方横向分配梁。

(3) 沿顺桥向在每相邻的两排桩帽结构之间吊装安装钢平台主体桁架。将模块化平台分 4 次安装在分配梁上方。

(4) 在每一跨的钢平台主体桁架上搭设分配梁和钢板的模块化结构。

(5) 施工基础时，首先利用高架桥的部分永久桩柱搭设施工钢平台，完成相邻桩柱的吊装和插打，然后利用新插打的桩柱搭设相邻跨钢平台，依次循环，逐步完成全桥的基础施工。上部结构施工时，首先拆除部分临时钢平台，在相邻钢平台上完成该跨上部结构的吊装，然后机械设备后移，拆除相邻跨钢平台，依次循环，逐步完成全桥上部结构的吊装。

图 3　狭窄工作面条件下全装配式长线桥梁高效建造

4. 森林沼泽地带桥梁绿色施工关键技术

(1) 高环保要求沼泽区桥梁施工用可复原便道技术

针对在沼泽森林等地质承载力差、环保要求高的地区修建施工便道对环境会产生无法修复的影响问题，创新设计了可复原便道。该便道结构运用极限平衡理论的 Morgenstern-Price 方法、弹性理论、一维压缩原理和饱和土渗流固结理论相结合进行设计，采用高强土工布铺底加筋结合灰岩碎石修筑，既满足深厚软土沼泽区重荷载高频次的运输使用功能，又能在修筑时对原地表进行隔离以及工程完成后方便拆除，满足原始森林高环保的要求。见图 4、图 5。

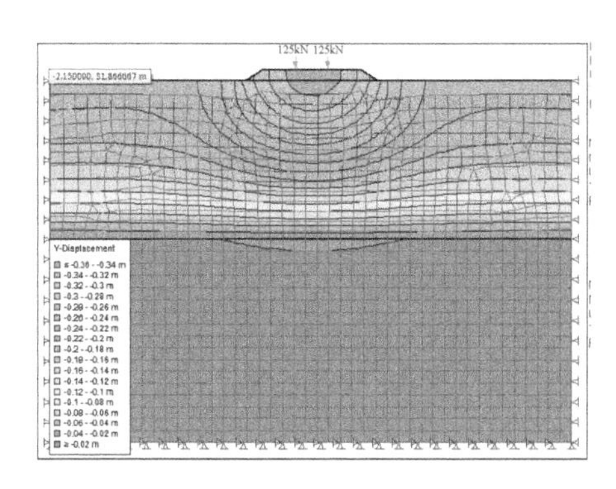

图 4　沉降分析

图 5　铺筑后的便道

(2) 近河道环保型挡土墙-围堰一体化设计技术

针对高环保要求地区，尤其是森林沼泽地区的河道沿岸的基坑开挖工程，创新提出了挡土墙与围堰一体化设计理念：在桩基施工阶段，通过锚桩、连接型钢、支挡钢板桩及横梁组成挡土墙体系，保证桩基顺利实施；在基坑开挖及承台墩柱施工阶段，通过四周钢板桩、腰梁及内支撑组成围堰支挡结构，在保证承台等主体结构顺利实施的同时，最大限度地减少土体开挖和水土流失。见图 6、图 7。

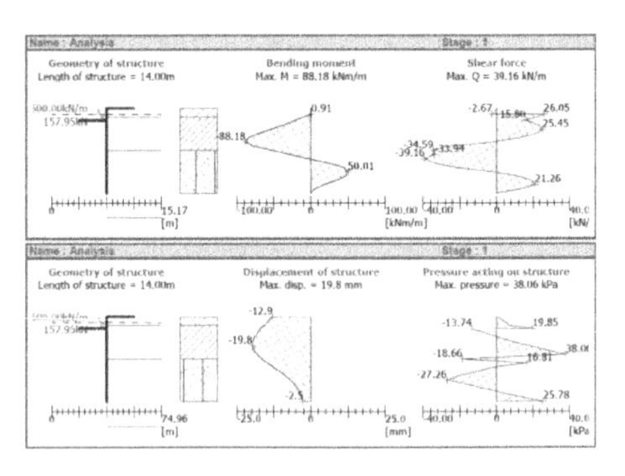

图 6　挡土墙结构受力变示意图

图 7　挡土墙-围堰体系施工情况图

三、发现、发明及创新点

(1) 首创“全程不落地施工钢平台体系”并创新研发“狭窄工作面条件下全装配式长线桥梁高效建造技术”，使桥梁施工速度达到平均 2.5d，最快 1.8d 施工一跨，实现了沼泽森林地带全装配式长线桥梁机械设备全程不落地高效施工。

(2) 英标的掌握是在英标体系国家施工的必要条件。虽然英标体系庞大，诸多技术细节与国内标准有极大不同，但仍需对英标体系有准确的把握，并能将其应用于工程实际。本项技术对英标的技术内容和英标与国内标准的技术对比进行研究，并将研究成果应用于工程中大量的永久结构的深化设计及临时建筑设计。

(3) 大桥的桩基数量达到 7536 根，但其施工面仅有 4 个，在有限的工期内如何保证桩基的快速施工，提高成桩率，是控制工程按时竣工的关键因素。创新研发“沼泽森林地质条件下超长 PHC 管桩精细化施工技术”，解决了厚覆盖层、地层性质条件变化大地区超长 PHC 管桩耐打性差、精度控制难等各种问题，将 PHC 管桩成桩率提升至 99%以上。

(4) 对于森林沼泽地带的长线桥梁施工，每开辟新的工作面意味着要砍伐大量的森林，尤其铺设便道等土方作业更是对环境造成极大破坏。创新研发“森林沼泽地带桥梁绿色施工关键技术”，包括研发了“高环保要求沼泽区桥梁施工用可复原便道技术”“近河道环保型挡土墙-围堰一体化设计技术”，实现了便道修筑后环境可复原、基坑施工水土流失少的环保要求。

四、与当前国内外同类研究、同类技术的综合比较（表 1）

同类综合比较　　表 1

相关技术	相比于本项技术的技术指标		本技术优势	领先情况
全程不落地施工钢平台设计技术	国际	无相关成果	更加高效、环保	国际领先
	国内	无相关成果		
沼泽森林地质条件下超长PHC管桩精细化建造技术	国际	桩长短、桩径小	高质量、低成本	国际领先
	国内	多用于软基加固、群桩加固		
狭窄工作面下全装配式长线桥梁高效建造技术	国际	大型架桥机、便道、便桥	更加高效、经济	国际领先
	国内	运梁车、架桥机、便道(桥)		
森林沼泽地带桥梁绿色施工关键技术	国际	停留于规范层面	更加节约、环保	国际领先
	国内	材料集约、废水处理		

五、第三方评价、应用推广情况

1. 第三方评价

2020年7月15日，天津市科学技术评价中心对课题成果进行鉴定，专家组认为该项成果整体达到国际领先水平。

2. 推广应用

本项技术内容在文莱淡布隆跨海大桥CC4标段中成功应用。文莱淡布隆跨海大桥位于文莱达鲁萨兰国境内，是文莱史上最大、最重要的基础设施工程；线路全长约30km，建成后，将把由文莱湾隔断的文莱本土和淡布隆区连成一体。该桥采用英标设计，为沼泽森林地带全预制高架桥，桥址处为上软下硬土质，环保要求高，要求施工过程中机械设备全程不落地，工作面有限，工程难度极大。本项技术的应用实现了长线全预制桥梁的快速建造，将原有的12d施工一跨降低到平均2.5d，最快1.8d施工一跨，钢平台周转相对于同等钢平台的拼装节省工期60%以上；将现场PHC管桩的成桩率提升到99%以上；实现施工现场便道修筑后环境可复原、基坑施工水土流失少的环保要求。本技术的应用既减少了环境损耗又有效降低了造价，保证了工程的有序进行。见图8。

图8 文莱淡布隆跨海大桥CC4标段

本项技术可在我国东南、西南等区域目前计划兴建的大量高环保要求的长线装配式桥梁工程中得以推广应用。同时，在交通拥挤环境的市政桥梁、海上长线桥梁等不具备机械设备地面行走条件的工程建设中，因技术特征相似，本项技术同样具有极大的推广价值。

六、经济效益

本项申报的技术通过对全程不落地施工钢平台设计技术、沼泽森林地质条件下超长PHC管桩精细化建造技术、狭窄工作面条件下全装配式长线桥梁高效建造技术、森林沼泽地带桥梁绿色施工关键技术等技术的研究，指导现场施工，实现了海外穿越森林沼泽地区的装配式长线桥梁的绿色施工，创造了可观的经济效益。

其中，基于英标的对现场结构的深化设计，创造直接经济效益400万元；研发的全程不落地施工钢平台实现快速施工，创造直接经济效益约3000万元；通过可复原便道设计，节省钢材4000t，不计后期快速恢复环境的效益情况下创造直接经济效益约2000万元，共创造直接经济效益5400万元。全预制桥梁+全程不落地工法，可以减少至少30%的环境破坏，在国内外应用前景极为广阔。此外，项目首创的“不落地”施工方法多次登上央视，扩大了影响。

七、社会效益

本项申报的技术适用于全预制长线桥梁绿色施工技术领域，研究成果成功应用于文莱淡布隆跨海大桥，实现了长线全预制桥梁的快速建造，既减少了环境损耗，又有效降低了造价，保证了工程的有序进行。本项申报的技术之一是依托于不落地施工钢平台的全预制桥梁施工技术，是对传统钢平台施工技术在绿色施工、工业化施工方面的拓展和优化，一改传统钢平台结构的施工方式，创新采用“自周转体系”，实现工程机械在施工过程中零着陆，并保证钢平台模块结构能够快速安装、拆卸，实现即时周转。钢平台周转相对于同等钢平台的拼装节省工期60%以上。该技术已在装配式桥梁工程中得以成功应用，提高了桥梁技术领域施工综合技术水平，为后续桥梁工程的高效、绿色、工业化施工奠定技术基础。

超高层建筑施工事故风险源评估方法与技术

完成单位：清华大学、中建二局第三建筑工程有限公司、北京城建集团有限责任公司

完 成 人：郭红领、张志明、方东平、杨发兵、张晋勋、赵华颖、韩友强、杨国富、陈　浩、孙瑛志

一、立项背景

亚洲地区人口密集，土地资源短缺，是全球拥有超高层建筑最多的国家和地区，占全球总量的四分之三以上，中国占了其中一半以上。超高层建筑施工具有结构复杂、高度高、工期长、难度大等特点，同时面临专业多、分包多、人员多等问题，交叉作业频繁，易发生模架临时支撑失稳、起重设备倒塌、施工电梯坠落、火灾、深基坑塌方等重大生产安全事故，造成重大人员伤亡和财产损失。近年来建筑工程安全事故多发，开展超高层建筑施工安全技术研究，对提升全社会生产安全保障技术，提升社会重大事故防控能力，有着重要意义。

通过本项目的实施，将为超高层建筑施工安全管理决策提供有力支持，一方面提高施工安全管理水平，从而降低事故率、节约成本和工期；另一方面，也将减少因安全事故造成的社会问题，本研究成果具有较好的应用前景，并带来较高的社会效益和经济效益。

超高层建筑施工事故风险源评估方法，面向超高层建筑施工常见的十大类风险源，以提出的风险荷载指标和风险抗力指标为基础，实现了风险源风险等级水平的定量“客观”评估。基于此建立的超高层建筑施工事故风险源评估平台，简化了超高层建筑施工风险源评估流程，通过输入特定项目的风险抗力数据，可得到各风险源的安全风险等级水平，方便项目人员即时了解项目整体风险状况，有利于管控超高层建筑施工重大风险源，并采取针对性措施，提高施工安全管理水平，降低事故率。本成果不仅可以减少因安全事故造成的社会问题，而且可以大大节约项目的风险管理成本，助力社会稳定和谐发展。

二、详细科学技术内容

本项目将针对超高层建筑施工过程中的事故风险源，进行系统分析与分类，依据可靠度思想建立每类风险源相关的风险荷载（影响风险源的安全性并可能导致施工事故的各种风险因素）测度指标和风险抗力（应对这些风险因素的技术和管理措施）影响指标及其定量测度方法，进而研究并建立风险源的定量评估方法、理论模型与技术平台，以实现重大风险源的动态仿真与即时评估。技术路线如图 1 所示。

1. 超高层建筑施工事故风险荷载与风险抗力指标体系

结合专家访谈与实地调研，确定了超高层建筑施工中的塔式起重机、施工平台、施工升降机、混凝土泵送、主体结构、幕墙、深基坑、临时支撑、临边防护及消防十大类重大风险源；结合可靠度理念和事故树分析，确定了每一大类风险源的四级风险荷载清单，即风险荷载指标体系；通过对各项风险荷载底层事件发生原因的剖析，确定了相应的风险抗力指标体系，以描述风险源发生事故的影响因素。该部分研究的技术路线如图 2 所示。

2. 超高层建筑施工事故风险源定量评估方法

针对构建的风险荷载和风险抗力指标体系，通过专家打分确定了超高层建筑施工行业平均水平下某一风险荷载发生的基础概率，以及某项风险抗力对风险荷载发生概率的影响权重；建立了风险抗力对风险荷载的修正公式，以确定特定项目经风险抗力修正后的风险荷载底层事件的发生概率，进而结合事故

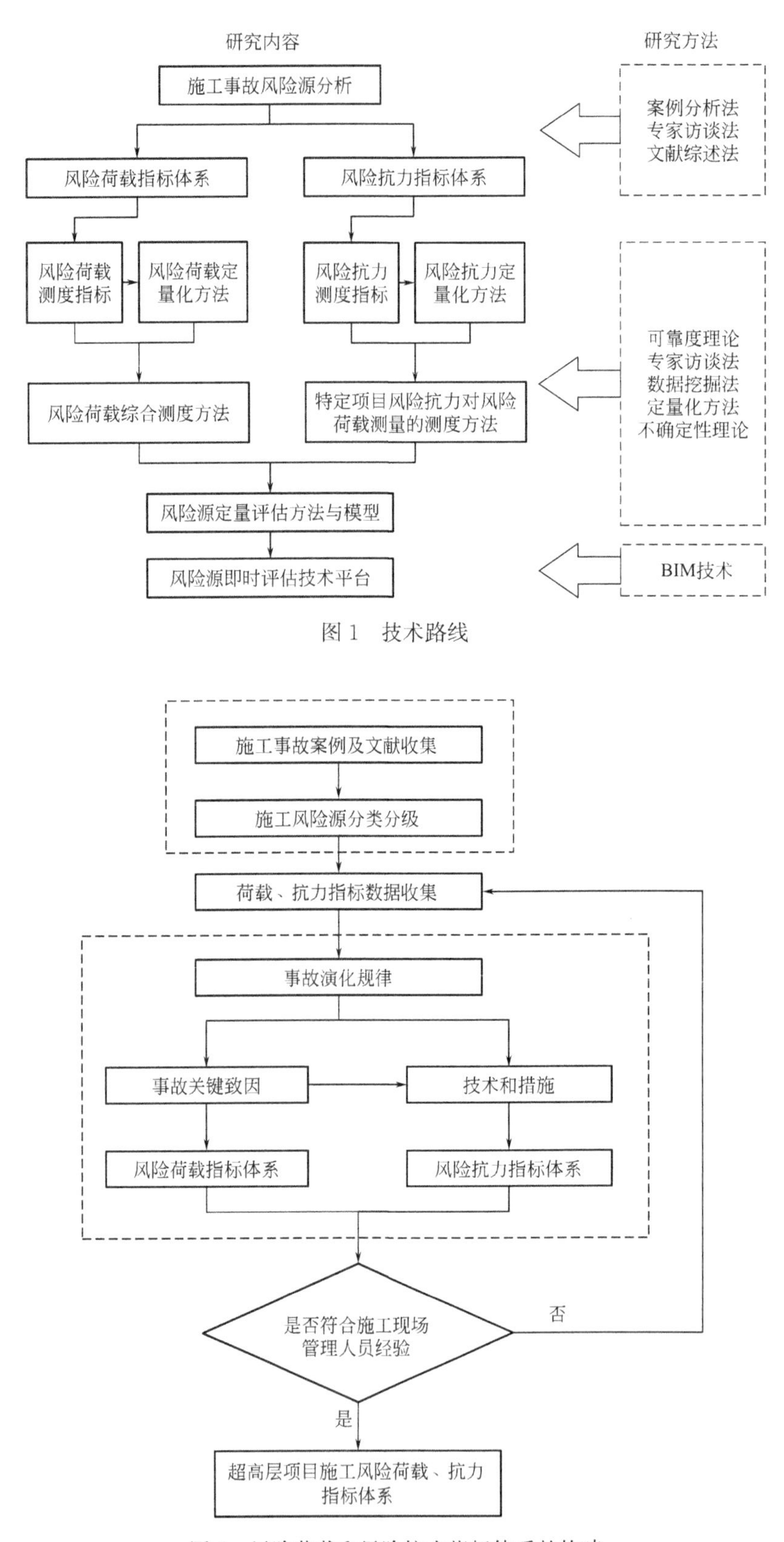

图 1　技术路线

图 2　风险荷载和风险抗力指标体系的构建

树的逻辑关系确定特定项目风险荷载顶层事件的发生概率；通过专家打分确定了各风险荷载相应的风险事故后果严重程度，以结合修正后的风险荷载顶层事件发生概率测算特定项目的风险评估值，整体思路如图 3 所示。

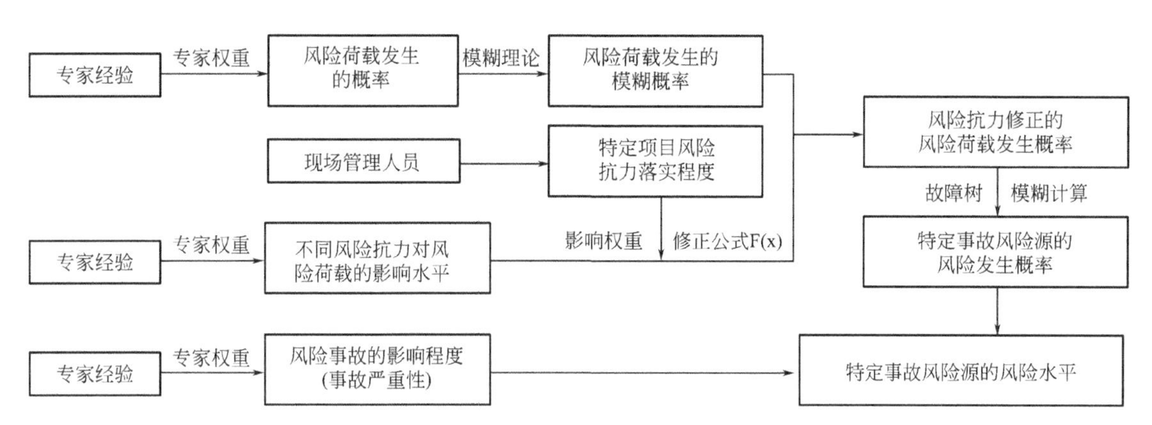

图 3　超高层建筑施工事故风险评估思路

3. 超高层建筑施工事故风险源动态与即时评估平台

基于上述评估方法开发了超高层建筑施工事故风险源评估平台，实现对了对特定项目特定阶段各类风险源的定量评估，并对被判定为重大风险源的风险荷载进行自动追踪与预警，以有效提升施工安全意识并改善相应风险荷载的风险抗力实施水平；针对不同超高层建筑施工项目安全管理的差异性，开发了可自主定义风险荷载与风险抗力的模块，实现了对新出现或不同风险源的弹性评估。

超高层建筑施工事故风险源动态与即时评估平台搭载了十大类风险源的风险荷载和风险抗力指标、各类风险源的事故树模型、特定项目的BIM模型等多种数据模型，融合了风险源评估方法的基础数据。实现了对特定项目特定阶段各类风险源的定量评估，并对被判定为重大风险源的风险荷载进行自动追踪与预警，以有效提升施工安全意识并改善相应风险荷载的风险抗力实施水平；针对不同超高层建筑施工项目安全管理的差异性，开发了可自主定义风险荷载与风险抗力的模块，实现了对新出现或不同风险源的弹性评估。超高层建筑施工事故重大风险源动态仿真与即时评估平台登录界面如图 4 所示，平台风险评估界面如图 5 所示，平台风险评估结果查看如图 6 所示。

图 4　超高层建筑施工事故重大风险源评估平台登录界面

三、发现、发明及创新点

本平台在“风险源及其风险水平三维可视化”“计算模型可解释”“评价指标体系可更新可扩展”上具有创新性和先进性。在风险源及其风险水平三维可视化方面，平台完成某项风险源评估后，将会在BIM模型中显示对应位置，并通过不同的颜色标识该区域的风险等级，便于项目管理者采取相应措施。此外，平台提供二维和三维操作，包括平移、旋转、放大缩小等，保证用户可全面、细致地观察到项目风险水平。在计算模型可解释方面，评估平台的计算模型具有“可解释性”，计算过程保留中间数据，方便项目管理人员追溯或查找风险源头，采取更加具有针对性的风险管控措施。在评价指标体系可更新

图 5　超高层建筑施工事故重大风险源评估平台风险评估界面

图 6　超高层建筑施工事故重大风险源评估平台评估结果查看

可拓展方面，不同的项目环境和文化导致了风险源的侧重点不同。平台对项目管理员开放后台接口，能够针对项目的特殊性调整风险评估模型。此外，平台后续会进行更新，持续改进风险评估模型，以保证平台的与时俱进和长期适用性。本项目成果申请发明专利 5 项，形成论文 20 余篇（SCI 期刊发表论文 7 篇），获批软件著作权 1 项，并已通过第三方软件测试。

四、与当前国内外同类研究、同类技术的综合比较

教育部科技查新工作站 L11 出具的查新报告显示：本项目成果“通过对超高层建筑施工事故风险源/风险荷载的识别及其抗力的分析，计算量化施工风险评估值，形成可以针对特定项目不同阶段的风险评估方法，并进行预警”，国内外未见研究内容相同的公开文献报道。

与国内外同类技术比较，本评估平台涵盖了 10 大类风险源，且对风险荷载和风险抗力分别评估，实现了全覆盖；并可以自动分析、判别每类风险源的风险等级水平，提升了评估的客观性；还可自动追踪导致风险水平高的主要影响因素，自由扩充风险源及其荷载与抗力指标，国内外未见具备相应功能的超高层建筑施工风险源评价平台。

五、第三方评价、应用推广情况

1. 第三方评价

项目成果于 2020 年 4 月 29 日通过中科合创（科技部认定的第三方评价机构）组织的技术评价。评价专家一致认为，该成果拥有自主知识产权，创新性、实用性强，整体上达到国际领先水平。

2. 推广应用

本项目成果已成功应用于中建二局第三建筑工程有限公司和北京城建集团有限责任公司的4个工程项目中，取得了显著的社会效益。自2019年5月至2020年1月，赣江新区鸿信大厦、北京CBD核心区Z2a地块阳光保险金融中心、南昌华皓中心超高层项目和深圳民治第三工业区城市更新单元四个超高层工程针对“超高层建筑施工事故风险源评估方法与技术”成果进行了示范应用，风险评估范围涵盖塔式起重机、幕墙、钢结构、爬模、基坑、主体结构、施工电梯等施工阶段风险源评估。结果表明，基于施工安全风险的定量化评估，通过对安全风险的定量化、可视化评估，有效排除了相关施工安全隐患，加强了工程项目对现场安全的整体把握，通过现场整改完善后的再评估，关注并排除了重点安全隐患，定期形成施工风险评估报告，并进行针对性的安全管控，有效提高了项目的风险管理水平，确保了施工安全。基于BIM的超高层建筑工程施工风险即时评估平台利用BIM技术，并结合超高层建筑施工事故风险源评估方法与技术，通过在BIM模型中对风险荷载和风险抗力数据进行输入，得到建筑各部分的安全风险可视化效果图，为超高层建筑施工安全管理决策提供有力支持。

六、经济效益

试点应用本项目技术成果的深圳民治第三工业区城市更新单元项目与南昌华皓中心项目近三年可量化经济效益达137万元。

七、社会效益

超高层建筑施工事故风险源评估方法和超高层建筑施工事故风险评估平台的开发、实施和应用，有利于管控超高层项目施工重大风险源，节约风险管理成本，提升了建筑行业的风险管控能力，保障了施工正常平稳、人员的生命和财产安全，助力社会稳定、和谐发展。

城镇河道水环境综合治理关键技术研究与应用

完成单位：中建三局集团有限公司、中建三局第二建设工程有限责任公司、中建三局绿色产业投资有限公司、中建三局第一建设工程有限责任公司、重庆大学

完 成 人：陈卫国、霍培书、刘自信、赵延军、刘丙生、王　涛、文江涛、明　磊、汤丁丁、袁小兵

一、立项背景

随着城市经济快速发展，城市规模日益扩张，原有与自然状态贯通的河流水库逐渐成为城市内河、内湖。由于城市化、工业化进程的加快，城市污水排放量不断增加，而城市环境基础设施日渐不足及老城区改造困难，大量污染物未经处理直接排入水体，加之垃圾入河、底泥污染严重，导致水环境质量不断恶化，河道变黑、变臭。

在河道水环境综合治理领域，一些发达国家常用措施包括恢复河流滩地、修建鸟类栖息人工岛、重建水生生态系统、控源截污、人工湿地等。英国政府通过立法确定污染物排放标准，严格控制泰晤士河流域内工业企业污染物排放总量，同时建设岸上生活污水处理厂及其配套管网系统，确保污染达标排放，减轻河道污染；法国巴黎塞纳河通过控制沿岸污染不直排、加强农业面源污染控制、完善城市下水道、河道清淤、河道蓄水补水等工程措施，水生态状况大幅改善，生物种类显著增加；日本渡良濑蓄水池人工湿地通过芦苇湿地系统的吸附、沉淀及植物吸收作用，去除水中的氮、磷，达到水体自净效果。

针对我国流域现状问题，国内水环境综合治理关键技术主要集中在控源截污、内源治理、生态修复和活水循环等工程措施。广州东濠涌通过雨污分流、净水补水、景观提升等方法，改善了东濠涌的水质，同时在遵循河涌生态自然规律的基础上，修复了岭南水乡的河涌风貌。上海苏州河通过控源截污、分流制改造、建设雨水调蓄池、综合调水、曝气复氧、底泥疏浚等一系列工程措施，水质得到改善，滨河景观得以恢复。

尽管当前黑臭水体治理已取得一定成绩，但仍存在一些问题。如控源截污不到位，合流制溢流污染问题突出；内源污染未得到有效解决，底泥清淤缺乏科学指导，底泥处理处置不规范；生态修复难持久，水体污染反弹现象严重；河道管养粗放，缺乏智慧监控等。

为此，依托典型项目，由河道水环境综合治理项目公司/项目部、企业研发机构、高校联合组建技术研究攻关小组，采用“产、学、研、用”一体的方式开展专项研究，以期形成城镇河道水环境综合治理关键技术产品及系统解决方案。

二、详细科学技术内容

1. 装配式控源截污设施设计及施工技术

创新成果一：装配式截污及就地处理设施设计及施工技术

开发了装配式污水处理设施，可快速拼装污水池进行水质净化，较常规现浇工艺可缩短施工周期50%以上，快速实现截污预定目标。构建了一种装配式原位生态处理系统，形成“好氧-兼氧-厌氧”复合结构的微环境实现硝化和反硝化，去除水中氨氮等污染物，避免河湖受到溢流污染。见图1、图2。

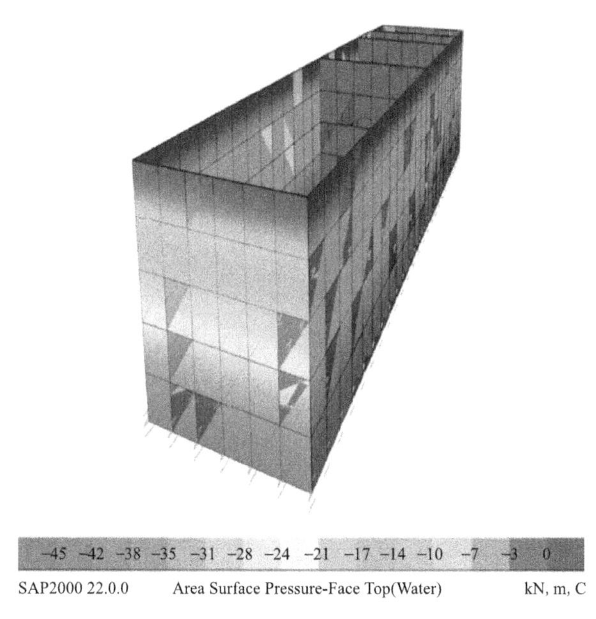

图 1　水池有限元分析

图 2　水池安装和防水试验

创新成果二：模块化人工湿地设计及施工技术

开发了模块化人工湿地设计及施工技术，模块化水平潜流湿地以其占地少，易管理，无土栽培成活率高，单个模块可独立运行检修的优势，能有效应用在河道水质提升示范工程中。该技术可防止湿地滤料阻塞，减少运维成本。见图 3、图 4。

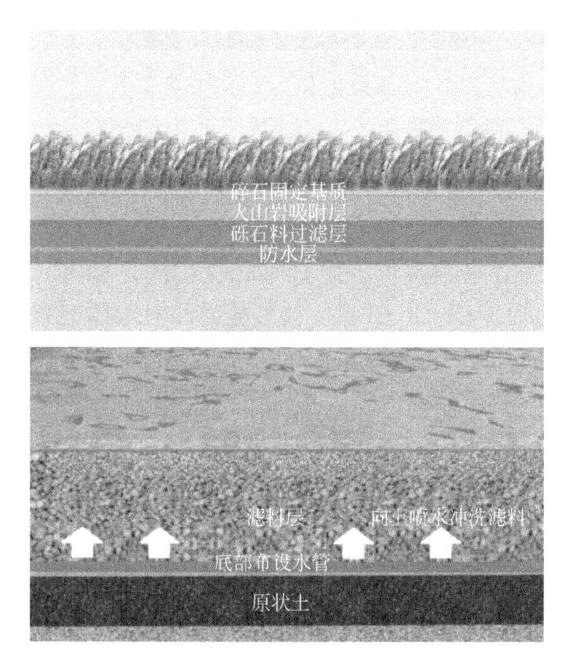

图 3　填料及反滤系统设计

图 4　模块化人工湿地现场施工

创新成果三：装配式生态驳岸设计及施工技术

根据不同应用场景，开发了箱体型、中空型和薄壁型三种形式的装配式生态驳岸，构件内填滤料，上种植物，保留了原始的水土交互作用，并增加了物理过滤和生物净化功能，以净化河道水质。见图 5、图 6。

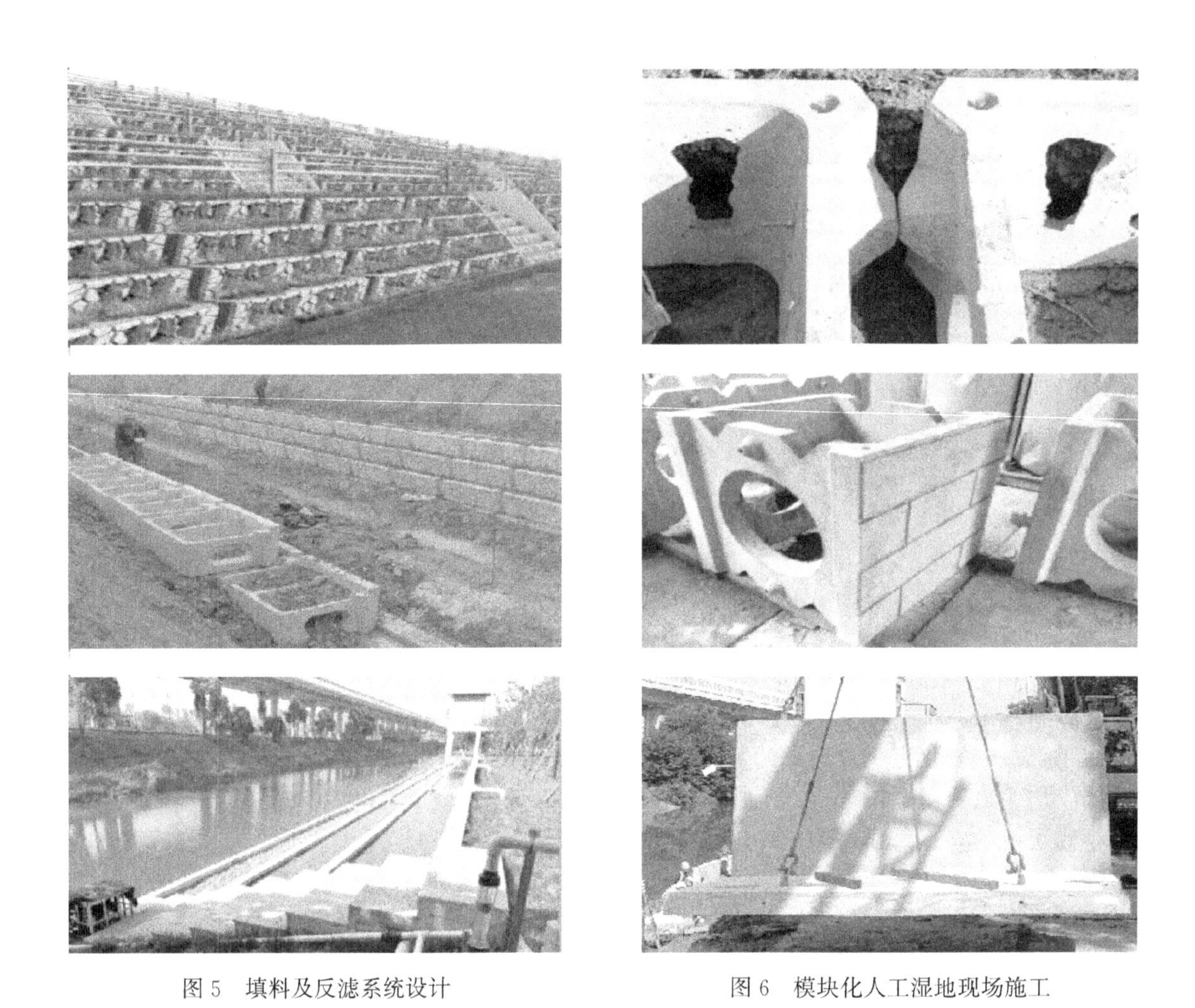

图 5　填料及反滤系统设计　　　　图 6　模块化人工湿地现场施工

2. 底泥处理及资源化处置技术

创新成果一：深水区水体底泥原位修复及补氧关键技术

针对底泥原位修复，研究了微生物燃料电池（MFC）的产电性能及其对有机物、硫元素的转化规律和沉积物微生物燃料电池（SMFC）系统的脱氮除磷的效果及其形态的迁移转化机理，提出了基于MFC对底泥的原位修复技术；研究了六种多孔材料的比表面积、孔隙率、载氧能力和对水体溶解氧改善效果，筛选出了改善效果最佳的材料，构建了载氧材料-沉水植物复合生态系统，其可改善水体和沉积物的溶氧量并促进污染物降解。见图 7、图 8。

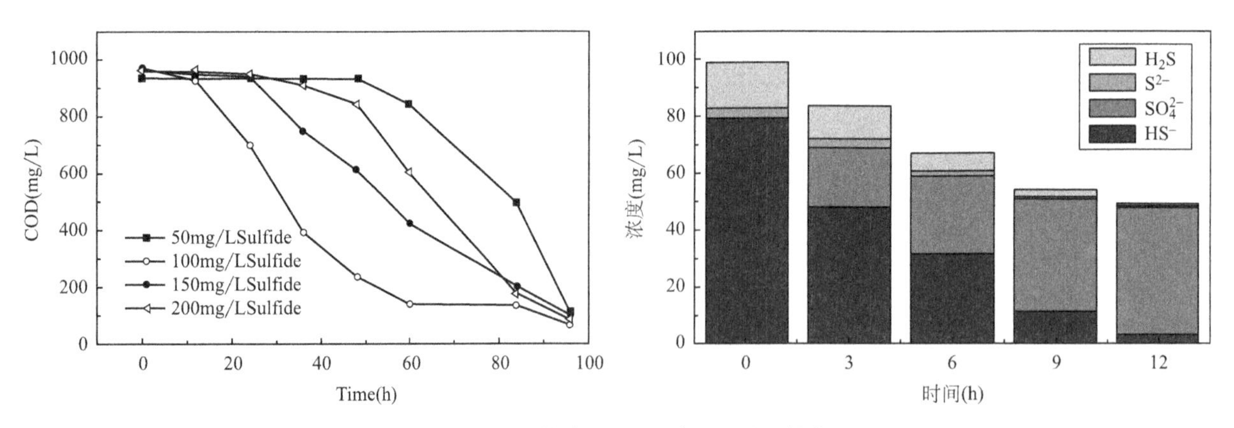

图 7　MFC 系统中 COD 的降解和硫的转化

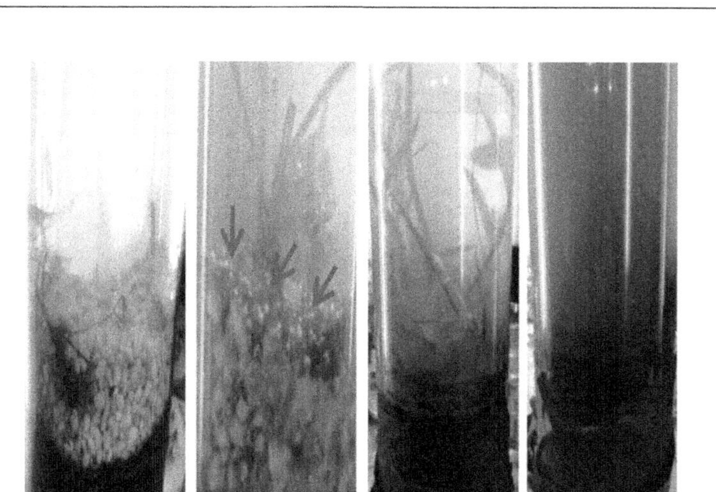

图 8 载氧材料-沉水植物复合生态系统

创新成果二：河道清淤及淤泥资源化处置技术

针对河湖淤泥含水率高、体量大、有一定污染的特点，研发适合于河湖淤泥高效脱水固结的低碱性固化剂及成套绿色脱水减量化处理工艺及相关装置；开发河湖淤泥资源化综合利用制工程用土及园林用土技术。见图 9～图 11。

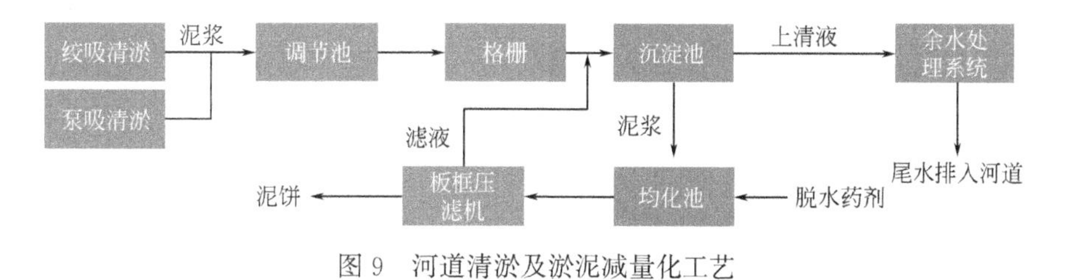

图 9 河道清淤及淤泥减量化工艺

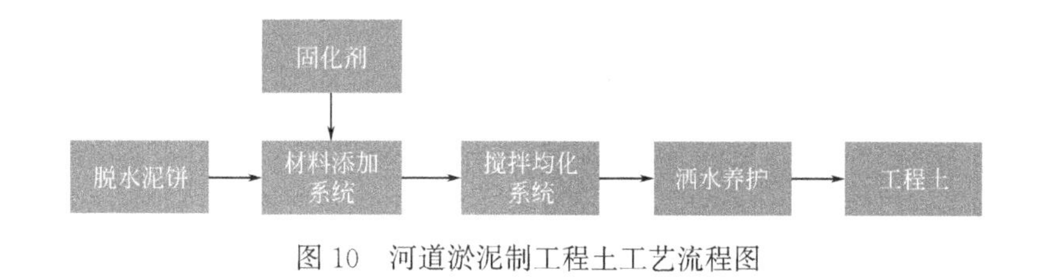

图 10 河道淤泥制工程土工艺流程图

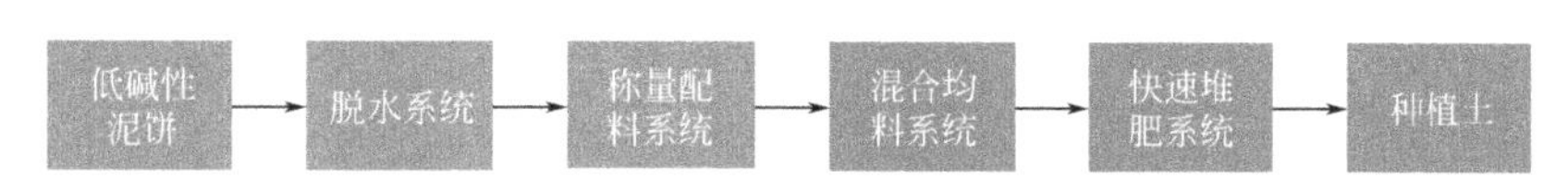

图 11 河道淤泥制园林种植土工艺流程图

3. 河道生态系统构建技术研究

创新成果一：高效组合生态浮床设计及施工技术

开展水生植物静态吸收试验，筛选高富集水生植物，通过科学配比组合构成高效生态浮床，并优化浮床主体结构及浮床腔口设计，减小整体质量，增加使用寿命，提高植物覆盖率。见图 12、图 13。

创新成果二：沉水植物构建技术与装备研究

通过试验对不同水深、流速条件下沉水植物污染物削减能力，不同水位变化下沉水植物水深耐受性、去污能力进行研究，筛选出水深耐受性好、去污能力强的沉水植物先锋种，形成了深水区沉水植物恢复技术，开发了沉水植物补光、种植装置。见图 14、图 15。

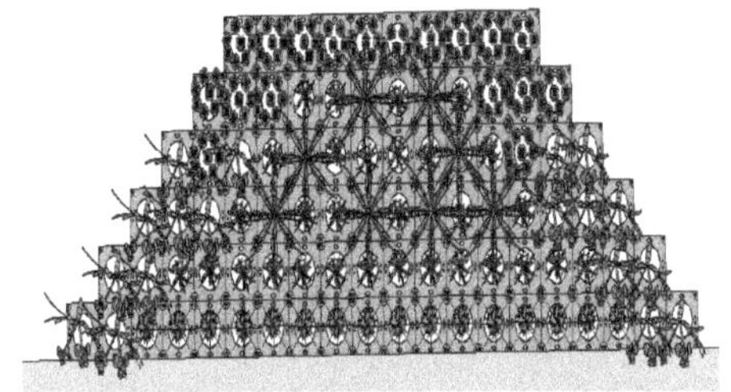

图 12　基于 BIM 模型的生态浮岛拼装

指标	植物	TP	TN	NH_3-N	NO_3-N
污染物去除率(%)	黄菖蒲	97.6	93.8	98.8	96.7
	石菖蒲	93.6	73.4	99.1	37.5
	再力花	96.8	93.3	99.2	98.6
	梭鱼草	97.6	94.8	99.7	95.7
	美人蕉	97.6	93.2	98.1	98.5
	风车草	97.6	93.6	98.7	98.1

图 13　6 种不同植物对污染物的去除对比

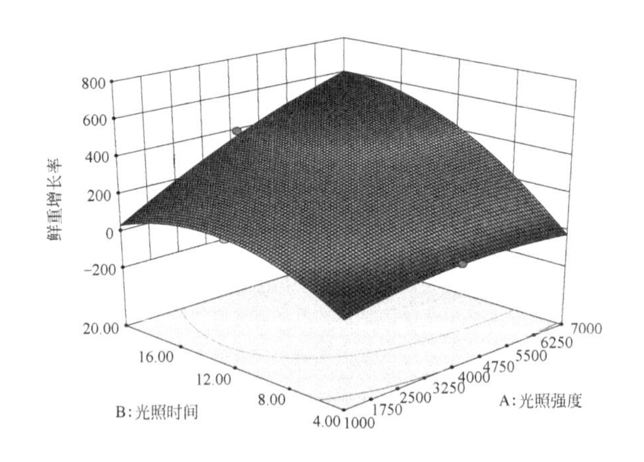

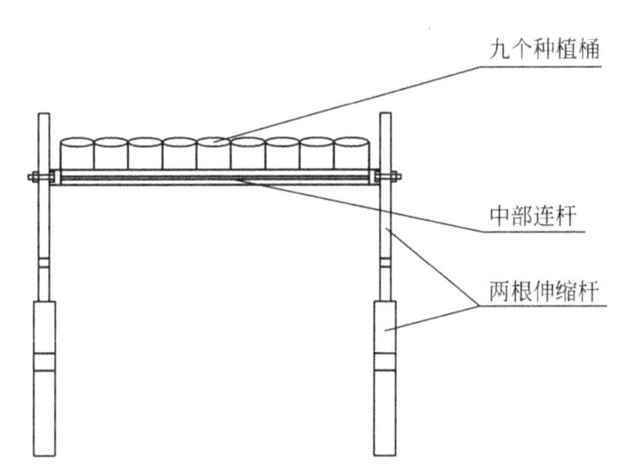

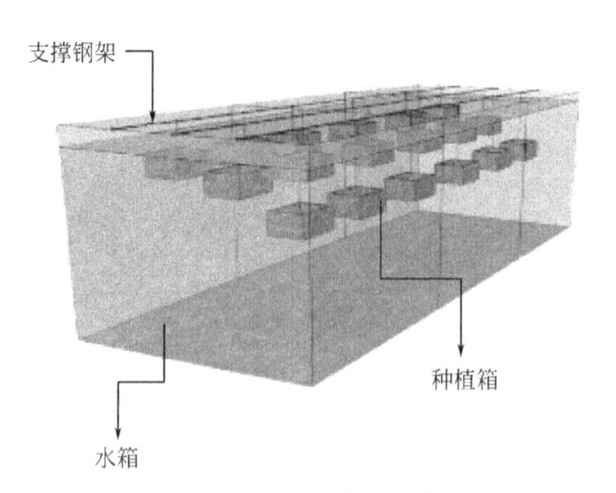

图 14　光照强度对沉水植物生长影响及补光装置

图 15　沉水植物种植装置

4. 基于物联网的河道智能监测与管理研究

创新成果一：水质水量实时监测与科学决策

开展水质水量实时监测与科学决策研究，通过高效的采集设备、无线数据传输模块、物联网及软件平台构建“水质净化物联网”，研究河道、人工湿地及处理设施的水质水量关系，为水量控制、水质处理设施的运行提供科学策略，实现河道水质原因可查、水质污染及时报警、处理设施高效响应。见图 16。

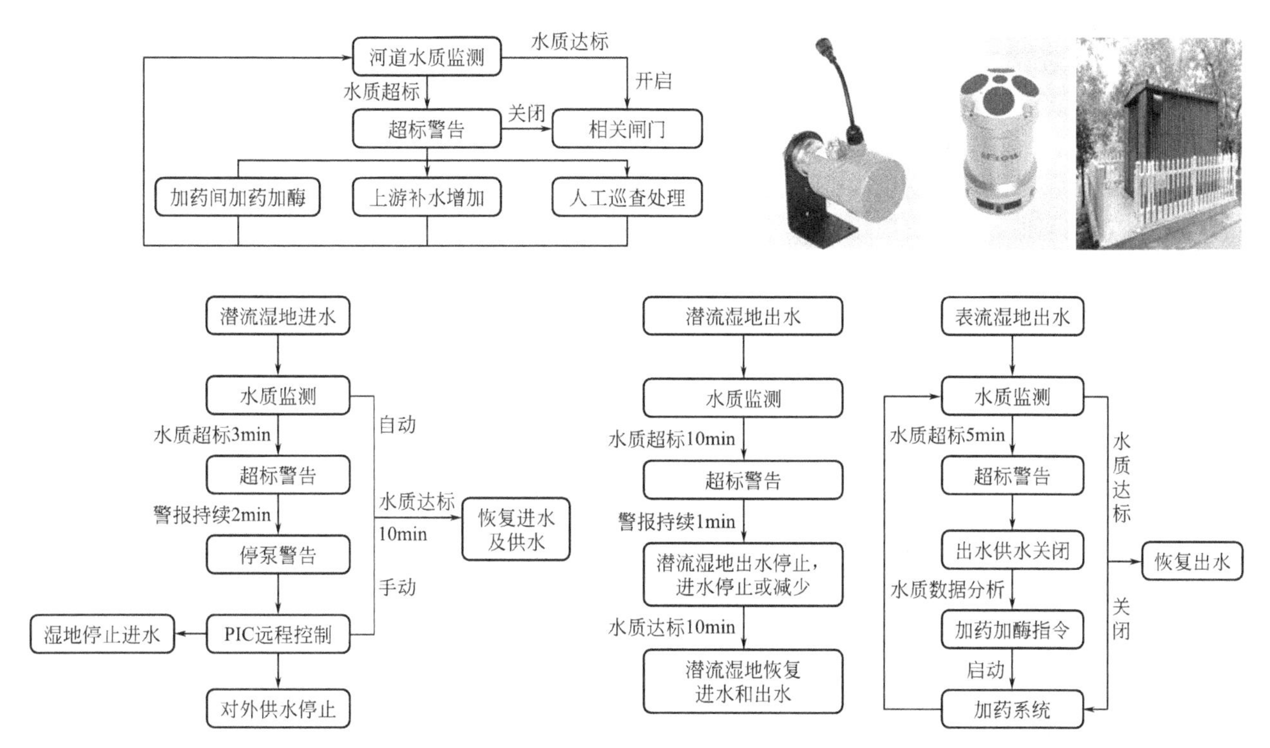

图 16　河道水质水量管控策略

创新成果二：装配式护岸变形监测与分析技术

开展装配式护岸变形监测与分析技术，采用高精度传感器和自动采集仪，构建护岸监测系统，实现实时监测、超限预警、危险报警的监测目标，为护岸的安全提供有力保障。见图 17。

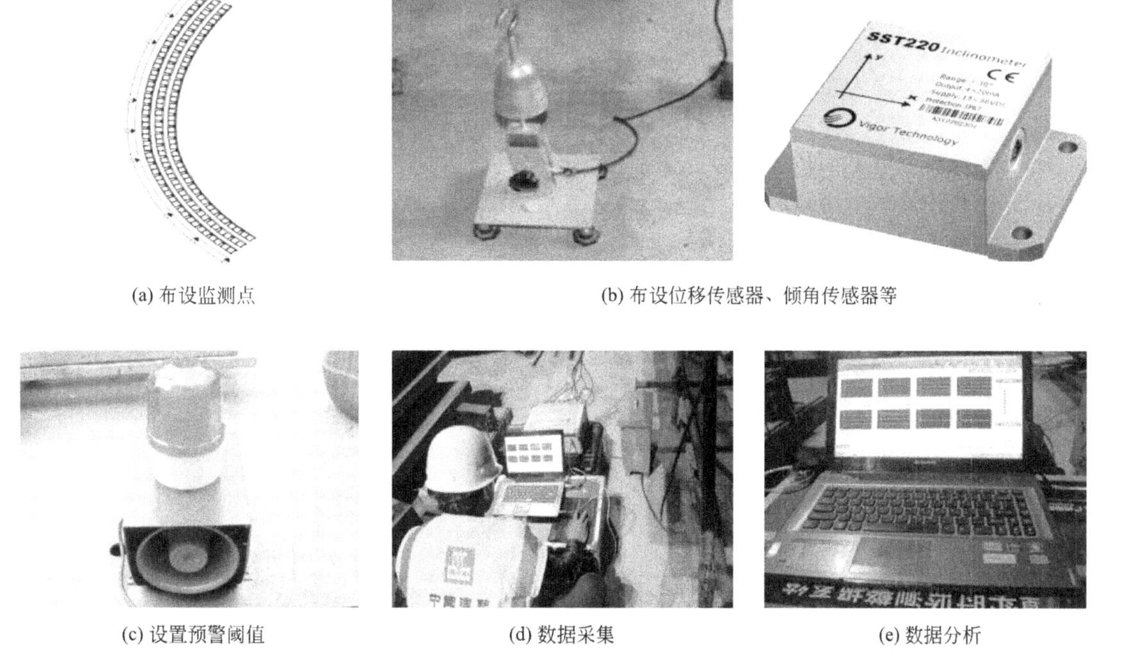

(a) 布设监测点　(b) 布设位移传感器、倾角传感器等

(c) 设置预警阈值　(d) 数据采集　(e) 数据分析

图 17　装配式护岸变形监测系统构建流程图

三、发现、发明及创新点

（1）通过工程实践，形成了“外源控制-内源治理-生态修复-智慧运维”综合治理思路，建立了河道综合治理工程从设计、生产、施工到运维的规范化技术体系。

（2）开发了基于装配式的就地处理设施和生态驳岸，提出标准化设计、施工方式，提升工程质量，提高对河道输入性污染处理效率。

（3）研制了一种基于水凝胶和硅基材料的低碱性脱水固化药剂，形成淤泥制备工程土和园林种植土成套工艺，实现河道淤泥的资源化利用，减少了二次污染。

（4）研发了河道常绿型沉水植物生态系统的构建技术，有效提升水生态修复效果，缩短修复周期。

（5）在城镇河道水环境综合治理项目的设计、施工及运维过程中新形成了授权发明专利8项，实用新型14项，授权美国专利1项，完成工法12项，发表学术论文39篇，其中SCI论文20篇，参编国家标准4项，技术创新成果共计获评4项科技奖项。

四、与当前国内外同类研究、同类技术的综合比较

较国内外同类研究、技术的先进性在于以下四点：

1. 装配式控源截污设施设计及施工技术

（1）国外未见装配式污水池相关的研究，国内对于装配式污水池的研究多用部分预制构件＋大量后浇的组合形式，施工现场工序复杂，未能体现装配式建造技术的优势。不同于上述研究，我们创新性地采用全预制装配式污水处理设施建造技术，并在构件连接处采用刚性防水和柔性防水相结合的复合防水技术，提高了施工效率，减少了劳动力的投入并提高了工程质量。

（2）模块化人工湿地研究中，国内有将垂直流湿地中填充不同粒径的滤床模块的研究，不同于本项目将小型独立运行的水平潜流湿地作为模块并进行组合。本项目开发的模块化湿地可减少占地面积且相对封闭，无土栽培成活率高，可避免种植土对湿地滤料的阻塞，减少运维成本。

（3）将装配式技术用于生态驳岸工程，并结合海绵设施进行标准化模块的设计和施工研究在国内外鲜有报道。项目开发了三种形式的装配式生态驳岸，内填滤料，上种植物，保留了原始的水土交互作用，并增加水体物理过滤和生物净化功能，提高了驳岸对面源污染及河道水的净化效果。

2. 底泥处理及资源化处置技术

国内外现有技术中，为实现淤泥较好的脱水效果，往往向淤泥中加入粉煤灰、水泥等碱性较强的脱水固化药剂，影响后续资源化利用。本项目与上述技术不同，开发了一种“基于水凝胶和硅基材料”的低碱性脱水固化药剂，极大地提高了脱水效率，降低了后续资源化利用的难度，并形成河湖淤泥资源化利用制园林种植土及工程土成套工艺，实现了淤泥规模化的资源化利用。

3. 河道生态系统构建技术

国内外有基于沉水植物种植、生态修复的相关研究，但未见沉水植物污染物降解影响因素、深水区沉水植物种植技术的相关研究，本研究具有新颖性。建立了河道常绿型沉水植物生态系统构建方法，开发了相关的种植装备，缩短了水生态修复的周期。

4. 基于物联网的河道智能监测与管理研究

国内在河道水质、水位监测的应用大多停留在信息化管理层面，难以科学回答处理设施运行策略等问题，本技术创新性建立了河道、污水处理、人工湿地处理系统数据分析及联动反馈技术，以及装配式生态护岸变形动态监测分析技术，实现了全面感知与运行优化。

本技术通过国内外查新，查新结果为：在所检国内外文献范围内，未见其他密切相关文献报道。

五、第三方评价、应用推广情况

1. 第三方评价

2021年9月9日，中国建筑集团有限公司组织对课题成果进行鉴定，专家组一致认为该项成果总体

达到国际领先水平。

2. 推广应用

城镇河道水环境综合治理关键技术已在鄂州市航空都市区水环境综合整治PPP项目、咸宁市淦河流域环境综合治理工程EPC总承包项目、广州市城中村污水治理EPC项目、济南平阴县锦水河水系综合治理工程PPP项目、黄陂区乡镇生活污水治理一体化PPP项目及襄阳护城河清淤工程等项目成功应用，共产生经济效益约3512.9万元。

依托该技术，通过单点技术研发、集成、示范应用、熟化升级，形成河道水环境综合治理系统解决方案，助力黑臭水体治理、河道整治、流域综合治理等项目市场开拓，成功推广应用至武汉市黄孝河、机场河水环境综合治理二期PPP项目，中山市未达标水体综合整治工程等项目。

此外，本项目运用装配式控源截污设施、水体沉积物原位修复及补氧、河道清淤及淤泥资源化制土、高效组合生态浮岛、沉水植物生态系统构建、智能监测与管理等关键技术，总结形成了城镇河道水环境综合治理关键技术，实现了施工过程安全、高效、低碳，推动了创新技术的研发与应用，取得了较好的经济效益、环境效益和社会效益，为今后类似工程的实施提供了重要的示范和科学的指导依据，具备很好的推广前景。

六、社会效益

城镇河道水环境综合治理关键技术已在鄂州市航空都市区水环境综合整治PPP项目、咸宁市淦河流域环境综合治理工程EPC总承包项目、广州市城中村污水治理EPC项目、济南平阴县锦水河水系综合治理工程PPP项目、黄陂区乡镇生活污水治理一体化PPP项目及襄阳护城河清淤工程等项目成功应用，支撑了水环境治理项目高质量履约，助力改善当地城镇河道水质，提高当地整体环境质量水平，提升人民群众对生态环境的满意度。

城镇河道水环境综合治理关键技术将为国内黑臭水体治理工程提供技术保障，为河道水生态修复技术和河道运维管理奠定基础，加快推进河道的长治久清，保护绿水青山。项目成果在多个水环境治理项目中成功应用，引起行业内广泛关注，为行业技术进步起到积极的推动作用。

自爬升塔机附着支撑系统研究与应用

完成单位： 中建三局集团有限公司、中建三局第一建设工程有限责任公司、中建三局集团华南有限公司

完 成 人： 张　琨、李　迪、寇广辉、王　辉、王开强、李沛霖、黄　雷、程　源、李　霞、张　恩

一、立项背景

塔式起重机是建筑施工中最常用、最核心的垂直运输设备，目前国内塔式起重机保有量超40万台，具有广阔的市场前景。在高层建（构）筑物施工中，内爬塔式起重机因其在安全和经济等方面的优势已成为垂直运输设备的首选。

20世纪50年代西欧发明首台内爬塔式起重机至今，随着科技进步，塔式起重机的起重量等工作性能不断提升，然而其爬升方式始终沿用“倒梁”模式，即当内爬塔式起重机向上爬升时，需要将最底下的支撑梁及C型框进行空中解体、翻越两道附着支撑至下一道支撑处，并固定在提前预埋焊接的牛腿上的转运过程。实际使用过程中，该作业模式暴露诸多弊端：

（1）耗时费工、占用工期。根据多个项目实际使用测算，倒梁一次至少占用10个工人1.5d时间，且除爬升的塔式起重机不能使用外，须额外一台塔式起重机协助倒梁作业，严重降低塔式起重机使用效率，延长施工工期。

（2）高空焊接、作业辛劳。支撑梁和预埋牛腿需要在高空反复焊接和割除，作业强度大、质量和安全不易保证。

（3）空间狭小、操作困难。核心筒内空间狭小，且布置了电梯、模架等其他施工设备设施，C形框和支撑梁倒运距离可超过50m、重量最大接近20t，导致倒梁作业困难且存在较大风险。

（4）布置困难、灵活性差。塔式起重机支撑与模架空间上易产生冲突，塔式起重机爬升灵活性差，常影响正常施工作业。

基于以上问题，本课题颠覆传统，提出三道附着支撑与塔式起重机一体化设计，附着支撑自爬升、支点全周转的整体思路，以实现塔式起重机免拆散快速爬升的高效、绿色、安全、经济的作业模式。

二、详细科学技术内容

1. 新型塔式起重机爬升工艺

发明一套新型塔式起重机自爬升工艺，打破了内爬塔式起重机几十年的爬升传统，在不改变附着支撑相对上下空间关系情况下完成塔式起重机爬升，可任意间距爬升；以占用塔式起重机台班数计，提升塔式起重机爬升效率4倍以上，将传统1.5d的爬升作业时间缩短至5h，作业人员减少50%以上，全球首次实现一天同一个班组完成两台塔式起重机全部爬升作业。见图1。

2. 提升式自爬升塔式起重机附着支撑技术

发明一套提升式自爬升塔式起重机附着支撑技术，利用顶部自有提升系统实现自爬升，适用于一般的大中小型塔式起重机，包含可翻转式和可伸缩式，满足不同建筑场景需求。三道附着支撑与塔式起重机免拆解一体化作业，发明一种新型连接技术，高承载、全周转、免除高空焊接，连接时间由传统的0.5d缩短至15min，作业强度低，低碳、环保。见图2、图3。

图 1　塔式起重机自爬升实景

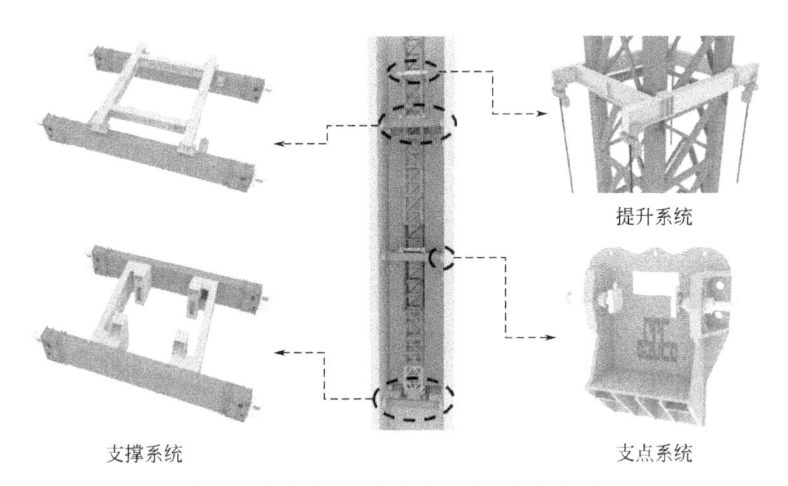

图 2　提升式自爬升塔式起重机结构组成

图 3　可周转式支点

3. 侧顶式自爬升塔式起重机附着支撑技术

发明一种侧顶式自爬升塔式起重机附着支撑技术，利用侧向顶升系统实现塔式起重机免爬带快速爬升。见图 4。

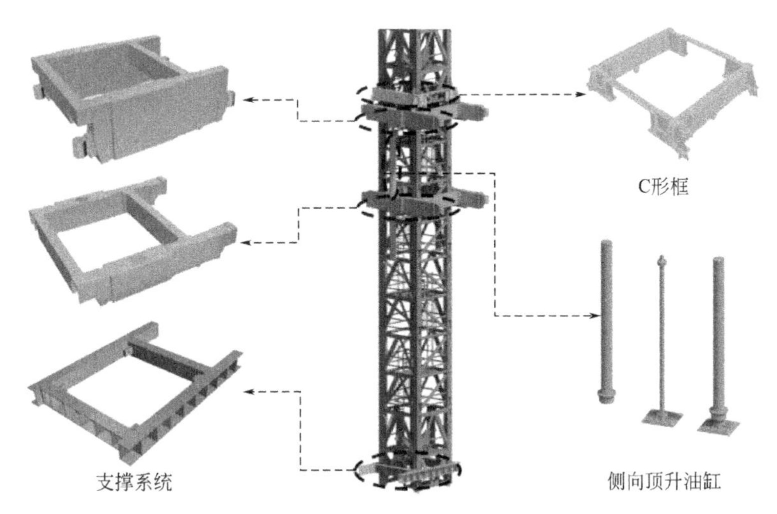

图 4　侧顶式自爬升塔式起重机结构组成

4. 基于顶模支撑系统的自爬升塔式起重机附着支撑技术

发明一种基于顶模支撑系统的自爬升塔式起重机附着支撑技术，实现中小型内爬塔式起重机与顶模共支点协同爬升，解决长久以来顶模支撑系统对内爬塔式起重机自由高度和爬升方式的制约。见图5。

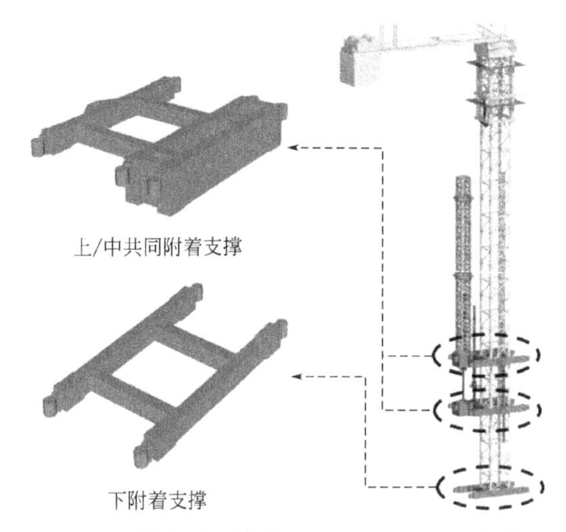

图5 基于顶模支撑系统的自爬升塔式起重机结构组成

三、发现、发明及创新点

(1) 发明一套绿色、安全、高效、便捷的塔式起重机爬升工艺，打破传统，爬升作业时间由传统的1.5d缩短至5h，作业人员减少50%以上，全球首次实现一天同一个班组完成两台塔式起重机全部爬升作业，可任意间距爬升，极大地提升塔式起重机作业功效、爬升安全性和灵活性。塔式起重机正常使用状态由2道附着支撑变为3道，抗倾覆安全冗余度更高。该创新点现已授权专利2项。

(2) 发明一套跨障式塔式起重机附着支撑系统，适应不同建筑场景，满足大中小不同型号塔式起重机需求，附着支撑与塔式起重机一体化作业，实现免拆散整体爬升。该创新点现已授权专利4项。

(3) 发明一种高承载、全周转、易安拆的连接技术，免除高空焊接，连接时间由传统的0.5d缩短至15min，操作便捷，低碳、环保。该创新点现已授权专利2项。

四、与当前国内外同类研究、同类技术的综合比较

经国内外科技查新，上述创新点在国内外均无任何报道。

与国内外同类技术相比，本成果从工期、成本、质量安全、作业强度、绿色、环保等多方面均处于领先水平。

1. 工期

本成果经实用验证，使得单台塔式起重机爬升时间由传统的1.5d缩短至5h，免除其余塔式起重机占用，可利用施工闲散时间分散作业，最大化降低对正常施工干扰，全球首次实现一天同一个班组完全两台塔式起重机全部爬升作业，以占用塔式起重机台班数计，其爬升效率为传统4倍以上。

2. 成本

本成果支点全周转使用，成本降低80%以上，免除焊接作业成本，同时关键工期的缩短可节省运营成本。250m超高层项目一台自爬升塔式起重机可产生经济效益500余万元。

3. 质量安全

本成果采用工厂制造、现场装配模式，无须焊接、氧割作业，施工质量易控，三道附着夹持，塔式起重机使用安全冗余度更高。

4. 作业强度

本成果使得塔式起重机爬升作业人员仅需传统的50%，连接作业时间由传统的0.5d缩短至15min，

其螺栓拧紧连接施工便捷、作业强度低。

5. 绿色、环保

本成果全过程装配式螺栓顶紧连接，可周转使用，几乎做到“零污染、零排放”，符合绿色、低碳施工要求。

五、第三方评价、应用推广情况

1. 第三方评价

2021年5月17日，湖北省建筑业协会在武汉组织召开“内爬塔式起重机不倒梁技术研究与应用”科技成果评价会，鉴定委员会一致认为该技术达到国际领先水平。

2. 推广应用

提升式自爬升塔式起重机附着支撑技术成功应用于中建三局承建的深圳红土创新广场项目，截至2020年5月，已完成两台ZSL750自爬升塔式起重机附着支撑系统的全部安装、爬升使用和拆除工作，过程安全无事故，圆满实现全部预设功能目标。经过总计25次爬升使用验证，单台塔式起重机爬升时间由传统1.5d缩短至5h，爬升作业各步骤可利用闲散时间分拆进行，做到对关键工期零占用，爬升过程无须其余塔式起重机协助，以单次爬升所占用塔式起重机台班数计，爬升效率为传统4倍以上。项目两台自爬升塔式起重机累计节约工期39万元，有效保证了项目施工进度，共产生经济效益1014万元。该技术还在武汉长江中心项目应用，2021年11月，完成项目ZSL750自爬升塔式起重机首次爬升。

侧顶式自爬升塔式起重机附着支撑技术和基于顶模支撑系统的自爬升塔式起重机附着支撑技术在珠海横琴国际金融中心大厦项目中采用，自爬升塔式起重机的使用有效避免了传统塔式起重机爬升过程中的倒梁、配焊，提高了施工安全性，保证核心筒持续4d/结构层的施工进度，相较常规作业模式节省工期20d，产生经济效益约1203万元。

六、社会效益

自爬升塔式起重机附着支撑系统打破塔式起重机几十年来传统，以“工厂制作、现场装配”形式代替传统的“现场焊接”，实现建筑领域关键环节中的资源节约和节能减排，进一步推进了建筑行业绿色低碳施工水平和建造水平。附着支撑与内爬塔式起重机一体化作业方式，显著降低了塔式起重机工人作业强度、提升施工安全性，提高塔式起重机使用期间的抗倾覆安全冗余度，“一键式”塔式起重机顶升的实现提升塔式起重机爬升作业标准化与机械化程度，更适于塔式起重机向自动化作业方向发展，有力地促进了施工行业技术革新与企业转型升级，推动中国建造向中国创造的发展。

三等奖

珠海长隆海洋科学乐园建造关键技术

完成单位： 中建三局集团有限公司、中建三局第一建设工程有限责任公司、广州市设计院、汕头市建筑设计院

完 成 人： 楼跃清、寇广辉、文江涛、马震聪、汪小东、刘　辉、邬　晓

一、立项背景

十八大以来，国家提出“建设海洋强国”，要提升海洋意识、传播海洋科技文化等软实力。为此，长隆响应国家建设海洋强国的政策，投资超100亿元，打造全球最大、品质最优、理念最先进的巨型室内海洋主题乐园。项目单体面积约40万平方米，拥有超大“航母”造型，游客日访问量达7.5万名，涵盖了参观游览、生物维生、管养维护等多项功能。同时，还拥有全球最大室内海洋展馆、全球最大容水量、全球最大室内活体珊瑚缸、全球饲养虎鲸数量最多、全球最大亚克力视窗等多项世界之最，打破多项吉尼斯世界纪录。

独特的造型和多项世界之最为建设带来诸多难题，包括：①近40万平方米的超大建筑，如何基于一个海洋保护主题故事线合理划分功能；②传统海洋馆年客流量为百万级，日访问量仅近万名，本项目年客流量为千万级，消防疏散总人数达7.5万，按现有消防设计规范无法实施；③馆内总容水量8万吨，国内外海洋馆均未考虑水体应急泄洪，现有规范对该应急情况没有指引；④虎鲸表演场是高差近60m的超大空间，虎鲸对环境极其敏感，空气污染物对虎鲸的生存产生极大影响；⑤超大“航母”造型属国内外首例，结构如何实现，如何在满足造型的同时实现结构安全、节材；⑥海水容量8万吨，海工水池异形异构，裂缝成因多；虎鲸对池壁平整度要求高，且383m^{2}亚克力玻璃安装对垭口精度要求极高，特别是46.2m上垭口梁模拟变形值94.1mm远超设计2mm的精度要求；⑦7条虎鲸日水体处理量巨大，达3.5万吨，水质净化的工作量及难度极大；活体珊瑚群对水质要求最高，对水体硬度有额外的要求，且国内外没有室内养殖活体珊瑚的案例。

为此，联合业主、设计院、科研院所等组建研究攻关小组，采用“产、学、研、用”一体的方式开展专项技术研究，以解决工程建设所面临的诸多难题。

二、详细科学技术内容

1. 基于海洋保护主题的超大海洋乐园“功能+防减灾”设计技术

创新成果一：基于故事线的超大室内海洋乐园建筑功能设计技术

（1）基于海洋保护主题故事线的室内环境营造技术

通过在首层、二层近20万平方米的空间内设置了2km长廊，7.5万名游客可通过9大生态景区，探寻地球环境保护的密码，唤起人类对海洋生态保护的意识。见图1。

（2）基于海洋保护主题故事线的建筑功能耦合技术

维生系统设置在地下室8万平方米的空间内，共设置了9大维生分区、5大维生系统，提供符合生物特征的水体；后勤管养功能设置在首层的局部夹层，主要包括水生动物的喂养、医疗、保育等，并设置了先进的动物厨房和动物医院。见图2、图3。

创新成果二：超大室内海洋乐园防火灾设计技术

首次在海洋展馆创新应用了双安全消防疏散层的理念，通过安全疏散模拟、开发新型防火分隔形

图1　室内环境营造示意图

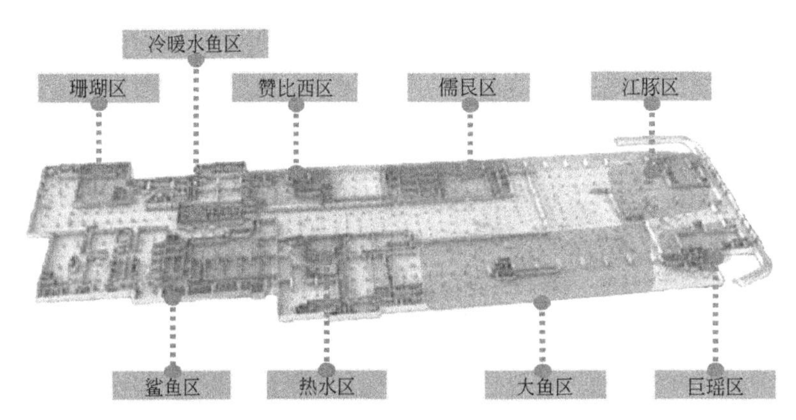

图2　地下室维生分区示意图

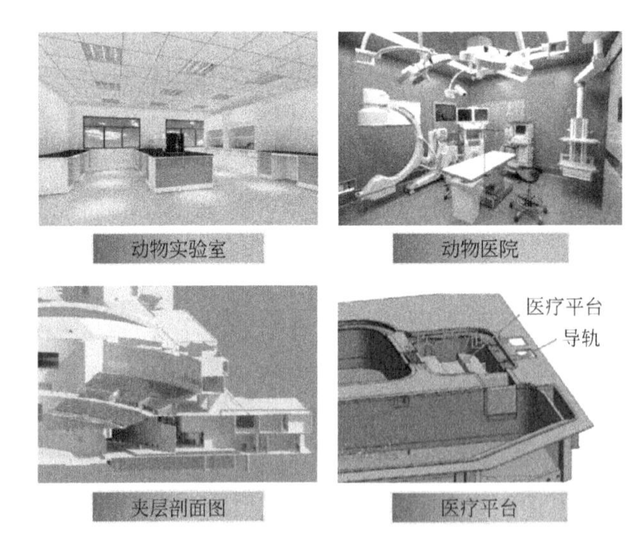

图3　部分建筑功能耦合示意图

式、开发物联网智慧消防系统等，可实现7.5万名游客安全、快速疏散。见图4～图7。

创新成果三：超大室内海洋乐园防洪灾设计技术

研发了超大室内海洋乐园防洪灾成套设计技术，在海洋馆首次引进了防洪灾的设计理念，通过洪灾数字化模拟、主动防洪灾建筑空间搭建、被动排洪装置及联动智能化控制等，可实现4万吨洪灾水位有效控制在0.4m以内，在5min内排空，可有效化解洪灾风险。见图8。

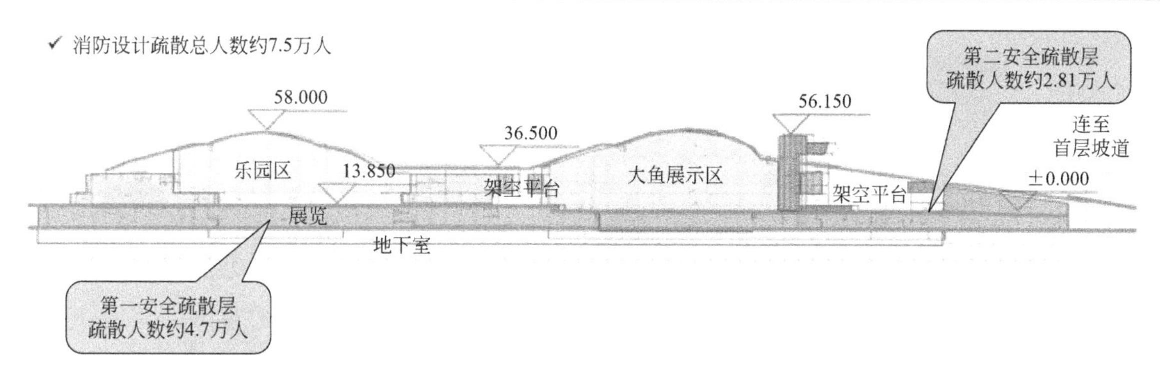

图 4　双安全疏散层设计剖面示意图

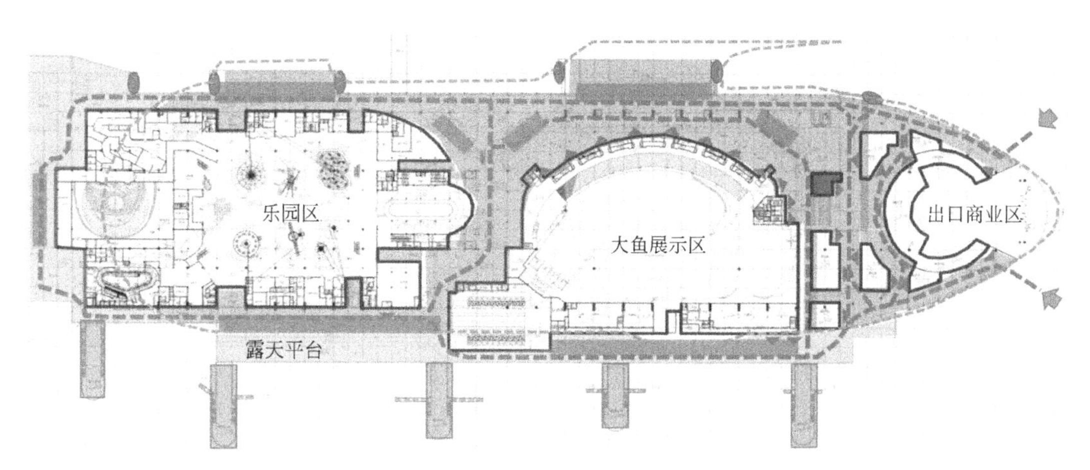

图 5　第二安全疏散层示意图

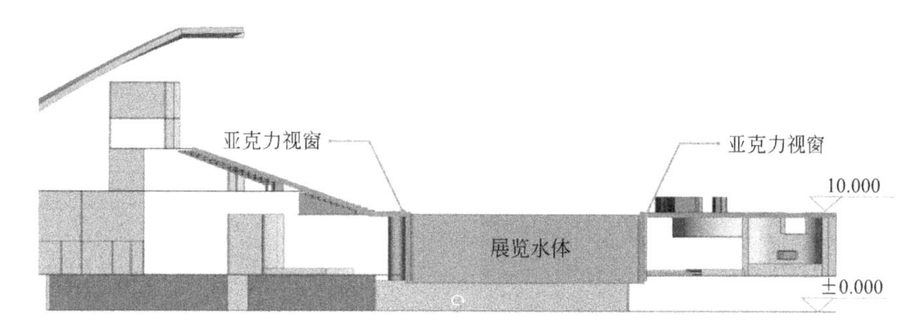

图 6　3h冷却水幕＋亚克力＋展览水体新型防火分隔形式

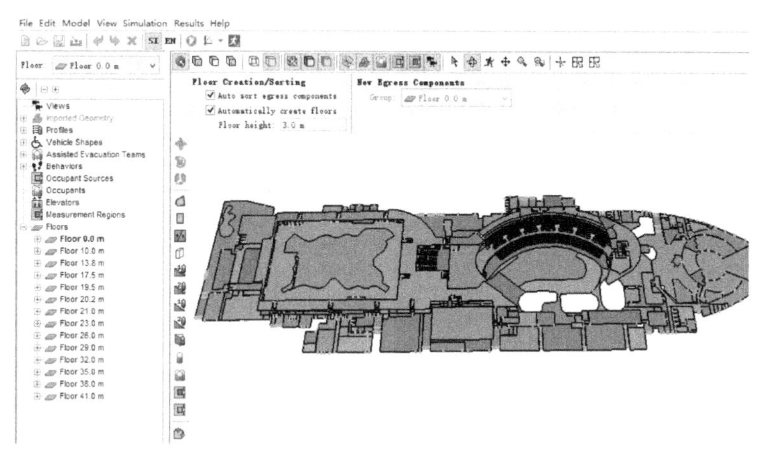

图 7　游客安全疏散数字化模拟仿真

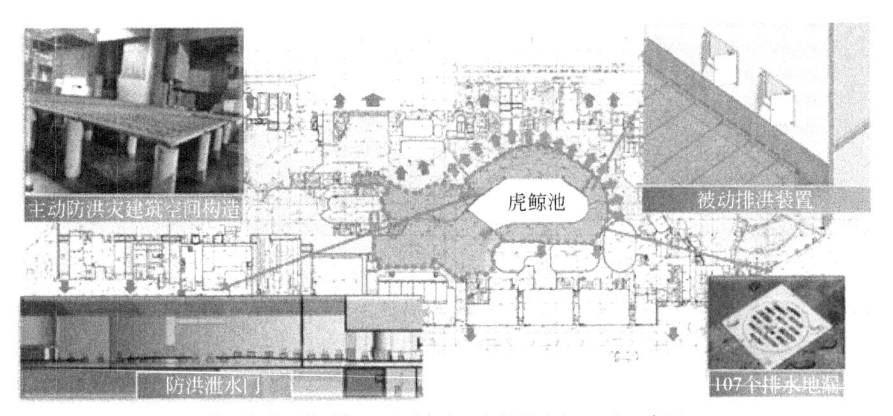

首层参观通道面积5.2万平方米，虎鲸池容积3万吨，水深11m

图 8 超大室内海洋乐园防洪灾设计示意图

创新成果四：大空间表演场防交叉感染控制技术

开发了海洋馆表演场超大密闭空间防交叉感染控制技术，通过微压差气流组织模拟、送排风口排布、排补风方案等创新，使不同区域的空气形成压差，保证污染空气不吹到水面，实现虎鲸在自然形态下的展示。见图 9～图 11。

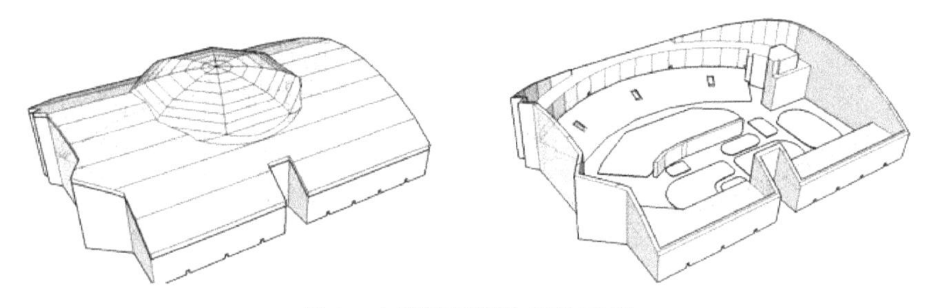

图 9 大空间表演场 CFD 建模

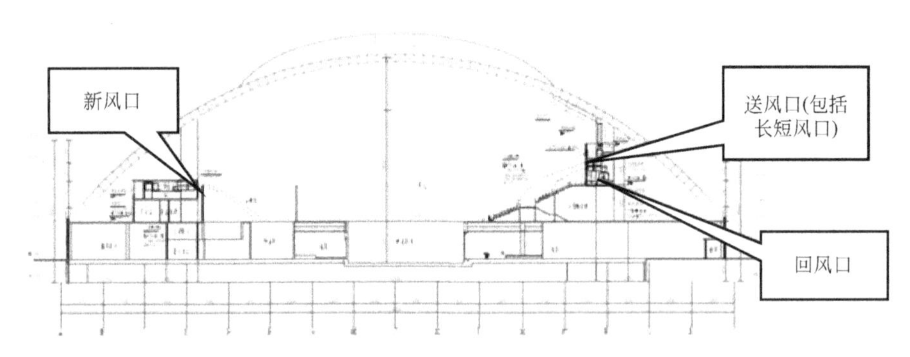

图 10 送排风口排布、排补风方案设计

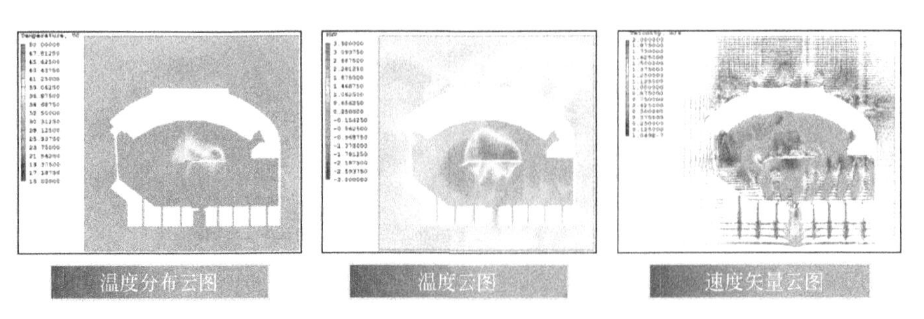

图 11 微压差气流组织模拟

2. 超大“航母”钢屋盖＋巨型预应力梁柱整体自平衡体系建造技术

创新成果一：超大“航母”钢屋盖＋巨型预应力梁柱整体自平衡体系设计技术

首创了一种超大跨度组合钢屋盖＋巨型预应力梁柱整体“双自平衡体系”，实现了镶嵌直径90m玻璃天窗的“航母”造型，满足了室内120m跨度的空间需求，相比同类建筑节约钢材30%。同时，研发设计了装配式檩托，能够极大程度地提高安装效率并缩短工期1/3以上。见图12～图14。

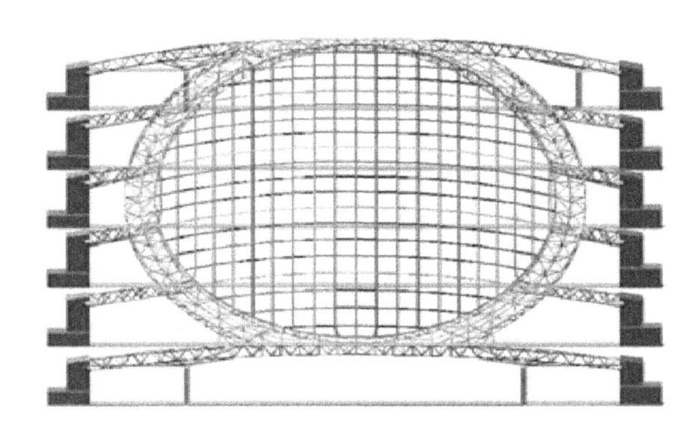

图12　局部自平衡体系

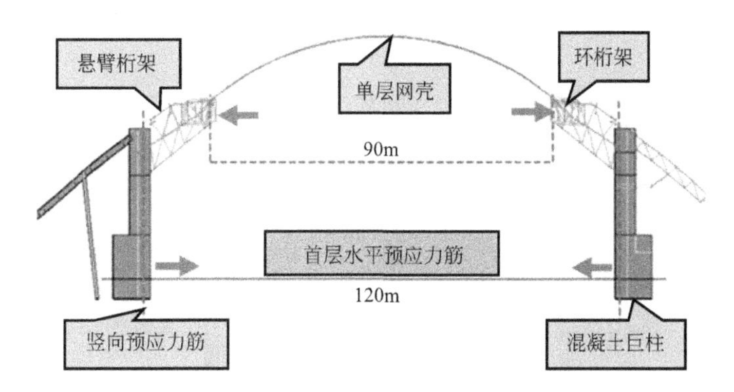

图13　整体自平衡体系

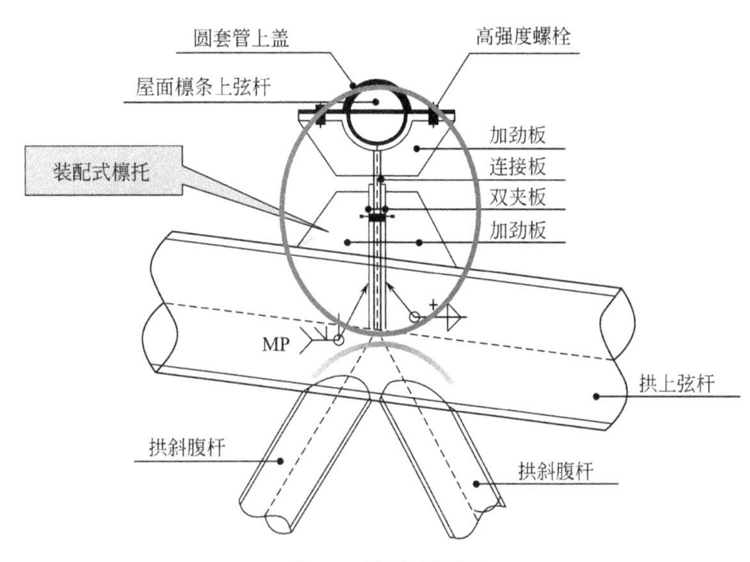

图14　装配式檩托

创新成果二：超大“航母”钢屋盖＋巨型预应力梁柱整体自平衡体系施工技术

研发了整体自平衡体系施工技术，通过整体自平衡体系施工程序、竖向预应力后穿后张施工工艺、超大跨度水平预应力施工装置、钢结构拼装装置等创新，实现了整体自平衡体系的安全、高效施工。

（1）正三角拱桁架侧卧式连续拼装技术

创新了正三角拱桁架侧卧式连续拼装技术，开发了一种侧卧式连续拼装胎架，革新钢结构单次预拼装工艺，仅需将控制点 Z 坐标值与其中一个平面坐标值互换，即可得到拼装定位坐标，降低措施材料损耗及拱桁架拼装测量矫正难度，提高拼装效率和精度。见图 15。

图 15　超长正三角拱桁架工具式侧卧拼装装置

（2）超大贝雷架门式支撑组合技术

创新了超大贝雷架门式支撑组合技术，开发了一种超大贝雷架门式支撑组合体系，运用多角度水平连接技术，增加支撑点位，提高设计使用高度，大幅降低竖向施工措施的投入。见图 16。

图 16　超大贝雷架门式支撑组合体系

（3）大跨度拱结构建筑巨型梁柱预应力施工技术

巨型柱竖向预应力后穿后张施工技术：针对钢屋盖下方高 46m、截面 1.5m×9m 的有粘结预应力巨柱，为达到一次穿束效果，创新了竖向预应力后穿后张施工技术，实现预应力巨柱结构施工完成后再进行预应力筋一次穿束。见图 17。

超大跨度水平预应力双向张拉波纹管防塌技术：针对 139m 大跨度水平预应力梁，预应力梁无法分段连续施工，钢绞线无法同步随波纹管埋设后穿入，混凝土浇筑时空管埋设的波纹管会因侧压力而产生变形破坏，且超长波纹管埋设也增加了漏浆堵管的风险，创新了大跨度水平预应力双向张拉波纹管防塌技术，研制了一种波纹管防塌装置，作为可移动式内撑，确保波纹管无塌陷、无破坏。见图 18。

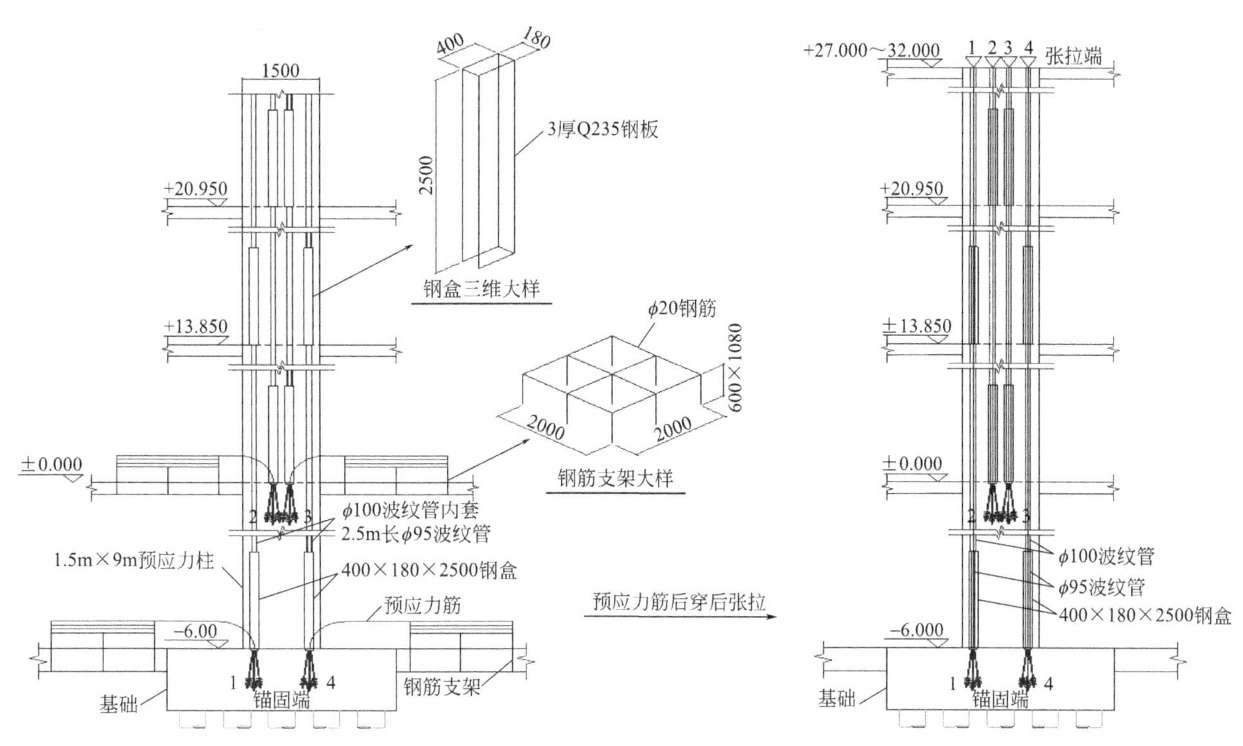

图 17　巨柱竖向预应力后穿后张施工

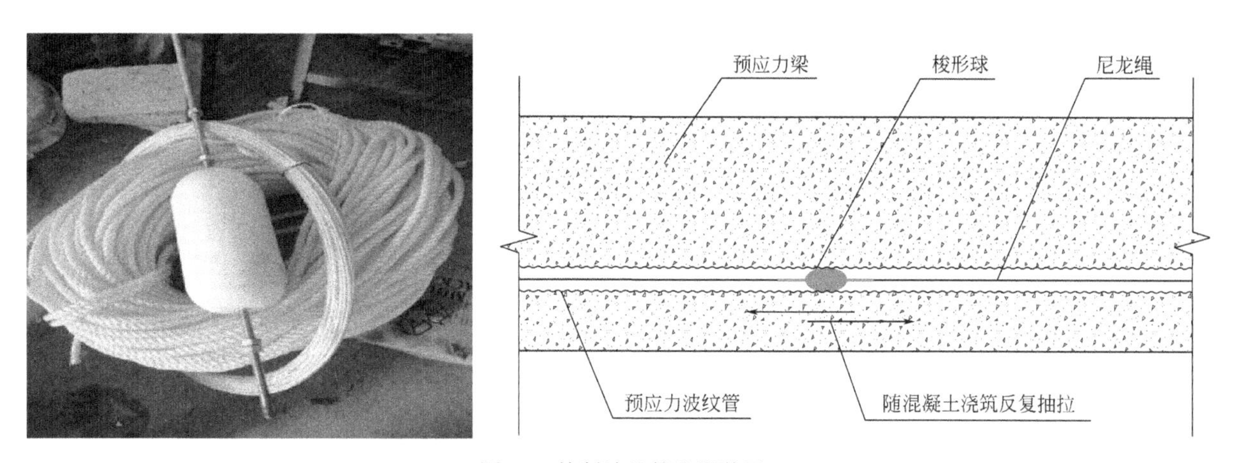

图 18　特制波纹管防塌装置

3. 全球最大规模异形异构海工水池群“高耐久+高精度”建造技术

创新成果一：全球最大规模异形异构海工水池群高耐久性施工技术

开发了异形异构海工水池高耐久施工技术，通过在改善海工水池混凝土性能、温控措施防裂、构造措施加强、施工措施高精度控制等方面进行创新，使混凝土抗拉强度提高 34%、裂缝比率降至 0.1%、钢筋保护层厚度控制在±2mm，实现异形异构海工水池的高耐久性。

创新成果二：全球最大规模异形异构海工水池群高精度建造技术

开发了成套海工水池高精度建造技术，通过对 383m^2 亚克力玻璃在海浪作用下的侧向位移研究，以及亚克力上方 46.2m 大跨度箱梁的竖向位移高精度控制（46.2m/2mm），以及 3.5 万立方米（高 11m）的不规则造型水池池壁高平整度（2m/2mm）的施工技术创新，实现水池结构一次验收通过率达 100%，保障亚克力的顺利安装及虎鲸群在水池内的安全运营。见图 19。

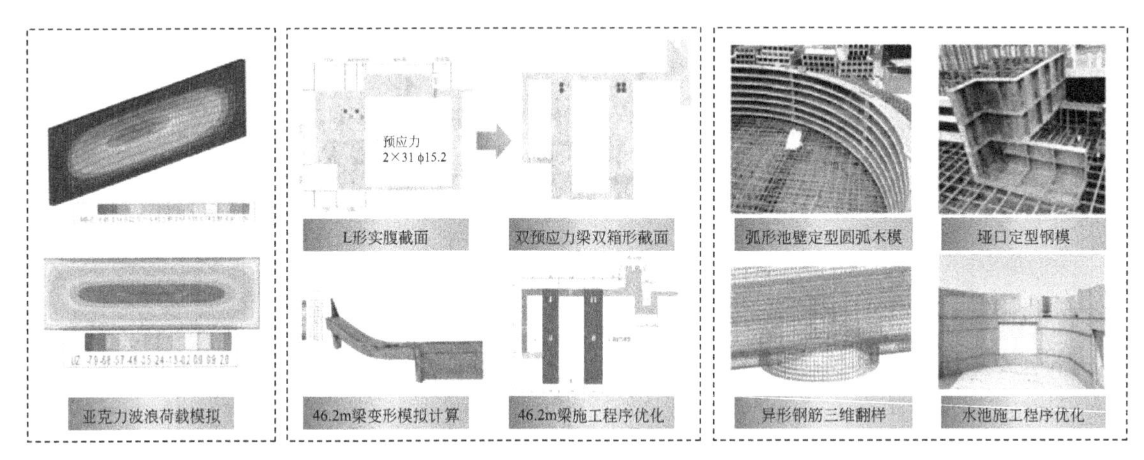

图 19 异形异构海工水池群高精度建造技术

4. 超大室内海洋乐园多种群水生态打造技术

创新成果一：水质精确控制能源高效利用维生系统建造技术

开发了适用于虎鲸生存的超大水体维生技术，通过零死水有限单元模拟、水质水量控制设备选型，实现了 5.3 万吨水体每 3h 循环一次、废水回收水量 3400m³/d，节约了 80%的水资源。通过创新水池周边盐雾区材料选型，水池内油漆、灯具等材料选型，全方位打造适宜鱼类生存的水生态。首次开发应用了独立藻轮生态系统，满足了全球最大室内活体珊瑚的高水质要求。见图 20。

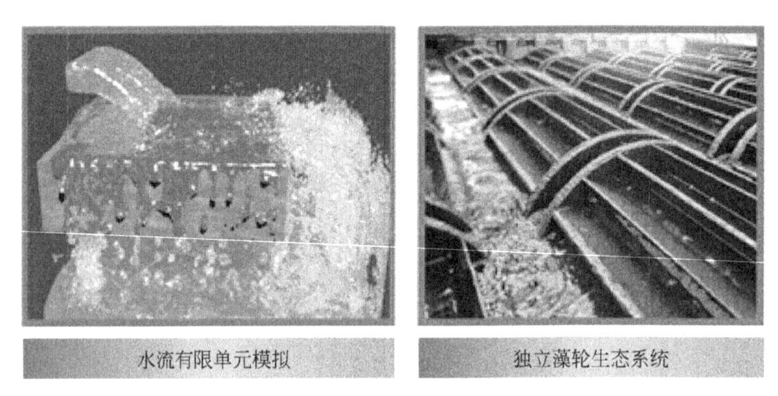

图 20 水质精确控制能源高效利用维生系统建造技术示意图

创新成果二：海洋馆维生系统管道智能装配成套技术

研发了应用于大型海洋展馆维生系统大口径管道的成套技术，通过管道直埋、模块化预制、整体式提升、数字化集成管理等创新，减少了高空作业和材料损耗，实现了总长达 15km 的大口径维生系统管道高质量、高效率安装，降低成本约 30%。见图 21。

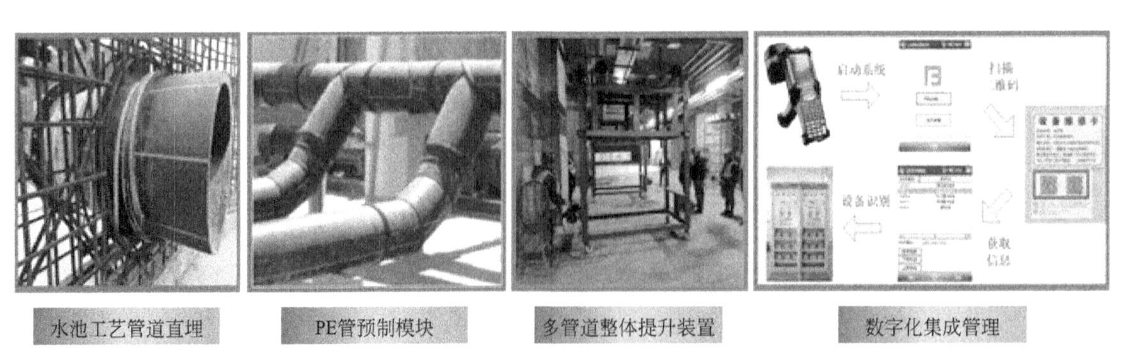

图 21 海洋馆维生系统管道智能装配成套技术示意图

三、发现、发明及创新点

1. 基于海洋保护主题的超大海洋乐园“功能＋防减灾”设计技术

该关键技术的支撑成果包括：中国工程建设协会标准1项；国家专利6项，其中发明专利4项、实用新型专利2项；第八届龙图杯全国BIM大赛设计组一等奖1项。

（1）超大室内海洋乐园防火灾设计技术

首次在海洋展馆创新应用了双安全消防疏散层的理念，创新了“3h冷却水幕＋亚克力＋展览水体”新型防火分隔形式，实现了双安全疏散层的有效分隔，满足7.5万游客快速安全疏散。

（2）超大室内海洋乐园防洪灾设计技术

研发了超大室内海洋乐园防洪灾成套设计技术，实现4万吨洪灾水位有效控制在0.4m以内，在5min内排空，化解洪灾风险，保证游客安全。

（3）大空间表演场防交叉感染控制技术

开发了海洋馆表演场超大密闭空间防交叉感染控制技术，使不同区域空气形成压差，保证污染空气不吹到水面。

2. 超大“航母”钢屋盖＋巨型预应力梁柱整体自平衡体系建造技术

该关键技术的支撑成果包括：国家专利14项，其中发明专利4项，实用新型专利10项；省级工法3项。

（1）超大“航母”钢屋盖＋巨型预应力梁柱整体自平衡体系设计技术

首创了超大跨度组合钢屋盖＋巨型预应力梁柱双自平衡体系，实现了镶嵌直径90m玻璃天窗的“航母”造型，满足了室内120m跨度的空间需求，节约钢材30%以上。

（2）超大“航母”钢屋盖＋巨型预应力梁柱整体自平衡体系施工技术

创新了正三角拱桁架侧卧式连续拼装技术，降低措施材料损耗及拱桁架拼装测量矫正难度，提高拼装效率和精度，保证了钢屋盖变截面正三角拱桁架的快速、高精度拼装；

创新了超大贝雷架门式支撑组合技术，开发了一种超大贝雷架门式支撑组合体系，大幅降低竖向施工措施的投入。

创新了竖向预应力后穿后张施工技术，实现了46m高巨柱结构完成后竖向预应力筋一次穿束。

研制了一种波纹管防塌装置，实现了139m大跨度水平预应力波纹管不连续分段无损埋设。

3. 全球最大规模异形异构海工水池群“高耐久＋高精度”建造技术

该关键技术的支撑成果包括：行业标准1项；国家专利10项，其中发明专利3项，实用新型专利7项；工法8项，其中省级工法6项，中建三局工法2项；软件著作权3项，核心期刊论文1篇；第八届龙图杯全国BIM大赛施工组一等奖1项，第四届建设工程BIM大赛一类成果1项。

（1）全球最大规模异形异构海工水池群高耐久性施工技术

开发了异形异构海工水池高耐久施工技术，通过在改善海工水池混凝土性能、温控措施防裂、构造措施加强、施工措施高精度控制等方面进行创新，使混凝土抗拉抗裂性能提高，实现异形异构海工水池的高耐久性。

（2）全球最大规模异形异构海工水池群高精度建造技术

开发了成套海工水池高精度建造技术，通过对亚克力玻璃海浪作用侧向位移研究，及大跨度箱梁竖向位移高精度控制，不规则造型水池池壁高平整度的施工技术创新，保障了亚克力的顺利安装及虎鲸群在水池内的安全运营。

4. 超大室内海洋乐园多种群水生态打造技术

该关键技术的支撑成果包括：国家专利9项，其中发明专利4项，实用新型专利5项；省级工法1项；核心期刊论文4篇。

（1）水质精确控制能源高效利用维生系统建造技术

开发了适用于虎鲸生存的超大水体维生技术，通过零死水有限单元模拟、水质水量控制设备选型，实现了5.3万吨水体每3h循环一次、能够节约80%水资源；

通过创新水池周边盐雾区材料选型，水池内油漆、灯具等材料选型，全方位打造适宜鱼类生存的水生态；

首次开发应用了独立藻轮生态系统，满足了全球最大室内活体珊瑚的超高水质要求。

（2）海洋馆维生系统管道智能装配成套技术

研发了应用于大型海洋展馆维生系统大口径管道的成套技术，减少了高空作业和材料损耗，实现了总长达15km的大口径维生系统管道高质量、高效率安装，降低成本约30%。

四、与当前国内外同类研究、同类技术的综合比较

（1）在海洋馆首次应用“双安全疏散层”的理念，创新了“3h冷却水幕＋亚克力＋展览水体”新型防火分隔形式，属于国内外首创；

（2）在海洋馆首次考虑室内水体泄洪设计，在海洋馆首次引进了防洪灾的设计理念，解决了海洋馆超大水体应急排放的问题，属于国内外首创；

（3）在海洋馆首次考虑防疫、防交叉感染设计，属于国内外首创；

（4）创新了超大跨度组合钢屋盖＋巨型预应力梁柱双自平衡体系，属于国内外首创；

（5）国内外未见有超高竖向预应力后穿后张施工、超大跨度水平预应力波纹管防塌装置相关技术文献报道。

五、第三方评价、应用推广情况

1. 第三方评价

中国建筑集团有限公司组织召开科技成果评价会，经评定，该技术整体达国际先进水平，其中异形异构海工水池高耐久高精度建造技术达国际领先水平。

2. 推广应用

通过该技术的支撑，2020年成功承接深圳小梅沙海洋馆项目，其中异形异构海工水池“高耐久＋高精度”建造技术、水生态打造技术已成功推广应用至小梅沙海洋馆。该综合技术不仅可适用于大型海洋展馆项目的建设，还可适用于大型室内游泳馆、大型会展、大型体育场馆项目的建设，同时其单项技术还可分别适用于超规范建筑消防设计、大跨度钢结构施工、超高超大跨预应力施工等。该项目的建成充分贯彻和落实了我国建设海洋强国的战略方针，对海洋生态环境的保护和海洋文化的弘扬具有积极作用，有效促进大型海洋展馆设计、施工技术的进步，为其他大型海洋馆或类似建筑的建设提供可借鉴经验。

六、经济效益

珠海长隆海洋科学乐园在施工过程中，通过整体自平衡结构体系设计优化，超大面积钢屋盖、巨型预应力梁柱、异形异构海工水池建造等多项施工技术创新及推广应用，共产生经济效益11870.16万元。

七、社会效益

珠海长隆海洋科学乐园作为全球最大、品质最优、理念最先进的室内海洋主题乐园，本项目的建成意味着我国大型海洋展馆建造技术取得了突破，该综合技术达到了整体国际先进、局部国际领先的水平，标志着我国大型海洋展馆设计、施工技术的进步，填补了大型室内海洋展馆建造技术的空白。随着项目的投入运营，充分贯彻和落实了中国建设海洋强国，提高海洋教育软实力的战略方针，使我国海洋科普教育水平再上新台阶。同时，珠海长隆海洋科学乐园已然成为中国海洋旅游行业的新名片，打造了海洋旅游产业的新标杆，国内外游客慕名而来，为人类的海洋生态保护事业和海洋文化传承做出巨大的贡献。

狭长柔弱建筑物长距离曲线平移关键技术研究与应用

完成单位：中国建筑一局（集团）有限公司、中建一局华江建设有限公司、上海天演建筑物移位工程股份有限公司、上海江欢成建筑设计有限公司

完成人：薛　刚、陈蕃鸿、董清崇、许锦林、束学智、杜鑫丹、杜　刚

一、立项背景

后溪长途汽车站主站房平移工程既是促进厦门与周边地区的联系，改善和提升厦门对外的交通网络，又是厦门北站以及厦门北高铁站能否正常的运营与发展不可分割的一部分。项目建设是为了确保福厦客专高铁建设发展的需要，采用平移代替拆除的方案，不仅节约造价、节省工期，而且避免资源浪费和造成负面的社会舆论效应，是构建和谐社会及可持续发展的需要。见图1。

图1　平移工程效果图

二、详细科学技术内容

1. 交替式步履顶推平移技术研究

步履走行器主要由顶升油缸、顶推油缸、滑移板、底部安装板等组成。主要满足竖向顶升悬浮和水平顶推两个功能。

单个步履行走器行走原理：行走器装置实际使用时，行走器装置通过顶部连接板和构件的底部托盘梁连接在一起，并采用螺钉固结，工作时，顶升油缸竖向顶起构件，顶推油缸水平顶推，油缸的顶推力作用在底座和滑移座之间，由于底座在轨道上的摩擦系数远远大于底座和滑移座之间的摩擦副上的摩擦系数，因此底座会“坐在”轨道上不会移动，滑移座带着顶升油缸一起产生水平方向的移动，从而带动构件一起移动，实现平移的目的。见图2。

单组步履行走器（4个）行走原理：①A组悬浮顶升，B组竖向缩缸；②A组顶推；③B组悬浮顶升，A组竖向缩缸；④A组水平缩回；⑤B组顶推；⑥A组悬浮支撑，B组竖向缩缸；⑦B组横向缩回

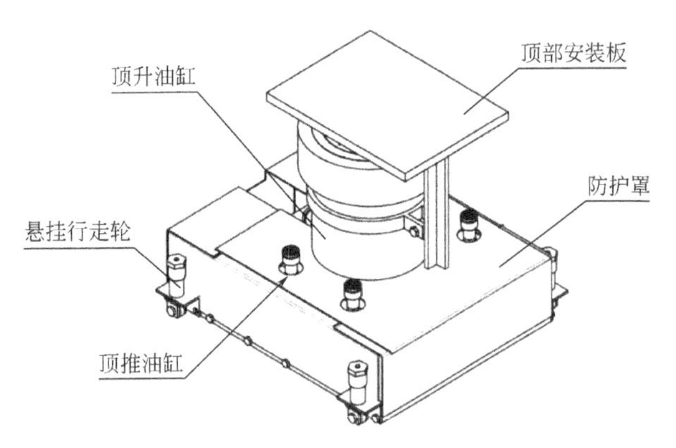

图2　单个步履行走器

150mm；⑧循环重复步骤②～⑦。每一步沿着圆心走的是圆上的微小折线，由无数折线组成了圆。见图3。

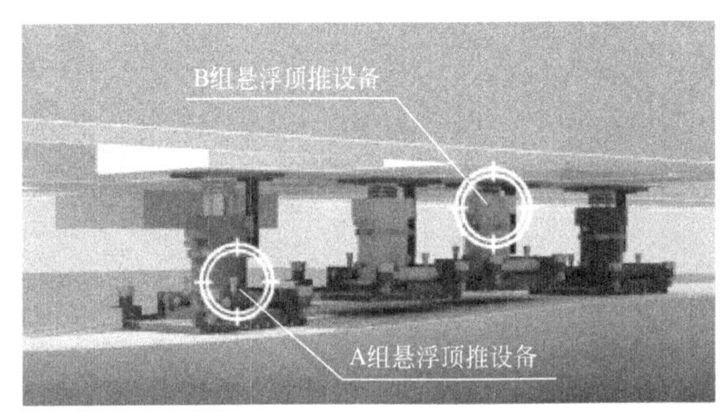

图3　单组步履行走器

多组步履行走原理：主控计算机通过液压总站及多台顶推位移控制系统，给多组步履行走器的顶推油缸发送指令，提供相应的油压和指定位移参数，多组步履行走器上的顶推油缸同步向前顶推指定位移，并带动托盘梁及待平移建筑物沿既定轨道向前平移。

2. 实时纠偏技术

经过项目的尝试形成一种用于建筑物平移施工的实时纠偏施工工法，对平移建筑物进行实时、主动纠偏，确保建筑物沿既定路线平移及精准就位。利用限位梁、托盘梁、纠偏千斤顶、位移传感器、液压控制系统等设备及构件对待平移建筑物进行实时、自动的横向纠偏；其中，位移传感器能实时采集待平移建筑物的偏位数据，液压控制系统用于根据位移传感器采集的数据对纠偏装置采用位移的方式控制，进行实时纠偏；在纠偏千斤顶的两侧分别设置滑动装置和反力架，当待平移建筑物平移过程出现偏位时，通过液压控制系统控制纠偏千斤顶自动伸长或者收缩，千斤顶作用于限位梁及与反力构件连接的托盘梁上，促使建筑物及时复位，实现待平移建筑物平移顶推过程的智能、实时和自动纠偏，保证待平移建筑物精确就位，提高顶推施工效率，降低顶推施工过程中横向纠偏的难度和风险，降低了对限位梁侧面平整度的要求，简化工序，减少人员设备投入。见图4、图5。

3. 基于BIM+物联网的建筑平移监控技术

根据平移建筑平移及监控量测二维设计图纸，利用BIM软件构建平移建筑及测点三维模型，三维模型将以在平移建筑上按监测要求选取监测点为对象名称，并录入平移力、重量、区域位置，形成三维信息化平移模型。同时，使模型中的监测点与位移控制系统的监测点一一映射对应，最终形成包含每个测点信息的三维平移施工模型。将现场平移过程中的监控量测数据上传到服务器。将现场平移过程中的监控量测数据与三维模型中的监测点数据进行同步，实时在平台上体现现场应力数据并记录。见图6。

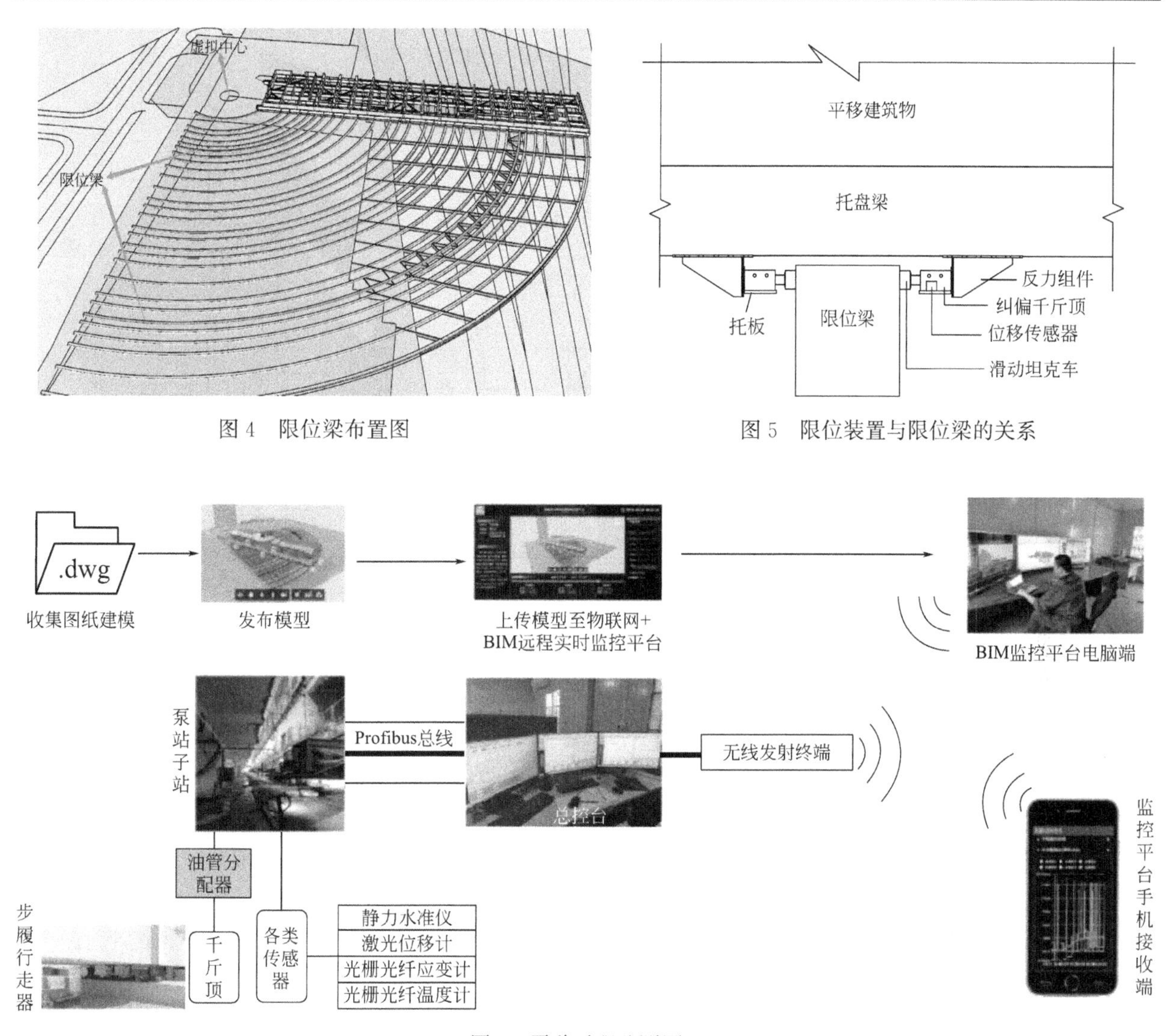

图 4　限位梁布置图

图 5　限位装置与限位梁的关系

图 6　平移过程监测原理

4. PLC 同步控制系统的曲线移位技术

采用技术成熟的 PLC（Programmable Logic Controller，可编程逻辑控制器）同步控制系统，专门对 532 个步履行走器进行液压系统和悬浮顶升控制系统的编程，解决了行走器行走同步的问题，同时极大地保证了行走精度，保护建筑物安全，保证工期的如期完成。见图 7、图 8。

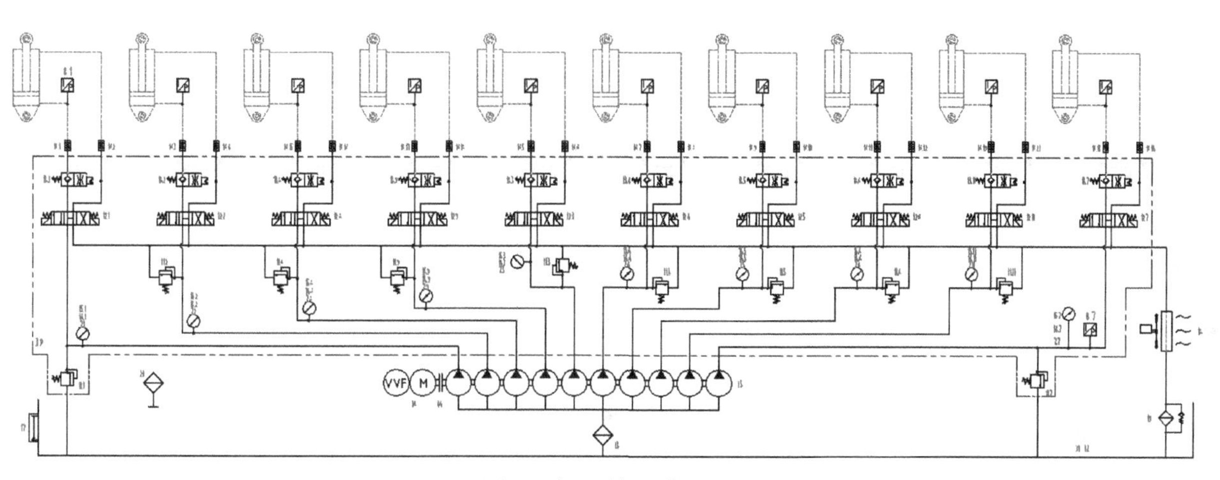

图 7　液压系统工作原理图

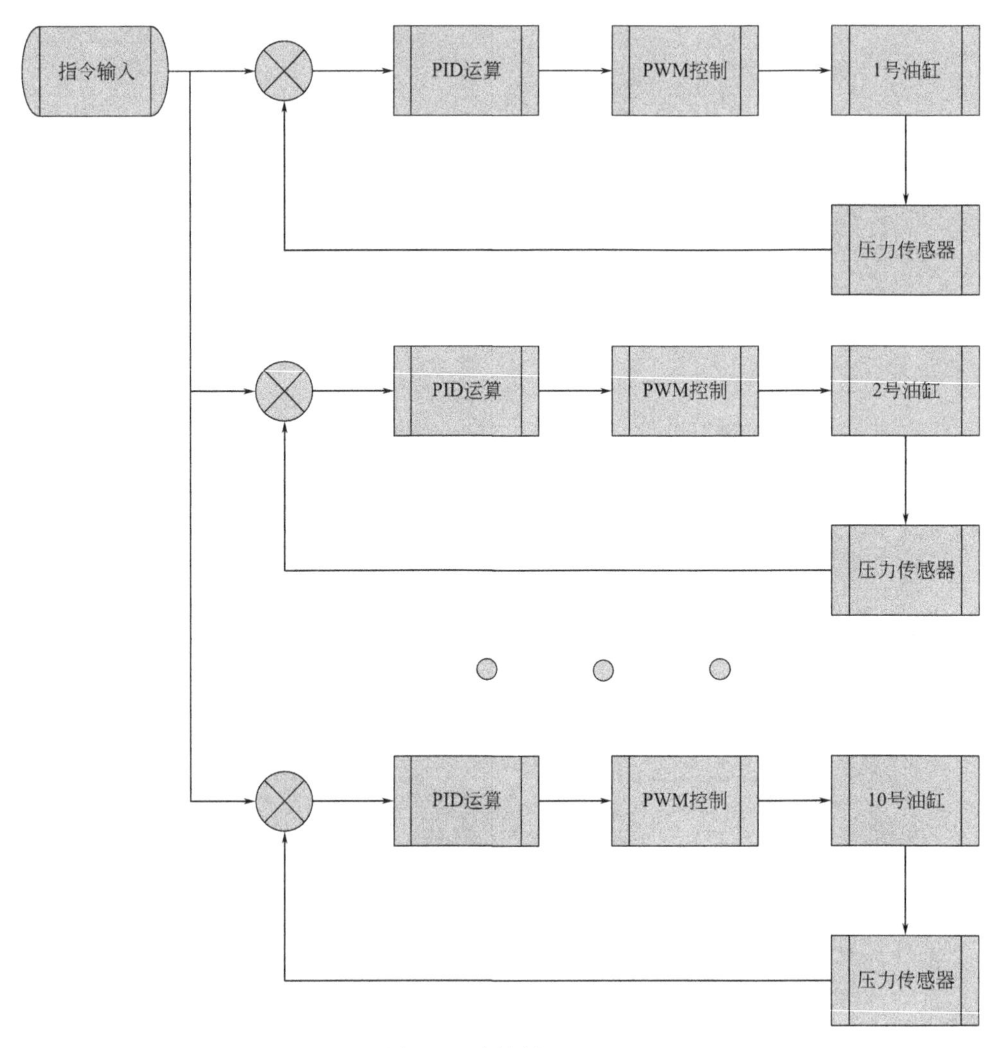

图 8　压力控制原理图

5. 带地下室整体平移技术

施工过程中在负二层轨道上设置托盘梁，在托盘梁与轨道梁之间安装步履行走器及后端 PLC 同步控制系统与监测设备，将主站房连同地下两层切割、分离，最后采用 PLC 同步控制系统将平移建筑物整体托换顶起，在液压控制系统的驱动下旋转平移 90°，平移完成后再进行新旧墙柱连接工作。

通过专业检测对主站房主体结构质量及正常使用性监测，该建筑平移至新址后未见明显尺寸偏差及质量缺陷，基本满足设计年限内的后续使用。

6. 移位托换技术

采用框架柱边双向双梁设计，在建筑物负二层浇筑托换结构托盘梁，托盘梁与上部框架柱相交处通过抱柱做法将框架柱底内力传递至托盘梁上，托盘梁再将内力传递至步履行走器、再传递至轨道梁。在整体移位过程中，移位托换技术的应用，能够使上部结构和基础形成分离，托盘梁作为上部结构的基础，将上部结构荷载、下部竖向顶升力以及水平动力实施有效且可靠地传递，从而确保了主站房平移旋转时的稳定。见图 9。

7. 千斤顶卸载及托盘梁轨道梁拆除技术

使用智能化设备及应力应变仪，实时监测千斤顶卸载过程中的应力应变变化。卸载时利用 PLC 设备，相邻千斤顶向上顶升，使中间部位的千斤顶泄压，从而拆除中间的千斤顶；在顶升千斤顶的过程中，设置的应力应变监测点能够将监测点位置混凝土的应变情况反映到电脑终端，一旦发现异常即可做出调整，避免结构受到破坏。

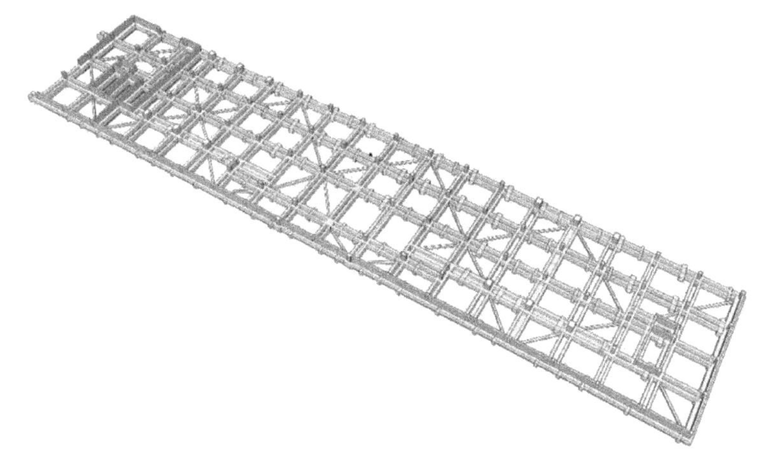

图9　主站房托换体系图

8. 新建结构柱连接施工技术

采用冷挤压套筒或灌浆套筒连接，纵筋套筒连接处的标高低于建筑物迁移时的托盘梁底面标高，降低了纵筋接头高度，保证了建筑物整体迁移施工中遇新建结构柱时施工的顺利进行。见图10。

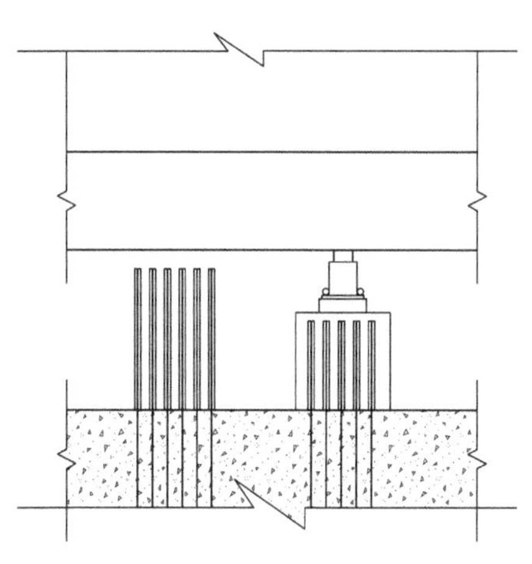

图10　新建结构柱连接施工技术

9. 基于BIM的施工技术

通过Revit建立平移工程的模型进行平移施工方案模拟，包括主站房全专业模型、平移工程扇形区内的轨道梁及限位梁，以及平移后发车平台的模型。通过Navisworks和3Dmax制作的动态平移施工过程模拟，作为参建多方沟通的主要方式；利用PC端BIM平台轻量化的特点方便与现场进行全面管理；通过BIM碰撞深化平移轨道梁设计；使用ContextCapture软件，通过无人机+现实捕捉技术建立工程周边场地三维模型对周边城市环境进行分析及优化场地布置，减少了项目施工和运输对周边居民环境的影响；采用VR进行平移方案展示、平移过程中的危险源模拟及轨道梁、限位梁、新旧结构墙柱连接的施工工艺考核，提升了参建方及工人对平移方案的交底效率；新旧墙柱连接施工前采用三维扫描技术提升新旧结构的精准度，在软件中预模拟新旧结构的拼接工作；采用Recap对周边场地进行实景捕捉，作为平移场地规划的主要依据，制定了对周边环境影响最小的场地布置方案，减少了项目施工场地占用绿地面积近300m^{2}和1200m^{3}土方开挖量。相较于平面图纸的方案讨论，基于Revit和三维可视化的方案节省了4.2G的图纸文件及27d的沟通周期。见图11～图13。

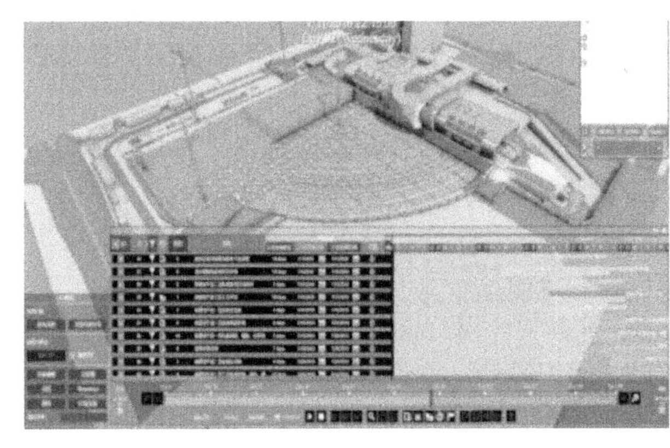

图11　平移方案模拟界面

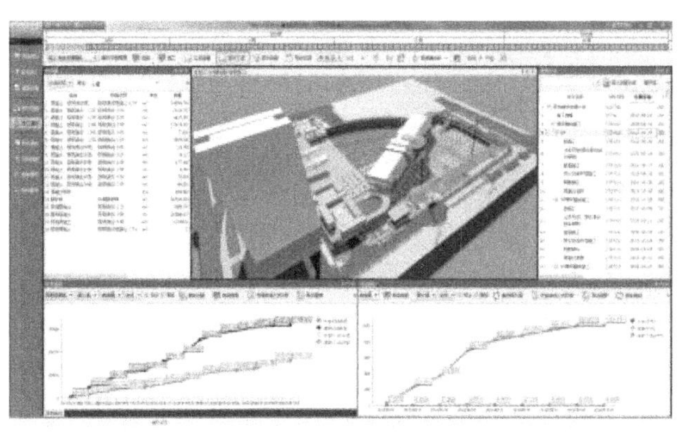

图12　BIM施工管理平台

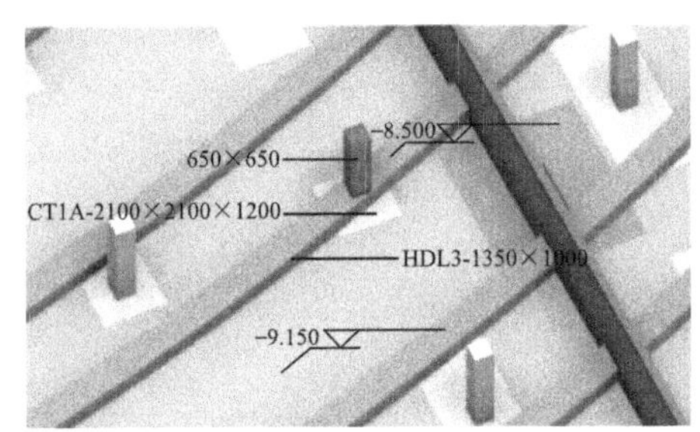

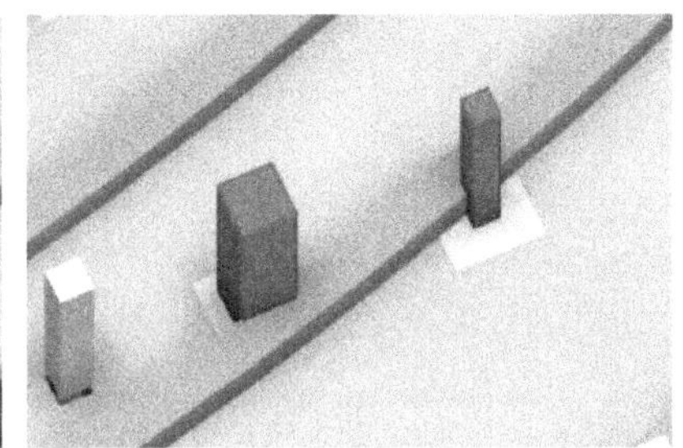

图13 碰撞情况分析

三、创新点

“狭长柔弱建筑物长距离曲线平移关键技术研究与应用”与国内外最先进技术相比，其总体技术水平、主要技术、经济等方面均能领先与国内外同类技术先进水平。

（1）研发出含地下室整体旋转平移技术，与国内外同类技术相比，具有安全性高、稳定性好和保护原有建筑等优点。

（2）研发了步履式连续顶推技术，降低了对轨道平整度的依赖度，安全系数及施工效率均得到很大的提升。

（3）创新应用PLC同步控制系统技术，解决了建筑物在旋转平移过程中同步控制、实时纠偏的技术难题，自动化程度高。

（4）创新应用了“BIM+物联网”技术，实现了平移全过程的精准监控。

（5）研发了钢筋限位装置，优化了钢筋复杂处节点与预应力管道布置关系，降低了施工难点及风险。

（6）利用放线机器人、三维扫描仪、BIM5D工作台等工具解决了整体平移部署、全周期施工过程控制、新旧结构和管线对接等难题。

四、与当前国内外同类研究、同类技术的综合比较

“狭长柔弱建筑物长距离曲线平移关键技术研究与应用”通过1个国际查新、2个国内查新，取得了如下重要突破：

（1）带地下是整体平移技术与国内同类技术相比，具有稳定性好安全性高和保护原有装修层等优点。

（2）步履式行走器液压悬浮系统技术与国内同类技术相比较对轨道的平面度和直线度要求低的特点，解决了国内同类技术平移过程中轨道的不均匀沉降问题和平移或旋转过程中出现横向偏移或扭转的情况，安全系数及施工效率均得到很大的提升。

（3）PLC同步控制系统技术与国内同类技术相比较具有保证建筑物整体位移协调和动态平衡的特点，完美地实现了建筑物在曲线移位过程中的同步性与安全性。

（4）托换梁结构应用技术与国内同类技术相比较具有安全可靠、传力性好等优点，确保了平移旋转是建筑物的稳定。

（5）BIM与检测在平移建筑物中的应用技术与国内同类技术相比具有监测数据直观、监测信息能够及时反馈、反馈路径多元等优点。

（6）实时纠偏技术与国内同类技术相比具有自动化程度高，简化工序，减少人员设备投入等优点。

（7）就位连接技术与国内同类技术相比具有连接稳固、安全稳定、施工方便的特点。

（8）建设过程中新形成了发明专利5项，实用新型专利12项，发表论文11篇，局级工法11项，局级优秀方案3项，中建集团工法1项，中建集团优秀施工组织设计，中建集团优秀施工方案1项。在BIM方面，获得了全球卓越大赛最佳实践奖第一名等，在质量管理方面获得了2021年北京市工程建设质量管理小组成一类成果。

以上技术内容成功应用于后溪长途汽车站主站房平移项目，保证了工程质量，提高了工效，经济效益和社会效益显著，具有良好的推广应用前景。

五、第三方评价及应用推广情况

1. 第三方评价

2020 年 5 月 14 日，北京市住房和城乡建设委员会主持召开了“交通枢纽建筑（含地下室）步履式顶推旋转平移关键技术研究与应用”科技成果鉴定会。鉴定委员会认为该成果整体达到国际领先水平，同意通过鉴定。

2. 推广应用

2020 年，上海黄浦区淮海中路街道相关地块项目施工障碍迁移工程中，步履行走器技术、移位托换技术、PLC 同步控制技术在项目中得到了推广使用，再次印证了技术的可行性和先进性。

六、经济效益

上述平移技术的运用，与拆除、重建主站房对比节约工期 12 个月、节省造价约 1 亿元、节约人力 500 人，与拆除重建对比缩短工期 70%，与传统牵拉平移工艺对比缩短工期 50%。节约人为材料损耗 30%。

七、社会效益

本工程为福建省重点工程，也是目前国内单体最重、体量最大的平移工程。其有效避免了因拆建产生的建筑垃圾和建材浪费，大幅度降低粉尘和噪声污染。避免资源浪费，形成使资源消耗最小、环境影响最低、经济和社会因素相协调的可持续发展观；尤其适用于建筑物远距离旋转平移，极具推广价值。平移完成后受到了社会各界的高度重视，包括国务院国资委官网、中央电视台、新华社、中新社、环球网、中国经济网、安徽卫视、福州广播电台、厦门日报、海西晨报、台海网等主流媒体争先报道，取得良好的社会效益，再一次见证了中国建筑在建筑物移位领域的雄厚实力，彰显了品牌价值。

国家游泳中心夏/冬双奥竞赛场馆改造施工关键技术

完成单位：中建一局集团建设发展有限公司、中国建筑一局（集团）有限公司
完 成 人：侯本才、孙德远、车庭枢、刘　军、高慧润、詹必雄、陈　彬

一、立项背景

2015 年 7 月 31 日，北京获得 2022 年第 24 届冬奥会举办权，国家游泳中心（水立方）作为 2008 年夏奥会比赛场馆，将在 2022 年冬奥会、冬残奥会作为冰壶比赛场馆。

国内外没有先例，没有类似可参考的案例，如何攻克“水冰”快速转换、可转换支撑结构施工、架高地板施工、可移动转换制冰体系施工、环境转换实施与控制等一系列的施工技术难题，最终符合冰壶场地标准是确保“水立方”变“冰立方”的关键技术问题。见图 1。

图 1　水立方和冰立方

① 冰上贵族运动冰壶比赛是对冰面要求最复杂、最严格的竞赛冰面；
② 是世界冬奥会历史上浇冰面积最大的冰壶冰面（$1600m^2$）；
③ 是世界冬奥会历史上最大体量，可容纳观众最多的冰壶场馆；
④ 世界上唯一一个在临时结构上的冰壶比赛场馆；
⑤ 世界上唯一一个由水上运动项目夏奥和冰上运动项目冬奥可自由转换的大型比赛场馆。
⑥ 游泳池场馆内冰壶冰面不开裂、不结霜、不起雾。

（1）现有的支撑结构偏差控制与变形为建筑结构方向，不能满足世界冰壶联合会要求的基层平整度要求，变形较大会导致冰面开裂。临时冰面支撑结构需满足 $1600m^2$ 冰面全局高差不大于 6mm，局部 2m 内安装高差不大于 3mm，避免冰面增加厚度找平，影响冰面质量，造成制冰设备负荷增加；同时，严格控制支撑结构整体微小变形量，不得造成冰面开裂。

（2）与普通冰壶馆不同的是，水立方设有架高地板解决池岸与冰面的高差问题，同时内设送风管线。架高地板空腔空间有限，节点复杂与送风管线交叉，整体送风效果难以保证，需要调整送风方式，优化空腔内部管线，简化节点，集成架高板兼具备静压箱功能。

（3）实普通冰壶馆制冰系统为永久性设置，整个体系无法做到可移动转换安拆，在“水冰”转换的前提下，需要一项可随时快速安拆的可移动制冰系统，具有独立、灵活、无湿作业、原位安装、材料可重复利用、整体系统快速投入使用的功能。

（4）水立方屋面为透光膜结构，具有高大空间，同时比赛大厅是普通冰壶馆的 3 倍，保留水上运动

功能可随时转换的前提下，在制冰、除湿送风等系统的作用下，冰面温度控制在－8.5℃，1.5m 处温度控制在 8～12℃，观众席区域温度制在 16～18℃，对冰面区域的温度、含湿量动态控制，达到实现冰面不起雾、不结霜的硬性指标，同时为观众提供温度舒适的观赛环境。见图 2。

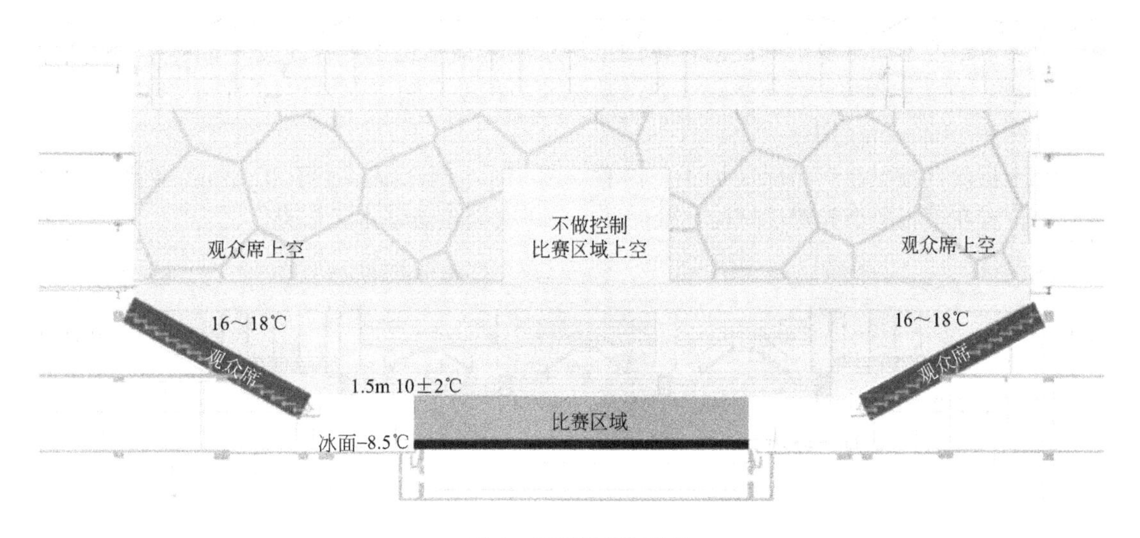

图 2　温湿度控制分区

通过技术研发创新，将水立方比赛大厅场地转换为世界冰壶联合会（WCF）冰壶比赛场地标准，实现“水立方”变身“冰立方”。对世界范围内类似既有场馆改造将起到引领作用。

二、详细科学技术内容

1. 总体思路及技术方案

针对“水冰”转换技术的施工难题，通过研发可转换支撑结构施工技术，兼作静压箱架高地板施工技术、可移动制冰体系关键技术、环境转换技术等施工技术创新，实现了国家游泳中心，“水立方”向“冰立方”功能的转换，符合冰壶比赛场地要求，达到最高要求的“冰”，完成世界首次“水冰”转换。研究技术路线如图 3 所示。

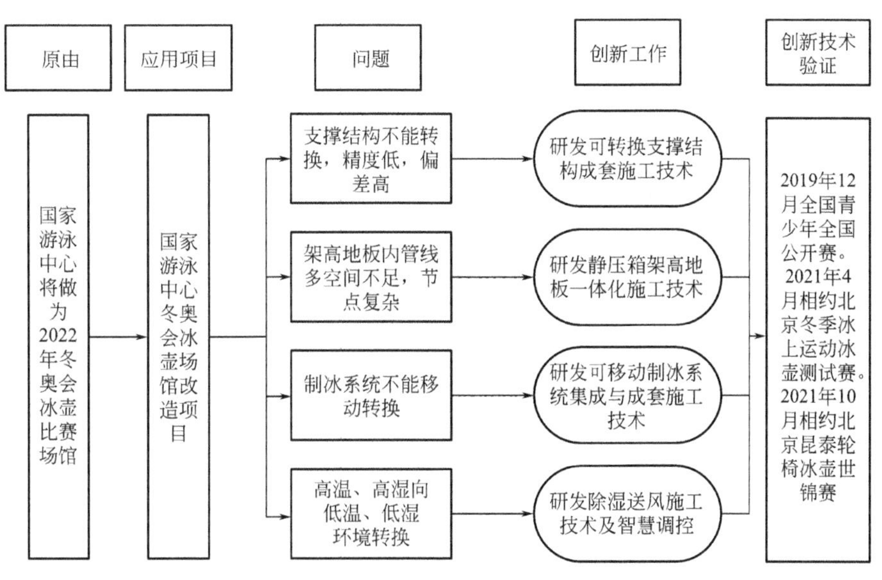

图 3　实施技术路线图

2. 研发冰壶赛道转换支撑结构施工关键技术

2019 年 10 月，2020 年 12 月，在国家游泳中心成功完成了 2 次转换支撑结构安拆，使用轻钢结构 145t，预制混凝土板 1256 块，转换支撑结构完成面，全局高差控制在 6mm 以内，局部 2m 范围内高差控制在 3mm 以内，主要创新成果如下：

（1）提出高标准冰壶赛道转换结构加工精度控制

针对传统加工精度不满足要求的问题，将图纸所示的轻钢结构构件以工业产品标准加工制作检验（图 4a），对长度、打孔、焊接、校正达到工业产品标准，长度及侧弯误差保证 1mm 之内，33150 个安装孔间距精度保证±0.5mm 之内。

预制混凝土板模具按工业产品标准加工、检验（图 4b），允许偏差小于 0.5mm，创新采用磁吸装置，预埋套筒位置在模板上事先焊接螺栓，既保证了预埋套筒位置基本无偏差。

(a) 轻钢结构人工复核

(b) 预制混凝土板人工复核

图 4　人工复核

（2）提出高标准冰壶赛道转换结构安装精度控制

传统基层高差控制较低，建筑装饰层进行偏差找平，冰壶赛道基层高差会对上部工艺层造成累积影响，导致冰层原度增加等一系列问题出现，针对世界冰壶联合会关于基层平整度的要求，对轻钢结构、预制板测出高差做出调整，设有调节螺栓并严格控制轻钢结构高差控制在 2mm，预制板缝在 5mm。在整体预制板安装完成后，全局动态测量出每一块预制板的高差（图 5），严格将整体高差控制在了±1mm 之内，采用激光跟踪仪测量每个点，测量快、数值准、安装精度控制准确，为冰场结构以上工艺层提供高精准低高差的支撑平面，解决增加冰层厚度找平的问题。

图 5　轻钢结构调整偏差及完成面平面度测量

（3）改良机械支腿高度可调的门式起重机

采用轻钢结构及轻制化预制混凝土板，但其单元模块重量使人工搬运效率降低，不利用快速安拆。通过研究改良的门式起重机（图 6），可以分段相接形成不同高度，池岸设驱动装置及轨道，池底设轨道，同时适用池岸及泳池内设高差作业条件，采用些机械设备减少了钢构件运输时间，安装时间 15d 缩短至 10d（图 7)。

图 6　初始运输搭设

图 7　终点运输搭设

（4）提出冰壶赛道转换结构堆载试验

传统结构变形下超出规范所求值为合格，用于冰壶支撑结构会导致冰面开裂，属重大问题。因此，需要针对冰壶赛道设计的支撑结构进行试验，验证变形量最大值，对支撑转换结构进行堆载试验（图 8)。试验现场池岸部分堆载 $500kg/m^2$，泳池部分堆载 $1000kg/m^2$，变形小于 3mm，实测（图 9)。池岸部分堆载大于 $500kg/m^2$，变形 1.1mm，泳池部分堆载大于 $1000kg/m^2$，变形 1.65mm 小于 3mm 的目标设定值，证明结构变形不影响冰面，解决了结构变形导致冰面开裂的情况。

图 8　堆载试验——试验区

图 9　堆载试验——数据记录

（5）提出冰壶赛道转换结构验收企业标准

精益求精高标准，提出高平整度基层，结合项目、冰壶支撑要求制定验收标准，从图纸、材料、生产、检验等一列标准为顺利验收提供了依据。企业标准高于现行标准，实现微变形情况下冰面不开裂的目标。

采用工业化标准加工大幅提升产品精度，整体动态测量成功实现安装精度控制，采用门式起重机极大缩短了施工时间，形成适用冰壶赛道支撑结构，高于现行标准的企业标准，完成验收工作，解决了国际首个泳池搭设轻量、稳定、变形小、冰面无开裂情况的转换支撑结构体系的难题，起到引领作用。形成授权发明专利 1 项，实用新型专利 1 项，北京市工法 1 项。

3. 研发可兼做静压箱的架高地板施工技术

国家游泳中心冬奥会冰壶场馆改造成冰壶场馆有诸多特点，架高地板内管线复杂空间不足，节点构造复杂等，研究解决具有典型特点的静压箱一体化架高要板施工技术，取得了以下主要创新成果：

（1）提出架高地板空腔优化

原方案空腔内布置机电送风管线与置换送风口（图 10），送风管线占用空腔空间，并与架高地板结构产生冲突。研究对空腔内部送风管线进行简化，研究采用独立空腔代替送风管，结合除湿送风技术由普通送风口取代置换送风口，空腔内部管线整体简化（图 11），有效地解决了架高地板内原有设计的送风管道与特殊要求的送风口占用空间问题，引起的空间不足，节点复杂等难题，利用架高地板空腔作静压箱功能使用，极大地简化了施工难度，减少交叉作业，提高效率。

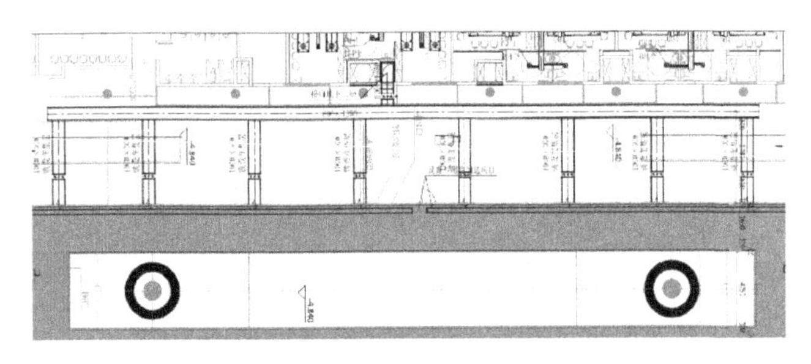

图 10　原方案空腔内管线布置

图 11　优化后空腔内部已无机电管线

（2）研究架高地板空腔密封

利用架高地板空腔作为静压箱，对空腔密封，通过对侧封板、地面、面板的处理，解决密封的问题，架体下部的空间形成天然的静压箱的功能。搭建试验台（图 12），模拟送风气流通过密封空腔后数据，研究数据变化，测试漏风率、局部阻力两个方向，通过试验，数据满足空调送风相关规范要求，可作为静压箱使用，池岸划分为南北两个空腔（图 13、图 14），实现静压箱功能与架高地板集成化，极大地减少施工复杂程度，提升效率。

图 12　架高地板漏风率、局部阻力试验

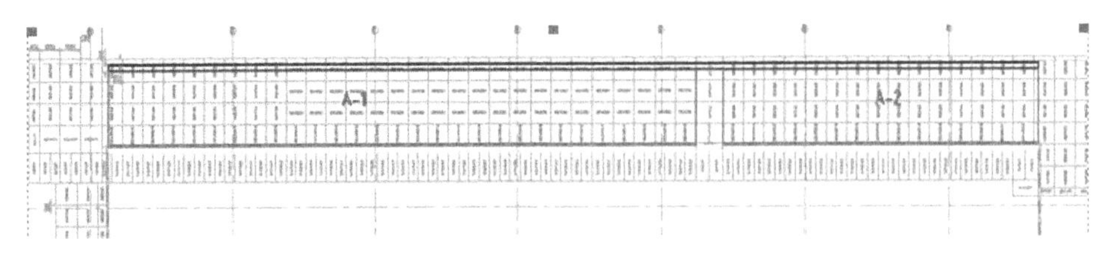

图 13　北侧架高地板空腔分隔

国际首次采用临时性架高地板与静压箱功能一体化技术，空腔内管线得到优化，安装节点简化，符合静压箱功能效果，采用单元模块式，优化布置提高标准模块比例，综合上述创新集成应用技术方法整体缩短了本项施工时间约 7d，减少机电管线投入，可循环周转使用，取得了较好的经济效果。形成授

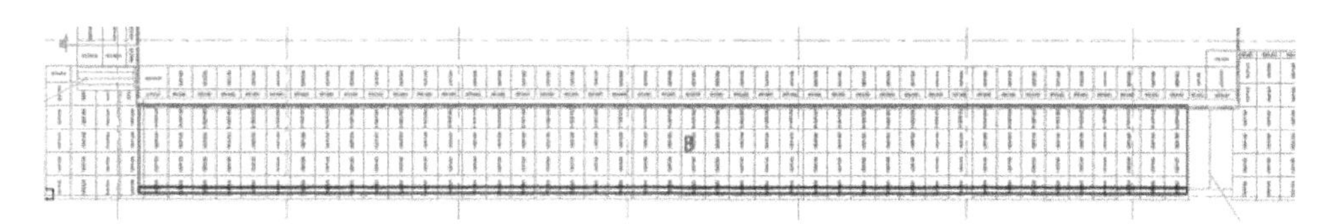

图 14　南侧架高地板空腔分隔

权发明专利 1 项，实用新型专利 1 项。

4. 研发可移动制冰系统关键技术

永久型冰场管线结构，无法在水立方游泳池上进行转换，因此研究可移动冰场艺层施工技术、装配式制冰管线施工技术、制冰排管施工技术、原位安装施工技术。创新地将上述技术集成，彻底解决制冰体系转换的无混凝土湿作业、快速装配式安装、冰排管变形、原位安装、可快速投入使用的问题，实现了可移动制冰系统可快速安拆转换，取得了如下创新成果：

（1）无混凝土作业制冰工艺层施工技术

普通冰壶场馆其制冰工艺有关的内容设置于永久基层内，不能进行随时性的拆除，施工时间长，大量时间用于混凝土的养护。

基于可快速安拆并能达到相同的工艺效果，研究采用可移动转换制冰工艺层，无混凝土作业工艺，设有防水层（图 15）、保温层（图 16）、抗滑层（图 17）、制冰管支架（图 18）及制冰排管（图 19），整体构成可移动转换制冰工艺层。其构成简单、效果好、安拆快速，所有材料可重复持续使用。解决了冰场工艺层移动安拆转换的问题，实现了可快速安拆、防水、保冷与制冰管固整体与永久冰场基本相同的效果。此项技术可广泛用于高级别临时冰场工艺层的搭设。

图 15　防水层

图 16　保温层

图 17　抗滑层

图 18　制冰管支架

图 19　制冰排管

（2）装配式制冰管技术

基于“水冰”快速转换，需要解决制冰主管以及 34km 制冰排管的快速安拆难题，研究采用装配式制冰管施工技术，提出采用预制化定尺标准管单元标准化（图 20），通过研究分析管材、连接方式、长度等因素对快速安拆施工的影响，确定采用 PE 材料管道、铝合金法兰的定尺管，便于施工以及回收，具有抗低温、耐久性好、变形小的特点。

为解决 586 个接口，研究快速接口技术，快速接口设置于制冰主管上，采用固定底座、快速密封压件及控制阀，开成集成式制冰排管快速接口，通过插接，挤压密封在低温下可保持良好的密封性能，解决了制冰排管管线需要快速安拆、密封性良好、拆除回收、可持续周转使用的问题（图 21）。

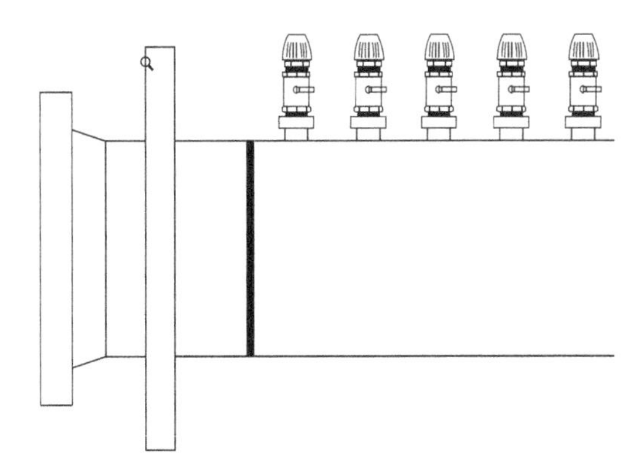

图 20　制冰主管

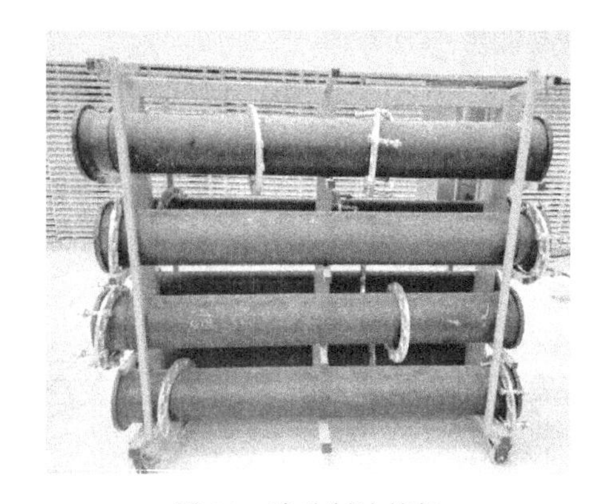

图 21　移动制冰管架

（3）原位安装技术

避免管线错位导致接口错位，制冰排管线长度需求变化，需每次功能转换所有管线均保持“初始位置”状态，提出研究采用原位安装方式来解决上述难题。

低温情况下对编码实现方法有较大影响，采用信息化方法通过 BIM 模型编码与制冰主管编码，制冰排管端号编码一致性技术，解决了再转换管线原装安装、接口对应的问题，避免随意安装产生的管线长度距离不匹配的问题；缩短了安装时间。

（4）可移动室外一体化制冰机组

通常情况下，设置放置在机房内进行保护，在改造场馆中基于无设置机房条件的现状情况，对设备形式与性能以及对外界的影响提出了高要求，需要兼顾室外复杂开气、制冰性能、功耗、电控以及噪声值。提出集成一体化设备，不再依赖室内机房，将所需设备集成在一个框架内，控制整体外形尺寸，解决了无具备机房条件现状情况制冰机组设置的难题，具体冷源、泵送、散热、自控、低噪声、整本框架等集成，实现了像集装箱一样可搬运移动（图 22）、复杂室外环境下稳定出力、低噪声、环保、高能效的目标。

图 22　整体吊装就位与管线连接

由可移动转换制冰工艺层技术、装配式制冰管技术、可移动制冰设备等，创新集成实现可移动制冰系统（图 23）关键技术。

施工 15d 与永久性冰场制冰管体系建设相比，工期减少约 75d。世界首次采用具备可移动转制冰系统，充分利用现状及有限条件，使制冰系统所涉及材料、设备在泳池业态时，移动搬运其他场地可继续使用，创新技术充分体现了绿色奥运和碳中和。形成授权发明专利 1 项，实用新型专利 5 项，局集团工法 2 项。

5. 研发环境转换与智慧调控施工关键技术

目前，由游泳场地高温、高湿向冰壶场地低温、低湿转换还属首次，具有特殊性。场地环境转换是冰壶场地的关键技术之一，整体研究冰温、除湿送风、空调送风的整体应用，达到环境智慧控制的目标，这方面的成套技术尚未有先例。

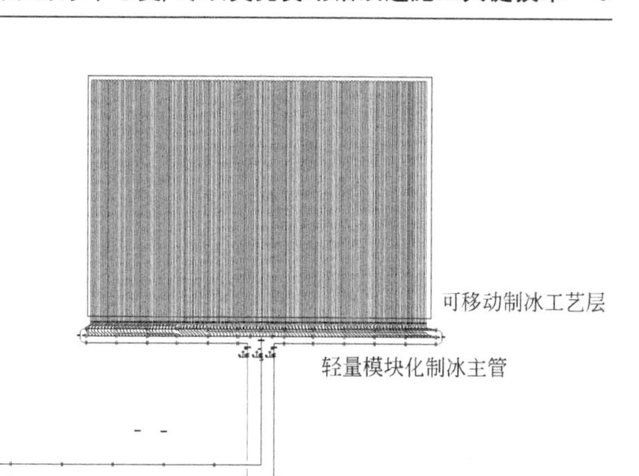

图 23　可移动制冰系统

（1）布风管送风特性研究

普通冰壶场馆利用布风管在高空处送风，对比赛大厅整体进行热温环境控制，其他室外运动场馆则直接将布风管送风口置于场馆内，同样比赛大厅整体进行热温环境控制的方法。

水立方具有比普通冰壶馆比赛大厅约 3 倍的高大空间，整体热温环境控制显然在改馆场馆无法实现。提出研究布风管的送风特性，研究布风管实现地面送风，侧向送风方式对冰面区域空气温湿度进行控制，对各自效果进行物理场地模拟验证（图 24、图 25），通过局部控制冰面环境，适用水立方场馆特点的技术，达到冰壶比赛场地标准。解决了水立方比赛大厅两种送风对布风管不同的功能需求，实现场地送风功能。

图 24　地面送风 CFD 模拟

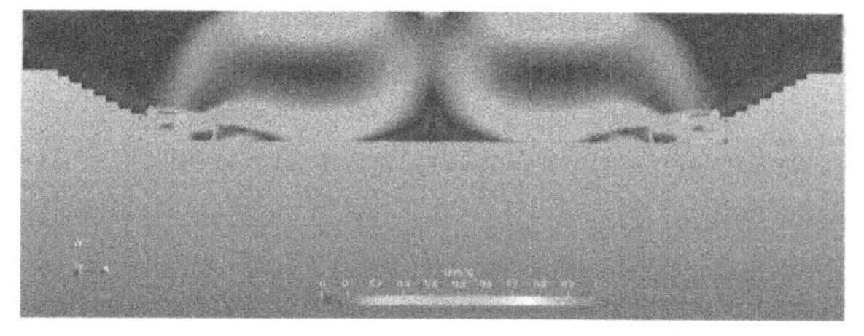

图 25　侧向送风 CFD 模拟

（2）低风速地面送风施工技术

研究 CFD 模拟结果，结合架高地板空腔静压箱功能，研究低速、均匀性良好整体地面送风技术，在空气分布管与空腔双重作用下，解决了干冷空气均匀、低速地送入冰壶场地冰面区域的难题，实现了在冰面上覆盖一层“空气毯”（图 26），阻隔热湿空气对冰面区域的影响，达到了对冰面的保护。

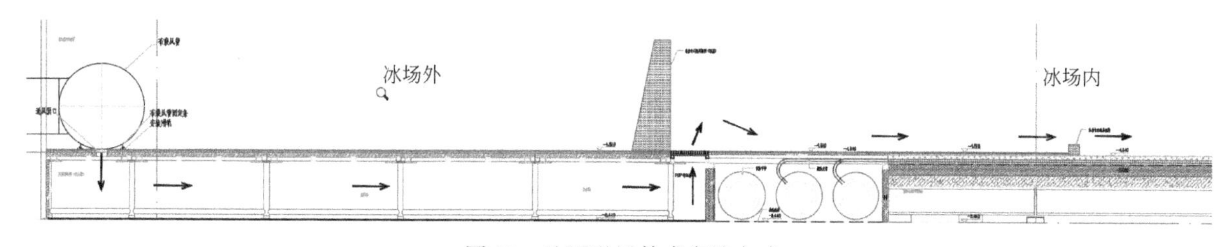

图 26　地面送风技术实施方式

此项技术可将送风均匀性达到良好效果，风速可控制在 0.2m/s 的数量级，研究布风管与架高地板结合工艺及密封性。布风管通过采用吊装方式直接送风，水立方采用特殊送风参数与方式布风管，应用滑轨固定方式，上布风管上设置与滑轨配套安装条，采用插接入轨方式，利用布风管送风时自身膨胀的方式，自然拉紧密封。结构简单，效果好。

低温低湿送风效果经测试赛测试，控制冰面环境效果良好。

（3）侧面可调角度送风施工技术

由于比赛大厅高大空间环境的复杂及多变性，为应对更好的环境突发情况，研究在地面送风方式的基础上，提出对冰面上空空气控制，具有变角度送风方式，应对水立方膜结构、观众等因素对冰面区域温湿度的影响，通常可调角度送风采用调节风口，调节风口受技术与可操作性限制，无法达到设定初速，末端射程以及末端风速控制。研究可变角度创新技术安装方式，可在0°、30°、60°进行转换。解决应对复杂热湿环境温湿度控制的难题，实现了冰面上空不同高度形成“空气墙”（图27），控制冰面上空的热湿空气掺混高度，达到冰面上空环境控制的目的。通过测试赛，对冰面上空温湿度控制效果良好。

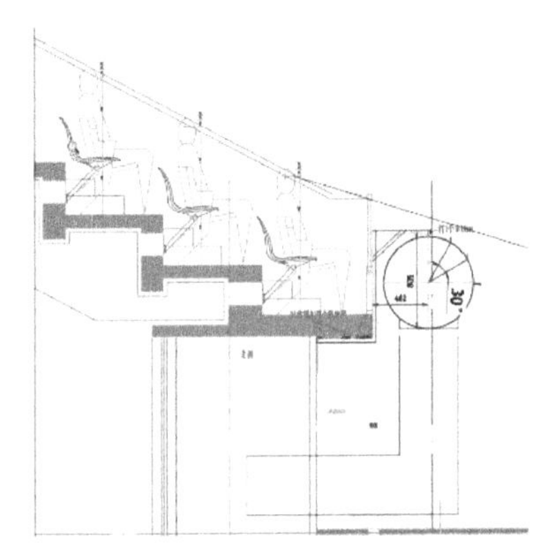

图27　侧面送风技术实施方式

（4）智慧温湿分区调控技术

水立方比赛大厅热湿环境复杂多变，不同区域存在互相影响的问题，冰面区域为核心区，保持各区统一步调，联合控制是关键。通常，BAS控制为系统各负其责、各自设定，环境影响不敏感。

冰面对热湿环境极为敏感，稍有不慎就会导致冰面起雾、结霜。研究各系统分区控制联动，以冰面为主要区域，动态调控各系统参数，将互相影响减小。通过智慧调节冰壶场地制冰系统、除湿送风系统，空调系统调控，针对比赛大厅高大空间特点提出3个系统联动调节，分区温湿度控制（图2），采用智慧调控平台（图28），对比赛大厅环境进行整体联动控制，实现了比赛大厅3个区域不同温湿度控制，达到了环境转换的目的，经放烟测试气流组织（图29），符合要求。

图28　智慧控制平台联动控制

图29　放烟测试气流组织测试

解决了水立方比赛大厅高大空间的特点，由高温、高湿向低温、低湿环境的转换实施技术控制难题，实现分区不同温湿度控制，世界首次完成由高温高湿场地环境向低温低湿的转换，由“水”变成“冰”，对全世界场馆改造再利用起到引领作用。形成授权发明专利1项，实用新型专利1项，企业工法1项。

三、发现、发明及创新点

1. 创新可转换支撑结构体系

研究冰面对支撑结构的需求，研发精益求精的精度控制以及快速转换。完成了冰壶赛道装配支撑结构攻关，解决了首次在夏奥标准游泳池中形成冰壶赛道，实现高精度、低偏差、微变形的难题，填补了高级别冰面支撑结构体系的空白。

2. 创新静压箱与架高地板一体化技术

针对架高地板的原送风方案难以实施的难题，通过搭建试验台测试空腔代替管线，简化复杂节点，集成静压箱功能，解决了架高地板内管线布置空间不足、节点复杂的难题，实现了现状条件构建地面送风通路，填补功能集成应用的空白。

3. 创新可移动制冰系统技术

研发可快速转换安装的制冰系统，构建了以无混凝土制冰工艺、模块化制冰管线、可移动室外一体化制冰机组成的快速安装制冰系统，解决了制冰系统快速安拆、快速投入使用的难题，实现了冰场随同转换，极大地缩短转换时间，填补游泳池场馆快速搭建冬奥制冰系统的空白。

4. 环境转换与智慧调控技术

针对水立方比赛大厅高大空间特点，研发热湿环境送风技术。建立“空气毯”“空气墙”热湿环境送风。研究智慧调控平台，多系统参数联调，解决了比赛大厅由高温高湿向低温低湿转变与调控难题，实现了3个区域温湿度分控，冰面不结霜、不起雾，填补了游泳池场馆“水”“冰”环境转换的空白。

四、与当前国内外同类研究、同类技术的综合比较

2021年4月19日，由亚太建设科技信息研究有限公司对《国家游泳中心冬奥会冰壶场馆改造项目施工关键技术》进行国内外查新与检索，结论为采用了支撑可转换结构；除湿送风技术；环境转换技术；可拆除冰场转换工艺层；可移动制冰和线体系。在国内外检索范围中，未见与上述综合特点相同的文献报道。

五、第三方评价、应用推广情况

2021年5月19日，由北京市住房和城乡建设委员会组织主持召开了“国家游泳中心冬奥会冰壶场馆改造施工关键技术”科技成果鉴定会，鉴定委员会一致认为该成果整体达到“国际领先”水平。

“国家游泳中心夏/冬双奥竞赛场馆改造施工关键技术”，研究成果整体应用于国家游泳中心冬奥会冰壶场馆改造项目，其中极高平整度要求的可转换支撑结构技术，架高地板技术，可移动制冰系统技术，环境转换技术已成功应用，成功解决“水立方”变身“冰立方”所遇到的数项首次的技术难题，对类似场馆改造具有借鉴与指导作用。

六、经济效益

冰壶赛道转换支撑结构施工仅用20d可完成，制冰系统整体15d完成，较永久冰场工艺施工90d缩短60d，快速完成冰场搭设与使用，已完成3次完整转换，节约时间成本、投入成本。

4项创新技术世界上首次应用于水立方，并经2019年12月、2021年4月、2021年10月年3次测试比赛，完成制冰系统的检查及转换效果，具有所有材料均可持续周转使用的特点，节约投入效果显著，充分体现绿色奥运及碳中和的理念。

七、社会效益

国家游泳中心冬奥会冰壶场馆改造项目，位于北京市朝阳区天辰东路11号，为2022年冬奥会、冬残奥会赛时冰壶比赛场地。对冬奥会服务设施、冰壶比赛、制冰等有关内容进行了升级改造，通过创新

技术为工程建设的安全、高效、工期保证、转换目标起到了关键性作用，经济性好，社会效益显著。设施、材料重复使用，场馆改造碳中和，充分响应可持续政策，对于建设绿色奥运、低碳奥运场馆发挥了重大作用。

迎着2022年冬奥会契机，以科技创新确保优质、高效建设冬奥会项目，促进冰上场馆建设，促进冰上运动发展，促进建设冰上强国做出应有的贡献。“水立方”变身“冰立方”，完成由“水”变“冰”，为国内外大量既有场馆提升功能、增加业态，指引了方向，有效节约场馆投入，可持续利用场馆。

科技创新引领世界发展，铸造大国工匠，精品工程，目前授权国家发明专利4项，实用新型专利9项；北京市工法1项，企业工法3项，企业标准1项，9项BIM全国、省部级奖项。

楼梯结构消能减震体系及关键技术研发

完成单位： 中国建筑西北设计研究院有限公司、广州大学、中建三局集团有限公司、西安建筑科技大学

完 成 人： 辛　力、周　云、杨　琦、卢华勇、骆发江、刘　源、史生志

一、立项背景

楼梯结构承担着人员、物资的垂直运输和紧急逃生的重要功能，是多层及高层建筑结构的重要组成部分。历次震害表明，楼梯间的破坏形式主要包括梯板自身被拉坏、梯梁受到梯板冲切破坏、楼梯间梯柱和角柱受楼梯平台剪切破坏等。现行《建筑抗震设计规范》（GB 50011—2010，2016 年版）明确规定，建筑结构设计中应考虑楼梯构件的影响。目前，楼梯抗震设计主要以“抗”的形式抵御地震作用，通常需要采用加大构件截面及增加构件配筋等方式。研究表明楼梯对框架结构的整体刚度、规则性影响显著，梯柱、梯梁、梯板以及楼梯周边结构构件地震作用效应较大，设计时极易超筋，而通过增大相关构件尺寸来解决，会导致楼梯结构刚度进一步增大，地震作用效应进一步增加。与此相反，采用滑动楼梯做法，以“放”的形式进行楼梯设计，消除梯板的等效支撑效应，降低楼梯间和楼梯所在部位的结构刚度，从而使得楼梯间的地震作用效应减小。但由于滑动楼梯在梯板和梯梁之间设缝，导致梯板成悬臂构件，在地震荷载作用下梯板下端会产生剧烈的悬挑跳跃。

楼梯间起着地震时逃生的重要作用，地震灾害来临时，作为逃生唯一通道的楼梯间，人流量瞬间会达到峰值。提高楼梯的抗震性能目标，保证逃生通道安全，是结构抗震急需解决的问题。当前，减隔震技术在设计实践中得到飞速发展，通过在结构相关部位设置隔减震器件，地震时耗散地震能量，保护主体结构安全。减隔震设计思想融入楼梯结构设计，保证楼梯成为整个结构的“安全岛”，具有重要的研究价值和社会意义。

二、详细科学技术内容

1. 消能减震楼梯结构体系研究

（1）消能减震楼梯结构构造

建立消能楼梯间，构造见图 1。在梯板与梯梁之间设置黏弹性减震支座，将填充墙设计成阻尼填充墙，通过减震支座的柔性变形释放了楼梯对框架变形的约束，通过阻尼填充墙砌体单元间及砌体单元与上下梁间的相对位移释放了填充墙对框架变形的约束，消除了楼梯的支撑效应和填充墙对结构产生的过强刚度效应及约束效应，可以有效改善楼梯间的抗震性能。

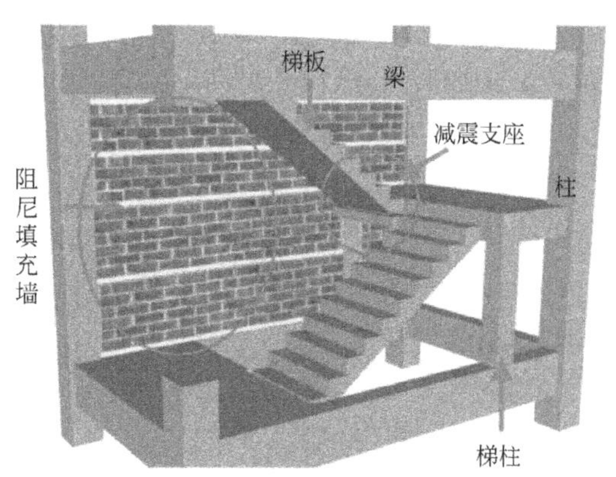

图 1　消能减震楼梯间构造

（2）消能减震楼梯结构抗震性能分析

对带消能楼梯间框架结构、带普通楼梯间框架结构、滑动楼梯间框架结构及不带楼梯间框架结构进行地震作用下的数值分析。研究表明：消能楼梯间同时消除了梯板的支撑效应、填充墙的刚度效应及约束效应，而未明显改变结构的抗侧刚度分布，对结构动力特性的影响很

小；消能楼梯间消耗了输入结构中的大量地震能量，提供了有效的附加阻尼比，减小了结构的楼层剪力、层间位移，提高了框架结构的抗震性能；消能楼梯间减轻了楼梯间构件、框架梁柱等在地震作用下的损坏程度，改善了结构的屈服和破坏情况。

2. 消能减震楼梯支座研发

（1）消能减震楼梯支座产品构造

提出消能减震楼梯的具体构造见图 2。在梯板下端与梯梁之间设置消能减震支座，具有减震效果好、构造简单、施工方便等优点。

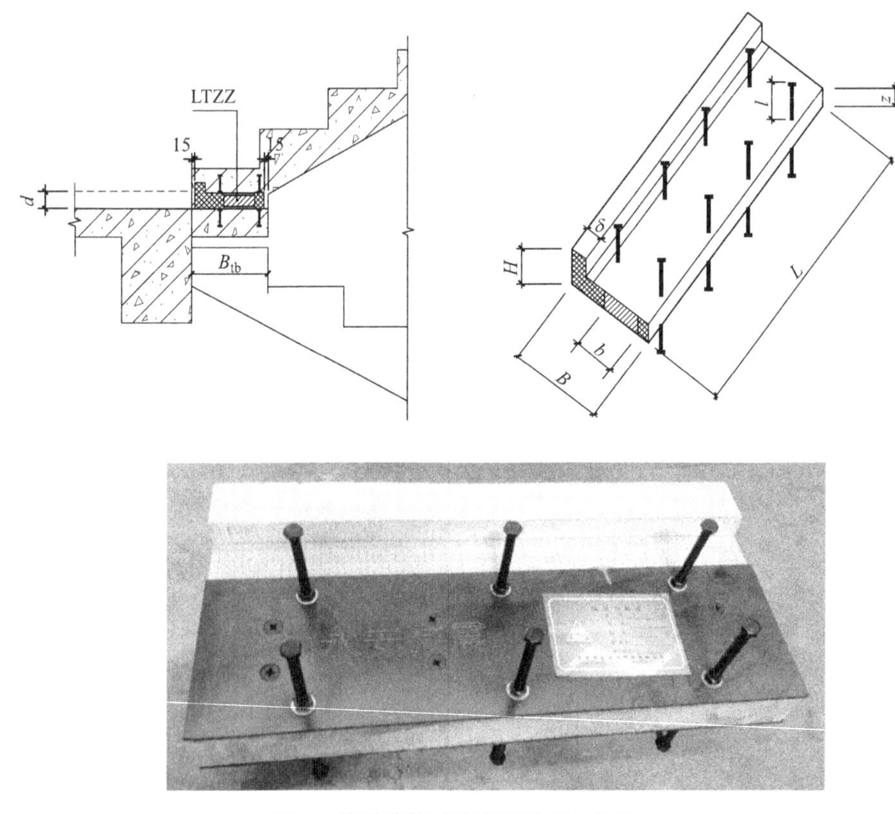

图 2　楼梯消能减震支座位置与构造

（2）消能减震楼梯支座产品力学性能测试及数值模拟

完成楼梯消能减震支座试件水平性能及竖向性能试验，研究了橡胶隔震支座、软钢减震支座、高阻尼橡胶支座的水平剪切性能、剪应力相关性、压应力相关性以及竖向性能，得到了支座的水平剪切刚度、等效阻尼比、竖向刚度等力学参数及水平剪切刚度、等效阻尼比在不同剪切变形、不同压应力下的变化规律。对楼梯间橡胶隔震支座进行数值模拟，验证其各项力学性能指标，为产品制作、分析设计提供依据。见图 3。

（3）楼梯间阻尼填充墙构造及地震作用机理研究

提出将填充墙设计成阻尼填充墙，即把填充墙在竖向上划分为若干砌体单元，在砌体单元之间及砌体单元与框架梁之间设置剪切刚度远小于砌体剪切刚度的阻尼层，形成阻尼层与砌体单元相间设置的构造，同时将砌体单元的一侧与框架柱（梯柱）以拉结筋固定连接（上下相邻的砌体单元异侧固定），而另一侧与框架柱（梯柱）间留缝并用柔性材料填充（图 4）。框架发生侧移时，阻尼填充墙通过砌体单元间、砌体单元与框架梁间的相对位移，实现了填充墙与框架之间的变形协调，避免了阻尼填充墙形成对角支撑参与抗侧力工作。

（4）装配式消能减震楼梯结构构造与受力机理

将消能减震支座直接集成在装配式楼梯上，支座上部锚入预制梯板下端，下部预留连接板，与梯梁

(a) 橡胶支座及产品测试

(b) 软钢支座及产品测试

(c) 黏弹性消能减震支座性能试验

图 3　试件及加载装置

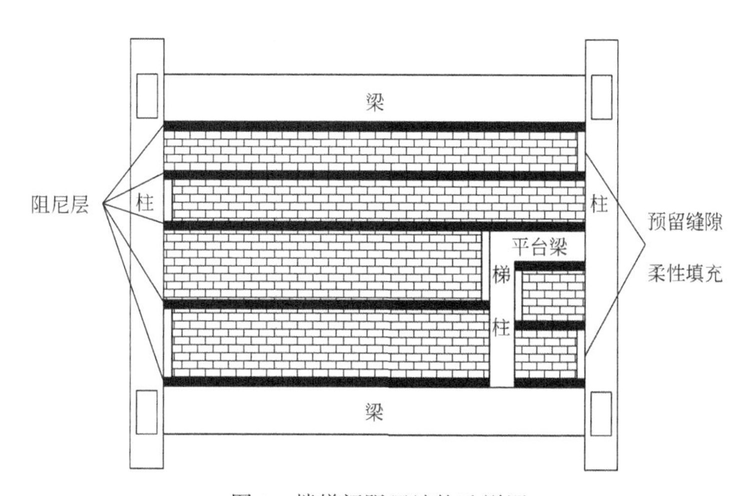

图 4　楼梯间阻尼墙构造详图

相关部位的预埋件焊接连接，实现滑动楼梯构造，对楼梯间的建筑功能不产生影响，连接方式更加简单。见图 5。

3. 消能减震楼梯结构设计方法研究

（1）数值分析

建立了设置普通现浇楼梯、设置普通滑板支座楼梯、设置消能减震支座楼梯的钢筋混凝土框架结构

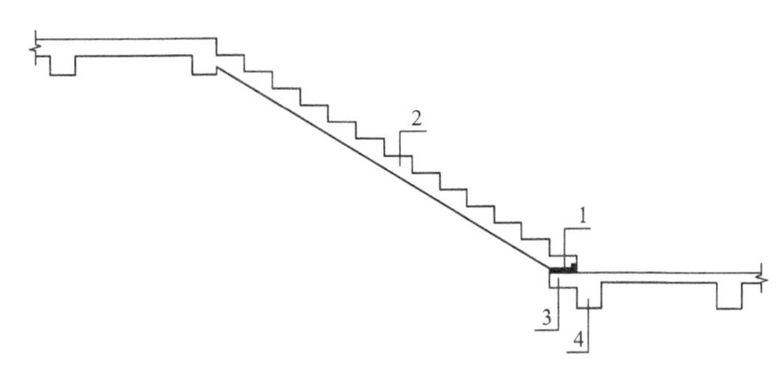

(a) 装配式消能减震楼梯构造

(b) 装配式消能减震楼梯抗震性能试验

图 5　装配式消能减震楼梯

1—楼梯隔震支座；2—预制梯板；3—悬挑板；4—低端梯梁

模型，分别进行了多遇地震下反应谱分析和罕遇地震下弹塑性时程分析，研究了楼梯间设置消能减震支座对整体结构动力特性及楼梯间构件受力性能的影响规律。结果表明，楼梯间设置消能减震支座的整体结构动力特性明显减小，设置消能减震支座以后，楼梯梯段板对楼梯间构件的斜撑作用减小，楼梯间构件的受力性能得到改善。见图 6、图 7。

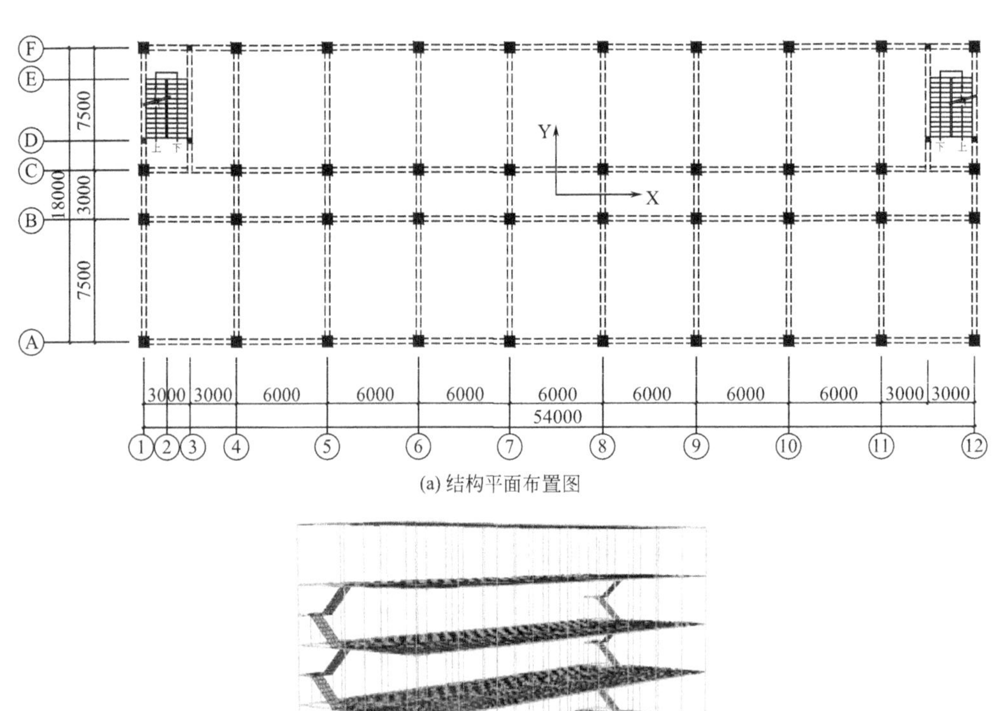

(a) 结构平面布置图

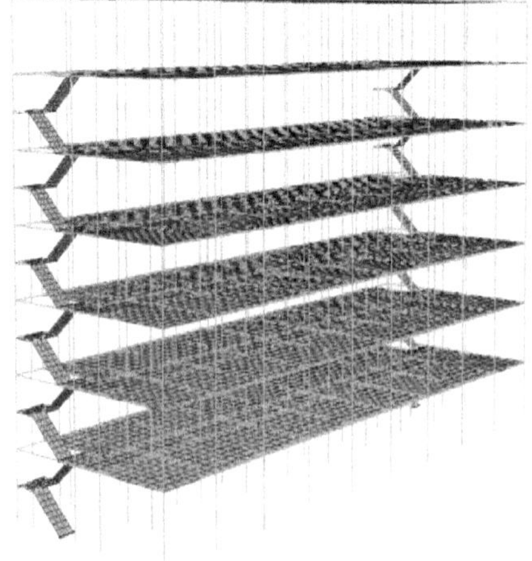

(b) ABAQUS模型

图 6　整体结构模型

(2) 消能减震楼梯间模型振动台试验研究

以设置隔震橡胶支座和聚四氟乙烯板滑动支座的现浇钢筋混凝土（RC）楼梯间框架单元为对象，

(a) 普通楼梯间的普通楼梯　　(b) 滑动楼梯间的滑动楼梯　　(c) 消能减震楼梯间的减震楼梯

图 7　楼梯构件在 2%位移角下的损伤分布

对缩尺比例为 1∶3 的模型结构进行了振动台试验。以 RC 框架结构双跑楼梯间为原型，采用两层、两跨对称方案（图 8）。①—②轴线楼梯间梯段板下端设置滑动支座，②—③轴线楼梯间设置隔震支座。试验结构裂缝分布见图 9。结果表明，隔震支座具有"隔震、减震、防倒塌"的多重功能，给楼梯乃至整体结构带来更好的防护效果。

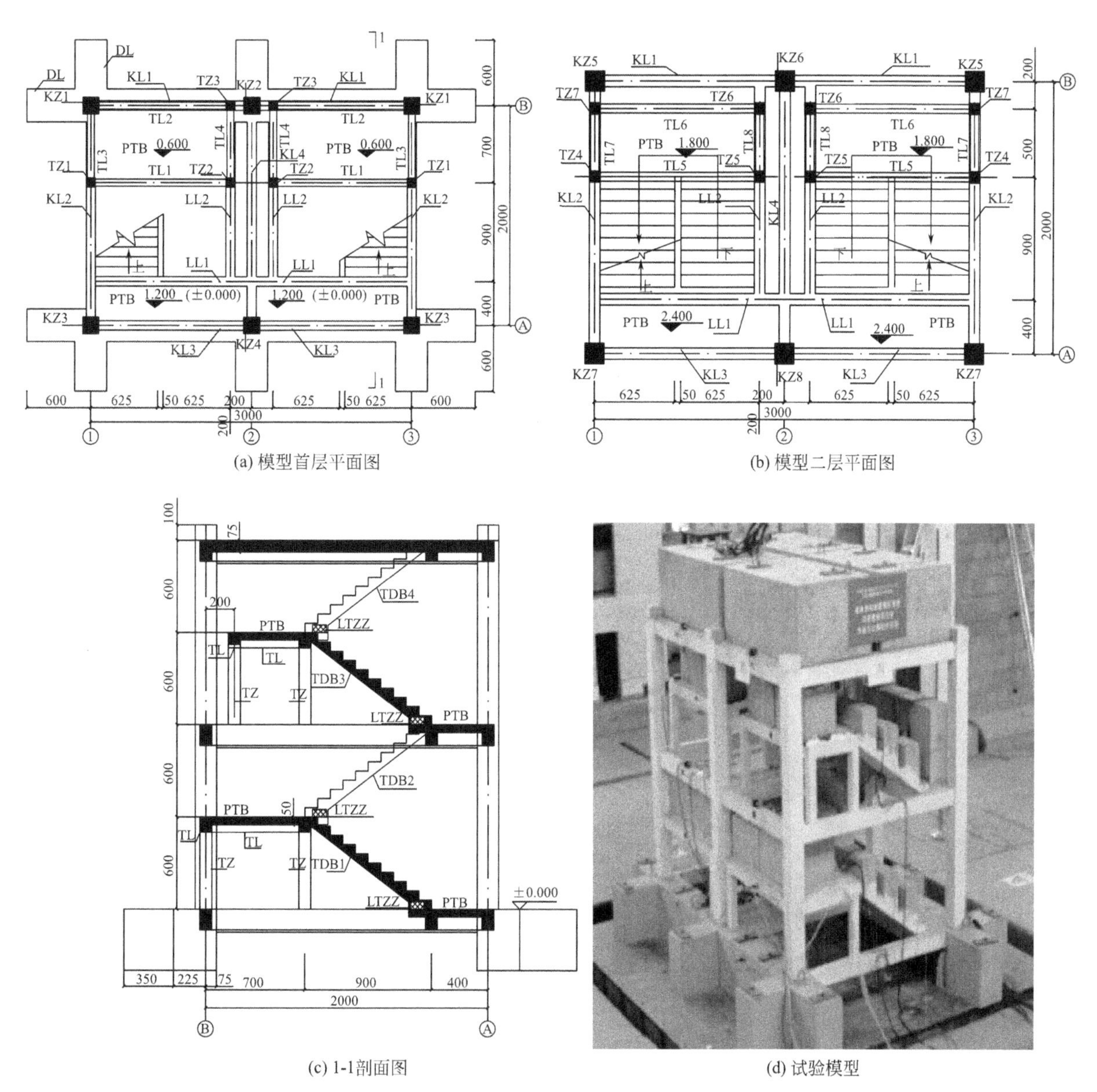

(a) 模型首层平面图　　(b) 模型二层平面图

(c) 1-1剖面图　　(d) 试验模型

图 8　振动台试验试件模型

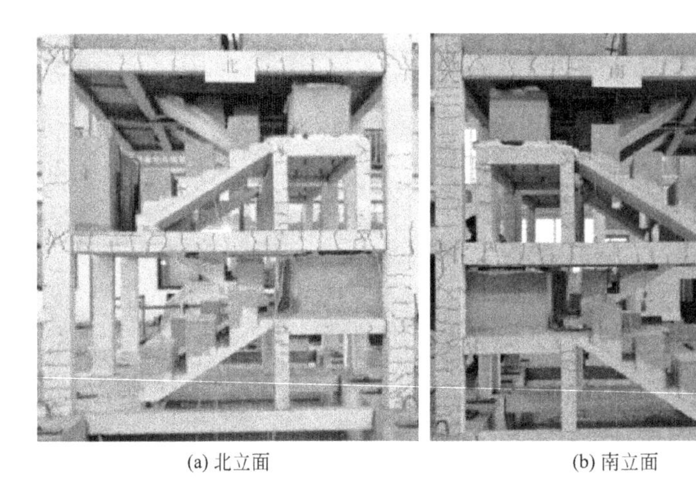

(a) 北立面　　(b) 南立面

图 9　模型损伤分布

4. 楼梯间隔震结构设计方法研究

建立了消能减震楼梯结构的设计方法。对楼梯橡胶隔震支座、高阻尼橡胶支座进行了规格化的规定，明确了其型号及设计参数。橡胶隔震支座“大震不倒”的设防要求通过变形能力验算和承载力验算来保证。结合楼梯间破坏机理，提出了变形能力验算准则、水平防倒塌验算的承载力准则、竖向防倒塌验算的承载力准则。根据不同形式楼梯结构大震倒塌模式及理论公式，计算出各种楼梯结构类型的橡胶支座设计参数。见图 10、图 11。

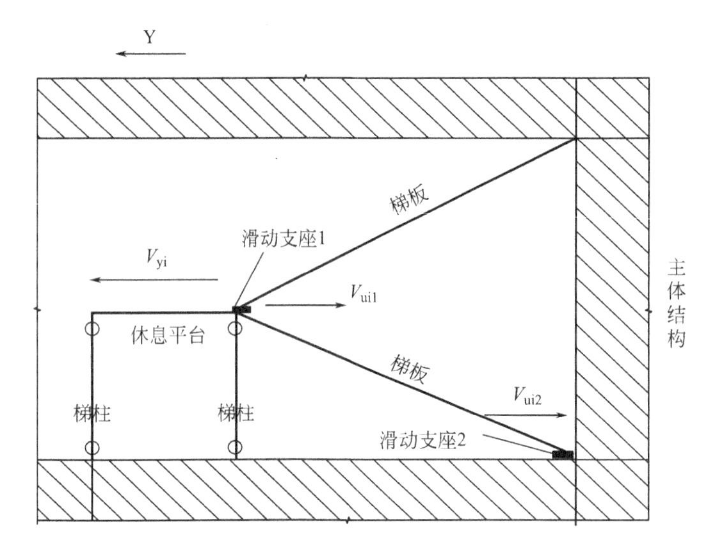

图 10　楼梯结构水平防倒塌验算简图

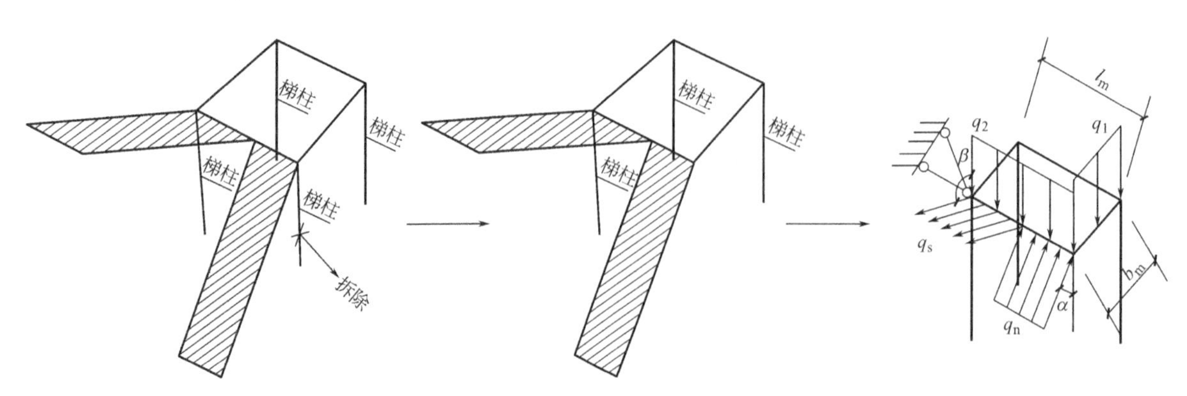

图 11　楼梯结构竖向防倒塌验算

5. 楼梯结构隔震支座标准化生产、产业化推广

编制完成了国家、地方楼梯结构隔震设计标准图集，完善了生产、检测、安装标准，推进产品大规模的工程应用。已应用于国家标准图集《橡胶支座钢筋混凝土板式楼梯》17CG34 和地方图集《隔震橡胶支座现浇钢筋混凝土板式楼梯》陕 14G10。

目前，该项技术已在 200 余项工程中得到实际应用，获得中建总公司、陕西省住房和城乡建设厅等各级各类奖励 5 项。见图 12、图 13。

图 12 楼梯结构隔震支座产品规模化生产和推广

三、发现、发明及创新点

1. 创新性地将减隔震思想融入楼梯结构抗震设计

将建筑隔震技术应用于楼梯间的抗震设计，通过设置消能减震支座，消除楼梯构件对主体结构抗震

图 13　装配式消能减震楼梯、消能减震墙板工程应用

的不利影响，减轻楼梯和主体结构地震作用，完美地解决了楼梯结构的抗震设计问题。

2. 研发出集滑动和耗能两道防线为一体的消能减震楼梯支座

对普通橡胶支座、高阻尼橡胶支座、软钢类支座等进行了系统研究，给出其产品规格和性能参数，为工程设计提供了依据。

3. 系统性提出消能减震楼梯结构的设计方法并形成相关图集

主编完成《橡胶支座钢筋混凝土板式楼梯》等相关国家、地方标准图集两项，给出消能减震支座的设计和选型方法，在保证楼梯结构安全的前提下提高了设计效率。

4. 将消能减震支座与装配式楼梯技术相集成，研发出装配式消能减震楼梯产品

将消能减震支座直接连接于装配式楼梯，解决了传统装配式楼梯连接复杂、抗震性能不可靠等问题，助推建筑工业化的进一步发展。

5. 真正实现楼梯间作为大震时“安全岛、逃生岛”的抗震设计理念

针对楼梯间抗震的薄弱环节（梯板斜撑效应引起应力集中、填充墙倒塌），提出系统性解决方案，避免楼梯间在大震作用下发生倒塌，使其真正成为地震中人员疏散的生命线通道。

四、与当前国内外同类研究、同类技术的综合比较

首次将隔震设计思想融入楼梯结构抗震设计中，通过在楼梯的梯梁与梯段板之间设置防倒塌隔震支座，提高结构阻尼比，减轻结构地震作用，提高结构抗震性能，达到楼梯间减隔震的效果；同时，将楼梯间填充墙设计为装配式阻尼墙板，使楼梯间成为地震中人员疏散的安全岛。

该项研究在陕西省科学技术研究院进行了科技查新，查新结果表明本单位最早将减隔震理念运用到楼梯间抗震设计中，研发出的楼梯间橡胶隔震支座和楼梯间软钢耗能支座均属国内首例，目前虽然陆续有多家单位也在进行楼梯间减隔震的研究，但无论是相关论文还是专利发表时间均晚于本研究所发表的相关成果；同时，该项研究的成果已经在众多工程项目进行了推广应用。

2018 年 7 月 2 日，“楼梯结构隔减震设计方法及成套关键技术”通过了陕西省土木建筑学会组织的科学技术成果鉴定。该项研究获得了鉴定委员会的高度评价，鉴定委员会建议加快该项目的推广与应用。

五、第三方评价、应用推广情况

楼梯结构消能减震体系及关键技术自产业化生产和推广以来，受到设计方、施工方与建设方的一致认可。

对于设计单位，消能减震楼梯弱化了楼梯结构对于主体结构的影响，设计时可不考虑两者的相互作用，且楼梯消能减震支座选型方便，大幅降低了设计工作量，完美解决了楼梯结构的抗震设计难题。

对于施工单位，消能减震楼梯支座产品工厂化生产、一次成型，保证了产品质量，简化了施工工序，方便快捷。

对于业主单位，消能减震楼梯结构大幅提升了结构抗震安全性，实现了楼梯间作为地震逃生安全岛的功能，技术成熟、性价比高、社会影响力好，业主普遍乐意接受。

楼梯结构消能减震体系及关键技术的研究成果发表了多篇论文，申请了多项专利，在大量实际工程中得到应用。相关专利产品已经授权多家减隔震支座加工企业和装配式构件加工企业生产推广，如陕西永安减震科技有限公司、衡水震泰隔震器材有限公司、震安科技股份有限公司、北京堡瑞思减震科技有限公司、西安达盛隔震技术有限公司、陕西投资远大建筑工业有限公司、韩城伟力远大建筑工业有限公司、西安方平建筑科技有限公司等。

该技术相关产品在许多知名施工企业的大型建筑工程中得到应用，目前该项技术已在几百项工程中得到实际应用，直接经济效益突破 7000 万元。同时，帮助 300 余人解决了就业问题，经济效益和社会效益非常显著。

该成果适用于所有抗震区的框架类楼梯结构，具有非常广阔的市场空间和推广前景。目前，《楼梯间结构消能减震技术规程》协会标准已经获批立项，新型楼梯消能减震支座、楼梯间消能减震墙板、消能减震耗能墙等新产品已经具备推广条件，装配式消能减震楼梯也已经实现规模化生产，相信后期会获得更大范围的推广。

六、经济效益（表 1）

该技术产品 2017～2020 年，产品实现经营收入 7101.3 万元，利润率按 20%计算，税收按 7%计算。

经济效益　　表 1

项目总投资额	300 万元		回收期(年)	4
年份	新增销售额	新增利润	新增税收	
2017 年	1253.2 万元	250.6 万元	75.2 万元	
2018 年	1559.8 万元	312.0 万元	93.6 万元	
2019 年	1935.6 万元	387.1 万元	116.1 万元	
2020 年	2352.7 万元	470.5 万元	141.1 万元	
累计	7101.3 万元	1420.2 万元	426.0 万元	

七、社会效益

在楼梯间设置消能减震支座和黏滞阻尼墙，能够从构造上将主体结构与楼梯构件脱开，消除楼梯构件对主体结构抗震计算的不利影响，将楼梯结构真正设计为地震逃生的“安全岛”。近年来，消能减震楼梯大量在学校、医院等重要生命线工程中得到应用，大幅提升了此类楼梯结构的抗震性能，保证了地震逃生通道的畅通，社会意义非常显著。

装配式消能减震楼梯将预制楼梯产品多功能化，增加了技术附加值，符合国家建筑产业化政策，满足绿色、节能、环保的可持续发展要求，进一步拓展了其使用范围，在学校、医院、养老机构等项目中得到广泛应用，在目前大力发展装配式建筑的政策背景下，具有广阔的市场前景。装配式消能减震楼梯提升了装配式楼梯的抗震性能和施工效率，为建筑工业化的发展做出了一定贡献。

采用消能减震楼梯结构可简化楼梯间构件设计方法，减轻设计人员工作量，提高设计效率，减少设计中可能出现的问题。楼梯减震支座、装配式消能减震楼梯、楼梯间消能减震阻尼墙等，自产业化生产和推广以来，受到设计方、施工方和建设方的一致好评。

高铁下穿超大型机场航站楼施工关键技术研究与应用

完成单位： 中国建筑第八工程局有限公司、中国建筑西南设计研究院有限公司、中建科工集团有限公司

完 成 人： 詹进生、石　鹏、王贤金、陈波林、王晓丽、刘宜丰、申　雨

一、立项背景

成都天府国际机场是我国“十三五”规划中建设的最大民用运输枢纽，是丝绸之路经济带中等级最高的4F级航空港。机场总用地面积52km^2，将建设“两纵一横”3条跑道，其中T1航站楼建筑面积35万平方米。项目规模庞大，空地一站式结合，结构形式复杂，各种因素影响为施工带来较大难度，主要表现如下：

1. 首例高铁以最高时速下穿航站楼

下穿航站楼的高铁主体结构形式为双线变六线连跨拱形封闭框架，断面弧度从24.55°渐变至153.79°，弧形精度控制困难；高铁隧道顶板作为航站楼基础底板，且高铁以时速350km/h不减速通过航站楼，对航站楼干扰巨大，隔振设计不仅要对高铁的振动进行有效隔离，还要对声频范围内的振动进行有效隔离。

2. 超长混凝土薄板结构跨度大、后浇带设置多

航站楼长1283m，宽520m，楼板厚度120mm，设计采用59条后浇带，为工序穿插及工程施工质量带来难题，若取消后浇带，需开展与收缩变形控制相关的理论与技术研究。

3. 航站楼屋盖钢网架跨度大且曲面形式复杂

T1航站楼平面尺寸1285m×531m，呈倒T形布置，网架平面投影面积约为10.51万平方米，中央大厅为超大空间双曲面网格结构，网架跨层特点显著，标高变化范围23～43.7m，拼装、提升和卸载等环节的变形控制难度大、危险性高。

4. 桩基数量多，成孔复杂

桩基数量多达5055根，分布面积12.48万平方米，一半以上区域为不均匀地基，上层滞水多，桩基成孔过程中，由于淤泥土质极易造成塌孔现象，影响施工效率，同时桩基施工均为水下作业，水下成孔环境复杂且难以观测，质量控制难度大。

二、详细科学技术内容

1. 高铁下穿航站楼建造技术

（1）解决了渐变双弧形顶板模板施工技术难题

研制了弧形模板高精度激光测拱技术（图1），通过控制模板起点、终点与待测点处三根刻度杆，以激光扫描方式获取高程数据并计算得到起拱量，解决了弧形顶板支模起拱测量精度差、效率低的难题。经实际测量统计，起拱数值测量较人工测量，效率提高30％的同时，测量误差均控制在±2mm以内，测量精度误差较规范允许值±5mm减小60％。

研制了渐变双弧形顶板支模技术（图2），通过有限元模拟分析，确定架体立杆按应力比最小原则布设。通过主龙骨采用弯曲工字钢以解决弧形曲面弧形成型难题，木模板根据顶板弧度进行散拼，在立杆顶部顶托和主龙骨间加塞楔形方木，使弧形龙骨斜向力转化为竖向力，受力面保持水平，解决了立杆

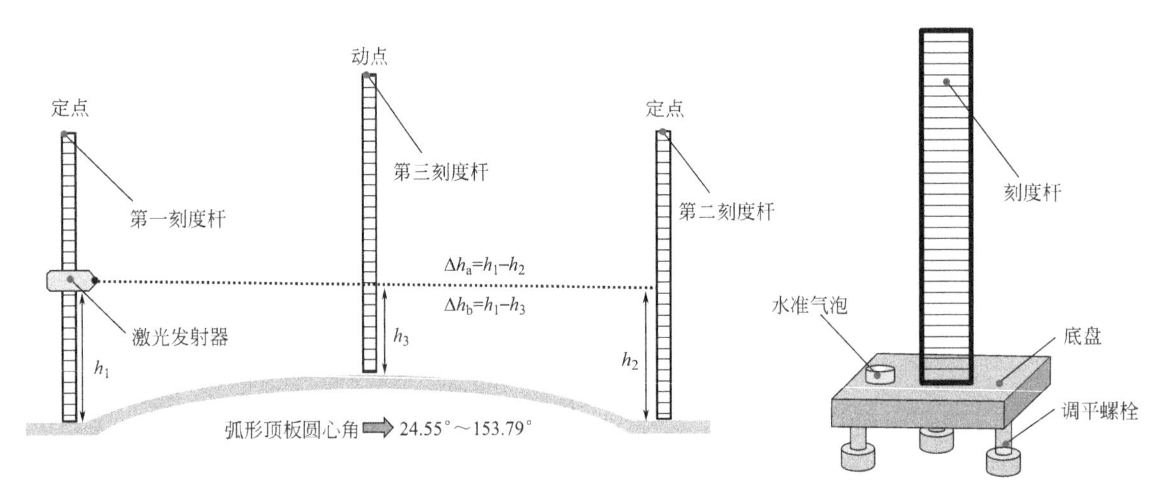

图 1　弧形模板高精度激光测拱技术

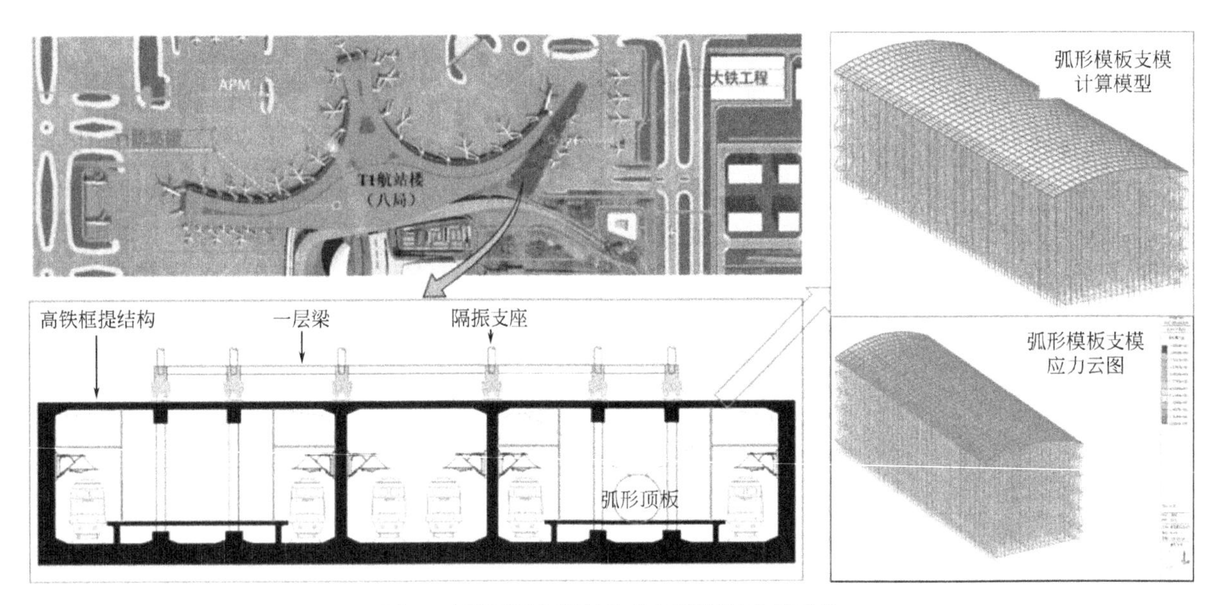

图 2　高铁下穿框架结构及弧形顶板支模系统

倾斜带来的失稳控制难题。

建立了智能化全过程监测系统，采用智能监测手段，引入高支模安全监测系统，对架体位移、沉降等进行实时监测，对超限监测参数进行自动报警，便于采取相应的应急措施，（图 3）。施工过程中有效监测点位覆盖率达 86%，关键参数监测覆盖率达 100%。

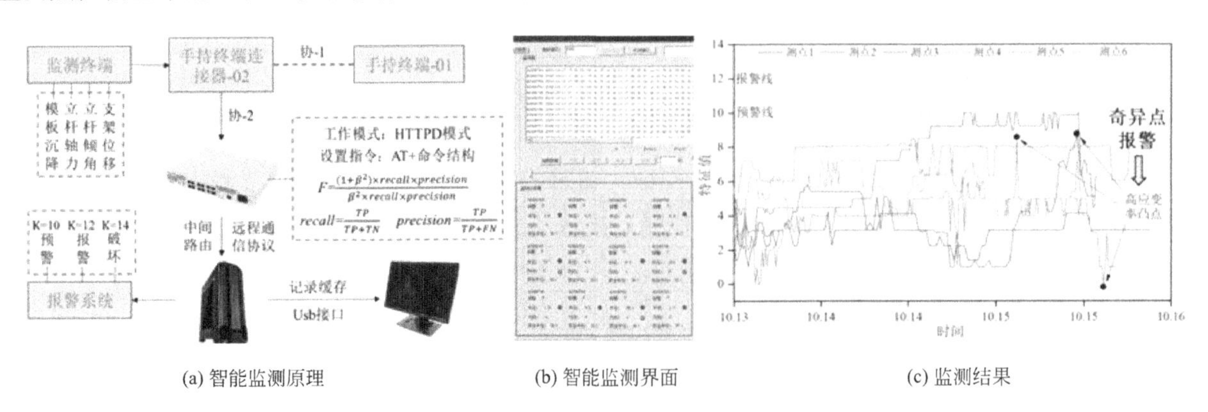

(a) 智能监测原理　(b) 智能监测界面　(c) 监测结果

图 3　智能化全过程监测系统

（2）攻克了高铁下穿航站楼时高频振动与声频振动影响的难题

建立了列车-轨道-站房-土体-航站楼多因素耦合的分析模型（图 4），通过对不同隔振方式性能以及隔振器布设阵列未知参数分析，选取调谐比 $\eta \geqslant 2$ 的隔振形式对高频振动波进行过滤，并基于此提出了隔振效率最优的布设方案，使得最大 Z 振级满足居民文教类（75/72dB）、分频最大振级满足特殊住宅区类（70/67dB）的要求，确保了航站楼使用的安全需求。

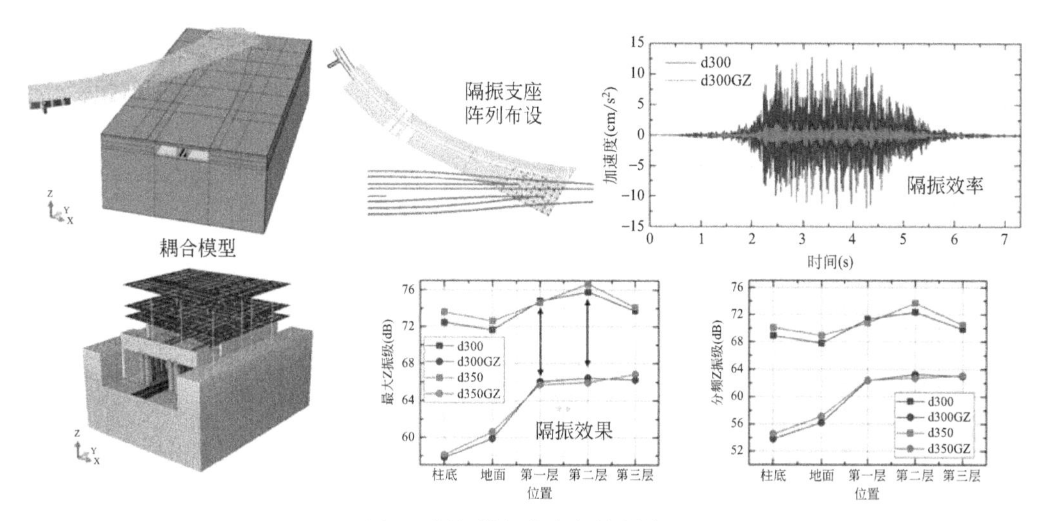

图 4　隔振模拟技术与控制效果

创新采用弹簧隔振器可预紧性措施，提前压缩隔振器，通过预紧螺栓锁住使得弹簧隔振器转换为刚性支承，同时利用调平钢板补偿沉降变形（图 5）；利用黏度极高的阻尼剂吸收弹簧圈之间的共振能量，有效地抑制了高频振动，解决了高频失效的难题。

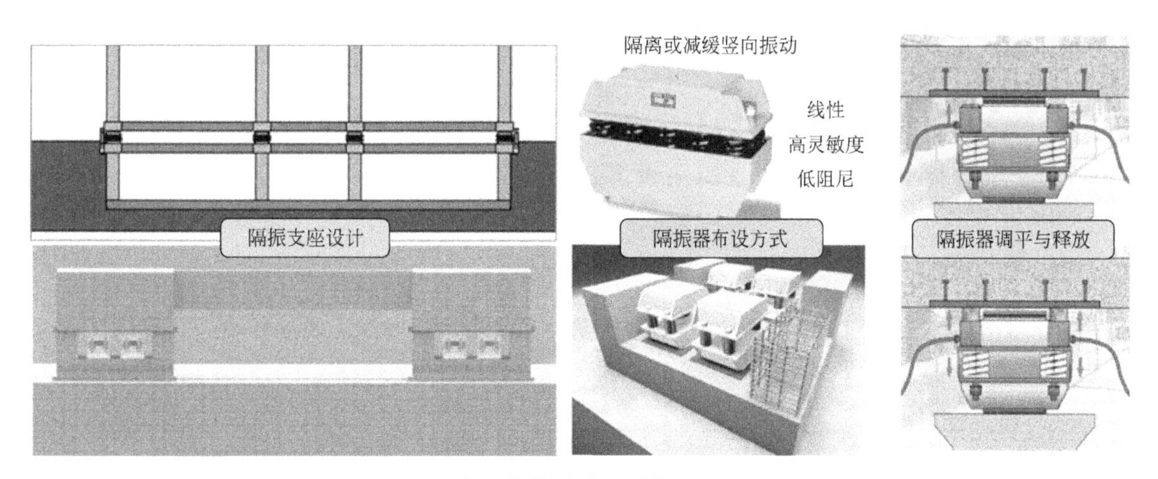

图 5　隔振支座设计与施工

研发了下穿航站楼的高铁隔振结构及其施工技术，创新采用自粘纺织垫板，利用沥青将隔振器粘合到支承或被支承结构上（图 6），并通过设置临时支撑提高预埋钢板稳定性，解决了隔振器安装效率低的难题，确保了隔振系统安装精度，隔振器实际安装误差绝对值最大为 1.6mm，较规范容许值 2mm 减小 20%。

2. 超长薄板结构无缝施工技术

（1）超长薄板结构无缝施工技术

建立了多指标超长结构混凝土配合比设计方法，通过试验（图 7），从水灰比、矿物掺合料用量、膨胀剂用量，优选总应变最低、残余应变最低、强度和弹性模量满足要求且增长最快的配合比，从材料角度降低了混凝土早期裂缝出现的风险。多指标超长结构混凝土配合比优化方法选取的配合比与基准配

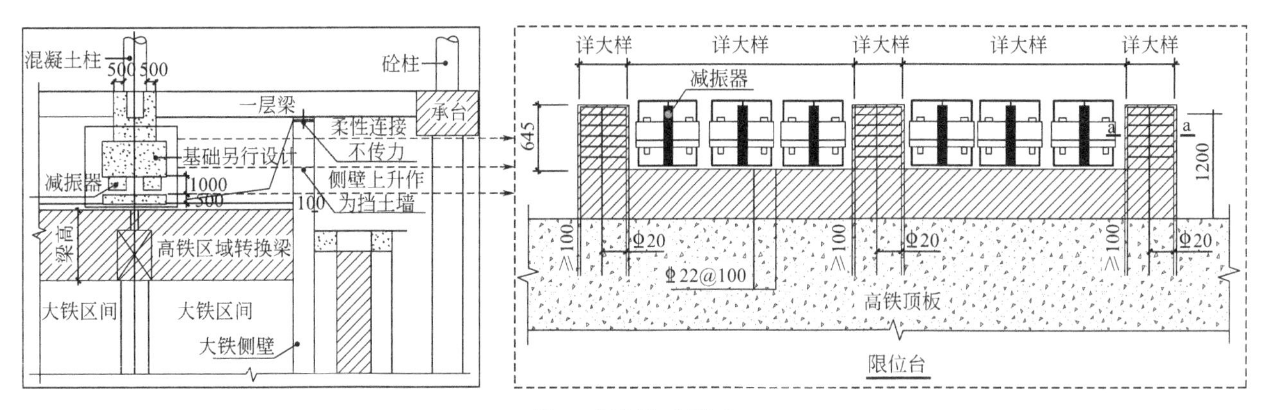

图 6　隔振构造形式

合比相比，膨胀剂的掺量降低 25%，水灰比减小 2.3%，粉煤灰增加 2%，提升了整体强度，并满足早期收缩参与应变的设计要求。

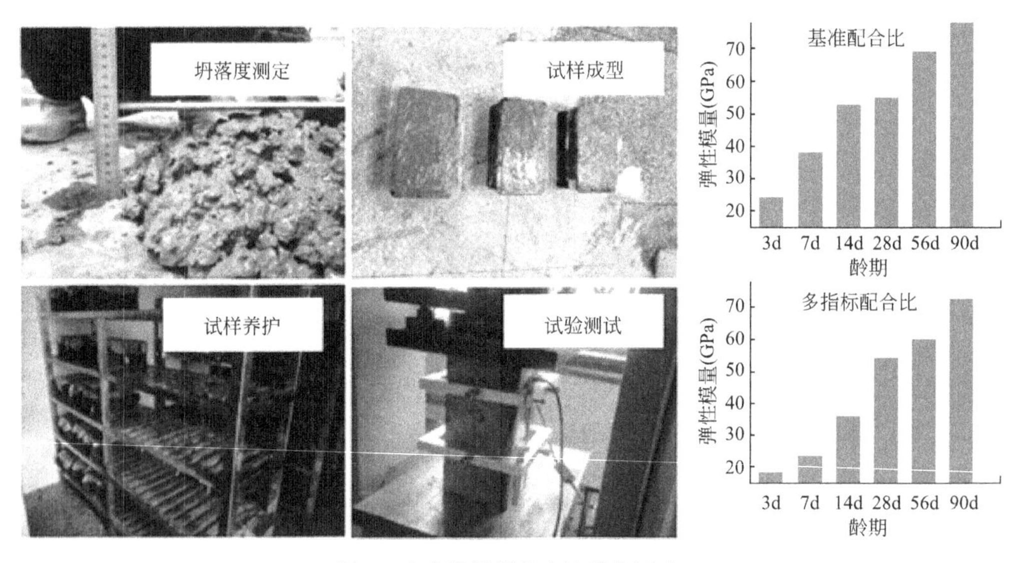

图 7　多参数控制配合比优化试验

(2) 开展了同工况下足尺试验对配合比优化方法的验证

为了验证多指标超长结构混凝土配合比优化方法的有效性，结合施工现场环境，开展同工况下混凝土构件的 1∶1 足尺试验（图 8）。

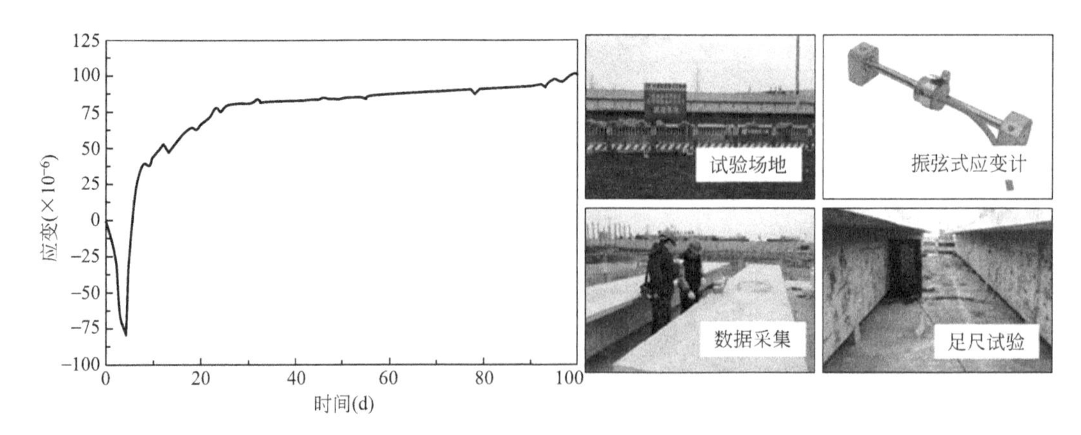

图 8　现场足尺试验

通过数据采集，得到足尺试验 7d、28d、90d 的强度、弹性模量和变形量（表 1）。足尺试验强度、弹性模量、变形量随龄期的变化趋势与室内试验相同，并且均满足设计要求。

足尺试验结果 **表 1**

龄期(d)		7	28	90
足尺试验	强度(MPa)	32	39	44
	弹性模量(GPa)	31	57	78
	变形量(με)	51	91	104

(3) 研发了混凝土裂缝远程监测系统

通过数值模拟将混凝土结构中温度应力较大的部位进行智能识别，提供监测点布置位置（图 9a）。采用两点式固定方法将应变传感器安装在结构内部钢筋上（图 9b），通过应变传感器定时测量结构内部的应变量并实时传输给数据终端，对结构变形进行高密度远程监测。

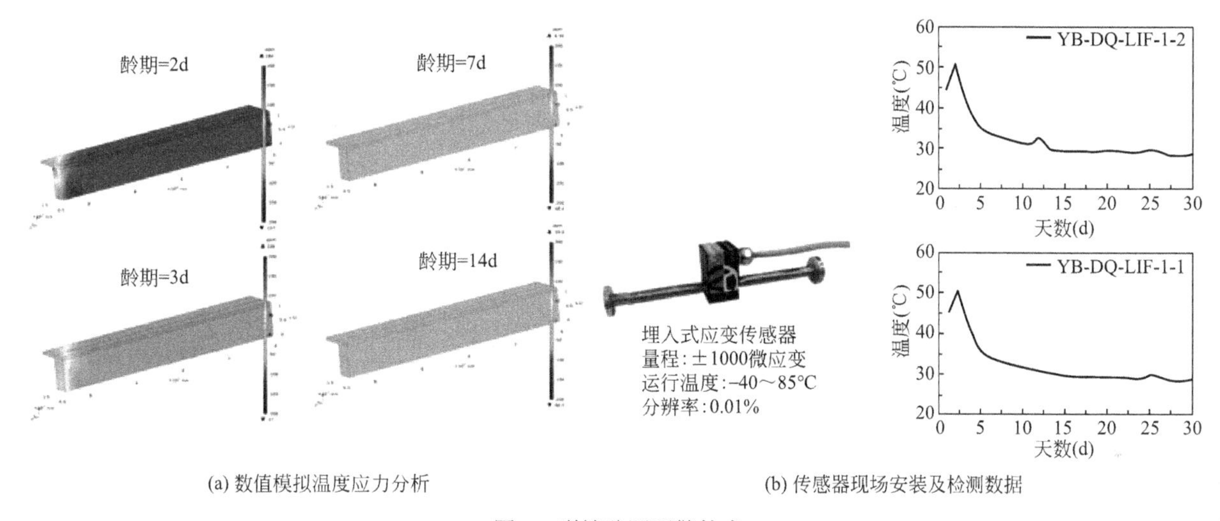

(a) 数值模拟温度应力分析　　(b) 传感器现场安装及检测数据

图 9　裂缝监测预警技术

3. 超长曲面网架高效高精度智能化安装

(1) 研发了智能化提升控制系统

研发了智能化提升控制系统（图 10），通过智能化控制设备，结合提升数字化模拟技术，实时监控并判断任意两个提升点的高程行进偏差分析。当结构单元的力与变形、任一提升吊点以及任意两点间高程行进差超过预警值，则即刻中断提升过程，计算机进行数据反馈计算并下达处理指令，由交互系统显示修正方案并执行，最终实现智能化同步提升。

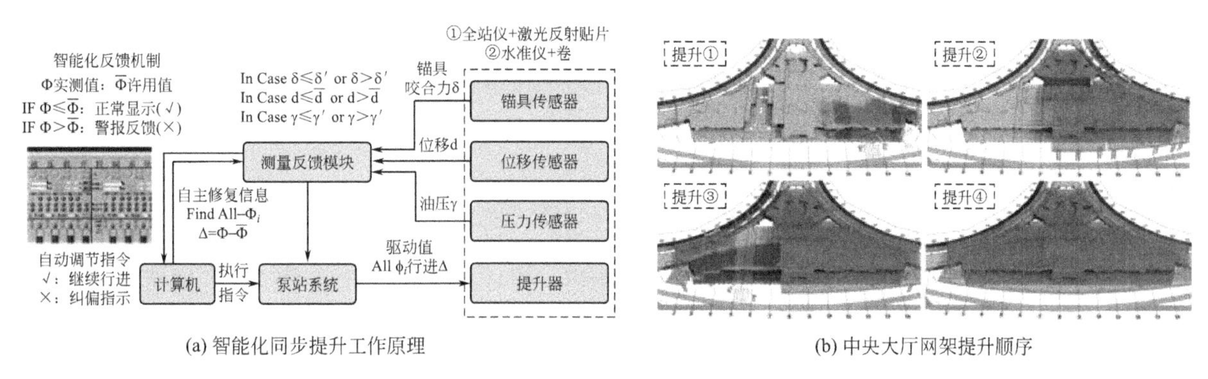

(a) 智能化同步提升工作原理　　(b) 中央大厅网架提升顺序

图 10　智能化同步提升系统

（2）形成了超长曲面网格结构集成化安装技术

建立了千米级机场钢结构多尺度施工动态优化分析技术，通过有限元分析，选取了低应力占比大且应力状态更接近设计状态的提升方案，实现施工过程的变形、应力优化，优化后安装残余应力最高下降51%；提出了分块安装下残缺态结构单元施工变形控制技术，用杆件与原网架结构焊接球相连，进行结构补全，使补全结构形成完整的受力体系，解决了残缺态结构单元变形大、受力不连续的难题（图 11）。

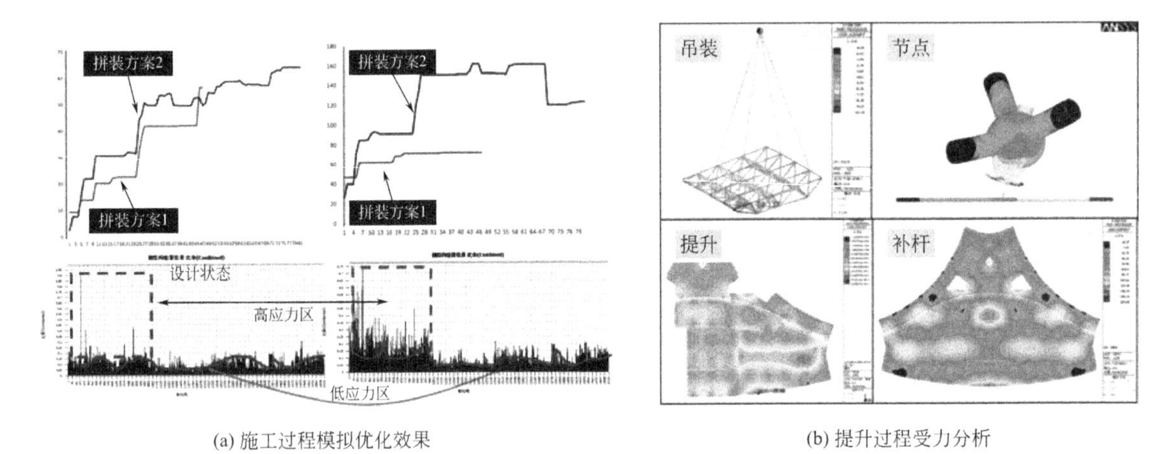

(a) 施工过程模拟优化效果

(b) 提升过程受力分析

图 11　超长网架结构施工过程模拟与优化

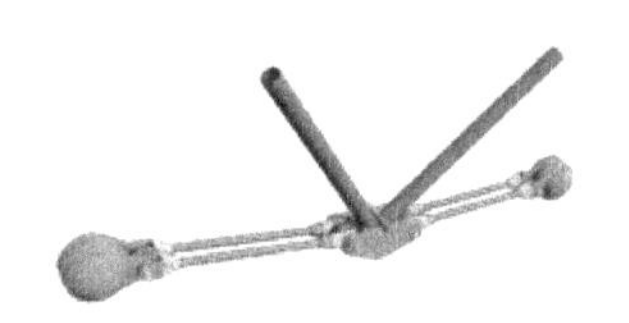

图 12　预应力钢拉杆张拉工装

研制了一种预应力张拉设备（图 12），利用网架下弦节点球作为钢拉杆张拉受力位置，将钢拉杆张拉工装设置于网架下弦节点球上，进行钢拉杆预应力张拉施工，解决了预张卸载后预拉力重分布、变形重分布的控制难题。

（3）创新采用向心关节轴承一体式快速安装方法

研制了向心关节轴承初始定位装置（图 13）。通过连接板、限位板、调节螺栓和调节孔槽，形成了同轴多自由度的一体式限位卡尺，实现了向心关节轴承高精度一体式快速安装，显著提升了节点的初始同轴度。

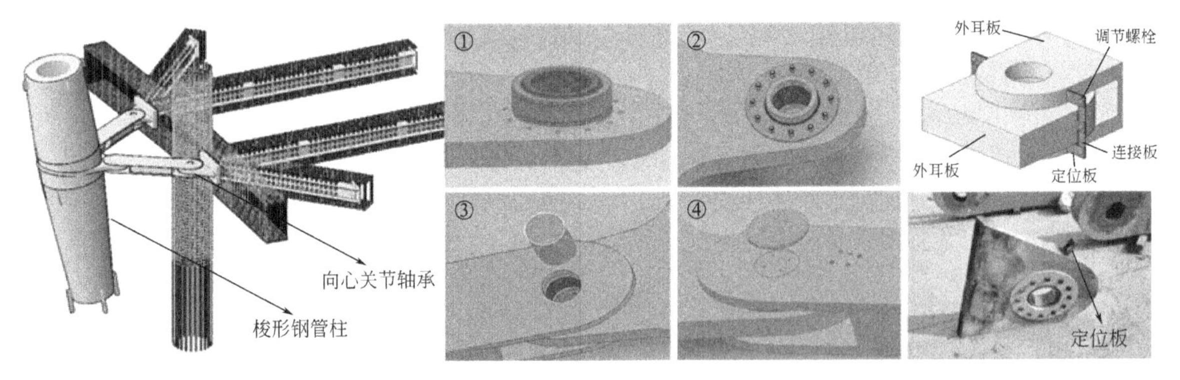

图 13　向心关节轴承安装技术

4. 桩基智能化施工技术

（1）开发了桩基成孔智能化监测系统

采用带有光源及红外线的孔下摄像机及图像显示器，对成孔质量、孔底水位及孔底沉渣进行监测（图 14）。通过采用孔下摄像设备，确保了质量检查的快捷、准确、可追溯，排除了塌孔风险，有效提升了成孔质量，使Ⅰ类桩占比高达 99.1%。

（2）开发了旋挖钻机云远程监控系统

桩基成孔设备云远程监控系统可实现桩基施工时成孔机械单次进尺深度、累计钻孔深度、钻进速

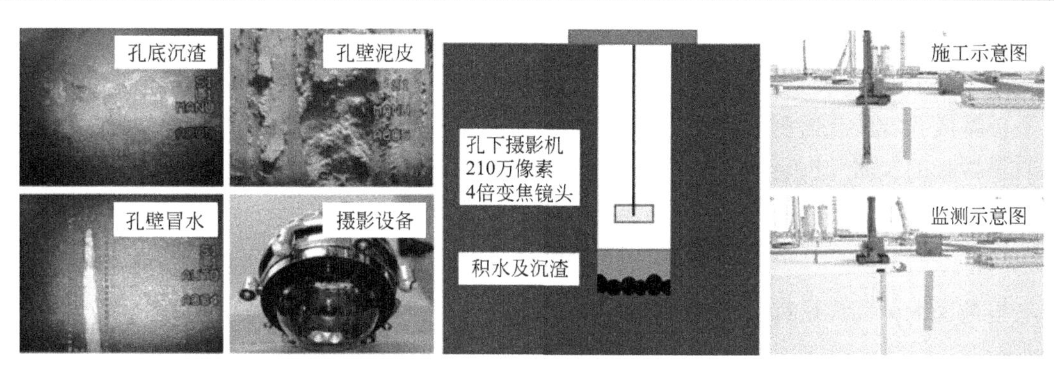

图 14　桩基成孔智能化监测系统

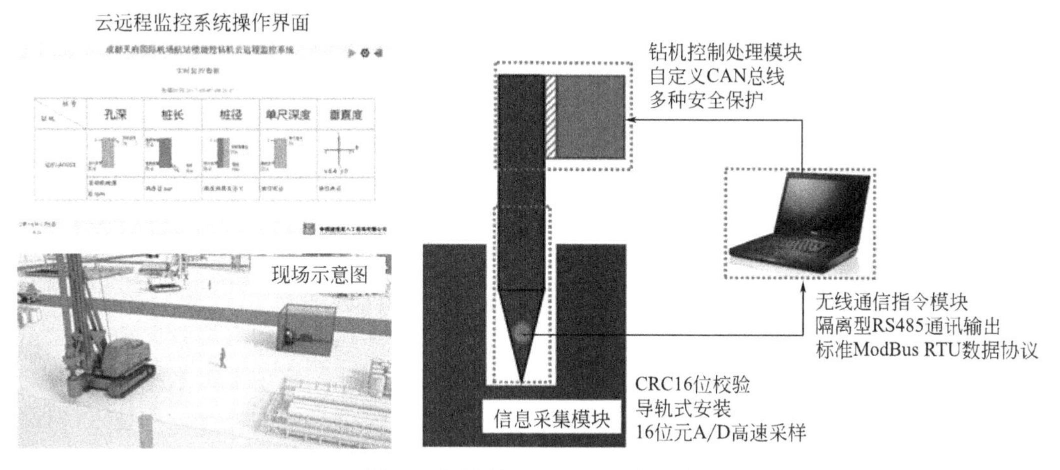

图 15　旋挖钻机云远程监控系统

率、钻杆垂直度等数据均可自动传输保存至网络数据库（图 15），可在电脑或手机终端实时读取现场施工数据，监控现场施工状态，根据数据情况进行分析并采取质量保障措施。

三、发现、发明及创新点

1. 高铁下穿航站楼建造技术

研制了弧形模板高精度激光测拱技术，解决了弧形顶板支模起拱测量精度差、效率低的难题，较人工测量，效率提高 30%，测量误差均控制在±2mm 以内；建立了列车-轨道-站房-土体-航站楼多因素耦合的分析模型，实现了隔振性能优化，最大 Z 振级与分频最大 Z 振级较规范容许值分别减小 10.9%和 10%；研发了无螺栓固定式隔振器安装技术，采用防滑垫板、临时支撑等措施，解决了隔振器采用螺栓固定效率低且精度控制难的问题。

2. 超长薄板结构无缝施工技术

提出了多指标超长结构混凝土配合比优化方法，考虑混凝土水化热过程，通过配合比优化控制混凝土养护早期温度、收缩性能和强度、弹性模量等物理性能早期变化，解决了取消后浇带后，超长薄板混凝土结构因自收缩导致的早期开裂问题。提出了裂缝监测技术，提高了施工现场混凝土结构温度及应变的监测精度及效率，通过现场变形数据，验证了足尺试验的有效性，显示了超长薄板结构无缝施工技术的良好效果。

3. 超长曲面网架高效高精度智能化安装技术

建立了千米级机场钢结构多尺度施工动态优化分析技术，实现了施工方案的变形、应力优化，安装残余应力最高下降 51%；研制了智能化辅助整体提升系统，多点提升同步率高达 98.6%；研制了一体式可调节限位卡尺，解决了向心关节轴承整体快速精确定位的难题，节点的安装同轴度误差较规范容许值减小 45%。成果综合应用，可将建造形态控制误差降至±10%，较规范容许值±15%减小 33%，突破了超长双曲面网格结构空间精准定位难题。

4. 桩基智能化施工技术

研发了桩基成孔智能化监测系统，通过孔下摄像机及传输设备，实现了对成孔效果的实时智能化监测，确保质量检查的及时和准确性，排除了塌孔风险，有效提升了成孔质量；研发了旋挖钻机云远程监控系统，通过无线传输技术对桩基垂直度、偏心等施工数据进行远程控制，提升现场工作效率和桩基施工质量，使得桩身垂直度偏差由规范容许值1%降低至0.63%，Ⅰ类桩占比高达99.1%。

四、与当前国内外同类研究、同类技术的综合比较

1. 高铁下穿航站楼建造技术

本技术与传统3因素耦合模型对比，建立列车-轨道-站房-土体-航站楼5因素耦合分析模型，最大Z振级与分频最大Z振级较规范容许值分别减小10.9%和10%，提高了隔振设计精确度；采用激光测量技术，较传统采用预埋螺栓的方式，减小了安装误差，本技术经评价达到国际先进水平。

2. 超长薄板结构无缝施工技术

本技术与传统配比方法相比，考虑多种指标，如总应变、残余应变、强度、弹模等，90d残余变形量显著降低；较人工洒水养护方式，提高了喷淋效率；较人工监测，提高了监测效率与质量，本技术经评价达到国际领先水平。

3. 超长曲面网架高效高精度智能化安装技术

本技术创新采用精细化多尺度、动态多阶段模拟方法，施工方案优化后安装残余应力最高下降51%；与杆系单尺度、静态多阶段模拟相比，实现了更精细化的多尺度、动态多阶段模型，方案优化精确性显著提高；针对网架安装，与百米级、分块吊装、高空散装相比，实现了千米级高同步率提升，保证了网架安装精度；较传统逐步安装方式，提升安装效率的同时降低了安装误差，本技术经评价达到国际先进水平。

4. 桩基智能化施工技术

与人工成孔质量检查方式相比，提高了检查效率；与成孔成槽检测仪检测方式相比，实现了全过程远程实时监控，降低了桩身垂直度偏差，本技术经评价达到国际先进水平。

五、第三方评价、应用推广情况

经中国建筑集团有限公司组织召开的科技成果评价会，与会专家一致得出结论：该成果针对地质条件复杂，高铁下穿建筑物、超长与复杂结构施工等技术难点，以成都天府国际机场T1航站楼工程为依托，研发出下穿高铁的航站楼施工关键技术，该成果总体达到国际先进水平，其中超长薄板结构无缝施工技术达到国际领先水平。

六、经济效益

项目2018—2020年经济效益详见表2。

经济效益（万元） 表2

年份	新增销售额	新增利润	新增税收
2018年	46565.4	5122.2	1397
2019年	62338.7	6857.3	1870.2
2020年	26264.6	2889.1	788
累计	135168.7	14868.6	4055.2

七、社会效益

通过本工程的实施，为全面建设平安、绿色、智慧、人文四型机场提供了宝贵的技术经验，其中高

铁下穿航站楼且高铁以 350km/h 时速不减速通过航站楼结构、超长薄板结构无缝施工技术均为全国首次，为今后航站楼下穿高铁工程和航站楼超长薄板无缝施工提供了参考。

通过本成果在天府国际机场 T1 航站楼的成功实施，多次承办省部级观摩，观摩人数近两千人。受到中央电视台、新华社、人民网、四川新闻、四川日报等主流媒体报道，累计报道 30 余次，并获得四川省五一劳动奖状、四川省总工会先进集体、全国工人先锋号等荣誉。

超高复杂随形拱结构施工关键技术

完成单位：中国建筑第二工程局有限公司、中建电力建设有限公司
完 成 人：陈学英、何湘锋、张　双、葛运幄、党成凯、曹宇航

一、立项背景

随着现代建筑艺术的高速发展，建筑造型奇特、建筑与环境的融合成为建筑设计师的追求。一些异形结构的产生，对传统建造技术提出了更高、更富创新性的要求。本课题源于北部湾一号项目板楼高大复杂随形拱结构建造，其超高、多曲面、大跨度拱结构转换层，对不同工况传力分析、模架结构设计选型、有效空间利用、结构及机电碰撞深化提出了极高的要求。

中国建筑第二工程局有限公司承建的北部湾壹号二期项目 B 板楼与车库工程建筑面积 18.7 万平方米。其中，B1～B5 板楼一字排列，长约 300m，地下 2 层，地上 33 层，建筑高度 99.80～119.38m。主楼采用桩基+筏形基础，地上部分结构为框架-剪力墙结构。建筑造型为山水造型，取意桂林山水连绵起伏，寓意山水城市美如画。在“山形”选型中，立面上多处开洞，建筑设计外观上给人以雄伟、秀丽的艺术视觉效果。见图 1、图 2。

图 1　建筑外立面造型

图 2　随形拱造型

楼体两个随形拱结构贯通洞口，造型似山体溶洞。由于其形状的“随意”性，称其为随形拱。建筑主体及拱壁结构为全现浇钢筋混凝土框架结构。其中，B2 随形拱底宽约 19～20m，最高点 64m，拱壁呈南北喇叭口、西侧正反双向拱形结构。超高超大、多曲面造型、拱壁同时作为上部 47m 高建筑结构的基础，是工程的最大特色亦是最大难点。

随形拱结构各层截面均不相同，12 层以下逐层反拱，12～18 层逐层合龙，合龙后的拱壁作为上部 47m 高结构的支撑转换基础。建造具有如下特点、难点：

(1) 随形拱截面超高且西侧拱壁逐层反拱，若利用传统钢管脚手架作为上部水平拱壁支模架，则面临立杆无法生根、超过规范适用高度且脚手架立杆稳定性无法满足要求等问题。

(2) 拱壁合龙前，由于其拱壁为不规则曲面，并且拱壁同时作为上部结构基础，结构荷载及施工荷载传递无法用传统力学模型计算，从而给模架体系选择计算造成难度。

(3) 异形拱结构逐层施工中的受力状态是相当复杂的，施工图设计中只考虑了拱结构合拢状态下的

结构安全；在施工逐层过程中的受力分析情况不明确，需要针对拱底、周边模板安拆的不同工况进行受力核验，其分析的结果直接关系到模板支撑体系的安全。如此高大、形状不规则的现浇混凝土结构拱，在广西壮族自治区未见类似经验，同时在国内外均比较罕见。

（4）由于本项目拱壁结构异形造型的特殊性，传统技术手段难以解决随形拱无规则弧形斜面结构涉及的转换层钢筋放样安装、模板拼接、拱壁与机电管线碰撞、拱壁与周边结构空间利用无法用常规平面图显示等技术难题，亟待BIM等数字及智慧建造技术的创新应用。

课题从以上问题出发，结合参研各方已有技术成果，开展课题研究并进行总结推广。

二、详细科学技术内容

1. 基于“生长”过程仿真分析的超高复杂随型拱施工优化关键技术

创新成果一：结构结构施工过程拱体受力发展模拟技术

采用有限元方法，建立高层建筑B2栋整体模型，进行实体建模分析，通过边界条件等效约束、施加荷载以及划分施工阶段，分析拱壳在施工过程中模板的受力以及验算施工阶段壳体和相连构件的承载情况，准确、直观地模拟拱壳结构在施工过程中的真实受力特征，并验算壳体结构在施工过程中的承载情况。见图3～图5。

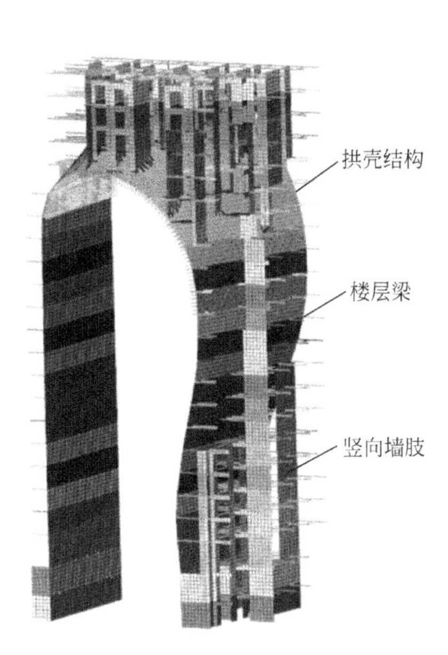

图3 B2随形拱壳有限元模型

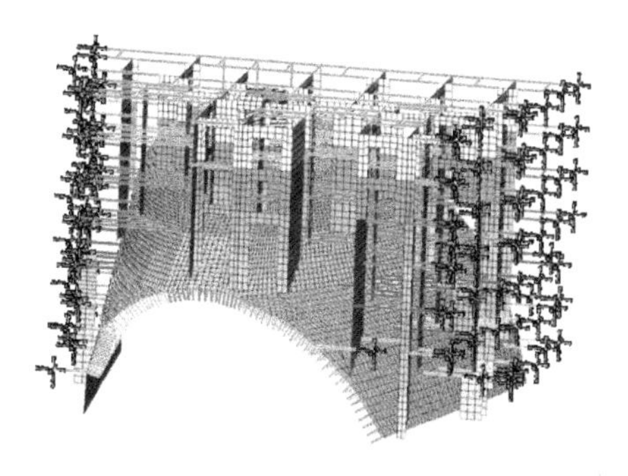

图4 梁端边界条件模拟

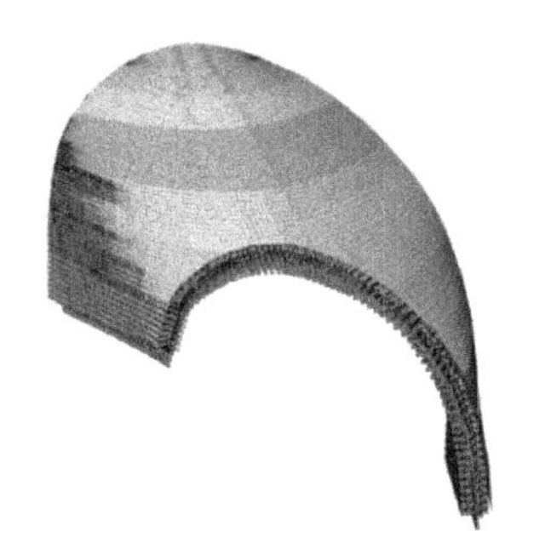

图5 拱壳与模板支撑体系连接的模拟

创新成果二：随形拱壳模板支撑体系结构施工方案优化技术

不同的模板支撑体系拆卸方案会对模板支撑体系和拱壳结构的受力产生影响，合理的模板拆卸方案可以为模板支撑体系的设计提供依据。进一步计算拱壳F17～F21上部结构施工顺序（拱壁与两侧的结构是否同步施工）对成拱过程的内力影响。最终选择的施工方案为F15～F21层楼拱壁施工过程不拆卸模板，F15～F19层拱壁与两侧结构同步施工，F20～21层拱壁结构先行施工，完成拱壁后再施工其上部的结构。见图6～图10。

2. 超高复杂随形拱结构的施工关键技术

创新成果一：超高复杂随形拱结构转换支撑施工技术

应用转换支撑技术，采用钢结构平台转换支撑技术，模架体系整体设计分为基础、钢结构转换平台和上部满堂架三部分。钢平台设置在13层高度，内空宽度最大处。应用可周转使用的钢柱及贝雷梁，

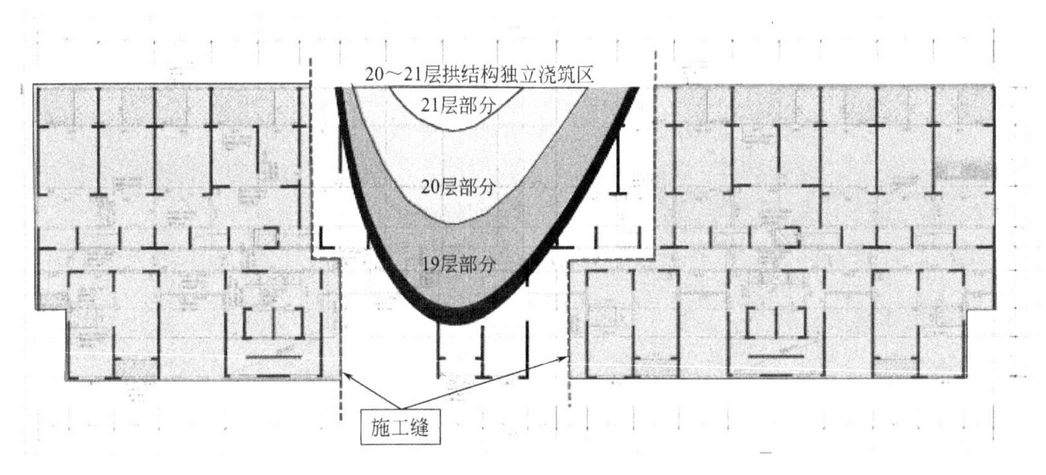

图6　20层、21层施工缝

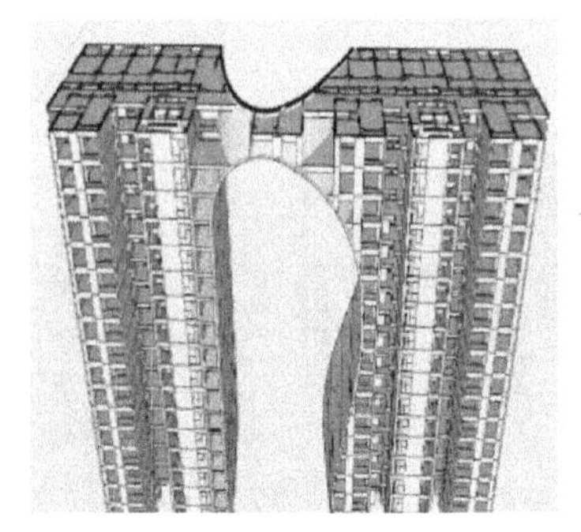

图7　19层板结构施工完成

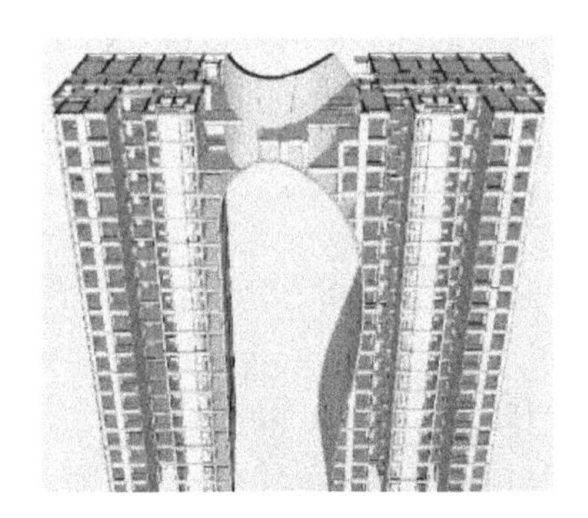

图8　20层板结构施工（两侧结构正常施工、中间部位仅施工拱壁结构）

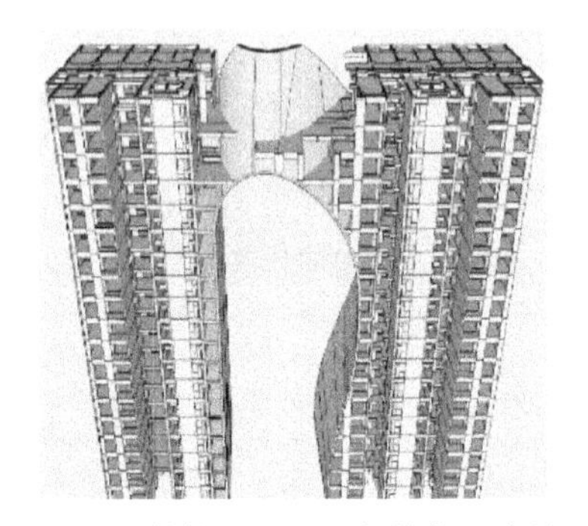

图9　21层结构施工（两侧结构正常施工、中间部分仅施工拱壁）

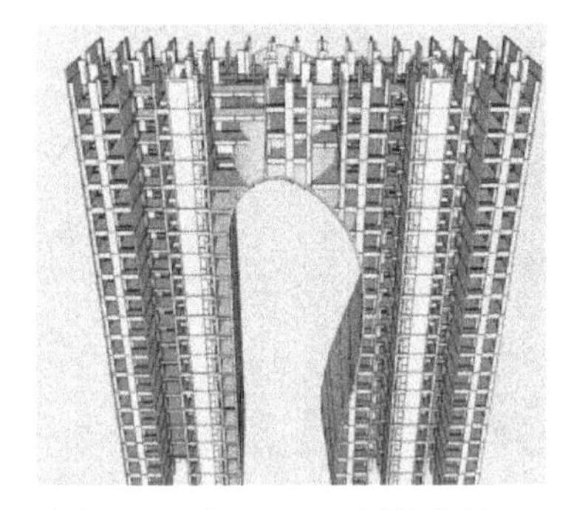

图10　两侧22～24层结构施工

减少材料的浪费，响应了当下绿色建造的主题。减少脚手架搭设约2万立方米，减少脚手架用量420余吨且加快了施工速度。见图11。

创新成果二：超高模架体系安全监测技术

超高随形拱结构的安全监测不同于普通的高大模板支撑，拱结构平台支撑整体性强，拱在结构施工14～21层过程中，荷载是逐步加大的，有一定的累计作用且会有侧向力，平台受力属于不均匀受力。需要对支撑钢柱、钢平台、牛腿，以及结构位置设置监测点监测垂直度、沉降及变形。在人员难以到达的位置采用无尺量测技术，采用全站仪对反光片进行坐标测量，通过坐标的变化来确定断面的变形。这种方法可任意放置仪器，仪器操作比较方便，精度高、误差小于±1mm。通过全面及合理的布设监测点，保障了施工的过程的安全。见图12、图13。

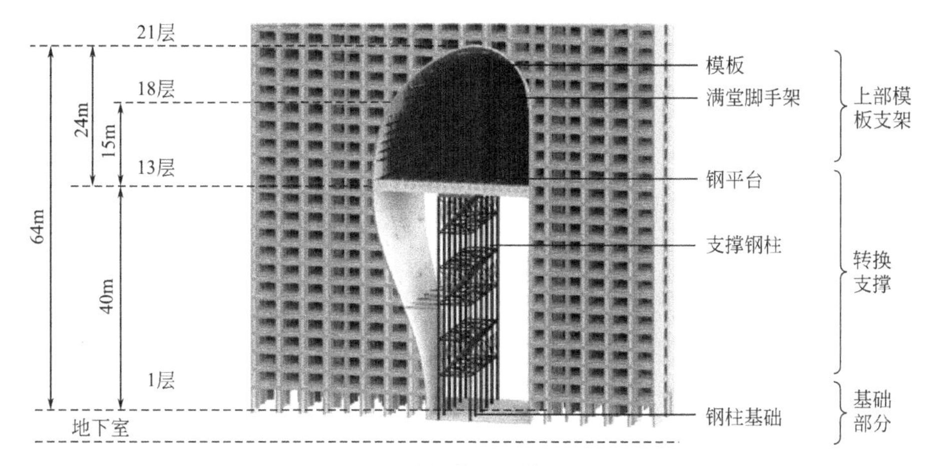

图 11 模板体系整体设计图

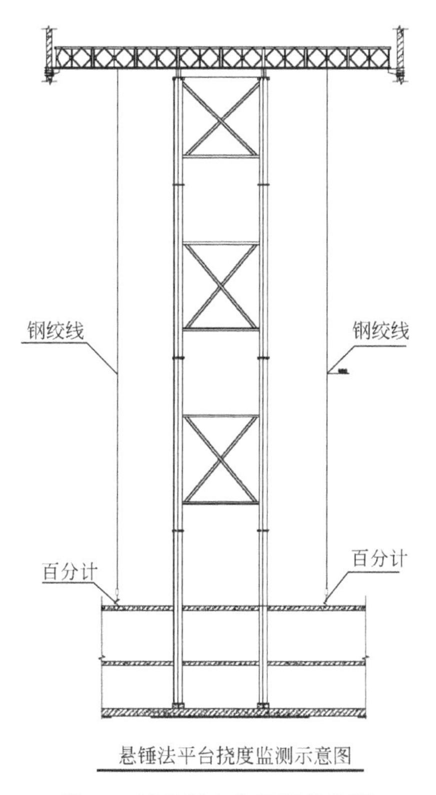

图 12 转换平台位移形变监测

图 13 全站仪无尺测量技术

3. 基于 BIM 的超高复杂随形拱结构智慧建造关键技术

创新成果一：综合管线碰撞检查和深化设计技术

通过 BIM 软件三维建模，碰撞检测是为了检查建筑物的建筑构件、结构构件、机电构件之间是否发生了位置交叉冲突。目前累计发现结构问题 32 处，建筑问题 16 处，机电管线问题 20 处。对 B2 随形拱结构和内部管线采用了 BIM 结构和管线同步深化，解决复杂拱附近管线碰撞问题。见图 14。

创新成果二：模板与钢筋智能设计技术

由于拱结构曲面的曲度较大，且为双曲面不规则流线形，造型独特，现场的常规模板无法精准支模。应用 BIM 技术对拱结构进行水平分割、空间定位，加工不同尺寸的模板整合完成支模，并将不同类型模板标号统计，指导现场施工。通过 BIM 技术，深化拱结构竖向钢筋，提供钢筋加工尺寸、弯曲弧度，指导钢筋下料与绑扎。见图 15、图 16。

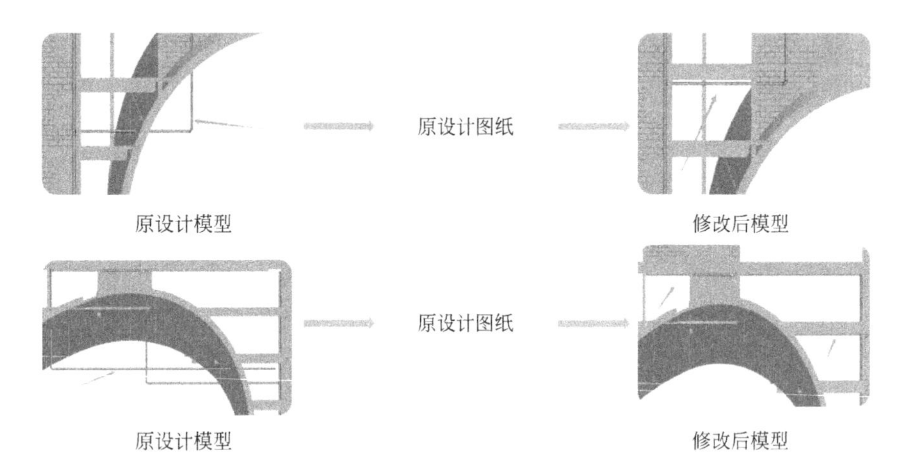

图 14　机电管线深化设计

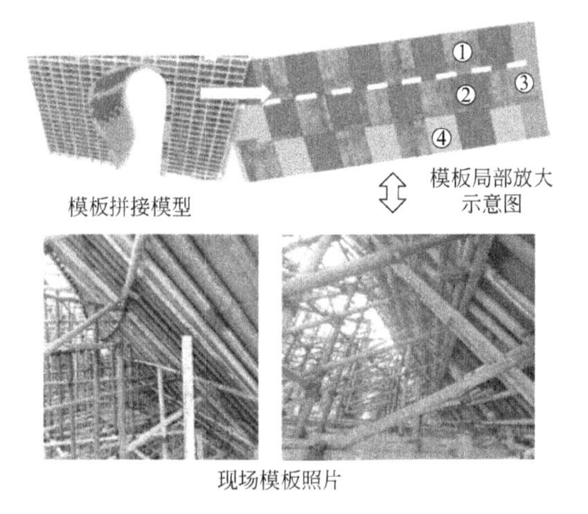

图 15　模板控制分割及深化

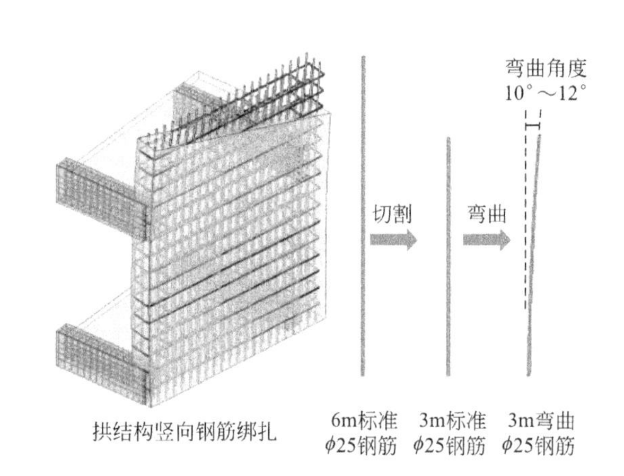

图 16　钢筋加工深化

创新成果三：模架体系三维深化设计技术

立柱对下部结构的集中荷载非常大，地下室顶板及下部钢筋支撑架无法满足此基础要求，处理的方式采用楼板开洞，支撑柱避开梁直接伸至地下室底板，钢柱直接伸至地下室底板，施工便捷。在此基础上对钢柱节点进行深化，利用 BIM 建模建立钢支撑模型并进行整体计算，确定钢支撑满足受力要求。对钢结构平台进行 BIM 深化，解决牛腿同步贴合弧形结构面与保持托板水平的难题；优化贝雷梁的组合连接关系，减少定制贝雷架，并利用 BIM 技术设计需要改制的贝雷架。见图 17、图 18。

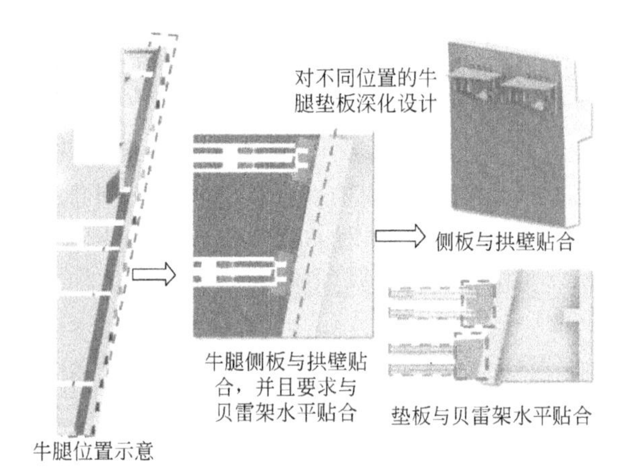

图 17　牛腿深化设计

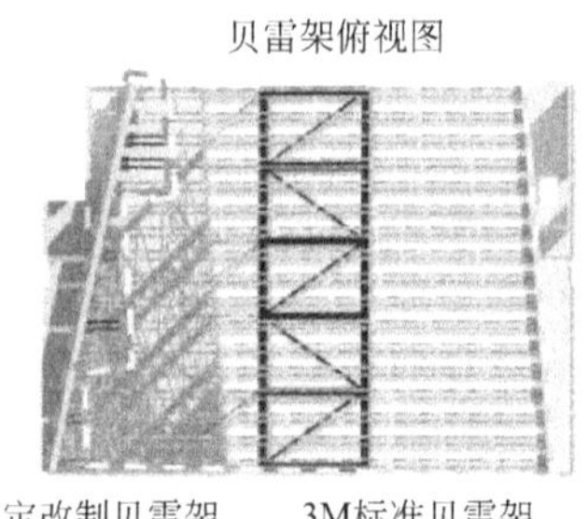

图 18　贝雷架深化与定制

4. 弧形结构拱壳转换层施工优化技术

创新成果一：弧形结构拱壳转换梁施工优化技术

弧形拱壳结构设计院只提供了平面展开图，节点处钢筋非常复杂，需要在施工时深化及优化钢筋的布置。转换梁平面展开图为矩形，实际投影在拱壁上是菱形弧面，尺寸、位置关系等相差非常大。通过BIM建模，对壳体上的转换梁进行优化：一是加大尺寸；二是钢筋的排布方向同拱壳水平筋，降低施工难度。使其达到既满足钢筋的构造设计要求，又能满足现场施工条件。见图19、图20。

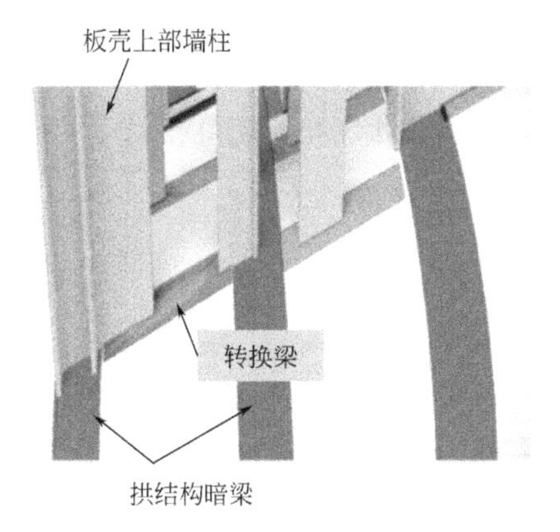

图19 转换梁结构结点图

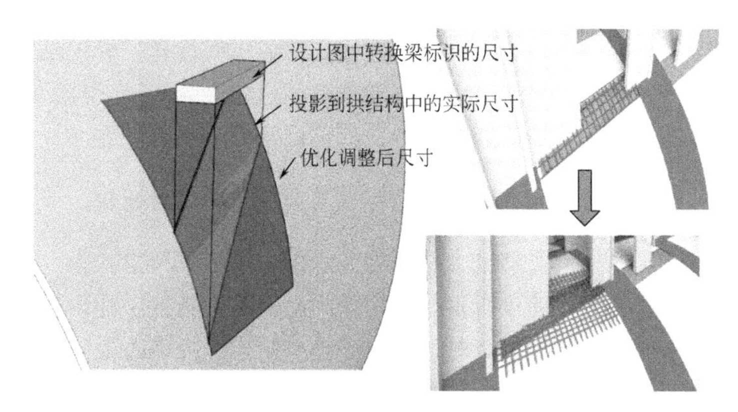

图20 转换梁结构优化设计

创新成果二：弧形结构拱壳水平钢筋施工优化

拱脊部位置的钢筋，如果按水平等高线布置，钢筋布置定位难，脊部水平钢筋与竖向钢筋相切，受力弱。经过与设计沟通，优化钢筋布置，在脊位采用交叉互锚，解决钢筋布置问题，对特殊异形结构施工中的钢筋布置有指导与借鉴意义。见图21～图23。

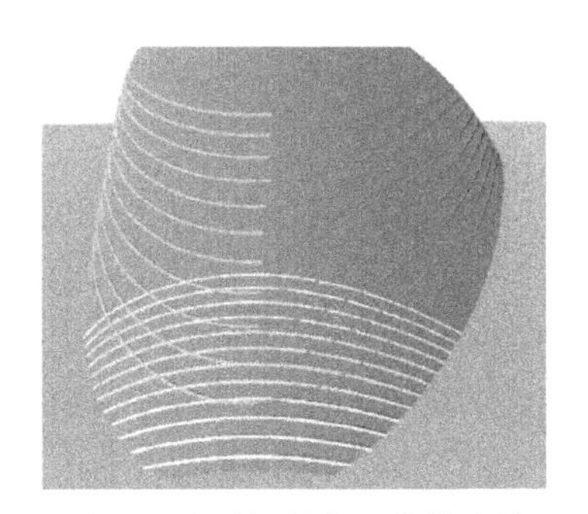

图21 水平钢筋布置按等高线（设计图思路）

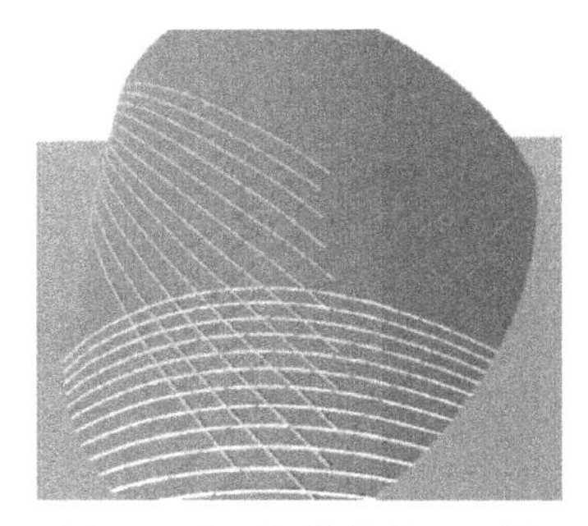

图22 水平钢筋按交叉互锚（施工优化思路）

图23 现场施工照片

三、发现、发明及创新点

1. 基于随形拱施工“生长”过程仿真分析研究与方案设计

通过建立超高复杂多曲面随形拱结构参数化模型，考虑混凝土材料时间依存特性，结合随形拱由下至上施工“生长”过程，有效模拟随形拱壳混凝土结构施工阶段的受力状态，从而根据不同阶段随形拱壳结构最不利受力状态精确定位和识别施工全过程中控制阶段为拱两侧合龙前的大悬挑阶段。针对控制阶段的1～5层大面积上部楼层结构超重荷载，计算控制阶段模板支撑体系荷载设计值和随形拱壳结构的内力，在满足选用的模板支撑体系方案最大限值和拱壳结构体系的承载能力的前提下，调整模板拆卸方式和拱壳上部结构施工次序以进行施工方案优化设计。依据现有的施工规范，只能将拱壳与楼层结构拆分施工才能计算，施工难度以及工期会成倍增加，风险难以估计。应用仿真分析得到精确的结果，充分控制施工风险，节约建造成本。

2. 大型拱壳结构施工转换支撑技术

依据施工工艺仿真计算的结果，提出了创新性的钢平台转换支撑方案，即在拱内空高40m处搭设贝雷架转换支撑平台，整体方案为采用钢结构加拱壳上牛腿支撑贝雷架平台，平台上部搭满堂扣件式钢管脚手架，解决支撑体系难题。随形拱壳模板脚手架采用斜向网格加密支撑，内侧模板超前支设法保证随形拱壳弧形的延续性及精度。

3. 复杂多曲面拱结构BIM施工技术

超高多曲面造型拱壳结构，其特点为竖向、水平均为无规律曲率的弧面壳体结构，引发模架体系选择、模板细分定位、空间管线碰撞、有效空间优化、异形结构钢筋放样、工程量计算等一系列难题。利用Autodesk公司的BIM系列软件，通过建立各专业BIM模型辅助施工及设计优化，实际解决了不规则多曲面结构建造及碰撞检查、深化设计等一系列问题。

四、与当前国内外同类研究、同类技术的综合比较

较国内外同类研究、技术的先进性在于以下两点：

（1）现浇大跨度异形拱结构作为上部结构转换层在国内外极为罕见，其逐层施工中的传力状态是相当复杂的，结构设计计算往往只考虑拱结构合拢状态下的结构安全，忽视合拢过程工况的结构验算。考虑拱结构在未合龙前存在大悬挑结构的工况，创造性地将有限元分析用于施工工况计算，将逐层施工过程针对拱底、周边模板安拆的不同工况以及约束状态进行受力验算，根据计算结果提出了创新性的钢柱贝雷架转换平台支撑方案，并应用3D3S软件对支撑平台构件进行建模计算，验证其安全性。

（2）施工过程中，超高多曲面造型拱壳结构，其特点为竖向、水平均为无规律曲率的弧面壳体结构，引发的模架体系选择、模板细分定位、空间管线碰撞、有效空间优化、异形结构钢筋放样、工程量计算等一系列难题。利用Autodesk公司系列BIM软件，通过建立各专业BIM模型辅助施工及设计优化，解决了随型拱一系列施工技术问题。

经国内、外查新，本科技成果“超高复杂随形拱结构关键施工技术”，未见国内外有开展上述超高复杂随形拱结构施工技术研究的公开文献报道，研究成果整体达到国际先进水平。

五、第三方评价、应用推广情况

1. 第三方评价

2021年3月9日，广西建筑业联合会组织对课题成果进行评价，“超高复杂随形拱结构施工关键技术”达到国际先进水平。

2. 推广应用

本技术应用于北部湾壹号项目B2随形拱结构施工。

（1）通过BIM技术围绕随形拱解决模板与钢筋深化、大型方案选型及可视化交底、碰撞检查及设计优化等问题，深入发挥BIM技术的优化性、可出图性、模拟性及可视化的特点。在如此造型复杂的空间结构中，BIM的应用有其必需性、必要性。本成果在异形结构BIM技术的拓展性应用方面有一定的借鉴意义。

（2）高大复杂随形拱结构采用临时平台转换支撑施工技术，引用桥梁施工常用的贝雷架搭设转换平台与满堂架相结合，应用基于BIM技术的三维模拟施工，为类似现浇空间悬挑或连桥/连廊、拱壳结构施工提供新思路。

（3）现代仿真计算技术在建筑施工中的应用。复杂建筑造型对结构施工过程模拟计算提出新的要求，常规计算难以实现，施工过程的仿真模拟计算在本工程方案比选中的创新性应用为工程建设提供了新的思路。基于有限元的拱结构逐层施工过程工况的受力分析，不仅可靠地保证了拱壳结构的受力安全性，又为施工模架体系设计提供了理论计算支撑。3D3S软件在转换平台的设计计算中充分运用为转换平台设计提供理论支撑。建模过程需要理论知识与施工技术相结合，建立可靠的参数及约束条件，才能

最大地还原实际施工的状态。

（4）施工过程中通过应力应变的监测、变形监测等数据，验证其受力模型的建立的可靠性与实际符合度。通过理论分析与实际数据收集的统计分析，拱结构的受力分析正确性，其方法及路径可以用于将来的类似施工作为参考依据及借鉴。

六、社会效益

超高复杂随形拱施工关键技术的应用，充分体现了企业在高、大、特、新工程中的技术攻关实力，是企业技术创新、创效能力的展现，CCTV-13、广西电视台、北海市电视台等新闻媒体均对此给予报道，地方政府、业主及相关单位给予了高度评价。随形拱结构的成功、工程的顺利建造，为北海增加了一道亮丽的风景。目前工程已经获得北海市结构优质结构奖、广西壮族自治区优质结构奖、北海市安全文明标准化工地、北海市安全文明标准化示范工地、广西安全文明标准化工地、已经通过广西建筑业绿色施工示范工程过程验收。

关键技术之一的BIM在复杂异形结构施工中的应用已经获得中国勘察及设计协会第十一届“创新杯”建筑信息模型（BIM）应用大赛工程建设专项BIM应用一等成果、2020年第三届“优路杯”全国BIM技术大赛金奖。

大跨高低塔钢桁梁斜拉桥精益建造关键技术研究与应用

完成单位： 中国建筑第六工程局有限公司、中建桥梁有限公司、林同棪国际工程咨询（中国）有限公司

完 成 人： 邢惟东、王殿永、刘　康、周俊龙、王　辉、曾　远、耿文宾

一、立项背景

随着我国城市的发展，交通拥堵问题日益严重。同时，城市作为人口聚集地，城市桥梁有其自身的特点和难点。为满足城市高质量发展与绿色建造的需要，如何高效利用土地、河流和空间等资源，基础设施建设（市政、公路、铁路等）依然面临巨大机遇和挑战。

城市土地稀缺，往往导致桥梁平面、立体干扰多，桥下净空受限，城市桥梁中，不乏各种小曲线半径桥梁、变宽桥梁及异形桥墩。考虑连接既有路网起终点受限、规范对道路纵坡等的规定、引道对周边居民商户影响、满足通航及通行净空要求等因素，城市桥梁对梁高的要求往往很苛刻。同时，城市各类交通（人行、非机动、汽车、轻轨等）通行压力大，常见多种类交通同时通行，如公轨两用桥——朝天门大桥。

同时，桥梁作为百年建筑，桥位具有不可复制的独特性和稀缺性。每座城市有其独特的历史文化，作为人口聚集地，对桥梁美的要求更加具体而迫切。体现在规范层面，《公路桥涵设计通用规范》JTG D60—2015 增加了"美观"的要求。

城市桥梁的上述特点决定了其对高效利用土地、河流和空间等资源要求更加严苛，对桥梁的美学问题更加关注；同时，对桥梁精益建造提出了更高的要求。高低塔钢桁梁斜拉桥作为大跨度桥梁结构发展的主要桥型之一，具有造型优美、跨越能力大、适应能力强、适合于工业化制造、便于运输、安装速度快、钢构件易于修复和更换等优点，被广泛应用于市政、公路、铁路桥梁建设当中；并且，由于其桥梁断面上下层均可通行，交通通行能力强，被广泛应用于公轨两用桥梁建设中。

依托工程重庆市红岩村嘉陵江大桥为大跨高低塔钢桁梁斜拉桥，作为重要的城市大跨桥梁工程，其设计和施工有其特点和难点。在此背景下，引入城市桥梁精益建造的概念，以适应现代工程项目复杂性和大型化的需要。建筑项目具有复杂性和不确定性，精益建造不是简单地将精益生产的概念应用到建造中，而是根据精益生产的思想，结合建造的特点，对建造过程进行改造，形成功能完整的建造系统。本课题依托嘉陵江大桥，从方案设计、施工技术和控制技术三方面着手，实现大桥的精益建造。

课题从以上问题出发，结合参研各方已有技术成果，开展课题研究并进行总结推广。

二、详细科学技术内容

1. 桥梁设计方案研究技术

创新成果一：桥型方案设计

经过方案设计比选，高低塔斜拉桥型应用于本桥位技术、经济最合理，施工工法成熟，辅以刚劲、挺拔的桥塔设计，"安全、实用、经济、美观"综合评估最佳，因此本次设计采用高低塔斜拉桥方案为推荐方案。见图 1～图 3。

图 1　高低塔斜拉桥

图 2　拱桥

图 3　悬索桥

创新成果二：桥塔方案设计

桥塔的设计灵感来自于设计师对“红岩”这种坚定团结、爱国奉献革命精神的信仰，其基本设计理念亦是源自“红岩”片石，桥塔塔身层层叠叠和红岩片石形态如出一辙，形成的竖向线条肌理还原了红岩片石的原始形态。同时，竖直向上的直线也和不断发展的城市线条相辅相成，威严硬朗，彰显出桥塔的挺拔和坚毅，整体造型感十分强烈。见图 4～图 6。

图 4　红岩片石形态

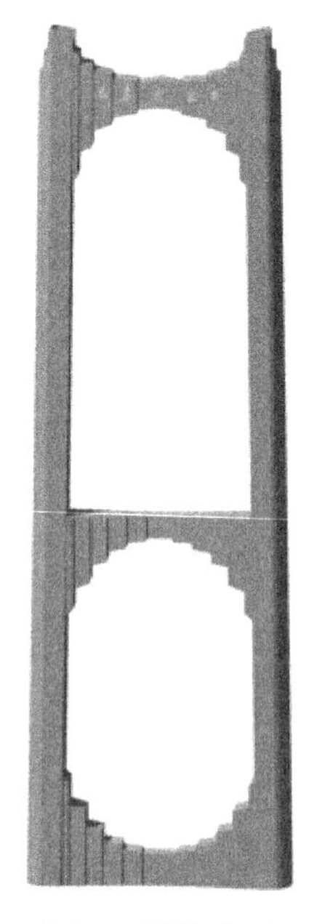

图 5　桥塔造型

图 6　桥塔效果图

2. 超高桥塔钢锚箱安装测量定位控制技术

创新成果：箱管分离安装技术

创新采用钢锚箱箱体与索导管分离安装技术，先安装索导管后安装箱体，有效解决了钢锚箱索导管长度长，安装难度大的技术难题。钢锚箱制造厂首先整体制作，然后设置连接杆固定两根索导管相对位置，再将索导管截断与钢锚箱分离，现场安装时索导管与箱体之间通过法兰连接。见图 7～图 10。

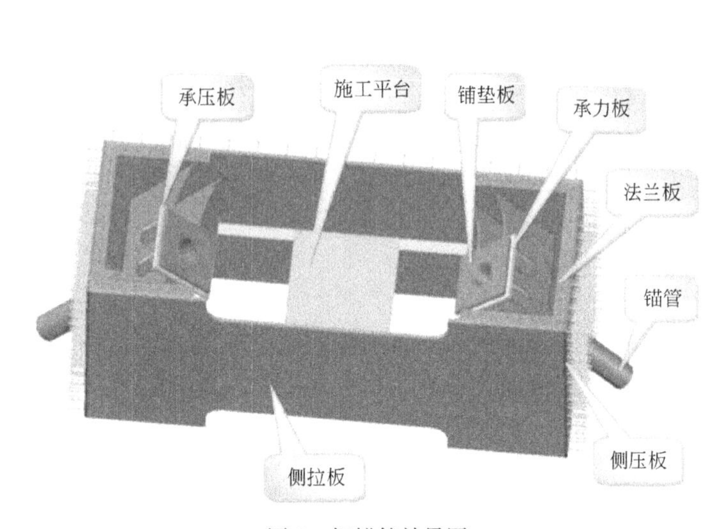

图 7　钢锚箱效果图

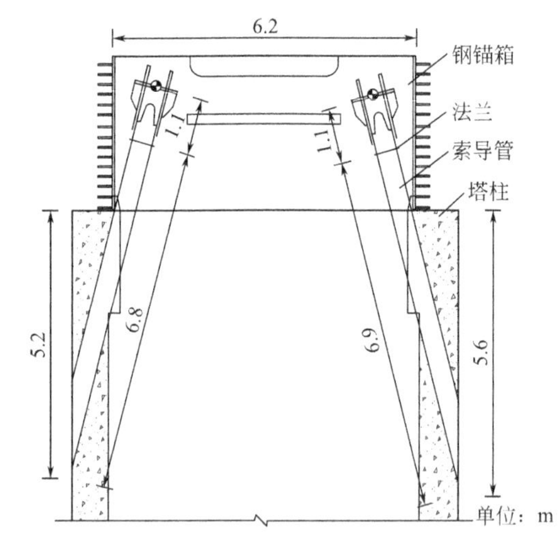

图 8　管箱分离示意图

3. 超高桥塔上横梁不落地快速安拆支撑体系

创新成果一：不落地支架设计

创新提出不落地支架代替常规落地时支架，大大节约了施工材料，减少了安全风险，加快了施工进度。见图 11、图 12。

创新成果二：不落地支架安装技术

为减小施工难度、降低吊装设备的性能要求，支架采取地面分块制作、分块吊装的安装方法。见图 13、图 14。

图 9 索导管安装

图 10 箱体安装

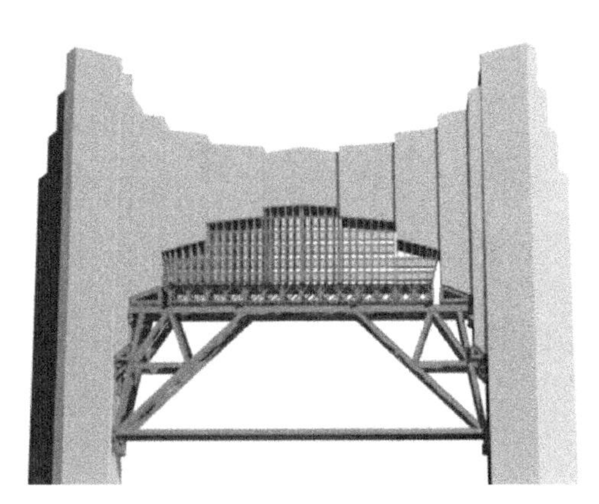

图 11 不落地支架效果图

图 12 不落地支架实景

图 13 不落地支架制作

图 14 不落地支架安装

4. 钢桁梁架设关键技术

创新成果一：单侧墩旁支架设计与施工技术

针对施工场地狭小、设置常规双侧墩旁支架难度大的技术难题，创新提出单侧墩旁支架技术。根据现场实际场地情况，南北两岸分别设置竖直、倾斜两种方式墩旁支架。见图 15、图 16。

创新成果二：墩顶节段钢桁梁架设技术

大桥桥面距离地面约 80m 且钢梁构件重达 70t，墩顶节段无法采用常规塔式起重机、浮吊进行吊装作业，创新提出先安装架梁吊机，然后进行钢梁拼装的方案。见图 17、图 18。

图 15　北岸墩旁支架

图 16　南岸墩旁支架

图 17　北岸墩旁支架

图 18　墩顶节段钢梁架设完成

创新成果三：斜拉索安装技术

塔端斜拉索采用两台卷扬机相互配合牵引就位，梁端斜拉索叉耳和索体分离运输现场，研发一种新型装置将叉耳与索体连成一体，然后采用卷扬机与架梁吊机相互配合，完成梁端斜拉索安装。见图 19～图 22。

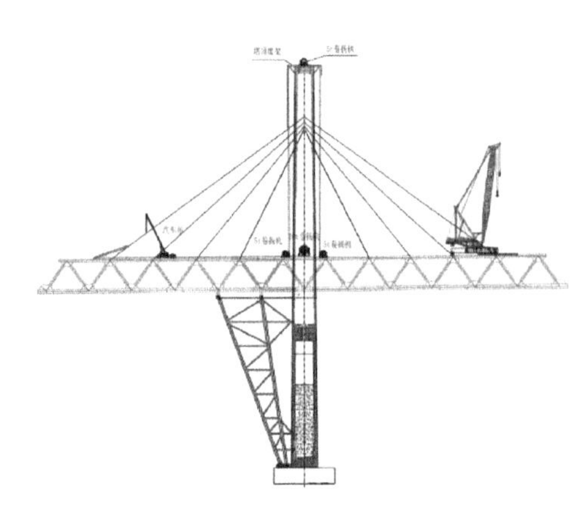

图 19　北岸墩旁支架

图 20　塔端斜拉索安装

图 21　叉耳安装

图 22　梁端斜拉索安装

5. 基于北斗系统多功能智能监测系统关键技术

创新成果：北斗系统的多功能智能监测系统

根据大跨高低塔公铁两用钢桁梁斜拉桥架设不对称、索力调整复杂、线型控制要求高、监控工作量大的难点，研发了基于北斗系统的多功能智能监测系统。

三、发现、发明及创新点

（1）创新提出大跨高低塔公轨两用钢桁梁斜拉桥方案，主塔造型设计与“红岩精神”相融合，并成为重庆地标性建筑。

（2）采用索导管与钢锚箱分离安装方法，有效解决了首节段索导管长、安装难度大的技术难题；同时，通过对温度、风、塔式起重机附着等因素对塔柱偏位影响进行分析，确保了钢锚箱的高精确定位。

（3）桥塔横梁支撑体系采用牛腿式支架代替常规落地式钢管支架，节约了大量的材料，大幅降低了高空作业风险，保证了施工安全。

（4）设置单侧墩旁支架体系，减少了材料用量，加快了施工进度；墩顶节段钢梁采取先拼装架梁吊机后架设钢梁的方式，减少了一台用于钢梁吊装的起重设备；充分利用钢桁梁自身的特点，合理调整墩顶节段钢梁杆件拼装顺序，顺利完成墩顶节段钢桁梁拼装。

（5）研发的钢桁梁架设方法和基于北斗系统的智能监测技术，对影响钢桁梁架设的多种敏感参数进行智能监测与报警分析，确保了钢桁梁斜拉桥施工全过程的高效性、高精度及安全性。

（6）在红岩村嘉陵江大桥建设过程中形成发明专利 1 项，实用新型专利 12 项，软件著作权 1 项，发表论文 6 篇，省部级工法 5 项，中建集团金牌优秀施工方案一项。

四、与当前国内外同类研究、同类技术的综合比较

较国内外同类研究、技术的先进性在于以下五点：

（1）本项目依托于重庆红岩村嘉陵江大桥工程，创新提出大跨高低塔公轨两用钢桁梁斜拉桥方案，并通过对主塔造型的设计使大桥融入当地人文环境，成为地标性建筑。

（2）研发的“超高索塔钢锚箱安装测量定位控制技术”解决了超高索塔钢锚箱安装过程测量、定位等技术难点，相较于国内外同类技术其精度更高。

（3）超高塔上横梁不落地快速安拆支撑体系设计与施工技术，创新性地解决了大跨度台阶拱形超高索塔上横梁现浇施工难度大、风险高等难题，大跨度台阶拱形索塔梁在国内外少见。

（4）“狭小空间下钢桁梁架设关键技术”创新解决了构件吊运、安装难度大的问题。

（5）“基于北斗系统的多功能智能监测系统关键技术”对影响钢桁梁架设的多种敏感参数进行实时

监测和报警预测，确保了钢桁梁斜拉桥施工全过程的高效性、高精度及安全性，国内外未见先例。

本技术通过国内外查新，查新结果为：在所检国内外文献范围内，未见有相同报道。

五、第三方评价、应用推广情况

1. 第三方评价

2021 年 6 月 22 日，天津市科学技术评价中心组织对课题成果进行鉴定，专家组认为该项成果整体达到国际领先水平。

2. 推广应用

本技术曾应用于中建六局承建的鼎山长江大桥、郭家沱长江大桥、泸州二桥等多项工程。

在红岩村嘉陵江大桥建设过程中建集中应用，将大跨高低塔钢桁梁斜拉桥精益建造关键技术研究与应用进一步总结和集成，使其更加具有推广应用价值。

六、经济效益

（1）采用单侧墩旁支架代替常规双侧墩旁支架，南北两岸节约钢材约 820t，钢材市场价格按 4000 元/t，缩短工期 40d，每天人工按 10 人计算，每人工 300 元。

材料费：820t×4000 元/t＝3280000 元＝328 万元；

人工费：40×10×300＝120000 元＝12 万元；

小计：3280000＋120000 ＝3400000 元＝340 万元。

（2）先在墩顶拼装一台架梁吊机，减少了一台大型起重设备，起重设备按 75t 桅杆式起重机考虑，每月租金 15 万，墩顶节段钢桁梁拼装时间约 60d。

机械费：15000 元×2 月×2 台＝600000 元＝60 万元。

经济效益总计：340＋60＝400 万元。

七、社会效益

大跨高低塔钢桁梁斜拉桥结构适应性强，造型优美，交通通行能力强，是一种非常有潜力的桥型。本课题研发成果丰硕。其中，大跨高低塔公轨两用钢桁梁斜拉桥方案设计、超高索塔钢锚箱安装测量定位控制技术、超高塔上横梁不落地快速安拆支撑体系设计与施工技术、钢桁梁架设关键技术、基于北斗系统的多功能智能监测系统关键技术等在同类技术中处于领先水平，很好地解决了斜拉桥超高塔钢锚箱精确高效安装问题、超高塔阶梯形上横梁不落地施工技术问题、狭小作业空间钢桁梁全过程架设问题、大跨斜拉桥智能监测问题等难点问题，并在红岩村嘉陵江大桥建设中得到成功应用，大桥已成为当地标志性桥梁。整体技术先进可靠，确保了施工高质量要求，加快了施工进度，降低了施工成本，取得了良好的经济效益和社会效益，可为类似工程的施工提供参考。

雅万高铁项目混凝土关键技术研究与应用

完成单位：中建西部建设西南公司

完 成 人：斯仁东、张　远、李晓欢、兰　聪、刘晓钰、袁文韬、刘　东

一、立项背景

21世纪以来，印度尼西亚已成为“一带一路”沿线重要的支点国家，雅万高铁项目是“一带一路”倡议下中国与印度尼西亚合作的重要成果，也是“环球高铁”建设的重要一环，对两国甚至在全球范围内都有着深远的影响。雅万高铁基本路线由东南向西北展布，全线142.3km，属于典型的热带雨林气候，终年炎热潮湿，其中雅加达全年平均气温为27.1℃，平均相对湿度为79.2%；万隆全年平均气温为23.1℃，温差达10～15℃，平均相对湿度达到为78.9%；项目且地处高烈度带，地质条件特殊，混凝土原材料具有一定的差异性，对混凝土设计与质量控制提出了更高的要求。

印度尼西亚标准仅涉及建筑行业，缺失铁路混凝土相关标准，无经验和铁路混凝土标准可借鉴，不利于工程应用，影响中国技术与标准“走出去”；如果不结合印尼实际气候环境特征，应用中国铁路混凝土标准参数，存在混凝土配制难度大、混凝土质量或者验收难以通过的风险。在高温潮湿环境下，混凝土核心温度控制难度较大，存在延迟性钙矾石风险，对混凝土结构安全性存在隐患；雅万高铁沿线地质环境对水下混凝土强度及耐久性影响较大，如何从混凝土设计、制备及评价方面考虑还不够全。因此在印尼应用中国铁路混凝土标准，利用区域特殊地材配制大体积混凝土、水下不分散混凝土及连续梁等高铁混凝土的技术亟待解决。

项目依托海外第一个高铁项目“雅万高铁”工程建设，将中国铁路标准结合印尼气候环境及地材特征，总结中国铁路标准印尼属地化混凝土质量控制技术，从而实现将中国标准应用于热带雨林气候条件下典型高铁项目工程，以及打破欧美在东南亚地区建筑行业长期以来垄断的行业地位，形成中国铁路混凝土标准及高铁技术“走出去”，进入国际舞台具有重要的意义。

二、详细科学技术内容

1. 中国铁路混凝土标准印尼属地化混凝土控制技术

创新成果：铁路混凝土标准关键指标控制技术

基于“人-机-料-法-环”五元素原则，从混凝土原材料、生产过程、性能检测、验收规范及设备与环境等环节进行系统比对，并针对印尼地区原材料特性，以工程质量关键点和技术总结形成中国铁路混凝土标准印尼属地化质量控制方案。

2. 高温潮湿环境服役的低热混凝土设计制备及应用技术

创新成果一：胶凝材料粉体颗粒紧密堆积优化技术

基于印尼地区粉煤灰和矿粉粒形分布情况，并根据颗粒密集堆积理论，使其更大程度地提升集料强度并降低渗透性。见图1、图2。

创新成果二：胶凝材料体系水化热规律研究

以直接法测定单掺粉煤灰、单掺矿粉以及复掺不同比例粉煤灰、矿粉条件下的水泥胶凝体系3d水化热，系统分析不同矿物掺合料对胶凝体系水化热的影响规律；利用数值拟合法计算胶凝材料水化热值并与直接法测得结果进行比较，进而得到低热胶凝体系水化热计算公式。见图3、图4。

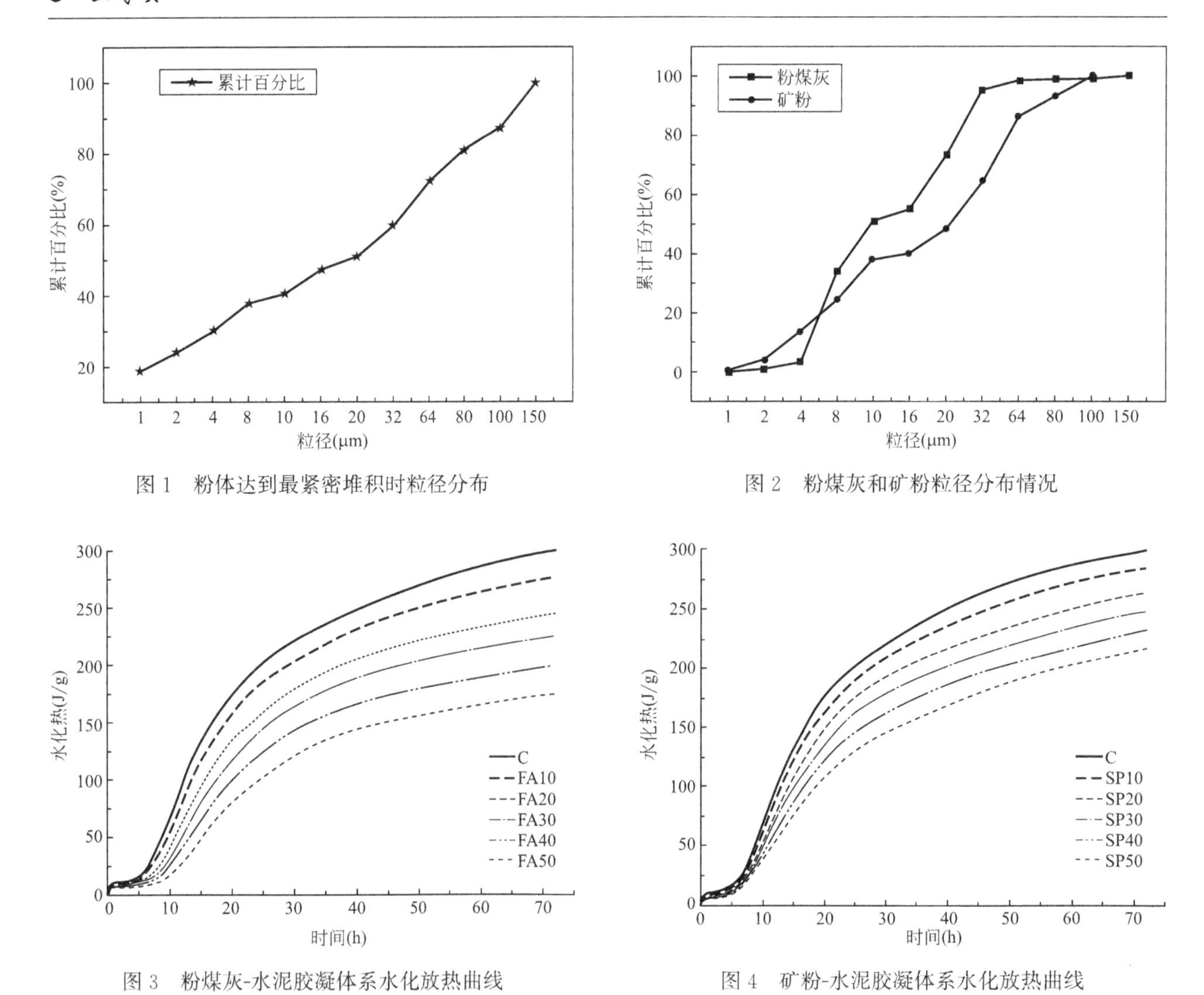

图 1　粉体达到最紧密堆积时粒径分布

图 2　粉煤灰和矿粉粒径分布情况

图 3　粉煤灰-水泥胶凝体系水化放热曲线

图 4　矿粉-水泥胶凝体系水化放热曲线

创新成果三：胶凝体系力学、热学综合性能优化技术

运用模糊综合评价方法的思想确定胶凝材料综合性能的评价指标及权重值，采用限定上限（/下限）线性计算规则计算其分项性能满意度，建立综合性能目标函数对胶凝材料力学和热学性能进行优化分析。见图 5、图 6。

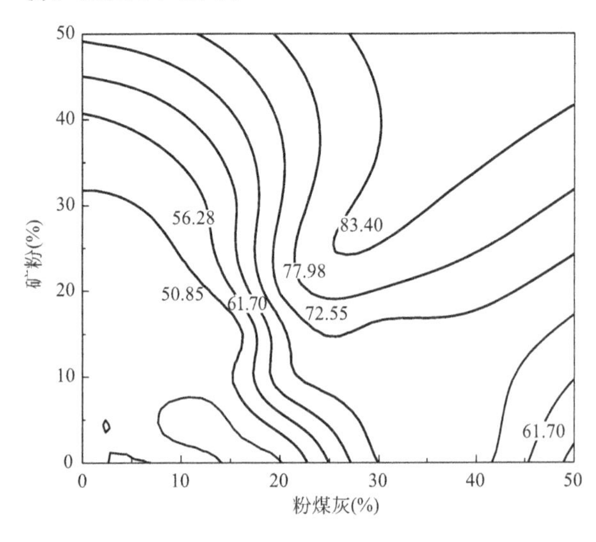

图 5　胶凝材料综合性能满意度等值线图

图 6　低热混凝土在雅万高铁项目的设计应用施工

3. 复杂服役水环境不分散混凝土配合比设计及制备应用技术

创新成果一：基于胶凝体系水下混凝土制备技术

创新性基于水下混凝土抗分散性和水陆强度比等指标，以粉煤灰和矿粉掺量作为研究对象，通过系统试验研究，形成以粉煤灰和矿粉复掺的胶凝体系，优化了水下混凝土性能。见图 7、图 8。

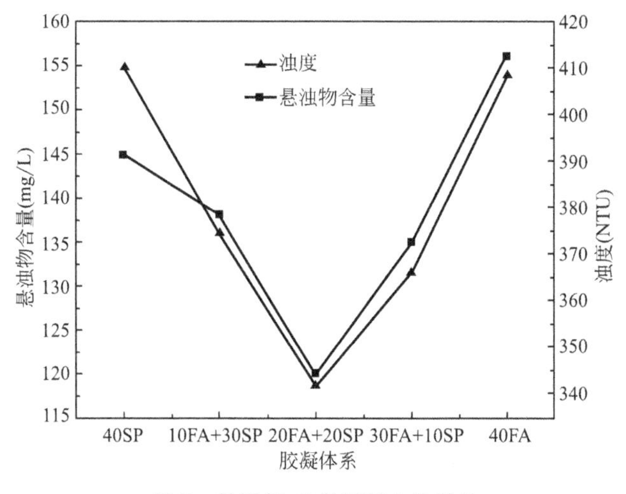

图 7 粉煤灰-矿粉混凝土分散性

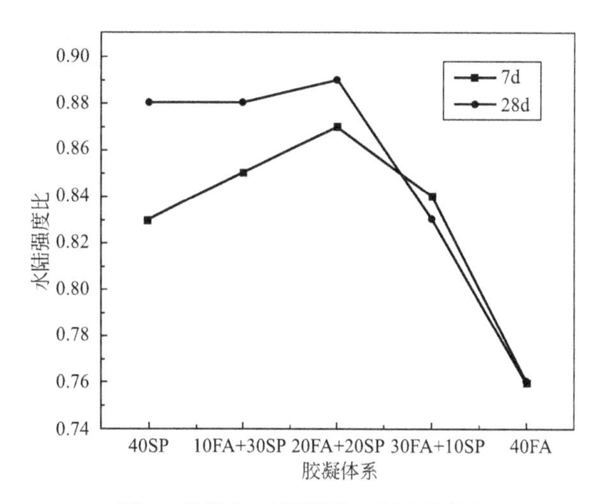

图 8 粉煤灰-矿粉混凝土水陆强度比

创新成果二：基于粗骨料级配分维数制备水下混凝土技术

以分维数 D 作为骨料级配的量化值，D 值越大，集料粒径越复杂，集料也就越细小。

$$P(x)=\frac{x^{3-D}-x_{\min}^{3-D}}{x_{\max}^{3-D}-x_{\min}^{3-D}}$$

式中 $P(x)$——集料通过筛孔孔径为 x 的通过率，%；

$x_{\min}$——最小筛孔孔径尺寸，mm；

$x_{\max}$——最大筛孔孔径尺寸，mm；

D——集料的分维数。

在印尼地区碎石级配较差的情况下以分维数为量化指标，合理进行搭配，进一步优化水下混凝土力学性能和内部密实程度。见图 9、图 10。

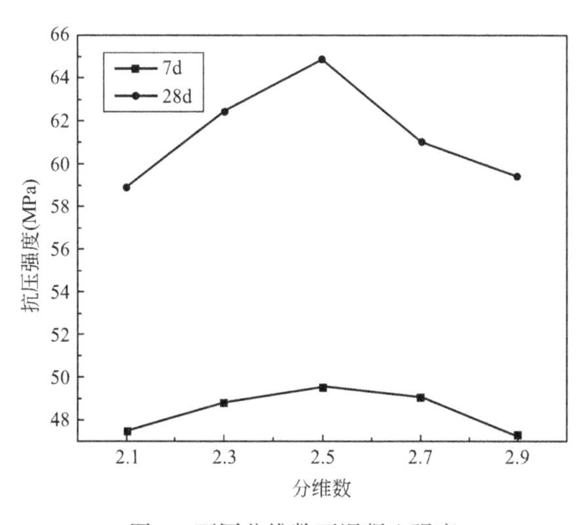

图 9 不同分维数下混凝土强度

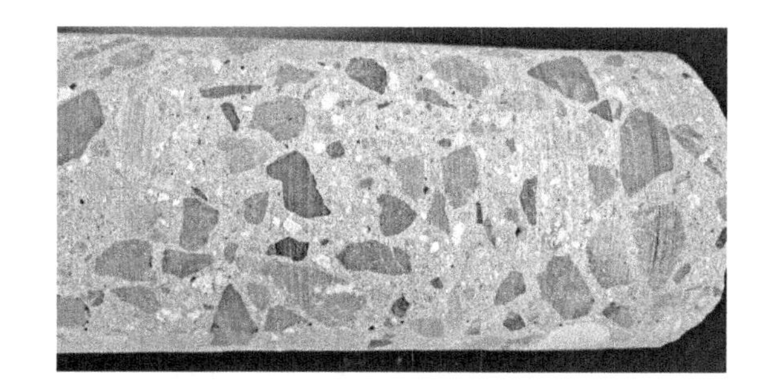

图 10 分维数 2.5 时水下混凝土芯样

创新成果三：基于服役介质环境水陆强度比混凝土配合比优化设计技术

基于印尼地区混凝土抗分散性及水陆强度比优选胶凝材料体系，并以该体系下水陆强度比作为关键参数进行配制的强度计算，其计算方法如下：

$$f_{cu,0}^{水}=f_{cu,k}+1.645\sigma$$

$$f_{cu,0}^{水}=t\times f_{cu,0}^{陆}$$

式中 $f_{cu,0}^{水}$——水下混凝土水下成型配制强度，MPa；

$f_{cu,0}^{陆}$——水下混凝土空气中成型配制强度，MPa；

$f_{cu,k}$——水下混凝土设计强度，MPa；

t——混凝土28d水陆强度比系数，根据试验确定。

4. 印尼热带雨林高吸水骨料应用技术

创新成果一：高吸水骨料专用外加剂制备技术

创新性以聚羧酸共聚物作为分子大单体，通过分子迁移作用进入粗骨料的毛细微孔中，利用聚羧酸共聚物中的憎水基延缓粗骨料对水分的吸收，使其具有良好的保坍性能和对材料良好的适应性能，在不通过预湿粗骨料或提高用水量的情况下，制备的混凝土初始和易性良好，保坍性能优异。

创新成果二：高吸水骨料配合比优化技术

基于骨料吸水速率与饱和吸水率关系，结合混凝土运输时间，提出了动态吸水参数为修正系数的高吸水率骨料混凝土配合比设计方法，充分维持混凝土的可施工性能。见图11。

图11　混凝土综合技术在雅万高铁项目的应用

三、发现、发明及创新点

（1）由于地域环境及技术发展等因素，为更好践行“一带一路”倡议和走出去战略，首次将中国铁路混凝土标准国际化的目标，系统的将中国铁路混凝土标准，结合印尼环境及标准要求，形成了首部用于海外铁路混凝土质量原则和质量控制关键点。

（2）基于胶凝材料水化热、强度贡献率及微米级颗粒级配差异性，结合模糊综合评价方法，形成了大体积混凝土配合比优化设计方法，并成功应用于雅万高铁承台和墩柱大体积低热低收缩混凝土配合比设计。

（3）创新性的根据实际服役环境，并基于不同矿物掺合料以及基于粗骨料级配分维数对混凝土黏度的影响规律，形成了水下不分散混凝土的配合比设计及制备技术。

（4）基于骨料吸水速率与饱和吸水率关系，结合混凝土运输时间，提出了动态吸水参数为修正系数的高吸水率骨料混凝土配合比设计方法，并自主开发高吸水粗骨料混凝土专用外加剂，解决了高吸水率骨料配制预拌混凝土工作性难以控制的难题。

四、与当前国内外同类研究、同类技术的综合比较

较国内外同类研究、技术的先进性在于以下四点：

（1）本项目形成的铁路混凝土质量原则，首次从全过程控制因素进行梳理总结，并成功应用于雅万高铁项目混凝土设计与制备。

（2）目前，大体积配合比设计主要通过胶凝材料水化热计算混凝土结构水化温升为指导方法，考虑因素不够全面；本项目形成的配合比设计方法，创新的将胶凝材料水化热、胶凝材料胶凝性与强度贡献率以及微米级级配组合因素，借助模糊评价方法，形成全面经济的大体积混凝土配合比设计方法，并成功应用与雅万高铁项目承台及墩柱大体积混凝土设计与应用，配合比经济性及混凝土性能最优。

（3）首次考虑不同矿物掺合料以及基于粗骨料级配分维数对混凝土黏度的影响，结合实体结构服役环境强度修正系数，具有全面、适用、经济的特点，成功应用于雅万高铁水下桩混凝土设计与应用。

（4）以骨料动态吸水率与吸水平衡时间为基础，结合专用外加剂和配合比修正参数，成功解决了高吸水率骨料混凝土制备与质量控制方法，并应用于雅万高铁临建及站台混凝土建筑中。

本技术通过国内外查新，查新结果为：在所检国内外文献范围内，未见有相同报道。

五、第三方评价、应用推广情况

1. 第三方评价

2021 年 6 月 25 日，经中科合创（北京）科技成果评价中心评价“印尼特殊热带雨林气候条件下雅万高铁项目混凝土技术应用”，委员会一致认为，该研究成果创新性强、技术先进、应用效果突出，整体技术达到国际先进水平，具有广阔的应用前景。

2. 推广应用

本技术能有效指导印尼雅万高铁项目混凝土设计、制备及质量控制，成功实现雅万高铁项目基于中国铁路标准体系完成水下不分散混凝土、承台大体积混凝土、墩柱混凝土的制备与施工应用，并系统解决了印尼地区高吸水率骨料应用于混凝土工作性及耐久性控制难度大的问题，极大地提高了印尼地区混凝土制备及控制水平。

六、经济效益

本项目技术生产涵盖 C30～C60 强度等级的高性能混凝土，改善了高吸水率骨料及混凝土性能，优化了成本与质量控制，成功用于雅万高铁大体积承台、墩柱、水下桩及预应力混凝土，保障了施工质量和进度，直接经济效益达 2490 万元，具有显著的经济效益。

七、社会效益

雅万高铁是中国首次海外投资高铁建设，也是东南亚第一条设计时速达 350km/h 的高铁，是中国高铁“走出去”的第一个“全面采用中国技术、标准和装备”的项目。项目依托该工程，将中国标准与当地标准进行系统比对，结合印尼气候环境及地材特征，总结中国标准印尼属地化混凝土质量控制技术，从而实现将中国标准应用于印尼热带雨林气候条件下典型高铁项目工程顺利实施，即将顺利完工，也标志着中国将进一步打破欧美标准在东南亚地区建筑行业长期以来垄断的行业地位，为中国标准及高铁技术“走出去”奠定更加扎实的基础，对中国快速跨入国际舞台具有重要的意义。

高速公路改扩建工程交通组织与安全保障技术研究

完成单位： 中国建设基础设施有限公司、中建筑港集团有限公司、中建山东投资有限公司、同济大学

完 成 人： 孙　智、刘国华、程金生、卞德晨、宋灿灿、孟凌霄、许英东

一、立项背景

由于高速公路交通量较大，改扩建施工导致通行断面受到压缩，因此高速公路改扩建一般采用"边施工，边通车"的模式，但是该模式将造成行车安全严重下降、通行能力减小。本研究以高速公路改扩建交通组织为研究对象，结合多条高速公路改扩建实施现状，开展道路关联路网交通组织技术、交通组织设计技术、交通组织评价技术、应急组织救援、安全保障技术、安全管理与协同预警技术等的研究，建立全链条高速公路改扩建交通组织管理模式，提高交通运行的安全性、高效性，同时保障施工进程的安全有序。

二、详细科学技术内容

本项目采用实地调查与观测、理论分析与试验、实体工程验证与应用等方法，攻克了高速公路改扩建工程交通组织设计、交通组织设计方案安全性评价、交通运行安全保障技术、改扩建施工安全技术标准等关键技术，开发了高速公路改扩建安全管理与协同预警系统，形成了适合我国高速公路改扩建工程交通特点的交通组织设计与安全保障技术体系，总体思路如图1所示。

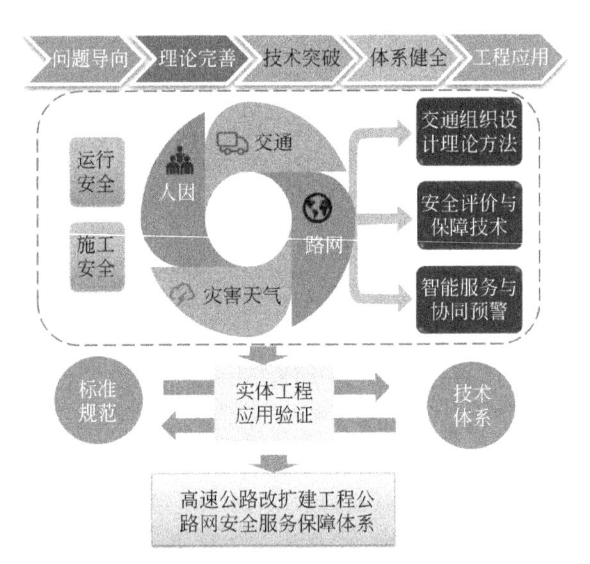

图1　本项目的总体思路

1. 高速公路改扩建工程施工交通组织设计技术

（1）高速公路改扩建工程通行能力预测模型

结合实测数据分析、国内外通行能力预测模型研究成果和相关理论模型，确定适用于高速公路改扩建工程特点的通行能力理论预测模型。并基于实测数据、已有通行能力研究成果和VISSIM驾驶行为参数调整方法，对仿真场景进行建模和参数标定，确定不同类型施工路段通行能力的仿真结果，对预测模型进行标定。

（2）保通状态下改扩建工程区域路网分流路径模型研究

基于复杂网络理论，结合路网特点建立改扩建路网结构模型，通过问卷调查分析高速公路改扩建对驾驶员路径选择的影响，在此基础上构建适用于改扩建路网的驾驶员路径选择模型。最后建立了综合用户最优与系统最优的双指标控制的交通均衡模型进行交通分流，并进行工程应用。

（3）保通状态下高速公路改扩建工程关键节点路段交通组织技术研究

采用图像识别技术提取无人机实测中央分隔带开口路段的宏观交通流特性，基于其运行速度特征和轨迹分布特征，构建了中央分隔带开口长度计算模型；基于驾驶模拟实验研究车辆在车道转序过程中的

微观驾驶行为，提出了综合考虑辆行车稳定性、驾驶负荷和通行效率的中央分隔带开口长度优化方法。创建了中央分隔带开口长度计算模型和控制标准。

2. 高速公路改扩建工程施工交通组织评价技术

(1) 高速公路改扩建区域路网运行状态评价技术

从路网结构状态与路网交通状态两个方面，分别提出高速公路改扩建区域路网交通运行状态评价指标。将各指标信息熵进行归一化处理作为雷达图测度值并绘制区域路网运行状态雷达图，根据雷达图的面积与周长，构建高速公路改扩建路网运营状态综合评价指标值。最终确定高速公路改扩建区域路网运行状态评价流程。

(2) 基于虚拟现实技术的高速公路改扩建施工区安全评价方法

设计典型场景、基于有效性评价指标及相应的替代指标分析行车安全性，验证有效性评价指标用于安全性评价的有效性。在虚拟现实技术具备有效性的基础上，构建基于虚拟现实技术的安全评价指南。

3. 高速公路改扩建施工交通组织安全保障技术研究

(1) 高速公路改扩建工程临时交通标志优化设置研究

采用驾驶模拟仿真的实验方法，对匝道封闭绕行标志、借对向车道行驶标志和借中央分隔带设置标志的设置技术进行研究，采用方差分析的方法，确定显著影响车辆运行特性与标志视认特性的指标，采用灰度近优模型建立临时交通标志评价模型，提出道封闭绕行标志、借对向车道行驶标志和借中央分隔带设置标志的设置要点。

(2) 高速公路改扩建工程施工区限速措施设置技术

组合设计了11种限速措施组合设置方案，通过调查问卷、驾驶员心率获取驾驶员主观数据，通过驾驶模拟器采集车辆运行数据，根据各指标的变化规律分析其对速度组合措施的敏感性，构建基于主客观安全性的风险指数模型，计算不同速度组合措施的风险指数值，提出高速公路改扩建工程施工区限速措施设置要点。

(3) 高速公路改扩建工程施工安全技术研究

收集现有改扩建高速公路工程施工安全管控现状资料，充分了解安全标准化管理和技术需求，分析现阶段安全管理和安全技术的薄弱环节。基于高速公路改扩建工程分部分项工程为基本单位，研究提出既有路基挖除、路基拼接、桥梁拆除、桥梁拼接、既有路面凿除、路面拼接、既有交安机电设施拆除等技术标准。

4. 智慧型改扩建工程全过程协同管理系统研究

(1) 高速公路改扩建施工交通组织危险源识别方法

研究改扩建工程施工关联路网内交通安全与施工安全监测技术，规范摄像机、微波雷达和路面状况检测仪等数据采集传感器布设标准，智能融合施工现场技术人员、道路用户、相关管理部门采集的信息，提出高速公路改扩建施工交通组织危险源识别方法与分类安全管理对策。

(2) 高速公路改扩建施工行车危险区域界定方法

从整体上把握各车道上车辆的换道规律，确定换道车辆受作业区影响而开始换道的关键断面，结合作业区各断面车辆的行驶速度变化情况和作业区交通事故数据的分析，从宏观态势研究和微观机理分析方面界定高速公路改扩建施工作业区的行车风险区域。

(3) 基于行车安全表达模型的改扩建工程预警算法

开展实车驾驶实验进行数据采集，建立了施工区经典CA跟驰距离修正模型，基于安全跟驰距离模型进行不同危险状况下的安全跟驰距离计算，得出跟车行驶的流量/车头时距控制标准，基于可接受间隙理论建立驾驶员单次与多次变道的概率模型，提出针对单车的变道最短距离计算模型。

(4) 高速公路改扩建工程应急预案研究

制定改扩建期综合应急预案，包括编制原则、应急事件分类、划分应急预案级别、确定应急处置机构与职责以及应急响应与终止条件，分类制定应急响应流程与措施。

三、发现、发明及创新点

1. 创新点一：系统构建了改扩建交通组织计算模型，形成了《高速公路改扩建施工期交通组织设计细则》

（1）开展了不同路段的实测试验和驾驶仿真实验，得到了不同施工类型下的路网通行能力的预测模型。见图 2。

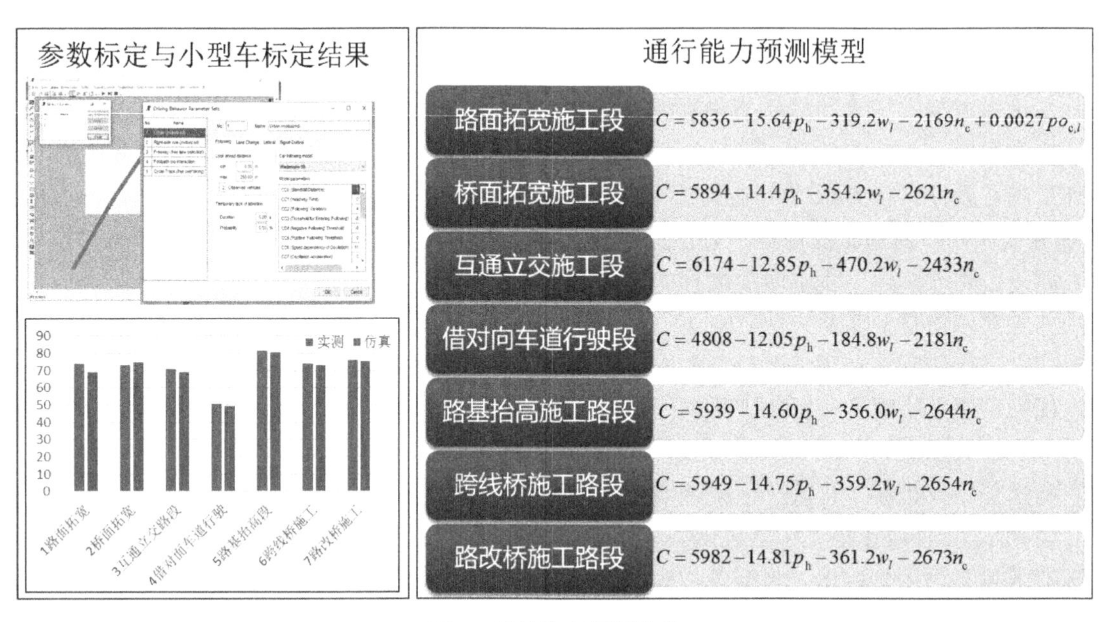

图 2　通行能力预测模型

（2）建立了综合考虑关联路网时间效益、经济效益和安全效益的驾驶员分流路径选择模型。

（3）采用现场实测和驾驶模拟仿真技术，得出了车道转序的中央分隔带开口长度控制标准。见图 3。

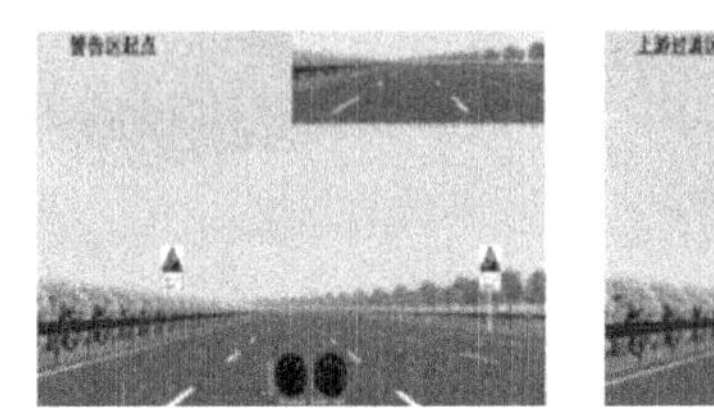

图 3　驾驶模拟仿真技术

（4）基于仿真实验及现场实测数据，提出了不同施工区作业长度控制标准。见图 4。

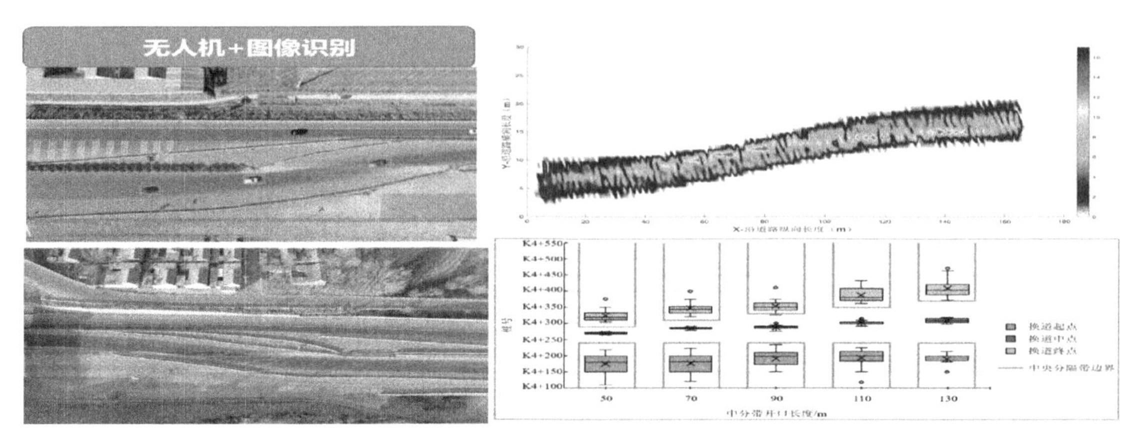

图 4　施工区作业长度控制标准

2. 创新点二：率先提出了高速公路改扩建工程交通组织设计安全性评价的技术方法与指标体系

(1) 确定高速公路改扩建区域路网运行状态评价流程。见图5。

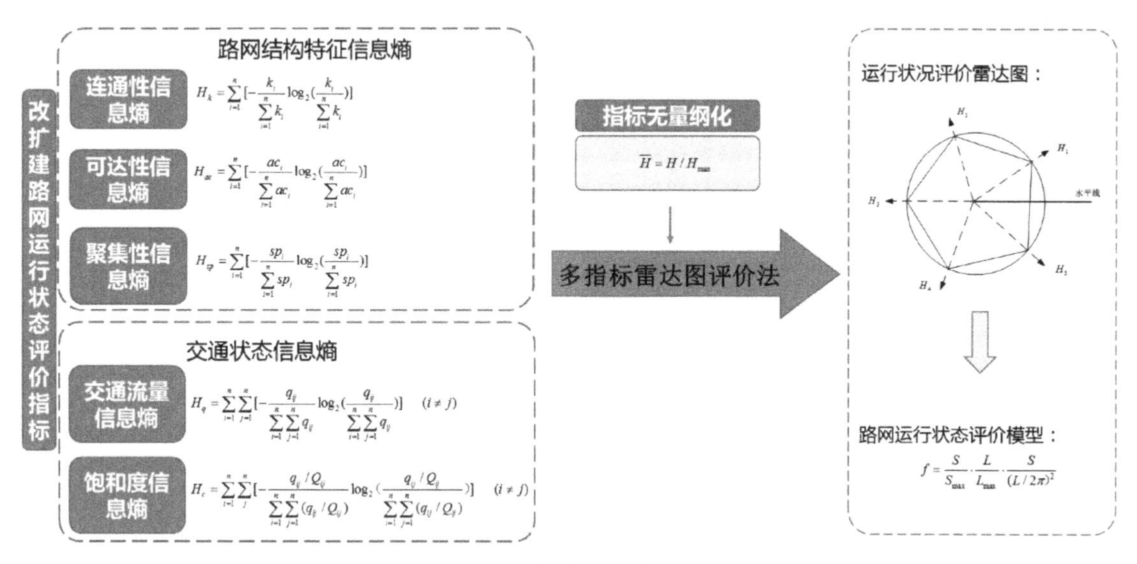

图5 运行状态评价流程

(2) 基于实车试验与驾驶仿真对比，揭示了改扩建施工期模拟环境与自然环境下驾驶行为的差异性机理。见图6。

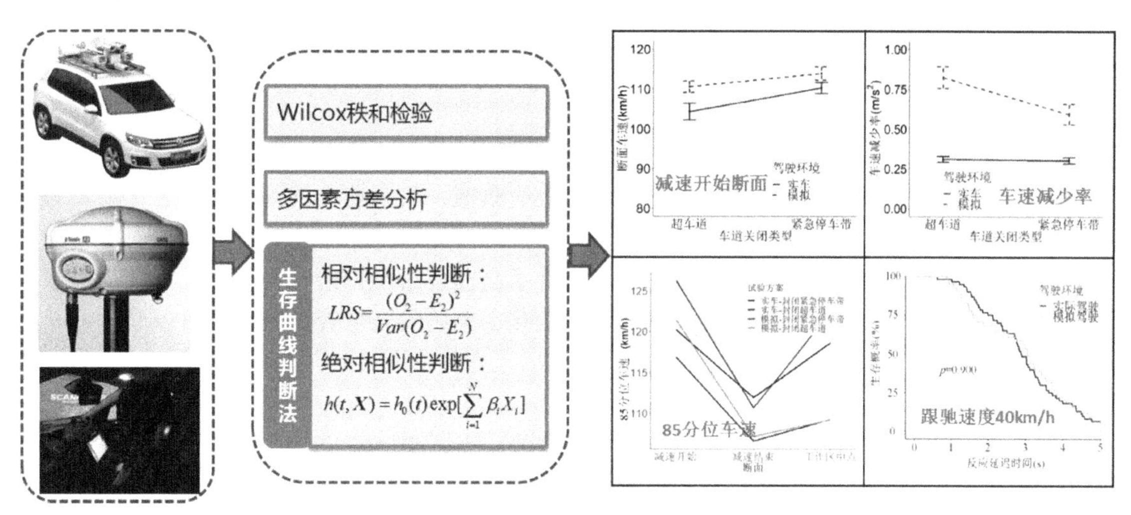

图6 差异性机理图

(3) 提出了基于驾驶模拟实验的绝对有效与相对有效的安全性评价指标。

3. 创新点三：构建了高速公路改扩建交通组织安全保障技术体系，形成了安全保障技术标准

(1) 提出了不同车道变换类型下标志标识设置的最优方式。见图7。

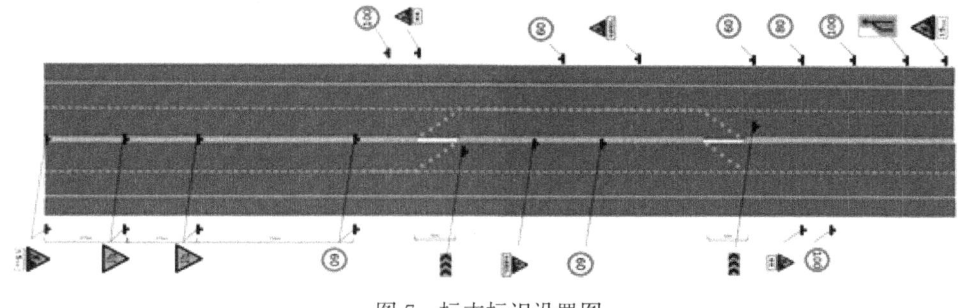

图7 标志标识设置图

（2）提出高速公路改扩建保通期车辆限速措施设置要点。

（3）创新提出了高速公路改扩建工程交通组织与安全技术标准，并充分考虑高速公路改扩建工程“边通车、边施工”的实际，编制了《高速公路改扩建工程施工安全标准化指南》。

4. 创新点四：研发了高速公路改扩建安全管理与协同预警系统

（1）通过大量实地调研、问卷调查及理论分析，得出了高速公路改扩建施工交通组织危险源识别方法与分类安全管理对策。

（2）基于高速公路改扩建工程的实车驾驶实验，采集了驾驶员跟车驾驶与强制变道驾驶全过程数据，构建了微观交通流特征的危险区域行车安全表达模型。见图8。

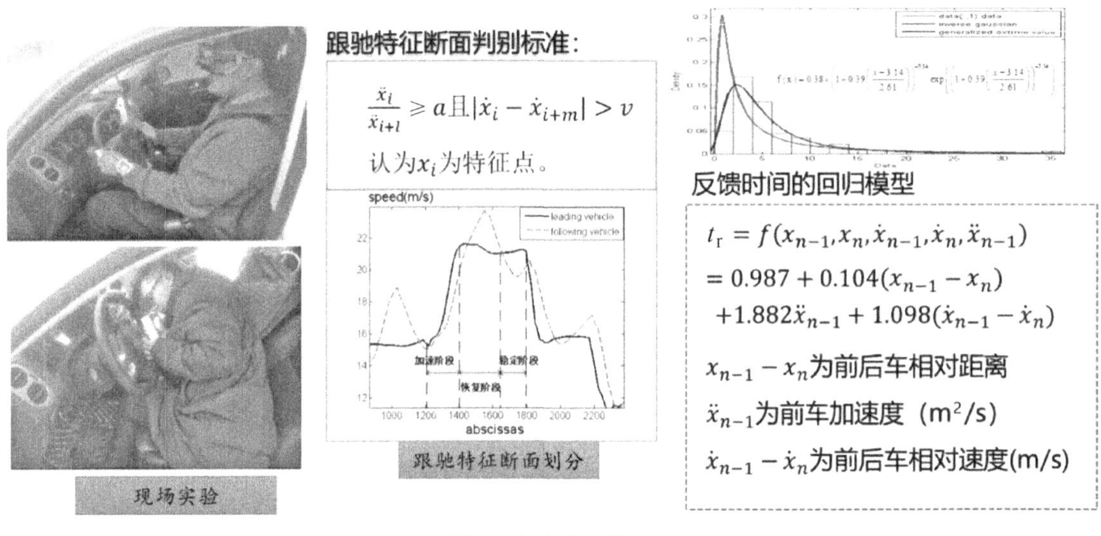

图8 安全表达模型

（3）提出了高速公路改扩建时期突发事件的应急响应救援、救灾物资储备以及应急信息发布等相关技术。

（4）基于智慧型改扩建全过程协同管理需求，设计了高速公路改扩建安全管理与协同预警系统框架和设备布设方案，研发了风险源排查、危险区域单车检测、全路段风险管控、应急组织联动的全链条高速公路改扩建安全管理与协同预警系统。见图9。

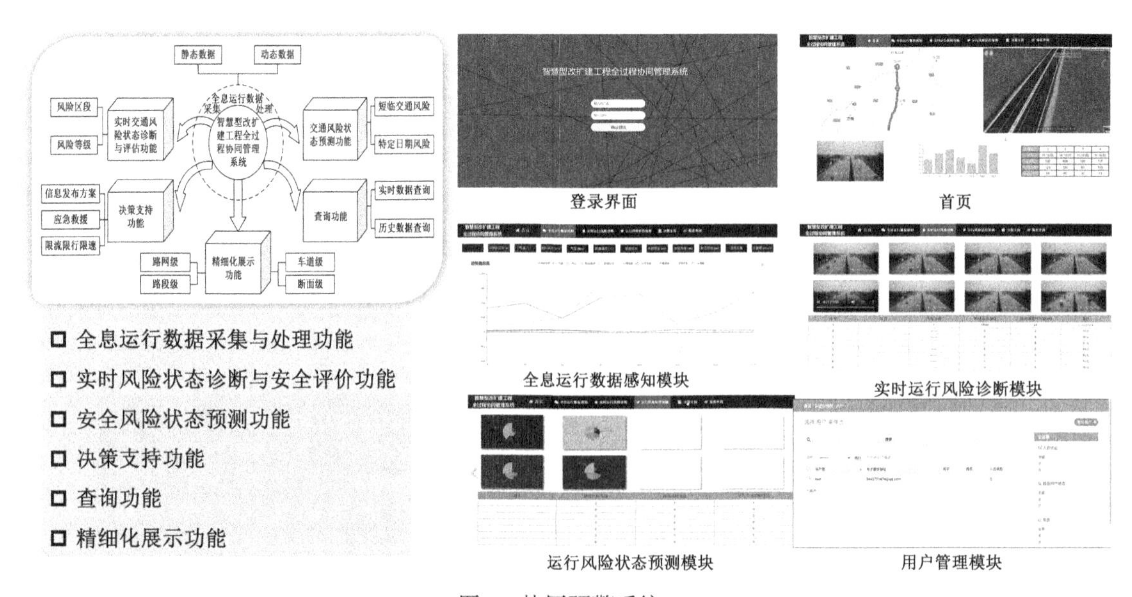

图9 协同预警系统

四、与当前国内外同类研究、同类技术的综合比较

见表1。

综合技术比较　　表1

主要成果	本项目创新	国内外同类技术
高速公路改扩建工程施工路段通行能力预测模型	建立了高速公路改扩建工程不同施工路段的通行能力计算模型	对通行能力预测模型已经有较长时间的研究，但针对养护作业区通行能力的预测模型少见，未见改扩建施工路段通行能力预测模型的研究
驾驶员分流路径选择模型	建立了综合考虑时间效益、经济效益和安全效益的驾驶员分流路径选择模型，弥补了前期模型中未考虑安全效益的不足	驾驶员分流路径选择模型停留在以时间效益、收费效益为目标函数，对于安全性分析停留在施工路段，未考虑分流过程中路网安全效益
基于多指标雷达图的改扩建工程路网运行状态评价模型	改扩建工程路网随施工进度呈动态变化的特征，从路网结构状态和交通状态两个层面构建运行状态评价指标，基于多指标雷达图，建立了路网运行状态评价指标	高速公路与路网的运行状态评价方法已经有很长时间的研究历史，包括单指标评价法和多指标评价法，指标包括交通量、车道占有率、车速、平均延误、时间等
基于驾驶模拟的改扩建工程交通组织安全评价技术	提出了基于驾驶模拟的改扩建交通组织安全评价指标，形成了山东省地方标准《高速公路改扩建工程交通组织方案安全性评价指标》	相关文献中均有通过驾驶模拟器解决各类安全问题研究时，涉及对具体指标有效性的验证。但对于指标的选取及有效性分析均缺乏依据
改扩建工程临时交通标志设置	建立了灰度近优评价模型对改扩建工程临时交通标志参数进行优化。基于主客观安全性评价指标的限速措施效用评价模型	有针对正常营运公路交通标志版面等的研究，未见针对改扩建工程临时交通标志的研究，规范对于临时交通标志设置要求不明确
智慧型改扩建全过程协同管理原型系统	研发了风险源排查、危险区域单车检测、全路段风险管控、应急组织联动的全链条高速公路改扩建安全管理与协同预警系统	部分项目也采用了一些项目管理软件，但偏向于质量控制、进度控制等方面。在预警方面、全过程协同方面的系统与改扩建工程量的急剧增加不匹配

五、第三方评价、应用推广情况

2021年7月5日，中国公路学会在济南主持召开了“高速公路改扩建工程交通组织与安全保障技术研究”项目成果评价会。形成如下评价意见：

（1）项目组提供的资料齐全、内容完整、数据翔实，符合科技成果评价要求

（2）项目组通过理论分析、驾驶模拟与实车试验等室内外试验和工程应用，对高速公路改扩建工程交通组织与安全保障技术进行了系统研究，取得了创新性成果

1）构建了高速公路改扩建工程施工路段通行能力模型和驾驶员分流路径选择模型；建立了路网分流优化方法；提出了车道转序的中央分隔带开口长度控制标准和出入口封闭绕行标志标识、设置位置、信息阈值等技术指标。

2）揭示了改扩建施工期模拟环境与自然环境下驾驶行为的差异性机理，建立了基于驾驶模拟实验数据的绝对有效与相对有效的运行安全性评价指标体系，形成了高速公路改扩建工程施工安全技术标准。

3）提出了基于bow-tie-模糊集理论的高速公路改扩建期间突发事件全过程防控方法，研发了风险源排查、危险区域单车检测、全路段风险管控、应急组织联动的全链条高速公路改扩建安全管理与协同预警系统。

（3）项目研究成果已在山东省滨莱、济青、京台、京沪、日兰和广东省佛开南、阳茂等高速公路改扩建工程成功应用，经济社会效益显著，推广应用前景广阔

综上所述，项目成果总体达到国际先进水平，其中高速公路改扩建工程施工路段通行能力模型和驾驶员分流路径选择模型达到国际领先水平。

六、经济效益

项目研究成果在滨莱高速改扩建、京沪高速公路莱芜至临沂（鲁苏界）段、京台高速公路泰安至枣庄（鲁苏界）段、济青高速公路改扩建工程主体第三标段、日兰高速公路巨野西至菏泽段改扩建工程成功应用，采用项目整体研究成果，降低了工程风险，加快了工程进度，降低了施工管理成本，保证了施工安全。2018—2020 年各项目应用该技术累计节约成本 13047 万元。

七、社会效益

在高速公路改扩建建设过程中，采用本研究的核心技术，有效降低了工程风险，确保了施工安全，加快了工程进度，降低了施工管理成本。对改扩建后高速公路整体使用功能进行了有益尝试，有效减少了高速公路改扩建后运营期的使用及维护成本。同时，也为高校和企业培养了大批科研和技术人员，具有巨大的社会效益。

超大吨位转体斜拉桥建造关键技术

完成单位： 中建交通建设集团有限公司、北京工业大学、中铁工程设计咨询集团有限公司、中铁十八局集团第五工程有限公司

完 成 人： 张　坤、刘　文、汪志斌、李圣强、吴　锋、成　都、陈桂瑞

一、立项背景

桥梁转体施工是指将桥梁结构在非设计轴线位置制作成形后，利用摩擦系数很小的滑道及合理的转动结构，以简单的设备将桥梁结构整体旋转安装到位的一种施工方法，该方法能最大限度地降低对既有线下交通的影响，具有施工方便快捷、安全可靠等优点。根据桥梁结构的转体方向，可分为竖向转体施工法、水平转体施工法（简称竖转法和平转法）以及平转与竖转相结合的方法，其中以平转法应用较多。平转法于 1976 年首次在奥地利维也纳的多瑙河桥上应用，我国为适应山区建桥，早在 1975 年就进行了“拱桥转体施工工艺”的研究，并于 1977 年首次在四川省遂宁县采用平转法建成跨径为 70m 的钢筋混凝土箱肋拱。随着转体施工工艺的进步，转体施工方法在我国的斜拉桥、刚构桥、连续梁中得到应用，并且由山区推广至平原，尤其是跨线立交桥的施工领域。

目前伴随我国高速铁路网和高速公路网的进一步完善和密集，以及城市主干道交通需求的增加，新建交通基础设施采用上跨立体交叉结构越来越多。为避免传统上跨立体交叉工程施工引起的安全事故，近些年上跨既有交通线路采取转体设计施工的立交桥越来越多。国家铁总已经明确规定跨越既有铁路工程尽量采用平转方案，在高速公路系统和市政工程系统也有类似的要求。近些年我国采取平转法设计施工的立交桥越来越多，分布省份也越来越广，转体结构的跨度也由常规的 100m 以下，增至 200～400m，甚至更大，同时转体吨位也随之增加，由原来的几千吨增至数万吨。随着跨度和吨位的不断增加，不可避免地会引发一系列的新问题：

（1）超大吨位转体桥基础承载能力要求更高；

（2）超大吨位转铰合理结构形式问题；

（3）常规单点称重很难用于于超大吨位转体桥；

（4）大跨度转体斜拉桥主梁相对较柔，转体过程中结构安全预警问题突出；

（5）合龙段后浇筑混凝土纵向开裂问题不可忽略。

课题从以上问题出发，结合参研各方已有技术成果，开展课题研究并进行总结推广。

二、详细科学技术内容

1. 超大吨位转体桥下部结构施工技术

创新成果一：超深扩底装施工技术

因邻近既有京广铁路保定南站，承台尺寸受限，单桩长度长，为保证超大吨位转体桥基础承载力，桩基础设计为扩底桩，扩底位置近地下百米，桩间距小。

采用全液压可视可控旋挖扩底桩施工技术，通过试桩验证 360 旋挖钻机及 MX9830B 扩底钻机百米扩孔可行性和施工参数，确保扩底桩准确、安全、优质、可靠地满足设计要求，是目前世界上最先进的扩底桩施工工艺。见图 1、图 2。

图 1　扩底钻机

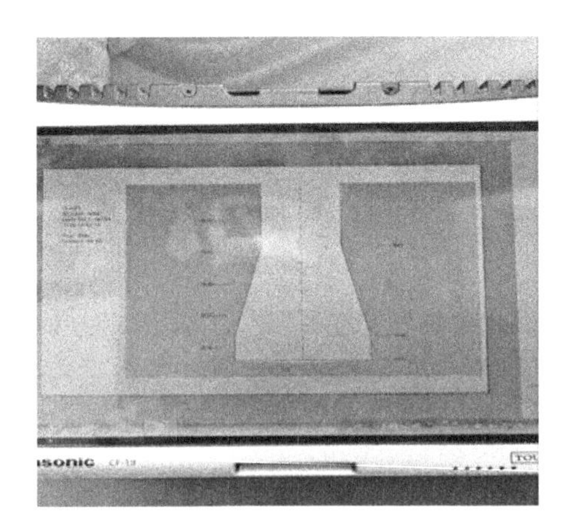

图 2　扩底实时可视化监控

创新成果二：高强度等级大体积混凝土承台冬期施工技术

转体桥主墩承台体积近万方，采用 C50 混凝土，且施工正值冬季，为保证其施工质量，从优化混凝土配合比、热工计算各阶段温控数据、搭设暖棚保证养护环境和设置智能温控系统及时调节冷却水水温和流速等方面入手，控制混凝土浇筑及养护质量，从而有效控制温度峰值和降温梯度，解决了高强度等级大体积混凝土承台冬期施工难题。见图 3、图 4。

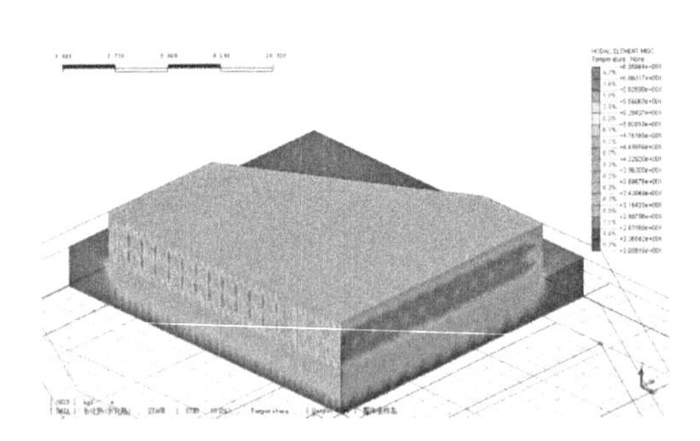

图 3　温度模拟模型

图 4　暖棚养护

2. W 形超宽薄壁混凝土主梁设计及施工技术

创新成果一：考虑耦合效应的支架受力简化计算

主梁采用超宽 W 形薄壁截面，支架现浇施工方案，纵横向预应力张拉过程中引起的结构与支架的耦合作用不可忽略。依托工程的 W 形截面尺寸以及该方案中的预应力数据及斜拉索初张拉数据来研究预应力张拉和斜拉索初张拉对支架荷载的影响，通过简化有限元模型分析，与 ANSYS 模型的完整建模分析对比，提出相应的简化计算方法。见图 5。

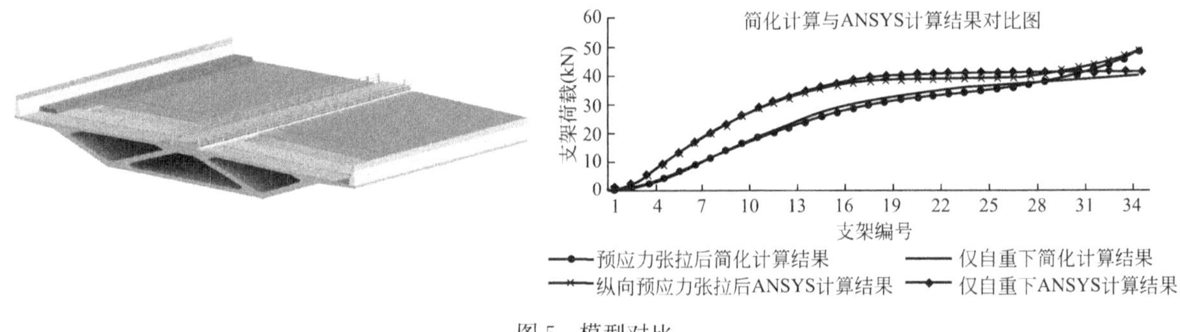

图 5　模型对比

创新成果二：超短预应力束快张技术及配套装置

主桥与塔柱设计有大量预应力体系，最短预应力束仅 3.3m，通过分析超短预应力束预应力损失的构成及特点，针对传统的低回缩锚具及其张拉过程，提出由传统两次装顶、两次张拉变为一次装顶、两次张拉的快速张拉工艺，并通过进行超短预应力束模型试件张拉试验，验证以上技术的可行性及效果，开发了相应的配套张拉辅助装置。见图 6。

图 6　超短预应力束快速张拉辅助装置张拉试验

3. 超大吨位球面平铰设计及制作安装关键技术

创新成果一：超大吨位球面平铰设计开发

针对传统采用铸造工艺的球铰，结构尺寸大，一次整体成形，质量不易控制的特点，设计开发一种新型转铰结构，是一种采用厚钢板加工的可组装式球面平铰，该球面平铰具有加工方便、造价低、便于运输等特点。见图 7。

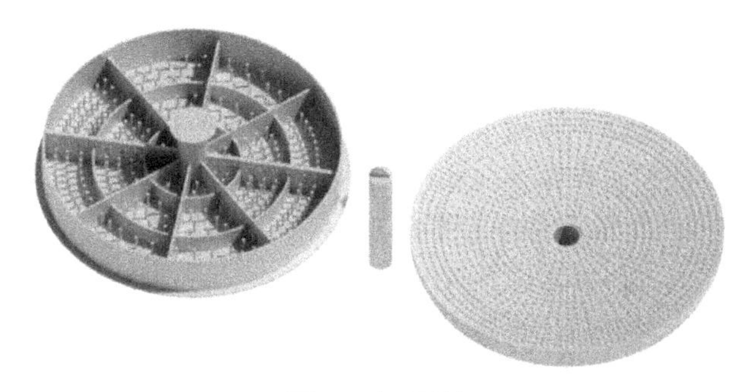

图 7　球面平铰

创新成果二：超大吨位球面平铰制作安装技术

确定了超大吨位球面平铰下料→组拼（消除残余应力）→粗加工→试拼装→整体精加工的加工工艺流程，同时确定了初步对位→精调的安装配套施工技术，通过多次对比试验，提出了浇筑过程摊铺辅助措施和在球面平铰板底面预布气泡引排钢丝绳＋预留注浆孔道相结合的大尺寸球面平铰下混凝土施工质量控制关键技术。见图 8、图 9。

图 8　消除残余应力及精加工

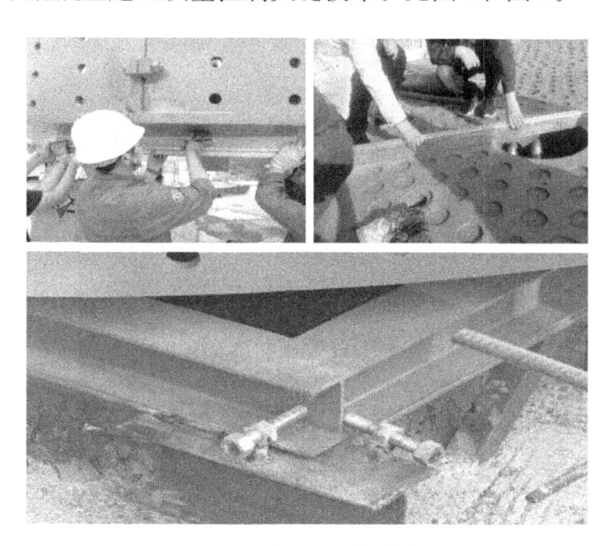

图 9　验收及安装就位

4. 多点联合称重技术

常规的称重方案多是利用球铰静摩擦系数大于动摩擦系数的原理，在上下转盘之间施加起顶力进行不平衡称重，以得出数据进行配重，确保转体结构在转体过程中处于平衡状态。针对超大吨位转体桥梁反称顶力过大、上下转盘间空间不足等问题，提出了以上下转盘称重为主、梁端辅助称重的联合顶起称重技术，推导了联合称重计算公式；并结合具体过程实践，制定了多点联合称重流程及注意事项。见图10。

图10　多点联合称重技术

5. 转体过程稳定性评价指标及预警

为确保桥梁在转体过程中的安全，提出基于振动加速度监测的转体结构整体稳定性监控方法。结合工程实测和理论分析，分别基于无限自由度理论、转体结构动力响应方程和拟动力叠加方法推导了平转连续梁桥和平转斜拉桥梁端振动加速度响应与墩底弯矩计算公式，给出了转体结构梁端振动加速度安全预警值简化计算方法和预警限值。

6. 合龙段混凝土防纵向开裂施工控制技术

通过研究新浇筑混凝土二次振捣、老混凝土提前洒水润湿膨胀和调整合龙段两侧箱梁横向预应力张拉时机对控制合龙段混凝土纵向开裂的效果，提出控制超宽混凝土结构合龙段混凝土纵向开裂的配套技术措施，提出了“对合龙口两侧既有梁段提前洒水润湿＋合龙口两侧箱梁横向预应力钢筋延迟张拉”的技术方案，减小合龙口两端横向约束影响，有效控制了依托工程合龙段混凝土的纵向开裂问题。

三、发现、发明及创新点

（1）首次实现了百米深度精确扩孔成桩施工，顺利完成了高等级大体积混凝土承台冬期施工，并根据相关经验总结了超大吨位转体桥下部结构施工技术，在保证基础承载力的情况想解决了邻近既有建构筑物施工场地不足的难题。

（2）对W形超宽薄壁混凝土箱梁设计及重难点进行了分析，根据施工数据研究预应力张拉与斜拉索初张拉对支架受力影响，推导了考虑耦合效应的支架受力简化计算。

（3）分析了超短预应力束预应力损失构成特点，针对性的研发改善了超短预应力束快速张拉工艺及配套设施，在保证张拉质量的前提下，大大提高了施工速率。

（4）设计开发一种新型转铰结构，是一种采用厚钢板加工的可组装式球面平铰，并确定了超大吨位球面平铰加工、安装配套施工技术，制定了验收相关细则，提出了球面平铰下混凝土施工质量控制关键技术，有效保证了大尺寸转铰下混凝土浇筑质量。

（5）针对超大吨位转体桥梁提出了在上下转盘和梁端联合顶起称重技术，推导了联合称重计算公式；并结合具体过程实践，制定了多点联合称重流程及注意事项。

（6）结合工程实测和理论分析，分别基于无限自由度理论、转体结构动力响应方程和拟动力叠加方法推导了平转连续梁桥和平转斜拉桥梁端振动加速度响应与墩底弯矩计算公式，使转体监测更为安全、便捷、准确。

（7）在保定市乐凯大街南延工程跨保定南站主桥建设过程中新形成了发明专利5项，实用新型专利9项，发表论文20篇，省部级工法2项。

四、与当前国内外同类研究、同类技术的综合比较

较国内外同类研究、技术的先进性在于以下六点：

（1）研发了超大吨位拼装式球面平铰和加工制造技术，提出了超大吨位球面平铰下混凝土的施工工艺及质量控制措施，有效解决了超大吨位转体斜拉桥球铰加工制造、运输、现场安装的技术难题，形成超大吨位球面平铰设计施工技术。

（2）开发了低回缩锚具一次装顶两次张拉配套装置和张拉工艺流程，在保证低回缩锚张拉质量的前提下大大提高了施工效率。

（3）开发了多点联合称重技术方案，有效解决了超大吨位转体桥不平衡称重难题。

（4）建立了转体结构稳定性简化计算模型，推导了转体桥振动加速度与转体结构墩底弯矩关系式，给出了转体结构梁端振动加速度安全预警值，为大跨度桥梁转体安全监测及预警提供了理论支撑。

（5）研发了"合龙口两侧梁段提前洒水润湿＋合龙口两侧箱梁横向预应力延迟张拉"防止合龙段混凝土纵向开裂的技术工艺，有效控制了超宽混土梁合龙段纵向开裂。

（6）揭示了预应力钢绞线长度和弯折角度等参数对孔道摩阻损失测试误差敏感系数的影响规律，提高了预应力摩阻损失测试精度。

本技术通过国内外查新，查新结果为：在所检国内外文献范围内，未见有相同报道。

五、第三方评价、应用推广情况

1. 第三方评价

2020年7月31日，中国公路学会在北京主持召开了"超大吨位转体斜拉桥建造关键技术"项目成果评价会。专家组认为，该项成果整体达到国际先进水平；其中，超大吨位拼装式球面平铰设计、施工技术达到国际领先水平。

2. 推广应用

本项目的多项研究技术成果，先后在如下30余座转体桥工程中得到了不同程度的推广与应用，其中包括：长临高速微子镇立交桥，国内第一座超万吨级转体连续箱梁桥；京沈高速联络线跨津汉铁路迁西立交桥（斜拉桥）；津汉高速跨津汉铁路转体桥；衡水前进街转体斜拉桥桥（上转体）保定乐凯大街南延工程转体桥（转体重量和跨度均世界第一）；廊坊光明道上跨京沪铁路和京沪高铁转体桥（在建最大跨转体桥）。

六、社会效益

由于保定市乐凯大街南延工程跨南站主桥采用了以上研究成果，不仅节约了施工直接费用，而且加快了施工进度，缩短了施工工期，使得该桥在2020年1月15日提前通车，进一步完善了保定市的路网结构，有效分流朝阳大街、南二环等道路交通，改善六岔口及周边道路交通拥堵的局面，有效带动周边经济发展。如果该桥施工进度稍微延长10d，不能在2020年春节前通车，受到今年新冠疫情影响，将延期通车验收至少3个月，对于投资单位每天需要支付银行利息月30万元，而疫情期间抢工复产的增加费用也非常大，这一项间接经济效益约3000万元。

而且该项目能够抢在2020年春节前通车，极大地缓解了春节期间六道口的交通拥堵问题，进一步推动了京津冀一体化建设，具有很好的社会效益。

湿陷性黄土地区公路建造关键技术

完成单位：中国建筑第七工程局有限公司、中建七局第四建筑有限公司、中建七局交通建设有限公司、华北水利水电大学

完 成 人：王永好、任 刚、翟国政、黄延铮、高宇甲、莫江峰、毋存粮

一、立项背景

黄土在我国分布广泛，但每个地区黄土无论是物质成分还是结构特性都有较大的区别，由于受路线线形设计的制约以及黄土地区地形地貌的限制，不可避免地要通过一些沟壑纵横的复杂地形，造成施工场地布置及沉降变形等诸多难题。主要表现为湿陷性黄土遇水后的不均匀沉降，引起公路路面大面积开裂、下陷，隧道进出洞口边坡的坍塌、隧道围岩塌方等诸多问题，给公路施工带来了较大的不利影响和危害。这些由湿陷性黄土引发的病害也逐渐被重视。

国道310南移新建工程是“十三五”期间全国投资最大干线公路PPP项目，建成通车后，将极大提升国家东西交通大动脉通行能力，拉大三门峡市城市框架，有效缓解主城区道路通行压力，对减少污染排放、改善居民生活环境、促进区域经济发展和打造全省区域性中心城市具有十分重要的战略意义，大大加快三门峡市社会经济转型升级和高质量发展步伐，保护黄河流域生态环境。项目地处豫西黄土地区，全场164km，黄土塬墚峁川地形特征明显，沿线地形起伏、沟壑纵横，公路跨越弘农涧河等多条河流，冲沟及陡坎发育，地貌、地层变化大，存在坍塌、水穴等不良地质现象；湿陷性黄土分布不均匀，湿陷性黄土等级复杂、规律性差，工程性质变化较大，地质条件复杂。

基于以上难点，中建七局依托国道310南移新建工程，投入大量材料设备，组织专业技术团队，开展了湿陷性黄土力学性能、特长隧道建造、道路工程施工、超高墩桥梁建造等关键技术研究，有效提高了黄土工程力学研究科学水平，推动了本领域科学进步，取得了显著的经济社会和生态环境效益。

二、详细科学技术内容

1. 豫西湿陷性黄土工程力学性能及工程应用理论体系构建

（1）豫西湿陷性黄土工程力学性能研究

每个地区的黄土无论是物质成分还是结构特性都有较大的区别，鉴于黄土的特殊工程力学特性，为避免湿陷性黄土对路基产生开裂、下陷等病害。进行了系统的现场、室内试验，对黄土的力学性能进行研究，通过高填方土料的击实特性、压实控制指标、黄土的工程力学特性、压实黄土的微观结构等研究，构建豫西湿陷性黄土工程力学性能理论体系，为《湿陷性黄土地区勘察与地基处理技术标准》DBJ41-T243—2021提供了多项参数。见图1。

（2）全吸力范围内非饱和土内拉应力及裂隙实时量测技术

自主研发了全吸力范围内实时量测非饱和土内拉应力及裂隙试验装置及方法，能动态观测土体内部拉应力的变化及裂隙的发育情况，更加真实反映土体的应力—应变状态，且可得到土体达到抗拉破坏时的吸力值，对于预测裂缝的产生提供吸力参考。

2. 湿陷性黄土特长隧道建造关键技术研究

（1）湿陷性黄土隧道围岩变形控制技术

黄土与其他软弱围岩相比，其独特的工程性质体现在垂直节理发育、大孔隙、显著结构性等方

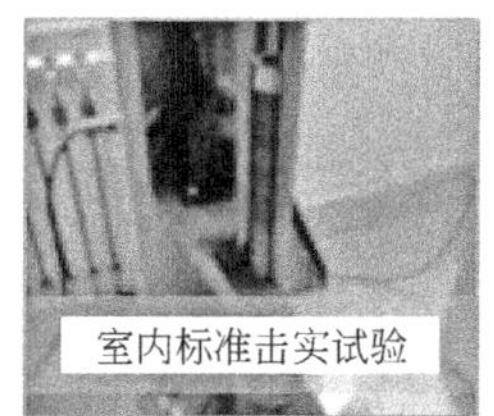

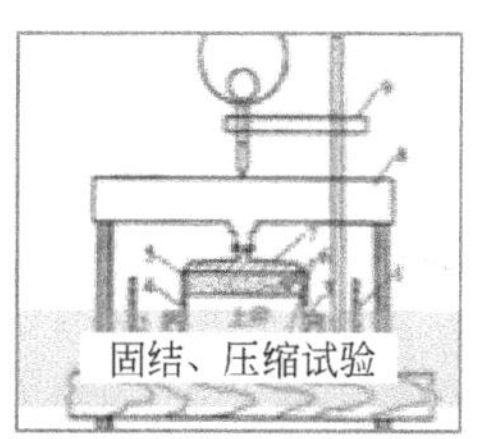

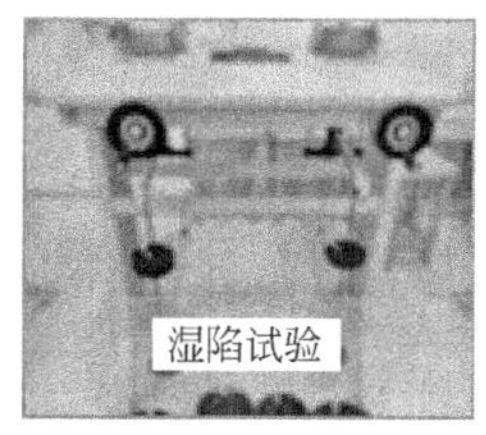

图1　豫西湿陷性黄土室内工程力学试验

面，使得黄土围岩在开挖后初期变形速度快、变形量大、变形持续时间长，若支护不及时或刚度不足，易造成地表下沉、裂缝甚至坍塌。对此开发了黄土隧道预支护工艺（流程见图2），创新了导管间T形连接方式，提高了支护效果；研发了隧道拱门支撑装置，改变了传统喷锚支护的方式，实现机械支撑，有效控制了地表沉降，保证了掌子面及地层的稳定。

地层检测：通过声波时差法检测地层土壤的凝聚力
↓
选择管材：根据检测的地层具体情况挑选对应的管材
↓
建立工作面：将隧道标准面扩大至工作室断面
↓
建立导向架：在工作面内部建立一定程度的导向架，并调整导向管的角度将其焊接在导向架上
↓
工作面防护：将工作面内部挂网并立杆填充混凝土，确保工作面安全
↓
钻孔：用测量仪测量导向管角度，并调整钻杆的角度进行钻孔工作
↓
插入第一导管：将对应的管材插入钻好的孔内一侧，并调整角度
↓
插入第二导管：将第二导管插入钻好的孔内另一侧，使其与第一导管相连
↓
挑选注浆材料：根据检测的地层具体情况挑选对应的注浆材料进行制作填充浆
↓
封口：将管口与钻孔口之间的缝隙进行密封
↓
注浆：向导管内部注入调配好的泥浆，并检测管口压力
↓
管内检测：用声波探测仪检测注浆效果

图2　预支护工艺流程图

（2）湿陷性黄土隧道下穿暗渠施工技术

在建黄土隧道下穿村庄及地下暗渠，该暗渠距离隧道28m，平均流量1.2m^3/s，开挖时安全性难以保证。开发了隧道下穿暗渠施工技术，在基于物探数据和有限元模拟分析的基础上，采用洞内加固＋暗渠加固的方式，有效提升暗渠在隧道开挖过程的稳定性，保障隧道施工安全。

（3）抑变形初期支护及换拱施工技术

陕塬隧道（弱胶结湿陷性黄土隧道）围岩等级为Ⅴ级，自稳能力差，地质情况复杂多变，多次发生涌水、塌方、侵陷等险情，沉降变形控制和初支换拱极为重要。通过设计加强型初期支护结构，并应用在围岩承载能力丧失、初期支护侵限严重段，解决了换拱难题。采用换拱部位注浆＋架设临时斜撑的方式保证换拱作业面稳定，实现间隔法换拱，有效避免土体掉块及塌方的危险，保证换拱安全及质量。见图3。

（4）弱胶结泥岩隧道斜井挑顶施工技术

目前国内黄土隧道斜井进正洞挑顶施工多采用过渡小导洞斜向挑顶法，但该法施工作业面狭小，人员、机械设备操作空间受到限制，施工工期较长。创新了直线挑顶＋可拆卸式门架结构＋大型设备的方式进行斜井与正洞交叉口施工。直线挑顶段采用挖掘机开挖，极大地加快了开挖速度，减少了围岩暴露的时间，有效控制了隧道交叉口断面的沉降变形。见图4、图5。

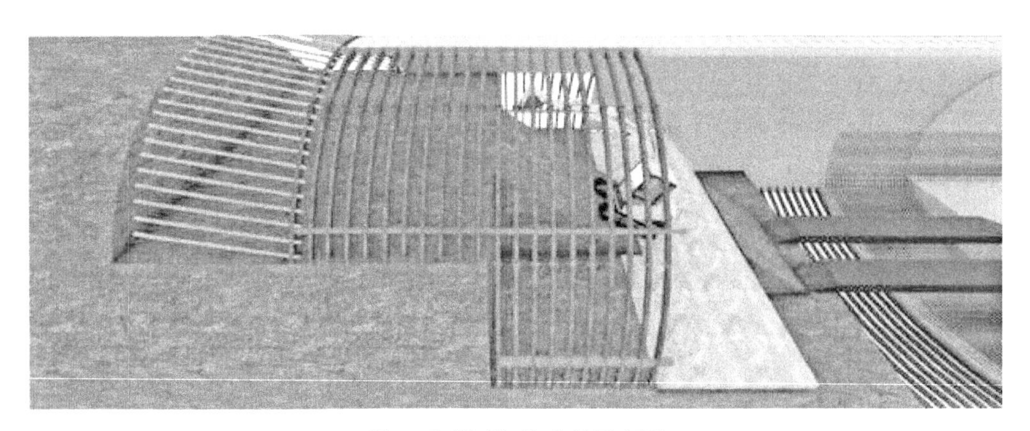

图3　加强型初期支护示意图

图4　导洞内拱架施工支护

图5　导洞内拱架与斜井钢架连接大样

(5) 湿陷性黄土隧道绿色安全高效施工技术

研发了绿色安全高效施工技术，通过开发环向切土方法提高了开挖效率，通过研发静电除尘器、隧道降尘器、可移动扬尘喷雾装置等设备，实现灵活降尘、绿色、环保、高效，通过研发通风系统、除尘及除有害气体装置、智能隧道安全预警系统，有效保证了隧道作业人员的安全。见图6。

图6　环向切土刀头及环向切土现场施工图

3. 湿陷性黄土道路工程施工关键技术

(1) 湿陷性黄土路基差异沉降控制技术

半填半挖、高填深挖路基容易产生差异沉降和工后沉降，造成路面开裂、下陷等工程问题，直接威胁公路的正常运营。

通过沉降模拟分析，得到三门峡区域填方段每层沉降量平均在30cm左右，挖方段每层沉降量平均在10cm左右，对现场施工起到了很好的指导的作用。并通过布设SBS测斜管和磁力板，对高填方黄土路基进行了沉降监测，得到了路堤填筑过程应力分布、变形特征。见图7。

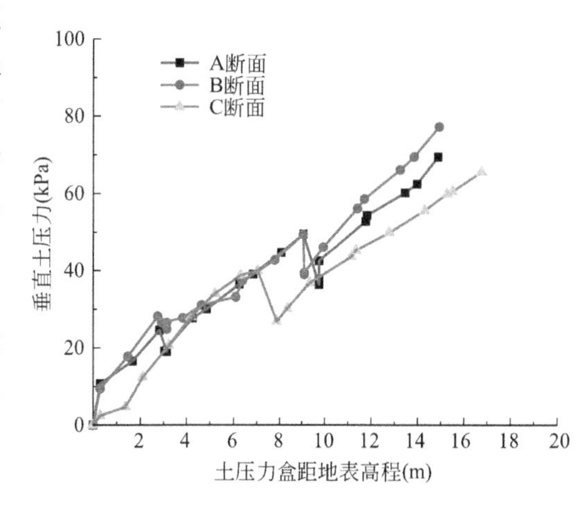

图7　土压力检测数据折线图

研发了湿陷性黄土改良、挤密、夯实施工装置，以化学溶液胶凝反应改良治理黄土路基，利用带吸水功能的夯土垫和挤密装置有效改良黄土的湿陷性，保证黄土的压实度，提高地基的承载力。

（2）山岭重丘区道路工程施工关键技术

针对山岭重丘区两侧V形深沟、大坡度地形条件（地形见图8），首创了“增设吊装区”的梁场建设方法，通过对传统梁场的改进，在存梁区外增设“吊装区”（图9），解决了纵坡过大、无法运梁的难题。

图8　山岭重丘区大坡度地形

图9　吊装区航拍图

针对百米高、70°陡坡上（图10）打桩、测量极为困难的难题，采用BIM+GIS技术进行了快速设计，比选确定了“之”字形便道方案，缩短了设计规划时间，减少了资源浪费。见图11。

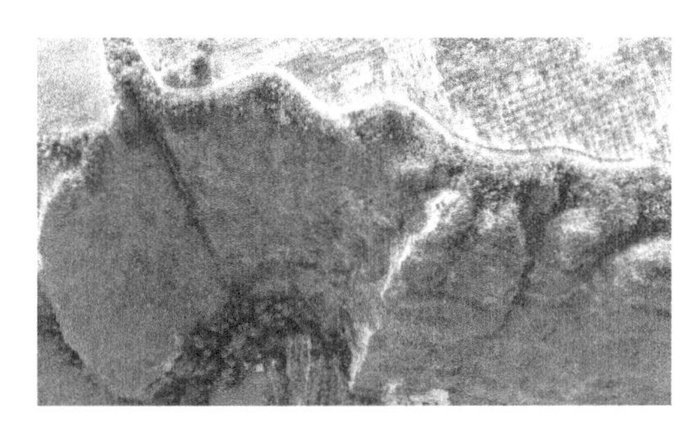

图10　部分特大桥桥尾地形

图11　“之”字形便道设计方案

（3）黄土地区跨路天桥逆作施工技术

开发了天桥逆作法施工工艺（图12），先施工下部结构（人工挖孔桩基础、墩柱、盖梁），再施工上部结构（地模法浇筑箱梁），最后进行路基土方工程（分层开挖，期间施工墩柱系梁后浇带）。不仅保证了原有道路的正常通行，同时也节约了大量便道修筑及支架措施费用。

4. 湿陷性黄土超高墩桥梁建造关键技术

（1）裂隙陷穴黄土地质桩基施工技术

针对大面积漏浆、坍塌等问题，开发了施工前预注浆+灌注桩后压浆技术，有效解决裂隙陷穴黄土地址桩基施工难题。

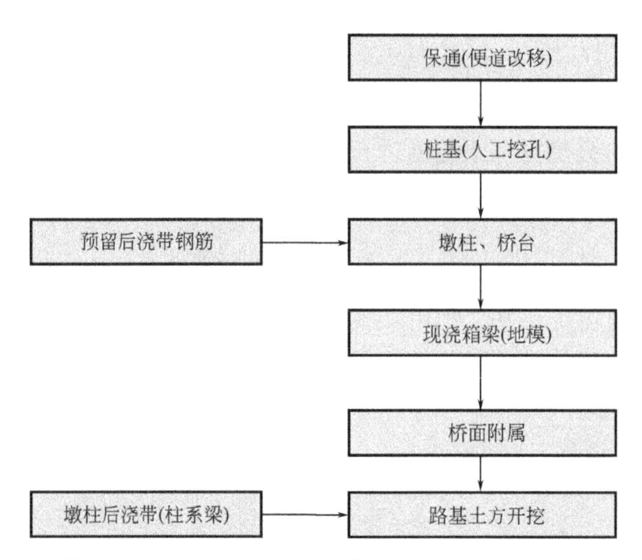

图 12　黄土地区跨路天桥逆作施工技术工艺流程图

(2) 高墩施工冬期养护技术

研发了冬期超高墩爬模保温养护施工技术，利用 XPS 高分子保温板＋PUR 喷涂硬泡体聚氨酯隔热层＋高墩液压爬模组成保温体系，形成了高墩冬期爬模施工隔热自保温系统；对爬模施工的高墩模板进行了优化，采用双面模板将墩柱进行全封闭，在外模板内表面喷涂 4cm 聚氨酯泡沫，提高保温能力。通过项目实施，养护期间混凝土表面温度可以维持到 20℃以上，效果显著。见图 13～图 15。

图 13　XPS 高分子保温板安装

图 14　聚氨酯硬泡喷涂施工

图 15　喷涂后效果图

(3) 免焊接托架快速现浇连续梁 0 号块技术

研发了免焊接快速安拆托架现浇连续梁 0 号块施工技术，三脚架下肢腿顶住墩身，锚固牛腿受压受剪，从而形成简支结构，达到整个体系平衡。解决了常规牛腿托架焊接质量控制难、安全风险高、灼烧混凝土面等问题。研发了斜拉式铰接托梁现浇大跨度连续梁 0 号块施工技术，托架体系由斜撑变为斜拉，不考虑杆件受压失稳，降低斜杆型材规格，减轻托架质量，所有连接采用铰接，便于安拆，提高了材料周转率。见图 16、图 17。

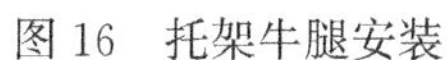
图 16　托架牛腿安装

图 17　托梁＋盘扣式支架组合支撑体系图

(4) 同步快速行走菱形挂篮现浇悬臂梁施工技术

对悬臂现浇梁体施工所用挂篮进行结构优化，研制了挂篮轨道和桁架快速行走装置及钢绞线夹持装置以保证菱形挂篮行走的同步性。

(5) 连续刚构悬臂梁合拢施工技术

研发了适用于黄土地区连续刚构悬臂梁合龙的施工方法，在双薄壁墩最后两个阶段施工预埋件，现场利用塔吊进行吊装，0 号块箱梁两次浇筑完成，然后进行悬臂浇筑段施工。合龙段采用双挂篮合拢技术，在确保悬臂现浇连续梁合拢质量的前提下简化了工序，降低了施工的安全风险，节省了时间，经济效益和社会效益显著。见图 18。

图 18　双挂篮合拢技术

三、发现、发明及创新点

1. 构建了豫西湿陷性黄土工程力学性能及工程应用的理论体系

自主研发了实时量测土体的内部拉应力及裂隙发育的环形试验装置，揭示了豫西黄土致裂纹萌生机理，构建了豫西湿陷性黄土工程力学性能及工程应用的理论基础。

2. 研发了湿陷性黄土特长隧道建造关键技术

研发了隧道施工预支护工艺，首创了导管间T形连接技术，发明了隧道拱门支撑、顶面防护装置，保证了支护效果。创新设计了加强型初期支护结构，提出的初支换拱技术，有效避免了拆卸过程中塌方危险，保证施工安全。发明设计了可拆式门架，实现便捷拆卸，减少材料浪费。发明了环向切土技术，保证了开挖效率；研发了静电除尘器、多人施工梯、隧道通风系统等施工装置，实现绿色高效施工。

3. 研发了湿陷性黄土道路工程施工关键技术

发明了湿陷性黄土改良装置、夯土垫、挤密装置，有效控制了填方路基的压实度。首创了基于“吊装区”的预制梁场建设技术，解决了复杂地形梁场建设难题。首创了天桥逆作法施工技术，保证原有道路正常通行，节省了大量措施费。

4. 研发了湿陷性黄土超高墩桥梁建造关键技术

研发了冬期超高墩爬模保温养护施工技术，利用XPS高分子保温板＋PUR喷涂硬泡体聚氨酯隔热层＋高墩液压爬模组成保温体系，形成了高墩冬期爬模施工隔热自保温系统；研制了挂篮轨道和桁架快速行走装置及钢绞线夹持装置，保证了菱形挂篮行走的同步性。提出了适用于黄土地区连续刚构悬臂梁合龙的施工方法，减少了主桥体系转换的时间，降低了桥梁施工安全隐患。

四、与当前国内外同类研究、同类技术的综合比较

较国内外同类研究，技术的先进性在于以下八点：

（1）自主研发了实时量测土体拉应力及裂隙试验装置；

（2）研发了隧道施工预支护工艺，首创了导管间T形连接技术，发明了隧道拱门支撑、顶面防护装置；

（3）发明设计了可拆式门架，实现便捷拆卸；

（4）发明了环向切土技术，保证了开挖效率；研发了静电除尘器、多人施工梯、隧道通风系统等施工装置；

（5）发明了湿陷性黄土改良装置、夯土垫、挤密装置，有效控制了填方路基的压实度；

（6）首创了基于“吊装区”的预制梁场建设技术；

（7）首创了天桥逆作法施工技术；

（8）研发了超高墩爬模蒸汽养护施工技术。

五、第三方评价、应用推广情况

1. 第三方评价

2021年4月12日，河南省汇智科技发展有限公司组织专家对课题成果进行鉴定，总体达到国际先进水平。

2020年3月26日，河南省工程建设协会组织专家评价“山岭重丘区黄土地质条件下超高墩桥梁施工关键技术”，达到国际先进水平。

2. 推广应用

该技术已成功在国道310南移新建工程中成功应用，解决了湿陷性黄土路基、弱胶结泥岩隧道、百米高墩、大跨径桥梁施工难题，保证了施工质量，取得了明显的经济效益和社会效益。

六、经济效益

2018—2020年，公司在承建的国道310南移新建工程中成功应用了核心关键技术，节约了大量的人力、物力，降低了材料损耗，提高了施工效率，保证了工程质量和安全。近三年合计新增产值60390.6万元，新增利润8179.1万元，新增税收1538.2万元，取得了良好的经济效益。

七、社会效益

本课题切实解决了湿陷性黄土公路工程的施工技术难题，并提出了详细先进可行的技术方法；同时，也通过实际工程的技术验证，提高施工效率，降低工人劳动强度，减少施工流程，大大节约施工工期，提高了施工质量及生产效率，得到了业主方、监理方和使用单位的一致好评，弥补和丰富湿陷性黄土公路工程施工技术的不足，为今后类似的湿陷性黄土公路施工提供了重要的理论参考与技术支撑。

课题研发的核心关键技术，有效解决了湿陷性黄土公路工程施工难题，大幅度降低建筑能耗，降低施工成本，提高施工质量，保证施工安全，减少环境污染，具有显著的社会效益。

全预制装配式桥梁关键施工技术

完成单位： 中国建筑土木建设有限公司、上海市政工程设计研究总院（集团）有限公司、中建八局第一建设有限公司、中国建筑第八工程局有限公司

完 成 人： 哈小平、刘永福、敖长江、刘 斌、包汉营、陈 明、齐 朋

一、立项背景

与传统现浇施工方法相比，桥梁预制装配式施工具有建造速度快、作业面积小、环境影响小、建设品质好等诸多优势，是绿色施工和建筑工业化发展理念的具体体现。

预制装配式桥梁在国外已有较成熟的设计、施工经验，但在国内尚处于初级发展阶段，在设计、预制、拼装、智慧化运营管理等方面仍存在以下问题：

（1）桥梁的预制装配率较低；

（2）预制装配式桥梁结构设计优化以及节点力学性能研究不足；

（3）装配式桥梁构件的预制质量、拼装施工速度及精度普遍较低；

（4）装配式桥梁工程生命周期智慧化管理程度较低。

二、详细科学技术内容

1. 装配式桥梁结构设计优化与节点受力计算方法

（1）首次提出箱梁湿接缝钢筋免焊接结构形式

项目成功配制了C80高强混凝土，并将湿接缝间距缩小至30cm，在预制箱梁内预埋U形筋，相邻箱梁安装完成后，U形筋交错布置，构造钢筋布置在交错缝内，并与U形钢筋绑扎形成钢筋网，在湿接缝内浇筑C80高性能混凝土，最终形成箱梁湿接缝钢筋免焊接结构形式。见图1。

（2）小箱梁钢筋网片化优化技术

项目对小箱梁环形钢筋进行优化，形成了小箱梁钢筋网片化优化技术，实现了箱梁钢筋全网片式、可机械化自动加工的目的。见图2。

（3）提出了一种全预制装配式桥梁墩柱、盖梁节点灌浆套筒连接的“弹塑性曲线”抗拔承载力计算模型

通过对灌浆套筒拉伸试验研究发现，在钢筋屈服之前，钢筋与灌浆料的粘结强度随着灌浆料强度的提高而增加。当钢筋屈服后，粘结强度受灌浆料强度的影响迅速减弱。连接接头在最大荷载作用下发生钢筋粘结滑移破坏或断裂破坏，根据此破坏规律，建立了一种灌浆套筒连接的“弹塑性曲线”抗拔承载力计算模型（图3），描述粘结应力沿钢筋嵌入长度的分布状态，推导得到了灌浆套筒的抗拔承载力计算公式。

$$P_{\mathrm{u}}=\left[\tau'_{\mathrm{ue}}(L-l_{\mathrm{e}}-l)+\lim_{k\to\infty}\sum_{n=1}^{k}\frac{(\tau_{\mathrm{ue}}-\tau'_{\mathrm{ue}})n}{(L-l_{\mathrm{e}}-l)k}\right]\pi d+\tau_{\mathrm{e}}\pi d l_{\mathrm{e}} \tag{1}$$

（4）提出了一种预制装配式桥梁墩柱、盖梁灌浆套筒连接抗剪承载力的修正计算方法

将原计算公式中加载点至拼缝的距离修正为加载点至桥墩墩底的距离，将轴心抗压强度优化为立方体抗压强度，并增加了1.07～1.27的修正系数。

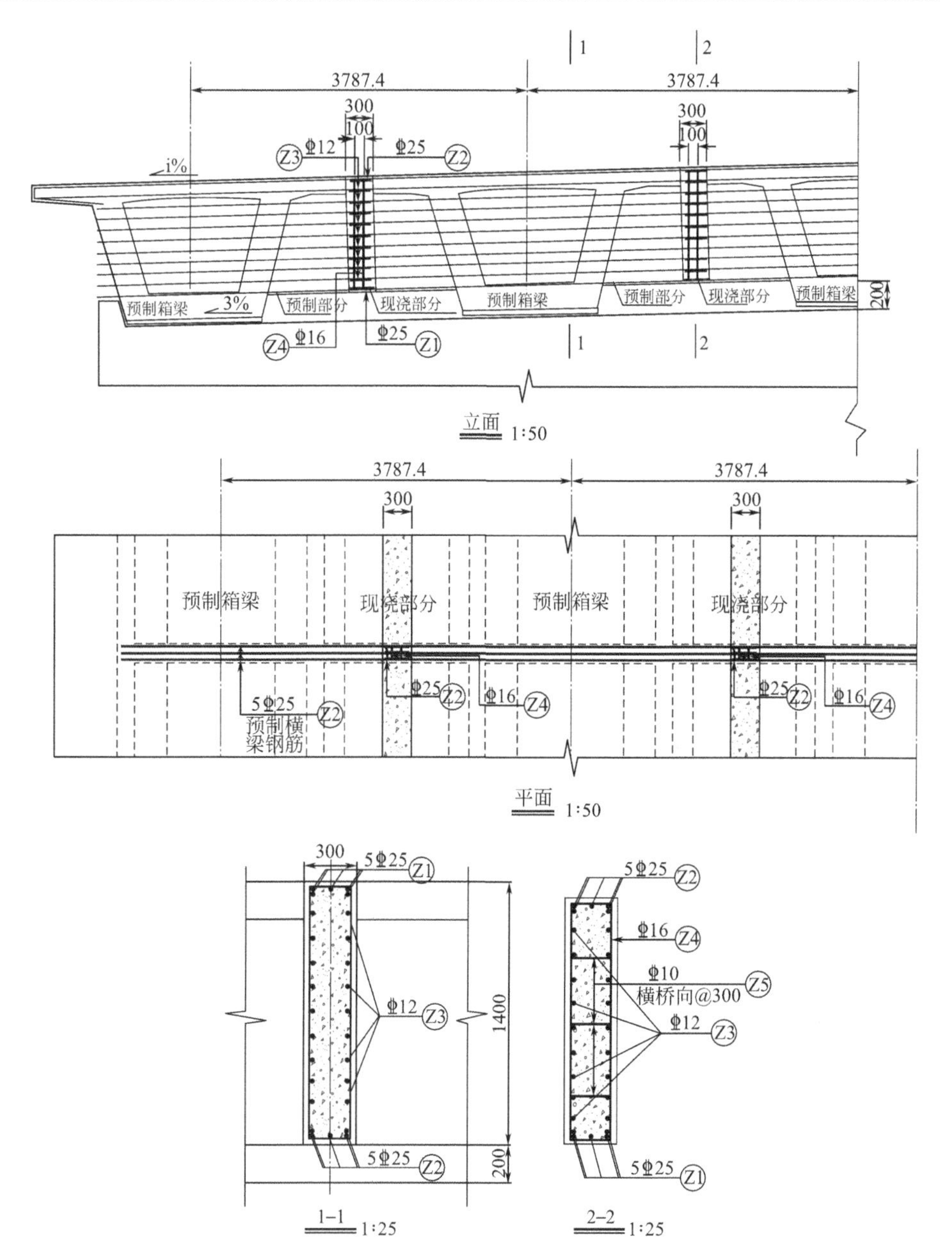

图1 箱梁湿接缝钢筋免焊接结构形式

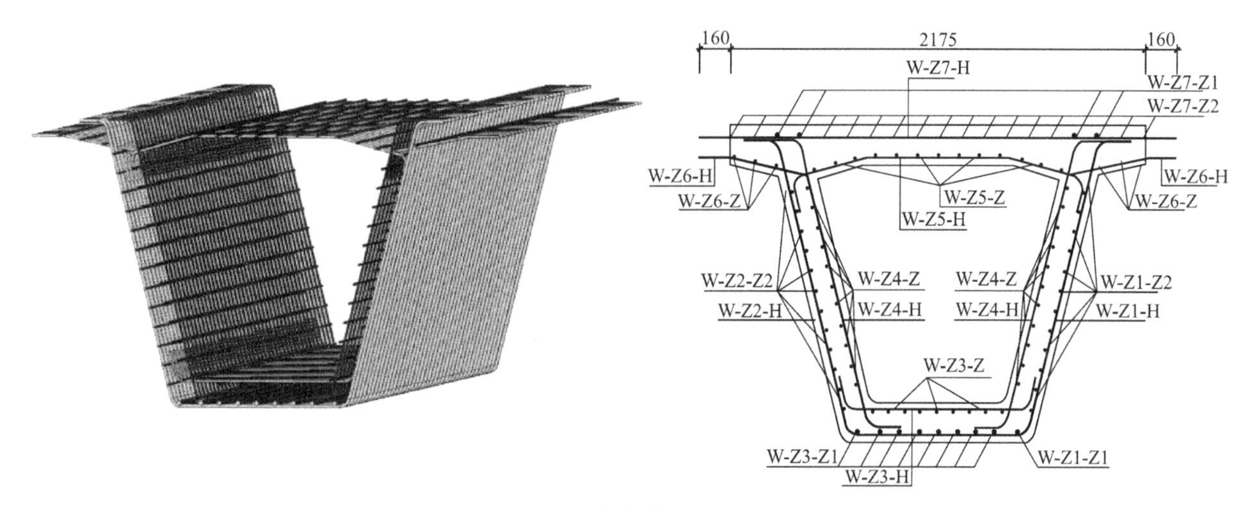

图2 小箱梁钢筋网片化设计

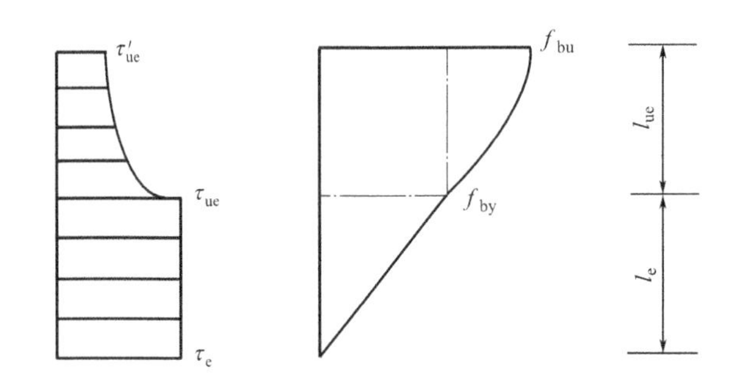

图 3　灌浆套筒连接“弹塑性曲线”抗拔承载力计算模型

$$V=(1.07\sim1.27)(0.5+0.2\log f_{cu})\times\frac{0.23f_{cu}(0.5+0.2\log f_{cu})bh+\dfrac{0.46f_{cu}(0.5+0.2\log f_{cu})b}{N}(M_{so}+M'_{so})-0.145N}{1+\dfrac{0.46f_{cu}(0.5+0.2\log f_{cu})b}{N}L_0} \tag{2}$$

2. 全预制装配式桥梁构件预制关键技术

（1）混凝土内部气泡离析程度的计算方法

$$\mathrm{d}\rho=\frac{\mathrm{d}m}{v}=-\bar{\rho}\frac{\Delta v}{v}\Rightarrow\frac{\Delta v}{v}=\frac{\Delta\rho}{-\bar{\rho}}=\frac{\rho_i-\bar{\rho}}{-\bar{\rho}} \tag{3}$$

$$\bar{\rho}=\sum_{i=1}^{n}m_i/\sum_{i=1}^{n}v_i \tag{4}$$

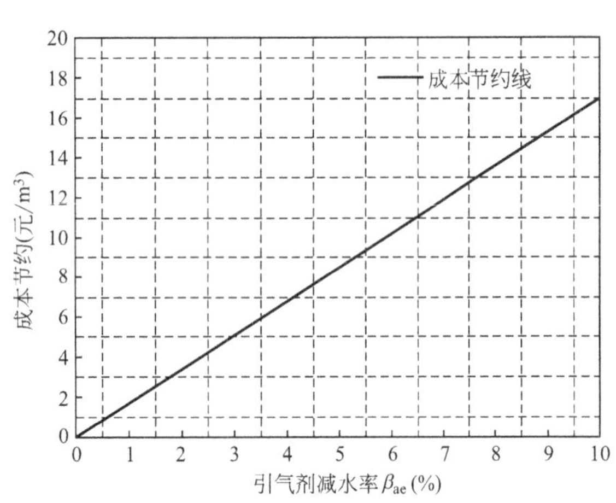

图 4　引气剂减水率与成本节约关系图

（2）一种低胶材用量的新型混凝土配合比设计方法（图 4）

（3）全自动钢筋焊接机器人施工技术

项目研发了钢筋自动焊接操作平台，该平台由焊接机器人轨道梁、作业平板、移动轨道、钢筋盘扣件等组成。焊接机器人安装在轨道梁上，钢筋通过盘扣件安放在焊接平台上，焊接机器人的移动方向与焊点位置的确定以及焊缝的长度等参数通过 PC 端控制。见图 5。

3. 全预制装配式桥梁构件快速、高精度安装施工技术

（1）全预制拼装桥梁装配式管桩精准定位施工技术

该技术通过抱箍主体本身的紧固作用确保待连接的两节管桩的垂直度，垂直度偏差可控制在 2mm 以

图 5　全自动焊接机器人及其焊接效果图

内，再通过箍板开口对管桩的连接缝进行点焊加固，从而保证桩节间的连接质量。见图 6。

（2）全预制拼装桥梁承台预埋筋可拆调节式定位技术

通过该技术，同时结合 0.5″全站仪，使承台预埋筋姿态可整体调整，保证预埋筋安装误差在 1.5mm 以内。见图 7。

（3）全预制拼装桥梁高大立柱安装及空中对接视觉定位技术

研发了单节立柱高精度定位安装调节系统，该系统由挡浆板、限位板、牛腿、千斤顶等组成。通过全站仪和限位板将立柱设计轴线测画到承台表面，完成单节立柱安装前的初步定位。进一步将牛腿安装在立柱预埋套筒上，通过千斤顶与牛腿的调节，完成立柱位置的精确调整。见图 8。

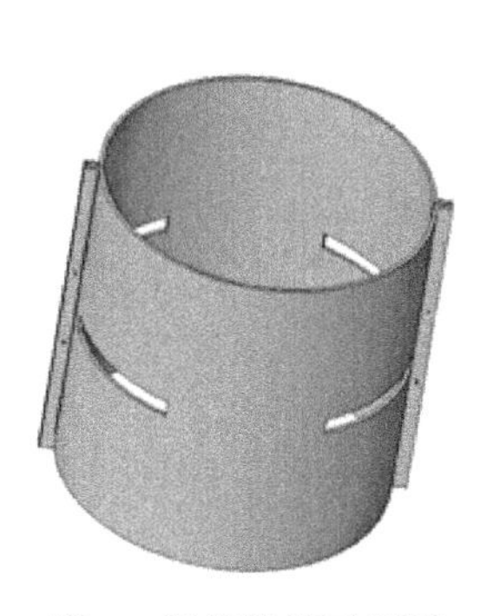

图 6　焊接抱箍示意图

图 7　预埋筋可拆调节式定位装置

图 8　单节预制立柱安装调节系统示意图及现场施作

研发了分节立柱空中对接视觉定位技术，该技术在起吊立柱下方预留的相邻两个钢筋套筒位置安装视觉定位传感器，传感器通过图形搜索检测，对中标记钢筋中心位置，定位标记后，将信息反馈到移动终端，终端模拟出构件上下对接面相对位置，现场管理人员以及起重机械操作人员对构件进行精调，实现精准对接。见图 9、图 10。

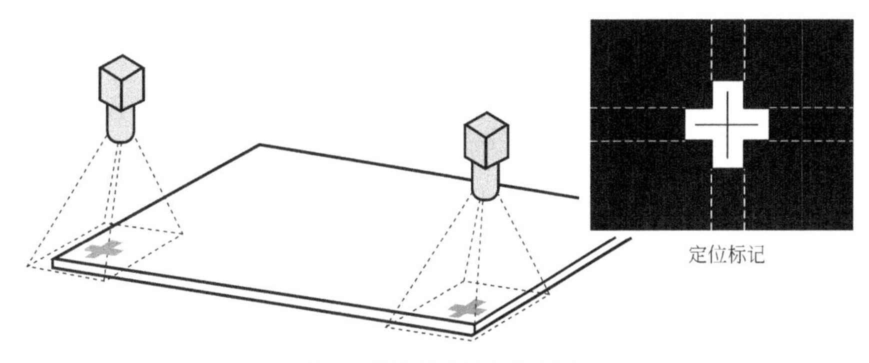

图 9　视觉传感器定位标记

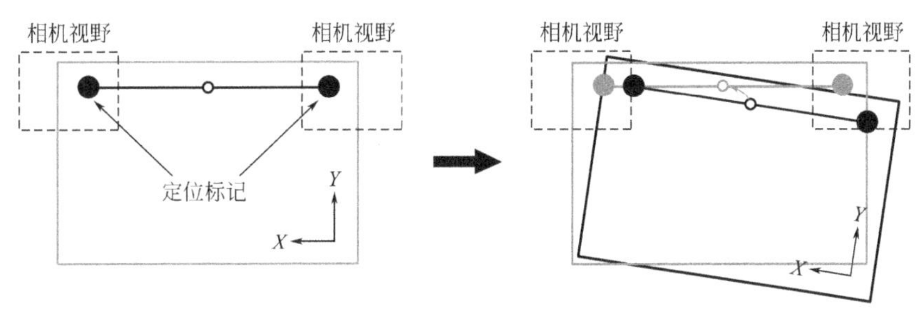

图 10　相对位置模拟

（4）全预制拼装桥梁节段盖梁关键施工技术

研发了一种模块式抱箍施工技术。该抱箍可根据立柱尺寸进行模块化组装，不同模块间通过螺栓连接使之成为整体抱箍。抱箍与立柱通过上下调节式腰眼以及螺栓连接。盖梁落位过程中，抱箍可通过调节式腰眼随盖梁整体向下移动，确保坐浆料不溢出、饱满及密实性。见图 11。

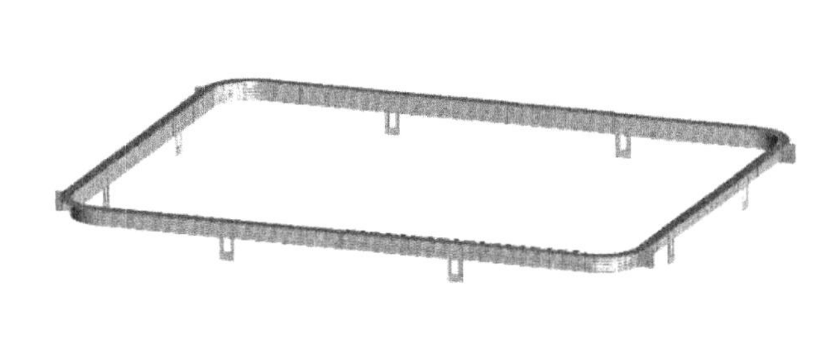

图 11　模块式抱箍示意图及其应用现场

研发了一种双节盖梁可精调式拼装支架系统。该支架系统由预制基础、平联、钢立柱、卸荷沙箱、贝雷主梁、横梁、分配梁、作业平台和平台防护组成。盖梁吊装就位后，利用作业平台上的万向节及千斤顶对分节盖梁进行精调，可使轴线安装偏差控制在 1.5mm 以内。见图 12。

图 12　盖梁拼装支架系统

研发了一种免支撑式盖梁湿接缝模板系统。该系统由内钢模体系、主承重结构体系以及外防护结构体系组成。该系统具有免支撑、可调节、侧模可翻转等特点，安拆方便、周转便捷。见图 13。

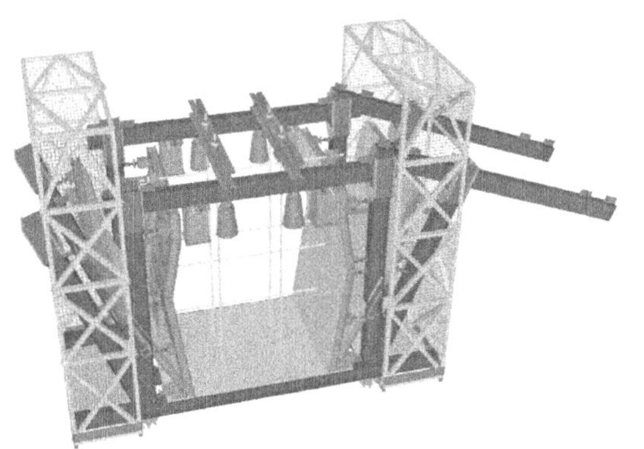

图 13　双节盖梁免支撑式湿接缝模板系统

项目首次提出了一种三节盖梁牛腿式垂直拼缝连接技术。该技术将盖梁设计为三节小型节段，将拼缝形式设计为牛腿式拼缝，节段间通过剪力键和对拉结构连接。见图 14。

研发了预制盖梁预应力管道循环压浆技术。通过橡胶管将盖梁预应力管接头相互连接，并分别在最低和最高位置处设置进浆口和出浆口，使盖梁预应力管道形成一个循环系统，提高了管道压浆密实度。见图 15。

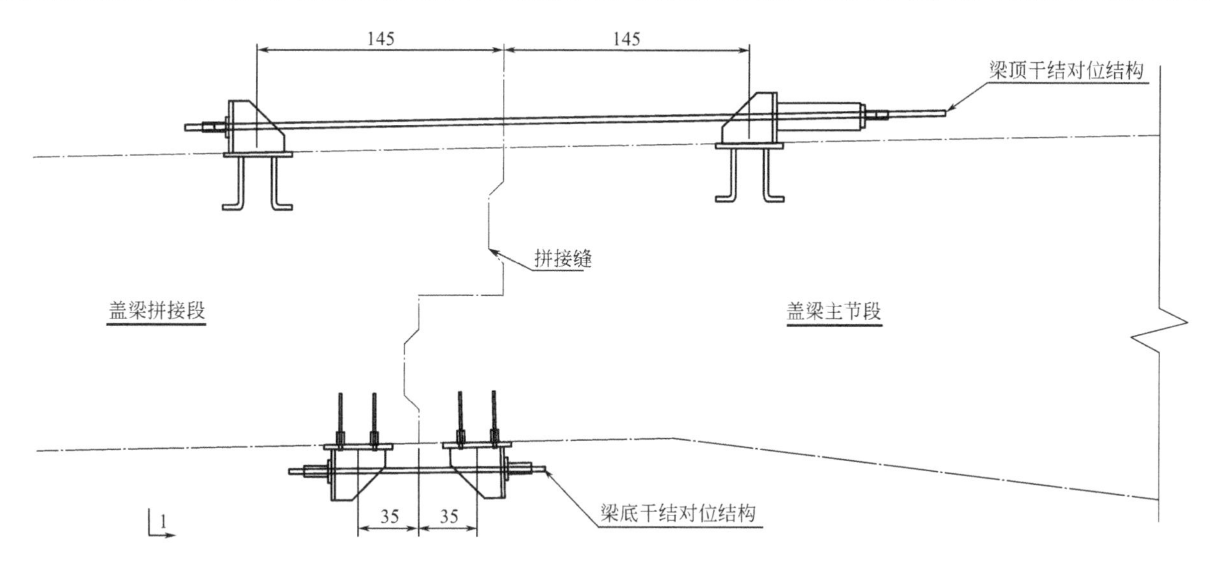

图 14　三节段盖梁牛腿式垂直拼接设计图

图 15　预制盖梁循环压浆

（5）全预制拼装桥梁承插式桥台精准施工技术

项目创新性研发了型钢-插槽式桥台连接方式，在桩头填芯混凝土中预先插入 H 型钢，同时在台帽预制时预留圆形槽口。利用视觉定位技术实现台帽预留槽口与桩头预埋 H 型钢的高精度对接，轴线偏差可控制在 2mm 以内。见图 16。

（6）受限空间下钢混叠合梁双向滑移定位安装系统

该系统由纵横向支架、轨道梁、滑移托盘、限位装置、千斤顶组成。通过双向滑移系统，将梁体由不受限空间滑移至受限空间，通过限位系统及千斤顶，精确调整梁体位置及标高。见图 17、图 18。

图 16　承插式预制拼装桥台现场施工

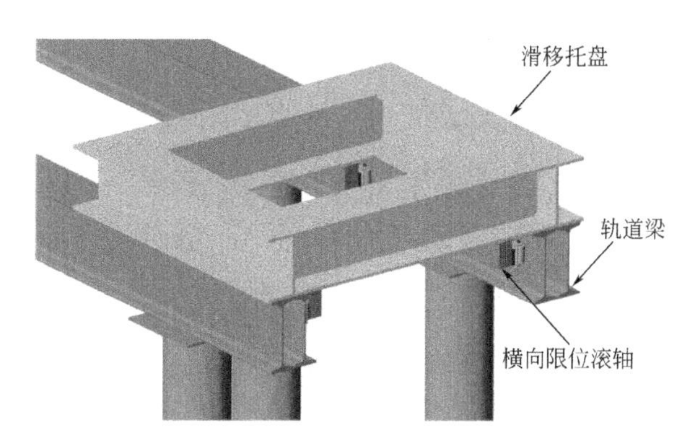

图 17　双向滑移定位安装系统效果图

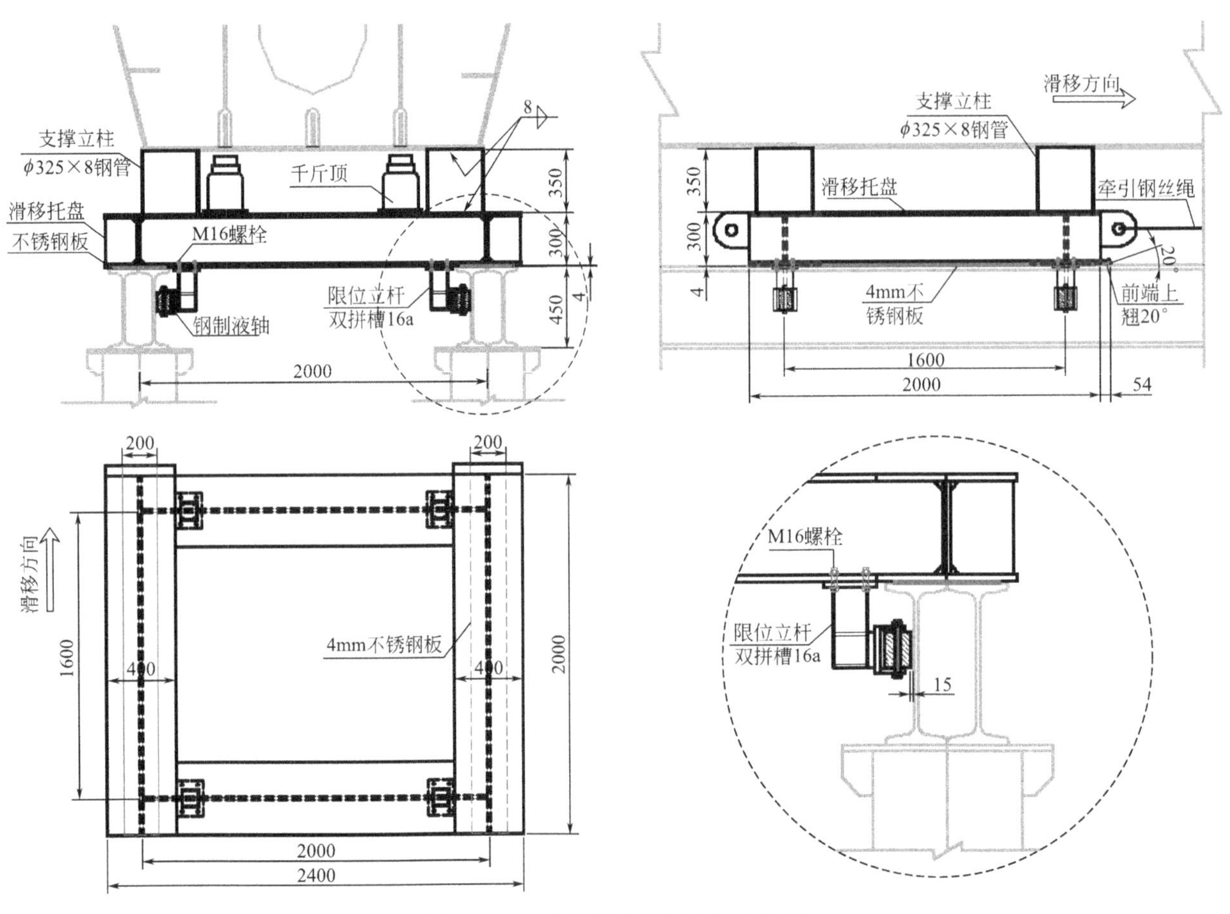

图 18　双向滑移定位安装系统结构图

（7）钢混叠合梁免安拆模施工技术

研发了一种免安拆模的钢筋桁架楼承板。将钢筋设计成三角形钢筋桁架，与底模板（镀锌钢板）焊接成一体，形成钢筋桁架楼承板。楼承板部分实现了工厂化生产，避免了传统支架搭设和模板安拆工序。见图 19。

图 19　钢筋桁架楼承板施工

4. 全预制装配式桥梁智慧化管理技术

（1）智能测力-再平衡支座应用技术

本平衡支座由桥梁支反力监测系统、桥梁支反力自适应体系和免顶升支座更换体系三部分组成。当桥梁支反力监测系统监测到支座反力不平衡时，通过云平台和监控系统进行报警；接入智能化动力系统

（可多支座同时接入）后，用力—位移作为控制系统双反馈进行联合调整，最终实现支座反力的再平衡优化重分布。见图20。

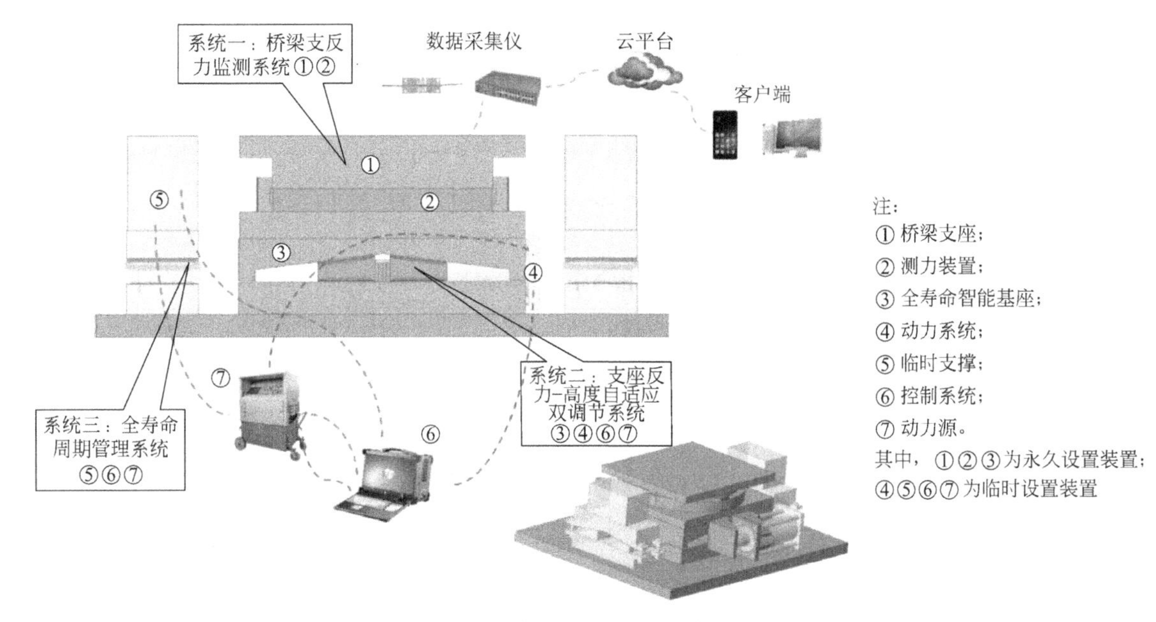

图20　智能测力支座系统组成

（2）装配式桥梁LICI-M平台开发及应用技术

项目开发了装配式桥梁LICI-M平台（装配式桥梁全生命周期的智慧化管理平台），该平台由数据中心、模型中心、进度管理、质量报验、安全文明、预制生产、数字工地、跟踪审计、全景巡检等模块组成，达到全寿命期覆盖、全员参与协同、施工数字化管理的目的。

三、发现、发明及创新点

1. 建立了全预制装配式桥梁结构设计优化与节点受力计算方法

（1）首次提出了箱梁湿接缝钢筋免焊接结构形式，成功配制了C80高强混凝土。

（2）独创了小箱梁钢筋网片化优化技术，对小箱梁环形钢筋进行了全网片式、可机械化自动加工优化。

（3）提出了一种全预制装配式桥梁墩柱、盖梁节点灌浆套筒连接的“弹塑性曲线”抗拔承载力计算模型。

（4）修正了墩柱拼接缝抗剪强度计算公式。

2. 研发应用了全预制装配式桥梁构件预制关键技术

（1）推导并应用混凝土内部气泡离析程度的计算方法。

（2）研发了一种低胶材用量的新型混凝土配合比设计方法。

（3）研发应用了全自动钢筋焊接机器人施工技术。

3. 研发应用了全预制装配式桥梁构件安装关键施工技术

（1）研发了一种节段预制管桩连接用焊接抱箍装置，形成了全预制拼装桥梁装配式管桩精准定位施工技术。

（2）研发了预埋筋可拆调节式定位装置。

（3）研发了一种单节预制立柱高精度定位安装调节系统。

（4）研发了分节立柱空中对接视觉定位系统。

（5）研发了预制立柱-盖梁高精度模块化抱箍组装装置。

（6）研发了一种免支撑式盖梁湿接缝模板系统。

（7）首次提出了一种三节盖梁牛腿式垂直拼缝连接技术。

（8）研发了预制盖梁预应力管道循环压浆技术。

（9）首次提出了高精度型钢-插槽式桥台连接方式。

4. 研发应用了全预制装配式桥梁智慧化管理技术

（1）首次在全预制装配式桥梁工程中应用了智能测力-再平衡支座技术。

（2）研发应用了装配式桥梁 LICI-M 平台。

四、与当前国内外同类研究、同类技术的综合比较（表 1）

本项目部分关键技术与国内外同类技术比较　　表 1

序号	关键技术	国内外同类技术比较
1	建立了预制装配式桥梁结构设计优化与节点受力计算方法	国内外同类技术：采用钢筋焊接形式。 本技术未见相同报道，具有新颖性和创新性
2	预制装配式桥梁构件预制关键技术	国内外同类技术：小箱梁钢筋结构形式复杂，无相关优化技术。 本技术未见相同报道，具有新颖性和创新性
3	预制装配式桥梁构件快速、高精度安装施工技术	国内外同类技术：采用双直线模型。 本技术具有新颖性和创新性
4	混凝土内部气泡离析程度的计算方法	本技术未见相同报道，具有新颖性和创新性
5	一种低胶材用量的新型混凝土配合比设计方法	本技术未见相同报道，具有新颖性和创新性
6	预制拼装桥梁装配式管桩精准定位施工技术	国内外同类技术：采用普通夹具定位及焊接形式。 本技术未见相同报道，具有新颖性和创新性
7	全自动钢筋焊接机器人施工技术	国内外同类技术：采用人工焊接形式。 未见相关技术在预制装配式桥梁中应用，具有新颖性和创新性
8	承台预埋筋可拆调节式定位技术	国内外同类技术：采用人工＋全站仪定位。 项目发明的定位板和定位架未见相同报道，具有新颖性和创新性
9	单节立柱高精度定位安装调节系统	本项目研发的单节预制立柱高精度定位安装调节系统未见相同报道，具有新颖性和创新性
10	分节立柱空中对接视觉定位技术	国内外同类技术：采用人工＋吊具定位形式。 本技术未见相同报道，具有新颖性和创新性
11	预制立柱-盖梁高精度模块化抱箍组装施工技术	国内外同类技术：采用普通的钢模板组装。 本技术未见相同报道，具有新颖性和创新性
12	双节盖梁可精调式拼装支架系统	国内外同类技术：无精调系统，拼装偏差大。 本技术未见相同报道，具有新颖性和创新性
13	双节盖梁免支撑式湿接缝模板系统	国内外同类技术：需搭设地面支撑系统。 本技术未见相同报道，具有新颖性和创新性
14	三节盖梁牛腿式垂直拼缝连接技术	国内外同类技术：采用双节段预制，湿接缝连接。 本技术未见相同报道，具有新颖性和创新性

五、第三方评价、应用推广情况

2019 年 11 月 25 日，“桥梁预制拼装施工技术研究”通过了北京市住房和城乡建设委员会的技术鉴定，鉴定结论为研究成果整体达到国际先进水平。

本成果已在 S7 公路新建工程 I-1 标段、济宁市内环高架及连接线工程、绍兴二环北路及东西延伸段（镜水路—越兴路）智慧快速路工程等项目成功应用，并即将在上海 S3 公路工程中进一步推广应用。近三年新增利润约3283.9万元，产生了良好的经济效益和社会效益。

六、经济效益

2018—2020年，在承建的“上海S7项目”“济宁市内环高架项目”“绍兴智慧路项目”、中采用“全预制装配式桥梁关键施工技术”，具有高效施工、管理理念先进、绿色环保等优点，降低了材料损耗、提高了施工效率，保证了工程质量和安全。近三年合计新增产值31460万元，按照建筑业利润、税收比例，计算新增利润3283.9万元，新增税收2831.4万元，取得了良好的经济效益和社会效益。

七、社会效益

本项目桥梁工程采用全预制拼装施工技术，在国内尚属首例，不仅圆满有效解决了施工难题，完成了施工任务，还在施工进度、工程质量、技术攻关等方面得到了设计、监理、业主的高度评价；同时60多个单位和团体前后对本项目进行了80余次观摩，观摩人数达到560人次。对本项目的预制拼装技术的开发及总结，有利于为今后同类工程提供经验借鉴与参考。

洋山四期自动化港区施工关键技术研究

完成单位： 中建港航局集团有限公司、上海国际航运中心洋山深水港区四期工程建设指挥部
完 成 人： 肖　飞、吴恺一、吴庆飞、王千星、李　航、王封闯、王　芒

一、立项背景

近年来，随着自动化集装箱码头技术在国际上陆续被成功应用，国内的部分码头运营单位也纷纷提出建设自动化集装箱码头的要求。全自动化集装箱码头在我国成功的实践经验较少，全自动化集装箱码头具体施工技术还处于起步摸索阶段。

与传统的集装箱码头相比，全自动化集装箱码头的装卸工艺、装卸流程、布置形式等发生了较大的变化，其堆场设计构造也产生了较大的差异。洋山四期工程采用是全自动化的集装箱装卸工艺、全新的堆场布局形式，对工程精度要求更高，加之地质条件复杂，为项目造成了极大的困难。

在此背景下，中建港航局集团有限公司联合上海国际航运中心洋山深水港区四期工程建设指挥部共同开展了洋山四期自动化港区施工关键技术研究。

二、详细科学技术内容

本项目以上海国际航运中心洋山四期自动化港区工程为依托，形成了上海国际航运中心洋山四期自动化港区施工关键成套技术。开展了全自动化码头、陆域地基处理、堆场施工等方面的技术研究和探索，通过对无人码头的供配电工程无人值守、码头船舶岸基供电施工的关键技术的研发，有效提升自动化港区施工技术效率，保证自动化码头施工质量，实现港口建设施工可持续发展。

1. 开发基于外海复杂海域环境下海上打桩远程自动控制系统，研发大直径双层钢护筒施工关键技术，保证码头沉桩高精准度和工效

针对外海大波浪的恶劣海况，海洋深水地基土中存在较厚、较大的碎石夹层，为解决施打钢管桩定位不准且难以下沉难题，施工过程中，开发了一套海上打桩控制系统，并创新采用了大直径、双层钢护筒施工关键技术，可以实现海上打桩远程监控、桩顶标高自动控制功能，成功解决了码头桩基无法穿透碎石层难题，保证钢管桩桩身垂直度和内层大直径钢护筒质量。

2. 研究大体积、深厚软弱地基处理关键技术，开发一套地基砂桩成桩质量自动监控系统

为了解决港区大体积吹填沙成陆后地基软弱下卧层地基承载力不足技术难题，研发了无填料振冲、高能量强夯、联合振动碾压、挤密砂桩的新工艺，开发了一套自动化堆场地基处理自动监控系统，实现了软弱下卧层地基承载力快速提升，并运用施工质量自动化监控功能，通过远程监控可以非常直观、方便地了解地基处理的施工情况，保证了自动化港区地基处理的质量，形成过程质量控制的可追溯。

3. 研发大面积、全流程自动化堆场混凝土浇筑协同技术，创新自动化堆场新型轨道基础施工和安装施工工艺

针对自动化堆场面积大、施工流程复杂、轨道不均匀沉降，研发了自动化堆场施工工艺流程，采用分段浇筑、分仓切缝等技术，提出了新型可调式轨道基础和轨道安装施工工艺，运用信息化手段将施工浇筑计划与设计工艺结合，解决堆场大面积浇筑技术难题，补充完善质量验收标准，克服了因大面积场地不均匀沉降引起的轨道变形和基础结构层破坏等，保障自动化轨道吊安全顺利运行。

4. 创新 FRP 筋在自动化码头的应用，解决自动化码头无人 AGV 小车抗干扰难题

针对普通钢筋对自动化码头无人小车导航介质干扰、无限磁钉与铁质物体无法兼容的技术难题，创

新提出了FRP筋替代普通钢筋，FRP复合材料属于高性能结构材料，是战略性新兴产业之一。是国家“九五”重点攻关、“十五”“863”重点计划、国家自然科学基金、国家科技攻关（国际合作）、“十一五”支撑计划汶川地震专项等多项国家重点研究课题。项目首次在自动化码头面层、堆场道路大面积应用，成功解决了普通钢筋对无人小车导航介质干扰问题，FRP筋良好的性能有效提升码头、堆场混凝土耐久性、可靠度，确保自动化码头施工质量。

5. 研究无人码头的供配电工程无人值守新技术，创新自动化码头船舶岸基供电施工的关键技术

项目采用了冷藏箱新型数据接口采集方式，实施了变电所机械通风及空调远程控制系统，成功应用了电力远程自动监控系统、空调及风机远程自动监控系统，运用了新型过电压保护装置和电缆密封新方案；通过变频变压、大电流防护等技术，创新了自动化码头的船舶岸基供电技术，解决了无人值守自动化码头难以管理和船舶岸基供电技术难题，实现通风空调系统运行的节能降耗，大大有效提升运营效率，减少人员就地操作对生产作业的影响。

三、发现、发明及创新点

本项目以上海国际航运中心洋山四期自动化港区工程为依托，形成了上海国际航运中心洋山四期自动化港区施工关键成套技术。开展了全自动化码头、陆域地基处理、堆场施工等方面的技术研究和探索，通过对无人码头的供配电工程无人值守、码头船舶岸基供电施工的关键技术的研发，有效提升自动化港区施工技术效率，保证自动化码头施工质量，实现港口建设施工可持续发展。

1. 首次开发外海复杂海域海上打桩远程自动控制系统，研发了大直径双层钢护筒施工关键技术，保证码头沉桩高精准度和工效

针对外海复杂海域特征，首次自主研发了一套“海上打桩自动监控系统”，建立了高精度测距仪、倾斜仪、全球卫星定位系统（包括北斗、GPS等）信息采集与处理系统，通过实时信息通信传输与卫星差分解算，同时实时监测沉桩过程中桩身位置变化并形成垂直沉桩记录，确保沉桩定位的精准性。

通过全球卫星定位系统实时测量船体高程，并通过摄像头提取床架刻度与桩顶位置进行分析解算，实时控制沉桩的桩顶标高，实现了全天候全自动化沉桩（盲打）的精确测量定位，为洋山四期自动化码头的沉桩施工提供了有力的技术支撑，同时获得发明专利2项，软件著作权4项。

创新采用了大直径、双层钢护筒施工关键技术，可以实现海上打桩远程监控、桩顶标高自动控制功能，成功解决了码头桩基无法穿透碎石层难题，保证钢管桩桩身垂直度和内层大直径钢护筒质量。双层钢护筒施工关键技术如图1所示。

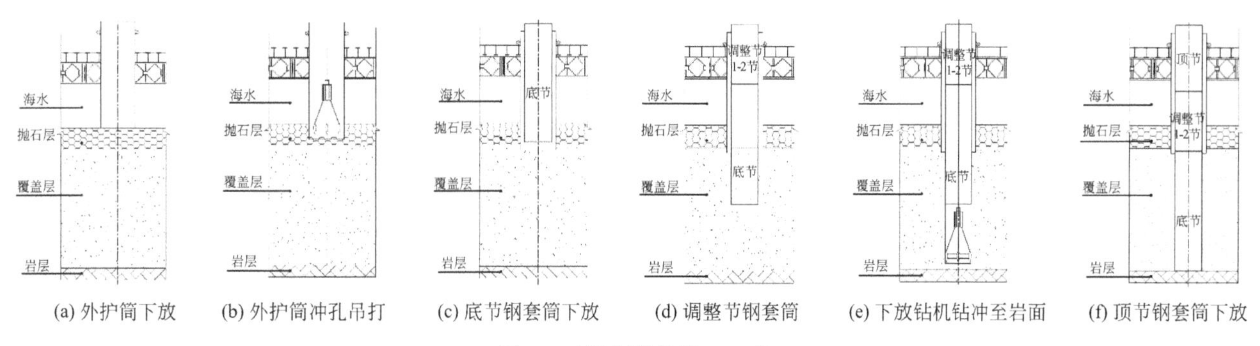

(a) 外护筒下放 (b) 外护筒冲孔吊打 (c) 底节钢套筒下放 (d) 调整节钢套筒 (e) 下放钻机钻冲至岩面 (f) 顶节钢套筒下放

图1 双层钢护筒施工工艺

2. 研究了大体积软弱地基处理关键技术，开发了一套砂桩成桩质量自动监控系统

为了解决港区大体积吹填砂成陆后地基软弱下卧层地基承载力不足、常规的地基处理施工过程管理粗放，施工质量难以精确控制等技术难题，研发了无填料振冲、高能量强夯、联合振动碾压、挤密砂桩的新工艺，开发了一套自动化堆场地基处理自动监控系统。

该套系统实现了大体积软弱地基处理效果量化显示，减小了人为因素对施工质量的干扰，显著推进了软弱地基处理工艺。系统显示如图2所示。该系统可有效解放现场监管人员，提高砂桩施工作业效率，确保砂桩成桩指标数据化、精细化管理。

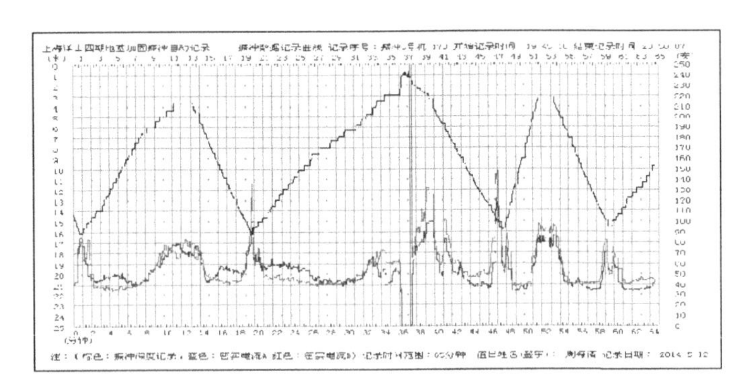
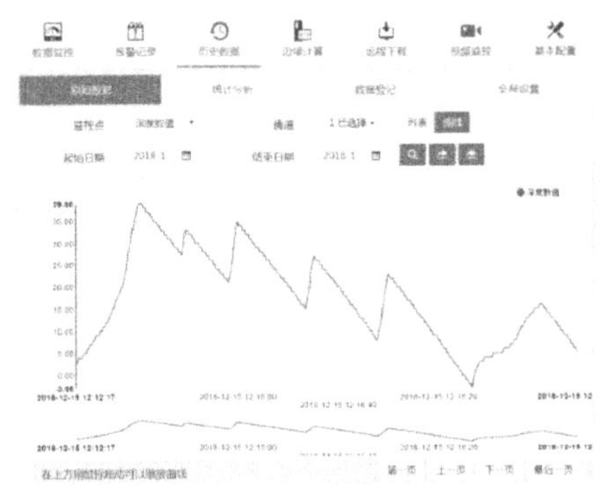

图 2　砂桩成桩自动监控系统显示图

3. 研究大面积、全流程自动化堆场混凝土浇筑技术，创新了自动化堆场新型轨道基础施工和安装施工工艺

（1）自动化港区堆场全流程协同浇筑技术

针对自动化堆场面积大、施工流程复杂、轨道不均匀沉降，研发了自动化堆场施工工艺流程，采用分段浇筑、分仓切缝等技术，通过 BIM 技术的应用，以三维建模为基础，将工程项目的各阶段的信息集成到一个建筑模型中去，并以数字化、立体化的方式展示出来，实现了三维可视化、辅助施工图会审、辅助技术交底、管线碰撞检测、施工进度控制等内容，运用信息化手段将施工浇筑计划与设计工艺结合，提高了工程建设的信息化水平和效率，解决堆场大面积浇筑技术难题；对施工期轨道基础、箱角基础等重要结构在不同地质条件下的沉降量和沉降趋势进行研究，从设置自动化堆场施工工序标准化、组织形成高效施工通道入手，通过预留沉降、二次浇筑等施工措施，有效解决施工期内轨道的不均匀沉降问题。见图 3。

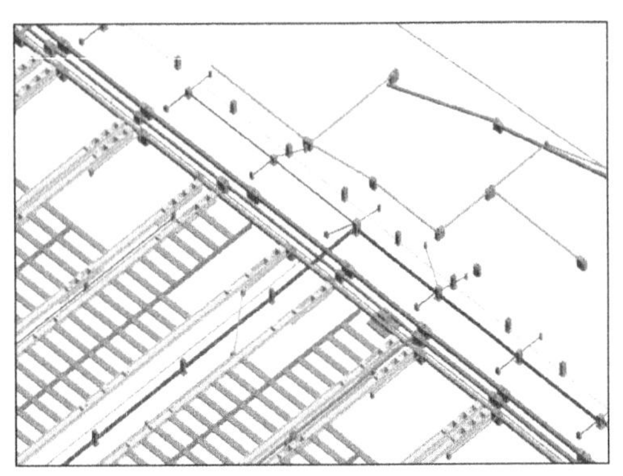

图 3　自动化堆场、管线协同图

（2）新型轨道基础结构质量检验新标准制定

非桩基可调式轨道基础是国内外首次发明使用的轨道基础结构形式，鉴于现行的行业标准《水运工程质量检验标准》JTS 257—2008 未能完全涵盖 U 形槽轨枕道砟基础及轨道安装的质量检验要求，制定了一套自动化可调式轨道施工及安装质量检验标准——《上海国际航运中心洋山深水港区四期工程自动化堆场 U 形槽轨枕道砟基础及轨道安装工程质量检验标准（试行）》，作为《水运工程质量检验标准》JTS 257—2008 的补充。本标准详细地给出了全自动化码头堆场 U 形槽轨枕道砟基础整个施工的质量控制措施，包括基底整平和碾压、混凝土 U 形槽现浇、道砟回填和碾压以及轨枕预制和安装，还给出了轨道与附属设施安装相关标准。

（3）基于非桩基可调式轨道基础的自动化集装箱堆场施工工艺研究

洋山四期自动化码头堆场规模大，地基条件复杂，场地由开山区、抛石区和吹填砂区组成，堆场施工期和运营期均会存在显著不均匀沉降问题。据此，提出了施工期轨道基础施工新工艺和轨道标高精度调整方法。

针对自动化堆场场地布局紧凑、轨道槽结构形式特殊等现象，加之场地规模大，施工周期长，堆场基础存在显著差异沉降，提出U型轨道槽和排水明沟二次接高施工工艺，通过该新工艺，可解决地基不均匀沉降造成的轨道槽和排水明沟侧壁不均匀沉降问题，同时也可解决施工现场机械通道问题，解决堆场基础碾压不密实问题，以及解决进而改善堆场施工环境，保证施工质量并提高施工效率。

4. 创新FRP筋在自动化码头的应用，解决自动化码头无人AGV小车抗干扰难题

针对普通钢筋对自动化码头无人小车导航介质干扰、无限磁钉与铁质物体无法兼容的技术难题，创新提出了FRP筋替代普通钢筋，FRP筋采用高强型、含碱量小于0.8%的无碱玻璃纤维或耐碱玻璃纤维，在自动化码头面层、堆场道路大面积应用，研发了一种可调式的磁钉托架，该型托架在原有基础上，分为上下两节，通过螺纹套丝连接，作为可批量生产的工业产品，既方便在轨枕斜面上的安装，还能通过自身高度的调节以适应地基沉降，便捷实用。成功解决了普通钢筋对自动化码头无人小车导航介质干扰问题，FRP筋良好性能有效提升码头、堆场混凝土耐久性、可靠度，确保自动化码头施工质量。FRP筋作为受力筋在自动化堆场中使用在国内首次应用，成果对项目FRP作为受力筋的力学性能进行了测试，包括耐酸耐碱腐蚀性能测试、抗拉强度测试、弯折扁平率和断丝率测试以及与混凝土握裹力评估，确定了FRP筋的安全性和可行性。见图4。

图4 面层结构首次采用纤维增强复合材料——FRP筋材

5. 首次应用无人码头的供配电工程无人值守新技术，创新自动化码头船舶岸基供电施工的关键技术

传统码头的变电所暖通设备、室内外给水排水仪表、设备都由人工就地控制，冷藏箱监控系统采集率不高需人工就地记录。针对无人值守集装箱码头和堆场难以管理和船舶岸基供电技术难题，采用了冷藏箱新型数据接口采集方式，实施了变电所机械通风及空调远程控制系统，成功应用了电力远程自动监控系统、空调及风机远程自动监控系统，运用了新型过电压保护装置和电缆密封新方案；通过变频变压、大电流防护等技术，创新了自动化码头的船舶岸基供电技术，解决了无人值守自动化码头难以管理和船舶岸基供电技术难题，实现通风空调系统运行的节能降耗，大为有效地提升运营效率，减少人员就地操作对生产作业的影响，确保自动化码头的安全。见图5。

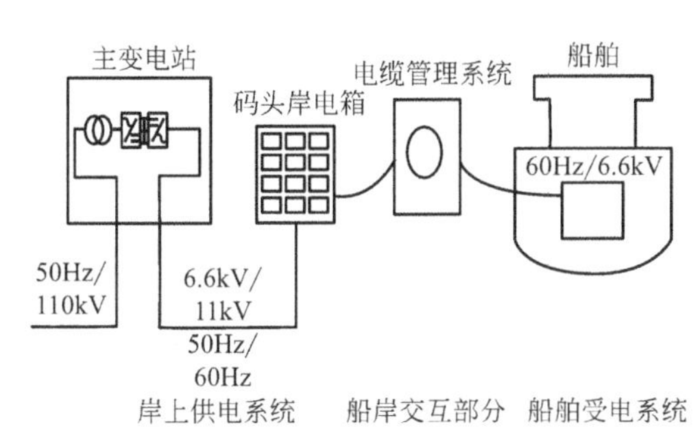

图5 岸基供电施工图

四、第三方评价、应用推广情况

1. 第三方评价

2021年7月8日，受上海市科学技术委员会委托，上海市交通委员会在上海组织召开了项目科技成果评价会。专家组认为，该项成果整体达到国际先进水平。

2. 推广应用

该成果提出的关键技术为国内外自动化堆场工程建设提供技术参考和理论依据，经济和社会效益显著，推广应用前景广阔。

五、经济效益

该项目地基处理中采用的砂桩自动化监控系统，可精确记录砂桩成桩过程中的各项数据，保证施工质量，减少砂桩质量缺陷，提高施工效率，节约施工成本。采用的新型FPR复合材料广泛应用于AGV道路面层、综合管沟等构筑物，兼顾了自动化堆场特殊的磁钉抗干扰和结构受力要求。洋山四期自动化码头堆场工程项目规模大、布局新颖，采用了非桩基可调式U形轨道槽轨枕道砟基础施工关键技术，针对不同地质条件下不同类型的轨道基础沉降，制定出满足自动化轨道吊正常运行所需的轨道标高调整方案，有效解决了基于新型轨道基础的机械化高效施工以及消除不均匀沉降对轨道标高的影响。近三年取得直接经济效益7650.35万元。

六、社会效益

洋山四期自动化港区施工综合应用了基于外海复杂条件下海上打桩远程监控系统、砂桩成桩自动监控系统以及基于新型的堆场布局形式提出了新型轨道基础施工工艺，均为国内外首创，通过科技手段提高了施工的精度和质量水平，显著改善了施工管理能力，大幅提高了施工效率和管理效率。项目创新成果的运用，从能源角度，节省了物资材料和施工机械的投入，提高了物资和机械的使用率；从环保角度，高效高质量的施工技术避免了材料和机械的浪费。

项目创新成果的成功运用，有效解决了新型布局、新型结构与施工的协调，高效、高质量地完成了堆场施工，提高了本单位在自动化码头建设领域的品牌竞争力，也加快了国内自动化码头建设和运营的步伐。经过工程实践检验，技术成果成熟，值得在类似工程中推广应用。

上海国际航运中心公共航道维护保障智慧管理关键技术体系

完成单位：中建港航局集团有限公司、上海国际港务（集团）股份有限公司、上海中交水运设计研究有限公司

完 成 人：朱鹏宇、罗文斌、童志华、王炎昊、毕新健、周树高、曹宏泰

一、立项背景

近年来，上海港货物吞吐量持续增长，连续数年雄踞世界第一，集装箱吞吐量也位居世界港口前列。洋山深水港区进港主航道及港内水域、外高桥和罗泾港区支航道及黄浦江作为进出港的主要通道，共同组成了上海国际航运中心公共航道，其通畅对于保障上海航运中心的建设及正常运营意义重大。

2015年起，上海国际港务（集团）股份有限公司全面负责洋山、罗泾、外高桥港区及黄浦江航道的维护疏浚工作。为更好地完成航道维护保障工作、了解航道的淤积情况，目前四处港区航道已形成定期水深测量机制。但其结果多以水深测图形式呈现，无法直观、即时反映航道淤积状况，一旦航道产生局部淤浅时，不仅进出港船舶通航安全存在风险，维护单位实施投资策划及工程决策亦较为被动。

同时，维护保障全部为水下作业，工程管理难度大。一方面，疏浚体量大、覆盖范围广、时间跨度长，且实施地点位于长江、东海等常规途径难以抵达的水上区域，施工进度与质量、成本控制等难于可视化把控；另一方面，维护类项目需要确保航道的通畅，一旦淤浅即需要在尽量短的时间内完成疏浚，消除船舶航行安全隐患，为此施工期间短时间内同时投入数量较多的挖运船机设备。同时，抛泥运距从几十公里到上百公里，安全管控风险面广。此外，由于抛泥区范围多为经纬度坐标、无可视化标志，生态环保风险管理亟须加强。

因此，为提升上海港航道维护保障能力，上海国际港务（集团）有限公司特委托中建港航局集团有限公司、上海中交水运设计研究有限公司进行公共航道维护保障智慧管理关键技术体系的研发。

二、详细科学技术内容

1. 总体思路

航道的畅通是港口正常运营的基础，航道的通达直接决定了港口的吞吐能力及进出港船舶的航行安全。航道位于水面以下，水深情况无法直观观测，同时由于泥沙淤积规律的复杂性，如何有效地维护航道畅通是一直以来困扰航道维护单位的难题之一。

现行的航道维护模式一般分为两种：一种为应急维护，主要为由于台风过境等形成的骤淤造成的船舶搁浅后，紧急实施的航道疏浚；一种为定期维护，主要根据年度计划进行。然而这两种方式均为被动维护，均存在滞后的问题。应急维护实施时航道已存在淤浅的问题，对港区的正常运营产生了影响同时危及船舶的通航安全，而常规维护虽然能够解决全航道淤浅问题，但其时效性更为有限，缺乏针对性。

本项目航道维护系统的研发通过航道维护管理理念的创新，化被动实施为主动预判，围绕航道安全运营和高效管理的目标，从航道水深测量数据入手，在航道淤积状况多维显示技术、航道淤积预测模型、航道淤积预警模式等方面形成有效突破，构建集团统一调度、各港区协同工作的精益化航道维护保障管理体系，提高航道管理效率，形成集直观显示、有效预测、快速预警、施工管控、综合调度于一体的支持系统，相对以往的模式简化了操作流程，缩短了反应时间，有效提升航道疏浚处理能力。

2. 技术方案

本项目上海国际航运中心公共航道维护保障智慧管理关键技术体系针对工程开工前的决策阶段、施工阶段及施工管理阶段分别进行了研发并对应开发了三个子系统，分别为维护保障信息化系统、船舶终端快速反应系统及船舶施工管理系统。各子系统分别包含相应功能模块。见图 1。

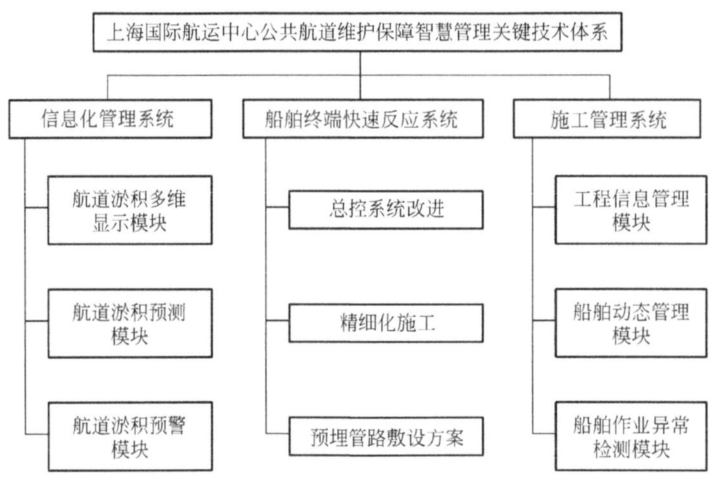

图 1　关键技术体系

3. 关键技术

(1) 研发了航道淤积状况多维可示化技术与预警模型

针对航道淤积状况可显示化程度与预警精度低的问题，设计全景二维、航道三维、剖面四维的展示方案，构建基于三角剖分的三维显示模型，通过图形计算前端优化方法，三维模型构建时间缩短约 65%，基于三维模型的土方量计算准确度达 98.9%；提出了基于土方淤积量和淤积水深两种预警模型，淤积预警精度可达厘米级别。

(2) 提出了船舶精细化清淤快速反应模式

基于航道维护保障系统及淤积预警模式，开发基于时间序列的四维可视化模块，扩展船舶总控系统功能，安装淤积状况多维显示技术及预警系统，并在重点疏浚区域预先埋设疏浚排泥管路，智能精细化施工组织，形成一套疏浚清淤的快速反应模式。施工采用该系统后，废方普遍可减少 39%，定位精度优于 3m，非生产性停歇时间可减少 42.5%左右，施工效率可提高 25%。

(3) 实现了船舶作业船舶异常自动检测技术

针对作业点多线长面广导致监管难问题，提出了基于 AIS 轨迹数据的船舶作业异常半监督实时检测方法，将 T-分布随机邻域嵌入通过神经网络与高斯混合模型相结合，以半监督方式训练检测模型，可以实时检测疏浚作业过程中的异常行为，通过在上海外港划定 6 个电子围栏、设置 8 条抛泥航线，异常检测准确率达 93%以上，检测时间在毫秒级。

三、发现、发明及创新点

1. 航道淤积状况多维可示化技术与预警模型

为提升航道安全运营能力和航道管理效率，基于航道水深测量数据，本项目围绕航道淤积状况多维显示技术、航道淤积预测模型和航道淤积预警模式等关键技术开展研究和突破，提出了基于稀疏散点数据的三维航道模型与切面显示方法、基于测量点映射优化的时间序列水深预测方法和针对船舶的个性化淤积预警模式，研发了集直观显示、有效预测、快速预警及综合调度等于一体的精细化航道维护保障支持系统，有效地提升了航道安全运营保障能力。

(1) 研究建立了基于稀疏散点数据的三维航道模型与切面显示方法

针对航道淤积状况可示化程度低的问题，构建基于三角切分的三维显示模型，通过对不规整的航道进行栅格化以加速切面数据的提取，并采用滤波技术对切面数据进行润滑处理，实现航道水下淤积真实三维场景再现。基于三维模型的淤积方量计算准确度达 98.9%，WebGL 图形前端计算优化缩短三维模型构建时间 65%左右。见图 2～图 4。

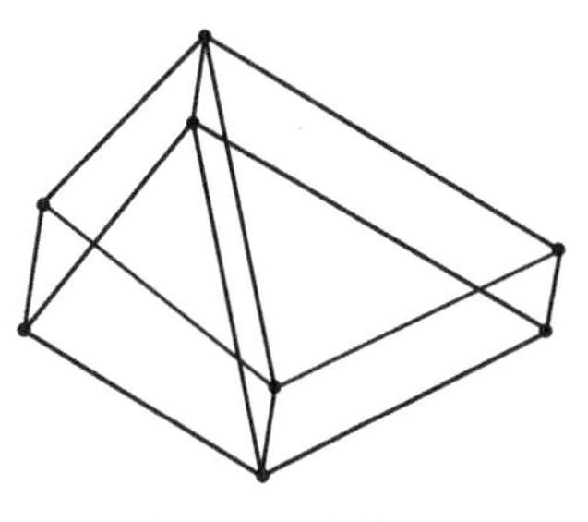

图 2　三维模型

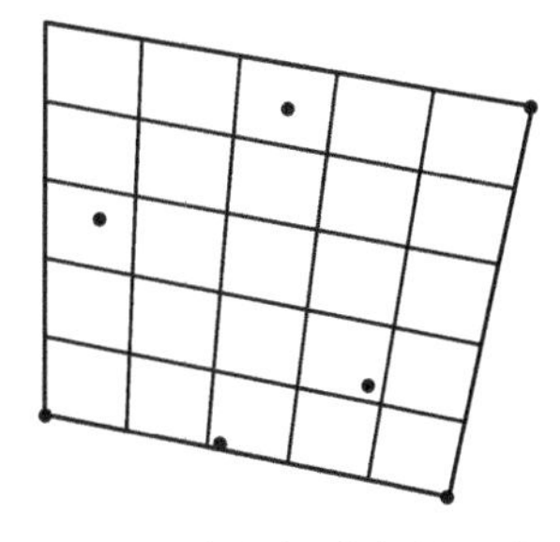

图 3　不规整河床栅格划分

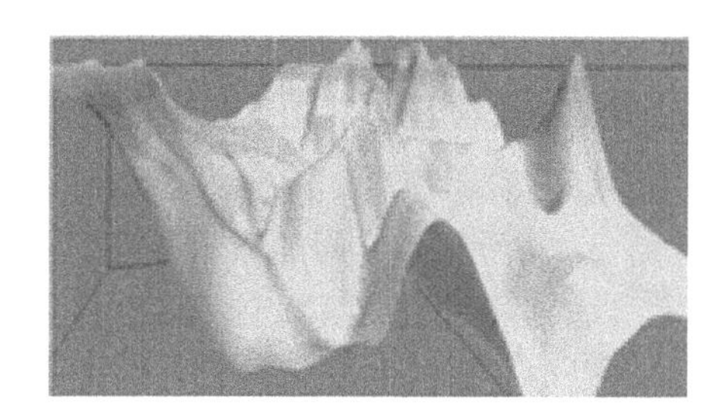

图 4　航道三维显示

（2）研究提出了基于测量点映射优化的时间序列水深预测方法

针对多次水深测量点位置不重叠的问题，构建基于距离的测量点映射优化模型，并采用梯度下降和交叉验证方法确定测量值权值，提高了基于时间序列的加权移动平均方法的预测精度。见图 5～图 7。

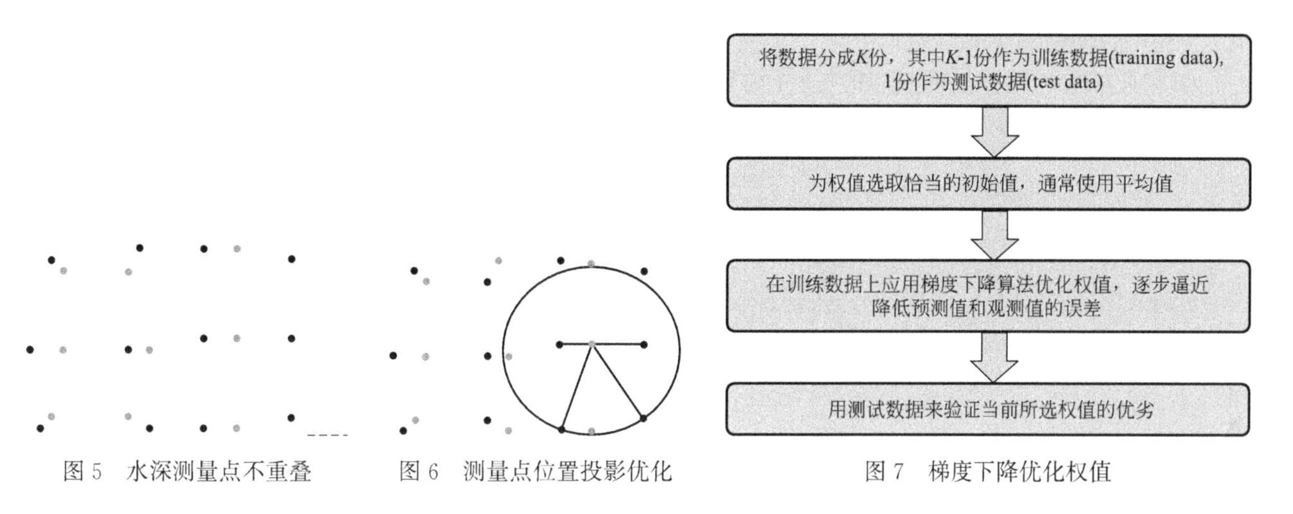

图 5　水深测量点不重叠　　图 6　测量点位置投影优化　　图 7　梯度下降优化权值

（3）提出了针对船舶的个性化淤积预警模式

研究了引航部门的预警模式，基于航道水文情况和引航的船舶类型，实现基于船舶的个性化淤积预警。提出了基于疏浚方量和设计水深两种淤积预警模型，预警精度可达厘米级别。见图 8～图 10。

图 8　二维水深预警

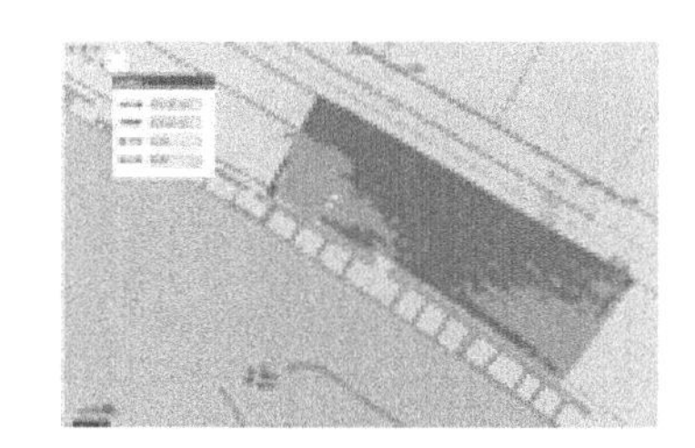

图 9　二维方量预警

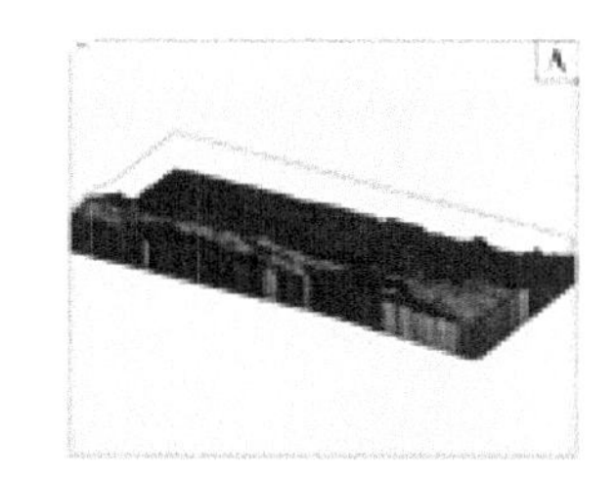

图 10　三维水深预警

2. 开发了基于时间序列的四维可视化模块，扩展了船舶总控系统功能

船舶精细化清淤快速反应模式研究基于航道维护保障系统及淤积预警模式，开发基于时间序列的四维可视化模块，扩展船舶总控系统功能，使船舶作业时可实时接收三维地形并动态显示；同时，避开航道拥堵，对重点淤积区域进行疏浚，形成一套疏浚船舶作业的快速反应模式。

该系统关键技术为：

（1）对疏浚工程中最常用的耙吸式挖泥船的总控系统进行拓展，使其兼容“航道维护保障系统”，并可及时下载数据并动态显示，同时接收预警提示后进行识别并快速响应。

（2）水域应急疏浚施工采用自航耙吸挖泥船“挖运抛”的施工方法，主要围绕进港航道进行维护疏浚、航行运泥、抛泥进行，建立精细化和数字化的施工管理模式。

（3）接收到航道维护保障系统的预警信息后及相关水下三维实时动态数据后，调动施工船舶前往拟疏浚、清淤区域，利用事先预埋的水下、岸上输泥管路，开展疏浚挖泥的同时利用系统数据，及时避让其他过境船舶，形成一套基于快速反应模式的施工组织。

3. 基于机器学习的船舶异常智能检测方法

针对航道维护保障中存在的“点多、线长、面广”、施工环境复杂，导致疏浚安全难以把控等难题，本项目重点开展船舶异常行为检测关键技术研究和突破，提出了基于AIS轨迹数据的船舶作业异常半监督检测方法、基于工作流程的复杂异常识别方法、基于模式相似度的船舶作业行为异常检测方法，研发了航道维护智能化集成管理系统。

（1）研究提出了基于AIS轨迹数据的船舶作业异常半监督检测方法，通过神经网络将T-分布随机邻域嵌入与高斯混合模型相结合，以半监督方式训练检测模型，实现疏浚作业过程中船舶异常行为的实时检测，异常检测准确率达93%以上，检测时间在毫秒级。建立了系统检测框架，采用了t-SNE与MMX相结合的检测模型。

（2）研究提出了基于工作流程的复杂异常识别方法，检测船舶轨迹数据中隐含的关键事件，构建船舶作业事件流，进行船舶行为模式识别，确定异常作业阈值，实现船舶异常行为的实时检测。见图11、图12。

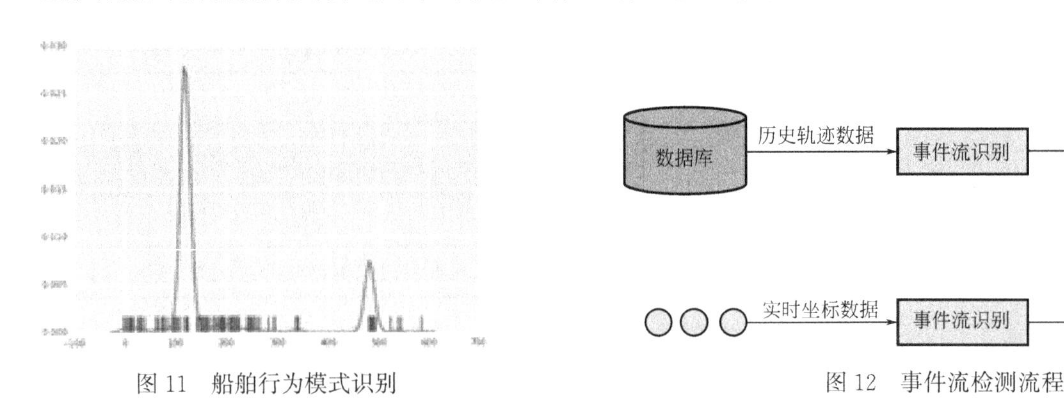

图11 船舶行为模式识别

图12 事件流检测流程

（3）研究提出了基于模式相似度的船舶作业行为异常检测方法

通过网格矩阵和倒排索引存储历史轨迹序列，构建包含最新传入GPS点的自适应窗口，利用坐标点异常检测算法对待测船舶的轨迹和所有有效的历史轨迹序列进行比较。见图13。

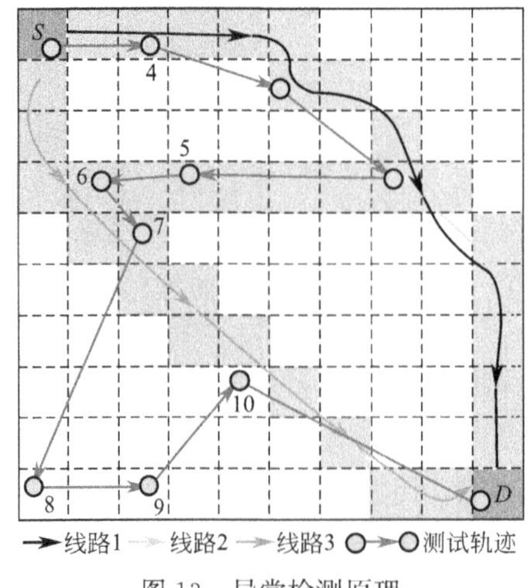

图13 异常检测原理

四、与当前国内外同类研究、同类技术的综合比较

1. 航道监控由传统人为方式升级为船舶智能监控

目前，国内及国际航道建设管理中多用人为方式进行监控，存在监控不完全、不准确的弊端；同时，由于航道建设工程的特点，工程管理过程中缺少抓手，无法做到有效管理。本系统的开发有效弥补了该领域的空白，开创了疏浚施工船舶智能监控的先河，管理更加可控。而且，本系统在智慧管理维护保障关键技术上进行了突破，并形成了成套技术方案及管理系统，具有航道建设和维护管理的普适性，在对基本参数进行修改后可用于同类型工程的监管。

2. 建立综合考虑历年淤积数据、气象、水文、泥沙等的多维预测模型

为了增加航道淤积趋势预测的准确性，本项目不仅仅局限于对历年淤积深度数据的分析，同时引入一系列航道淤积影响因素如气象、水文、泥沙等作为预测依据。本项目将对此类影响因素进行筛选以及适当的量化，结合时间序列分析法以及多层前馈神经网络分析，通过大量的实验数据验证建立新型预测模型。新建的模型一方面将保留时间序列内在的规律；另一方面，又将继承神经网络对淤积影响因素的非线性分析。

3. 引入时间维度的航道淤积变化四维显示

目前，国内外航道淤积变化研究多停留在三维建模显示上。即根据海测数据，进行航道三维建模，实现航道水下淤积真实三维场景再现。本研究通过对给定同一航道位置的不同时间的水深测量数据的建模，生成一定时间范围内的航道淤积状态三维动画，可以直观显示航道的动态变化情况。通过引入时间维度形成航道淤积变化的四维显示，与三维模型相比更加直观。

五、第三方评价、应用推广情况

1. 第三方评价

2020 年 6 月 5 日，受上海市科学技术委员会委托，上海市交通委员会对项目成果进行鉴定。专家组认为，该项成果总体上达到了国际先进水平。

2. 推广应用

项目成果在上海国际航运中心洋山港区、外高桥港区、罗泾港区等公共航道维护保障中得到全面应用，取得了良好的应用效果。

六、经济效益

中建港航局集团有限公司在 2018—2020 年采用“上海国际航运中心公共航道维护保障智慧管理关键技术体系”项目中研发的航道淤积状况多维可视化技术与预警模型、船舶作业船舶异常自动检测技术、船舶精细化清淤快速反应模式等新技术、新工艺和新理论，2017—2018 年洋山港区、外高桥罗泾港区维护疏浚项目、2017—2018 年黄浦江航道维护疏浚项目、洋山四期港内航道、连接水域、回旋水域疏浚工程、2019—2020 年洋山深水港区航道维护疏浚、2019—2020 年宝山支航道浅区维护疏浚等项目组进行了应用，加快了施工效率，节约了项目成本开支。

根据测算，通过本项目成果的应用，可将航道维护疏浚期间挖泥船的时间利用率从 55%提升至 68%。根据以往的成本比例，船机使用费占 65%，柴油费占 29%。在使用快速反应模式后，节约了船机的使用时间，2018—2020 年取得直接经济效益 1532.64 万元。

七、社会效益

本项目上海国际航运中心公共航道维护保障智慧管理关键技术体系的研究可以显著提高航道管理效率，集直观显示、有效预测、快速预警、综合调度于一体，能够有效提升管理水平及智慧程度。

（1）航道维护保障信息化子系统建立后，可根据水深测量结果并通过软件直观地反映出航道淤积的

位置、淤积强度及淤积方量，为投资策划及工程决策提供准确的依据。

（2）船舶终端快速反应子系统应用后，基于淤积预警模式，对疏浚船舶进行技术改造及提前埋设输泥管路。当出现淤积情况时，从接受任务、工况识别、再到智能精细化施工组织，形成一套疏浚清淤的快速反应模式。经测算，可将疏浚船舶施工时间利用率由55%提升至68%。

（3）施工管理子系统应用后，通过紧扣航道建设特点的模式设计、工程要素的关键技术集成、大数据及机器学习等相关研发，将创新与传统工程有机的融合，开创了疏浚船舶智能管控的先河，提高了航道建设中管理的效率及准确度，助力上海“航运中心”的建设。

基于 BIM 的机电工程模块化建造技术研究与应用

完成单位：中建安装集团有限公司
完 成 人：徐艳红、田　强、刘福建、陈建定、王保林、刘长沙、黄益平

一、立项背景

随着装配式建筑的日益发展，加快推进以 BIM 数字化技术为基础的产业互联网平台建设，实现工业化、信息化建造及全过程管控已成为大势所趋。机电工程作为建筑业不可或缺的一部分，BIM 技术在管线综合、可视化交底、工程量统计等方面的运用上已相对成熟，但在装配式、数字化建造技术方面仍在不断探索，机电模块化是实现机电工程安装技术通往工业化、信息化发展的必经之路。但是，顶层设计不足，机电工程模块化建造技术理论研究及实践探索相对滞后，主要存在以下问题：

（1）机电工程模块数量庞大，不同模块的规格型号、材质、安装位置等建筑信息复杂且各不相同，实现模块的重要建筑信息提炼及唯一性表示较为困难。

（2）机电工程模块设计无成熟经验，模块的安全性、适应性存疑；机电工程设备及管线种类、规格、型号繁多，采用自下而上的方法，设计效率低且传统模块的通用性差，不同机电工程需重复建模，造成人力资源的巨大浪费。

（3）传统加工方式材料下料难以做到统筹规划、合理排版及精准下料，造成材料浪费，同时大量手工焊接、切割作业导致构件质量不稳定；现有的预制加工生产线对不同规格、尺寸模块的自调整能力差，调节效率低。

（4）机电工程施工机具较为传统，对于装配式建造方式的适应性差，尤其在模块垂直、水平运输及成品美观性方面，建造过程的灵活性、快捷性及美观性一般，高效率、高品质安装成为困扰机电发展的瓶颈之一；且当前装配式建造专用器具开发程度不高，严重制约装配效率和工艺质量，急需创新装配方法及装置来提高机电模块的建造效率和品质。

（5）建造过程的信息化水平低，难以实现进度管理、质量管理、安全管理的数字化、可视化和高效化，过程管控能力较为欠缺。

针对上述问题，依托所承担的中建股份课题《基于 BIM 技术的机电安装工程模块化建造的研究与应用》，以及三项南京市课题《建筑机电系统的装配化设计研究》《装配式建筑中的机电精细化 BIM 模型研究与应用》和《基于 BIM 技术的装配式建筑机电系统信息管理技术研究》开展了系列研究及应用，形成了基于 BIM 的机电工程模块化建造成套技术，实现设计、生产、建造等建筑全生命周期的信息共享和装配式建造。

二、详细科学技术内容

1. BIM 模型的信息分类及编码技术

提出了“位置信息＋属性信息”的信息编码理念，建立 8 级编码结构，通过编码技术赋予模型定位定型，便于设计各方对模型进行区分，同时为施工过程中模型构件的工厂化加工提供参考依据。据此搭建机电系统构件及信息编码数据库，开发机电模块信息编码赋值软件，实现机电模块的自动化编码。见图 1、图 2。

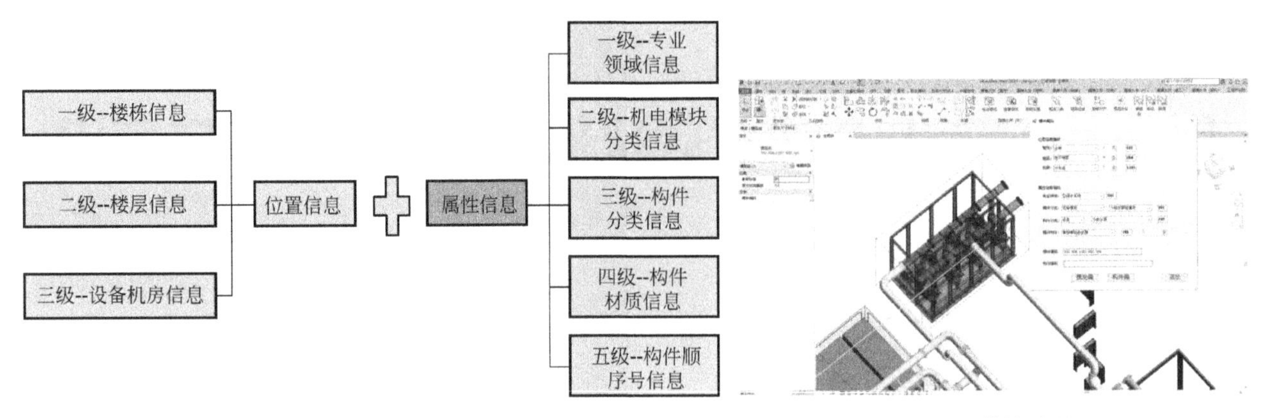

图 1　编码结构　　　　图 2　模块编码

2. 机电工程模块化设计技术

创新成果一：模块设计方法

利用中建安装自主开发的BIM族库平台，采用构件参数族的方式进行拼接完成设备模块，从模块构件选型及安装精度调整两方面对模块设计进行优化，结合数值模拟及理论分析等，实现对设备机组、减震构件及模块框架的一体化设计；管线模块设计主要包括管段模块设计和管组模块设计，基于Revit API接口，采用C#编程语言开发智能布管系统及管线模块设计软件，在优化管线的基础上，通过建立焊缝族的方式实现管线系统的分割，并采用固定面积网格切割方法，对管组模块进行自动拆分。见图3～图5。

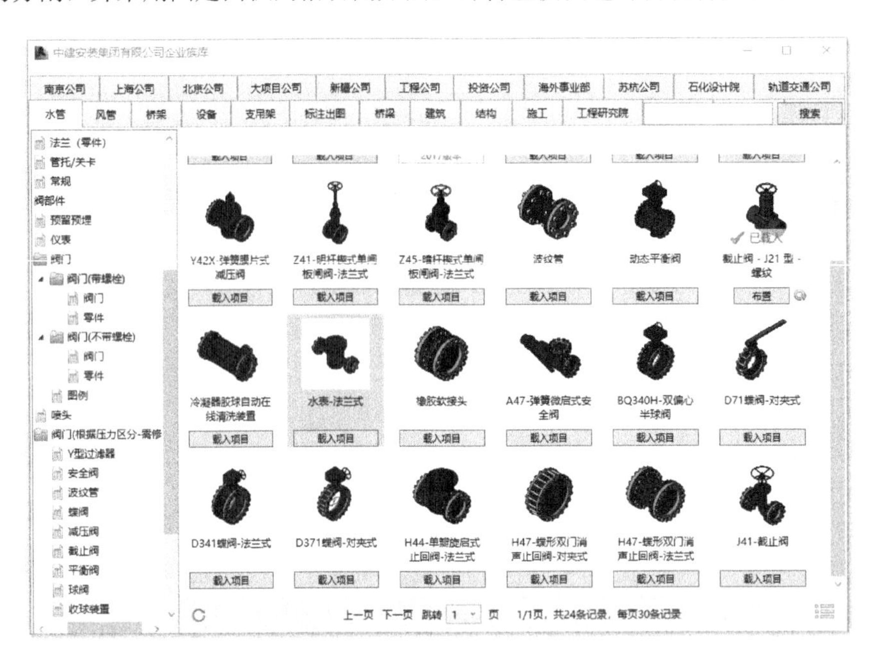

图 3　中建安装集团企业族库

图 4　设备模块

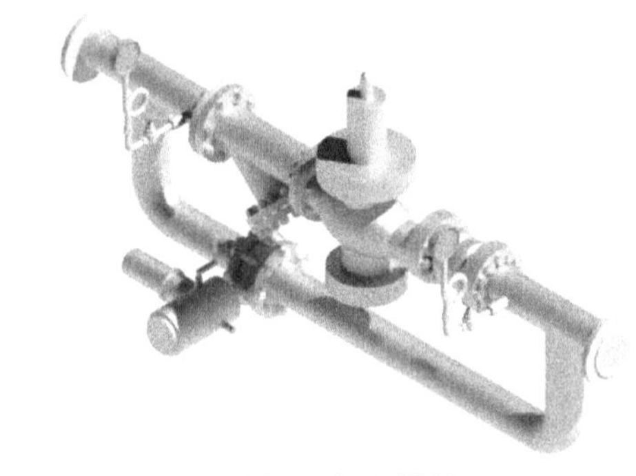

图 5　阀组模块

创新成果二：模块切割工具

研发管线一维下料算法，确保切割剩余管段的二次高效利用，节约材料，根据管材自定义分段规则，一键自动分段，批量编码，实现物料的快速追踪。见图 6、图 7。

创新成果三：支吊架自动布置系统

开发中建安装支吊架布置系统软件，集支吊架选型、编辑调整、材料统计、安全校核、出图等功能于一体，将支吊架从设计延伸至施工及预制。不仅提高了管线优化的准确性，而且能精确展示施工场景。通过提前设计、提前预埋、提前预制，大大缩短了支吊架的设计周期，进一步确保支吊架施工的质量，节约施工工期。见图 8。

管道类型	连接件
管道类型：无缝钢管	管接头-焊接：I 系列
管道类型：镀锌钢管	平面法兰 - 板式平焊 - 钢制(独立使用)...
管道类型：内外壁热镀锌钢管	卡箍件：I 系列
管道类型：钢塑复合管	平面法兰 - 板式平焊 - 钢制(独立使用)...
管道类型：UPVC排水管	管接头-PVC-U：标准
管道类型：柔性接口铸铁...	管接头-铸铁B型：铸铁管
管道类型：加厚热浸镀锌钢管	平面法兰 - 板式平焊 - 钢制(独立使用)...
管道类型：碳素钢管	丝扦管卡：标准
圆形风管：T 形三通	圆形活接头：标准
椭圆形风管：多节弯头/T ...	
矩形风管：半径弯头/接头	矩形活接头：标准
圆形风管：接头/短半径	圆形活接头：标准
矩形风管：半径弯头/短接头	矩形活接头：标准
无配件的电缆桥架：高压桥架	槽式电缆桥架活接头：E-高压桥架 活接头
带配件的电缆桥架：ELV-...	槽式电缆桥架活接头：ELV-火灾报警桥架 ...
带配件的电缆桥架：ELV-...	槽式电缆桥架活接头：ELV-弱电桥架 活接头
带配件的电缆桥架：ELV-...	槽式电缆桥架活接头：ELV-安防桥架 活接头

图 6 默认连接件

管段深化

深化规则

选择	构建编号	回路编号	管线材质	规格型号	定尺长度(mm)	连接件	最短切割长度
☐	管道类型：无缝钢管	HD 1	碳钢 - 无缝钢管	DN200	4000	平面法兰 - 板式平焊 - 钢...	200
☐	管道类型：无缝钢管	HRO 7	碳钢 - 无缝钢管	DN200	4000	平面法兰 - 板式平焊 - 钢...	200
☐	管道类型：无缝钢管	HD 1	碳钢 - 无缝钢管	DN150	4000	平面法兰 - 板式平焊 - 钢...	150
☐	管道类型：无缝钢管	HRO 7	碳钢 - 无缝钢管	DN150	4000	平面法兰 - 板式平焊 - 钢...	150
☐	管道类型：加厚热浸镀锌钢管	P 285	镀锌钢管 - GB/T 19228	DN25	4000	平面法兰 - 板式平焊 - 钢...	25
☐	管道类型：加厚热浸镀锌钢管	P 285	镀锌钢管 - GB/T 19228	DN32	4000	平面法兰 - 板式平焊 - 钢...	32
☐	管道类型：加厚热浸镀锌钢管	P 285	镀锌钢管 - GB/T 19228	DN50	4000	平面法兰 - 板式平焊 - 钢...	50
☐	管道类型：加厚热浸镀锌钢管	P 285	镀锌钢管 - GB/T 19228	DN80	4000	平面法兰 - 板式平焊 - 钢...	80
☐	管道类型：加厚热浸镀锌钢管	P 285	镀锌钢管 - GB/T 19228	DN40	4000	平面法兰 - 板式平焊 - 钢...	40
☐	管道类型：加厚热浸镀锌钢管	P 285	镀锌钢管 - GB/T 19228	DN150	4000	平面法兰 - 板式平焊 - 钢...	150
☐	管道类型：加厚热浸镀锌钢管	P 285	镀锌钢管 - GB/T 19228	DN100	4000	平面法兰 - 板式平焊 - 钢...	100
☐	管道类型：加厚热浸镀锌钢管	P 13	镀锌钢管 - GB/T 19228	DN150	4000	平面法兰 - 板式平焊 - 钢...	150
☐	管道类型：加厚热浸镀锌钢管	P 2	镀锌钢管 - GB/T 19228	DN25	4000	平面法兰 - 板式平焊 - 钢...	25
☐	管道类型：加厚热浸镀锌钢管	P 2	镀锌钢管 - GB/T 19228	DN32	4000	平面法兰 - 板式平焊 - 钢...	32
☐	管道类型：加厚热浸镀锌钢管	P 2	镀锌钢管 - GB/T 19228	DN50	4000	平面法兰 - 板式平焊 - 钢...	50

自动深化 取消

图 7 管段自动深化

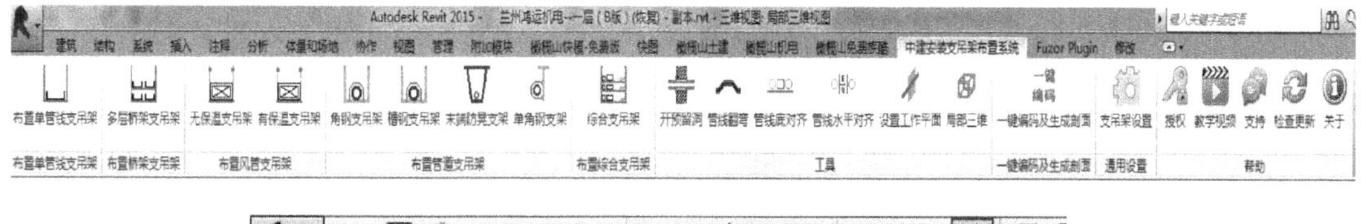

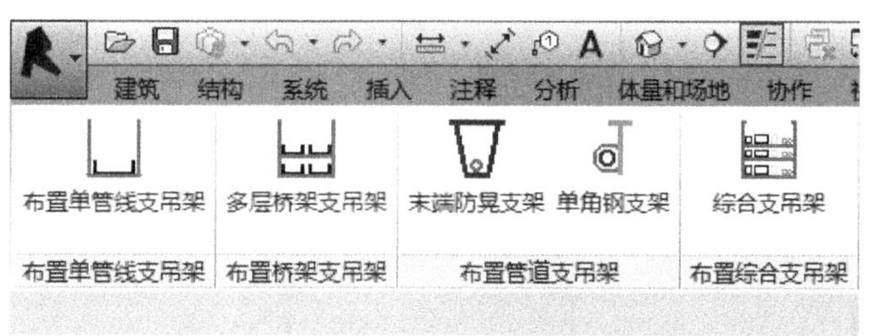

图 8 支吊架自动布置系统

3. 机电模块工厂化预制技术

创新成果一：模块预制加工出图技术

研发适用于工厂化生产的、易于识别的 ISO 模块预制加工出图方式，实现模块信息表示的标准化及易读性。

创新成果二：机电模块自动化生产管理与控制技术

通过建立机电模块自动化生产线，进行管道模块、设备模块和标准层模块的预制加工，满足批量化预制加工需求，提高预制的自动化、机械化水平。结合二维码技术，将“BIM＋工厂化预制＋现场装配化施工”三者有效结合，使得信息存储和读取方便快捷，实现管道的加工、复核、运输、模块现场组装等各个环节一条龙服务，完美解决信息孤岛的问题，提升预制加工图精度，缩短工期，提高管道工程的整体质量。见图 9。

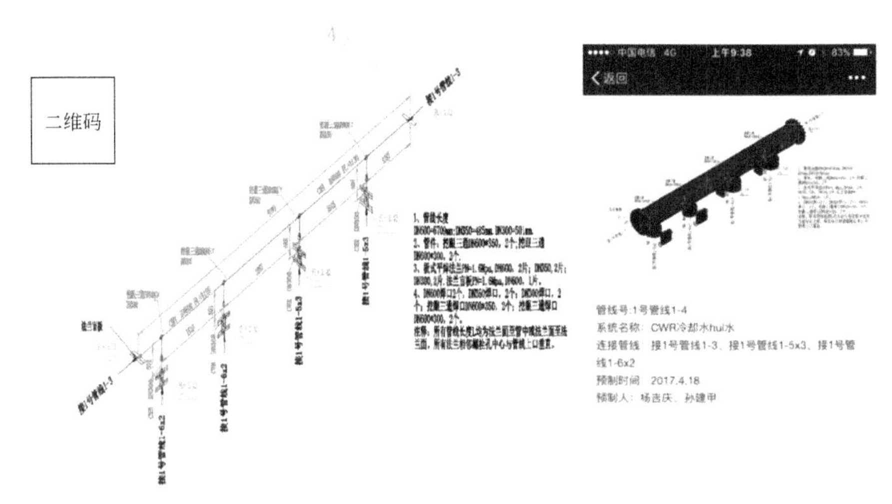

图 9　管线模块 ISO 出图及二维码

4. 机电模块装配式安装技术

研发适合于模块装配特点的工机具，满足模块化建造需求，提高装配式效率及工艺质量，进而形成一整套机电模块装配式建造技术，并据此主编了中建集团企业标准《建筑机电安装工程模块化施工技术标准》1 项。见图 10～图 16。

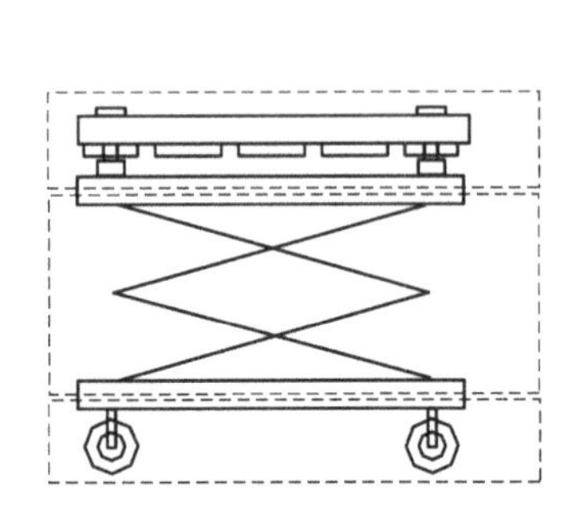

图 10　自行走剪叉式升降平台

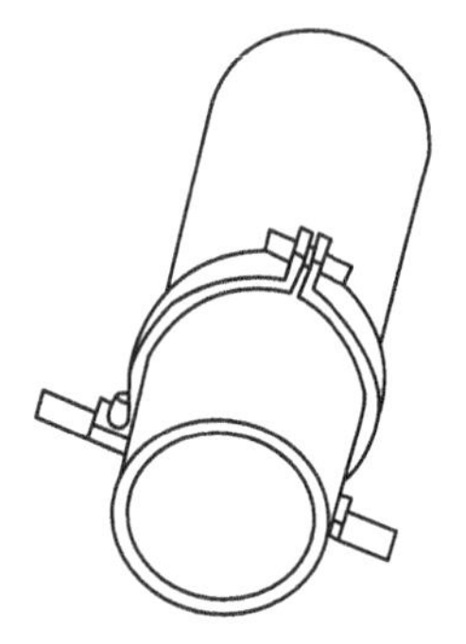

图 11　新型定位卡箍

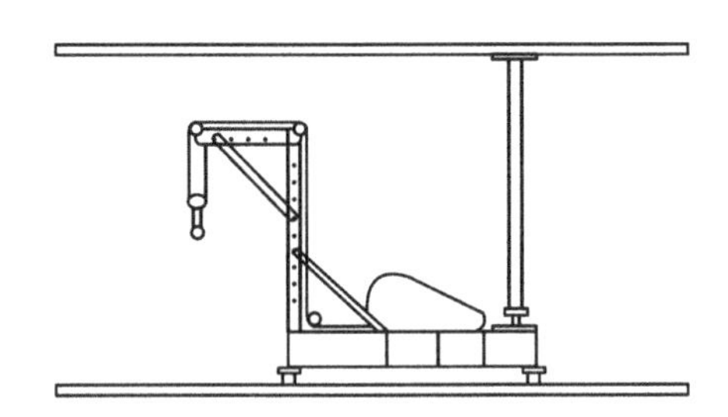

图 12　移动式轻型吊装装置

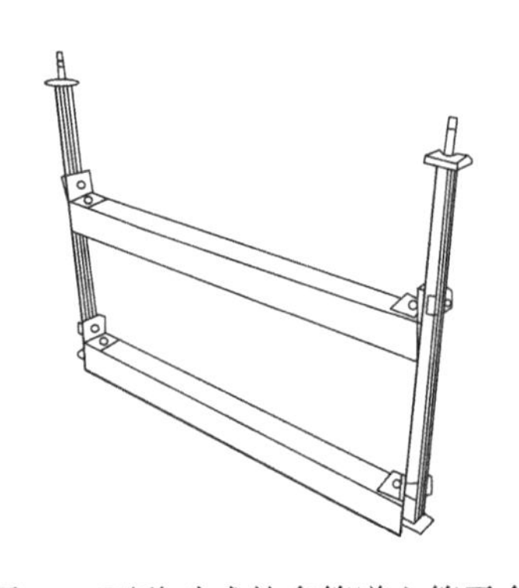

图 13　可移动式的多管道上管平台

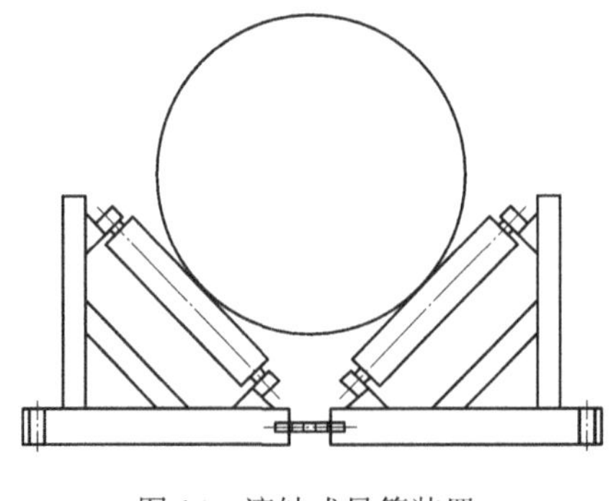

图 14　滚轴式导管装置

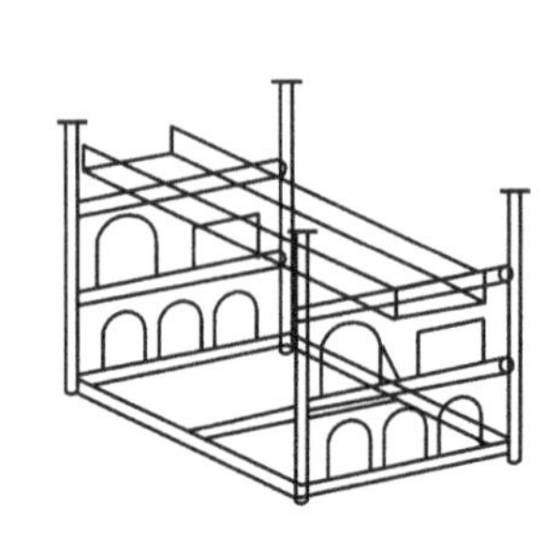

图 15　装配式综合支吊架

5. 机电模块信息化管理技术

基于模块化建造的信息化、全程化管理需求，研发机电模块智慧管理平台，以模块为基本管理单元，将模块设计、工厂化预制、模块运输到装配式建造的主要流程与模块智慧管理平台相融合，实现机电工程模块化建造的流程化与平台化，以及模块的记录、跟踪、回逆、预警、提示、评价等功能，为各参与方提供共同的协同管理环境；基于移动端的信息传输需求，研究BIM模型轻量化方法，进行模型体量压缩，提高信息传输效率；对服务器及客户端的硬件、软件配置环境进行检查和设置，依托在建项目建立机电模型及模块，对平台进行全面应用，实现平台的正常运行及模块化建造的全流程管理。见图17。

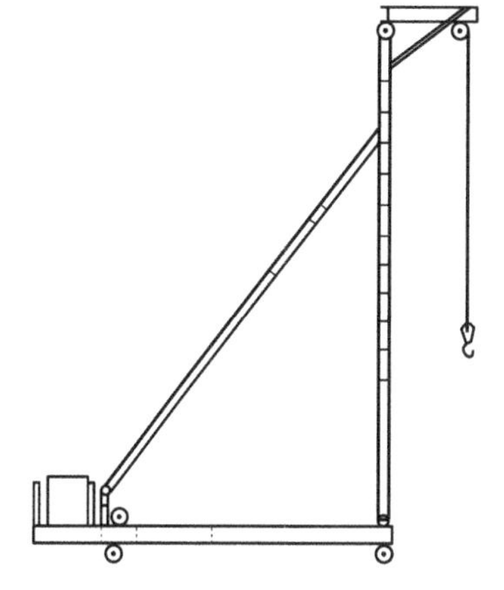

图16 高度可调的移动起吊装置

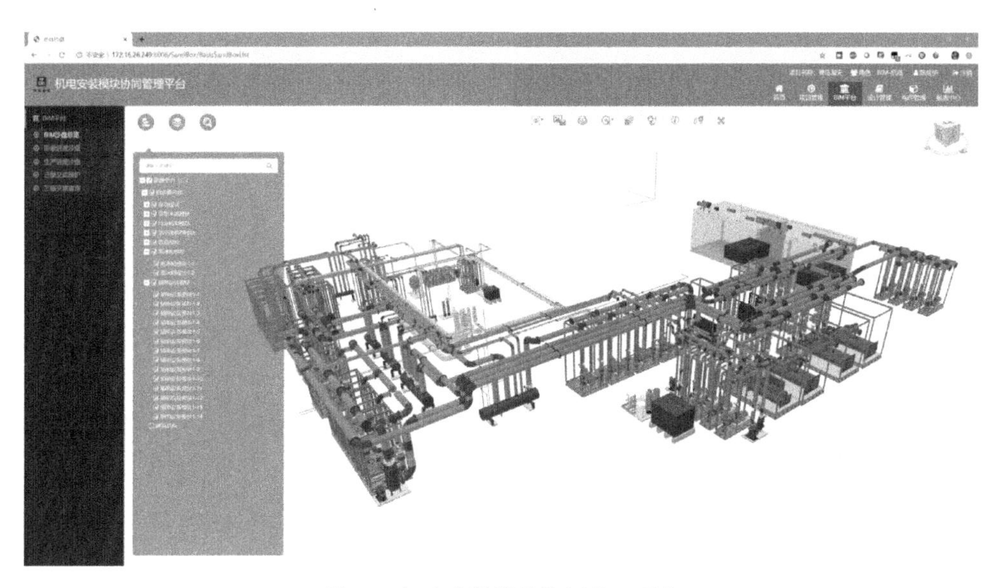

图17 机电安装模块协同管理平台

三、发现、发明及创新点

（1）开发模块协同管理平台，该平台完全契合机电工程模块化、工厂化、预制化平台管理需求。实现为构件设计方、加工制造方、装配施工方提供，统一构件模型提交和使用的协同环境。各方使用者可以通过统一构件模型的信息及附带文件，实时追踪以构件为单位的工程进度和质量的管理和控制。平台针对机电系统模块化建造特点建立了从区域、专业直至部件的项目结构树，可以实现将模型加载到指定"专业"或者"编号"的节点，并根据项目的具体需求，支持构件和模块的数据切换，根据模块状态实现进度展示。

（2）提出自上而下的机电模块设计方案，基于企业BIM族库，结合设备厂家产品定制族及自有族，通过直接调用已建立的设备部品族，将模块各组成部品的规格参数挂接模块主体的主控参数，完成模块整体参数化联动设计，实现设备模块的搭积木式高效设计，提高模块设计效率，满足模块精度要求。研发管线一维下料算法，确保切割剩余管段的二次高效利用，节约材料，根据管材自定义分段规则，一键自动分段，批量编码，实现物料的快速追踪。开发中建安装支吊架布置系统软件，集支吊架选型、编辑调整、材料统计、安全校核、出图等功能于一体，将支吊架从设计延伸至施工及预制。

（3）研发了装配式安装工具，采用自行走剪叉式升降平台使得模块化安装便捷、运行可靠、使用寿命增长；采用新型卡箍定位解决管道难固定的问题，提高安装效率；采用可调式管道综合吊架，拆卸安装方便且可回收和重复使用；采用伸缩式卸料平台实现了塔式起重机运送的物料从临空面至作业面的转运，提高了模块高空运输的灵活性及运输效率。

（4）研发建立了“位置信息＋属性信息”的机电模块信息编码体系，二次开发自动编码软件，实现了模型和实物之间的快速准确定位，确保了构件编码的唯一性，便于构件品种数量的精准快速统计，为模块化建造流程的信息化提供了良好的 IT 基础，编写形成《机电项目信息分类及编码标准》，对构件编码流程化、标准化。

（5）创建了焊缝族进行管线切割并自动生成管道信息，建设了机电装配式智能化工厂进行预制加工，降低了物料损耗，提高了机电工程预制率和加工精度。创造性地将石化工程中的正等轴测图（ISO 图）引入到 BIM 软件中，相较于传统机电工程平剖图更易读、图纸精度更高，提高出图的效率及质量。

（6）授权发明专利 2 项，实用新型专利 6 项，软件著作权 9 项，省部级工法 1 项，形成企业标准 2 项，编写图集 1 项，发表论文 7 篇。

四、与当前国内外同类研究、同类技术的综合比较

较国内外同类研究、技术的先进性在于以下五点：

（1）BIM 模型的信息分类及编码技术，采用 8 级信息编码结构，完整表达了机电模块及构件的“位置信息＋设备信息”。

（2）机电工程模块化设计技术，提出自上而下的设备模块设计方法，设计效率大幅提升；建立了具有参数化特征的标准模块族，提高设备模块的通用性；管组模块自动切割软件能够实现机电管组模块的定尺切割及编码。

（3）机电模块工厂化预制技术，自建的预制加工生产线针对模块结构特点，实现尺寸可调及加工过程的自动化。

（4）机电模块装配式安装技术，装配式安装工机具针对模块装配技术特点所研发，效率高、工艺美观。

（5）机电模块信息化管理技术，研发的模块协同管理平台契合机电工程特点，实现模块的全过程管理信息化管理。

本技术通过国内外查新，查新结果为：在所检国内外文献范围内，未见有相同报道。

五、第三方评价、应用推广情况

1. 第三方评价

中国安装协会组织的“基于 BIM 的机电工程模块化建造技术研究与应用”科学技术成果评价（评字［2020］第 12 号）中，评价委员一致认为：成果总体达到国际领先水平。

2. 推广应用

本技术曾应用于青岛海天中心、西安迈科商业中心、深圳会展中心、长沙国金中心、沈阳世贸 T6 酒店、渤海银行业务综合楼等多项工程。有效提高设计和施工效率、节省材料、减少人员及机械投入，节约工期，极大地提高模块化建造的技术水平，增强公司的企业竞争能力。

六、社会效益

BIM 技术作为实现建筑业转型升级、促进绿色建筑发展、提高建筑业信息化水平的基础性技术，其与机电工程的模块化设计、模块预制加工、装配式建造等技术深入融合，形成机电工程模块化建造成套技术，将上下游建造环节相互串联，实现机电工程的装配式建造及建造信息共享，克服传统机电安装方式劳动力密集、机械化程度低等不足，对于创建精品机电工程、推动机电工程数字化转型升级具有良好

的应用前景。

机电模块化建造技术解决了传统机电安装技术能耗高、物耗高等问题，为建筑行业节能减排及“碳中和”提供技术路径，促进城市绿色可持续性发展。通过技术创新引领企业发展，基于模块化建造技术的推广应用，为公司技术创新转化为实际生产力奠定基础，彰显我公司的技术创新实力，树立良好的企业品牌形象，为中国建筑走向世界及大国制造贡献专业力量。

复杂幕墙数字建造技术

完成单位：中建海峡建设发展有限公司、中国建筑第七工程局有限公司
完 成 人：王　耀、陈　亮、付绪峰、王　鸣、黄志鹏、陈　兵、张　浩

一、立项背景

幕墙是集建筑美学性能、实用性能于一身的重要结构，在建筑行业中广泛使用，深得建筑设计师及社会大众的喜爱。随着时代发展，幕墙工程从传统的平直外立面向单曲、双曲等复杂造型跨越。尤其是多种材料搭配、凹凸有致、曲折分明的各种组合幕墙，造型新颖多变、标新立异、外形虚实结合，给人以极强的视觉冲击效果，为现代化城市面貌增加了魅力。复杂形体建筑多是以自由曲面的形式出现，其复杂外观的特征是客观复杂环境条件的外在体现。外观的产生是逻辑分析的结果，而非一步到位的概念想象结果。并且，为达到建造实施的目的，传统的画法几何式设计模式难以完成任务。设计过程中，为准确描述复杂的形体，设计界面必须是直观可控的三维设计界面。传统设计所采用的计算机辅助设计系统（CAD）已不适用，取而代之的是计算机在程序算法、形体生成、文件输出和联网工作等方面引发的新变革。

复杂形体的三维模型，需要借助 BIM 平台的外部接口和内嵌插件，通过参数化方法和算法优化，比手工建模进行模糊的调整更加精确，更具逻辑性。设计交付出图时，可以方便地输出准确的平面、立面和剖面，甚至输出材料加工数据，真正做到了精确和完备。不仅如此，除了设计阶段，在建造施工阶段，设计软件和数字化加工设备之间还能做到 file to file 的无误差对接，大大提升了施工精度和施工质量。

数字建造技术在内部高效执行各类复杂的算法和控制程序，在外部承担设计师和建筑模型的桥梁，大大节省了时间，提高了效率。对建筑师而言，这种类似解析几何式的建模方式，屏弃了传统的基于先验性视觉效果进行建模和模糊推敲的方式，将自由形体用数学模型和程序来解释，使自由造型的方式可控可调，是一种行之有效的设计方法，比传统方法更具优势。这种计算机运算化的设计过程，是一种对想象力的解放。

二、详细科学技术内容

对异形复杂幕墙数字建造技术进行研究，结合“茉莉花造型”海峡文化艺术中心的工程实践，研发了成套的复杂幕墙数字建造技术，进行了设计、生产、施工、监测等多维度集成研究，以有限元技术、三维扫描机器人逆向建模技术、BIM 技术、物联网技术等多种技术的穿插使用，以便适用于不同形式下的幕墙安装；同时，采用标准化设计可以最大限度地将幕墙诸多构件由工厂进行工业化同步生产，现场通过三维扫描放样机器人空间定位安装技术，将构件逐个拼装形成建筑物的外立面。本课题形成以下系列创新成果：

1. 基于数字化模拟创新的陶棍幕墙设计技术

（1）创新成果一：基于标准化设计的“唯一尺寸”构件设计创新

针对复杂的、无规律可循的建筑立面、屋顶和室内部分进行了标准化设计的深入研究。正立面双层幕墙系统的内层为点驳接式玻璃幕，外层为陶棍百叶。内层玻璃幕墙采用 SGP 超白中空 Low-E 玻璃，标准元件原设计为矩形，但经过数值计算，为最大限度地防止玻璃在双曲面结构受力中破裂，优化调整

为直角梯形。见图 1、图 2。

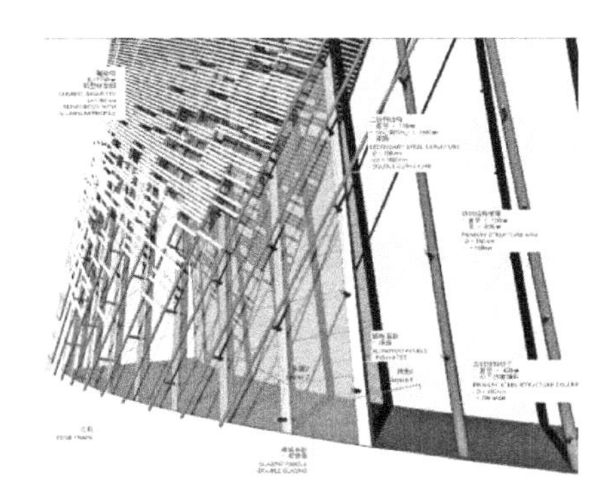

图 1　陶棍幕墙解构

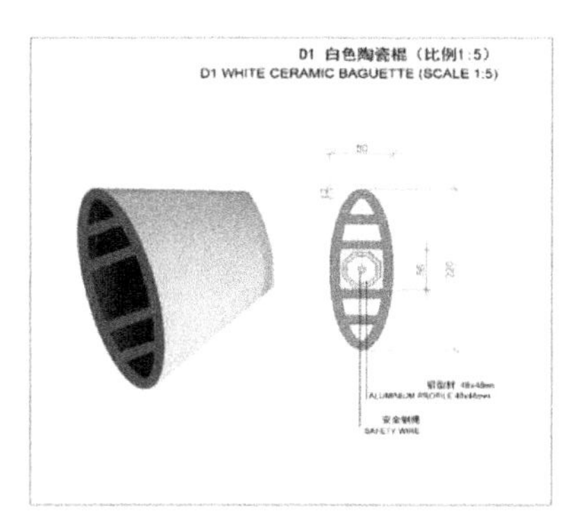

图 2　陶棍百叶

(2) 创新成果二：考虑初始缺陷的超高超细幕墙结构钢柱分析

玻璃幕墙柱截面不超过 400mm，幕墙柱在混凝土楼板以下及以上悬挑端的最大长度均接近 40m。将混凝土楼板悬挑桁架及曲线展廊坡道作为幕墙柱支点，减少幕墙柱的计算长度，同时屋面钢结构体系也作为幕墙柱悬挑段的侧向支撑。幕墙主钢管截面为圆管 $D400\times30$ 无缝钢管，幕墙柱长细比接近 200，超过钢结构规范压杆长细比 150 的限值。因幕墙柱为空间倾斜的结构构件，钢柱安装过程中由于自重作用会产生一定的变形，将此变形作为结构的初始缺陷，同时考虑 $P\text{-}\Delta$ 和 $P\text{-}\delta$ 效应，在计算中，直接建立带有初始几何缺陷的结构模型，通过 midas 有限元进行分析，对幕墙柱平面内和平面外的截面承载力进行验算。幕墙钢管柱的应力比均可以控制在 0.85 以下，计算结果作为结构和构件在承载能力极限状态和正常使用极限状态下的设计依据。见图 3。

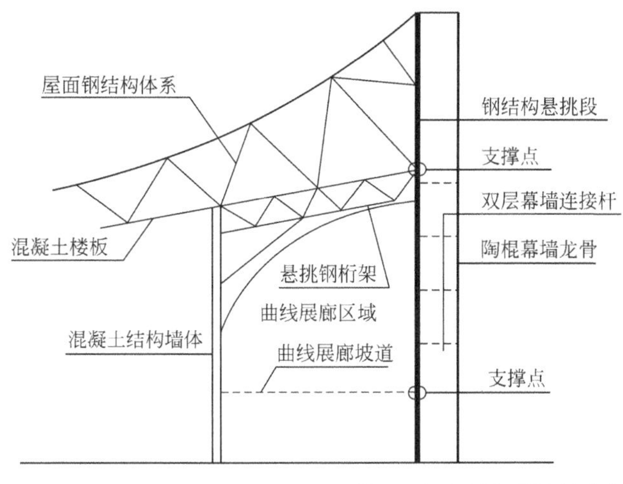

图 3　超高超细幕墙结构钢柱的简化计算模型

(3) 创新成果三：考虑日照因素的陶棍幕墙节能设计创新技术

在幕墙立面深化设计之初，创新性地结合日照采光率和展厅内部的功能分区采光要求，作为建筑立面开窗大小的设计依据，并为此编写了一段 R-Script 脚本，研究合适的开窗大小，确定整体立面效果。满足了电离防辐射系统快速建造要求，提升了医用气体运行稳定性，保障了应急医院的医疗功能需求。见图 4、图 5。

2. 异形建筑幕墙空间坐标定位技术

将建筑犀牛模型与结构 BIM 模型系统整合一起，对于体形复杂、空间扭曲的建筑，通过空间三维坐标进行结构施工图的绘制，弥补了国家规范要求的平法表示方法对此类建筑施工图表达的缺陷。指导现场施工时，为确保幕墙构件安装精度，采取 BIM＋放样机器人技术进行空间精准定位安装。此方法可以应用到各类复杂空间建筑的设计与施工中。

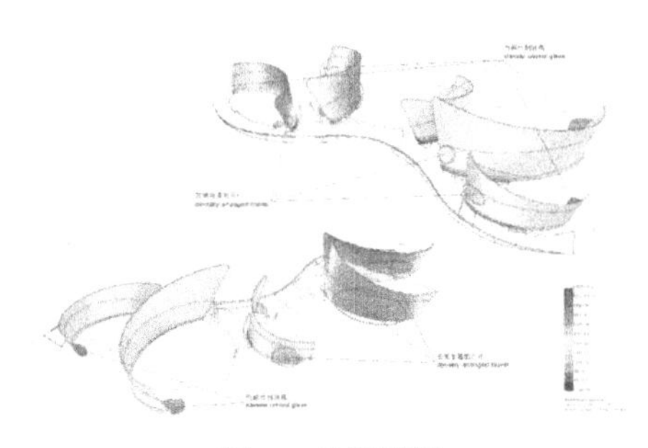

图 4　日照模拟

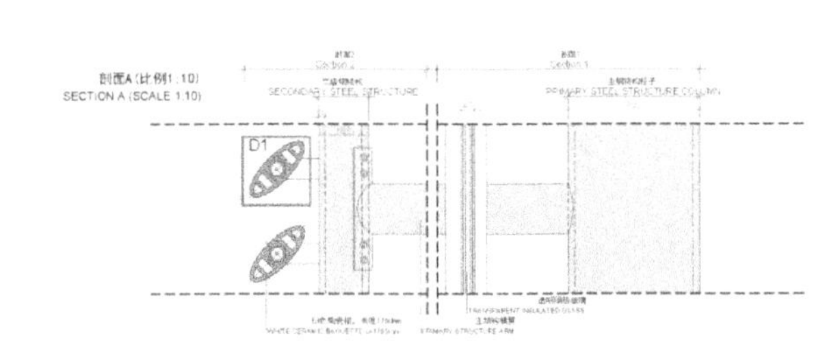

图 5　陶棍角度研究

(1) 创新成果一：双曲面陶棍幕墙空间模型施工图定位技术

因幕墙所附着的混凝土主体结构背立面为空间双曲面，从结构计算模型到施工图的转换，结构施工图的难点为双曲面上结构构件的定位，结构施工图中构件的空间定位是指导施工的关键所在。见图 6。

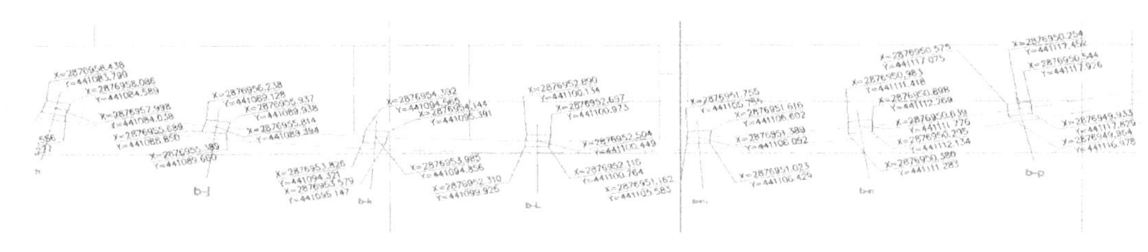

图 6　背立面框架柱空间定位图

(2) 创新成果二：BIM＋放样机器人自动定位测量技术

项目根据设计提供的犀牛模型进行重新建模，经过不断复核，确保重新建立的模型与原模型完全相符，对重新建立的模型进行分割并进行二次深化设计。将模型中各无规则异形空间板块控制点坐标数据导入放样机器人，在施工现场架设自动放样机器人，并导入施工现场设置的测量基准控制点坐标信息。在放样机器人手持端点选需要测量放样的无规则异形空间板块控制点，放样机器人自动投射激光控制点，按照放样机器人提供的激光控制点，安装就位无规则异形空间板块。进行技术复核，无误后对无规则异形空间板块进行加固固定，完成空间的定位安装。

3. 基于 BIM 平台的异形幕墙三维重构技术

创新性地采用逆向建模技术，通过以点布线建面的方式，从数亿个点中找到影响幕墙施工的关键结构体系，通过这些点云来重新修正主体结构模型，得到与实际结构一致主体结构模型，在此基础上来完成幕墙模型的深化建模，保证了幕墙模型的精度。

(1) 创新成果一：复杂环境下幕墙附着结构表面 3D 扫描技术

为确保安装精度，项目采用法如 FARO Focus3D X330 三维激光扫描仪进行三维激光扫描，采集结构空间数据。在每个场馆周围布设 3 个标靶球，实现专项坐标数据与现场施工坐标系配准。采用地面架站式三维激光扫描技术，对场馆主体结构进行非接触式三维扫描。见图 7、图 8。

图 7　放样机器人现场测量

图 8　外立面扫描

（2）创新成果二：基于点云数据的幕墙模型重构技术

逆向工程三维建模是通过3D扫描生成的点云来反向生成结构，点与点之间的间距可调，可根据幕墙的精度要求来进行调整，可以调为2mm、4mm、8mm等间距。精度要求越高，点云数据越密集，对电脑处理要求越高。逆向过程中需处理点云数据，删除结构之外的噪点。将用到的点选取出来，通过点与点之间的连接形成线，再根据线生成面，面与面拼接形成结构实体。见图9。

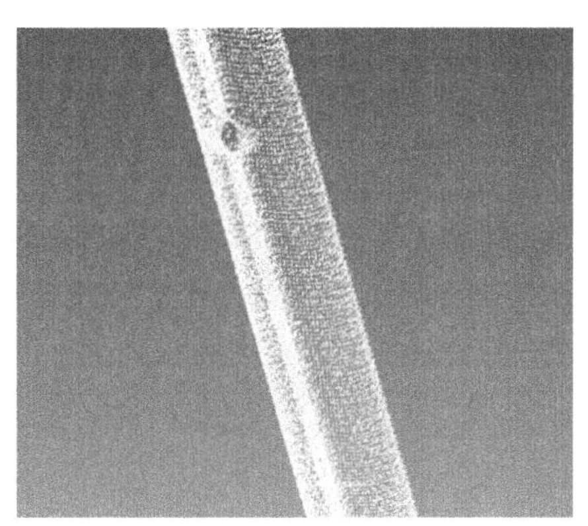

图9　3D扫描生成的点云数据和逆向所建的结构板

4. 无规则异形空间幕墙综合安装技术

幕墙工程作为建筑物的外立面，所有构件在主体结构上进行安装。主体结构模型和实际结构的误差很大程度上会影响幕墙的安装。因此，幕墙BIM的建立要以实际模型为基础，每个幕墙“小而精”的构件，都需要在模型中建模来反映实际安装情况，确保幕墙的安装。最终，将复杂构件通过BIM提取数据，工厂加工编号，现场三维定位安装。为解决本项目上复杂幕墙安装问题，基于参数化BIM软件建立了从设计到现场的全数字化流程。

（1）创新成果一：基于表皮分析的幕墙板块优化技术

对于复杂的建筑物，设计师为了追求效果，往往将幕墙以曲面或曲线进行设计；而实际施工时，因造价和工艺上的因素，将原四边形幕墙板块优化成梯形或三角形板块，更好地实现曲面的过渡。无规则异形曲面幕墙玻璃板块直接将曲面以平板替代，相邻玻璃板块将会错缝，通过模型模拟错缝值，必须通过模型模拟几种玻璃分格原则，保证立面美观。通过幕墙表皮的创建模拟，从源头上分析幕墙系统实现的可能性，同时进行多方案比选。见图10、图11。

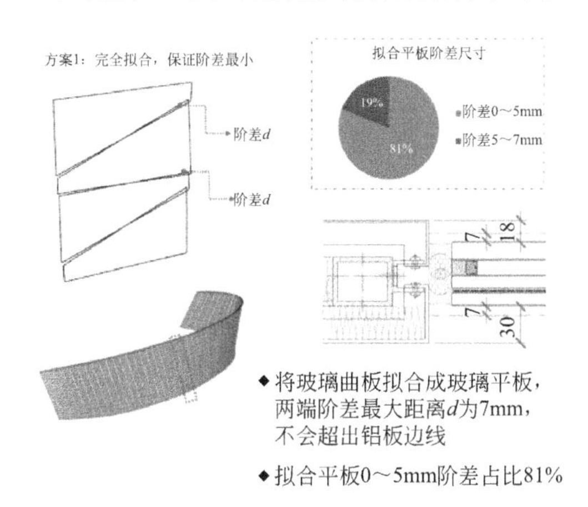

图10　拟合方案一

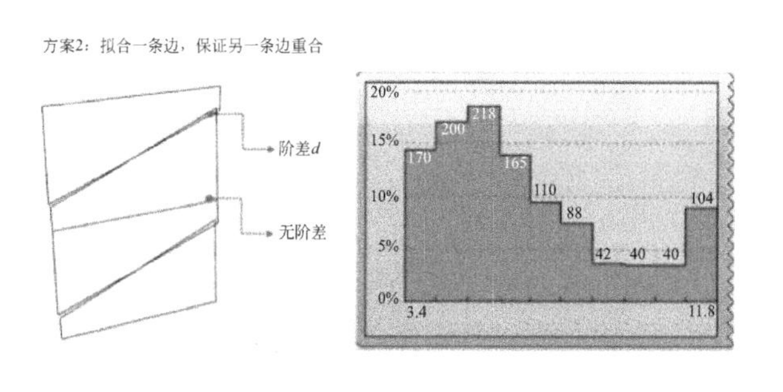

◆将玻璃曲板拟合成玻璃平板，两端阶差最大距离d为11.8mm

图11　拟合方案二

通过模型进行玻璃表皮方案调整，参建各方讨论，最终确定以方案一作为幕墙工程的验收依据。将多尺寸的异形板块，通过设置过渡线条，将95%的多尺寸板块优化成单一尺寸板块，从而可以降低成本，减少加工周期。通过这种表皮深化技术，结合施工经验，综合考虑安装效率、施工成本、施工质量，将可以选择出最优的幕墙系统设计方案。

（2）创新点二：LOD400 以上精度 CATIA 模拟幕墙安装技术

创新性通过电脑模拟陶棍安装时的角度范围，从而优化固定陶棍的转件来进行爪件设计，满足陶棍的施工。通过 CATIA 车辆模拟幕墙安装技术，进行了 LOD400 以上精度的模型数据分析与获取，通过低成本、高精度建模的方式，根据施工经验增加必要的构件的建模参数，同时减少非必要内容的建模时间。见图 12、图 13。

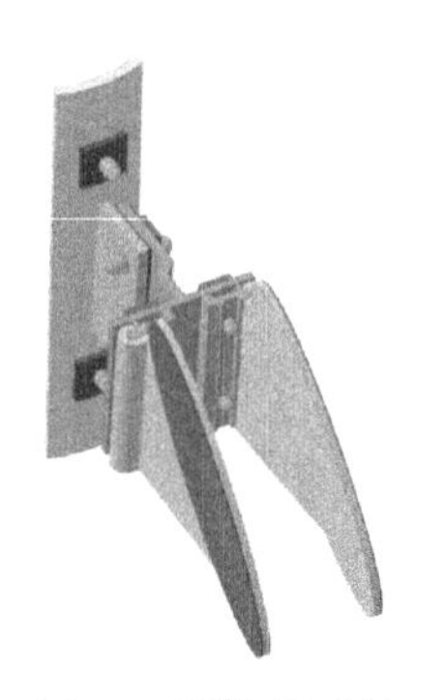

图 12　原陶棍爪件

图 13　优化后陶棍连接件

（3）创新成果三：BIM 和云＋网＋端的物联网可视化交底技术

无规则异形空间幕墙不同于常规“火柴盒”设计的幕墙，构件安装时跟多涉及空间三维坐标定位、复杂节点涉及安装顺序、单一节点涉及安装精度，防止误差累积，造成下道工序无法进行。通过配套三维可视化的施工交底和复杂节点的施工模拟，从单一构件开始，如螺栓、螺钉，到安装节点，再到大样，最终到完成立面，提升施工效率和质量。见图 14。

5. 工厂/现场同频联网的新型构件智能加工技术

（1）创新成果一：工厂/现场同频联网模型导料技术

采用了大量新型构件，如陶棍、龙骨、驳接爪等均需大量定制。BIM 技术使用可视化方式进行施工交底，更易于把设计信息传递给合作方。按照传统的下料方式，项目部提供测量尺寸、给厂家画加工图，然后项目部进行确认，厂家进一步深化成切割排版图，再上 CNC 机器生产。而采用本技术，可通过精细化模型与工厂建立物联网连接，即通过统一的建模软件或者进行二次转换的方式，使幕墙的建模的复杂构件和主要构配件，直接通过模型导料，与工厂数控机床同频联网，由数控机床大规模地进行生产。见图 15。

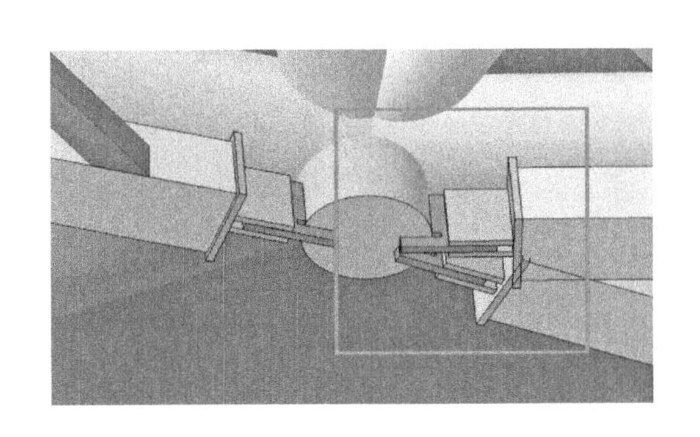

图 14　三维可视化复杂节点交底图例

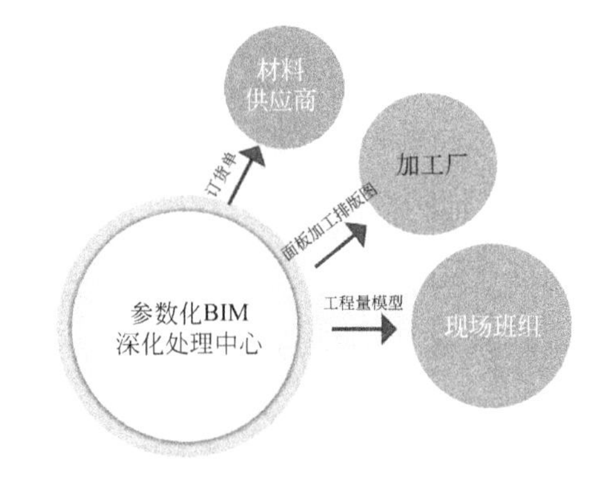

图 15　同频联网模型组织方式

（2）创新成果二：基于排版设计人工智能校对算法的不规则板块排版加工技术

创新性地对幕墙施工 BIM 模型的建模软件所生成的构配件、单元体图元进行软件二次开发，使得施工模型及数据能被加工深化所用的数字样机建模、分析软件所识别，并可进行编辑、修改深化、分析等，从而在信息传递方面彻底打通加工制造—安装施工这一幕墙生产的关键技术链条。

通过参数化 BIM 程序的批量处理功能，将金属幕墙铝复合板的板折边、铣槽线、角码孔排布进去，形成数控雕刻机的加工图（LOD 500 级别），同时编制插件程序控制避免角码位置冲突。并通过程序的循环功能，实现不同板形按不同宽幅分组，同时根据板块四角角度的不同，算出板之间的最优贴合（贴合排序），再通过循环校对算法将排好的板套入生产厂家的标准宽幅板，算出最优的排版组合，最大限度地减少边角料浪费。见图 16、图 17。

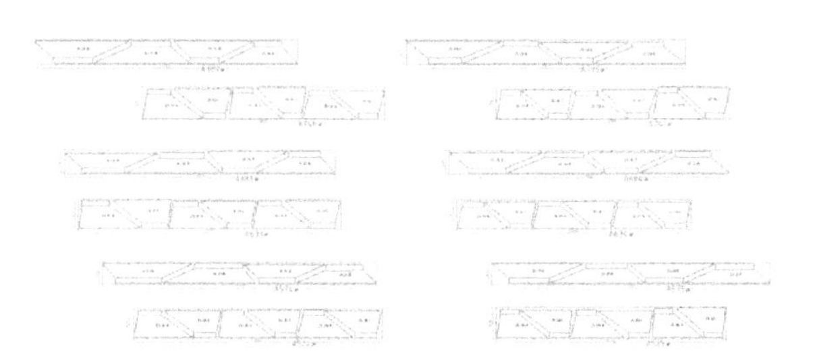

图 16　循环校对算法排版图

图 17　数控切割图直接上机加工

三、发现、发明及创新点

（1）形成了基于数字化模拟的陶棍幕墙设计技术。通过对福州日照 10 年内日照数据收集，利用数字化技术对项目所在地日照全年、全天进行分别模拟，得出陶棍幕墙的最佳间距、最佳扭转角度。尤其是确定日照强度不足方位的陶棍密度变化，达到采光与遮阳的平衡，达到室内空间水平维度、垂直维度界面的光照平衡。同时，通过数字化模拟，最大限度地引入自然光，减少人工照明。

（2）形成了异形建筑幕墙空间坐标定位技术。将建筑犀牛模型与结构 BIM 模型系统整合一起，对于体形复杂、空间扭曲的建筑，通过空间三维坐标进行结构施工图的绘制，弥补了国家规范要求的平法表示方法对此类建筑施工图的表达的缺陷，指导现场施工。此方法可以应用到各类复杂空间建筑的设计。

（3）形成了基于 BIM 平台的异形幕墙三维重构技术。建筑通体由不规则的斜柱、斜梁、斜板、各种异形构件、大型转换梁等组成，空间结构造型复杂，几乎没有标准构件。幕墙工程从方案到设计深化的过程中，完全依赖软件在三维环境中建模实现。利用数字化技术，引进三维扫描仪对结构构件进行三维重建，指导空间异形建筑表皮的安装。

（4）形成了无规则异形空间幕墙综合安装技术。基于逆向工程三维建模技术，将钢结构弹性变形影响幕墙安装的因素消除，快速精准的完成毫米级的模型修正。同时，采用 BIM 参数化建模技术，将复杂曲面造型标准化，提高了幕墙板块制造效率，降低了制造难度和损耗。运用 CATIA 车辆建造技术，进行施工模拟，用工业级的精度模拟工程施工，提前发现施工中存在的问题，提前解决施工难题，确保工程的顺利进行。

（5）形成了工厂/现场同频联网的新型构件加工技术。传统的幕墙构件加工基本由工人现场进行加工，由于现场加工环境差、设备自动化程度低，导致加工效率低、加工质量差。比如，最常见的切割型材，锯片的厚度、工人卷尺的读数偏差，会导致型材长度存在±5mm 左右的偏差。新型构件加工，通过精细化模型与工厂建立物联网连接，即通过统一的建模软件或者进行二次转换的方式，使幕墙建模的复杂构件和主要构配件直接通过模型导料，与工厂数控机床同频联网，由数控机床大规模地进行生产，减少人为的加工偏差，极大地提高加工效率和降低成本。

（6）在福州海峡文化艺术中心、莆田妈祖文化论坛永久会址、晋江市第二体育中心、南阳三馆、汉文化博览园等项目建设过程中新形成了发明专利 1 项，实用新型专利 9 项，软件著作权 2 项，发表论文 3 篇，省部级工法 2 项，BIM 应用奖 3 项，科技成果奖 3 项。

四、与当前国内外同类研究、同类技术的综合比较

较国内外同类研究、技术的先进性在于以下五点：

（1）适用性：本方案以大型复杂项目施工经验总结而成，探讨研究设计、施工、加工各环节的幕墙建造优化技术，总结一套成熟的技术方案，用以解决多工况下复杂幕墙的施工难题。在实际施工过程中，针对5大项的关键技术点，可同时或根据项目选择采用。

（2）实现毫米级幕墙精度：以多点交互3D扫描技术和逆向工程三维建模技术为核心，可实现主体结构与幕墙施工的矛盾关系，使幕墙模型与实际施工完成结构一一对应，两者之间的误差最小可控制在2mm以内。

（3）最优幕墙方案的选择手段：通过rhino强大的表皮分析功能，用数据来进行多方案比选，从技术可行性和经济合理性优化幕墙方案，提高施工效率和质量。

（4）定制化下料手段：通过统一的建模软件或者进行二次转换的方式，使幕墙的建模的复杂构件和主要构配件直接通过模型导料，与工厂数控机床同频联网，由数控机床大规模的进行生产，减少人为的加工偏差，提高加工效率和降低成本。

（5）根据上海市浦东科技信息中心出具的科技查新报告，涉及无规则异形空间幕墙综合安装技术特征在所检文献及时限范围内，国内未见文献报道。

本技术通过国内外查新，查新结果为：本项目针对无规则异形曲面幕墙，专门解决无规则异形曲面幕墙的BIM问题，具有一定的新颖性。

五、第三方评价、应用推广情况

1. 第三方评价

2020年3月28日，河南省工程建设协会组织专家评审，专家组认为该项成果整体达到国际先进水平。

2. 推广应用

本项目目前已应用于多个工程：莆田妈祖文化论坛永久会址、晋江市第二体育中心、福州海峡文化艺术中心等项目，有效解决现场施工难题，降低了工人劳动强度，优化了施工流程，大大节约了施工工期，提高了施工质量，更好地阐明了绿色、环保施工技术。

六、社会效益

通过对复杂幕墙数字建造技术的研究，形成了多项基于BIM的幕墙建造关键技术，极大地减少了材耗并提高了现场施工效率，达到提高资源利用率、节约资源、节能减排的目的；亦为国家制定相关技术规范、规程提供理论支撑。同时，该技术在晋江第二体育中心游泳馆、体育馆中进行应用，助力第18届世界中学生运动会，受到包括主办方在内的社会各界的高度赞扬，树立了企业的良好形象。在莆田妈祖论坛项目中运用，创造了6个月从设计到项目竣工的妈祖速度，其中幕墙用45d时间完成了6万平方米的幕墙，创造了中建集团传奇。在福州海峡文化艺术中心中集成应用，完成了茉莉花造型、福州版悉尼歌剧院的建造，为中国当年十大幕墙项目。

装配式再生混凝土结构设计理论与工程应用关键技术研究

完成单位：中国建筑东北设计研究院有限公司、沈阳建筑大学、中国建筑一局（集团）有限公司
完 成 人：张信龙、王庆贺、张玉琢、刘庆东、陈　勇、周军旗、杨振宇

一、立项背景

当前，我国正处在生态文明建设以及新型城镇化战略布局的关键时期，以习近平同志为核心的党中央把生态文明建设作为统筹推进“五位一体”总体布局和协调推进“四个全面”战略布局的重要内容。党的十九大将“壮大节能环保产业、清洁生产产业、清洁能源产业，推进资源全面节约和资源循环利用”作为建设美丽中国，推进绿色发展的重要任务。大力发展固废资源化利用是打好污染防治攻坚战，统筹推动经济高质量发展和生态环境高水平保护的重要举措，具有重要的环境效益、经济效益和社会效益。中央全面深化改革委员会全面推进“无废城市”建设，通过加快固体废物源头减量、资源化利用和无害化处理，促进城市绿色发展转型，提高生态环境质量，不断增强民生福祉。将固废资源化与装配式建筑集成应用，通过大力发展建筑工业化，对于推进建设领域节能减排的契机，通过装配式建筑的标准化设计、工业化生产、机械化安装、信息化管理、一体化装修、智能化应用的现代化建造方式为根本，融合升级 BIM 技术，实现再生混凝土的结构化应用。有效促进固废源头大规模减量，固废制备结构化构件技术提升，再生混凝土制备建材产品的工程化应用。解决固废资源化领域存量大、资源化路径单一、产业化应用能力不足等问题，同时也可以降低装配式预制构件的生产成本，对于大力推广装配式建筑、促进建筑业转型升级具有重要作用。

二、详细科学技术内容

1. 总体思路及技术方案

我国固废产量和存量巨大，总体产量约为 35 亿吨/年，存量已达 200 多亿吨，但是目前固废资源化率远低于发达国家和地区的 70％～98％的水平，因此固体废弃物的资源化利用要研究大规模将其源头减量化和资源化利用的途径，减少增量、降低存量，首先要聚焦“量”的问题。现阶段，我国固体废弃物资源化利用再生材料品质低、处置成本高、质量不稳、推广应用难，还没有大量固废制备的再生骨料用于建筑结构中，缺乏固废弃物资源化全产业链的联动系统研究。

本项目的研究针对行业发展中的难点痛点，从固废存量产生量巨大、资源化产品品质低、工程结构化应用缺乏的主要诉求出发。从再生骨料的粉碎、筛分的设备及工艺流程研究——再生骨料制备结构化应用的再生混凝土——再生混凝土的各项力学性能研究——再生混凝土制备结构化构件——基于 BIM 技术开展装配式再生混凝土预制构件的工程化应用，形成完整的研究方案和技术方案。将固废资源化产业与装配式建筑产业两者融合起来，既可以实现固废的减量化和资源化，又对资源化之后的建材制品提出了明确的应用场景，形成完整的产业链条。本项目主要针对如下问题进行技术研发：

（1）再生混凝土材料研发；

（2）再生混凝土在预制构件中应用的力学性能研究；

（3）基于再生混凝土开展其制备结构化构件的中试生产研究；

（4）基于 BIM 的装配式再生混凝土预制构件集成设计关键技术和工程应用研究。

2. 主要关键技术

（1）基于再生骨料和混凝土特性，研发新型绿色再生混凝土、提出成套力学性能预测模型

针对再生固废原料的具体特征，对其的细观材料特征进行深入研究，揭示再生骨料在细观层面上的表观形态，进行物化性能分析，通过细观分析明确其用于结构化混凝土的可行性方案，进而用来制备结构化构件。针对再生骨料产地的具体情况以及骨料的资源化利用分级目标，对其进行原位的破碎、筛分、分类，提出了先进的再生骨料破碎、分选系统，实现再生骨料的大规模、高效率制备。再对骨料制备的再生混凝土进行抗压性能、力学性能研究，提出了结构化应用的再生混凝土的强度等级建议和合理再生骨料取代率，并对其长期性能和耐久性能进行试验分析研究，提出了再生骨料制备结构化应用再生混凝土的合理化配合比方案，提出成套的力学性能预测模型。见图1、图2。

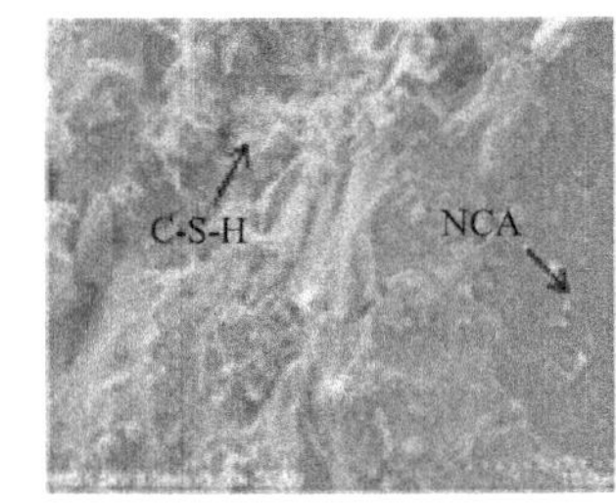

(a) SCGA0-1

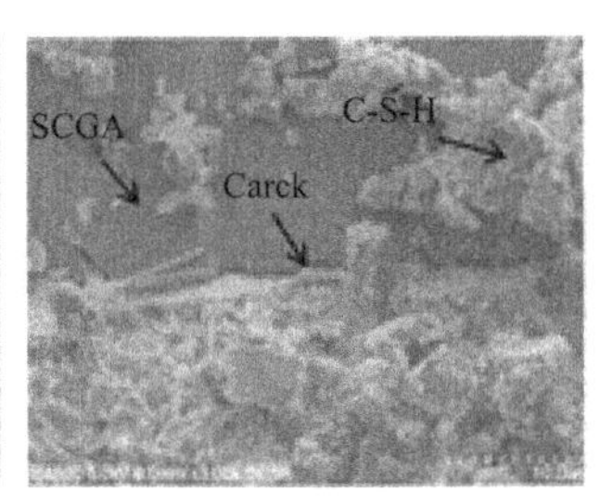

(b) SCGA50-1, ITZ between SCGA and mortar

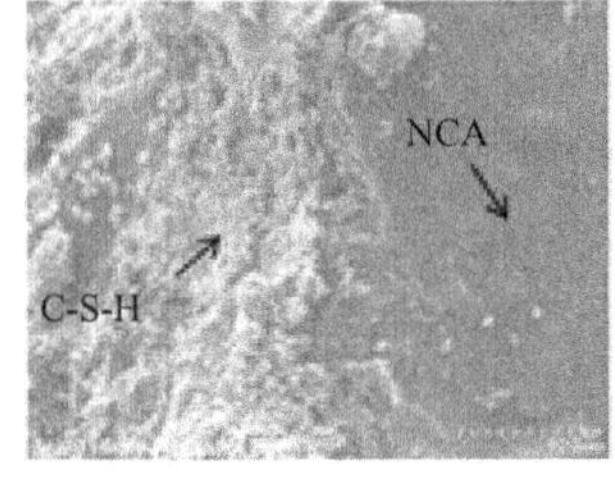

(c) SCGA50-1,ITZ between NCA and mortar

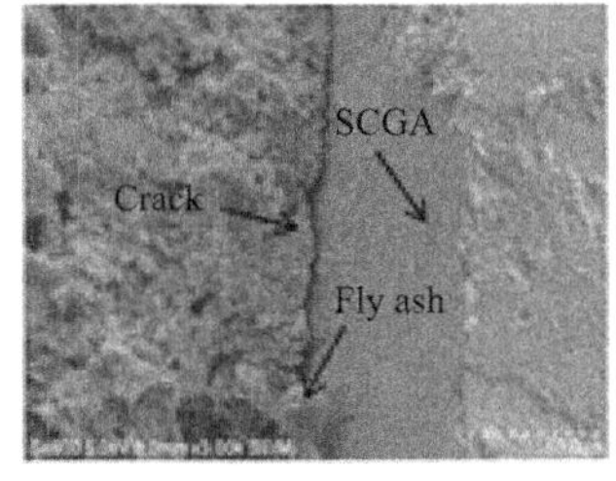

(d) SCGA100-1

图1　原位破碎制备骨料及固废混凝土细观结构

图2　再生混凝土力学性能测试

（2）基于新型绿色再生混凝土的材料性能，对装配式再生混凝土预制构件和节点的力学性能进行研究，提出构件及连接节点的设计方法

对再生骨料制备的再生混凝土在预制装配式梁、预制装配式楼板和预制装配式柱中应用时，其静力及长期性能的变化规律进行了试验分析研究。对装配式构件的连接节点进行了静力学性能和热力学分析，并提出了可推广、能复制、实施性强的成套设计方法。见图3、图4。

（3）基于再生混凝土开展其制备装配式预制构件的中试生产研究

首次利用再生骨料的再生混凝土在预制构件加工厂开展了装配式预制叠合板的中试生产试验研究，提出了再生骨料再生混凝土制备装配式预制叠合板的工艺流程和制备方法。证明了再生混凝土完全可以满足制备装配式预制构件的生产要求、加工要求以及使用要求，对预制叠合板进行了现场中试生产试验，还对预制构件进行了产品检测，各项指标性能均满足预制叠合板的出场以及进场的要求，具备了开展大规模产业应用的条件。见图5、图6。

图 3　再生混凝土预制叠合板力学性能试验研究

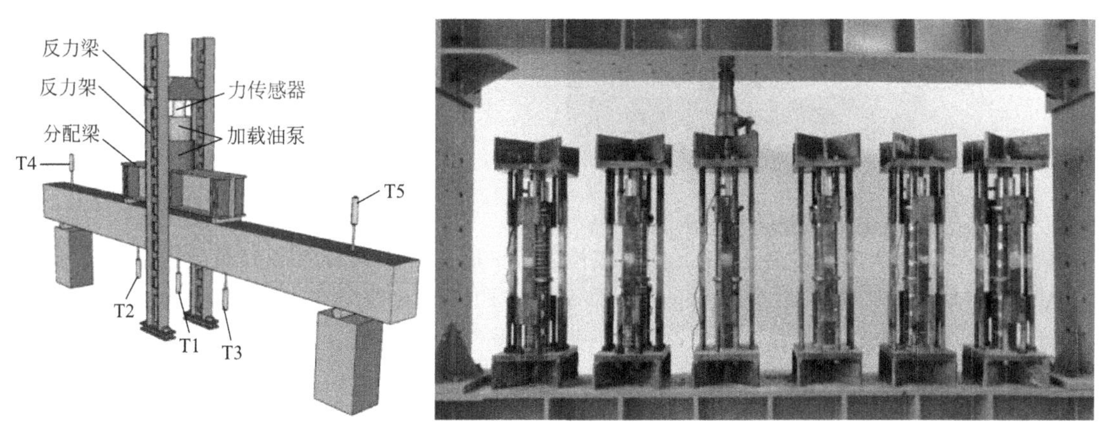

图 4　再生混凝土预制梁、柱力学性能试验研究

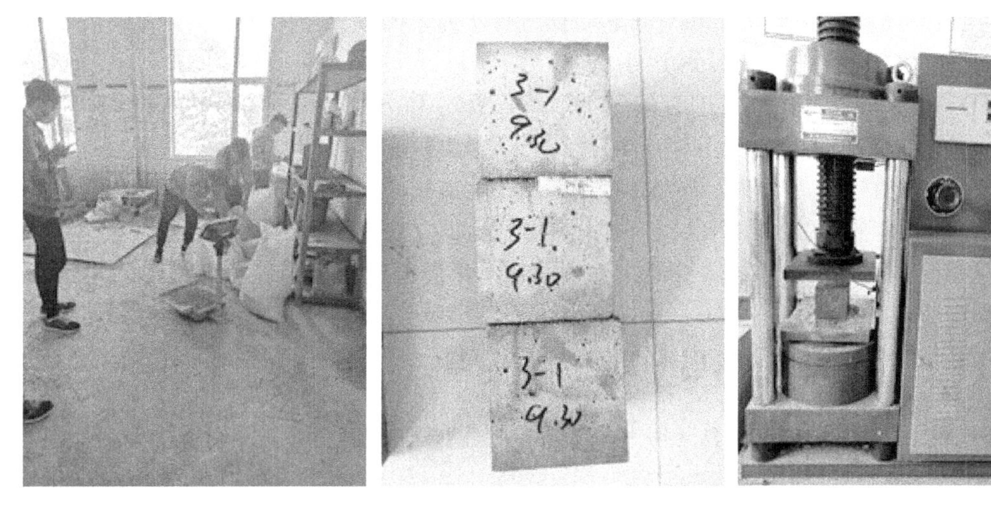

图 5　现场中试试验 1

图6　现场中试试验2

（4）基于BIM技术开展了再生混凝土装配式预制构件的集成设计技术研究及工程示范

提出基于BIM技术对其建筑结构进行主动拆分；将BIM模型导入有限元分析软件ABAQUS中进行主动计算，寻找最优化设计方案；建立了固废预制部品部件数据库、BIM协同平台、族库平台。同时，基于固废材料特性提出施工关键技术，开展工程示范。

三、发现、发明及创新点

1. 基于再生骨料和混凝土特性，研发新型绿色再生混凝土、提出成套力学性能预测模型

（1）针对再生骨料的特征，对其的细观材料特征进行研究，揭示骨料在细观层面上的表观形态，进行物化性能分析，明确其用于结构化混凝土的可行性方案。

（2）针对骨料产地的特色，对其进行原位的破碎、筛分和分类，提出了先进的骨料破碎、分选系统。

（3）对其进行抗压性能、力学性能研究，提出了结构化应用的混凝土强度等级建议，并对其长期性能和耐久性能进行研究，提出了再生骨料的合理化配合比方案，提出成套的力学性能预测模型。

2. 基于新型绿色再生混凝土的材料性能，对装配式再生混凝土结构构件和节点的力学性能进行研究，提出构件及连接节点的设计方法

（1）首次对装配式再生混凝土的预制梁、预制楼板和预制柱的静力及长期性能变化规律进行研究，并提出了成套设计方法。

（2）对装配式再生混凝土预制构件连接节点进行了静力学性能和热力学分析，提出了成套设计方法。

3. 基于BIM技术开展了再生混凝土装配式预制构件的集成设计技术研究及工程示范

（1）通过配置统一的构件库，实现建筑的统一拆分方案和构件规格；通过拆分方案的快速生成与调整，并结合各类指标统计功能完善优化设计方案，提升方案合理性。

（2）基于实际的装配式建筑项目，进行基于BIM的装配式建筑设计、生产和施工的一体化应用。

4. 研究成果

通过本项目的研究获得授权专利8项，其中发明专利2项，实用新型专利6项，发表学术论文22篇。其中，SCI检索11篇，EI检索4篇，中文核心期刊5篇。授权软件著作权4项、工法1部，开展工程示范项目6项。

四、与当前国内外同类研究、同类技术的综合比较

随着城镇化进程的高速发展，固体废弃物产生量显著增加，露天堆放、简易填埋等处理方式造成了环境的污染和资源的巨大浪费，资源化成为解决固体废弃物出路的主要途径。经过近70年的研究实践，欧盟、日本、美国等发达国家通过不断探索和实践，固体废弃物资源化率已达70%～98%，构建了资源化利用的技术体系。主要做法是：

（1）在规划、设计、施工、运维、拆除过程中就考虑减少固体废弃物的产生和后续处理，如丹麦利用BIM技术研究固体废弃物的减量；

（2）实现固体废弃物资源化利用的最大化和最终填埋量的最小化，根据再生骨料的特点，合理利用，不追求骨料自身的完美和再生产品的高附加值，最早提出高品质骨料概念的日本，在工程实践中仍采用普通骨料；

（3）从产生源头开始强化分类，为后期资源化利用打好基础。国外固废资源化的建材产品偏向于骨料、砌块等，对于装配式预制构件的涉猎较少。

因此，利用再生骨料制备再生混凝土装配式预制构件，开展预制构件的各项力学性能研究，开展再生混凝土预制构件的中试生产，开展实际工程的示范应用，在国内外具有较强的领先优势。更是将固废资源化产业与装配式建筑产业两者融合发展，达到1+1大于2的效果，真正地为固废资源化开辟了一条与众不同的道路、实现了“协同创新”的目的，对于促进建筑业转型升级具有较强的推动作用，必将为国内的固废资源化路径提供新的样板。本项目通过国内外查新，查新结果为：在所检国内外文献范围内，未见有相同报道。

五、第三方评价、应用推广情况

1. 第三方评价

2020年6月，在沈阳组织召开了国家自然科学基金青年项目（51808351），非均匀收缩徐变机理及其对钢－再生混凝土组合梁长期性能影响和辽宁省教育厅高等学校基本科研项目（LJZ2017021），钢筋桁架－再生混凝土组合板力学性能与设计方法研究课题成果鉴定会。鉴定委员会专家查询了资料，听取了项目完成单位介绍，经质询、讨论，形成如下意见：

（1）提交的鉴定资料齐全、规范，数据翔实，符合鉴定要求。

（2）课题组针对固废存量产生量巨大、资源化产品品质低、工程结构化应用缺乏的主要诉求出发。从再生骨料的粉碎、筛分的设备及工艺流程研究——再生骨料制备结构化应用的再生混凝土——再生混凝土的各项力学性能研究——再生混凝土制备结构化应用的预制构件——基于BIM技术开展装配式再生混凝土预制构件的工程化应用，形成完整的研究方案和技术方案。主要创新点有：

1）基于再生骨料和混凝土特性，研发新型绿色再生混凝土、提出成套力学性能预测模型。

2）基于新型绿色再生混凝土的材料性能，对装配式再生混凝土预制构件和节点的力学性能进行研究，提出构件及连接节点的设计方法。

3）基于再生混凝土开展其制备装配式预制构件的中试生产研究。

4）基于BIM技术开展了再生混凝土装配式预制构件的集成设计技术研究及工程示范。

2. 推广应用

基于本课题的研究成果，完成了中建东北院装配式建筑技术研究中心装配式混凝土建筑项目4项，具体为沈阳月星国际城项目（装配率55%）；北汤温泉小镇项目（装配率40%以上）；辽宁省传染病救

治中心项目（装配率50%以上）总建筑面积70余万平方米。

六、社会效益

本项目采用再生骨料配制再生混凝土、进而应用于装配式结构中，从智能分类——高效转化——清洁利用——精深加工——精准管控——智能设计——绿色施工全产业技术链为主线，集成整合各方创新力量，研发适应再生骨料特征的循环利用和污染协同控制理论体系，攻克整装成套的再生混凝土利用关键技术，壮大资源循环利用产业规模。本项目的四个层次的技术（再生混凝土材料的研发、再生混凝土构件的力学性能研究、再生混凝土预制构件中试制备研究、基于主动设计的装配式建筑设计与应用）均具有较好的推广应用前景。有效促进固废源头大规模减量，解决固废资源化领域存量大、资源化路径单一、产业化应用能力不足等问题；同时，也可以降低装配式预制构件的生产成本，对于大力推广装配式建筑、促进建筑业转型升级具有重要作用。

建筑物化碳排放数据库建立及测算平台研发

完成单位：中建工程产业技术研究院有限公司、中建科技集团有限公司、清华大学、中国建筑东北设计研究院有限公司

完 成 人：吴文伶、李小冬、齐　贺、耿冬青、卜　超、冯建华、周　辉

一、立项背景

在过去的一个世纪里，人类活动，特别是化石燃料燃烧产生的温室气体以惊人的速度导致地球变暖。气候变化导致人类生存环境的严重恶化，是人类正在面临的最重大挑战之一。为了缓解气候变化的影响，世界上许多国家都在努力减少温室气体排放。2020 年 9 月 22 日，中国政府在第七十五届联合国大会上提出："中国将提高国家自主贡献力度，采取更加有力的政策和措施，二氧化碳排放力争于 2030 年前达到峰值，努力争取 2060 年前实现碳中和。"

许多研究得出结论，就全产业链看，建筑业是二氧化碳排放的主要贡献者。例如，在美国，建筑在整个生命周期内排放的二氧化碳占全国的 43%；而在中国，这一比例超过了 50%。因此，减少建筑碳排放已被广泛认为是碳减排的重要途径。

然而，对于建筑碳排放的测算，目前多是国家和行业的宏观数据，不能区分不同建筑工程或施工企业之间的碳排放差异。对于单体建筑和建筑群的微观层面的碳排放测算，尤其是物化阶段碳排放的测算，缺乏有效的测算方法和工具，无法满足日益增长的建筑碳排放测算市场需求。

课题从以上问题出发，结合参研各方已有技术成果，开展课题研究并进行总结推广。

二、详细科学技术内容

1. 建筑物化碳排放计算范围界定

针对现有建筑工程施工碳排放计算范围和边界模糊不清的问题，明确建筑工程施工碳排放计算范围和边界。

按照 IPCC 公布的碳排放统计原则，即按直接排放地统计碳排放的规则，建筑施工碳排放仅包括施工过程的电耗和油耗产生的碳排放。然而从建筑施工企业为全社会碳减排做贡献的角度考虑，通过绿色施工，降低材料和机械的消耗而减少的碳排放量，能够体现施工企业为社会做的贡献。因此，本项目除了研究施工碳排放外，还研究了建筑物化阶段碳排放测算，以为衡量碳减排的贡献提供数据支撑。见图 1。

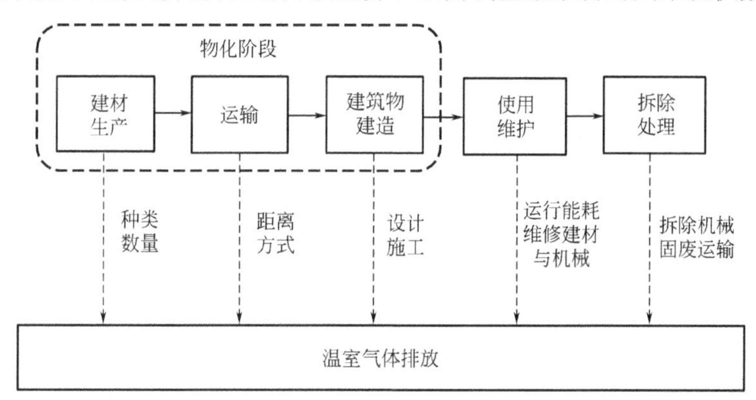

图 1　建筑全生命周期碳排放核算边界

2. 建筑物化碳排放计算模型构建

在建筑施工碳排放和物化阶段碳排放边界界定的基础上，对比分析了不同碳排放测算方法及其适用性，筛选出碳排放因子法作为测算单体建筑和建筑群碳排放的方法。

本项目以碳排放因子法为基础，建立了建筑物化碳排放计算模型（式1～式5），并建立了通过施工定额预估碳排放量的预估模型（式6、式7），解决了碳排放预估难题。

$$P_1=P_{11}+P_{12}+P_{13} \quad \text{式（1）}$$

式中 P_{11}、P_{12}、P_{13}——建筑材料隐含碳排放量（建材生产过程的碳排放量）、运输碳排放量、施工碳排放量。

$$P_{11}=\sum_{i=1}^{n} p_{材i}\times q_{材i}\times(1-\alpha_{材i}) \quad \text{式（2）}$$

式中 n——建材的种类数；

$p_{材i}$——第 i 类建筑材料排放因子；

$q_{材i}$——第 i 类建材的消耗量；

$\alpha_{材i}$——第 i 类建材的回收利用率。

$$P_{12}=\sum_{i=1}^{n} q_i\times s_i\times p_i \quad \text{式（3）}$$

式中 q_i——第 i 种运输工具单位路程能耗量，kg燃料/km；

s_i——第 i 种运输工具公里数，km；

p_i——第 i 种运输工具所耗能源的碳排放因子，$kgCO_2eq$/kg燃料。

$$P_{13}=\sum_{i=1}^{n} p_{机i}\times q_{机i} \quad \text{式（4）}$$

式中 $p_{机i}$——第 i 种施工机械的碳排放因子，$kgCO_2eq$/台班；

$q_{机i}$——第 i 种施工机械台班数。

$$p_{机i}=\sum_{j=1}^{3} p_{ej}\times q_{ej} \quad \text{式（5）}$$

式中 p——施工机械的碳排因子，$kgCO_2eq$/台班；

p_{ej}——第 j 种能源的碳排因子，若能源类型为柴油汽油，其单位为 $kgCO_2eq/kg$，若能源类型为电力，其单位为 $kgCO_2eq$/（kW·h）；

q_{ej}——第 j 种能源的消耗量。

$$P_j=\sum_{i=1}^{n} p_i\times q_i \quad \text{式（6）}$$

式中 P_j——某个分部分项工程或措施项目的碳排放量，$kgCO_2e$/计量单位；

p_i——材料或机械 i 的碳排因子；

q_i——该分部分项或措施项目中材料或机械 i 的消耗量；

n——该项分部分项工程或措施项目消耗的材料或机械总项数。

$$P_{总}=\sum_{j=1}^{m} p_j\times M_j \quad \text{式（7）}$$

式中 $P_{总}$——整个项目的施工碳排放量，$kgCO_2e$。

p_j——分部分项工程或措施项目 j 的碳排放量，$kgCO_2e$/计量单位；

M_j——整个工程项中分部分项工程 j 的计量单位用量。

3. 建筑碳排放基础数据库的建立

针对目前我国建筑碳排放因子数据零散且数量有限的问题，研究整理了建筑工程施工所需建材和机械清单，计算了2000余种建材和300种施工机械及主要能源的碳排放因子，建立了建筑碳排放因子数据库。

为解决碳排放预估难题，借鉴工程造价思路，建立施工碳排放定额数据库。以中华人民共和国住房和城乡建设部编制的《房屋建筑与装饰工程消耗量定额》TY 01-31—2015为基础，编制了全国建筑工程施工碳排放定额数据库，约1.8万条数据。以《广东省房屋建筑与装饰工程综合定额2019》为基础，编制了广东省建筑工程施工碳排放定额数据库，含2万余条数据。

4. 建筑物化碳排放测算平台研发

开发了建筑碳排放信息化测算平台，内嵌建材部品、施工机械和能源碳排放因子数据库、施工碳排放定额数据库，并嵌入建筑碳排放测算模型方法，能够自动调用模型和数据库数据，进行建筑碳排放量测算。该软件系统既能够测算物化阶段碳排放，又能计算建筑施工碳排放；能够根据建材、机械和能源的实际消耗量计算已施工完成的工程项目的碳排放量，又能够在设计阶段根据施工定额工程量清单预估未建建筑碳排放量；能够测算建筑施工碳排放总量，也可以给出各分部分项工程碳排放量。见图2。

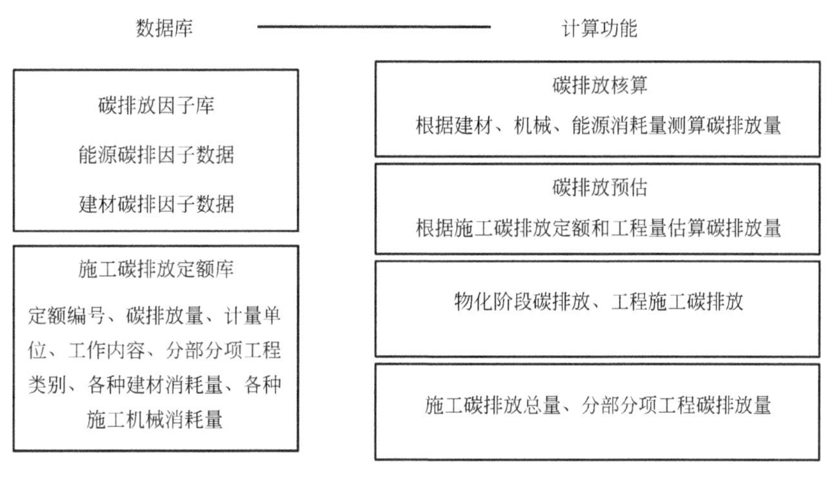

图2　软件功能

（1）软件计算逻辑与架构

对于根据建材、机械、能源消耗量计算碳排放量的功能，其软件运行内在逻辑和架构，如图3所示。对于根据建筑工程施工碳排放定额预估碳排放量的功能，其软件运行内在逻辑和架构，如图4所示。

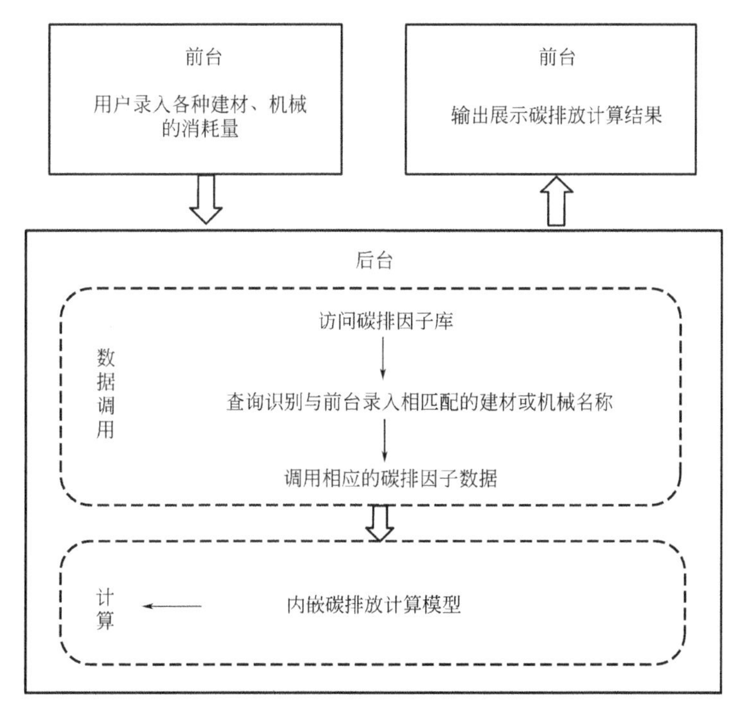

图3　物化碳排放核算功能的运算逻辑与架构

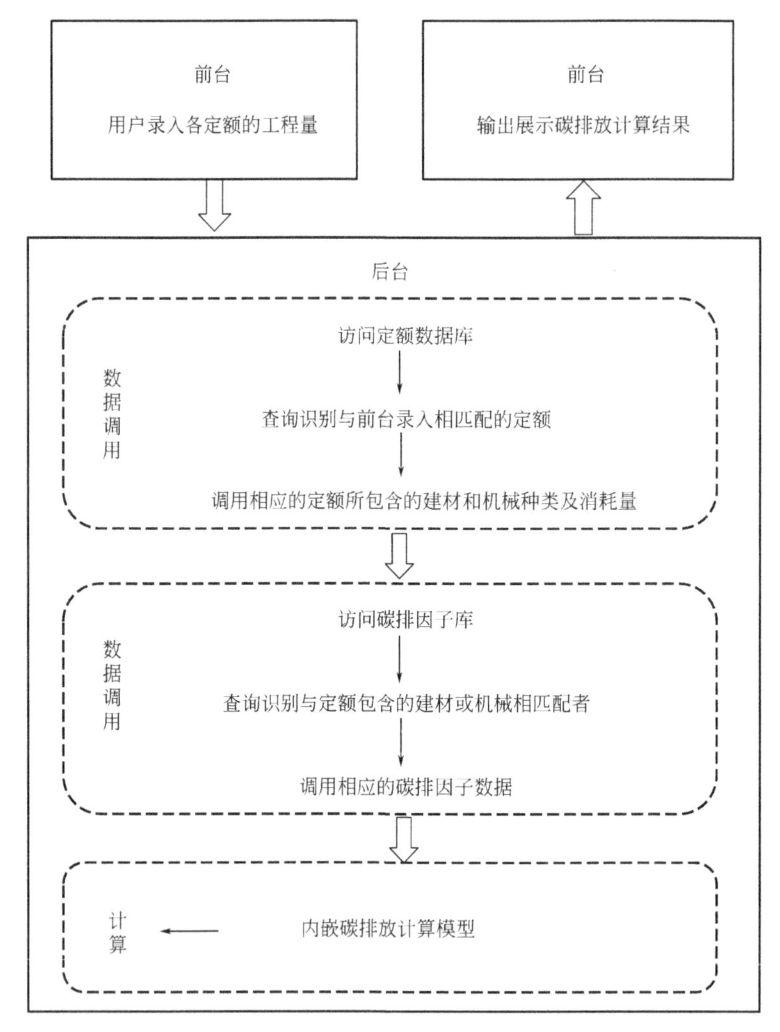

图 4　物化碳排放预估功能运算逻辑与架构

（2）软件使用方法

建筑碳排放信息化测算平台的使用，分两部分。一是根据建材、机械、能源的实际消耗量，核算碳排放量。可计算物化阶段碳排放量，也可以根据施工碳排放的界定，计算施工碳排放量（图 5）。如录入某分部分项工程的建材、机械和能源消耗量，则系统将计算出该分部分项工程的碳排放量。二是根据碳排放定额预估碳排放量，如图 6 所示，输入工程应用的定额编号及对应的工程量，系统自动计算出工程碳排放量。若录入某分部分项工程的工程量，则系统将计算出该分部分项工程的碳排放量。

5. 基于工程案例的建筑碳排放规律研究

将研发的碳排放测算平台，应用于沈阳城市固废综合利用绿色环保产业园的 8 号厂房工程。研究结果表明，该工程物化碳排放量为 6500t。其中，建材隐含碳排放量最高，占比高达 98.8%；施工机械碳排放量占 1.2%，能源占比 0.04%（图 7）。进一步分析建材隐含碳排放量，结果表明，在材料的隐含碳排放中，钢筋碳排放占比最高为 37.6%，其次为钢桁架、预应力混凝土管桩、预拌混凝土 C20（图 8）。对各分部分项工程分析，结果表明钢筋工程碳排放占比最高，达 38.31%；其次为金属结构工程、桩基工程、混凝土工程、模板工程（图 9）。这说明减少建筑材料的碳排放，尤其是降低钢筋、混凝土等材料的碳排放，是降低物化阶段碳排放的主要途径。

根据建材、机械、能源消耗量计算物化阶段碳排放量

工程名称： 地点： 建设时间：

工程建材消耗量 输入用量 单位 +添加 导入Excel文件 上传文件

工程机械消耗量 输入用量 单位 +添加 导入Excel文件 上传文件

工程能源消耗量 +添加 导入Excel文件

计算 保存计算数据 [查看图表]

图5 根据建材、机械使用量计算碳排放量页面

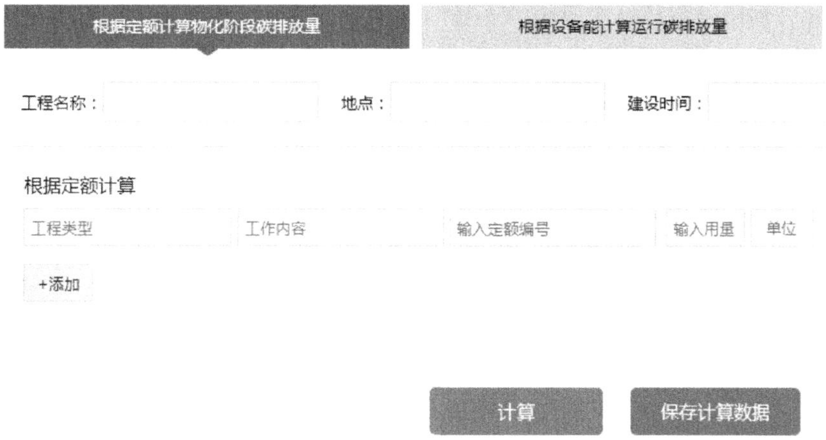

根据定额计算物化阶段碳排放量 根据设备能计算运行碳排放量

工程名称： 地点： 建设时间：

根据定额计算

工程类型 工作内容 输入定额编号 输入用量 单位

+添加

计算 保存计算数据

图6 根据定额预估碳排放量页面

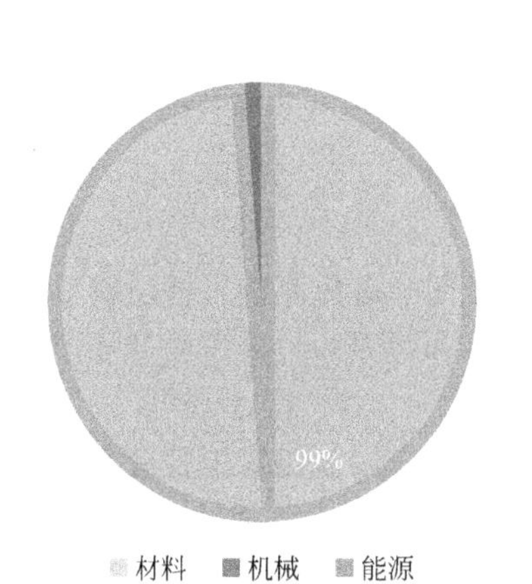

图7 物化阶段材料、机械、能源碳排放占比

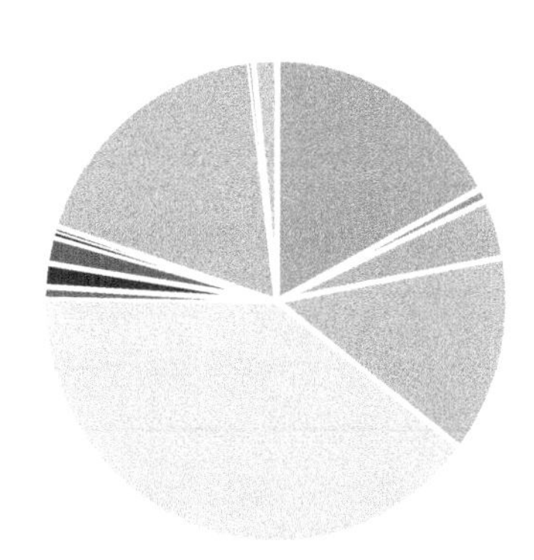

预应力混凝土管桩400mm
蒸压加气混凝土砌块600×240×150
预拌混凝土C15
预拌混凝土C20
钢筋
镀锌钢丝
低合金钢焊条
钢支撑及配件
木支撑
隔离剂
吊装夹具
乙炔气
钢桁架
脚手架钢管
塑钢窗

图8 物化阶段各材料碳排放占比

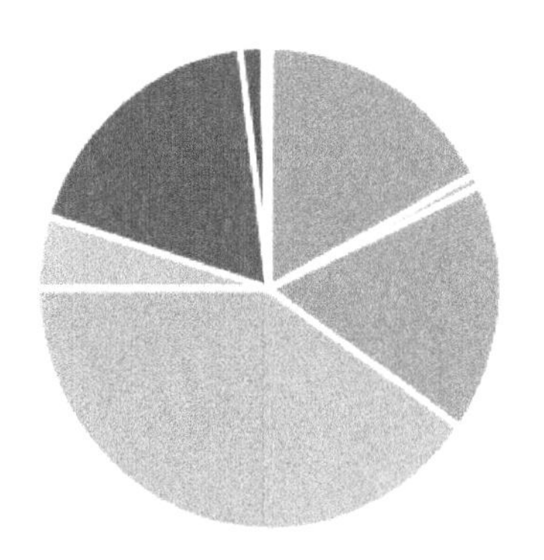

图 9　物化阶段各分部分项工程碳排放占比

沈阳城市固废综合利用绿色环保产业园的 8 号厂房工程，施工碳排放为 672.4 吨 CO_2eq，为物化碳排放的 10.3%。应用软件计算了居住建筑、工业建筑、公共建筑等各种类型建筑碳排放量，如表 1 所示。随着建筑面积增加，施工碳排放量随着增加，单位面积施工碳排放量与建筑类型、建筑面积、建筑高度等多种因素有关。

各工程项目的施工碳排放量　　**表 1**

序号	项目名称	施工碳排放量(t)	建筑面积(m^2)	层数	建筑类型	单位面积碳排放量($kgCO_2eq/m^2$)
1	沈阳城市固废综合利用绿色环保产业园 8 号厂房	672.4	11000.0	1	工业建筑	61.1
2	沈阳联勤保障中心机关干部公寓住房	198.5	3357.6	9，−1	居住建筑	59.1
3	中置・庠序翠园 1 号楼	735.8	10364.6	20，−1	居住建筑	71.0
4	无锡惠城实验幼儿园	837.6	16289.8	3	公共建筑	51.4
5	包头九原万达广场	7119.7	108897.1	5	公共建筑	65.4
6	坪山新能源汽车产业园区 1～3 栋项目	17735.1	255800.0	13～20	公共建筑＋工业建筑	69.3
7	深圳市长圳公共住房及其附属工程	73774.3	1140000.0	36～52	居住建筑	64.7

三、发现、发明及创新点

（1）基于建筑活动过程对其他行业部门碳排放的影响作用特征以及国际可比原则，提出科学明晰的建筑碳排放核算原则和范围，明确了建筑工程物化阶段碳排放计算范围和边界，为碳排放计算模型和方法的建立奠定了基础。

（2）建立了基于施工定额的建筑物化阶段碳排放预估方法和模型，并应用于建筑工程分部分项工程和工程整体物化碳排放量预估，在国内外可查范围内尚属首次。

（3）建立了数据齐全（涵盖施工定额中所有材料、机械清单，及所有施工定额条目）、符合中国国情、可访问的建筑物化碳排放因子数据库和建筑物化碳排放定额数据库，解决了建筑物化碳排放计算和预估难题，填补国内空白。

（4）研发了内嵌建筑碳排放核算模型和预测模型，以及建筑材料构件部品的碳排放因子库、施工机械碳清单及其碳排放因子数据库、碳排放定额数据库的建筑物化碳排放信息化核算系统，为建筑物化阶段碳排放计算和预测提供了有效的工具。

四、与当前国内外同类研究、同类技术的综合比较

1. 建筑物化碳排放测算模型

（1）J Lee 开发了利用系统动力学及变量关系预测碳排放的方法，该方法只适用于城市级宏观碳排放预测，不适合微观建筑碳排放预测。

（2）天津大学高源等构建了微观层面城市建筑全生命周期碳排放核算模型，但该模型不能用于碳排放预测。

（3）本项目建立了基于施工定额的建筑物化阶段碳排放预估模型，并应用于建筑工程物化碳排放量预测，在国内外可查范围内尚属首次。

2. 建筑物化碳排放数据库

（1）成都亿科 LCA 数据库，包含约 100 种建材碳排放因子数据，无施工机械碳排因子数据，该数据库碳排放因子数据需要用户建模计算，不能直接引用并用于建筑碳排放的计算。

（2）东南大学的建筑物全生命周期碳排放因子库，仅在崔鹏的论文中有阐述，无法找到该数据库的链接或其他获取途径。

（3）欧盟的 ecoinvent 数据库、英国的 ENVEST 数据库、美国的 BEES 数据库，是国外先进的全生命周期环境影响评价数据库，但不符合中国国情。国内外能源结构差异导致各种材料的碳排放因子差异，因此不能直接引用国外数据。

（4）本项目研发的建筑物化碳排放基础数据库，包含了 2300 余种建材、机械和能源的碳排放因子数据，3.8 万余条建筑工程碳排放定额数据，是首个数据齐全（涵盖施工定额中所有材料、机械及定额条目）、符合中国国情、可访问的建筑物化碳排放基础数据库。

3. 建筑物化碳排放测算软件平台

（1）大连理工大学包昀培发表的“基于 BIM 的建筑物碳足迹评价研究”，建立了基于 BIM 技术的碳排放足迹核算系统，与本项目研发的内嵌建筑碳排放测算模型，以及建筑材料、机械碳排放因子数据库、碳排放定额数据库的建筑物化碳排放测算系统，在软件内部运算逻辑和架构上有显著不同。

（2）本项目研发的建筑碳排放测算平台，支持各种类型建筑单体和建筑群的物化阶段和施工过程碳排放预估和测算，国内外未见相同报道，具有显著创新性。

本技术通过国内外查新，查新结果为：在所检国内外文献范围内，未见有相同报道。

五、第三方评价、应用推广情况

1. 第三方评价

2021 年 6 月 23 日，中国建筑集团有限公司在北京组织召开了由中建工程产业技术研究院有限公司、中建科技集团有限公司、中国建筑东北设计研究院有限公司、清华大学共同完成的“建筑物化碳排放数据库建立及测算平台研发”项目科技成果评价会。与会专家审阅了评价资料，听取了成果汇报，经质询讨论，评价委员一致认为，该成果总体达到国际先进水平。

2. 推广应用

项目成果已在广东省建筑工程施工碳排放定额数据库开发项目、沈阳城市固废综合利用绿色环保产业园工程、中置·庠序翠园 1 号楼工程、深圳市长圳公共住房工程、沈阳联勤保障中心机关干部公寓住房工程、坪山新能源汽车产业园区 1～3 栋工程等项目得到应用，具有显著的经济效益和社会效益及良好的应用前景。

六、社会效益

本项目的研发，建立了建筑物化碳排放测算的基本方法和模型，构建了建筑碳排放基础数据库，开发了能够预估和计算建筑物化碳排放量的软件平台，为建筑碳排放核算提供了有效工具，有助于推动建筑碳排放计量工作开展，为建筑碳减排提供基础数据支撑，为我国“碳达峰”“碳中和”目标的实现做出贡献，具有良好的社会效益。

工程废弃泥浆绿色处理关键技术与成套装备

完成单位：中建工程产业技术研究院有限公司、中建科技集团有限公司、廊坊中建机械有限公司、中建八局第一建设有限公司

完 成 人：齐　贺、平　洋、高吴元、冯建华、李　辉、耿冬青、耿贵军

一、立项背景

废弃泥浆是指桩基、地下连续墙及盾构施工等产生的工程废弃泥浆，以及河道淤泥。随着城市化进程的加快，每年有大量工程在建，施工所产生的建筑泥浆也在大量增加。据不完全统计，我国建筑泥浆每年约3亿立方米，而且还以10%的速度递增，仅广州一个城市每年产生的废弃泥浆量就达1000余万立方米，上海每年地下空间开发就产生超500万吨的工程废弃泥浆。除此外，每年市政污泥已超过4000万吨。一个泥浆池通常占地约1.2～1.5亩。这样算来，每年要产生的废弃泥浆数亿方，泥浆池需占地几亿亩；更严重的是在巨大的经济利益驱动下，一些建筑工地趁监管漏洞，将建筑泥浆偷排乱排，造成大量市政管道堵塞、水体和土壤的环境污染。

我国废弃泥浆主要集中在江苏、浙江、广东、福建等东南地区，以及部分中部省会城市（如武汉等）；北方地区（除天津），土质较好，工程废弃泥浆产出量相对较少。受场地、技术、成本约束，目前国内每年仅仅有15%的废弃泥浆采用传统技术手段进行处理。

迄今为止，对废弃泥浆的处理通常采用两种方法：一种是固化法；另一种为固液分离机械处理法。20世纪80年代后，固化技术的研究取得了突破性的进步。截止到现在，已开发和应用的固化技术有以下几种：水泥固化、石灰固化、玻璃固化、热塑性材料固化等。当前，泥浆的固化处理多是用无机胶凝材料来进行处理，但无机固化剂反应时间长、状态不稳定、易污染环境、掺量较多。高分子化合物辅以无机化合物类环保型土壤固化剂，综合了有机材料和无机材料的优势，具有较好的流动性、挥发物少、无毒、韧性好、固化速度快及环境友好等特点，将是发展潜力巨大的固化土壤的工程材料。因此，研制新型绿色固化剂的任务迫在眉睫。

市场上现有机械处理技术在实际使用过程中各有利弊：离心式固液分离技术占地面积小、可连续作业、辅助人工较少，但絮凝固液分离后泥饼含水率较高、处理单方泥饼耗电量较高；压滤式固液分离技术泥饼含水率较低、处理单方泥饼耗电量较低，但设备占地面积大、不能连续作业、辅助人工较多。过滤与分离机械需向大型化、节能化、机械化、自动化、智能化等方向转变。因此非常有必要开展工程泥浆无害化、减量化处理技术研究，寻找高效率、低能耗、环保的废弃泥浆处理方式，变废为宝，实现中华大地天更蓝、山更绿、水更清、环境更优美。

二、详细科学技术内容

1. 工程废弃泥浆多级智能分离减量化处理技术

针对桩基、地连墙及盾构施工等产生的工程废弃泥浆及河道淤泥减量化处理效果不明显，本项目提出了按粒径由大到小顺序去除泥浆固相颗粒的处理方法，采用该方法处理后的液体符合排放或循环再利用的标准，固相符合土方外运标准，减量化效果明显提升。

针对泥浆机械处理效率低、占地大、效果不理想、智能化程度低等问题，研发了基于预筛分压滤可组装式工程泥浆多级智能分离系统，系统主要由多级筛分单元、智能加药单元、脱水单元等组成。系统

具有以下核心技术：

（1）多级分离精准化筛分技术，多级分离筛分发挥各子系统对应处理固相颗粒粒径范围的最优工效，降低泥浆处理成本，提高效率；

（2）多单元全历程管控技术，多单元模块化组装，智能化设计，全过程自动管控，实现设备状态动态显示、一键操作，数据监控，见图1；

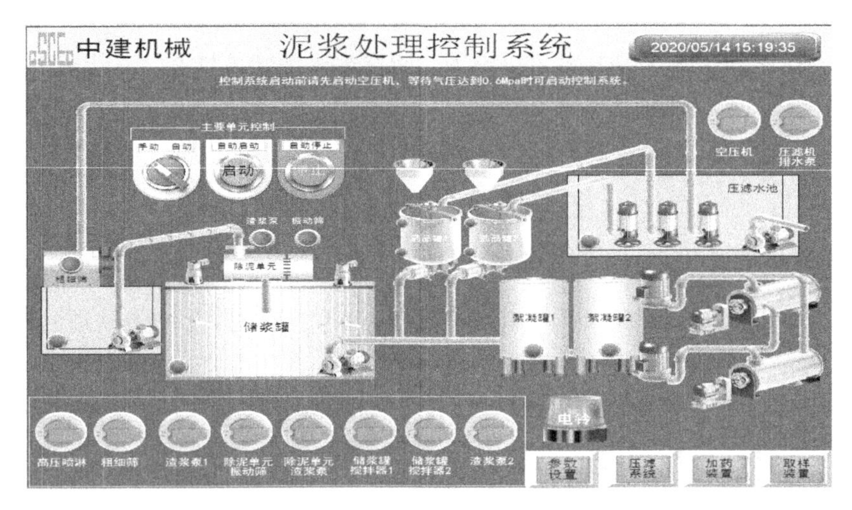

图1 多单元全历程协同控制系统

（3）多模式切换技术，可根据实际需要，在泥浆除砂回用、泥浆除砂除泥回用、泥浆固液分离三种模式进行随机切换。相比传统泥浆处理方式，成本降低30%以上，处理效率提升2～3倍。

以深圳地铁13号线后海-科苑段盾构渣土处理项目为例，综合考虑项目需求、施工现场条件、周边环境、工期、成本，尤其是现场泥浆特性，最后采用多级固液分离减量化处理技术，施工中应用了可组装式工程泥浆多级固液分离系统。现场废弃渣土预计处理量约2.81万方，采用减量化技术处理后，节约成本约140万元处理后的液体和固相符合国家标准。结果表明，废弃泥浆多级固液分离处理系统能够有效处理建筑废弃泥浆，避免环境污染，节约成本。见图2～图5。

图2 多级分离处理系统

2. 工程废弃泥浆快速固化无害化处理技术

针对固化剂反应时间长、状态不稳定，易污染环境，掺量较多，费用高等问题，本项目自主研发了一系列环境友好型复合固化剂，适用于不同地区不同特性废弃泥浆快速固化无害化处理，提高处理效率，保护环境，降低处理费用，实现了工程废弃泥浆无害化、资源化处理。

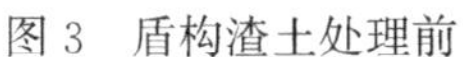

图 3　盾构渣土处理前

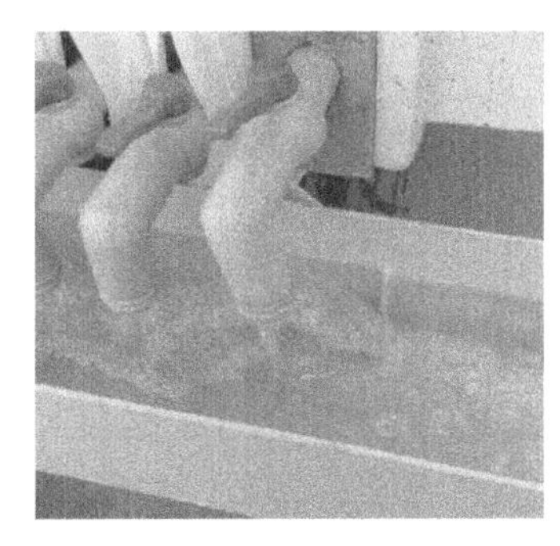

图 4　盾构渣土处理后的液体

图 5　盾构渣土处理后的泥饼

环境友好型复合固化剂由胶粘剂、除水剂、增强剂、助凝剂等组成，主要包括有机复合固化剂和有机＋无机复合固化剂。有机复合固化剂通过裹覆在土颗粒表面从而产生强大的吸附作用和电解作用，并能快速将可流动性泥浆快速固化为硬塑状泥土，可直接外运，解决外运问题。有机＋无机复合固化剂主要是针对资源化再利用，不仅仅解决外运问题，还需重点满足后期强度、透水性等要求。环境友好型稀泥复合固化剂处理后的物料不造成二次污染，保护环境，且原材料采用固体废弃物，变废为宝即环境友好型。见图 6。

图 6　高效无害固化剂与现有固化剂对比

以北京地铁积水潭站为例，采用环境友好型复合固化剂进行原位固化处理。将环境友好型复合固化剂投撒到渣土池中，采用施工现场的挖掘机或 ALLU 搅拌头混拌固化，泥浆由原来的流塑或软塑快速变为可塑或硬塑，且固化体浸出液检测报告显示各指标均满足《污水综合排放标准》GB 8978、相关行业的国家排放标准、地方排放标准的相应规定限值及地方总量控制的要求。施工简单、处理费用低。见图 7。

图 7　北京地铁 19 号线盾构渣土固化处理

三、发现、发明及创新点

该成果针对桩基、地连墙及盾构施工等产生的工程废弃泥浆处理过程中，泥浆成分复杂，处理效率低等问题，提出工程废弃泥浆多级泥水分离技术和高效无害固化技术，创新成果如下：

（1）首次提出了泥浆多级分离方法，研制了组装式多功能泥水分离处理成套装备，实现了装备的多单元协同管控、多模式自由切换，以及废弃泥浆的高效分离处理。

（2）创新集成应用了自动加药控制设备，设备可根据检测的泥浆浓度，自动确定加药配比及药量，实时监控调整药剂浓度。

（3）研发了适用于不同含水量、不同粒径废弃泥浆的系列高效无害固化剂，掺量少，反应时间短，方便施工，不造成二次污染。本项目与国内外最先进技术相比其总体技术水平、主要技术、经济等方面均达到国际先进水平。

该项成果获得专利授权 9 项，其中发明专利 2 项，实用新型 7 项；发表论文 6 篇；软件著作权 1 项；省部级工法 1 项；主编协会团体标准 1 项。

四、与当前国内外同类研究、同类技术的综合比较

（1）近年来，市场上机械处理技术已形成离心固液分离与压滤固液分离两种主要泥浆处理技术体系。采用固液分离法处理泥浆的机械设备主要有振动筛、旋流泥浆净化器、卧式螺旋离心机等。在实际使用过程中各有利弊：离心式固液分离技术占地面积小、可连续作业、辅助人工较少，但絮凝固液分离后泥饼含水率较高，处理单方泥饼耗电量较高，费用高；压滤式固液分离技术泥饼含水率较低、处理单方泥饼耗电量较低，但设备占地面积大、不能连续作业、辅助人工较多。上述处理手段整体效率低，减量化效果不明显。本项目在此基础上考虑预筛分对工程废弃泥浆絮凝和压滤处理的影响，首次提出了按粒径分布由大到小顺序去除泥浆固相颗粒的处理方法，研发了基于组装式多功能多级固液分离系统。相比传统泥浆处理方式，处理后固相含水量小于 35%，成本降低 20%～30%以上，处理效率提升；减少场地占用面积，节约成本，保护环境，提升了废弃泥浆泥水分离处理效果。研究成果已在国内期刊上发表，得到行业专家的认可，同时在深圳地铁 13 号线和武汉黄孝河清淤项目等多个项目中应用。

（2）随着城市的建筑密度逐渐增加，现场施工场地越来越小，化学处理方法具有的效率高、时间短、不占用施工场地等优点就越发明显；而当前泥浆的固化处理多是用无机胶凝材料来进行处理，但无机固化剂反应时间长、状态不稳定、易污染环境、掺量较多，因此非常有必要研制新型绿色环保的固化剂。本项目结合无机材料和有机材料的特点，研究了一系列高效无害复合固化剂，适用于不同含水量和不同粒径废弃泥浆高效无害固化处理，固化剂掺量少，施工操作简单且不造成二次污染，保护环境。研究成果已在国内期刊上发表，得到行业专家的认可，同时在北京地铁 19 号线、青岛地铁 7 号线等多个项目中应用。

五、第三方评价、应用推广情况

1. 第三方评价

2021 年 6 月 23 日，中国建筑集团有限公司组织对课题成果进行鉴定。专家组认为，该项成果整体达到国际先进水平。

2. 推广应用

本技术曾应用于深圳地铁 13 号线、武汉黄孝河清淤、北京地铁 19 号线等多项工程，具有明显的经济效益、社会效益和环保效益及良好的推广应用前景。

六、经济效益

据统计，我国建筑泥浆每年约 3 亿立方米，而且还以 10%的速度递增，仅广州每年产生的废弃泥浆

量就达1000余万立方米。我国三年内将有2100多公里的地铁建设，预计产生盾构渣土1.27亿立方米。假设80%的区间隧道采用盾构法施工，即便以160元/m^3的价格计算，盾构渣土处置费超过162亿元。预计可以分离砂石骨料1.5亿吨，经济效益达90亿元，黏土与石粉用作填料和制作免烧砖产生的效益也在数十亿以上。以深圳为例，2017年建筑废弃物产生量约为9410万立方米；据估测，至2020年深圳市建筑废弃物产生总量将达到3.97亿立方米，年均产生量为9920万立方米，其中余渣为770万立方米。若对泥浆进行无害化和减量化处理每方节约成本约50元，就余渣的处理费用就减少了近4亿元。

研究成果将产生巨大的经济效益，壮大集团环保产业，提升中国建筑在环保领域的影响力；响应习总书记提出的“青山绿水就是金山银山”的政策，承担绿色发展的时代责任。

七、社会效益

通过对盾构泥、地下连续墙、桩基施工等工程废弃泥浆以及河道淤泥的绿色处置关键技术与成套装备开展研究，形成了废弃泥浆、淤泥进行多级泥水分离和高效无害固化处理关键技术，具有突出的环境效益和社会效益，适应“低能耗、低污染、低排放”的低碳需求。

1. 有利于促进行业发展

通过对工程废弃泥浆绿色处理关键技术与成套装备研究，解决工程废弃泥浆绿色、高效处理的技术难题，形成了行业自主知识产权的技术体系，提升行业内工程废弃泥浆绿色处理技术水平。

2. 有利于促进环境的保护

研究成果应用于废弃泥浆处理项目中，大大减少施工过程中环境污染发生，减少工程建设对周边环境的影响，减轻因环境污染产生的巨大社会环境压力，有利于推动工程顺利实施。

3. 有利于增强中建的行业影响力

研究成果在工程中的成功应用，极大提升了中建集团环保领域在废弃泥浆处理技术方面的技术水平，可进一步推广到中建集团类似建设项目之中，扩大公司在本行业的影响力。

钢结构制造工艺数字化技术研究与应用

完成单位： 中建钢构工程有限公司、中建钢构江苏有限公司、中建科工集团有限公司
完 成 人： 陈　韬、周军红、于吉圣、李大壮、高如国、栾公峰、殷　健

一、立项背景

近年来，随着钢结构行业的快速发展，对于钢结构行业的工艺设计人员要求越来越高，钢结构工艺设计环节链条长、重复工作量大、易出错的问题也日益突出，为了解决钢结构数字化制造存在的瓶颈问题，由中建钢构工程有限公司、中建钢构江苏有限公司、中建科工集团有限公司、辽宁城市建设职业技术学院联合开发的“钢结构制造工艺数字化技术研究与应用”成果，从对钢结构深化设计、放样排版、装焊设计、涂装与打包环节，创新研发和应用专业软件，实现钢结构行业工艺设计数字化突破，获得四项发明专利、八项国家计算机软件著作权，技术成果获得2021年中国钢结构协会科学技术二等奖。

课题从以上问题出发，结合参研各方已有技术成果，开展课题研究并进行总结推广。

二、详细科学技术内容

1. 钢结构数字化深化设计技术

（1）创新成果一：钢结构深化设计信息管理平台

采用成熟稳定的数据库系统，将钢结构深化设计管理信息统一存储于MySQL数据库，实现了发图重量、摘料重量、变更影响情况及工时统计等信息的快速自动汇总。见图1。

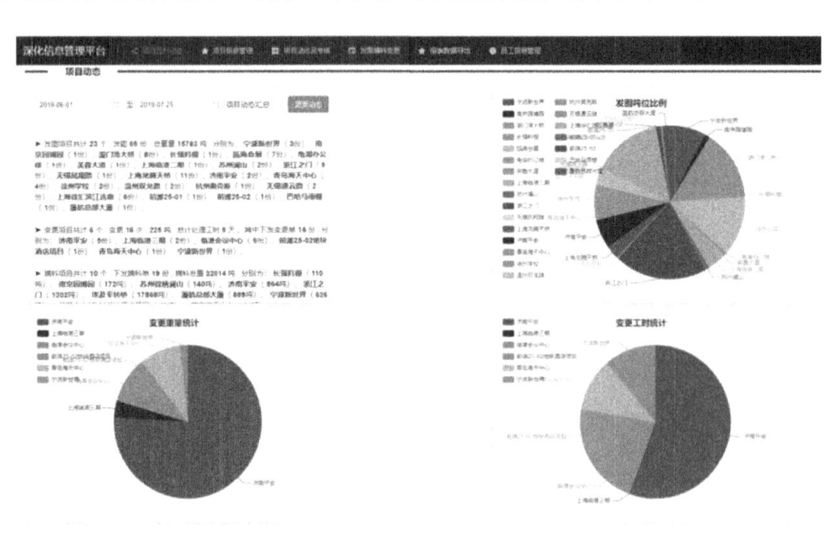

图1　管理平台示意图

（2）创新成果二：空间异型钢结构深化设计辅助软件

运用AutoCAD图形平台上以ObjectARX和C++语言为工具研发了CAD详图辅助设计软件包—CSDI V2.2，实现了空间异型弯扭构件深化建模、构件出图、零件图展开、材料表自动统计汇总、坐标表快速生成等关键步骤的全数字化，大大提高了图纸绘制、材料表汇总的效率。见图2。

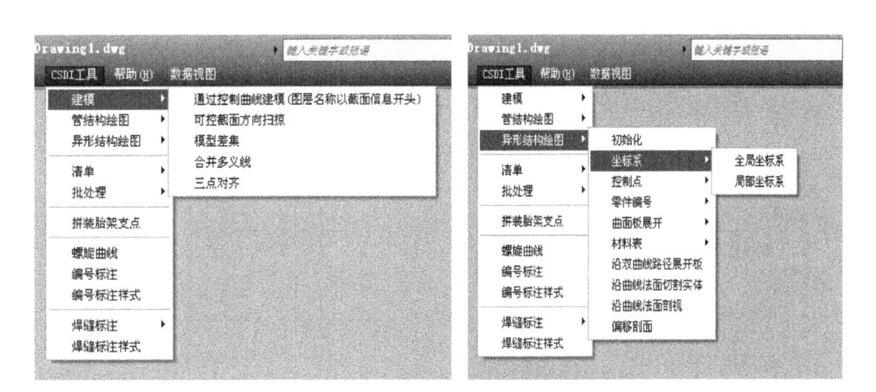

图 2　软件操作界面

(3) 创新成果三：数字化临时措施深化设计辅助软件

通过 Tekla 软件节点二次开发，实现构件重量自动查询、数字化确定临时措施参数、智能判断零件界面类型，合理处理临时措施参数，达到自动建模，解决了以往临时措施建模费时费力、易出错、难以检查的弊端，节省大量人工，同时提高了深化设计的效率和准确性。见图 3。

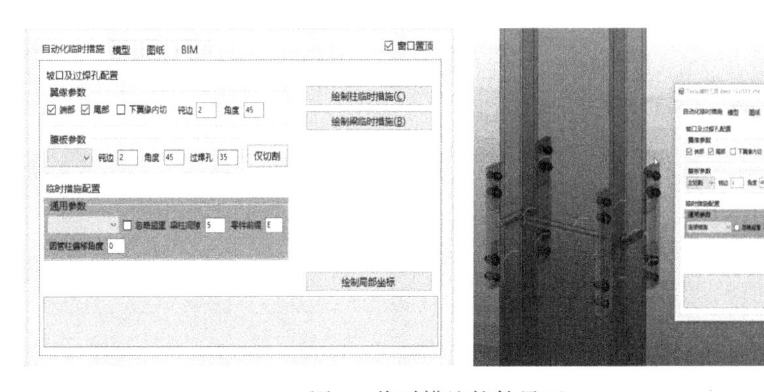

图 3　临时措施软件界面

2. 钢结构零部件智能放样排版技术

(1) 创新成果一：零件快速自动排列制图及数据处理技术

通过关键信息＋图形识别以及数据处理技术，实现零件信息及零件图自动导入并匹配图框，省去了以往人工匹配并排列零件图的冗长工作；同时，一键进行排版数据的处理，实现零件信息智能分裂、缩放，从而与图形碰、靠关联。见图 4。

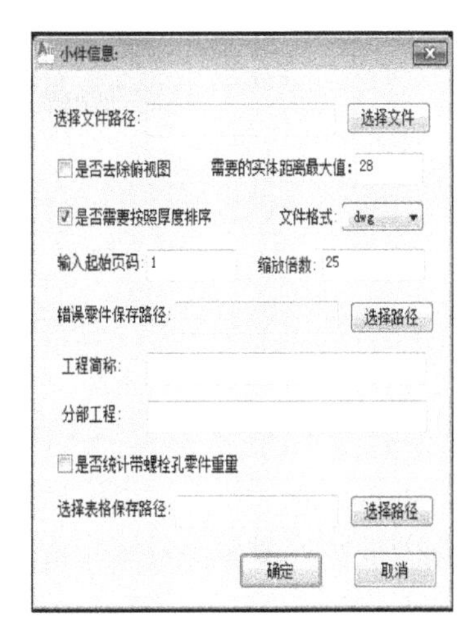

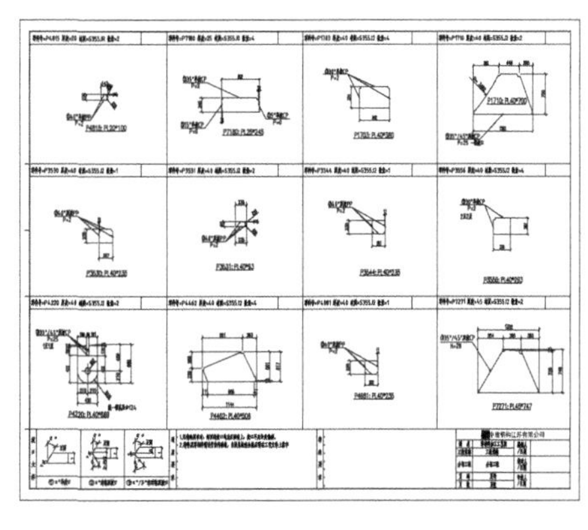

图 4　工艺编制示意图

（2）创新成果二：坡口快速标注及放样操作集成技术

通过自主开发坡口标注模块，实现坡口表达的统一性，将多步骤的操作工序简化为一键式操作命令，实现坡口快速标注及放样操作集成，进一步提升了工艺人员的放样效率。见图5。

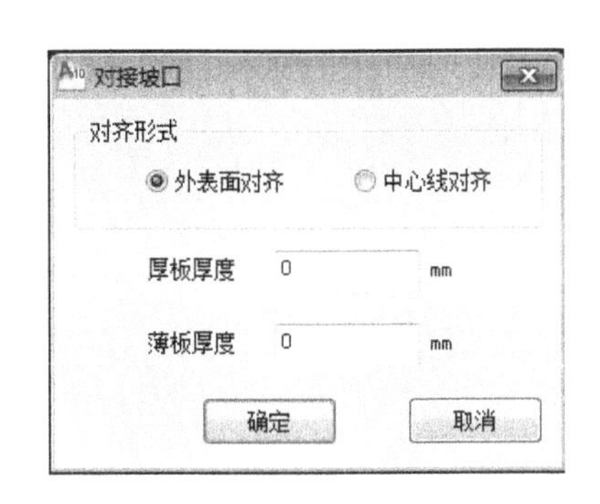

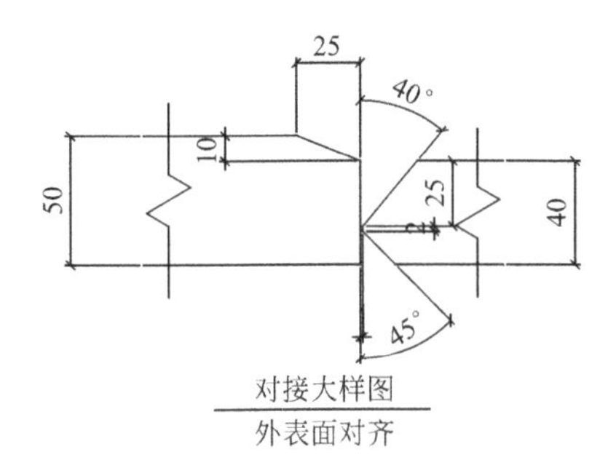

图5　对接坡口大样参数化自动生成

（3）创新成果三：订单跟踪自动反馈及材料动态跟踪技术

研发了虚拟库材料管理系统，订单下发钢厂后上传采购入库单，即可进行超前排版；材料验收录入物联网系统后，虚拟库自动识别虚实。排版选用材料时可以清晰区分整料为实物或虚拟未进场状态，以及余料的实物、一/二级虚拟未产生等状态；与以往相比，更加了解材料的进场、下料进度等，实现了材料采购、排版、使用的动态跟踪。见图6。

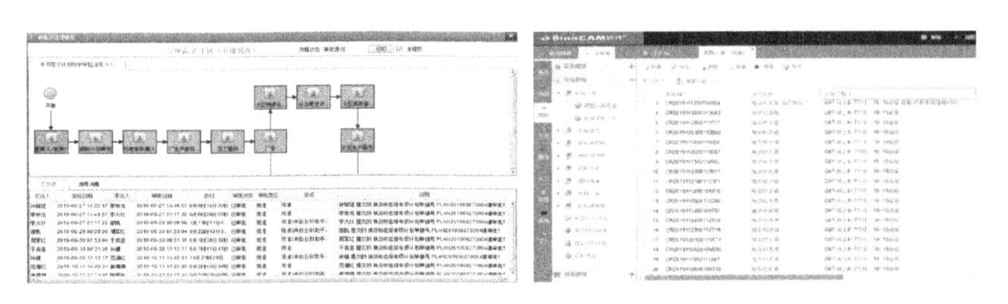

图6　钢板跟踪示意

（4）创新成果四：虚实材料自动匹配技术

物联网实物材料进场后能快速匹配虚拟材料，通过对已匹配的材料一键搜索，批量释放至对应车间；省去了原先将材料存储在堆场再找材料发车间的中间环节，可减少场地占用，降低储存成本，缩短构件制造周期。见图7。

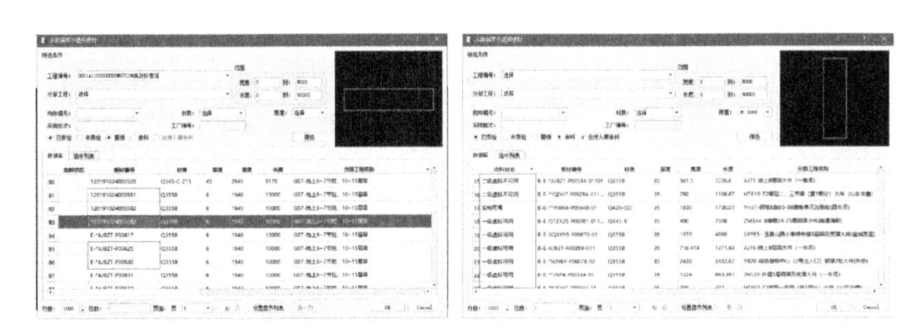

图7　零件排版示意图

（5）创新成果五：虚拟库自动统计技术

虚拟库材料管理系统，可对材料采购信息、损耗信息等进行实时统计，直观地显示在建项目累计损耗、余料吨位，通过与目标值进行对比分析，实现了可视化管理。见图8。

3. 钢结构零部件装焊工艺数字化设计技术

（1）创新成果一：三维模型单向数据解析及智能创建技术研究

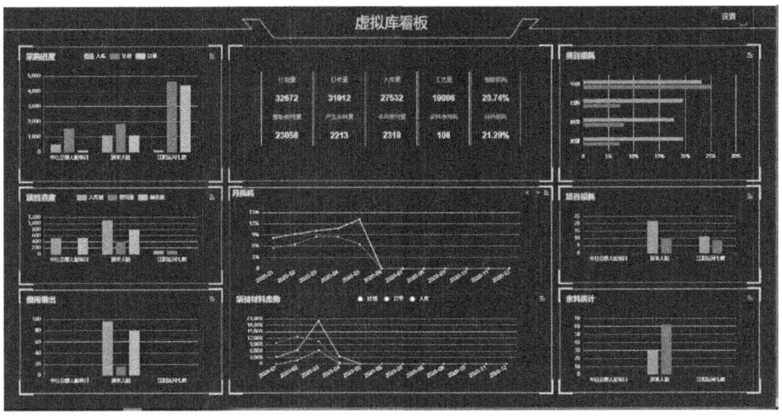

图 8 虚拟库智能统计示意图

通过研发“智能模型单向解析”算法，对源三维模型进行实体轮廓抽离、空间信息读取、智能数据转换后，在 AutoCAD 中智能创建附带零件信息，并且可用于编辑流程的三维模型，省去了在 AutoCAD 中手动建立三维实体建模的冗长工作。见图 9。

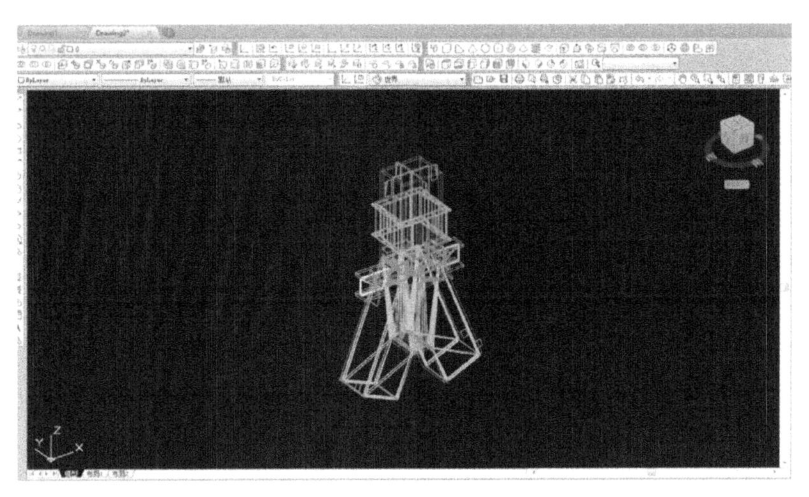

图 9 可编辑的三维模型导出示意图

(2) 创新成果二：视图方向坐标法指定及预览技术研究

为直观地展示构件的组装流程，需要选择一个合适的视图方向。该技术通过三点坐标系法指定构件的视图方向，并可以实现 90°、180°自动旋转模拟构件翻身，采用最佳角度展示构件装焊流程。见图 10、图 11。

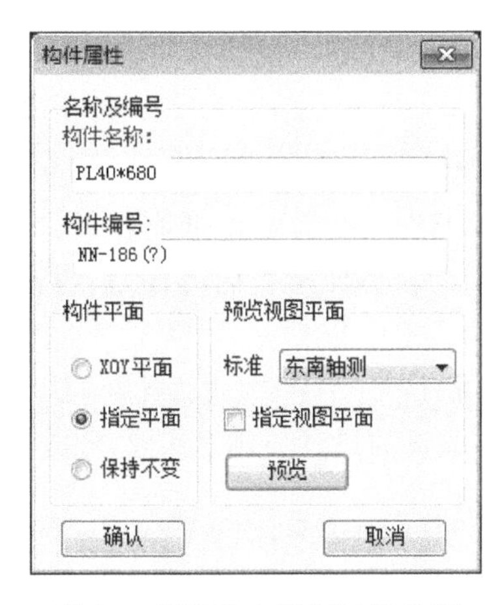

图 10 视图方向指定操作界面

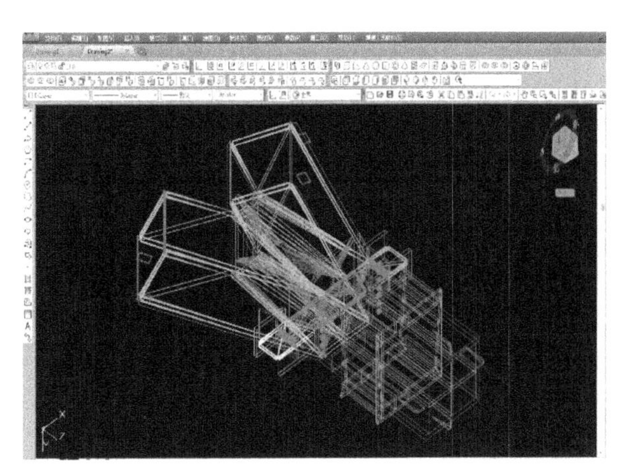

图 11 视图方向预览

（3）创新成果三：复杂钢结构节点装焊流程快速编辑技术研究

创新性的通过零件选择生成加工步骤，只需通过简单点击，即可在 AutoCAD 中智能生成整套组装流程。通过自动化、数字化技术代替烦琐的人工操作，具有自动生成、操作简便、准确率高等优点。见图 12、图 13。

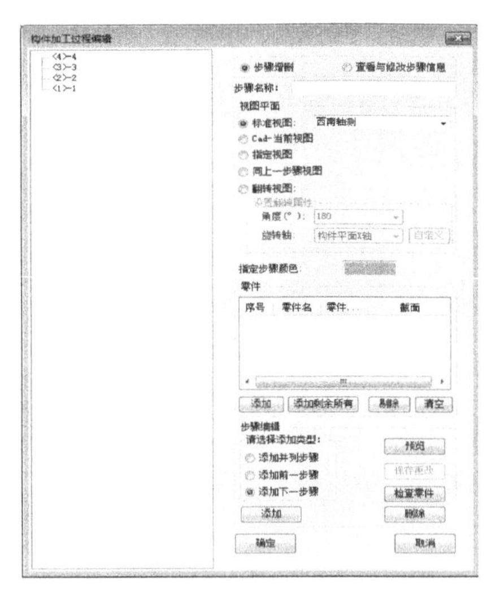

图 12　编辑构件加工步骤操作界面

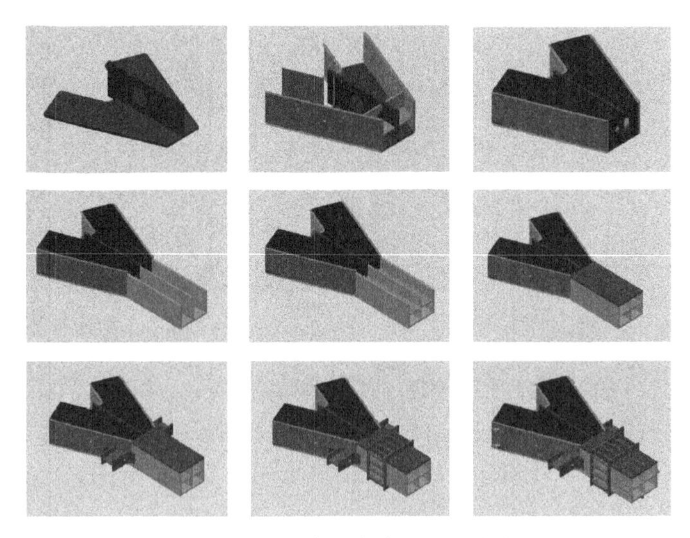

图 13　加工步骤完成后预览功能

（4）创新成果四：装焊工艺流程图自动绘制技术

新技术采用高效集成法将以往人工操作的大量内容，转化为一键自动生成，简便快捷，大大提高了绘图效率。选择命令绘制装焊流程图，可以单独生成首页、索引页与详情页，后台运算编辑约 2～3min，就可以生成全套装焊流程图。见图 14、图 15。

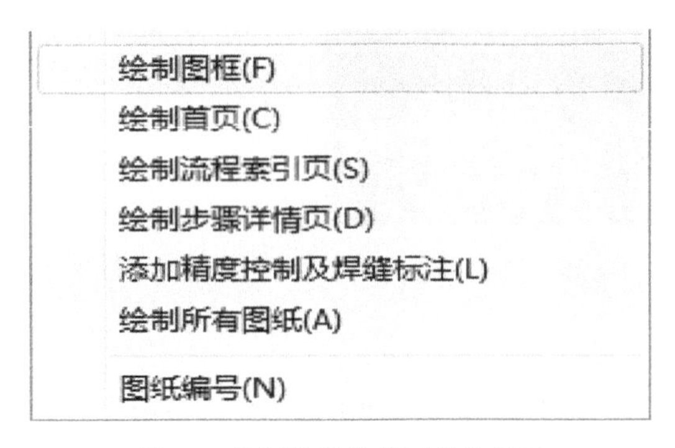

图 14　绘制装焊流程图操作界面

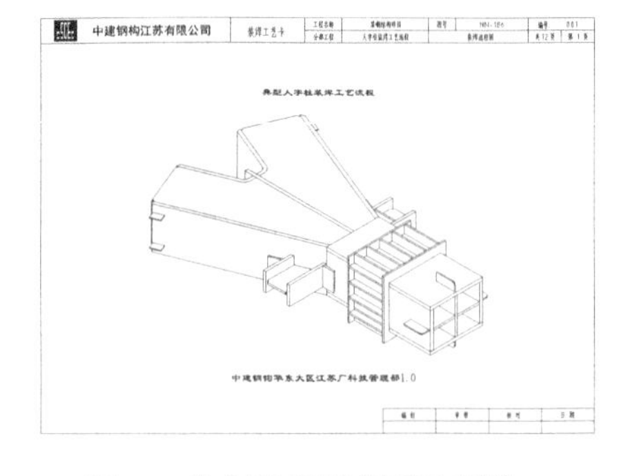

图 15　装焊流程图首页示意图

（5）创新成果五：焊接作业指导书自动生成技术

4. 钢构件涂装油漆用量计划数字化编制技术

（1）创新成果一：基于三维模型的构件涂装位置参数化识别技术

批量选择待计算构件后，点击“计算油漆表面”按钮则可依次识别出所有零件裸露在外部的面积；设计了“测试”按钮，点击则可显示虚拟油漆的部位（特殊颜色标识），方便检查内外面是否正确区分，实现从繁杂人工计算向智能高效统计的质变。见图 16。

（2）创新成果二：基于三维模型的涂装面积参数化统计分析技术

开发了结构深化设计、BIM 可视化管理及智慧运维等软件，形成贯穿设计、施工及运维的一体化平台。可给出构件类型损耗额，进行涂装油漆需求量计算。

5. 钢构件打包工艺智能设计技术

（1）创新成果一：基于三维模型的构件涂装位置参数化识别技术

根据构件清单，通过访问 Tekla 软件数据库，读取所需构件模型数据及相关信息，在 AutoCAD 中

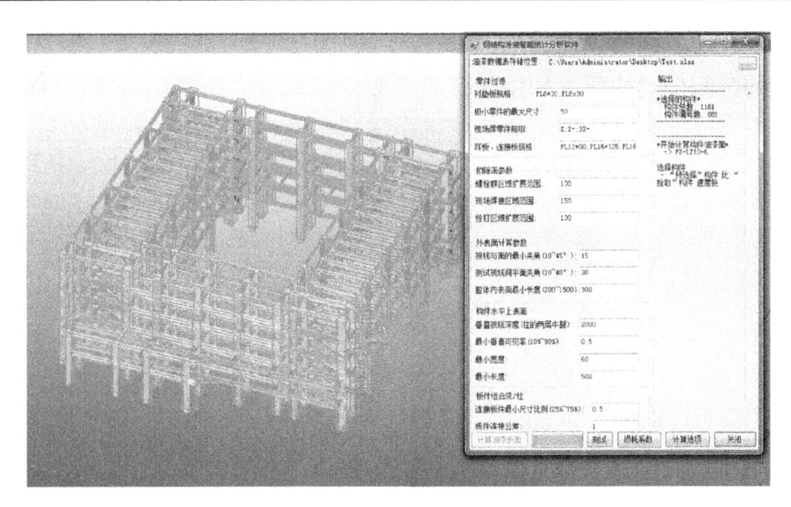

图 16　涂装面积测算示例

自动建立附带信息的构件三维实体块，以便于后续配包及图纸生成相关功能的实现。见图 17。

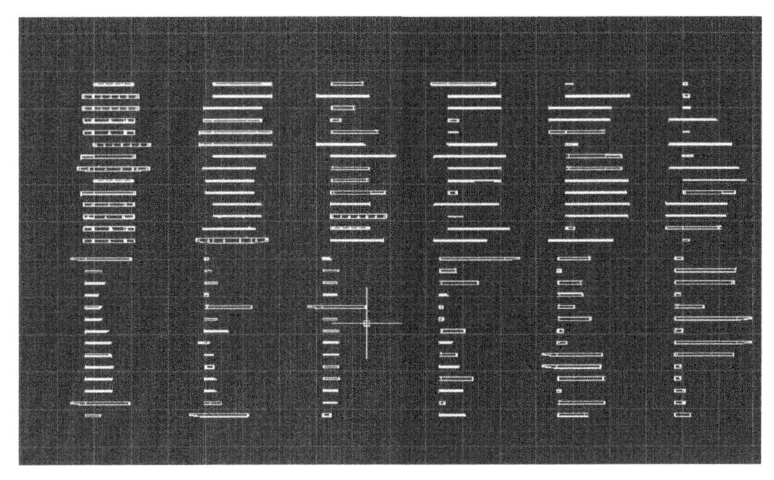

图 17　构件模型自动重建

（2）创新成果二：基于设计模型的构件自动配包及堆垛技术研究

依据构件本体截面规格以及构件外形尺寸进行分类汇总，优先将同规格，长度相近的构件进行配包；采用两构件交错求最小总体积的算法和一组构件堆垛求较优解算法，进行空间三维堆垛。见图 18。

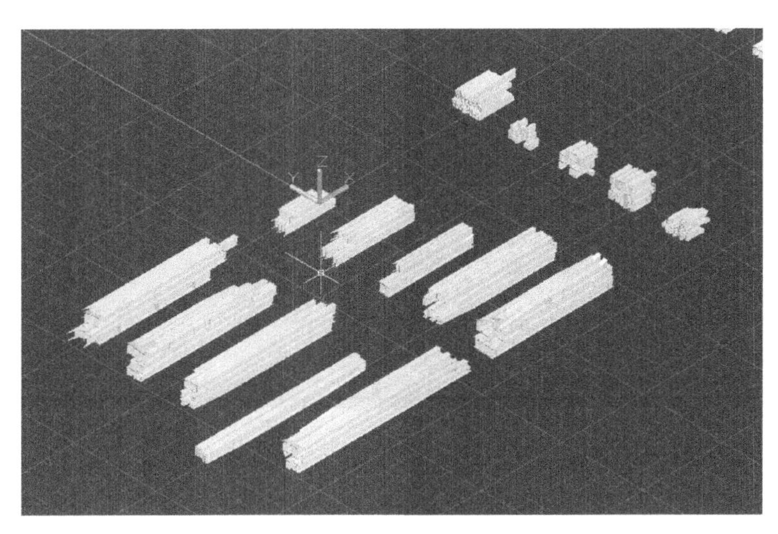

图 18　构件配包结果

(3) 创新成果三：自适应框架设计技术

由框架所有压杆的两侧位置构建与构件相交的平面，计算对应的最小二维包围盒取最大值，得到框架内框的最小尺寸，即完成框架大小的自适应，批量进行参数化框架实体模型建立。见图 19。

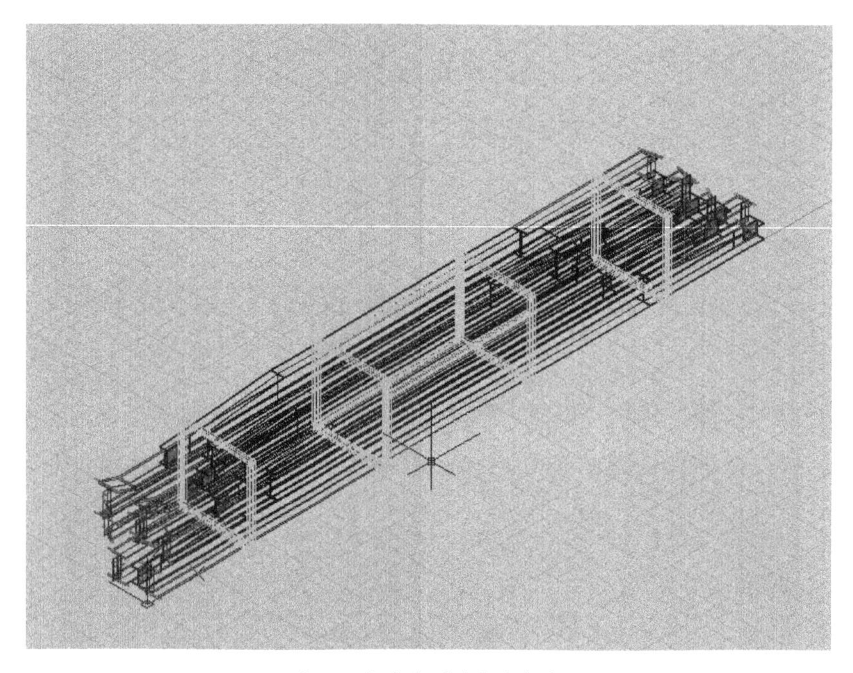

图 19　生成自适应打包框架

(4) 创新成果四：基于三维模型的构件打包干涉检查技术研究

通过计算检测出构件之间、构件与框架之间是否存在干涉碰撞，从而规避设计出错；设置磁吸范围，保障构件移动过程不发生碰撞；调整构件方位后，可一键实现构件收拢。多种方法措施保障构件堆垛紧凑无干涉。

(5) 创新成果五：图纸自动生成及数据输出技术研究

全自动输出打包图纸及配套构件打包清单、框架材料清单，更加直观地指导工人进行打包框架制作及构件打包作业，且通过 StruM. I. S evolution 软件对构件生成独立身份条形码，利用扫描仪反馈各工序完成情况，实现构件从工厂到项目现场全流程实时管控，提升工效。见图 20。

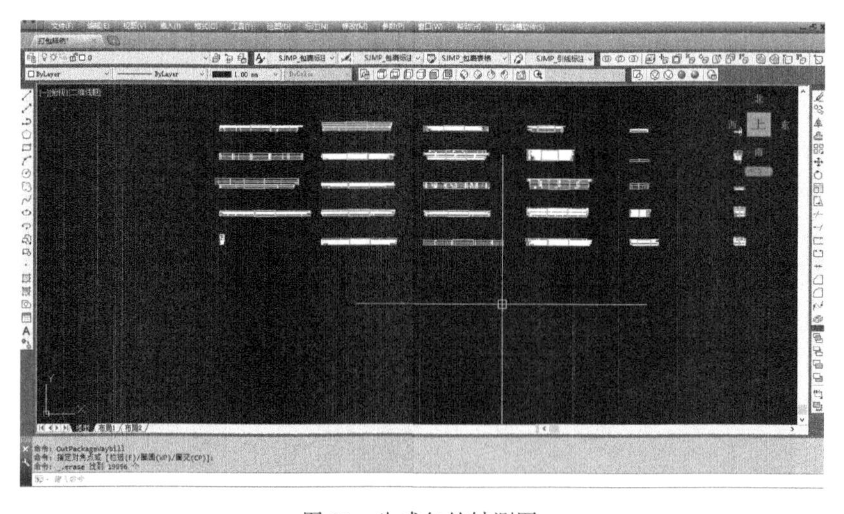

图 20　生成包的轴测图

三、发现、发明及创新点

(1) 搭建了深化设计信息管理平台，实现了深化信息高效统计；开发了弯扭构件及临时措施建模辅助软件，简化深化建模操作，提升深化设计效率及质量。

(2) 开发了“钢结构工艺设计辅助软件”，借助关键信息+图形识别及数据处理技术，实现钢结构零部件智能放样排版；建立了“虚拟库材料管理平台”，实现了材料订单、材料动态跟踪及数据的实时统计分析，显著提高了材料利用率和周转率。

(3) 研发了“钢结构节点装焊工艺设计软件”“钢结构焊接管理系统”，通过三维模型智能创建、视图方向指定、装焊流程快速编辑、流程图自动绘制及焊接作业指导书自动生成技术，实现了复杂钢构件装焊工艺数字化。

(4) 提出并开发了“钢结构涂装智能统计分析软件”，实现了不同构件形式的自动区分、涂装面积的自动识别以及涂装数据的自动统计分析，提升了工艺人员的工作效率。

(5) 创新性地研制了一套钢构件智能打包设计系统，基于Tekla模型信息，采用软件集成的特定算法，实现构件自动配包、堆垛的最优化，借助参数化自适应框架进行模拟打包，自动生成打包图纸和报表，实现了钢构件的自动打包设计。

四、与当前国内外同类研究、同类技术的综合比较

与国内外同类技术相比，本项目技术先进性与当前国内外同类研究、同类技术综合对比见表1。

技术综合比较 **表1**

主要创新成果		国内外现有技术	本项目技术成果
创新点1	钢结构数字化深化设计技术	仅见弯曲钢管深化技术，且人工干预多	实现深化信息高效管理，空间异型钢结构及临时措施快速智能建模
创新点2	钢结构零部件智能放样排版技术	现有技术人工干预多，处理效率低	实现一键集成放样材料高效利用周转
创新点3	钢结构零部件装焊工艺数字化设计技术	未见相关技术	实现钢构件高效装焊设计
创新点4	钢构件涂装油漆用量数字化编制技术	仅有涂装工艺设计系统，未有涂装智能统计分析软件	实现涂装用量统计分析，效率提升3倍
创新点5	钢构件打包工艺智能设计技术	未见相关技术	实现钢构件自动打包工艺设计

五、第三方评价、应用推广情况

1. 第三方评价

2021年5月8日，中国钢结构协会在上海组织召开了“钢结构制造工艺数字化技术研究与应用”科技成果评价会。评价委员会一致认为，该技术研究成果对钢结构数字化制造奠定了技术基础，并已成功在国内外多个项目应用，技术成果整体达到国际先进水平。

2. 推广应用

本项目获得授权发明专利4项，软件著作权8项。成果的关键技术，已先后在深圳国际会展中心、靖江文化中心、泰国素万那普机场等国内外项目上成功运用，应用效果较好，深化工艺设计效率提升显著，技术可推广性强，经济效益和社会效益显著，能够很好地应用到类似钢结构行业工艺设计环节以及后续的钢结构制造项目。

六、社会效益

本单位通过开发并成功应用钢结构制造工艺数字化技术研究与应用成果，大大提高了工艺设计效率，减少了人为操作的局限性，极大提升了工艺设计的智能化水平，不仅取得了良好的经济效益，而且起到了良好的示范作用。

本技术成果在我单位承接的超高层、大跨度场馆、桥梁等国内外项目中成功应用，获得了项目业主、监理等的一致好评及行业关注，提升了企业的品牌营销力，为企业创造了良好的品牌效益。

山地建筑场地边坡稳定性与治理技术研究

完成单位： 中国建筑西南勘察设计研究院有限公司、中国地质大学（武汉）、重庆大学
完 成 人： 康景文、苏爱军、仉文岗、郑立宁、刘军旗、王鲁琦、唐建东

一、立项背景

随着我国基础工程建设速度的加快及资源开发力度的增强，工程建设中出现了大量的自然斜坡和工程边坡，工程建设及人类经济社会活动诱发的边坡灾害问题对房建、电力、隧道、矿业等领域的影响也越发凸显。由于边坡地质灾害具有很大的突发性，因此，很容易造成较为严重的安全事故并给周边的地质结构造成损害。例如：三峡库区地质灾害调查涉及的滑坡灾害达3800余处，仅重庆境内便有危岩体5万多个，直接威胁居民居住、交通干线和市政设施的危岩体有4000余个，移民迁建涉及高切坡治理2000余处。国家已经投入120余亿元开展了三期地质灾害治理工程。尽管如此，已经实施工程治理的滑坡只占12%，库区边坡地质灾害防治的任务依然严峻。这些与边坡稳定有关的地质灾害问题，超出了原有的认识水平和技术能力，亟须进行深入的分析研究，并进行快速、有效的防治处理。

二、详细科学技术内容

1. 改进的边坡稳定分析计算方法

（1）创新成果一：土质边坡稳定性分析计算方法创新

针对土质边坡，推导了包括二维及三维的基于极限状态设计理念的改进条分法的通用计算公式，克服了安全系数与荷载分项系数相互割裂的问题，实现了安全系数与荷载分项系数的统一。进而基于力矩平衡条件，调整分条间剩余下滑力倾角，提高了计算精度，顺利地实现了滑坡防治工程设计由容许应力设计向极限状态设计的过渡。见图1。

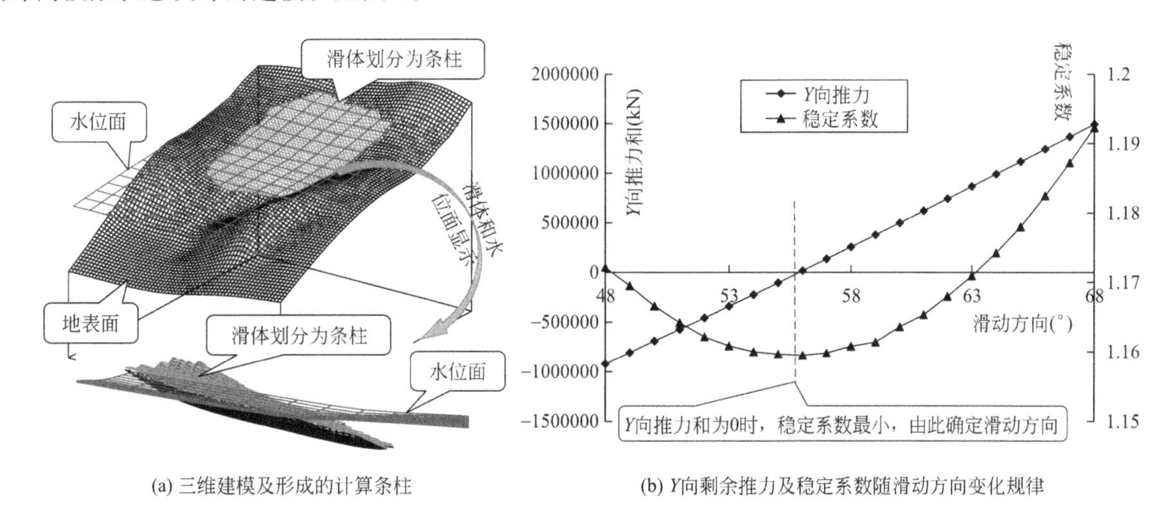

(a) 三维建模及形成的计算条柱　　(b) Y向剩余推力及稳定系数随滑动方向变化规律

图1　三维改进传递系数法

（2）创新成果二：岩质边坡崩塌体稳定性分析计算方法创新

针对危岩边坡崩塌体，基于现行规范改进了其稳定性的分析方法，考虑了楔入作用对危岩崩塌体稳定性的影响，分析了具有双滑动面的危岩在楔形破坏时的受力情况，建立了三维坐标系统下的崩塌体稳

定性计算模型，解决了二维平面系统未考虑其自然形态多样性的问题。见图 2。

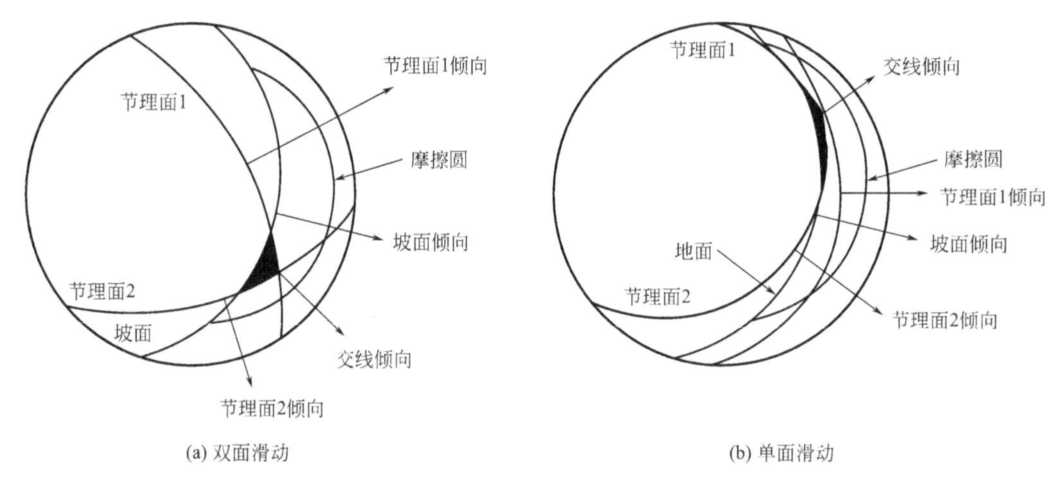

图 2　楔形体破坏类别

2. 边坡渐进性破坏失稳机理

（1）创新成果一：边坡稳定性分析连续计算方法创新

1）提出了泥化夹层在应变软化过程中的三线型塑性剪切位移简化取值方法，首次实现了考虑接触单元的应变软化本构模型，再现了顺层边坡渐进性破坏过程，揭示了顺层边坡的渐进性破坏失稳机理，建立了顺层边坡首段局部破坏范围计算公式。见图 3～图 6。

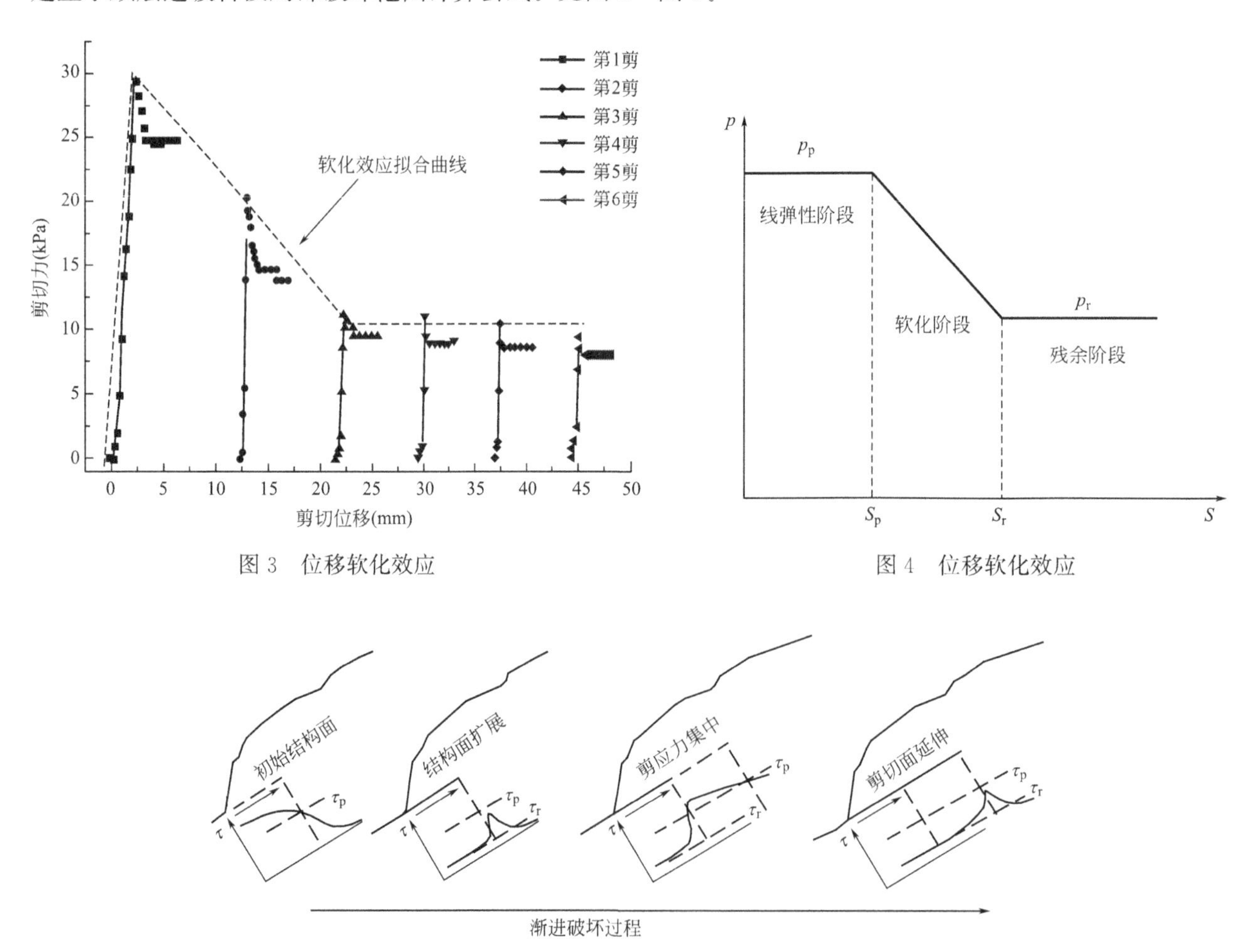

图 3　位移软化效应

图 4　位移软化效应

图 5　坡体渐进性破坏中剪切结构面的扩展特征

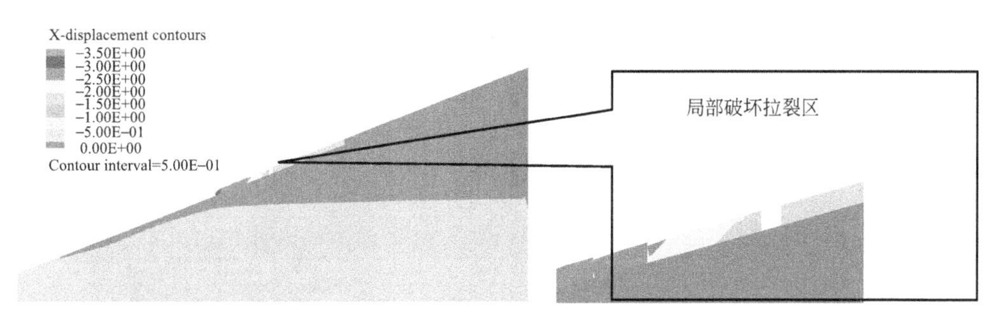

图 6　顺层边坡首段局部破坏示意图

2）提出修正的 4 参数局部破坏范围理论计算公式：

$$L_{\mathrm{jjx}} = 5.75\alpha + 3.86d - 9.06\varphi_{\mathrm{p}} - 3.81c_{\mathrm{p}} + 101.16$$

$$\alpha \leqslant 35^{\circ},\ d \leqslant 30\mathrm{m}$$

（2）创新成果二：边坡稳定性分析的非连续计算领域创新

提出了一种包括二维及三维的能够准确生成不规则颗粒外形、圆度以及表面纹理特征的精细化建模方法，实现了土石混合体边坡开挖的模拟，从裂隙扩展、应变演化等宏细观相结合的角度揭示了土石混合体边坡开挖失稳机制，解决了现有研究中岩土体细观结构建模简化过多且计算效率低下等问题。见图 7～图 10。

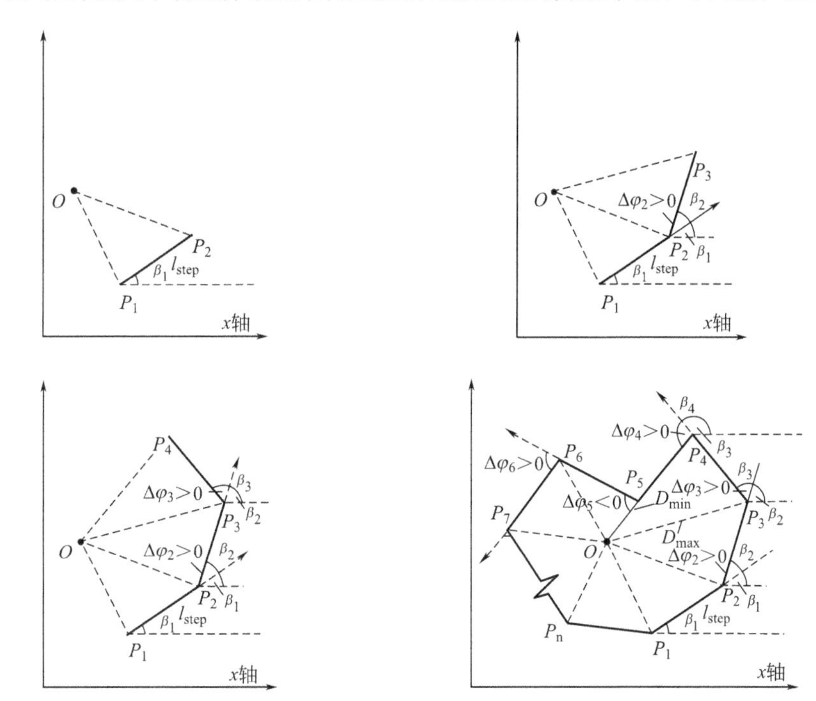

图 7　基于 RAB 算法的不规则多边形生成过程

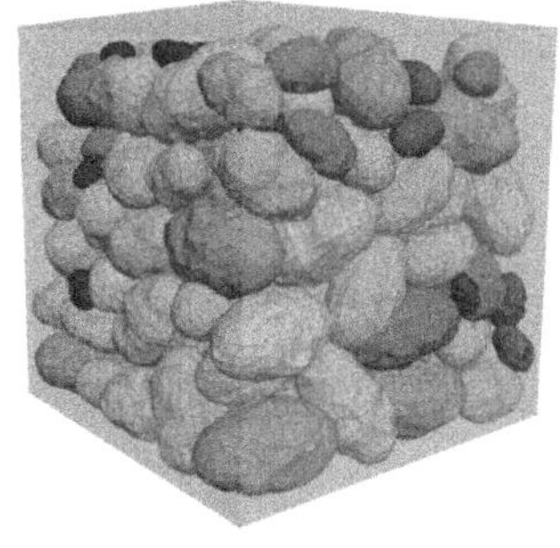

(a) 含石量RC=70%

(b) 含石量RC=50%

图 8　不同含石量三维土石混合体试样（一）

(c) 含石量RC=30%

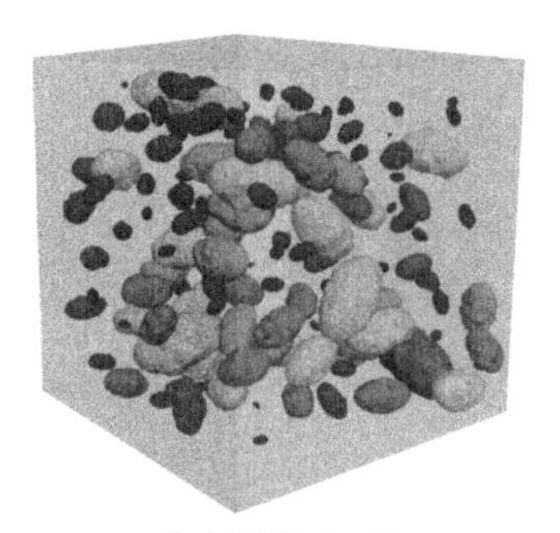

(d) 含石量RC=10%

图 8　不同含石量三维土石混合体试样（二）

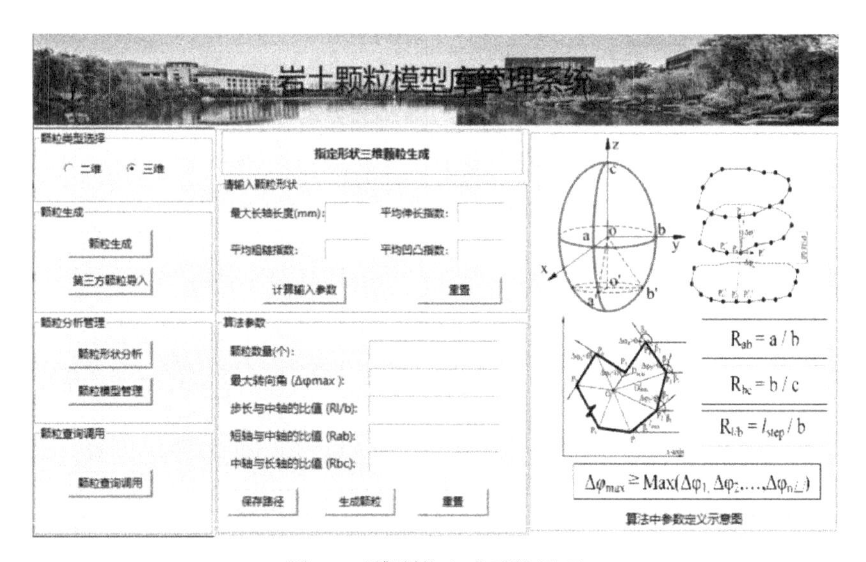

图 9　三维颗粒生成系统界面

图 10　模型试验与数值模拟得到的边坡裂缝分布对比（一）

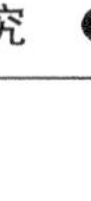

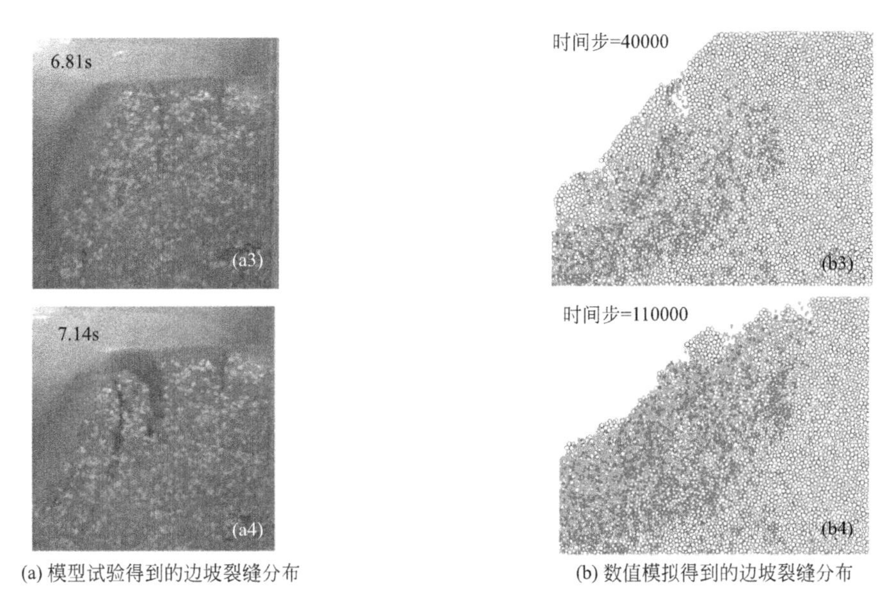

(a) 模型试验得到的边坡裂缝分布　　(b) 数值模拟得到的边坡裂缝分布

图 10　模型试验与数值模拟得到的边坡裂缝分布对比（二）

3. 优化的边坡加固设计方法和快速抢险技术。

（1）创新成果一：抗滑桩设计“三段法”

现行抗滑桩内力计算均将抗滑桩划分为嵌固段和受荷段（简称“两段法”）。由于实际情况的复杂性，往往出现嵌固段和受荷段接触面非水平状或主要受荷段与嵌固段不直接相连的情况，此时采用“两段法”得到的抗滑桩弯矩和剪力可能明显偏小，由此可能引起较大安全隐患。将抗滑桩划分为嵌固段、主受荷段和次受荷段（简称“三段法”），基于 Winkler 假定推导了抗滑桩内力与位移通用计算公式。见图 11、图 12。

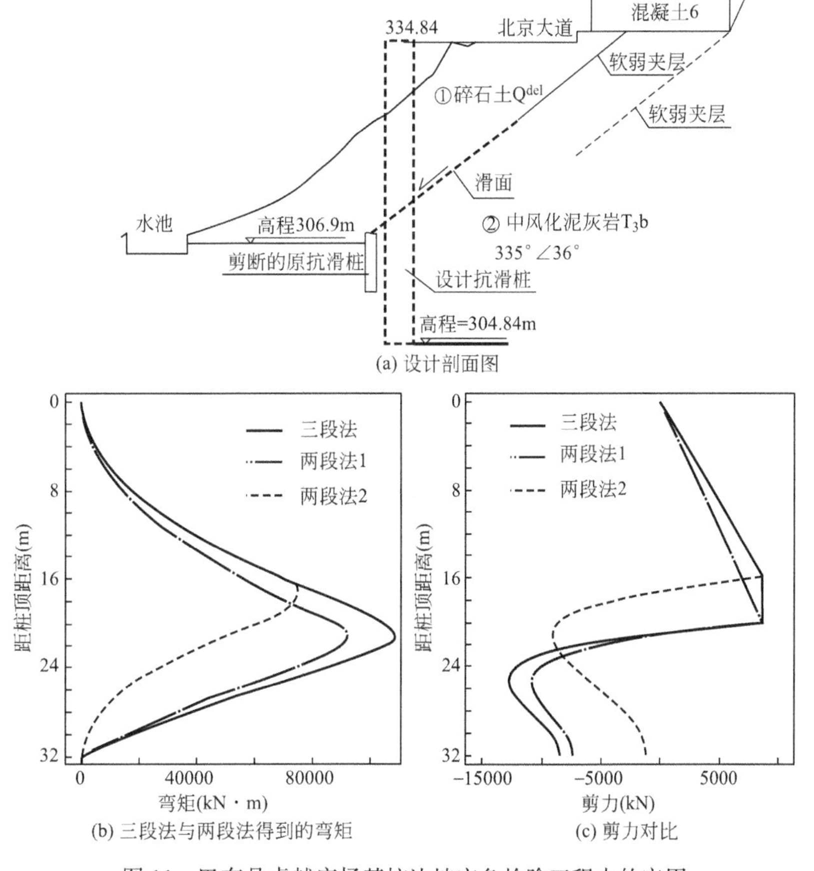

图 11　巴东县卓越广场基坑边坡应急抢险工程中的应用

图 12　巴东县职业高中边坡抢险工程应用——抗滑桩＋锚固

（2）创新成果二：研发了两种高效、实用、复杂条件适应能力强的滑坡抢险技术

1）“多排微型桩间灌浆固结土体复合结构”由两排钻孔灌注桩构成桩群，通过桩顶的桁架连接成门形结构，桩间土进行高压固结灌浆以减小桩与土的强度差异，使桩体和桩间水泥浆固结形成钻孔桩墙。该工法施工速度快，场地适应能力强，与微型桩相比强度高，抗变形能力强，已在多个滑坡抢险中得到成功应用，节约工期 50%以上。见图 13、图 14。

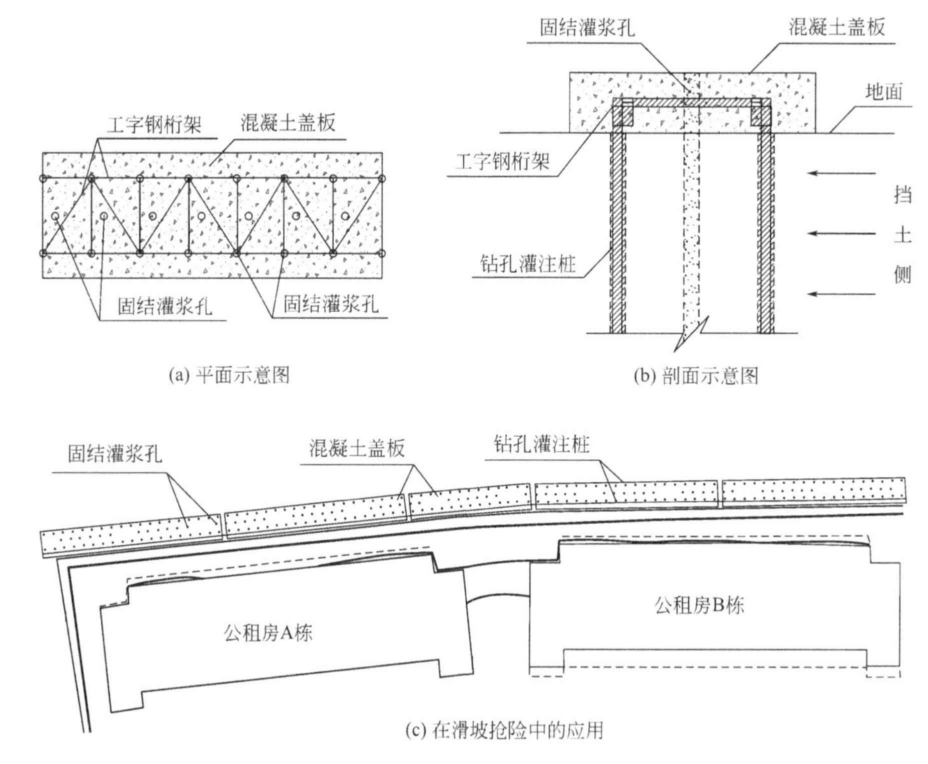

图 13　多排微型桩间灌浆固结土体复合结构及应用

2）针对土层松软、高水位、强透水等条件下的基坑建设难题，研发了 3 种新技术（环形格构型钢桁架暗撑筒形薄壁基坑支护技术、超前小导管与喷射钢筋混凝土筒形薄壁基坑支护技术，以及高压灌浆环状格栅型基坑隔水帷幕技术），通过集成创新及多种技术的灵活组合，形成了“钢桁架暗撑筒形薄壁结构”。实际工程应用效果良好，缩短工期 40%以上。见图 15。

4. 开发了边坡地质灾害数据库及辅助设计系统

依托三峡岸坡 270 余处地质灾害工点的详细勘察及处治设计资料，开发了边坡地质灾害数据库及辅助设计系统，建立了基于数据挖掘技术的边坡治理工程设计参数评价体系，解决了边坡工程设计所需岩

图 14　巴东县北京大道营坨挡墙除险加固

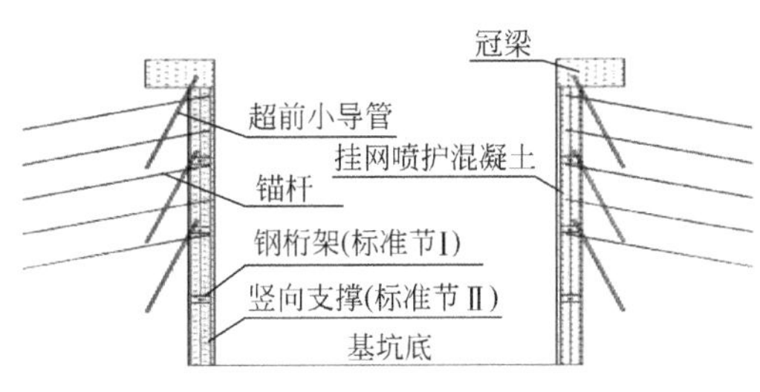

(a) 超前小导管与喷射钢筋混凝土筒形薄壁基坑支护结构

(b) 施工全景图

(c) 基坑内部结构施工

图 15　钢桁架暗撑筒形薄壁结构及应用

土参数、滑坡几何断面、结构参数等关键数据的挖掘确定问题。见图 16～图 18。

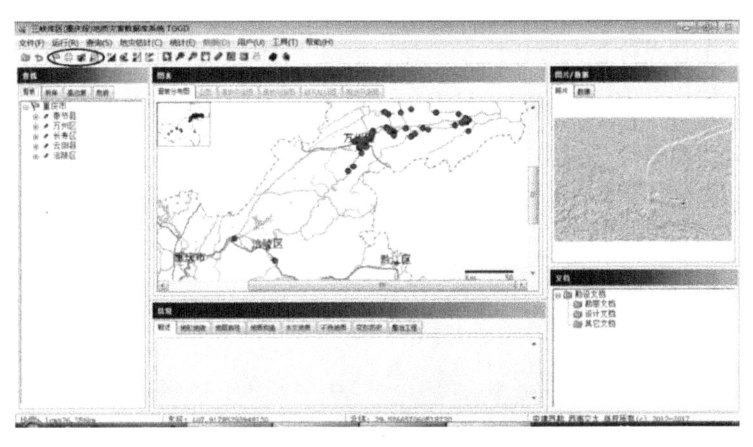

图 16　查询功能界面

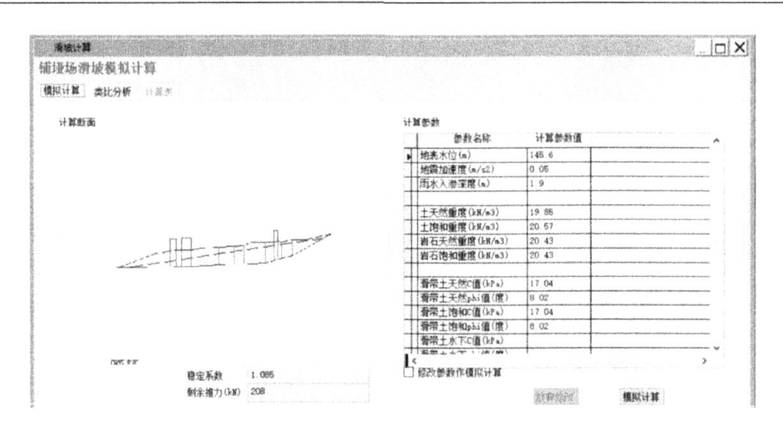

图 17　滑坡稳定性模拟与估计功能界面

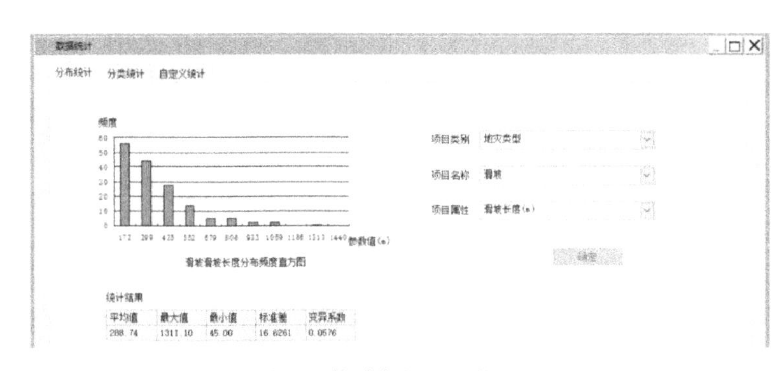

图 18　统计与辅助功能界面

三、发现、发明及创新点

（1）改进了边坡稳定分析计算方法，提出了土质边坡改进条分法稳定性分析通用计算公式，实现了超载法与强度折减法的转换；建立了岩质边坡崩塌体稳定性三维计算模型，实现了对任意形态崩塌体的稳定性评价，推动了我国岩土工程极限状态设计的发展。

（2）构建了边坡稳定性分析的精细化数值计算模型，首次实现了考虑接触单元的应变软化本构模型，揭示了顺层边坡的渐进性破坏失稳机理；提出了一种能够准确生成不规则颗粒体的三维精细化建模方法，模拟了土石混合体边坡开挖失稳的全过程，为数值分析精细化建模方法在边坡设计中的应用扫清了主要技术障碍。

（3）提出了抗滑桩结构“三段法”设计新方法，弥补了现有抗滑桩设计荷载计算的不足，保证了设计的安全、可靠；研发了多排微型桩间灌浆固结土体复合结构和钢桁架暗撑筒形薄壁结构，为快速治理提供了新的技术措施。

（4）开发了边坡地质灾害数据库及辅助设计系统，积累了大量宝贵的灾害治理数据，建立了基于数据挖掘技术的边坡治理工程设计参数评价体系，在大幅减少现场调研成本的同时为边坡治理方案提供了选择依据，具有极高的应用价值。

四、与当前国内外同类研究、同类技术的综合比较（表 1）

技术综合比较　　**表 1**

对比项目	国内外现有水平	本项成果优势
基于改进传递系数法的土质边坡稳定性分析方法	现行条分法是基于强度储备法推导的，适应于容许应力设计法。计算得到的设计剩余下滑力等不能适应极限状态设计法，安全系数与荷载分项系数是分离的、不统一的两个概念。并且，该法条间力可能出现拉力、未考虑力矩平衡	提出了准超载法的新概念，考虑极限状态荷载组合效应，建立了改进条分法的通用计算方法，实现了准超载法与强度储备法的统一；在不改变稳定系数的条件下，实现了条分法安全系数与极限状态设计荷载分项系数的统一。避免了传统计算方法可能出现条间法向力为拉、条间剪力过大、稳定系数结果明显偏大及造成的工程安全隐患

续表

对比项目	国内外现有水平	本项成果优势
考虑楔入作用的危岩体稳定性分析方法	对于危岩体的稳定性分析多局限于二维平面分析，未考虑危岩体形态的多样性及复杂性。尤其是对沿双滑动面的危岩体楔形破坏而言，传统稳定性分析方法并不能准确对其进行分析计算，实际运用中存在较大不足	针对危岩边坡崩塌体，建立不同破坏模式的计算模型。根据极限平衡理论，对现行规范中的危岩稳定性计算方法进行补充修改，考虑了楔入作用对危岩崩塌体稳定性的影响，分析了具有双滑动面的危岩在楔形破坏时的受力情况，建立了三维坐标系统下的崩塌体稳定性计算模型，解决了二维平面系统未考虑其自然形态多样性的问题
基于应变软化作用的顺层边坡稳定性分析	对于顺层路堑边坡其稳定性分析，存在潜在层间滑带剪切强度变化特征不清、稳定性分析方法不妥、失稳破坏机理不明及失稳破坏范围不定等问题	针对岩体结构，基于三线型剪切强度衰减模型，提出了泥化夹层在应变软化过程中的三线型塑性剪切位移简化取值方法，首次实现了考虑接触单元的应变软化本构模型，再现了顺层边坡渐进性破坏过程，揭示了顺层边坡的渐进性破坏失稳机理，建立了顺层边坡首段局部破坏范围计算公式，弥补了该方向理论的缺失
基于三维精细化建模的土石混合体边坡稳定性分析	目前，在岩土材料的精细化建模方面仍存在诸多不足，岩土颗粒多用圆形和球体模拟，与其真实形状差别较大。现有的颗粒重叠检测方法只能针对形状规则的颗粒，且计算复杂、效率低下。现有的颗粒投放方法计算时间太长且不能做到定量控制	在离散元理论框架下，提出了一种能够准确生成不规则颗粒外形、圆度以及表面纹理特征的精细化建模方法，构建了岩土颗粒模型库管理系统。模拟了土石混合体边坡的开挖，从裂隙扩展、应变演化等宏细观相结合的角度揭示了土石混合体边坡坡脚开挖失稳机制，解决了现有研究中岩土体细观结构建模简化过多且计算效率低下等问题
基于“三段法”与快速加固的边坡治理技术	抗滑桩被广泛应用于滑坡治理和深基坑边坡加固等岩土工程中。现行抗滑桩内力计算的“两段法”，其适用条件经常与实际情况不符，严重影响内力变形计算的可靠性，并可带来工程安全隐患。 在滑坡抢险工作中，传统的抗滑桩、削坡减载等技术，无法满足快速抢险的需要；土层松软、高水位、强透水等条件下的基坑建设存在技术困难，工期长等问题。尽管边坡治理工法多，但能满足抢险需要的工法不多的矛盾依然突出	将抗滑桩划分为嵌固段、主受荷段和次受荷段（简称“三段法”），推导了抗滑桩内力与位移通用计算公式，极大地提高了计算公式的适应性与计算结果的可靠性，避免了传统计算方法可能带来的工程隐患。 研发的多排微型桩间灌浆固结土体复合结构，可以显著提高抗滑桩的整体刚度和支撑能力，场地适应性强。 研发了钢桁架暗撑筒形薄壁结构，可以根据工程条件对“钢桁架”“超前小导管注浆”“高压灌浆隔水帷幕”等技术进行灵活组合，实现了复杂地质及环境条件下基坑边坡的快速支护，缩短工期40%以上
基于数据挖掘的边坡灾害治理辅助设计系统	目前，国内外针对地质灾害治理的数据库很少。数据挖掘技术在滑坡治理相关问题上大多数为通过滑带土其他物理力学指标预测滑带土抗剪强度，在其他与滑坡治理相关的问题上基本没有应用	开发了边坡地质灾害数据库及辅助设计系统，建立了基于数据挖掘技术的边坡治理工程设计参数评价体系，解决了边坡工程设计所需岩土参数、滑坡几何断面、结构参数等关键数据的挖掘确定问题

五、第三方评价、应用推广情况

1. 第三方评价

2021年7月7日，中国建筑集团有限公司组织对课题成果进行鉴定。专家组认为，该项成果整体达到国际先进水平。

2. 推广应用

课题研究成果在三峡移民迁建新址论证、三峡库区巴东县、兴山县、九龙坡区、汉源县、朝天区、北川羌族自治县坝底乡小河沟等地质灾害防治工程中得到应用，研究成果被设计和有关建设单位采纳。

六、经济效益

采用本课题提出的边坡稳定与治理技术，开展了100多处滑坡灾害抢险及边坡加固处理工程建设，通过设计优化为工程减少投资逾8亿元，为设计、施工及科研单位带来经济利润逾2亿元。

七、社会效益

（1）成功排除了地质灾害险情，为经济社会和谐发展做出了贡献。
（2）弥补了传统方法可能存在的安全隐患，填补了部分技术空白。
（3）获得了具有自主知识产权的软件产品，形成了较大影响力。
（4）形成了较完整的理论分析和技术工法体系，具有很高的推广价值。

超长超宽钢结构厂房高精度建造关键技术

完成单位： 中国建筑第五工程局有限公司、辽宁工程技术大学

完 成 人： 廖祥兵、雷　明、刘海卿、陈子木、王　亮、巩向恩、冯春雨

一、立项背景

华晨宝马沈阳大东工厂总装车间是德国宝马公司在华投资建设的最大的总装车间，单体建筑面积超10万m^2，曾获评中国建设工程鲁班奖，德国总理默克尔访华时曾专程参观该项目。

总装车间长432m、宽270m、檐高13.4m，完全按照德国标准建造。施工过程中，面临地面工程建造质量标准高、主体结构焊接建造精度高、厂房围护结构耐久要求高的“三高”难题：

（1）地面工程建造质量标准高，且远高于国内标准；

（2）主体结构焊接建造精度高，7.5万米焊缝要求100%合格；

（3）厂房围护结构耐久要求高，不间断使用年限超50年。

二、详细科学技术内容

1. 超大面积钢结构厂房基础均匀“微沉降”控制技术研究

（1）创新成果一：超大面积厂房基础优化设计技术

提出了超大面积厂房基础优化设计技术，从设计角度控制基础沉降：通过基础不均匀沉降数值模拟分析（工程实际四种基础形式与常用的柱下独立基础单一基础形式对比分析），验证所设计的基础形式能够很好地实现基础均匀“微沉降”。见图1、图2。

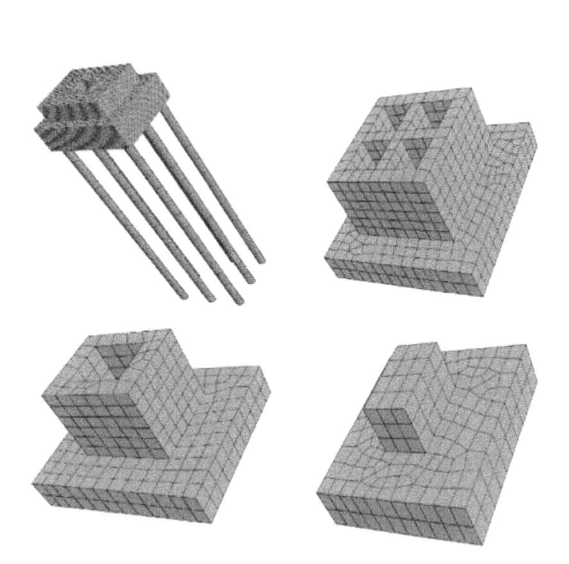

图1　设计基础建模

基础形式	基础代号及工程位置	平面图	剖面图
杯口独立基础	JC-1-1 分布数量最多的独立基础、JC-1-4 试跑车道与总装车间之间的独立基础、JC-1-1c		
联合基础	JC-2-11 穿过高架库与总装车间的独立基础、JC-2-1b 试跑车道内的分布独立基础、JC-4-2 试跑车道边界与变形缝交界处独立基础		
桩基础	CT-2-12 号生活区下分布桩基础、CT-4-1 分布最多的桩基础、CT-5-7 总装车间偏心桩基础、CT-6-3 总装车间桩基础、CT-9-1 重型机械间下的桩基础		
独立短柱基础	JC-1-11 高架库电池充电间与厂房边界的独立基础		

图2　宝马工程实际基础设计

（2）创新成果二：超大面积厂房基础-地坪均匀沉降的换填技术

采用基础-地坪均匀沉降的换填技术，从施工技术角度为超大空间厂房的整体均匀微沉降提供了技术支撑：通过换填技术提高钢纤维混凝土地坪下地面基层承载力，实现了厂房基础—地坪均匀沉降。见图 3、图 4。

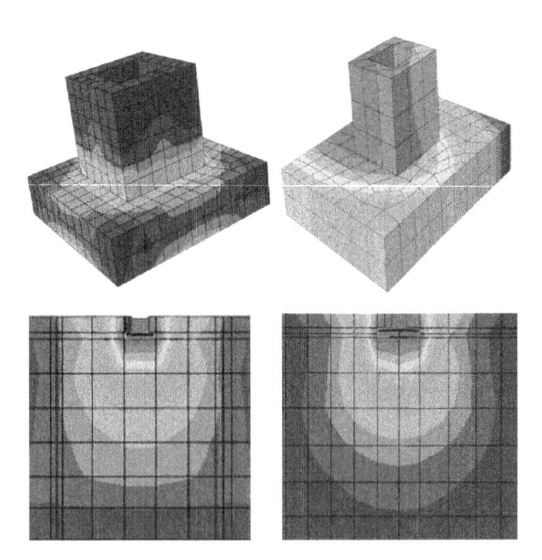

图 3　换填基础应力图与变形云图

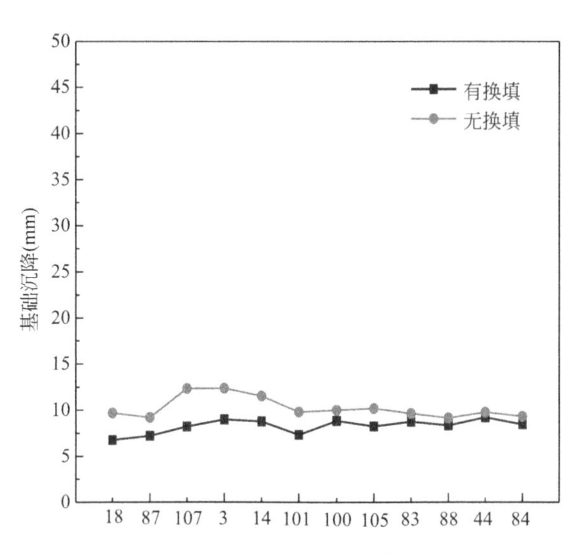

图 4　有无换填数值模拟结果对比图

（3）创新成果三：超大面积钢纤维地坪平整度及沉降控制技术

采用超大面积钢纤维地坪平整度及沉降控制技术，从施工措施角度控制基础“微沉降”：在超大面积钢纤维地坪施工过程中采用跳仓法，利用型钢组合边模控制地坪标高以及全自动激光整平机控制整体平整度，减少了钢纤维混凝土地坪对持力层的影响，使地坪与结构基础共同实现均匀沉降，地坪平整度完全达到德国工业 4.0 标准。见图 5、图 6。

图 5　跳仓法施工过程

图 6　施工后效果图

（4）创新成果四：超大面积厂房基础沉降监测及预测技术

采用超大面积厂房基础沉降监测及预测技术，从现场监测角度控制基础“微沉降”：利用现场监测数据及实际工况进行有限元模拟，分析随时间变化的沉降量特征，形成 T-S 曲线，通过数值模拟与实测曲线对比，得到基础沉降变化规律，实现了基础沉降的短期预测。同时，利用最小二乘法建立随时间变化的沉降预测回归方程，得到预测的 T-S 曲线，实现对基础沉降的长期预测，为今后类似工程提供借鉴和指导。见图 7、图 8。

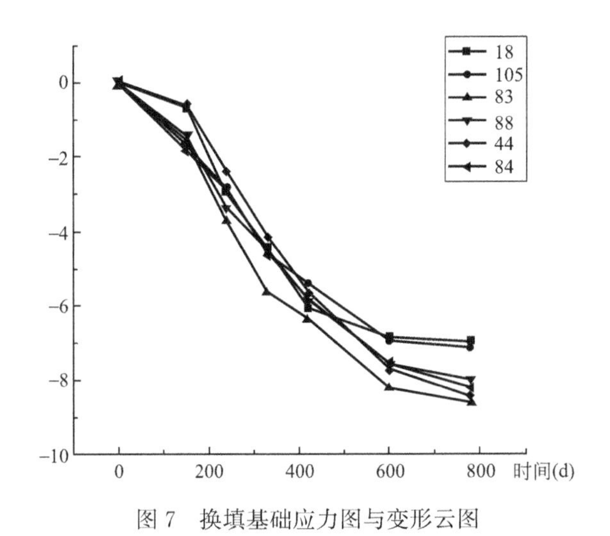

图 7　换填基础应力图与变形云图

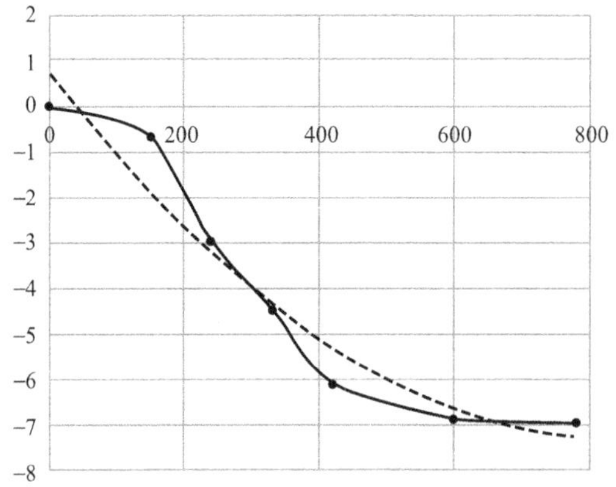

图 8　有无换填数值模拟结果对比图

2. 超长超宽钢结构构件精准连接技术

(1) 创新成果一：考虑初始缺陷和焊接残余应力的焊接技术

针对沈阳华晨宝马大东工厂钢结构厂房结构箱形截面柱及腹板构件均为焊接连接，焊缝长度多达74271m。而焊接残余应力将对构件产生焊接残余变形，影响构件施工质量。提出了控制初始缺陷和焊接残余应力的焊接技术。见图 9～图 12。

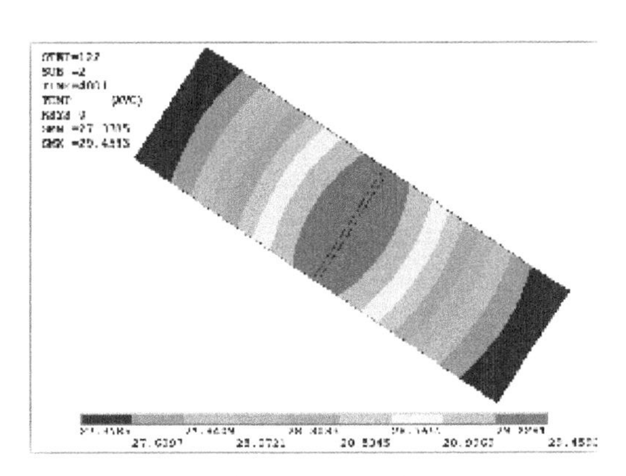

图 9　焊接后温度分布云图

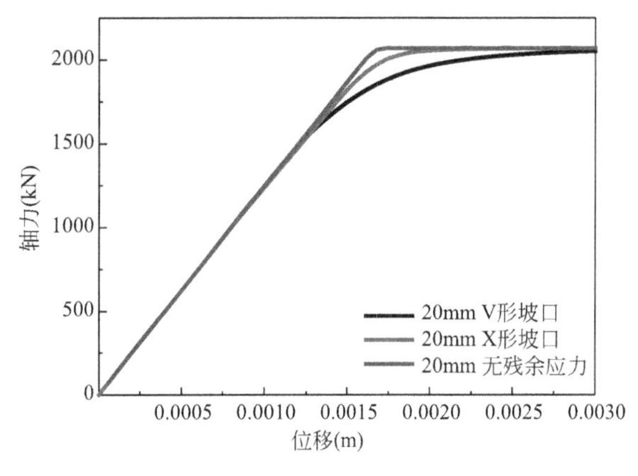

图 10　钢板荷载-位移曲线

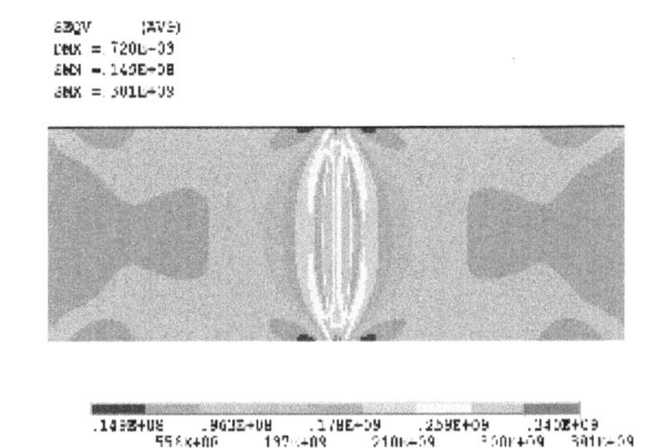

图 11　焊接残余应力分布云图

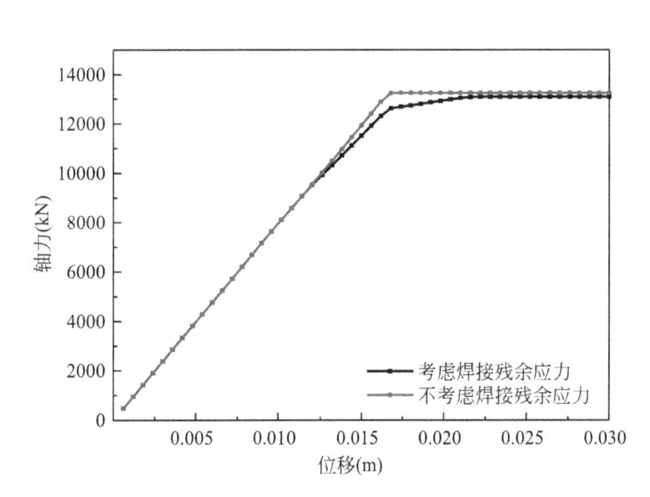

图 12　箱形柱荷载-位移曲线

（2）创新成果二：考虑抗滑移的高强度螺栓节点连接安装技术

针对本工程的钢桁（托）架与钢柱之间采用高强度螺栓连接，实现100%装配式施工，而连接节点是钢结构受力最复杂的位置，也是最薄弱的环节，鉴于复杂节点力学特征，如滑移等。见图13、图14。

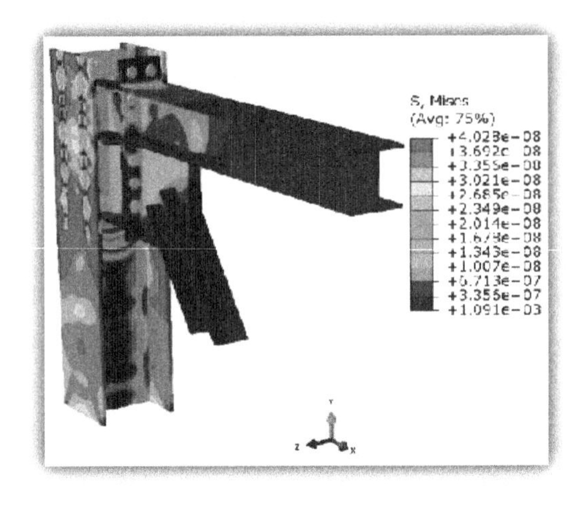

图13　高强度螺栓连接数值模拟分析

图14　现场高强度螺栓连接节点图

（3）创新成果三：钢桁架吊装优化技术

针对本工程大型桁架吊装的实际情况（18m桁架357榀、15m托架164榀），考虑在钢结构在吊装施工过程中与正常使用状态时的结构的传力特征完全不一致，会造成结构变形引起尺寸误差，提出了钢桁架吊装优化技术。见图15、图16。

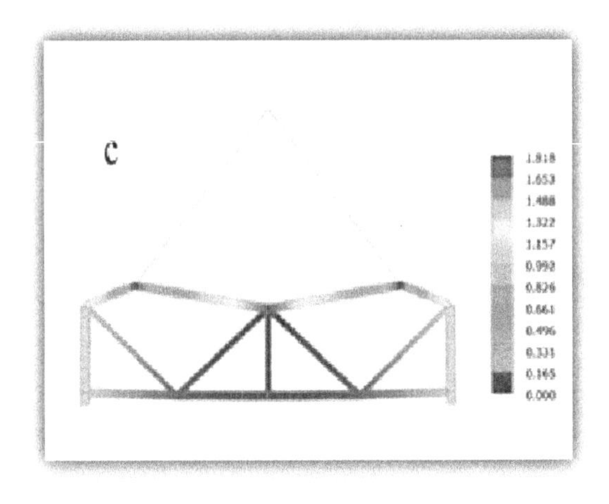

图15　工况2面内挠度

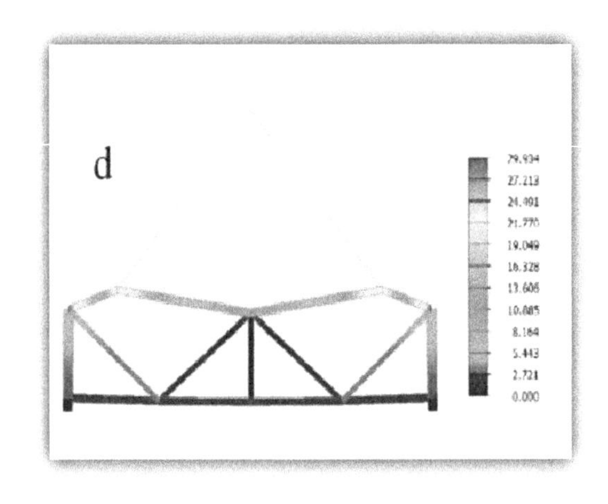

图16　工况2的Mises等效应力

3. 考虑施工建造及服役期的围护结构耐久性保障技术

（1）创新成果一：考虑太阳辐射温控技术

针对沈阳华晨宝马大东工厂厂房大体量钢结构，平面尺寸过大，导致其对温度效应敏感，容易引起围护结构的破坏，另外，工程地处东北地区，冬夏最高温度差达到60℃，这会导致极大增加结构的附加内力，甚至引起钢桁架面外失稳。提出了考虑太阳辐射温控技术，通过太阳辐射不均匀温度场热效应分析，保证精细化建造。见图17、图18。

（2）创新成果二：高质量防渗漏关键节点深化设计技术

针对本工程围护结构面积约11万平方米，与门窗、机电安装设备、屋面采光窗、设备间等位置均有交接，围护结构在交接位置的防渗漏节点做法将直接影响后期运营状态下的围护结构的施工质量。提出了高质量防渗漏关键节点深化设计技术。对围护结构各环节渗漏风险进行模拟分析，通过对薄弱位置

（屋面、外墙、接缝、机电接口等）进行优化设计。见图 19、图 20。

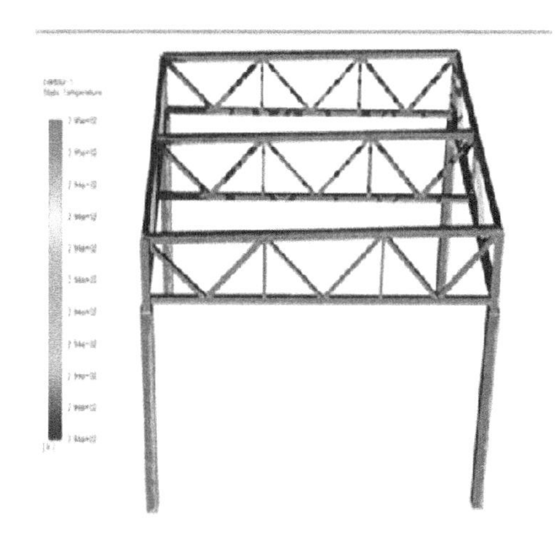

图 17　钢结构表面温度云图

图 18　现场钢桁架施工作业

图 19　屋面圆拱形天窗

图 20　外墙围护结构

（3）创新成果三：围护结构风致灾害控制技术

本结构属于超大型钢结构建筑（长度 432m，竖向 13.4m，226 根抗风柱），围护结构迎风面积大、面外刚度弱、基频低，易与随机风荷载的低频部分产生共振效应，引起围护结构的强度破坏。巨大的迎风面将导致屋面、背面以及侧面围护结构的强大风吸效应，特别是屋面的风振响应直接影响厂房使用功能的实现。提出了围护结构风致灾害控制技术，通过对不规则结构风荷载作用下的力学响应特征分析，获得超长超宽结构风致灾害的破坏规律，确保装配施工质量。见图 21、图 22。

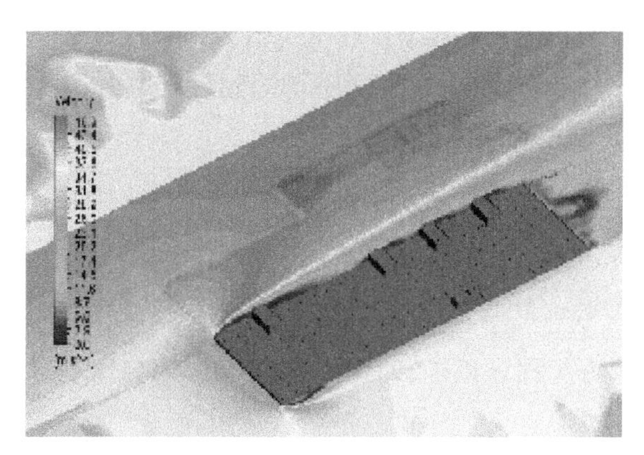

图 21　流场风速分布

图 22　180°风向角屋盖风速矢量分布图

三、发现、发明及创新点

（1）首次提出基础均匀“微沉降”概念及相应控制技术，建立了基础沉降预测方法，通过工程设计、施工和监测实现超大面积钢结构厂房基础均匀“微沉降”，确保高标准地面工程质量及上部结构装配精度。

（2）建立了考虑焊接残余应力和考虑滑移的高强度螺栓连接计算分析方法，提出了考虑初始缺陷和的焊接技术、考虑抗滑移的高强度螺栓节点连接技术及钢桁架吊装优化技术，实现了主体结构高精度装配建造。

（3）提出了围护结构耐久性保障技术，针对大体量钢结构厂房建造及服役期的实际情况，提出了考虑太阳辐射温控技术、高质量防渗漏关键节点深化设计技术和围护结构风致灾害控制技术，实现了围护结构建造及使用精细化。

四、与当前国内外同类研究、同类技术的综合比较

本项目研究成果“超长超宽钢结构厂房高精度建造关键技术”是在已有技术基础上的创新，与国内外同类技术相比如下：

1. 基础均匀“微沉降”控制技术

目前的相关研究表明，地质、勘察、设计以及施工等方面因素都会影响超大面积工业厂房基础不均匀沉降，地基基础不均匀沉降直接影响地面质量和上部结构的正常使用。控制不均匀沉降的方法也比较成熟，本项目针对沈阳华晨宝马大东工厂厂房基础平面大、基础形式复杂（桩基础、条形基础、独立杯口基础、独立短柱基础）、具有基础不均匀沉降风险，另外北京江河幕墙所发生的事故表明该工程上部结构装配精度依赖于基础工程精度。本技术利用设计、施工及现场监测手段联合解决了均匀沉降的同时还实现了微沉降。通过有限元模拟分析随荷载和时间变化的沉降量特征，形成 P-S 及 T-S 曲线，研究数值模拟与实测曲线的变形规律，从而得到监测期内的基础沉降变形规律，实现了基础沉降的短期预测。同时利用最小二乘法建立随时间变化的沉降预测回归方程，应用数值分析软件 SPSS 验证回归方程的相关性与有效性，实现对基础沉降的长期预测。

2. 超长超宽钢结构构件精准连接技术

以往研究没有考虑构件初始缺陷及焊接残余应力的影响，本项目针对沈阳华晨宝马大东工厂钢结构厂房结构箱型截面柱及腹板构件均为焊接连接，焊缝长度多达 74271m。而焊接残余应力将对构件产生焊接残余变形，通过数值模拟分析残余应力影响，解决了焊接残余变形问题。其次，针对本工程提出了考虑抗滑移的高强度螺栓节点连接安装技术。本项目解决了以往工程没有考虑钢桁架吊装优化技术问题。

3. 围护结构耐久性保障技术

以往研究多针对围护结构的保温和密封问题，此类研究比较成熟，本项目针对沈阳华晨宝马大东工厂厂房存在的温度效应敏感性，提出了考虑太阳辐射温控技术，通过太阳辐射不均匀温度场热效应分析，保证高精度建造，目前国内外研究和应用较少。

本技术通过国内外查新，查新结果为：在所检国内外文献范围内，未见有相同报道。

五、第三方评价、应用推广情况

1. 第三方评价

该成果是在中国博士后科学基金资助下，由中国建筑第五工程局和辽宁工程技术大学多年合作取得的创新性成果。

（1）鉴定专家评价“成果处于国际先进水平”

2020 年 12 月 28 日，中科合创（北京）科技成果评价中心组织专家在沈阳召开了“超长超宽钢结构

厂房高精度建造关键技术”科技成果评价会，专家的鉴定结论为“该成果核心技术具有自主知识产权，技术先进、创新性突出、实用性强，成功应用于沈阳华晨宝马大东工厂及铁西工厂等项目，取得了显著的经济效益和社会效益。成果推广应用前景广阔，整体达到国际先进水平。”

2015年5月25日“大跨度钢结构精细化施工技术研究与应用”，在阜新市科技局组织下进行了技术鉴定，认为“本项目的研究成果将会提高大跨度钢结构的精细化施工水平，促进现代施工技术理论的进步，为大跨度钢结构的精细化施工奠定理论基础和技术支撑。大跨度钢结构精细化施工技术研究与应用在国内处于领先地位，应用大跨钢结构的精细化施工控制理论具有重要的理论意义和广阔的工程应用前景，将极大推动大跨度钢结构施工技术的发展。研究成果处于国际先进水平”。

(2) 查新结论可知“国内文献检索中未见相同研究报道”

从黑龙江科技情报研究所查新结论可知“国内文献检索中未见相同研究报道”。

(3) 在国内外高水平学术期刊上发表多篇学术论文，标志着成果具有很高的学术水平和国内外同行专家的认可

以项目主要创新点为研究内容的学术成果发表了丰富的研究成果，其中SCI论文2篇，《建筑结构学报》《建筑结构》《工业建筑》和《施工技术》等国内著名建筑类核心期刊上发表论文12篇学术论文，标志着成果具有很高学术水平。

2. 推广应用

2016年3月—2020年10月，超长超宽钢结构厂房高精度建造关键技术在沈阳华晨宝马大东工厂项目和华晨宝马汽车有限公司产品升级项目（铁西厂区）——涂装车间、车身库项目得到应用。

六、经济效益

沈阳华晨宝马大东工厂项目和华晨宝马汽车有限公司产品升级项目（铁西厂区）—涂装车间、车身库项目新增销售额约6.1亿元，直接经济效益3000余万元。

七、社会效益

本成果很好地促进了建筑施工行业的科技进步，特别是依托项目获中国建设工程鲁班奖，引起了良好的社会反响，具有广泛的推广应用价值。制造业升级及东北地区老工业基地振兴是国家十四五规划中的长足任务，未来将有一大批高端制造业厂房项目落地，通过对宝马制造车间“超长超宽钢结构厂房高精度建造关键技术”，其总结的建造经验将会对未来国内高端制造业厂房建造及“一带一路”国外厂房制造提供宝贵资料。

现代城市慢行系统设计及建造关键技术研究与应用

完成单位： 中建科工集团有限公司、中建钢构四川有限公司、中建钢构工程有限公司、成都天府绿道建设投资集团有限公司

完 成 人： 高勇刚、朱邵辉、赵思远、郑伟盛、吴昌根、严世民、刘　翠

一、立项背景

当前，城市交通系统机动车和非机动车路权界限不清晰，城市交通拥堵现象严重。城市公共绿化空间被机动车道路分割成许多小规模的碎片化绿地。国内大部分景区慢行交通专用道零散，没有独立完整的系统，极大地影响了游客的游玩体验。

国内的慢行交通系统建设刚刚起步。主要存在以下问题：

（1）慢行交通系统设计建造技术一般照搬传统市政工程，缺乏系统的设计理念及标准。这将导致慢行交通系统使用舒适感降低，社会效益下降。

（2）慢行交通系统由于城市功能的需求变化，导致设计的多样性增加，特别体现在桥梁曲率变大，长细比增加等，这些设计大大增加了慢行系统的施工难度，采用原有的施工方法将导致施工质量下降，工期延长的不良后果。

（3）现有城市慢行桥梁为满足景观造型需求，多采用钢结构建造，由于钢桥面变形大、粘结性差，导致出现桥面铺装开裂、鼓包、脱层等问题。

本项研究依托成都锦城绿道等项目，开展设计标准、施工技术等相关研究，计划形成一整套城市慢行交通系统建造综合解决方案（以桥梁工程为主）。

二、详细科学技术内容

1. 全国首个系统性绿道慢性交通系统桥梁设计理念

（1）创新成果一：提出了慢行交通景观设计理念

综合考虑慢行系统绿道桥梁周边环境及城市历史、人文因素等条件，并结合桥梁自身结构特点，首次提出了一套慢行交通景观设计理念，解决了桥梁造型单一、与城市绿道景观造型兀的问题。见图 1～图 4。

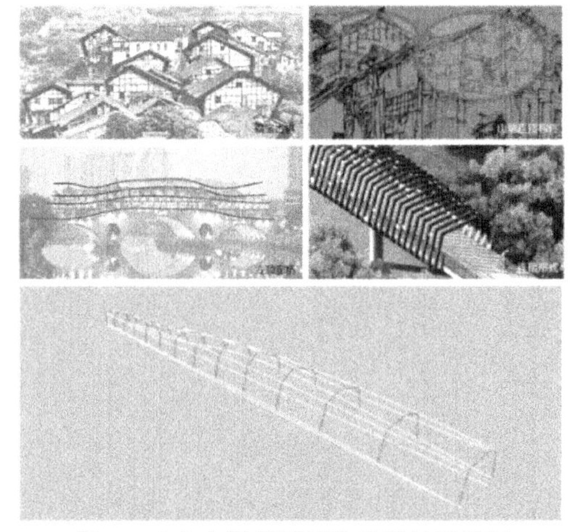

图 1　成龙大道桥屋顶装饰设计效果图

图 2　驿都大道桥灵感来源

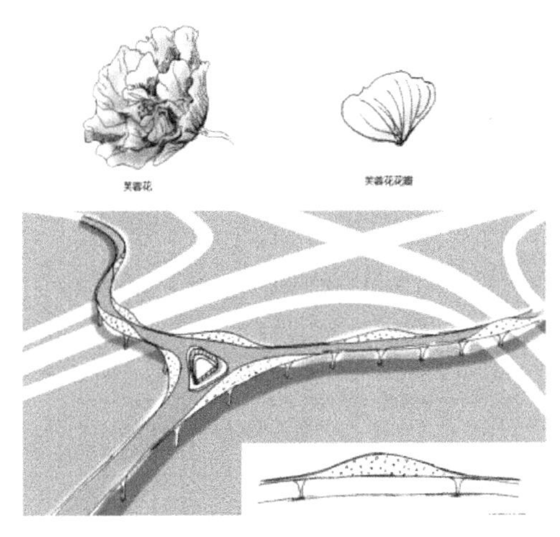

图 3　成渝桥芙蓉花设计效果图

图 4　锦江桥整体造型设计灵感来源

（2）创新成果二：制定了慢行系统绿道桥梁设计参数标准

研究分析了城市慢行绿道系统应用场景，综合现行市政工程设计要求，参考道路工程、铁路工程相关设计标准，首次提出了城市慢行系统桥梁承载能力设计参数，填补国内空白，使得城市绿道桥梁设计阶段有据可循，保证在结构安全、可靠的基础上做到造型优美、环境协调、资源节约。

（3）创新成果三：设计了世界最大单边索辅斜拉桥梁结构

使用 RM Bridge 软件对反向芬克式桁架结构进行了参数分析，重点分析了初始索力、拉索面积、撑杆高度等主要设计参数对结构刚度、拉索应力幅、稳定及自振特性的影响。

由于景观要求对慢行系统桥梁结构的影响，降低了桥梁刚度，因此，抗风、抗震性能在慢行系统桥梁设计及施工中显得尤为重要。目前，国内针对慢行系统桥梁的抗风、抗震设计几乎没有，为保证锦江大桥施工架设阶段和运营期间的抗风、抗震安全，需通过模型风洞试验及计算分析对大桥抗风、抗震性能进行检验及评估，并为可能存在的抗风问题提出有效、经济的对策。

研究了城市慢行系统桥梁箱梁中管廊位置及大小合理设计，解决了在箱梁内部设置管廊空间对梁体承载能力的不利影响；通过带管廊的箱梁钢结构制造、拼装优化设计，解决了结构安装余量带来的泄露，保证箱梁组的密封性，防水防尘，最终实现线缆通过桥梁本体跨道路、跨河流铺设，解决管线外露问题。

研发了基于 TMD 减振装置及人行天桥特定荷载工况城市慢行系统桥梁减振技术，解决了城市慢行桥梁柔性大、结构不规则带来的振动幅值大、频率宽的问题，充分尊重用户体验，切实提升市民的舒适感。见图 5～图 11。

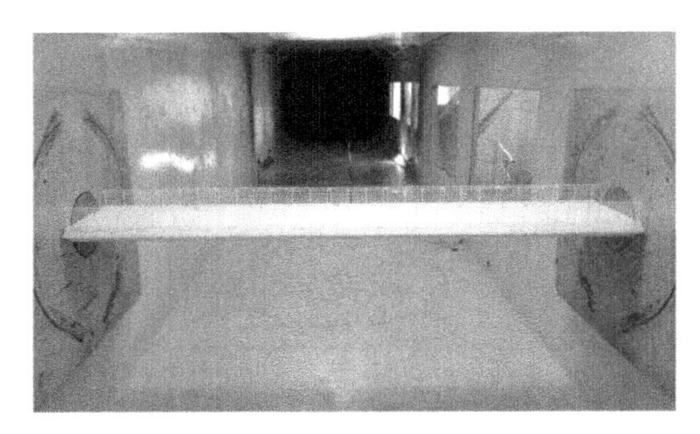

图 5　梁体风洞试验

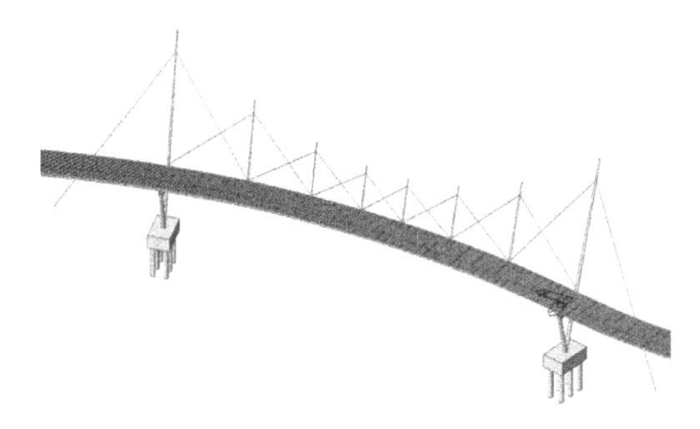

图 6　全桥有限元建模分析

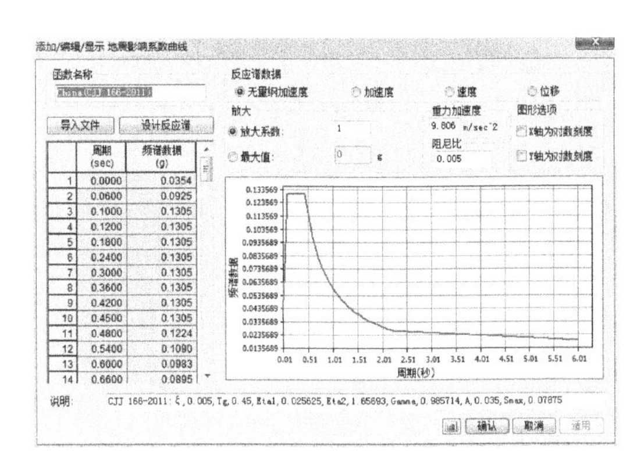

图 7　地震影响系数曲线

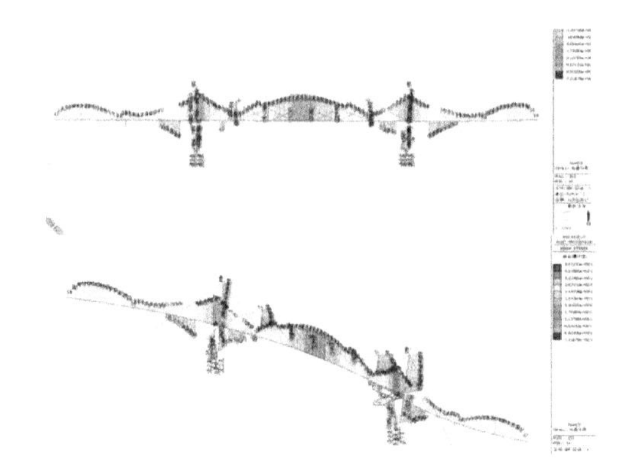

图 8　地震作用下分析结果

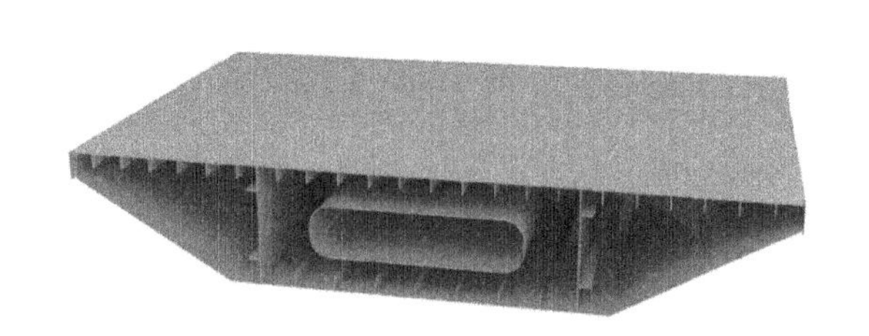

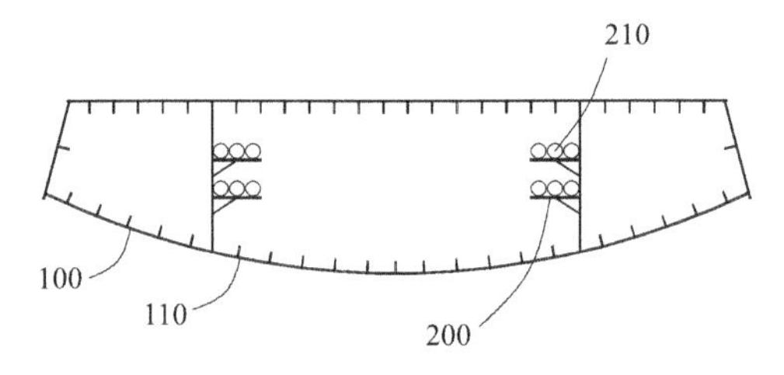

图 9　桥梁综合管廊设计图

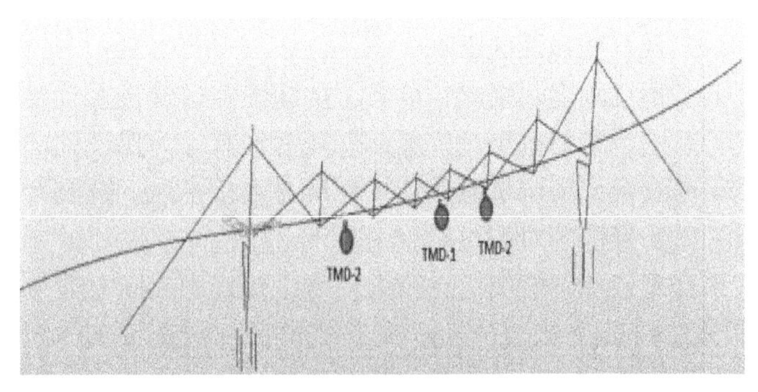

图 10　TMD 减振器布置设计

图 11　现场人致振动测试

2. 城市慢行交通系统关键建造技术

（1）创新成果一：空间大曲率线形小截面钢箱梁建造技术

从节段划分、深化设计、材料采购、加工制造、现场安装各阶段进行了小截面箱梁优化，采用反造加工、厂内集成拼装等方式，保证安装精度的基础上大幅度节约了施工措施、工期及劳动力投入，解决了传统钢箱梁吊装措施量大、精度较难控制等缺点，实现在质量、安全保证的前提下，减少措施，提高效率，绿色环保施工。

（2）创新成果二：研发了一种慢行反芬克式桥梁单边拉索张拉新工艺

针对反向芬克式桁架的体系、传力路径与受力特性，研发了一种单边拉索张拉新工艺，采用先张拉主杆、分部张拉桅杆的张拉顺序，每次张拉分为两次、张拉时间节点与梁体卸载方式相互配合的方式，保证施工过程中桥梁主塔、桅杆及梁体受力均衡，保证桥梁最终的安全、稳定施工。

3. 新型城市慢行系统钢桥面铺装工艺

（1）创新成果一：研发了一种新型铺装材料

通过综合研究分析了国内外钢桥面铺装的现状并对国内的典型人行钢构桥面铺装进行了实地调研，针对几类钢桥面铺装体系的性能参数，结合目前钢桥面铺装存在的问题进行了病害分析，有针对性地进行了材料开发及相关验证试验，研发了一种新型铺装材料。见图 12、图 13。

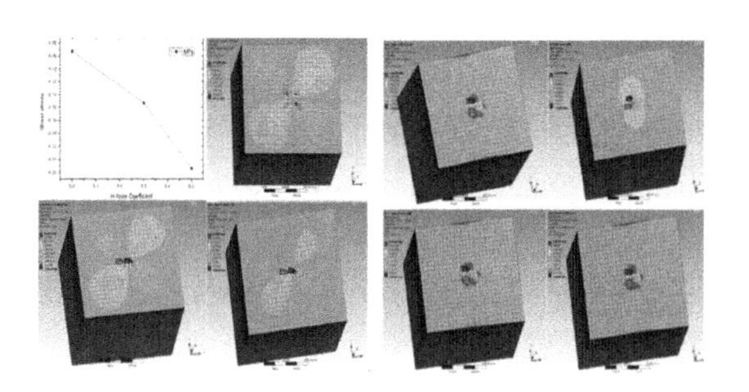

图 12　新型材料力学分析

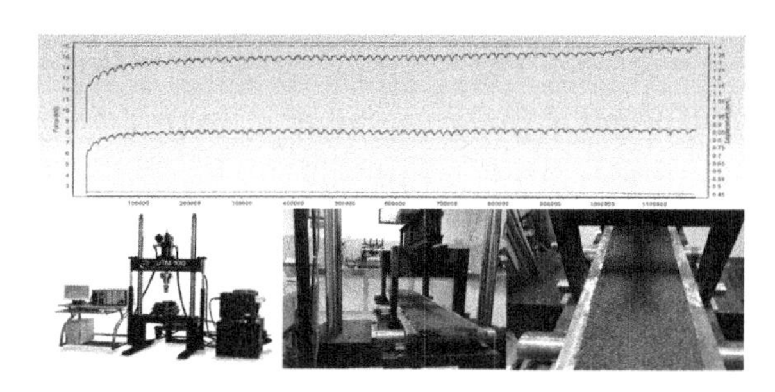

图 13　新型材料室内疲劳试验

(2) 创新成果二：针对慢行系统桥梁钢桥面开发一种新型铺装结构

新的钢桥面铺装技术是一种适合钢桥面直接铺装的“防腐层＋缓冲层＋功能层”的多层铺装构造。这种新型桥面铺装方式有效解决了由于钢桥变形大且与铺装层的粘结能力差以及耐腐蚀性差而引起的开裂、鼓包、脱层等病害，提高了胶结料的增韧性，以及耐疲劳、耐水等性能。同时，这种铺装方式减少了材料费用开支，显著提高了经济效益。见图 14～图 16。

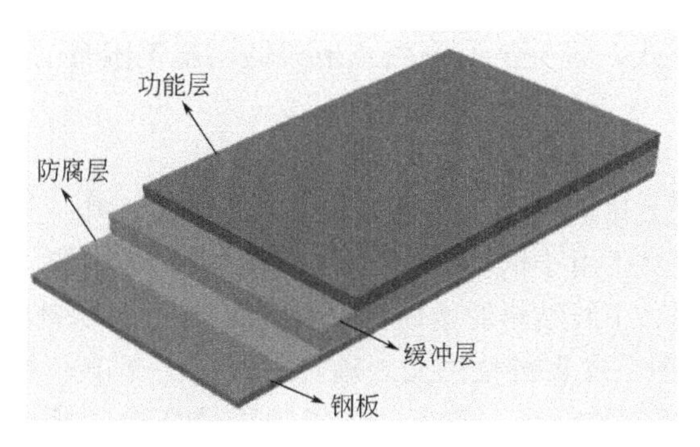

图 14　铺装结构示意图

图 15　现场效果图

图 16　现场铺装新工艺流程

三、发现、发明及创新点

创新点 1：首次提出了首个系统性绿道慢性交通系统桥梁设计理念

针对目前全国慢行系统桥梁设计暂无对应的设计依据的问题，设计阶段主要遵循市政工程设计要求，采用现有单个桥梁规范设计将产生资源浪费或安全隐患。基于上述现状，首次提出了系统性绿道慢行交通系统设计理念及标准。

（1）综合考虑慢行系统绿道桥梁周边环境及城市历史、人文因素等条件，首次提出了一套慢行交通景观设计理念，解决了桥梁造型单一，与城市绿道景观造型突兀的问题。

（2）研究了慢行系统绿道桥梁设计参数标准，通过应用场景分析及参考国内外标准，形成了《自行车专用道技术导则》（行业标准）、《成都市绿道工程质量监督管理及标准化施工手册》（地方标准）、《中建钢构慢行系统钢结构桥梁设计手册》（企业标准）、《慢行交通系统桥梁设计标准》（企业标准），填补了国内空白，为行业发展提供了强劲动力。

（3）设计了世界最大单边索辅斜拉桥梁结构，首次将反芬克式桁架结构应用到国内慢行系统桥梁中，完成了景观与结构的完美融合，同时保证结构受力的安全可靠。

研究了抗风、抗震及人致减振方面桥梁结构设计方法，通过有限元模型理论分析、室内试验研究及室外试验验证的方法，解决了由景观造型设计引起的结构刚度性下降，确保了城市慢行桥梁结构的安全性。

研究了慢行系统桥梁结构空中管廊设计，扩展了桥梁使用功能，最终实现线缆通过桥梁本体跨道路、跨河流铺设，解决管线外露问题；同时，为之后智慧城市设计预留了管道，节约了后续建造成本。

创新点2：研发了一套针对现代城市慢行交通系统复杂条件的建造综合技术

（1）研发了空间大曲率线型小截面钢箱梁建造技术，解决了传统钢箱梁吊装措施量大、精度较难控制等缺点，实现了在保证质量、安全的前提下，减少措施，提高效率，绿色、环保施工。

（2）研发了反芬克式单边拉索张拉新工艺，采用先张拉主杆，分步张拉桅杆的张拉顺序，每次张拉分为两次、张拉时间节点与梁体卸载方式相互配合的方式，解决了反芬克式桁架结构施工困难的问题，推动了这种结构形式在慢行系统桥梁中的应用。

创新点3：研发了慢行系统桥梁钢桥面新型铺装工艺及建造技术

研发了一套新型慢行系统桥梁钢桥面新型铺装工艺及建造技术，包括研发了新型铺装材料，适合各种钢桥面铺装的装构造以及新的桥上铺装施工工艺，解决了由于钢桥变形大且与铺装层的粘结能力差以及耐腐蚀性差，而引起的开裂、鼓包、脱层等问题，提高了胶结料的增韧，以及耐疲劳、耐水等性能。

在成都绿道一期项目建设过程中，获授权专利12项，发表科技论文3篇，省级工法2项，参编地方标准、企业标准4项。同时，项目成果受到行业内外一致认可，获得四川省工程最高奖“李冰奖”、中国建筑金属结构协会科学技术奖及中建总公司科技推广示范工程荣誉称号。

四、与当前国内外同类研究、同类技术的综合比较

国外：荷兰、丹麦等发达国家的自行车路网系统十分发达，且具有相当成熟的工艺经验，国内的慢行交通系统建设刚刚起步，目前尚无系统性研究成果或指导方案。本课题研究依托成都锦城绿道等项目，开展设计技术、综合施工技术等相关研究，形成一套较为完整的城市慢行交通系统建造综合解决方案（以桥梁工程为主）。与国外同类技术相比，总结出适合中国国情及行业整体境况的建设方案，取长补短。在国内相关技术研究领域处于探索者的牵头地位，为类似项目积累成功经验，提供借鉴意义。

创造性、先进性：主要在部分技术、工艺、工法、设计、施工及验收标准方面做出创新和贡献，具体内容如下：

（1）研究慢行交通系统桥梁景观研究、安全性、舒适性研究，提出一套系统性的城市慢行系统桥梁设计理念及标准，为之后国内现代慢行系统设计提供了依据；

（2）提出了针对城市慢行交通系统异形景观钢结构桥梁的建造技术，填补了国内慢行系统反芬克式架构施工技术的空白，加快推动了现代城市绿道系统的发展；

（3）开发了一套与现代城市慢行交通系统钢桥匹配的铺装系统的设计与施工工艺，形成企业设计验收标准。

五、第三方评价、应用推广情况

1. 第三方评价

2020年8月6日，四川省土木建筑学会组织召开了由中建钢构天府绿道成都有限公司、中建科工集

团有限公司、成都天府绿道建设投资有限公司完成的《复杂环境下城市慢行交通系统桥梁设计及建造技术研究与应用》科技成果评价会，该成果总体达到国际领先水平，评价委员会同意通过评价。

2. 推广应用情况

本项目研究成果已成功应用于成都市环城生态区生态修复综合项目、江阴绿道项目等多个项目，技术可推广性强，经济效益和社会效益显著，能够很好地指导类似技术特点的项目施工。典型工程应用如下：

（1）在成都市环城生态区生态修复综合项目中的应用。通过应用“复杂环境下城市慢行交通系统桥梁设计及建造技术”后，有效地解决了城市慢行交通系统桥梁建设过程中遇到的景观功能设计、复杂结构设计建造及钢桥面彩色薄层铺装等一系列问题，在设计方面提升了市政桥梁的景观属性，增强了行人的通行舒适感，在建造方面加快了施工进度，降低了施工成本。实现了慢行交通系统桥梁在城市复杂环境下的顺利建造。

（2）在江阴绿道项目中的应用。通过借鉴使用了“复杂环境下城市慢行交通系统桥梁设计及建造技术”，解决了钢结构桥梁设计、钢箱梁制作及钢桥面薄层铺装等难题，实现了市政钢结构桥梁快速、高效、安全施工，在节约人工成本、指导现场施工技术、提高经济效益方面取得了良好效果。

六、社会效益

1. 人才培养

复杂环境下城市慢行交通系统桥梁设计及建造技术研究与应用，培养了一批专业技术型人员。同时，也为专业施工管理人员提供了一种全新的施工技术管理思路。对该技术的推广，有利于企业人员深入了解钢结构桥梁安装的新思路，在钢结构桥梁业务不断推广的市场环境下，使钢结构充分培养桥梁施工的现场技术、生产人才，从人才的操作、管理能力上切入，寻求追赶并超越老牌总承包单位的出路。

2. 行业影响

目前，城市慢行交通系统桥梁设计与建造技术正处于起步发展阶段，相比而言，我国与其他工业发达国家的平均水准有着很大的差距。复杂环境下城市慢行交通系统桥梁设计及建造技术研究与应用的成功研发试验与应用，实现了慢行交通系统桥梁设计与建造技术的创新，为国内类似项目领域的发展翻开了新的一页，并为后期城市慢行交通系统的建造和兴起提供了具有借鉴意义的实例。

3. 企业品牌效应

由于该工程采用了多种创新的设计和施工思路，为复杂环境下的慢行交通系统桥梁建造带来了极大的便利，并且可观地节省了总造价。同时，锦城绿道作为天府绿道体系概念中的重要组成部分，受到社会各界地高度关注。我司在工程建设中做出显著贡献，擦亮公司品牌，拓展工程行业朋友圈，大大提升了企业的品牌价值与影响力，全国示范效应凸显。截至目前，累计接待中国建筑业协会、中国雄安集团、深圳市、天津市、重庆市等80余家政企单位考察，接待800余人次。助力慢行系统市场营销，形成品牌效应。

超大型数据中心建造关键技术研究与应用

完成单位： 中国建筑第八工程局有限公司、华东建筑设计研究院有限公司、上海上证数据服务有限责任公司、上海宝信软件股份有限公司

完 成 人： 陈雨生、乔 伟、洪 伟、张世阳、宋腾飞、方伟强、穆中标

一、立项背景

全球已进入“5G”时代，产业数字化、智能化转型加速，数据流量爆发式增长，数据中心的建设进程正在加速推进。传统数据中心在建造标准、整体布局、规模、能耗、运维管理等方面有待提升：①整体布局不尽合理，一次性投产规模小；②建造标准低；③电能使用效率（PUE）偏高；④运维成本高、安全性差。推动数据中心革命、建设新一代数据中心已成为业界的共识。

研究载体工程效果图见图1。

图1 上证所金桥技术中心基地

二、详细科学技术内容

1. 数据机房多层级气流组织优化及节能技术

（1）弥漫式侧向送风技术

1）技术特点与难点

项目设8栋数据机房楼，配置90个模块化机房，2万台标准机柜。同一个机房中不同机柜会因运算负荷不均产生不同的热量，传统下送风的散热方式因机柜顶部的制冷要求，提高对空调制冷能力的要求，造成不必要的能源浪费。为降低制冷能耗，需根据机柜负载密度，合理分配制冷量，以提高机房的冷却效率。目前，数据中心的制冷能耗已超过总能耗45%。寻找最佳气流组织形式，充分发掘制冷能力，消除局部过热及过冷现象，是降低数据机房制冷能耗的关键。

2）技术创新

机房摒弃了传统高架地板加下送上回精密空调的设计方式，为机房内送风更加均匀，在空调机房和机房模块之间设置了送风夹道，机房与送风夹道间设置鱼腹式双层叶片模组隔断，精密空调产生的冷空气经过弧形气体导流块后，速度降低、方向改变。从下至上弥漫至送风夹道内，并均匀分布在鱼腹式双层叶片一侧。大量的冷气流积聚，使得送风夹道压力增加，在压力作用下冷空气经过鱼腹式双层叶片进

入数据机房，形成弥漫式侧向送风。见图 2。

图 2　弥漫式侧向送风

（2）冷热循环机房节能技术

1）技术特点与难点

为实现数据中心在不增加投资、不降低数据中心可靠性的前提下，实现对数据中心的气流组织精细化管理，降低数据中心 PUE、节约能耗。

2）技术创新

数据机房整体采用铝板吊顶，下方机柜背靠背双排排列，中间预留 1.2m 空间作为热通道。热通道两侧、机柜背开门及首末列机柜侧门上方采用中空玻璃隔断封闭，使得机柜、前后开启门与顶部中空玻璃形成完全封闭的热通道，确保热气流经过热通道在吊顶内逸散。面对面的机柜之间呈间距 1.2m 排列，与上部铝板吊顶形成冷通道，整个数据机房可作为一个“大冷池”，冷量存储更大，安全性高。双机柜的配置形式，结合热通道封闭与顶部联合吊挂集成系统，极大地节约机房空间。

采用了整合的标准集成系统，完全实现整体快速工厂预制生产，现场进行快速组装。见图 3～图 5。

图 3　热通道封闭与顶部联合吊挂集成示意图

图 4　热通道吊架和上部桥架安装

（3）阶梯式余热回收技术

1）技术特点与难点

数据中心机房全年都在产生大量热量，在水冷中央空调系统中，机房排放的热量一般都通过末端精

图 5　施工完成效果图

密空调机组-空调水管-冷冻机-冷却塔排放至室外，冬季也不例外。如何将数据中心产生的热量有效用于配套办公建筑的供热，至今未有成熟、可靠的解决方案。

2）技术创新

通过热通道封闭，将热气流全部汇集到吊顶系统内，避免数据机房制冷气流和机柜排放热气流混合，实现余热的回收。见图 6。

图 6　热通道封闭余热回收效果图

采暖季时采用热管换热机组，回收机房热通道内热量为走道、周边辅助办公区供热；同时，可以为机房降温，保证机房环境条件不变的前提下降低机房空调负荷。

高温季节时，通过一个热交换过程，将室外冷源通过载冷剂（如空气、水或制冷剂等）的吸收和传输带进室内，使室内空气温度降低，间接地将低温冷源带入机房，降低制冷负荷。见图 7。

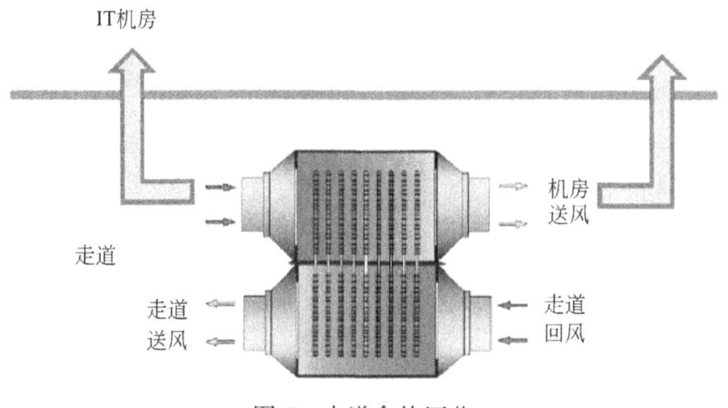

图 7　走道余热回收

（4）补偿式双温双盘管精确制冷技术

1）技术特点与难点

免费制冷节能技术的运用，可以大幅降低数据中心空调系统的能耗，但传统的免费制冷系统均是通过在主机侧并联或串联板式热交换器，利用冷却塔在过渡季节和冬季制取冷冻水。此免费制冷系统受冷冻水回水温度影响极大，需保证通过板换制取的冷冻水温度低于回水温度方能投入使用。如何充分发挥免费制冷技术效能、降低数据中心制冷能耗，是本技术研究的关键。

2）技术创新

本项目采用双盘管精密空调特殊结构形式及补偿式双路双冷源风侧串联免费制冷节能技术，通过电动阀门对管道水流向远程切换控制，在过渡季节将免费制冷系统（冷却塔）制取的冷冻水送入精密空调机组的上层盘管，与末端空调系统的回风直接进行热交换，做到了预冷效果，下层盘管通过水冷机组制冷，将空调回风二次进行精确制冷，保证了空调送风的设定温度，实现了水冷机组冷负荷节能；在冬季免费制冷系统（冷却塔）制取的冷冻水，直接送入精密空调机组的上层盘管，直接与末端空调系统的回风直接进行热交换，使空调送风温度达到设定值，实现了水冷机组待运行状态，达到了更好的节能、节排效果。

2. 数据中心多电源智能保障技术

（1）高负载率市政供电保障技术

1）技术特点与难点

对于数据中心而言，电气参数、冗余、电源、无故障时间都有严格要求。Tier Ⅳ应按容错系统配置，如何设计既稳定、可靠又高效、节能的数据中心，同时在电源使用效率上做到先进水平，是一个必须重视的问题。

2）技术创新

根据工程周边电业站供电情况，首次采用超常规三路独立的 110kV 市政电源供电，每路容量为 63MV·A，电源电缆分别由三个独立的上级 220kV 电业站专线专仓引来，互为备用。既保障了供电的可靠性，又提高了负载率。

（2）中压耦合不间断电源保障技术

1）技术特点与难点

在确保主电网可靠的情况下，根据 Uptime Institute 要求可替代电源必须在主电源发生故障时能提供持续电力，这意味着发电机组的容量要在要求的负荷水平下提供持续电力而不受时间限制。

2）技术创新

项目采用了国际先进的动态飞轮中压耦合不间断电源技术，采用动态飞轮 UPS 中压耦合不间断技术，通过动能和电能的转化实现大电流供电保障。既避免 15s 供电真空期，同时又减少占地面积，有效地保障了供电的连续性，并且解决了市电与应急电无缝切换的问题。见图 8。

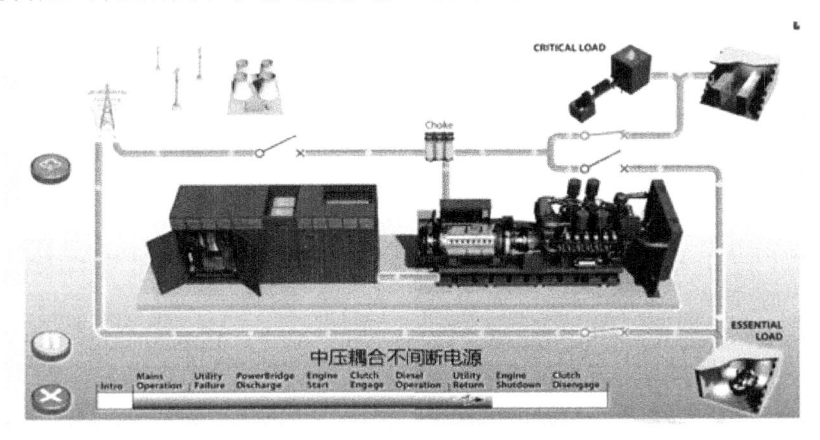

图 8　中压耦合不间断电源示意图

(3) 柴发双活双母线并机技术

1) 技术特点与难点

在数据中心的设计过程中，电力保障系统在诸多系统中显得尤为重要；而作为电力保障的重要组成环节柴油发电机，它是保证数据中心供电可靠性的最后一道防线，传统的单母线输出系统对于母线故障造成的影响就显得束手无策了。本项目为采用国际权威认证 Uptime T4 标准的数据中心，对供电可靠性要求极高，如何保证在电源故障的情况下发电机及时、有效的投入，是本项目的一大特难点。

2) 技术创新

传统设计理念中，单系统双母线往往采用“一热一备”母线。当一条母线故障时，另一条母线由于处于冷备用状态，及时投入运行的时效性较差。而双活母线技术较好地解决了该问题，保障了数据中心应急电源遭受一次严重故障时的不中断。

3. 数据机房隔水设计技术

(1) 无对流围合防控冷凝水技术

1) 技术特点与难点

通道空调系统采用普通的风机盘管空调，该空调系统无法控制环境湿度。使得数据机房、通道、室外形成了三种环境场景，存在较大温度湿度差异。由于数据机房、通道无法与室外环境保证绝对的隔离，在室内外的温湿度差异达到露点时，随隔离门启闭造成的空气对流，极容易在室内产生凝结水，影响机房物理环境。

2) 技术创新

通过多方案比选，采用围合结构的整体布局，利用配套房间与走道将数据机房与室外环境分隔开，有效防止冷凝水产生；同时，项目机房标准层设置 4 个出入口，分别设置在四个角部，各出入口分别设置常闭式防火门与门禁系统，形成多道对流屏障。见图 9。

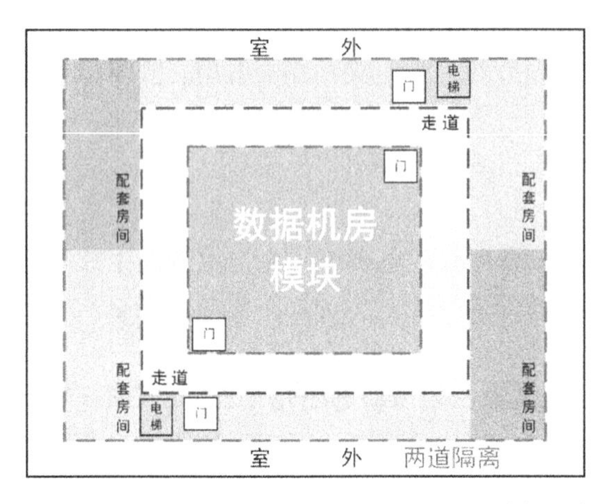

图 9 整体布局方案

(2) 多层物理分隔结构式防水技术

1) 技术特点与难点

数据中心所有设备都对水都非常敏感，一旦数据机柜等设备接触明水，极易造成设备损坏，引发业务故障，给数据中心带来不可估量的经济损失。而传统数据中心普遍采用的下送风方式将数据机房与空调系统布置在一起，干湿环境未分离，存在较大的数据安全隐患。如何确保金融数据中心的有效隔水，是本项目需要解决的难题。

2) 技术创新

项目数据机房进行分区设计，分别设置精密空调间、送风通道和数据机房三个功能房间，构成一个标准模块，有效实现干湿分离。精密空调间采用下送上回系统的恒温恒湿机空调机，以实现数据机房温湿度环境的调节。每个标准模块中，涉及明水的空调系统全部设置在精密空调间，实现数据机房运行区与明水的完全分隔。

4. 大体量密集型管线综合安装技术

(1) 多层一体式共用支架技术

1) 技术特点与难点

本项目机房楼公共走道较狭窄，宽度仅 1.8m，机电安装设备、管线多而密集，敷设了不同专业约 18 根管道、5 根桥架、2 根智能配电母线 1600A 及空调设备与风管，管线排布异常复杂。同时还需要考虑后期搬运维护，走道管线需保证 2.8m 净高，管线中间需保证 0.6m 净距，以满足运维检修的便捷性。

2) 技术创新

根据机电管线模型和重量提资，利用结构设计软件对共用支架进行设计计算。验算其内力、稳定性、截面强度、挠度等，通过计算验证结构构件能否承担相应负荷。根据计算结论，将多层共用支架还原到机电 BIM 模型中，检验管道的安装排布间距，检修空间是否预留充足。针对不同位置的管道进行局部调整，最终形成支架详图，以便现场进行加工制作。

(2) 组合结构式钢网架支撑技术

1) 技术特点与难点

项目冷冻机房包含 10kV 的 1400RT 冷水机组 2 台、380V 的 800RT 冷水机组 2 台、冷冻冷却泵 12 台、40m^3 蓄冷罐 4 个、2 个板式换热器、风机若干及大量大管径管道、大截面桥架、大尺寸风管。考虑到系统后期运行维护、设备检修更换，采用传统的龙门架方式已不能满足机房的安装需求。

2) 技术创新

通过分析荷载分布情况，找出承受荷载最大以及最接近破坏临界条件的结构构件（主要为结构柱），验证结构构件能否承受相应负荷，确保结构安全。根据计算结果，对组成大口径管道安装支撑体系的钢梁进行型钢选型。综合考虑各方因素，将选型结果对比归类，最终以安全可靠、经济合理为原则选择合适的钢梁型号。见图 10。

图 10 冷冻机房管道模型

5. 基于 BIM 的数据中心建造与运维管理技术

(1) 基于 BIM 的项目协同管理技术

1) 技术特点与难点

作为超大型数据中心，涉及参建方和专业单位众多，建立高效的协同管理平台能有效地推进项目建设过程管理，实现建设目标。基于 BIM 的可视化等优点，加以推广应用于管理协同。

2) 技术创新

数据中心体量大、标准高、机电系统复杂、参建单位众多（分包分供商 149 家）。基于 5G 数据库技术，项目自主研发了基于 BIM 的项目协同管理平台，借助智能手机、iPad、桌面终端等多样式管理工具，实现项目在施工日志、日检查记录、周报文件、月报文件、施工关键节点、现场视频、工程资料、施工变更文件、合同文件 9 大工作协同管理功能。

（2）基于 BIM 的施工现场智能布设技术

1）技术特点与难点

项目场地大、单体多、工况复杂，施工平面布置需根据施工进度实时调整，需要将 BIM 技术结合项目特点挖掘应用。

2）技术创新

项目涉及深浅基坑群施工、复杂机电工程安装、大型设备吊装等各类工况，施工平面布置需根据进度实时调整。自主研发了一种智能、高效、科学的场地布置方法及系统，将 BIM 技术与施工现场平面布置方法高度融合，实现了群体工程现场多阶段多工况的快速布置。见图 11。

图 11　智能场布应用实例

（3）基于 BIM 的数据中心运维监管技术

1）技术特点与难点

建筑全生命周期的最终目标就是运营和维护。基于 BIM 的运维平台，是 BIM 技术、云计算、移动互联网、物联网、大数据分析等高科技技术的综合运用，主要实现对建筑设施管理、不动产管理、运维管理、技术管理等职能。

2）技术创新

项目研发了基于 BIM 的数据中心运维监管技术，创建了多维系统运维管理平台，开发了故障管理、移动巡检、维护保养等 12 项功能，布设摄像头、门禁、油路系统、漏水检测等 300 多万个信息采集点，提高了数据中心的信息集成化程度。见图 12。

图 12　运维监管界面

三、发现、发明及创新点

本成果以上证所金桥技术中心基地工程为载体开展研究，在本成果相关领域已形成专利发明 23 项

(发明 10 项),发表论文 9 篇,省部级工法 1 项,软件著作权 19 项,参编著作 2 项,地方标准 2 项。经中建集团科技成果评价,总体达到国际领先水平。

四、与当前国内外同类研究、同业技术的综合比较

经国内外查新,本项目五项关键技术,在机房节能、供电保障、隔水设计、管线安装、智能运维方面,均领先于同类技术。

五、第三方评价、应用推广情况

经中建集团科技成果评价,总体达到国际领先水平。成果已成功应用于上证所金桥技术中心基地项目、中金所技术研发基地、交通银行新同城数据中心等项目。

六、经济效益

截至目前,累计产生直接经济效益 7633 万元,效益显著。

七、社会效益

本成果在工程中得到成功应用,解决了工程施工中的技术难题,保证了施工质量与安全、缩短了工期,取得了明显的经济效益、社会效益及环境效益,进一步提高了企业大型数据中心类工程施工领域的技术水平,促进了行业的科技进步。

中小型流域系统治理关键技术研究与应用

完成单位：中建生态环境集团有限公司、中国水利水电科学研究院、中建智能技术有限公司、中国市政工程西北设计研究院有限公司

完 成 人：张云富、严子奇、白俊杰、陈康宁、刘佳嘉、刘　琳、陈　松

一、立项背景

随着我国经济社会活动强度的增大和全球气候变化的加剧，经济发展和环境保护的矛盾日益凸显，流域水环境问题日益严重。党的十八大以来，习近平总书记多次强调治水对民族发展和国家兴盛的重要意义，提出“节水优先、空间均衡、系统治理、两手发力”十六字方针。2015 年《国务院关于印发水污染防治行动计划的通知》明确“到 2030 年，力争全国水环境质量总体改善，水生态系统功能初步恢复。到 21 世纪中叶，生态环境质量全面改善，生态系统实现良性循环”。

2016 年 8 月，国家发展改革委印发《“十三五”重点流域水环境综合治理建设规划》，进一步指明我国流域治理中的突出问题，表现在“受流域水污染问题复杂、治理系统性不足以及资金投入有限的约束，实际治理效果与理想目标还存在一定差距”“调整单独依靠政府推进环境改善的治理模式，改变过去单纯依靠工程技术、一味上项目的治理方式，转变重点源轻面源、重建设轻管理、重末端轻源头的治理思路。”

近年来，中国建筑集团积极参与国家水污染防治和生态文明建设，承接了多个流域治理项目，包括坪山河、江阴、汤河等小流域治理等项目。在项目进展过程中，重点针对中小型流域雨水分散排放治理、河道生态化整治、人工湿地可持续运行、合流制溢流污染调蓄、流域智慧化调控监管等实际问题，在“十六字方针”的指导下，以“自然-社会二元水循环系统理论”为基础，积极研发流域综合治理关键技术并在工程实践中得到应用。为进一步提升中小型流域治理的效果项目质量，促进引导我国流域水环境质量持续向好，2019 年，中国建筑股份有限公司批准“流域综合治理关键技术研究与应用”（CSCEC-2019-Z-（11））专项课题，全面总结挖掘中小型流域治理的理念和关键技术，并依托坪山河、江阴、汤河等项目开展更深入的研究试验、技术研发和验证示范，取得了显著的治理效果。

二、详细科学技术内容

1. 强化脱氮除磷生态透水滤坝系统技术

针对水质净化工程辅助措施少，空间利用率低，生态系统抗污染能力低的问题，通过生态系统和填料强化生态滤坝对水体的脱氮除磷作用，研发了一种生物多样性丰富、空间利用率高、脱氮除磷效果好、便于管理维护的透水滤坝，达到了快速、高效、可持续净化水质的效果。见图 1。

2. 多生态要素功能型近自然护岸技术

针对在河道两岸空间狭小、硬质驳岸形式呆板、景观效果差、隔绝生态循环途径的问题，通过植物根系作用、填料基质吸附过滤和微生物降解净化等作用，开发一种集微生物、植物、底栖生物和水生动物协同作用的水质生态修复系统，达到近自然景观和水质净化多功能有机结合，可持续处理两岸排水口和河道中水体污染物的效果。见图 2。

3. 潜流人工湿地气水联合反冲洗系统技术

针对人工湿地在运行过程中易堵塞，导致运行难度和成本大幅上升的问题，通过在水平潜流人工湿

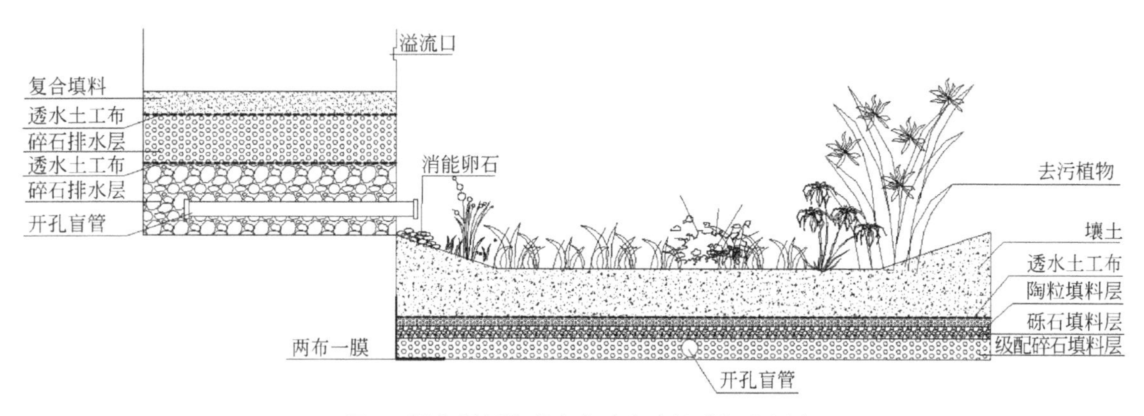

图 1　强化脱氮除磷生态透水滤坝系统示意图

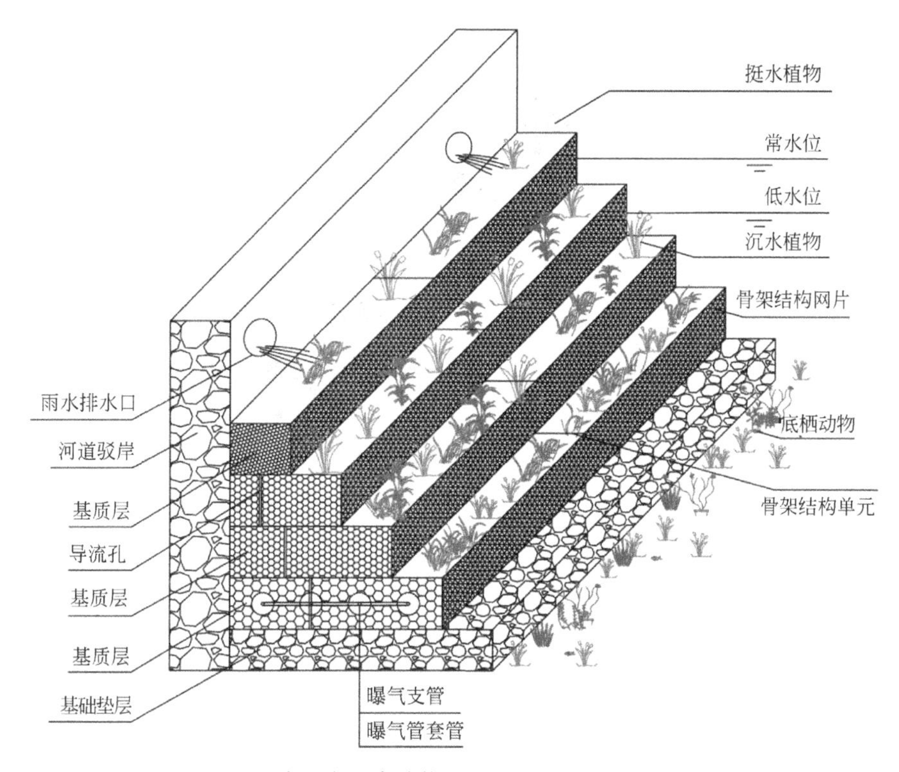

图 2　多生态要素功能型近自然护岸技术示意图

地进水槽、填料底部及出水槽等区域增加气、水联合反冲洗系统，优化上、中、下层填料区填料粒径级配，设置进水期—落干期—气水反洗期 3 个阶段循环进行的运行方式，研发一种不易堵塞、运行稳定、便于管理维护的人工湿地，有效地缓解了水平潜流人工湿地的堵塞的难题。见图 3。

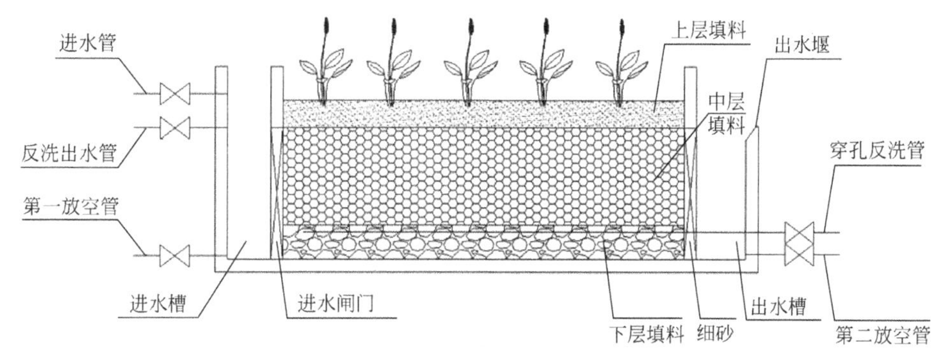

图 3　防堵塞水平潜流人工湿地示意图

4. 基于实时液位信号的雨水径流智能调蓄技术

针对雨季城市初雨冲击负荷量大，导致污水直接溢流入河、城市内涝频发等问题，通过在调蓄池系统增设液位传感器、电动闸门和智能控制箱，液位传感器用于监测实时水位信号，电动闸门用于调控污水进出调蓄池，设置智能控制箱用于调控调蓄池系统及其配套设备的运行，研发了一种根据实时液位情况智能自动运行的调蓄池系统，实现在雨季自动投入运行，减小初期雨水混合污水入河，减少面源污染。见图 4。

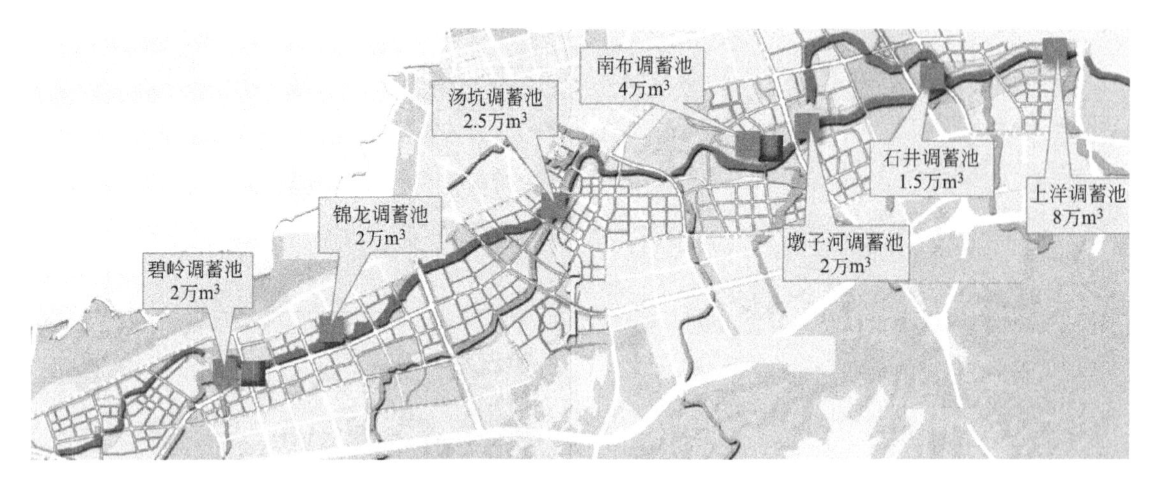

图 4　坪山河干流调蓄池分布图

5. 基于机器学习的中小型流域智慧调度平台

基于神经网络算法，结合 GIS-BIM 开发出一套搭载水质模型的流域智慧调度可视化平台，利用 SCADA 系统实现对构筑物的智慧联合调度，利用 GeoServer 技术渲染实现平台动态展示。平台可实现机器深度学习、自动优化模型参数、并行计算技术，生成基于未来 24h 降雨预报的智能调度方案。见图 5。

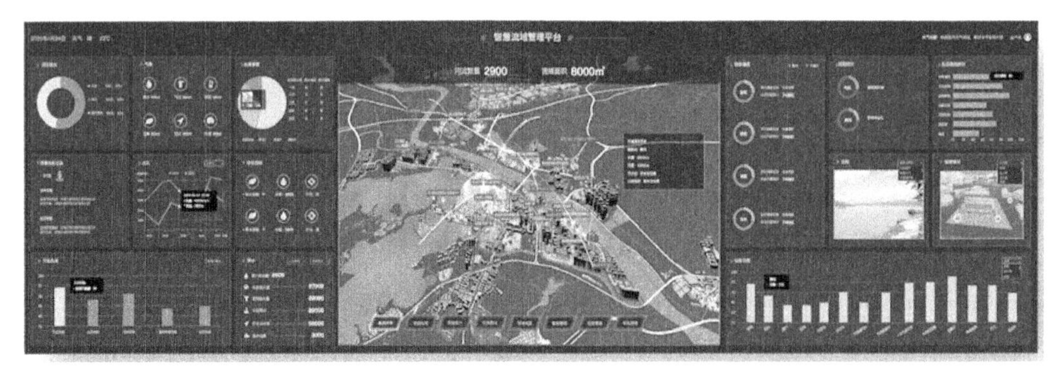

图 5　江阴智慧水务平台指挥中心大屏

三、发现、发明及创新点

（1）研发了生物多样性丰富、空间利用率高、脱氮除磷效果好、便于管理维护的透水滤坝；开发了集微生物、植物和水生动物协同作用的多生态要素功能型近自然护岸系统，强化了生态透水滤坝系统的脱氮除磷功能。

（2）研发了水平潜流人工湿地进水槽、填料底部及出水槽等区域增加气、水联合反冲洗系统，解决了水平潜流人工湿地的堵塞的难题，形成了潜流人工湿地气水联合反冲洗系统技术。

（3）开发了实时液位信号的雨水径流智能调蓄技术，构建了基于神经网络算法和 GIS—BIM 的中小型流域智慧调度平台，实现了流域内雨水径流自动调蓄和水污染预报、预警、调度等功能。

(4) 该成果获得专利授权30项(其中发明专利5项),发表论文43篇,登记5项软件著作权,获得2项省部级优质工程奖。成果已在工程中成功应用,保证了工程质量,经济与社会效益显著,具有广阔的推广应用前景。

四、与当前国内外同类研究、同类技术的综合比较

较国内外同类研究、技术的先进性在于以下五点:

1. 强化脱氮除磷生态透水滤坝系统技术

经调研,国内外一般的透水坝仅对SS有一定的过滤去除作用,而对氮磷的去除效果较差。本技术结合填料过滤和植物净化作用,提高生物的多样性和空间利用率,强化脱氮除磷效果。

本技术对初雨水中的SS去除率达到60%~70%,NH_3-N去除率达到37%~56%,TP去除率达到32%~52%。与常规生态岸线相比,本技术对初雨水中氮磷的去除能力提升20%~30%。同等条件下,渗透层水下渗效率较原土增大3~4倍,盲管收水效率较普通的盲管增大2~3倍。

2. 多生态要素功能型近自然护岸技术

经调研,传统生态修复技术存在工程上的沉水植物品种少,混种后品种杂乱,观赏性较差;水质净化工程辅助措施少,生态系统抗污染负荷低;空间利用率低,受外部环境条件限制;建成后疏于管理或设备使用维护费用较高而不能保持长效运行等问题。本成果的创新性在于充分结合生态修复理念,修复并强化自然生态系统,因地制宜地选择生物种类,提升环境的自净能力和抗污染能力,同时美化周边环境。

目前国内普通的生态护坡对于地表径流的SS去除率在30%~60%,NH_3-N去除率30%~50%,TP去除率20%~40%。通过优化,本技术对初雨水中的SS去除率达到60%~70%,NH_3-N去除率达到37%~56%,TP去除率达到32%~52%,各项去除率指标均达到中等偏上水平,其中总磷去除率出众。

3. 潜流人工湿地气水联合反冲洗系统技术

本成果先进性在于气水反冲洗的同时,使氧气进入湿地内部,缓解植物根系泌氧不足的状况,提高好氧微生物活性,加快降解机制中的沉积有机物,预防人工湿地因胞外聚合物累积引发的堵塞。截至目前,该型人工湿地在项目上已连续运行两年,填料层未出现堵塞问题,防堵塞功能出众。

经调研,国内外人工湿地对COD的去除率一般可以达到80%~90%,氨氮和总磷的去除率一般在50%~70%。本技术对于污水处理厂尾水COD去除率达到70%~90%,NH_3-N去除率达到70%~90%,TP去除率达到50%~80%,出水水质持续优于地表Ⅳ标准,去除率指标在同类人工湿地中较为优秀。

4. 基于实时液位信号的雨水径流智能调蓄技术

经调研,相比于国内外现有调蓄池设施,本技术更加自动化、智能化,能够根据实际条件自动智能地控制调蓄池系统,根据不同条件采用不同的运行模型,强化截污调蓄效果,截流初雨水和防倒灌的功效出众。同时,方便与智慧水务系统完美衔接,丰富智慧水务系统功能。

5. 基于机器学习的中小型流域智慧调度平台

经调研,国内外现有的中小型流域管理系统及平台,大多侧重水情预测感知、模型模拟与智慧调度、站点设备监控等其中某一两个方面;同时,其局限性在于没有大屏系统和移动端APP与平台联动。而本项目平台进一步为业主在项目运营方面研发了全面的功能,智慧运维调度可以自动派单,维修人员在手机APP端接受任务,到目标站点完成维修、打卡,实现了无人值守、少人值守,降低了50%的运营成本,实现了流域项目的精细化、智能化管理。

本技术通过国内外查新,查新结果为:在所检国内外文献范围内,未见有相同报道。

五、第三方评价、应用推广情况

1. 第三方评价

2020年5月15日,湖北省技术交易所组织对课题成果进行鉴定,专家组认为该项成果整体达到国

际领先水平。

2020年6月12日，深圳市土木建筑学会组织评价“模块化传染病应急医院建造技术”，整体达到国际领先水平。

2. 推广应用

本技术曾应用于深圳市坪山河干流综合整治及水质提升（设计采购施工项目总承包）工程、丰宁满族自治县汤河流域综合治理PPP项目、江苏省江阴城区黑臭水体综合整治PPP项目，近三年新增销售额108亿元，新增利润2.7亿元、税收1.4亿元。

六、社会效益

本研究依托实际工程，对中小型流域系统治理理念和关键技术进行研究，深入贯彻落实党的十九大会议精神，紧紧围绕建设“强、富、美、高”的总体目标的重要举措，践行“绿水青山就是金山银山”，推进流域生态文明建设。研究成果的应用和实施全面提升示范工程流域水环境质量，恢复并强化当地水生生态系统，改善城市人居环境，提升人民生活质量和健康水平；保障流域整体防洪安全，防灾减灾，减少城市内涝，保证人民生命财产权益；营造优美的水景观，打造流动的公园，为人民创造舒适、安逸的亲水空间，促进人民身心的健康发展，弘扬水文化，满足人们日益增长的文化需求。综上所述，本成果具有重大的社会效益。